软件自动化测试入门攻略

■杨定佳 编著■

清华大学出版社
北京

内 容 简 介

本书以软件自动化测试工具在项目实践中的应用为主线，依照“需求分析→用例设计→脚本开发→测试执行→结果分析”的自动化测试流程，详细介绍软件自动化测试的方法论、必备知识与核心技能。全书共15章，第1章至第8章主要介绍当前企业使用率最高的unittest、pytest、Requests、Postman、Selenium、Appium和JMeter 7款自动化测试工具，第9章至第14章分别以Leadshop开源商城系统中的部分模块为实战对象，运用前述章节的工具依次实现单元测试、代码包测试、接口测试、Web UI测试、移动端测试和性能测试演练，完成基础工具的单个知识点学习到项目的综合运用，第15章介绍Docker容器技术及其在Jenkins中实现测试项目的任务部署，完成分布式节点挂载和定时执行。

本书来自一线资深测试工程师多年从业经验的总结，内容详实，贴近实际工作需要，既可帮助对自动化测试感兴趣的新手快速入门和入行，又可对有一定测试基础的读者实现自我能力的提升和突破。

图书在版编目（CIP）数据

软件自动化测试入门攻略 / 杨定佳编著. 一北京：清华大学出版社，2024.1
ISBN 978-7-302-65104-8

I. ①软… II. ①杨… III. ①软件一测试一自动化 IV. ①TP311.55

中国国家版本馆CIP数据核字（2023）第245946号

责任编辑：王金柱
封面设计：王　翔
责任校对：闫秀华
责任印制：丛怀宇

出版发行：清华大学出版社
网　　址：https://www.tup.com.cn，https://www.wqxuetang.com
地　　址：北京清华大学学研大厦A座　　邮　　编：100084
社 总 机：010-83470000　　邮　　购：010-62786544
投稿与读者服务：010-62776969，c-service@tup.tsinghua.edu.cn
质 量 反 馈：010-62772015，zhiliang@tup.tsinghua.edu.cn
印 装 者：保定市中画美凯印刷有限公司
经　　销：全国新华书店
开　　本：185mm×235mm　　**印　　张**：34　　**字　　数**：816千字
版　　次：2024年1月第1版　　**印　　次**：2024年1月第1次印刷
定　　价：129.00元

产品编号：102003-01

推 荐 语

本书对自动化测试入门知识与技能做了系统性总结，列举了大量工具案例，适合对自动化测试感兴趣的读者阅读。

艾　辉

前知乎研发效能负责人，畅销书《机器学习测试入门与实践》《大数据测试技术与实践》作者

作者通过使用频度最高的工具和框架，对 API 自动化、Web 自动化、App 自动化和性能测试进行了由浅入深的教学，并通过大量实例来引导读者理解，为功能测试的读者打开一扇新的大门。

刘云龙（山豆根行者）

甄零一诺合同管理 SaaS 测试总监

本书从单元测试、接口自动化、UI 自动化到性能测试，再到 Docker 技术均有涉及，从单元测试框架到工具的选择，都是当前最为主流的技术栈。书中内容翔实，可见作者工作中积累了大量实战经验，是一本自动化测试入门佳作。

虫　师

某互联网电商公司，任高级经理

测试工作的本质是一项技术调查。测试人员在经过一系列信息收集、场景设计和验证后，对产品提供质量反馈。合理有效地自动化测试能够快速获得反馈，从而帮助产品快速迭代，这正是自动化测试的价值所在。本书涵盖了与软件测试和自动化相关的各种主题，包括众多测试工具的应用，如 unittest、pytest、Requests、Postman、Selenium、Appium 和 JMeter 等，章节划分细致合理，相信可以帮助初学者快速破冰，进入高效测试的殿堂。

吴子腾

《Selenium 自动化测试之道》第一作者

2023 年是 A1 元年，所有产品都值得用 AI 重写一遍，毫无例外的，软件测试领域也进入了 AI 重写的阶段，无论是 AI 生成测试用例，还是 AI 执行自动化用例，还是最近问世的 AppAgent，都是非常不错的探索，我们非常看好未来。当然在我们抬头看天的时候，还是得低头看路，而路就是我们测试人员需要掌握的基础知识，有些基本的东西永远不会过时。本书将软件自动化测试的知识和技术进行概括和总结，辅以作者自身的经验对于刚刚测试入门的读者是一本不错的教材。

张立华（恒温）

蚂蚁高级测试专家

我们通常讲的“自动化测试”，其实有点“名实不符”，准确地表述应该是“自动化测试运行”，即 Apply（应用）测试脚本的过程，由机器自动地完成测试的执行。

Apply 一般包含 OOCO 这些工作：Operate（调用被测对象运行）、Observe（观察运行的结果）、Compare（与预期结果进行比较），以及 Output（输出测试运行的结果或报告）。

为了让上述这些“测试运行”的工作能自动地完成，在此之前还需要由测试人员做 Develop（设计测试脚本）；在 Develop 和 Apply 之后，还需要测试人员完成 Interpret（分析解读测试结果）和 Maintain（对测试脚本的更新维护）这些工作。

Develop、Interpret、Maintain 与 Apply 一样，都是测试过程中必不可少的工作。因此，更准确地叫法不是 Automated Testing，而是 Automated Checking。

不过我发现，随着大模型时代的到来，生成式 AI 也可以快速生成测试用例、生成测试代码、根据专家指定的规则进行一定的推理判断，对代码进行优化，等等，这意味着测试过程的大部份内容确实可以借助工具，部分或全部自动化地开展了。

这意味着，“Automated Testing”的说法，终于向着名实相符的方向迈进了。

不论 Automated Testing 如何演进，“人”在其中仍然扮演着不可替代的作用。

本书重点阐述的就是“自动化测试运行（Apply）”这部分的基础知识、基础工具的运用。书中大量的实例和详尽地操作步骤，提供了可以立即上手实操的知识和技巧。如果你是软件测试领域的新人，推荐对照书中的实例进行练习，相信本书可以快速地帮助你入门 Automated Checking。

邰晓梅

海盗派方法学创始人，著有《海盗派测试分析：MFQ&PPDCS》一书

本书介绍了多款当前流行的、适用于多种测试类型的自动化测试工具，结合真实系统模块分享不同类型的自动化测试实战演练过程，是一本自动化测试方法论、实践与工具相结合的好书，推荐给想深入学习自动化测试的各位同仁。

林冰玉

Thoughtworks 总监级咨询师、质量赋能专家

我与本书作者有着多年的技术交流，杨老师亦师亦友，在测试领域有着深厚的理论积淀与工程实践。本书内容丰富，贴近实际，可帮助任何对自动化测试感兴趣的从业者快速入门，使有一定测试基础的从业者实现自我提升和突破。无论你是正在考虑转行进入自动化测试领域，还是希望提升现有的测试技能，本书都能够满足你的需求。本书不仅仅是一本理论引导，更是一本实践指南。通过阅读本书，并结合实际项目中的案例，你将能够快速上手并有效地运用到自动化测试工作中。

金　鑫

软件测试图书作者、测试行业赛事评委、技术社区贡献者

本书介绍了 unittest、pytest、Requests、Postman、Selenium、Appium 和 JMeter 7 款自动化测试工具并以 Leadshop 开源商城系统中的部分模块作为实战对象，还介绍了容器化部署与自动化测试。全书通俗易懂，从实际工作出发，是一本难得的好书。

顾　翔

软件测试专家，《全钱软件测试工程师宝典》《通过案例玩转 JMeter（微课版）》《软件单元测试》等图书作者

当今，敏捷软件开发方法和 DevOps 实践已经在越来越多的团队中应用，而由此引发的“测试效率革命”急需大量掌握自动化测试技能的工程师。软件测试自动化需要以目标为导向，实现与实际业务结合，往往需要多种类型的框架、技术和实践组合使用。本书的特点是涵盖了大量通用的自动化测试工具和技术，可边学边练，期望能与你一起开启自动化测试之旅。

熊志男

前京东研发效能产品经理、测试窝社区资深专家

前　　言

自动化测试是软件测试重要的组成部分，于项目而言是一种提高软件测试效率和准确性的方法，能提高生产力和效率，于测试人员而言是一种能力的展示，更是一种价值的肯定。本书以软件自动化测试工具在项目实践中的应用为主线，依照“需求分析→用例设计→脚本开发→测试执行→结果分析”的自动化测试流程，详细介绍了软件自动化测试的方法论、必备知识与核心技能。

笔者工作在一线测试岗位 7 年有余，在测试领域积累了丰富的实践经验，因此，本书所涉及的技术在当今测试领域都在广泛应用，尽可能使用通俗易懂的语言进行描述，确保读者看得懂、学得会、用到上。如果你是测试岗位的新人或想转行进入测试行业，本书可帮助你快速入门、入行；如果你是具有一定基础的测试人员，书中讲述的项目实战，可帮助你实现自我能力的提高和突破，甚至可以帮助你带领团队完成自动化测试项目。

核心内容

本书的每一章节都融进了笔者的经验和思考，并得到许多经验丰富的测试同行的支持和良好建议，全书共 15 章，说明如下：

第 1 章作为本书引子，介绍自动化测试的重要概念、常用工具和如何入门自动化测试，点出自动化测试的本质是将以人为驱动的测试行为转化为机器执行的一种过程。

第 2 章~第 8 章，依次介绍当前企业使用率最高的 unittest、pytest、Requests、Postman、Selenium、Appium 和 JMeter 7 款自动化测试工具，其中 unittest 和 pytest 是 Python 语言的单元测试框架，大部分以 Python 语言为基础的自动化测试项目都会使用 unittest 或 pytest 组织测试用例；Requests 和 Postman 是两个接口测试工具，Requests 是 Python 语言的一个库，使用 Python 编程语言实现接口测试项目几乎都是借助 Requests 完成的。Postman 是一个独立接口测试工具，测试人员在不需要编写代码的情况下便可轻松完成项目接口测试用例的编写，实现自动化测试；Selenium 和 Appium 均是 Python 语言实现 UI 自动化测试的第三方库，Selenium 完成的是 Web UI 自动化测试，Appium 完成的是移动端程序的 UI 自动化测试；JMeter 是一款开源的接口测试工具，也可用来完成产品的性能测试。

上述各章都以概念+示例的方式编写，读者在学习时需要先理解其概念，对知识点有一个正确认识，再跟随示例实践，发现基础薄弱的地方，加强测试和调试的能力，做到概念清晰，手到拈来。

掌握自动化测试工具是入门自动化测试的必备技能，有助于提高对自动化测试的认知，同时，从工具开始学习，边学边练，也有成就感，是一个不错的入门路径。

第 9 章~第 14 章，分别以开源项目“Leadshop 开源商城系统”中的部分模块为例，运用前述章节的测试工具依次实现单元测试、代码包测试、接口测试、Web UI 测试、移动端测试和性能测试演练，完成测试工具的单个知识点学习到项目的综合应用。每一章实战均以“需求分析→用例设计→脚本开发→测试执行→结果分析”的自动化测试流程为顺序展开，需求分析阶段会澄清测试对象、测试范围以及最终结果等内容；用例设计阶段会先介绍用例设计方法，再结合被测对象设计出最少的用例覆盖最全的使用场景；脚本开发阶段是结合被测对象和测试类型，设计出结构清晰的自动化测试框架，开发出复用性强的基础代码，并在此基础上实现自动化测试用例；测试执行阶段是编写执行脚本实现自动化测试用例的执行；结果分析阶段有两个目标：一是对测试结果分析，成功和失败用例的总结；二是对自动化测试项目的思考，当下的实现逻辑是否有弊端，对测试结果有何影响。当明确了测试项目的每一个阶段后，你已经可以参与企业项目的测试工作了。

这一部分内容是在 Leadshop 开源商城系统环境下，将基础知识综合运用的一个过程，不但涉及很多基础知识，而且需要考虑全局的应用搭配。另外，通过项目实践，读者要注意不断总结思考、发现规律，逐步形成一套自己的测试体系，为未来带领测试团队体积累经验。

第 15 章介绍了容器化部署与自动化测试，容器化部署是一种流行的技术，引入自动化测试中极大地简化了各种测试项目的部署，提高了工作效率。本章以 Docker 技术为基础部署持续集成工具 Jenkins，在 Jenkins 工具中实现测试项目的任务部署，完成分布式节点挂载和定时执行。

配书资源

本书所有脚本均以 Python 语言实现，读者可扫描下述二维码免费下载。

本书各章还提供了思考题，各题的答案请扫描下述二维码下载。

如果下载有问题，请联系 booksaga@126.com，邮件主题为“软件自动化测试入门攻略”。

读者对象

本书适合对自动测试感兴趣的各层次读者，比如，初入职场的测试新人、转型测试岗位的非计算机专业的职场人士和学生等，也适合作为自动化测试培训机构或大中专院校计算机专业测试课程的教学用书，本书提供的真实测试项目实践，也可以帮助有一定测试基础的测试人员作为实施自动化测试项目的指南。

致　谢

本书能够得以成功出版离不开开源项目“Leadshop 开源商城系统”和笔者身边亲朋好友的大力支持，在此对他们表示衷心的感谢。

感谢 Leadshop 开源项目的开发者，使本书的实践篇章有了真实的实战对象。

感谢杨瑞、李先丽、范申、马敬宾、杨亚理、林静芬、张露、冶心怡、抄帅、李亚萍、胡列、陆怡颐、周燕、丁扬健等为本书做了大量审稿工作，你们的真知灼见，使本书更臻完善。

感谢清华大学出版社的各位编辑，尤其是王金柱老师两年来的鼎力支持，让这本书能够高质量地与广大读者见面。

感谢每一位测试人，书中借鉴了他们很多的经验与智慧，他们对软件测试行业的热爱、持续耕耘和深度实践，使笔者受益良多。

因能力所限，书中难免存在疏漏，如果读者存在求职困惑或对本书的改进有更好的建议，请发送邮件联系笔者共同探讨。

最后，希望本书能成为各位读者自动化测试之路上的向导和伴侣。

杨定佳

2023 年 11 月 12 日

目　　录

第 1 章

自动化测试概述

自动化测试是一个软件测试工程师追求技术、挑战自我、进阶升级的必备技能，因为在软件测试中引入了自动化，可以节省大量的资源，包括人力、财力、时间，提高测试效率。本章将从什么是自动化测试、熟悉自动化测试理论、自动化测试常用工具和建立自动化测试学习体系 4 个方面介绍自动化测试基础和如何学习自动化测试。

1.1 什么是软件自动化测试

软件自动化测试英文是 Software Automated Testing，是指采用程序模拟人的操作检验被测程序或应用可以正常运行的一种软件测试技术，旨在提高测试效率，保证软件质量。

1.1.1 定义

百度百科中对自动化测试的定义是：自动化测试是把以人为驱动的测试行为转化为机器执行的一种过程。在此，自动化测试一般指的是软件自动化测试，也就是测试工程师设置一定的条件，然后通过工具或编写脚本模拟人的行为运行被测系统或应用程序，并且以断言方式将执行结果与预期结果进行对比，进而评估测试结果，最后将整个测试报告输出，输出的测试报告通常包括运行环境、运行时间、成功/失败的测试用例等内容。

软件自动化测试就是将软件测试工软件师编写的手工功能测试用例通过工具或脚本实现、组织、自动执行的一个过程。也有一些人将自动化测试定义为，凡是通过机器、工具、脚本等进行的非人为操作代替手工测试，便认为是自动化测试。

1.1.2 应用条件

实现自动化测试并不是所有的软件或程序都适用，它具有一定的局限性。如果要对某个应用程序实现自动化测试，那么执行者就需要考虑实现自动化测试带来的价值、投入与产出比等一系列现实因素。一般情况下，可以实现自动化测试的软件或程序需具备以下特点：

1. 需求稳定

只有在产品需求稳定，变更不太频繁的情况下，才值得开展自动化测试。自动化测试用例是根据产品的特性来设计的，一旦产品有所变动，测试用例就需要跟着做出调整，那么之前写的自动化测试用例就相当于报废了。如果产品需求明确，或者某一部分功能模块稳定，则可以考虑对明确的产品或稳定的功能模块引入自动化测试。

2. 项目开发周期比较长

进行自动化测试的产品一定要有较长的开发周期。实现自动化测试是为了方便在以后的测试中，确保已经验证过的稳定功能是正确的，而不仅仅是为了发现 BUG。自动化测试本身是对产品进行需求分析、编写自动化测试用例、执行测试的一个开发过程，本身就需要一个较长的时间对测试脚本进行调整和维护。如果项目开发周期短，手工测试就足够了，没必要再投入资源实现自动化测试。

3. 有大量的重复性测试工作

自动化测试具有两大显著特点，那就是减少大量的重复性工作和提高测试效率。软件版本迭代中，每一次迭代都需要重复执行大量的测试用例，如果采用人工执行，会消耗大量的时间。随着产品功能的增强，测试用例的数量也会增加，执行时间会更长，此时就可以看出自动化测试具有明显的优越性。

4. 手工测试难以胜任的工作

某些测试通过工具或编写代码更容易实现，手工测试则难以完成。例如性能测试中对 CPU、IO、内存等的监控，长时间运行过程中的变化曲线。此类测试建议优先考虑自动化测试。

5. 各方面的支持

实现自动化测试需要得到公司和项目领导的支持。首先是自动化测试对人员要求比较高，公司需要培养自动化测试工程师或从社会上招聘，需要消耗公司财力；其次自动化测试还需要运行环境，以及测试人员、开发人员、运维人员等的配合，消耗其他人员的宝贵时间；最后自动化测试项目短时间很难完成，长时间又不会像手工测试一样产出很多 BUG，可能会让各层级领导觉得没有非常明显的价值。因此，自动化测试的实现需要得到各方面的支持。

以上是对适合引入自动化测试的项目做了介绍。可见，如果项目需求变更频繁、投入周期短、投入后产出的价值低、人物财力资源又不足等，那么，是不太适合引入自动化测试的。

1.1.3　对比手工测试

自动化测试比起手工测试能带来许多优势，比如节约时间、提高测试用例执行效率等，但实施自动化测试也有一定的要求和限制，自动化测试并不能完全代替手工测试，两种测试只能作为一种互补。下面对自动化测试和手工测试做一个简单的对比。

- 测试对象：自动化测试的功能模块一般都比较稳定，不会有太大的变动；手工测试的对象比较任意，不管是稳定的，还是新开发或修改的功能模块都可以进行测试。
- 测试效率：同等级的测试用例，自动化测试执行效率更高。
- 测试用例编写：自动化测试需要脚本编写、调试、思考与其他脚本的关系等，而手工测试只需要用自然语言按照一定的格式写出来就行。
- 结果可靠性：自动化测试的结果判断由机器进行，非常可靠；手工测试的结果判断容易受到测试人员的影响，没有机器那么可靠。
- 资源利用：自动化测试可以在任意时间执行，而手工测试只能在人员上班时间进行。因此，自动化测试可以更充分地利用资源。
- 人员要求：手工测试人员在掌握测试基础和理解产品业务后便可开展工作；自动化测试人员不但需要掌握手工测试人员的技能，而且还要将测试用例通过工具或脚本进行实现。因此对自动化测试人员的技能要求更高。

自动化测试与手工测试的对比如表 1-1 所示。

表1-1　自动化测试与手工测试对比

对　比　项	自动化测试	手工测试
测试对象	稳定的功能模块	稳定的、新开发或修改的功能模块
测试效率	快	慢
测试用例编写	用时较长，速度较慢	速度比较快
结果可靠性	可靠	容易受到测试人员的影响
资源利用	充分利用	只有在人员上班时间才会使用
人员要求	比较高	一般

自动化测试与手工测试的关系

自动化测试运行的测试用例是既定的，目的是快速执行，保障产品稳定的功能是正确的。故自动化测试执行效率快，范围有限。

手工测试在执行既定用例时，由于带有人的主观思想，因此可以延伸发散，可以对产品完成更加深入的测试，但手工执行效率远远落后于机器的效率。

1.1.4　分类

这里我们根据被测对象和测试内容对自动化测试来进行分类。

根据被测对象可以分为单元测试自动化、代码库测试自动化、接口测试自动化、浏览器端测试自动化、桌面应用程序测试自动化、移动端测试自动化。

- 单元测试自动化：被测对象是类或方法，关注的是代码的实现与逻辑。
- 代码库测试自动化：被测对象是代码库提供的对象、方法和属性，关注的是代码库提供的功能。

- 接口测试自动化：被测对象是接口，主要指前后端交互的接口，关注的是传递的数据。
- 浏览器端测试自动化：被测对象是一个 Web 系统，主要指 Web 页面，关注的是 UI 界面和系统的业务逻辑。
- 桌面应用程序测试自动化：被测对象是一个 C/S 架构的应用程序，关注的是应用程序的自身布局和业务逻辑。
- 移动端测试自动化：被测对象是一个移动设备上的应用程序，关注的是应用程序的自身布局、业务逻辑和与移动设备的交互。

根据测试内容可以分为功能测试自动化、接口测试自动化、性能测试自动化、大数据测试自动化、AI 测试自动化。

- 功能测试自动化：测试应用程序提供的功能和业务逻辑。
- 接口测试自动化：测试应用程序与自身的接口、提供给第三方的接口和使用第三方的接口之间的数据交互。
- 性能测试自动化：通过自动化测试工具或者代码手段，来模拟正常、峰值以及异常负载访问被测系统，来观测系统各项性能指标是否合格的测试过程。
- 大数据测试自动化：测试系统对海量数据的处理，包括数据的创建、存储、建模、检索、计算和分析。
- AI 测试自动化：结合 AI 的架构、算法和应用场景做针对性的测试。

1.1.5 价值

自动化测试的实施具有诸多限制，但是许多项目还在大量地投入资源进行建设，价值何在？下面我们来看一个案例。

案　例

A 项目初期，有 1 个测试人员，300 条测试用例，两个月发布一次版本，一天执行 15 条测试用例，需要 20 天执行完所有的测试用例。工作可以完成。

半年后，随着功能的增长，有两个测试人员，800 条测试用例，一个半月发布一次版本，每人每天执行 15 条测试用例，需要 27 天执行完所有的测试用例。工作可以完成。

一年后，功能更多了，用户也增多了，用户的需求也多了，需要一个月发布一次大版本，这个时候测试人员增加到 4 个，2000 条测试用例，每人每天执行 15 条测试用例，需要 33 天执行完所有的测试用例。勉强可以完成工作。

在此期间，如果每 10 天还需要发布一次小版本，修复用户的 BUG，那么还能完成测试工作吗？

假如一直依靠人力解决该问题，显然是不合理的、不科学的。我们可以试想一下，在半年后就开始投入人力将测试用例自动化，那么后续的版本迭代中，对已有的稳定功能进行自动化测试验证，对新开发的或有变动的功能模块进行人工测试，测试工作就不会非常紧张，而且功能测试覆盖率也会比较高。

我们来看上述案例的另一个版本

A 项目初期，有 1 个测试人员，300 条测试用例，两个月发布一次版本，一天执行 15 条用例，需要 20 天执行完所有的测试用例。工作可以完成。

半年后，随着功能的增加，有两个测试人员，1 个自动化测试人员和 1 个手工功能测试人员，800 条测试用例，其中 600 条实现了自动化测试用例，一个半月发布一次版本，每人每天执行 15 条测试用例，需要 14 天执行完所有的测试用例。工作可以完成。

一年后，功能更多了，用户也增多了，用户的需求也多了，需要 1 个月发布一次大版本，这个时候测试人员增加到 4 个，1.5 个自动化测试人员和 2.5 个手工功能测试人员（其中一个人在版本发布时做手工测试工作，平时维护自动化测试用例，也就是版本发布时会有 3 名手工功能测试人员），2000 条测试用例，其中 1600 条实现了自动化测试用例，每人每天执行 15 条测试用例，需要 9 天执行完所有的测试用例。工作可以完成。

在此期间，如果 10 天还需要发布一次小版本，修复用户 BUG，那么小版本发布时使用自动化测试脚本保障产品稳定功能，手工测试人员对优先级高和用户 BUG 及 BUG 附近的功能进行验证，那么小版本的发布对产品质量完全可以得到保障。

我们可以看到，投入自动化测试带来的效果是显著的。下面对实施自动化测试可以带来的价值做一个总结：

- 提高测试效率，缩短测试时间。
- 减少受人为因素的影响。人工测试对结果的判断受人为因素的影响，使用自动化测试可以规避人为因素的影响。
- 保障测试覆盖率。每一次版本迭代都需要执行全部的测试用例，如果测试用例数量非常大，单靠人力很难全覆盖，使用自动化测试则很容易对已有的功能模块进行全覆盖。
- 提高可靠性。自动化测试中的断言比人工断言更严谨，例如字符串“abc ”，人工可能会忽略后面的空格认为是“abc”，而自动化测试中则不会。
- 更好地利用资源。自动化测试的执行可以在任意时间，比如晚上两点钟。例如一台测试机器，白天由测试人员使用，晚上执行自动化测试用例，可以更充分地利用公司资源。
- 减少测试人员烦躁的心情。一直反复枯燥的人工点点点工作，测试人员难免会产生厌烦。实行自动化测试可以避免通过人力对用例多次反复的执行，同时做手工测试的人员也可以接触自动化测试，掌握新技能，个人能力得到提升。

1.2　自动化测试的概念

在学习自动化测试之前，我们需要先掌握一些基本概念，然后带着这些概念学习自动化测试，如此才能快速理清思路，遇到问题也能够找到解决方法。

1.2.1　流程

自动化测试流程是我们从 0 开始实现一个自动化测试项目，直至测试结束的一个过程，与手工测试流程相同。

自动化测试流程大体可以分为 8 大步骤，即分析测试需求、制定测试计划、设计测试用例、搭建测试环境、编写测试脚本、执行并分析结果、跟踪测试问题、出具测试报告。如图 1-1 所示。

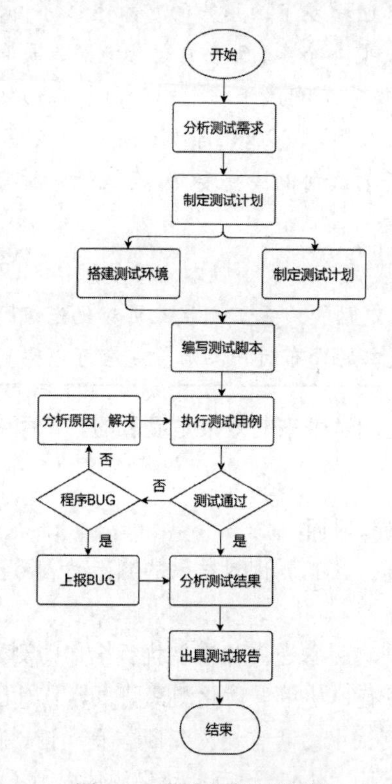

图 1-1　自动化测试流程

1. 分析测试需求

测试的最终目标是保障产品质量，确保产品符合用户需求，所以需求仍然是第一位的。通过分析需求，了解测试要点、用例覆盖点、测试颗粒度等，测试人员会有个初步的方案，都测试哪些内容，什么时间开始和结束，实现哪些类型（API 测试、单元测试等）自动化测试，实现到什么程度，会遇到哪些阻碍和问题。最终，测试工程师要知道测什么？怎么测？什么时候测？

2. 制定测试计划

测试计划是对测试进度的一个监管。测试计划是一个描述了要进行的测试活动的范围、方法、资源和进度的文档，明确了测试对象、测试目的、测试项目内容、测试方法以及所需的资源分配、人员协调，可以有效预防计划的风险，保障测试的顺利实施。

3. 设计测试用例

测试用例是通过分析测试需求，提取测试点，编写形成可执行的测试用例文档，此时的测试用例还只是文档性的手工可执行的测试用例，需要后面通过编写测试脚本转换为自动化测试用例。

4. 搭建测试环境

搭建自动化测试环境是非常重要的一个环节，是后续脚本开发的基础。这是一个大框架，包括采用什么工具、什么样的运行环境、网络等，都是需要着重考虑的。

5. 编写测试脚本

编写测试脚本实际上就是将手工测试用例转换为自动化测试用例的一个过程，在此过程中，要运用所学的自动化测试框架、编程设计模式、面向对象/过程编程思想等合理地编写脚本，使得最终自动化测试项目易用、易维护，结果方便查看。

6. 执行并分析结果

执行自动化测试项目并分析测试结果，对测试环境不稳定的地方进行调整，对脚本逻辑不严密的地方进行优化，对发现的项目 BUG 及时上报。

7. 跟踪测试问题

测试问题要持续跟踪，直至解决闭环。如果是脚本问题，就需要记录，在合适的时间解决；如果是项目 BUG 就需要提交 BUG 单，并在自动化测试用例上关联或做标记。

8. 出具测试报告

一般来说，自动化测试报告是集成在自动化测试项目中，不需要单独作为一个步骤，但测试报告是自动化执行结果的体现，因此在此还是作为一个单独的步骤来说明。自动化测试报告是自动化测试的一个总结，其包括报告执行环境、测试用例成功/失败情况、结果分析等内容。

1.2.2　原则

自动化测试原则是经过前辈们长期自动化测试经验总结所得出的具有指导意义的、合理化的自动化测试准则，为后来人提供便捷、减少弯路的自动化脚本开发的指导思想。下面简单地介绍一些自动化测试原则。

1. 了解自动化测试的目的

自动化测试并不是需要实现所有的手工测试用例。我们需要了解做自动化的目的，如果将自动化测试只是定位在冒烟测试和回归测试，那么它的目的就是验证最核心的几个功能没有问题，自动化测试用例就只需要实现冒烟测试和回归测试用例即可。

如果一个项目要通过自动化测试完成产品的测试，实现测试用例时，首先开展的也往往是核心业务或重复执行率较高的部分，抓住重点内容，后续才向边缘扩充。

2. 验证程序而非发现问题

自动化测试主要是用来验证程序没有问题，而非发现问题，这是一个思想上的认识。在编写自动化测试用例时，要抓住稳定的功能模块，减少开发动荡模块的测试用例。对于动荡模块来说，非常不稳定且易变更，开发人员稍微做出一点点调整，自动化测试用例就有可能全部推翻重来，比起手工测试花费的成本可就太大了。

3. 一条测试用例是一个完整场景

一条自动化测试用例应该只有且只能验证一个测试场景，该测试场景也不宜过于复杂。例如验证登录后新增学生，那么一条测试用例就只验证新增学生的一个点，不能将登录验证也添加其中，登录应该登录验证的测试用例，在此登录也应该是前置条件。

4. 用例的独立性

自动化测试中非常关注测试用例的独立性，每一条测试用例都可以拿出来单独运行，与其他用例不产生依赖或影响。

5. 正向为主

一个测试点会有非常多的逆向逻辑验证。例如登录场景，正向逻辑是输入正确的用户名和密码登录，逆向逻辑就有用户名错误、用户名为空、密码错误、密码为空等很多种。而用户操作最多的则是正向逻辑，因此自动化测试要以正向逻辑用例为主。再就是逆向逻辑情况较多、验证复杂，需要投入非常高的成本，在编写自动化用例时以辅助为主。

6. 回归原点

自动化测试需要回归原点，无论是配置文件、测试步骤还是测试数据。回归原点后，可以保证每轮测试执行都可顺利执行，例如删除 Id=3 的学生，本次测试删除后下次还需要删除 Id=3 的学生，那么就需要在每次删除测试完成后将 Id=3 的学生进行恢复。

1.2.3　测试模型

自动化测试模型是自动化测试框架与工具的设计思想，在自动化测试项目中，它指导着测试工程师合理地排版布局、设计模块。目前探索出的设计模型有线性模型、模块化模型、数据模型、关键字模型、行为模型以及混合模型。

1. 线性模型

通过录制或编写脚本与应用程序的操作步骤对应起来，每个测试脚本都是相对独立的，且不产生其他依赖与调用，单纯的模拟用户操作场景。线性模型脚本开发时不需要考虑任何技巧，单个脚本开发速度非常快，但对于整个测试项目，这种测试脚本在开发和维护上都会出现大量的重复操作，成本是非常高的，首先脚本不能重复利用，其次当操作有所改变时相关的脚本都需要修改。因此，线性脚本比较适合临时、一次性的测试场景。

2. 模块化模型

将重复的操作独立出来，封装成公共模块，在编写测试脚本时如果需要便可以直接调用，提高代码的复用性。模块化模型是对线性模型上缺陷的纠正，它消除了线性脚本中不能重复利用的弊端，从而提高了自动化测试项目的可读性和可维护性。

模块化模型经过发展，衍生出了页面对象模型（Page Object Model，简称 PO 或 POM 模型），在 Web UI 自动化测试中应用非常广泛。通过面向对象的方式，封装页面定位和页面动作操作，与测试逻辑分离，实现页面对象与测试逻辑解耦，方便后续维护。

3. 数据模型

输入数据的改变驱动自动化测试的执行，最终引起测试结果的改变，简单理解就是数据参数化。装载数据的方式可以是列表、字典、Excel、数据库、XML 等外部文件，实现了数据与脚本的分离。

数据模型最大的益处就是数据与脚本分离，一套测试程序通过不同的测试数据产生不同的测试结果，可快速应对操作步骤相近，大批量测试数据的测试场景。

4. 关键字模型

通过关键字的改变引起测试结果的改变，也称为表驱动测试或基于动作词的测试。关键字驱动模型将测试用例分为测试步骤、测试对象、对象操作和对象数据 4 个部分，是对测试步骤的分解，将每一个操作步骤都分解成测试对象、对象操作和对象数据三个内容。测试步骤是该步骤的动作描述，可以理解为操作名称；测试对象是操作的元素；对象操作是对象动作，对象行为，例如单击、输入；对象数据是测试对象所需要的数据。

5. 行为模型

行为模型是一种敏捷开发方法，从用户的需求出发强调系统行为。通过使用自然描述语言确定自动化测试脚本的模型，自然描述语言即人类常用交流的语言，例如汉语、英语等。

行为模型可以使更多的人参与到自动化测试用例的开发中，测试用例的写法和手工功能测试用例的写法类似， 例如输入“登录系统”测试程序就执行登录系统操作。

6. 混合模型

混合模型是将模块化模型、数据模型和关键字模型混合在一起，取长补短，针对不同的场景灵活运用，以达到效率的最大化。

自动化测试模型是在实际工作中探索发展起来的。如果将测试模型比作一台榨油机，那么线性模型就是一次性成型的榨油机；模块化模型是由许多零部件组装的榨油机；数据模型是由许多零部件组装的榨油机，不但可以榨菜籽油还可以榨大豆油、花生油、芝麻油等；关键字模型是将榨油机器每个提炼油的工序都分解开来，例如放入大豆 10 斤→机器转动 5 分钟→停止机器→收取油和残渣；行为模型是通过一定的内容输入自动榨油，更高级点则是语音控制，例如语音输入榨取 10 斤大豆油，机器便会自动执行并最终会获取 10 斤大豆油。

1.2.4　度量模型

度量模型也称为成熟度模型。自动化度量模型，也可以称为对一个自动化项目或一个自动化团队的度量模型。不同的人或不同的项目根据自己的实际情况对度量模型的理解也不同，产生的度量标准也不尽相同，现从自动化测试的发展阶段、评估内容、建设能力三个维度对度量模型进行说明。

1. 自动化测试的发展阶段

从自动化的发展阶段来归纳，大致可以分为 5 个阶段，每个阶段均代表一种状态，如图 1-2 所示。

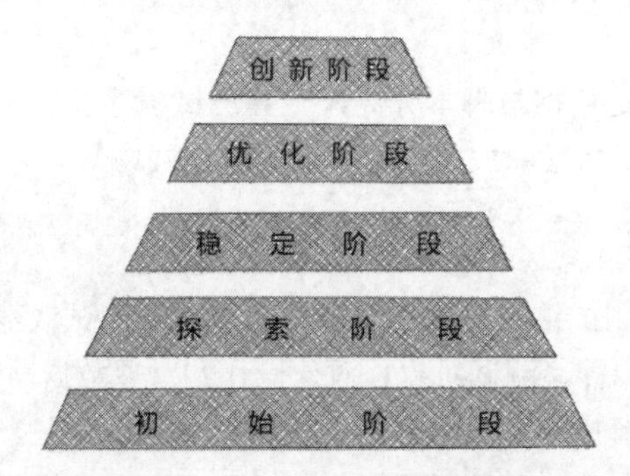

图 1-2　自动化发展阶段模型

- 初始阶段：团队几乎没有任何自动化方面的技术背景或经验，也没有在项目中做任何与自动化测试相关的尝试。该阶段，团队或项目在自动化测试方面一片空白。
- 探索阶段：听过一些技术分享，或团队成员有相关的技术基础，结合被测项目有自动化测试方向的尝试，想通过自动化测试提高测试效率，减少重复的工作。该阶段，团队正在积极探索，构建自动化测试图谱。
- 稳定阶段：经历了探索阶段，自动化理论基础、技术技能等已得到稳固，能成熟运用各种自动化技术实践，编写的自动化测试脚本也可以稳定运行。

- 优化阶段：优化阶段一定是在稳定阶段的基础上，当一切都稳定了之后，根据团队和当下情况进行优化改进，使自动化测试项目更有利于运行、结果追踪、问题定位等。对于一般团队，优化阶段可以说就是顶峰阶段。
- 创新阶段：创新阶段是创新、领导、先行，带领着自动化测试技术进步。已经超越了企业，是在整个自动化测试生态圈突破壁垒，拓展空间。

2. 评估内容

每一个阶段或每一个自动化项目都可以从覆盖率、有效性、效率、过程质量、体验、发现率 6 个方向来评估做得怎样，产生的效果如何，如图 1-3 所示。

- 覆盖率：包括业务功能覆盖率、异常场景覆盖率和代码覆盖率。
- 有效性：包括用例有效性、代码有效性和测试有效性。
- 效率：包括用例执行效率、冒烟测试效率、回归测试效率、投入资源与产出价值效率。
- 过程质量：包括用例测试质量、测试脚本质量与任务构建质量。
- 体验：包括测试人员体验、研发人员体验、运维人员体验与其他人员体验。
- 发现率：指应用代码和功能被自动化用例检测出缺陷的概率。

通过评估，可以得到接口测试的一些结果数据，对下一阶段自动化测试的开展有参考意义，也有助于不断提高测试的质量和效益。

3. 建设能力

以上两个维度只是对自动化测试当前项目的发展和评估。为了更好地发展，还应该对团队人员和项目建设有所考虑。因此，需要从建设能力维度做进一步考量，如图 1-4 所示。

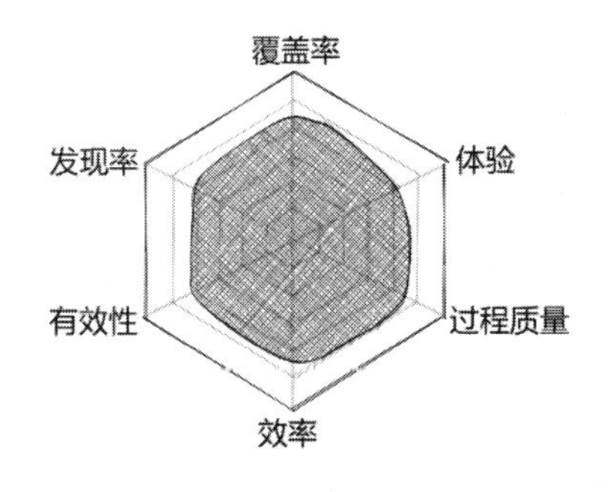

图 1-3　自动化评估模型

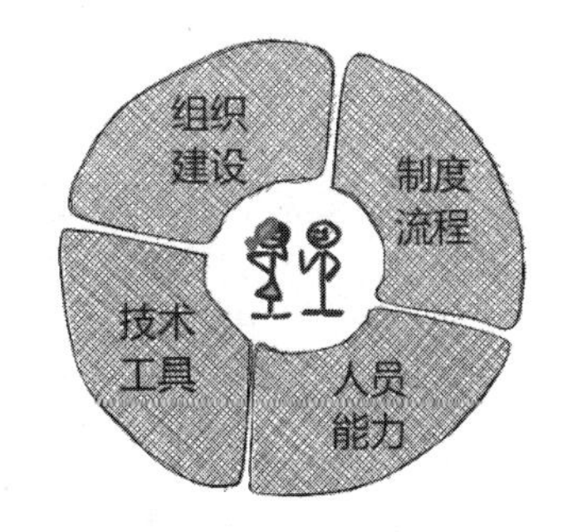

图 1-4　自动化建设能力模型

- 组织建设：保证自动化测试项目的顺利开展。
- 制度流程：管理或标准化自动化测试工作流程。
- 人员能力：人员技术水平、思维严谨等。
- 技术工具：采用什么技术或借助什么工具。

以上从三个维度对自动化测试度量模型做了概述，从这三个维度可以对团队或项目当前的现状进行评估，指导未来的改进空间。

1.3 自动化测试常用工具

实现自动化测试项目，需要借助许多工具来完成。借助这些工具，测试人员可以更好地编写自动化测试用例，运行和查看测试结果。相比手动测试，减少了很多人为错误，也很大程度地节省了人力和时间。

不同类型自动化测试项目使用的工具也不相同，下面根据自动化测试类型介绍一些常用的测试工具。

1.3.1 单元测试工具

单元自动化测试工具经常使用的是一些测试框架，测试框架是对整个或部分系统测试时提供的可重用设计，表现为一组抽象构件及构件实例间交互的方法。单元测试框架是为测试系统中的单元而定制的应用测试框架。在自动化测试中，基本都会使用单元测试框架来组织、管理和执行那些独立的自动化测试用例，并统计测试结果。

不同的工具或编程语言有着不同的单元测试框架，这些框架的结构、用法也都不尽相同，下面介绍一些比较有影响力的单元测试框架。

1. unittest

unittest 是 Python 内置的一个单元测试模块。它的设计受到 JUnit 的启发，与其他语言中的主流单元测试框架有着相似的风格，支持将测试样例聚合到测试集中，并将测试与报告框架独立。

2. pytest

pytest 是一个非常流行的 Python 第三方单元测试框架，简洁高效且支持 315 种以上的插件，同时兼容 unittest 框架，是一个功能齐全的 Python 测试工具。该工具可以帮助我们编写更好的程序，不仅可以编写小测试，还可以扩展到复杂的功能测试。拥有简单灵活、容易上手、支持参数化、可标记测试功能与属性等诸多特点。

3. JUnit

JUnit 是一个 Java 语言的单元测试框架。由 Kent Beck 和 Erich Gamma 建立，逐渐成为源于 Kent Beck 的 sUnit 的 xUnit 家族中最为成功的一个。JUnit 是一个开放资源框架，用于编写和运行可重复的测试，且提供了注释识别测试方法和断言测试预期结果。

4. TestNG

TestNG 旨在简化广泛的测试需求，是一个 Java 语言的测试框架，其灵感来自 JUnit 和 NUnit，但同时引入了一些新的功能，变得更强大、创新、可扩展、灵活。编写测试通常需要三个步骤：①编写测试的业务逻辑，并在代码中插入 TestNG 注解；②在 testng.xml 文件或 build.xml 中添加有关测试的信息；③运行 TestNG。

5. Go-testing

Go-testing 是 Go 语言自带的测试框架，可以直接进行单元测试、性能分析、输出结果验证等，使用非常简单。

单元测试工具非常多，除了上面介绍的常用工具之外，还有其他非常多优秀的工具，如 Mocha、Karma、Spock、CppUnit、C++Test 等，感兴趣的读者可查看相关资料，此处就不详细介绍了。

1.3.2　代码包测试工具

大部分测试人员很少会接触到代码包测试，但时时都在使用代码包接口。代码（code）是一组由字符、符号或信号码元以离散形式表示信息的明确的规则体系，是程序员用开发工具所支持的语言写出来的源文件。代码包（code package）则是这些源文件的一个集合，是一个有机整体，由许多必要的功能组成，每个功能里面又封装了若干个类和方法，这些类和方法都围绕着核心功能展开，并且提供了相关的操作和数据信息。

在软件开发中，开发人员经常会将一些具有特定功能的公用代码抽离成一个独立模块，其他地方需要时直接集成该模块，可很大程度提高开发效率。将这种独立模块打包共享，在编程语言中就形成了“模块共享”机制。为了方便表述，人们便将这种具有特定功能的独立模块称为包，也称代码包。

代码包是一个完善的代码接口体系，编程人员可以通过它提供的接口实现一些特定功能。很多编程语言中都支持代码包，比如，Python 语言可以在软件库（https://pypi.org/）查看已经发布的 Python 包。

代码包测试的主体是代码包提供给外部可以调用的一系列 API，例如 Selenium 包，测试主体就是 Selenium 提供给编程人员调用的 webdriver.Chrome()、find_element(by, value)、find_elements(by, value)、click()、quit()等类、方法或属性，其本身也是代码。我们可以使用单元测试工具实现代码包接口自动化测试项目。

1.3.3　接口测试工具

现在绝大部分项目都开展了接口测试，有的采用 Postman、JMeter 等可视化工具实现，有的通过 Python、Java 等编程脚本实现，还有的自研了接口测试平台。无论通过哪种方式实现接口测试，其目的都是为适合自身项目需求，产生最有效的价值输出。下面介绍一些在接口测试中常用的工具。

1. Postman

Postman 是一款可以运行在 MacOS、Windows、Linux 系统上的模拟发送 HTTP 接口请求的工具，几乎支持所有类型的 HTTP 请求，提供可视化操作界面，使用简单且容易上手。许多功能设计都非常切近使用者的习惯，利于项目接口的测试，例如接口分类管理、人员协同、内容分享、发布设计的接口、自动化生成接口文档、在线存储数据和任务定时等。

2. SoapUI

SoapUI 通过 SOAP/HTTP 来检查、调用、实现 Web Service 的功能/负载/符合性测试。该工具既可作为一个单独的测试软件使用，也可利用插件集成到 Eclipse、Maven2.X、Netbeans 和 IntelliJ 中使用。SoapUI 分为开源版和专业版，开源版（OpenSource）可以免费下载和使用，专业版（Pro）需要购买才能使用。对于开发人员和测试人员来说，SoapUI 的简单性和易用性可以加快 REST、SOAP 和 GraphQL 的接口交付。

3. JMeter

Apache JMeter 是 Apache 组织基于 Java 开发的压力测试工具，测试人员也经常用它来做接口测试。它是一个免费开源的、带有图形界面的应用程序，支持多种协议接口，例如 HTTP、JDBC、SOAP、LDAP、JMS、FTP 等。

4. Python-Requests

Requests 是 Python 语言进行标准 HTTP 请求的第三方库。它将请求背后的复杂性抽象成一个简单的 API，以便使用者可以专注于与服务交互和在应用程序中使用数据。Requests 简单便捷，功能丰富，可以满足日常测试需求。

除此之外，我们还会经常用到一些抓包工具，对接口进行分析。常用的抓包工具有 Fiddler、Wireshark、Charles、浏览器开发者工具等，这些抓包工具可以辅助我们更好地开展接口测试工作，提高测试效率。

1.3.4　Web UI 测试工具

近几年，Web 端 UI 自动化测试越来越受欢迎，同时也涌现出许多优秀的框架和工具。不同的工具采用不同的思想策略，实现的功能也各有侧重点。下面介绍一些比较常见的框架或工具。

1. Katalon

Katalon Studio 是一款非常优秀的自动化测试工具，可以运行在 Windows、MacOS、Linux 系统。构建在 Selenium 和 Appium 框架之上，提供了一整套功能支持 Web 系统、App 应用和 API 测试自动化。使用简单，对于不会编程的测试人员，也可以非常容易地开始一个项目的自动化，且支持 CI/CD（持续集成/持续发布）流程集成。

2. Selenium

Selenium 是 ThoughtWorks 公司研发的一个 Web UI 自动化测试框架，直接运行在浏览器中，就像真正的用户在操作一样。其支持在 Windows、macOS、Linux 多平台上运行，支持操作 IE、

FireFox、Safari、Opera、Chrome 等多种浏览器，支持 C#、Java、Ruby、Python 等多种语言。开源免费，且拥有成熟的社区、大量的文档，是目前最火的一款 Web UI 自动化工具。许多工具和测试平台都是建立在 Selenium 基础上。

3. Airtest

Airtest 是一个跨平台的 UI 自动化测试框架，几乎支持在所有平台（Android、iOS、Windows、Unity、Cocos2dx、白鹭引擎、微信小程序）上执行 App 自动化测试。它使用图像识别技术来定位 UI 元素，因此无须嵌入任何代码，即可对游戏和应用进行自动化操作。Airtest 有一个强大的 GUI 工具 AirtestIDE，可以帮助测试人员录制和调试测试脚本。

4. Cucumber

Cucumber 是一个可以用自然语言（自然语言通常指一种自然地随文化演化的语言，例如汉语、英语、日语）描述测试用例的行为驱动（BDD）自动化测试工具。在测试中，将执行步骤和断言信息使用自然语言定义好，编写测试用例脚本时，测试人员只需要根据定义好的文字进行即可完成，与手工功能测试编写用例非常相似，易于理解和维护。

5. Robot Framework

Robot Framework 是一个基于 Python 语言开发的关键字驱动测试自动化框架，功能丰富并且扩展性强，主要用于轮次很多的验收测试和验收测试驱动开发（ATDD）。它的测试功能可以通过 Python 或 Java 实现的测试库进行扩展，用户可以使用与创建测试用例相同的语法，从现有的关键字中创建新的更高级别的关键字。测试用例的编写就像填表格一样，简单易上手。

Web UI 自动化测试框架和工具多彩纷呈，还有一些比较有创意的工具，例如龙测、Cypress、TestCraft、AutonomIQ、Functionize、TestIM 等，都为自动化测试的发展提供了新颖的思路，值得我们学习。

1.3.5 App 测试工具

移动设备的大量使用，也带动了 App 测试技术的长足发展。与此同时，也出现了许多 App 自动化测试工具，例如 Appium、Robotium、Espresso、Calabash、Airtest 等，下面介绍一些常用的 App 自动化测试工具。

1. Appium

Appium 是一个开源、跨平台的移动端自动化测试工具，支持 Android、iOS 和 Windows 平台上的原生、macOS 平台应用、移动 Web 和混合应用，可以使用 Java、Python、JS、PHP 等多种语言编写。Appium 使用 Client-Server 的架构设计，并采用标准的 HTTP 通信协议，Server 端负责与 iOS、Android 原生测试框架交互。当 Client 端向 Server 端发送请求后，Server 端接收请求并进行解析，然后驱动 iOS/Android 设备执行相应的操作，最后将执行结果放在 HTTP 响应中返回客户端。

2. UI Automator

UI Automator 是谷歌推出的一个 Android 自动化测试工具，基于 Accessibility 服务，功能很强，基本上支持所有的 Android 事件操作。但是该工具只支持在 SDK16（Android 4.1）及以上版本运行，并且不支持移动浏览器和混合应用。同时，测试脚本只能使用 Java 语言，然后打包成 JAR 或 APK 包上传到设备上才可以运行。

3. Monkey

Monkey 是 Android SDK 自带的一个测试工具，使用 Java 语言编写，在 Android 文件系统中存放的路径是/system/framework/monkey.jar。使用 Monkey 工具可向系统发送伪随机的用户事件流，例如按键输入、触摸屏输入、手势输入等，检测程序长时间的稳定性。在测试中还会将日志输出，方便问题定位。但也有一定的局限性，即测试对象仅为应用程序包，生成的事件是随机的且不能自定义。

4. Robotium

Robotium 是一款 Android 自动化测试框架，主要用于 Android 平台的应用进行黑盒自动化测试，它提供了模拟各种手势操作（单击、长 按、滑动等）、查找和断言机制的 API，能够对各种控件进行操作。Robotium 拥有许多优点，例如轻松识别元素，API 使用简单，执行速度快，支持原生和混合应用。也可以和 Maven、Gradle 以及 Ant 工具结合，进行持续集成测试。

5. Espresso

Espresso 框架是谷歌官方大力推荐的一套测试框架，相比 Robotium 框架，Espresso 提供的 API 更加精确，编写测试代码简单，容易快速上手。

除了上面介绍的一些工具外，还有许多非常友好的 App 自动化测试工具，例如 KIF、XCTest、ATX、Macaca、Calabash 等。这些工具采用了不同的设计理念，从不同的方向和角度打造，目的都是更好地辅助 App 测试。

1.3.6 性能测试工具

性能测试也是当今测试人员发展的一个主流方向，要想深入理解性能测试，掌握基本的性能测试工具很有必要，其中 JMeter 和 LoadRunner 两款工具最有代表性。它们可用以模拟多并发用户，向服务器施加压力，帮助业务快速定位产品性能瓶颈，准确验证系统能力，全面提升稳定性。常见的性能测试工具如下：

1. JMeter

Apache JMeter 是 Apache 组织基于 Java 开发的压力测试工具，测试人员也经常用它来做接口测试。它是一个免费开源的，带有图形界面的应用程序，支持多种协议接口，例如 HTTP、JDBC、SOAP、LDAP、JMS、FTP。

2. LoadRunner

LoadRunner 是一款适用于大型企业应用程序的性能和负载测试。支持多种协议和技术，具有强大的分析和报告功能，被广泛使用，拥有丰富的资源和支持。

3. Locust

Locust 是用 Python 语言编写的开源、轻量级负载测试工具，可用于测试系统的承载能力和性能。适用于灵活定制性能测试脚本的场景。

4. WebLOAD

WebLOAD 是一款专业的性能测试工具，用于测试 Web 和移动应用程序的性能。它支持多种协议和技术，包括 HTTP、Ajax、WebSocket 等，并提供实时监控、性能分析和报告等功能。WebLOAD 还可以与 CI/CD 工具集成，实现自动化的性能测试流程。

当然，还有其他一些非常优秀的性能测试工具，例如 Gatling、PerfDog 等，都有各自的特色，如果有精力，也可以了解一下。

1.4　如何入门自动化测试

入门自动化测试是一个过程，需要学习者实现行为和思维两方面的转变，这也恰恰是许多即将入行人员最关心的内容。本节将结合笔者多年的从业实践，谈一下这方面的经验。

1.4.1　入门是基础

入门自动化测试需要拥有两个基本功，测试基础理论、经验和自动化工具的基本使用。首先，需要了解软件测试的基本概念、原理和流程，掌握测试用例的编写、执行、记录等基础能力。同时，还需要学习测试用例的设计原则和方法，对测试对象进行全面的了解。其次是掌握像 Postman、Selenium、Robot Framework、Appium 等自动化测试工具的使用。自动化测试是建立在测试基础、手工测试之上实现的，需要夯实的测试理论基础和大量的实践经验，因此在入门过程中手工测试经验积累是重中之重。入门自动化测试大致需要 1~3 年时间，在学习自动化测试的这段时间内，要并行开展手工测试以积累经验，掌握常用测试工具的使用。手工测试是本职工作，掌握常用测试工具是自我提升，要从行动上落实。

当初步掌握自动化测试工具的使用后，可通过项目进行尝试，体验自动化测试带来的价值。例如学完 Robot Framework，尝试将项目中优先级高的手工功能用例实现自动化，初步在项目中应用。在接触过程中逐渐体会自动化测试思维的转变，例如自动化测试更多在于检查已有功能的稳定，而非验证新功能的正确。此时，要考虑用例的实现，还要考虑脚本稳定、函数复用等。

入门自动化测试后会有一个非常直观的感受，任意一个常见的场景，可以瞬间给出可能的测试用例并列出高优先级用例，思考学过的自动化测试工具并给出可能实现的方案，此方案可能不是最优，但可以实现该场景的高优先级用例。

1.4.2 入行是起点

入行是从零开始，通过大量自动化测试经验教训的累积，形成自己的解决方式。例如本书实践篇第 9 章至第 15 章，就是笔者自动化测试经验的沉淀和思想的表现。入行的起点是模仿，基于入门基础，模仿他人的笔记完成当前工作，在模仿的过程中揣摩他人的写作思路，吸收精华，找出不足并思考如何改进；接着形成自我形态，在不打破现有自动化项目结构、规则、模型的前提下，实现自己思路；最后思考整个自动化项目的优缺点，提出改进方案，与前辈探讨可行性。当能够考虑整个自动化测试项目的时候，那么恭喜你已经成为自动化测试行业的骨干人员。

入行自动化测试后会有两种自信的表现，一种是基于他人项目模型，在熟悉后任意内容可快速实现自动化测试用例；另一种是承担新项目自动化测试工作，搭建一套基础框架并给出样例模型，他人模仿样例很容易补充自动化用例。

1.4.3 入职是挑战

入职一家新公司，接触一个新项目对自身来说都是一种挑战，首先是团队氛围，交流方式都与之前不同，要学会融入；其次是团队工作方式的改变，例如之前是被动式工作，领导安排什么活就干什么活，新团队是主动式工作，领导不会安排具体的工作，只罗列了范围、期望结果，需要自行管理过程，自我主动思考、尝试解决；最后是项目的变化，例如之前是合同管理项目，现在是类似于 Excel 的一个平台，那么在自动化测试实现的方式上就需要合理规划各种控件的自动化脚本实现。进入一个新团队，首先要做到的就是融入，其次才是思考自动化的实现。如果新项目已有自动化工作的积累，则先模仿补充，逐步优化；如果未有自动化测试的积累，则请教其他成员（例如开发、运维）团队的资源调度、工作规划等，结合团队当前已有的再有序拓展。入职新的团队，始终要保持空杯心态，自信而不失礼节地开展工作。

自动化测试入门简单，只需要熟悉测试理论，一定的手工功能测试经验和基本的相关工具使用。但入行就需要大量的经验积累，是一个长期的实践过程。本书作为一本软件自动化测试入门指南，希望带领读者快速入门，深入思考。

1.5 思考题

1. 什么是自动化测试？
2. 实施自动化测试能带来哪些价值？
3. 你都知道哪些自动化测试模型？
4. 开展一个自动化测试项目，需要经过哪些步骤？
5. 评估自动化测试项目，应从哪几个方面入手？

第2章 unittest

unittest 是 Python 语言内置的一个测试代码的模块，因此无须安装便可使用。unittest 简单、方便、易用，在许多测试项目中都能见到它的身影。本章将会详细介绍 unittest 的使用。

2.1 简　　介

unittest 单元测试框架是受 JUnit 的启发而设计的，与其他语言的主流单元测试框架有相似的风格，其支持测试自动化、配置共享和代码测试，支持测试用例聚合到测试集中，并将测试与报告框架独立。

unittest 有 4 大核心部分，分别是测试脚手架（TestFixture）、测试用例（TestCase）、测试套件（TestSuite）和测试运行器（TestRunner）。

- 测试脚手架：在一项或多项测试用例的执行前做准备工作，以及测试用例执行后的环境清理。
- 测试用例：unittest 提供一个基类 TestCase，用于新建测试用例。一个 TestCase 的实例就是一个测试用例，一个测试用例是一个独立的测试单元。
- 测试套件：是一系列测试用例的集合，用于将多个测试用例或测试套件集合在一起。当执行该测试套件时，便会执行该套件集中的所有测试用例。
- 测试运行器：用于执行测试和输出结果的组件。

这 4 部分内容相互关联，构成一个完整的测试流程，如图 2-1 所示。当我们写好测试用例后，可使用 unittest 提供的 TestLoader()方法，将多个测试用例或测试套件加载到一个测试套件中，再由 TextTestRunner 类下的 run()方法运行被加载到测试套件中的测试用例，最后将测试结果输出。在测试用例执行的过程中，不同的测试用例需要不同的测试环境，此时就需要借助测试脚手架

TestFixture 对测试用例进行环境或数据准备，以及测试完成后环境的恢复。

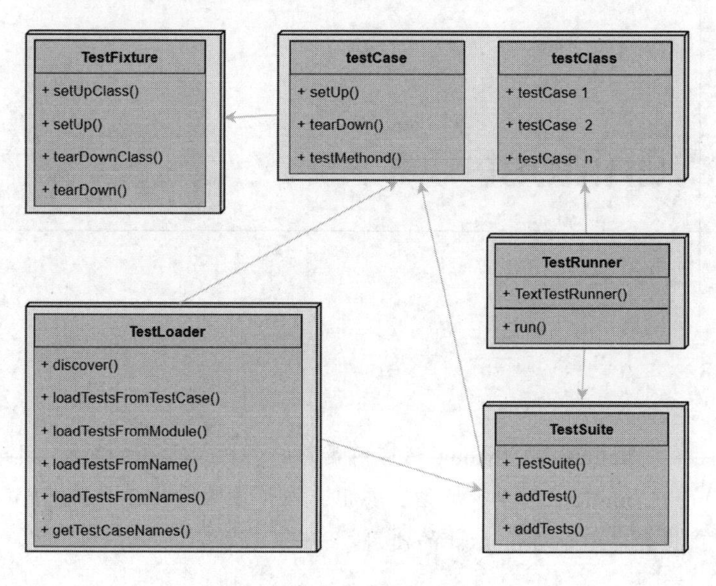

图 2-1 unittest 工作流程

2.2 测试用例

在 unittest 单元测试框架中，如果一个类继承了 unittest.TestCase，那么就认为该类是一个测试类，在此类下我们便可以写测试用例，unittest 在运行时会在该类下查找以 test 开头的方法并运行。因此在写测试用例时需要注意，如果是测试用例方法则方法名需要以 test 开头，如果不是测试用例则须避免方法名以 test 开头。

示例：新建一个 test_demo.py 文件，写一个 MyTest()类，继承 unittest.TestCase。在 MyTest()类下添加两个测试方法，分别命名为 test_case()和 no_test_case()，并且打印一些内容。

代码如下：

```
# chapter2\test_demo.py
import unittest


class MyTest(unittest.TestCase):
  def test_case(self):
    print("这是一个测试用例方法")

  def no_test_case(self):
    print("这不是一个测试用例方法")
```

```
if __name__ == '__main__':
  unittest.main()
```

unittest.main()提供了一个测试脚本的命令行接口。运行 test_demo.py 文件后控制台输出如下内容：

```
这是一个测试用例方法
.
----------------------------------------------------------------------
Ran 1 test in 0.001s

OK
```

从输出结果中可以看到，只输出了"这是一个测试用例方法"，可见只执行了以 test 开头的测试方法。

2.3　测试脚手架

测试脚手架提供了 setUp 和 tearDown 方法，用于环境准备和数据清理。setUp 相当于手工测试用例中的前置条件，tearDown 相当于手工测试用例中的后置条件。下面列出 unittest 中提供的测试脚手架方法：

- setUp()：测试前置方法，用于测试执行前做一些准备工作，作用域是测试方法，即每一个测试用例执行前都会执行一次。
- tearDown()：测试清理方法，用于测试执行后做一些清理工作，作用域是测试方法，即每一个测试用例执行后都会执行一次。
- setUpModule()：测试前置方法，作用域是测试模块，即在每一个测试模块执行前执行一次。
- tearDownModule()：测试后置方法，作用域是测试模块，即在每一个测试模块执行后执行一次。
- setUpClass()：测试前置方法，作用域是测试类，即在每一个测试类执行前执行一次。使用时需要添加装饰器@classmethod。
- tearDownClass()：测试后置方法，作用域是测试类，即在每一个测试类执行后执行一次。使用时需要添加装饰器@classmethod。

示例：新建一个 test_fixture_demo.py 文件，写两个测试类 TestClassOne()和 TestClassTwo()，均继承 unittest.TestCase，测试类下分别添加两个测试方法并且打印一些内容。在文件中添加脚手架方法 setUpModule()和 tearDownModule()，TestClassOne()类下添加脚手架方法 setUpClass()、tearDownClass()、setUp()和 tearDown()。

代码如下：

```
# chapter2\test_fixture_demo.py
import unittest


def setUpModule():
    print("模块级别的测试前置方法")


def tearDownModule():
    print("模块级别的测试后置方法")


class TestClassOne(unittest.TestCase):
    @classmethod
    def setUpClass(cls):
        print("类级别的测试前置方法")

    @classmethod
    def tearDownClass(cls):
        print("类级别的测试后置方法")

    def setUp(self):
        print("用例级别的测试前置方法")

    def tearDown(self):
        print("用例级别的测试后置方法")

    def test_case_1(self):
        print("TestClassOne 下的测试用例方法一")

    def test_case_2(self):
        print("TestClassOne 下的测试用例方法二")


class TestClassTwo(unittest.TestCase):
    def test_case_1(self):
        print("TestClassTwo 下的测试用例方法一")

    def test_case_2(self):
        print("TestClassTwo 下的测试用例方法二")


if __name__ == '__main__':
    unittest.main()
```

运行 test_fixture_demo.py 文件后控制台输出如下内容：

```
模块级别的测试前置方法
类级别的测试前置方法
用例级别的测试前置方法
TestClassOne 下的测试用例方法一
用例级别的测试后置方法
.用例级别的测试前置方法
TestClassOne 下的测试用例方法二
用例级别的测试后置方法
.类级别的测试后置方法
TestClassTwo 下的测试用例方法一
.TestClassTwo 下的测试用例方法二
.模块级别的测试后置方法

----------------------------------------------------------------------
Ran 4 tests in 0.003s

OK
```

从输出结果中可以得到 setUpModule()和 tearDownModule()在整个测试模块的运行前后执行，setUpClass()和 tearDownClass()只在它所在的测试类运行前后执行，setUp()和 tearDown()在它所在测试类下的所有测试用例运行前后均执行。

2.4　测试套件

测试套件是一系列测试用例的集合，unittest 提供了多种方式允许我们将测试用例加载到测试套件中，方便分类。下面介绍三种构建测试套件的方法。

2.4.1　TestSuite 类构建

unittest.TestSuite()类是最直接的一种构建方式，我们可以直接通过 TestSuit()类的实例构建，也可以通过 TestSuite()下的 addTests()和 addTest()方法构建。下面来看详细的示例代码：

```
# chapter2\create_suit_1.py
import unittest


class TestCreateSuit(unittest.TestCase):
    def test_case_1(self):
        print("测试用例方法一")

    def test_case_2(self):
        print("测试用例方法二")

    def test_case_3(self):
```

```
        print("测试用例方法三")


if __name__ == '__main__':
    # 使用 TestSuite 类直接构建
    suit1 = unittest.TestSuite(map(TestCreateSuit, ['test_case_1', 'test_case_2']))
    # 使用 addTests 方法构建
    suit2 = unittest.TestSuite()
    suit2.addTests(map(TestCreateSuit, ['test_case_1', 'test_case_2',
'test_case_3']))
    # 使用 addTest 方法构建
    suit3 = unittest.TestSuite()
    suit3.addTest(TestCreateSuit('test_case_1'))
    suit3.addTest(TestCreateSuit('test_case_3'))

    # 执行测试用例
    unittest.TextTestRunner().run(suit1)
    unittest.TextTestRunner().run(suit2)
    unittest.TextTestRunner().run(suit3)
```

上述代码通过三种不同的方式创建了 suit1、suit2 和 suit3 三个测试套件，每个测试套件中都有不同的测试用例，然后通过 TextTestRunner()类下的 run()方法运行这三个测试套件。从命令行工具中进入 create_suit_1.py 文件所在目录，执行命令 python create_suit_1.py。运行后控制台输出如下结果：

```
测试用例方法一
.测试用例方法二
.
----------------------------------------------------------------------
Ran 2 tests in 0.000s

OK
测试用例方法一
.测试用例方法二
.测试用例方法三
.
----------------------------------------------------------------------
Ran 3 tests in 0.000s

OK
测试用例方法一
.测试用例方法三
.
----------------------------------------------------------------------
Ran 2 tests in 0.001s

OK
```

通过结果可以看到，三个 TestSuite 执行的测试用例都是加载到各自套件中的用例。

2.4.2 TestLoader 类构建

TestLoader()类可根据目录批量创建测试套件，指定用例的存放目录，并通过一定的匹配规则查找测试用例。TestLoader() 类下提供了 discover()、loadTestsFromTestCase()、loadTestsFromModule()、loadTestsFromName()和 loadTestsFromNames() 5 个方法构建测试套件。

- discover()：有三个参数 start_dir（测试用例目录地址）、pattern（匹配规则）、top_level_dir（顶层目录的名称）需要设置，意思是在 start_dir 目录下根据 pattern 规则匹配测试用例。
- loadTestsFromTestCase（testCaseClass）：将 testCaseClass 下的所有测试用例作为一个测试套件返回。
- loadTestsFromModule（module）：将 module 下的所有测试用例作为一个测试套件返回。
- loadTestsFromName（name）：根据给定的 name 字符串匹配测试用例，并将匹配到的所有测试用例作为一个测试套件返回。name 字符串可以是模块名、测试类名、测试类中的测试方法名，或者一个可调用的实例对象。
- loadTestsFromNames（names）：和 loadTestsFromName()功能一样，只不过参数 names 是字符串列表。

下面来看详细的示例代码：

```
# chapter2\create_suit_2.py
import unittest


class TestCreateSuit(unittest.TestCase):
    def test_case_1(self):
        print("测试用例方法一")

    def test_case_2(self):
        print("测试用例方法二")

    def test_case_3(self):
        print("测试用例方法三")


if __name__ == '__main__':
    # 使用 discover 方法构建，匹配当前目录下 create_suit_2.py 文件中的所有测试用例
    suit1 = unittest.TestLoader().discover('.', 'create_suit_2.py')

    # 使用 loadTestsFromTestCase 方法构建，匹配 TestCreateSuit 类下的所有测试用例
    suit2 = unittest.TestLoader().loadTestsFromTestCase(TestCreateSuit)
```

```
# 使用 loadTestsFromTestCase 方法构建
import importlib
# 导入 create_suit_2
test_module = importlib.import_module('create_suit_2')
# 匹配 test_module 中的所有测试用例
suit3 = unittest.TestLoader().loadTestsFromModule(test_module)
# 使用 loadTestsFromName 方法构建，匹配模块名为 create_suit_2 下的所有测试用例
suit4 = unittest.TestLoader().loadTestsFromName('create_suit_2')
# 使用 loadTestsFromNames 方法构建，匹配模块 create_suit_1 和 create_suit_2 下的所有测试用例
module_names = ['create_suit_1', 'create_suit_2']
suit5 = unittest.TestLoader().loadTestsFromNames(module_names)
```

2.4.3　其他方法构建

除了使用 TestSuite()和 TestLoader()构建测试套件外，还有其他的一些构建方法。在此介绍通过 makeSuite()和 findTestCases()两种方法构建测试套件。makeSuite()方法可匹配一个测试类下的测试用例构建一个测试套件，findTestCases()方法则是匹配一个测试模块下的测试用例构建一个测试套件。下面来看详细的示例代码：

```
# chapter2\create_suit_3.py
import unittest


class TestCreateSuit(unittest.TestCase):
  def test_case_1(self):
    print("测试用例方法一")

  def test_case_2(self):
    print("测试用例方法二")

  def test_case_3(self):
    print("测试用例方法三")


if __name__ == '__main__':
  # 使用 makeSuit 方法构建
  # 匹配 TestCreateSuit 类下的所有测试用例
  suit1 = unittest.makeSuite(TestCreateSuit)
  # 匹配 TestCreateSuit 类下的 test_case_2 测试用例
  suit2 = unittest.makeSuite(TestCreateSuit, prefix='test_case_2')

  # 使用 addTests 方法构建
  import importlib
  test_module = importlib.import_module('create_suit_3')
```

```
# 匹配 create_suit_3 模块下的所有测试用例
suit3 = unittest.findTestCases(test_module)
# 匹配 create_suit_3 模块下的 test_case_1 测试用例
suit4 = unittest.findTestCases(test_module, prefix='test_case_1')
```

在 unittest 构建测试套件时，匹配规则中可以使用通配符（*），表示任意内容。例如 discover('.', 'create*.py')就是匹配当前目录下所有以 create 开头的 py 文件。

2.5 测试运行器

测试运行器是一个用于执行和输出结果的组件，使用非常简单，只需要实例化一个 TextTestRunner()对象，然后将需要执行的测试套件传入到运行方法 run()中，运行测试脚本即可执行测试套件中的所有测试用例，并将结果在控制台中打印。在实例化 TextTestRunner()对象时，可以通过 verbosity 参数控制输出结果的详细程度。verbosity 一共有以下三个值可以选择：

- 0：静默模式，只输出总测试用例数和总结果。
- 1：默认模式，即默认值。在输出总测试用例数和总结果的基础上，还会标注每条用例的结果，成功用例用 . 标注，失败用例用 F 标注。
- 2：详细模式，会将每个测试用例的所有相关信息都输出。

下面来看详细的示例代码，我们将 verbosity 设置为 2：

```
# chapter2\test_runner.py
import unittest


class TestRunner(unittest.TestCase):
    def test_case_1(self):
        print("测试用例方法一")
        self.assertEqual(1, 1)

    def test_case_2(self):
        print("测试用例方法二")
        self.assertEqual(1, 1)

    def test_case_3(self):
        print("测试用例方法三")
        self.assertEqual(1, 2)


if __name__ == '__main__':
    suit = unittest.TestLoader().loadTestsFromTestCase(TestRunner)
    # 执行测试用例
```

```
    runner = unittest.TextTestRunner(verbosity=2)
    runner.run(suit)
```

运行脚本后控制台的输出结果如下：

```
test_case_1 (__main__.TestRunner) ... 测试用例方法一
ok
test_case_2 (__main__.TestRunner) ... 测试用例方法二
ok
test_case_3 (__main__.TestRunner) ... 测试用例方法三
FAIL

======================================================================
FAIL: test_case_3 (__main__.TestRunner)
----------------------------------------------------------------------
Traceback (most recent call last):
  File "~\chapter2\test_runner.py", line 16, in test_case_3
    self.assertEqual(1, 2)
AssertionError: 1 != 2

----------------------------------------------------------------------
Ran 3 tests in 0.001s

FAILED (failures=1)
```

从结果中可以看到每一条测试用例的名称和测试结果，通过的用例显示 ok，失败的用例显示 FAIL，对于失败的用例还会追踪失败的代码位置。

2.6　命令行接口

本节之前执行测试用例都是通过在脚本中添加测试运行器实现的，还可以使用 unittest 模块提供的命令行接口运行测试模块、类和独立的测试方法。示例如下：

```
python -m unittest test_module1 test_module2
python -m unittest test_module.TestClass
python -m unittest test_module.TestClass.test_method
```

在使用时可以单独运行某个测试模块、类和测试方法，也可以任意组合运行，下面来看一个简单的示例，通过命令行执行 2.5 节创建的 test_runner.py 模块。

从命令行工具中进入 test_runner.py 文件所在的目录，然后执行命令 python -m unittest test_runner.py。

```
~code\chapter2> python -m unittest test_runner.py
测试用例方法一
.测试用例方法二
```

```
.测试用例方法三
F
======================================================================
FAIL: test_case_3 (test_runner.TestRunner)
----------------------------------------------------------------------
Traceback (most recent call last):
  File "~\chapter2\test_runner.py", line 16, in test_case_3
    self.assertEqual(1, 2)
AssertionError: 1 != 2

----------------------------------------------------------------------
Ran 3 tests in 0.001s

FAILED (failures=1)
```

从控制台输出的结果中可以看到，执行了 test_runner.py 模块下的所有测试用例，并且给出了测试用例通过或失败的结论。

在使用命令行接口时还能添加一些参数丰富测试的执行或结果展示，可以通过 python -m unittest -h 命令查看相关参数，如图 2-2 所示。

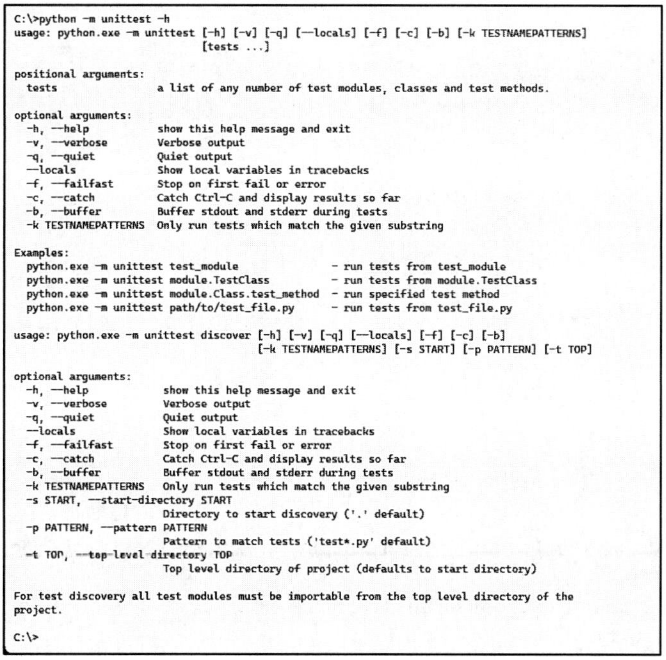

```
C:\>python -m unittest -h
usage: python.exe -m unittest [-h] [-v] [-q] [--locals] [-f] [-c] [-b] [-k TESTNAMEPATTERNS]
                              [tests ...]

positional arguments:
  tests                a list of any number of test modules, classes and test methods.

optional arguments:
  -h, --help           show this help message and exit
  -v, --verbose        Verbose output
  -q, --quiet          Quiet output
  --locals             Show local variables in tracebacks
  -f, --failfast       Stop on first fail or error
  -c, --catch          Catch Ctrl-C and display results so far
  -b, --buffer         Buffer stdout and stderr during tests
  -k TESTNAMEPATTERNS  Only run tests which match the given substring

Examples:
  python.exe -m unittest test_module               - run tests from test_module
  python.exe -m unittest module.TestClass          - run tests from module.TestClass
  python.exe -m unittest module.Class.test_method  - run specified test method
  python.exe -m unittest path/to/test_file.py      - run tests from test_file.py

usage: python.exe -m unittest discover [-h] [-v] [-q] [--locals] [-f] [-c] [-b]
                                       [-k TESTNAMEPATTERNS] [-s START] [-p PATTERN] [-t TOP]

optional arguments:
  -h, --help            show this help message and exit
  -v, --verbose         Verbose output
  -q, --quiet           Quiet output
  --locals              Show local variables in tracebacks
  -f, --failfast        Stop on first fail or error
  -c, --catch           Catch Ctrl-C and display results so far
  -b, --buffer          Buffer stdout and stderr during tests
  -k TESTNAMEPATTERNS   Only run tests which match the given substring
  -s START, --start-directory START
                        Directory to start discovery ('.' default)
  -p PATTERN, --pattern PATTERN
                        Pattern to match tests ('test*.py' default)
  -t TOP, --top-level-directory TOP
                        Top level directory of project (defaults to start directory)

For test discovery all test modules must be importable from the top level directory of the
project.

C:\>
```

图 2-2　unittest 命令行参数

以下是一些常用的参数：

- -v：也可写成--verbose，输出详细的测试信息。

- -b：也可写成--buffer，当测试在运行时，标准输出流和错误流会被放入缓存区。如果测试运行通过则释放缓存，如果测试运行失败则信息会打印。
- -c：也可写成--catch，在测试执行时按下 Ctrl-C 会等待当前测试完成，并输出所有已被测试的用例报告。再次按下 Ctrl-C 就会引发 KeyboardInterrupt 异常。
- -f：也可写成--failfast，当出现第一个失败或错误时，就会停止运行测试。
- -p：也可写成--pattern，匹配的测试文件名，默认值为 test*.py。

2.7 用例执行顺序

unittest 框架在运行测试用例时并不是按照从上到下的顺序执行，而是根据测试套件中用例的加载顺序依次执行。如果使用 addTest()方法加载单个测试用例，那么测试套件中用例的顺序就是 addTest()依次加载的顺序；如果是通过其他方法批量加载测试用例，那么测试套件中的用例会根据 ACSII 码的顺序排序，数字与字母的顺序为：0~9，A~Z，a~z。

示例：创建三个测试方法 test_case_A、test_case_a、test_case_1，然后通过 TestLoader()类加载测试用例构建一个测试套件。

代码如下：

```
# chapter2\test_case_order.py
import unittest


class TestCaseOrder(unittest.TestCase):
    def test_case_A(self):
        pass

    def test_case_a(self):
        pass

    def test_case_1(self):
        Pass


if __name__ == '__main__':
    suit = unittest.TestLoader().loadTestsFromTestCase(TestCaseOrder)
    # 执行测试用例
    runner = unittest.TextTestRunner(verbosity=2)
    runner.run(suit)
```

运行脚本后控制台的输出结果如下：

```
test_case_1 (__main__.TestCaseOrder) ... ok
test_case_A (__main__.TestCaseOrder) ... ok
test_case_a (__main__.TestCaseOrder) ... ok
```

```
----------------------------------------------------------------------
Ran 3 tests in 0.001s

OK
```

从结果中可以看到，首先执行了 test_case_1，然后执行了 test_case_A 和 test_case_a，与ACSII 码的顺序一致。

2.8 测试断言

断言用于预期结果与实际以结果的对比，在测试用例中添加断言可确定测试用例是否执行通过。下面我们通过一个简单的示例来理解断言的作用。

示例：有一个计算两数相加的函数，对此写两个简单的测试用例方法，并且使用断言。

代码如下：

```
# chapter2\test_case_assert.py
import unittest


def calculate_sum(a: int, b: int) -> int:
    return a + b


class TestCaseAssert(unittest.TestCase):
    def test_case_1(self):
        expected_result = 3
        actual_result = calculate_sum(1, 2)
        self.assertEqual(expected_result, actual_result, msg="实际结果与预期结果不相等")

    def test_case_2(self):
        expected_result = 2
        actual_result = calculate_sum(1, 2)
        self.assertEqual(expected_result, actual_result, msg="实际结果与预期结果不相等")


if __name__ == '__main__':
    suit = unittest.TestLoader().loadTestsFromTestCase(TestCaseAssert)
    # 执行测试用例
    runner = unittest.TextTestRunner()
    runner.run(suit)
```

运行脚本后控制台的输出结果如下：

```
.F
======================================================================
FAIL: test_case_2 (__main__.TestCaseAssert)
----------------------------------------------------------------------
```

```
Traceback (most recent call last):
  File "~\chapter2\test_case_assert.py", line 18, in test_case_2
    self.assertEqual(expected_result, actual_result, msg="实际结果与预期结果不相等")
AssertionError: 2 != 3 : 实际结果与预期结果不相等

----------------------------------------------------------------------
Ran 2 tests in 0.000s

FAILED (failures=1)
```

上述代码中使用了 assertEqual()方法对结果进行判断，如果预期结果与实际结果相等，则测试通过，如果不相等则测试失败。test_case_1 用例的预期结果 3 与实际结果 3 相等，所以测试通过；test_case_2 用例预期结果 2 与实际结果 3 不相等，所以测试失败。

assertEqual(first,second,msg=None)方法中有三个参数，第一个参数 first 是预期结果，第二个参数 second 是实际结果，第三个参数 msg 是断言提示信息，其中第三个参数 msg 是非必填参数，如果测试失败则显示该信息提示测试人员。

unittest 中断言主要有三种类型，分别是布尔断言、比较断言和复杂断言。

1. 布尔断言

布尔断言是对内容进行判断，结果返回 True 或 False。并且可以添加 msg 参数，当断言失败时会返回 msg 参数。经常使用的布尔断言方法如表 2-1 所示。

表2-1　布尔断言的方法

断言方法	断言描述
assertEqual(first, second, msg=None)	检查 first == second，如果相等返回 True
assertNotEqual(first, second, msg=None)	检查 first!= second，如果不相等返回 True
assertTrue(expr, msg=None)	检查 expr 是否为真，如果为真返回 True
assertFalse(expr, msg=None)	检查 expr 是否为假，如果为假返回 True
assertIs(expr1, expr2, msg=None)	检查 expr1 和 expr2 是否为同一个对象，如果是返回 True
assertIsNot(expr1, expr2, msg=None)	检查 expr1 和 expr2 是否为同一个对象，如果不是返回 True
assertIsNone(obj, msg=None)	检查 obj 是 None，如果是返回 True
assertIsNotNone(obj, msg=None)	检查 obj 不是 None，如果不是返回 True
assertIn(member, container, msg=None)	检查 member 在 container 中，相当于 assertTrue(a in b)，如果在，则返回 True
assertNotIn(member, container, msg=None)	检查 member 不在 container 中，相当于 assertTrue(a not in b)，如果不在，则返回 True
assertIsInstance(obj,cls,msg=None)	检查 obj 是 cls 的实例，如果是返回 True
assertNotIsInstance(obj,cls,msg=None)	检查 obj 不是 cls 的实例，如果不是返回 True

2. 比较断言

比较断言是对两个内容之间进行比较，比较之后的结果如果为真，则返回 True，否则返回 False。经常使用的比较断言方法如表 2-2 所示。

表2-2　比较断言的方法

断言方法	断言描述
assertAlmostEqual (first,second, places=7,msg=None,delta=None)	检查 first 约等于 second，places 是一个可选参数，表示指定精确到小数点后多少位，默认值是 7。places 与 delta 不能同时存在，若 delta 有值，places 为空，则判断 first 与 second 差的绝对值是否 <=delta
assertNotAlmostEqual (first,second, places=7,msg=None,delta=None)	检查 first 与 second 约等于值不相等
assertGreater (a, b, msg=None)	检查 a>b，如果是返回 True
assertGreaterEqual (a, b, msg=None)	检查 a≥b，如果是返回 True
assertLess (a, b, msg=None)	检查 a < b，如果是返回 True
assertLessEqual (a, b, msg=None)	检查 a≤b，如果是返回 True
assertRegexpMatches (text, regexp, msg=None)	正则匹配，同 re.search(regexp, text)，匹配有，则返回 True
assertNotRegexpMatches (text, regexp, msg=None)	正则匹配，同 re.search(regexp, text)，匹配无，则返回 True

3. 复杂断言

复杂断言在自动化测试工作中不太常用，主要用于两个元组、列表、集合、字典是否相等。可以使用的复杂断言方法如表 2-3 所示。

表2-3　复杂断言的方法

断言方法	断言描述
assertListEqual(list1,list2,msg=None)	检查列表 list1 和 list2 是否相等，如果相等返回 True
assertTupleEqual(tuple1,tuple2,msg=None)	检查元组 tuple1 和 tuple2 是否相等，如果相等返回 True
assertSetEqual(set1,set2,msg=None)	检查集合 set1 和 set2 是否相等，如果相等返回 True
assertDictEqual(d1,d2,msg=None)	检查字典 d1 和 d2 是否相等，如果相等返回 True

2.9　skip 装饰器

在自动化测试中，我们经常会遇到这样的情况，很明确地知道某个测试用例会失败，但是又不想让该用例的失败信息出现在测试结果中，影响测试结果。测试执行结束后，测试人员查找失败用例的原因时，也可忽略该用例，减少测试人员的工作量。此时就可以使用 unittest 框架中提供的 skip 装饰器。

使用 skip 装饰器可以跳过单个或整组的测试用例，也可以使用 expectedFailure 装饰器将用例标注成预期失败的测试。unittest 提供的 skip 装饰器如下：

- @unittest.skip(reason)：无条件跳过，reason 用于描述跳过的原因。
- @unittest.skipIf(condition, reason)：当 condition 为 True 时跳过。
- @unittest.skipUnless(condition, reason)：当 condition 为 False 时跳过。
- @unittest.expectedFailure：标记预期失败的用例，脚本运行时如果该用例测试失败，测试结果不会当作失败的用例统计。

下面来看详细的示例代码：

```
# chapter2\test_case_skip.py
import unittest


class TestCaseSkip(unittest.TestCase):
    @unittest.skip("跳过此条测试用例")
    def test_case_1(self):
        pass

    @unittest.skipIf(2 > 1, "当 2 大于 1 时跳过此条测试用例")
    def test_case_2(self):
        pass

    @unittest.skipUnless(2 < 1, "当 2 小于 1 时跳过此条测试用例")
    def test_case_3(self):
        pass

    @unittest.expectedFailure
    def test_case_4(self):
        self.assertEqual(1, 2)

    # @unittest.expectedFailure
    # def test_case_5(self):
    #     pass


if __name__ == '__main__':
    suit = unittest.TestLoader().loadTestsFromTestCase(TestCaseSkip)
    # 执行测试用例
    runner = unittest.TextTestRunner(verbosity=2)
```

```
    runner.run(suit)
```

运行脚本后控制台的输出结果如下：

```
test_case_1 (__main__.TestCaseSkip) ... skipped '跳过此条测试用例'
test_case_2 (__main__.TestCaseSkip) ... skipped '当 2 大于 1 时跳过此条测试用例'
test_case_3 (__main__.TestCaseSkip) ... skipped '当 2 小于 1 时跳过此条测试用例'
test_case_4 (__main__.TestCaseSkip) ... expected failure

----------------------------------------------------------------------
Ran 4 tests in 0.001s

OK (skipped=3, expected failures=1)
```

从结果中可以看到，添加了 skip 装饰器的测试方法结果都标记成了 skipped，表示跳过，没有执行。预期失败的测试方法 test_case_4 显示的结果是 expected failure，整个测试套件的结果是 OK，意味着没有失败的用例，也就是 test_case_4 本是一个失败的用例，添加了 expectedFailure 装饰器后将不会作为一个失败的用例出现在结果中。

在此可以试想一下，如果添加了 expectedFailure 装饰器的用例本是一个成功的用例，那最终结果又该如何？在上面测试脚本中对 test_case_5 测试方法进行了注释，它本是一个成功的用例，却添加了 expectedFailure 装饰器。我们取消注释，再次运行脚本查看结果，控制台的输出结果如下：

```
test_case_1 (__main__.TestCaseSkip) ... skipped '跳过此条测试用例'
test_case_2 (__main__.TestCaseSkip) ... skipped '当 2 大于 1 时跳过此条测试用例'
test_case_3 (__main__.TestCaseSkip) ... skipped '当 2 小于 1 时跳过此条测试用例'
test_case_4 (__main__.TestCaseSkip) ... expected failure
test_case_5 (__main__.TestCaseSkip) ... unexpected success

----------------------------------------------------------------------
Ran 5 tests in 0.001s

FAILED (skipped=3, expected failures=1, unexpected successes=1)
```

从结果中可以看到，test_case_5 测试方法的最终结果是 unexpected success，整个测试套件的结果是 FAILED。这是因为 test_case_5 用例我们预期它是失败的，但实际运行成功了，不符合我们的预期，所以最终给出的结果是失败。

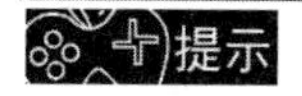

一旦测试用例被标注为跳过，那么该测试用例的 setUp()和 tearDown()也不会被运行。同理，如果跳过的是测试类，其 setUpClass()和 tearDownClass()也不会被运行，如果跳过的是测试模块，setUpModule()和 tearDownModule()则不会被运行。

2.10 模拟对象 mock

unittest.mock 是一个用于测试的 Python 库，它允许使用模拟对象来替换被测系统的一些部分，并对这些部分如何被使用进行断言。在早期版本中，mock 是一个单独的库，Python 3.3 版本后其被合并到 unittest 单元测试框架中。

unittest.mock 提供的 Mock 类和 MagicMock 类能在整个测试套件中模拟大量的方法。创建后，就可以断言调用了哪些方法/属性及其参数。还可以以常规方式指定返回值并设置所需的属性。MagicMock 是 Mock 类的一个子类，它实现了所有常用的 magic 方法。

Mock 类实例化时可添加的参数如下：

- spec：可以传入一个字符串列表、类或者实例，如果传入的是类或者实例对象，那么将会使用 dir 方法将该类或实例转化为一个字符串列表（magic 属性和方法除外）。访问任何不在此列表中的属性和方法时，都会抛出 AttributeError。
- spec_set：spec 参数的变体，如果试图使用 get 或 set 操作此参数指定的对象中没有的属性或方法，就会抛出 AttributeError。
- side_effect：指定被调用时执行的动作。每当 Mock 对象被调用时，就会自动调用该函数，可以用来抛出异常或者动态改变 mock 对象的返回值。如果 side_effect 是一个可迭代对象，则每次对 mock 的调用都将返回迭代对象中的下一个值。
- return_value：指定返回值，默认第一次调用时创建新的 Mock 对象。
- wraps：包裹 Mock 对象的对象，如果 wraps 不是 None，那么调用 Mock 将把调用传递给被包装的对象（返回实际结果）。但是如果 Mock 对象指定了 return_value，那么 wraps 对象将不再有效。
- name：指定 mock 对象的名称。

假如现需要开发一个获取学生信息的接口，接口已经定义好了，但是开发人员还未开发完成，而测试人员需要完成测试工作，这个时候就可借助 Mock 模拟接口对象，完成测试工作。代码如下：

```
# chapter2\mock_demo.py
import unittest
from unittest.mock import MagicMock


# 学生信息类
class StudentInfo:
    def get_info(id):
        pass


students = {
    1001: {"name": "方鸿渐", "age": "21", "sex": "男"},
```

```
    1002: {"name": "苏文纨", "age": "21", "sex": "女"},
    1003: {"name": "唐晓芙", "age": "17", "sex": "女"}
}


# mock 获取学生信息方法
def mock_get_info(id):
    return students[id]


student_info = StudentInfo()
# 使用 MagicMock 类实现获取学生信息对象
student_info.get_info = MagicMock(side_effect=mock_get_info)


class TestGetStudentInfo(unittest.TestCase):
    def test_mock_1(self):
        self.assertEqual({"name": "方鸿渐", "age": "21", "sex": "男"},
student_info.get_info(1001))

    def test_mock_2(self):
        with self.assertRaises(KeyError):
            student_info.get_info(2)


if __name__ == '__main__':
    suit = unittest.TestLoader().loadTestsFromTestCase(TestGetStudentInfo)
    runner = unittest.TextTestRunner(verbosity=2)
    runner.run(suit)
```

运行脚本后控制台输出如下结果：

```
test_mock_1 (__main__.TestGetStudentInfo) ... ok
test_mock_2 (__main__.TestGetStudentInfo) ... ok

----------------------------------------------------------------------
Ran 2 tests in 0.001s

OK
```

从控制台输出的结果可以看到，模拟获取学生信息接口成功。从 test_mock_1 用例可以知道，当输入的学生 id 存在时，成功返回了学生信息，断言成功；从 test_mock_2 用例可以知道，当输入的学生 id 不存在时抛出 KeyError 异常，断言成功。

2.11 ddt 实现参数化

在自动化测试用例的实现中，经常会遇到一种情况：操作步骤完全一样，只是输入数据和输出数据不同，每一条用例实现时都是复制已有的用例，然后修改输入数据和预期结果。例如查询学生信息的一个接口测试，同一个接口只需要改变输入参数就能得到不同的学生信息返回结果。最原始的用例方法是每一次查询写成一条测试用例，如下代码：

```
# chapter2\ddt\old_writing.py
import unittest


def get_student_info(student_id):
    students = {
        1001: {"name": "方鸿渐", "age": "21", "sex": "男"},
        1002: {"name": "苏文纨", "age": "21", "sex": "女"},
        1003: {"name": "唐晓芙", "age": "17", "sex": "女"},
        1004: {"name": "赵辛楣", "age": "16", "sex": "女"}
    }
    return students.get(student_id, "The student ID does not exist.")


class TestGetStudentInfo(unittest.TestCase):
    def test_case_1(self):
        expect = {"name": "方鸿渐", "age": "21", "sex": "男"}
        self.assertEqual(expect, get_student_info(1001), msg="断言失败")

    def test_case_2(self):
        expect = {"name": "唐晓芙", "age": "17", "sex": "女"}
        self.assertEqual(expect, get_student_info(1003), msg="断言失败")

    def test_case_3(self):
        expect = "The student ID does not exist."
        self.assertEqual(expect, get_student_info(1007), msg="断言失败")
```

可以看到每一个输入参数和断言的改变都需要复制一条新测试用例，完全是做不用思考的重复工作。可能有些读者会把测试对象封装成方法，把输入参数和预期结果作为参数传入，简化每个测试用例，例如如下写法：

```
# chapter2\ddt\simplify_writing.py
import unittest


def get_student_info(student_id):
    students = {
        1001: {"name": "方鸿渐", "age": "21", "sex": "男"},
```

```
        1002: {"name": "苏文纨", "age": "21", "sex": "女"},
        1003: {"name": "唐晓芙", "age": "17", "sex": "女"},
        1004: {"name": "赵辛楣", "age": "16", "sex": "女"}
    }
    return students.get(student_id, "The student ID does not exist.")


class TestGetStudentInfo(unittest.TestCase):
    def student_info_func(self, student_id, expect):
        self.assertEqual(expect, get_student_info(student_id), msg="断言失败")

    def test_case_1(self):
        self.student_info_func(1001, {"name": "方鸿渐", "age": "21", "sex": "男"})

    def test_case_2(self):
        self.student_info_func(1003, {"name": "唐晓芙", "age": "17", "sex": "女"})

    def test_case_3(self):
        self.student_info_func(1007, "The student ID does not exist.")
```

从代码的改变来看，比之前简洁了，如果接口有变动的话，只需要调整测试方法 student_info_func 即可。但是工作量并没有减少，新增用例时还是需要复制一条新测试用例，改变输入参数和预期结果。如果输入的参数有上百条、上万条，那么，测试用例该如何复制？其实前人早已考虑到这种情况，也就是使用数据驱动测试。

数据驱动测试是将测试数据以列表、字典、text 文件、Excel 文件、数据库等方式存储，然后写一个测试方法，并将测试数据作用于测试方法上，每一条测试数据都当作一条测试用例，依次传入到测试方法，测试方法执行相关操作后将结果输出。

Python unittest 框架可结合 ddt 模块实现数据驱动。ddt 是 Python 的一个第三方库，使用 pip install ddt 即可完成安装。ddt 模块包含了一个类的装饰器 ddt（@ddt）和三个方法的装饰器（@data、@unpack、@file_data），@ddt 添加在测试类上；@data 添加在测试方法上，是需要添加的测试用例数据，数据格式可以为列表、元组、字典等；@unpack 添加在测试方法上，如果测试方法有多个参数则需要添加，用以分割数据元素；@file_data 添加在测试方法上，用来从 json 或 yaml 中读取数据。

下面我们使用 ddt 模块对查询学生信息的接口测试用例进行改造，改造后的代码如下：

```
# chapter2\ddt\ddt_writing.py
import ddt
import unittest


def get_student_info(student_id):
    students = {
        1001: {"name": "方鸿渐", "age": "21", "sex": "男"},
```

```
        1002: {"name": "苏文纨", "age": "21", "sex": "女"},
        1003: {"name": "唐晓芙", "age": "17", "sex": "女"},
        1004: {"name": "赵辛楣", "age": "16", "sex": "女"}
    }
    return students.get(student_id, "The student ID does not exist.")


@ddt.ddt
class TestGetStudentInfo(unittest.TestCase):
    @ddt.data(
        (1001, {"name": "方鸿渐", "age": "21", "sex": "男"}),
        (1003, {"name": "唐晓芙", "age": "17", "sex": "女"}),
        (1007, "The student ID does not exist.")
    )
    @ddt.unpack
    def test_get_student_info(self, student_id, expect):
        print("\n" + str(student_id) + ">>>>>>>>>" + str(expect))
        self.assertEqual(expect, get_student_info(student_id), msg="断言失败")


if __name__ == '__main__':
    loader = unittest.TestLoader()
    suit = unittest.TestLoader().loadTestsFromTestCase(TestGetStudentInfo)
    runner = unittest.TextTestRunner()
    runner.run(suit)
```

ddt 在使用时，首先需要在测试类上添加 ddt 装饰器，然后在测试方法上通过@ddt.data 添加测试数据，最后在测试方法上使用@ddt.unpack 装饰器，unpack 会将 data 数据中的 list 或者 tuple 分拆成独立的参数。

运行上述脚本，控制台的输出结果如下：

```
1001>>>>>>>>>{'name': '方鸿渐', 'age': '21', 'sex': '男'}
.
1003>>>>>>>>>{'name': '唐晓芙', 'age': '17', 'sex': '女'}
.
1007>>>>>>>>>The student ID does not exist.
.
----------------------------------------------------------------------
Ran 3 tests in 0.002s

OK
```

从输出结果中可以看到，ddt.data 中的三条数据当作三条测试用例，共执行了三次，三次执行的数据对应 ddt.data 数据中的三个元组。

下面我们继续改造，将测试数据存储在 yaml 文件中。新建一个文件 student_info_test.yaml，编辑文件内容如下：

```yaml
# chapter2\ddt\student_info_test.yaml
-
 id: 1001
 expect: {"name": "方鸿渐", "age": "21", "sex": "男"}
-
 id: 1003
 expect: {"name": "唐晓芙", "age": "17", "sex": "女"}
-
 id: 1007
 expect: "The student ID does not exist."
```

注意　如果是多条数据，则需要使用“-”分隔，ddt 读取 yaml 文件后就是一条一条的数据，否则将会以列表的形式得到所有的数据。

修改测试脚本写法，使用@file_data 获取测试数据，代码如下：

```python
# chapter2\ddt\ddt_writing_data_from_file.py
import ddt
import unittest


def get_student_info(student_id):
    students = {
        1001: {"name": "方鸿渐", "age": "21", "sex": "男"},
        1002: {"name": "苏文纨", "age": "21", "sex": "女"},
        1003: {"name": "唐晓芙", "age": "17", "sex": "女"},
        1004: {"name": "赵辛楣", "age": "16", "sex": "女"}
    }
    return students.get(student_id, "The student ID does not exist.")


@ddt.ddt
class TestGetStudentInfo(unittest.TestCase):
    @ddt.file_data('student_info_test.yaml')
    def test_get_student_info(self, id, expect):
        print("\n" + str(id) + ">>>>>>>>>" + str(expect))
        self.assertEqual(expect, get_student_info(id), msg="断言失败")


if __name__ == '__main__':
    suit = unittest.TestLoader().loadTestsFromTestCase(TestGetStudentInfo)
    runner = unittest.TextTestRunner()
    runner.run(suit)
```

运行上述脚本，控制台的输出结果如下：

```
1001>>>>>>>>>{'name': '方鸿渐', 'age': '21', 'sex': '男'}
.
1003>>>>>>>>>{'name': '唐晓芙', 'age': '17', 'sex': '女'}
.
1007>>>>>>>>>The student ID does not exist.
.
----------------------------------------------------------------------
Ran 3 tests in 0.001s

OK
```

可以看到，结果与之前一致。

2.12　多线程运行

许多测试工具都支持分布式运行，例如 Selenium Grid、pytest-xdist 插件等，也有测试人员借助 Python 的一些库（例如 Socket、Threading）编写出了分布式运行测试用例的脚本。所谓分布式运行测试用例是一种用于分散单机压力，有效提升测试效率的方法。假如 20 条测试用例，依次执行需要 20 分钟，但是均匀分散到两台机器上执行则只需要 10 分钟，很显然通过添加机器资源缩减了用例执行时间。

分布式的实现有多种方法，例如多进程、多机器、多机器多进程，其最终目的都是单行测试变成并行测试，缩短自动化用例执行的时间，基本原理如图 2-3 所示。

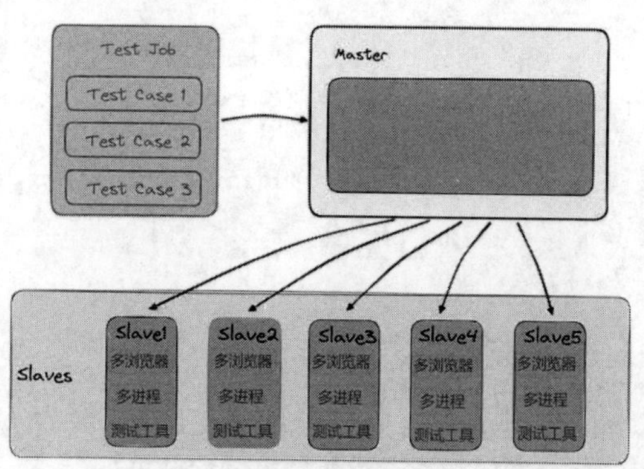

图 2-3　分布式运行测试用例基本原理图

多个测试用例组织在一起生成一个测试任务，测试任务首先下发到 Master 节点，Master 节点接收任务发送的请求，然后根据记录注册的 Slave 节点信息将测试用例均衡地分配到 Slave 节点，Slave 节点接收到测试用例后开始调度本机的程序执行测试用例。

下面通过一个多线程运行测试用例来体验将单行测试转换为并行测试带来的效率提升。代码如下：

```python
# chapter2\test_threading.py
from functools import wraps
import threading
import time


# 统计函数运行时间
def func_time(f):
    @wraps(f)
    def wrapper(*args, **kwargs):
        start = time.time()
        result = f(*args, **kwargs)
        end = time.time()

        print(f"{f.__name__} 运行耗时 {(end - start):.3f}s")
        return result

    return wrapper


def test_case_1():
    time.sleep(2)
    print("test_case_1 执行完成")


def test_case_2():
    time.sleep(2)
    print("test_case_2 执行完成")


@func_time
def single_thread_run():
    # 单线程运行
    test_case_1()
    test_case_2()


@func_time
def multiple_thread_run():
    # 多线程运行
    thread_1 = threading.Thread(target=test_case_1)
    thread_2 = threading.Thread(target=test_case_2)
    thread_1.start()
    thread_2.start()

    thread_1.join()
```

```
    thread_2.join()


if __name__ == '__main__':
    single_thread_run()
    multiple_thread_run()
```

上述脚本中定义了一个统计函数运行时间的装饰器 func_time(f)，然后定义了两个测试执行函数单线程执行函数 single_thread_run()和多线程执行函数 multiple_thread_run()，两个函数同时运行相同的两个测试用例 test_case_1()和 test_case_2()。

运行上面的脚本，控制台的输出结果如下：

```
test_case_1 执行完成
test_case_2 执行完成
single_thread_run 运行耗时 4.006s
test_case_1 执行完成
test_case_2 执行完成
multiple_thread_run 运行耗时 2.018s
```

从结果中可以看到，单线程执行时耗时 4.006s，多线程执行时耗时 2.018s，很明显缩短的时间非常大。

2.13　定时运行

自动化测试任务运行时大多会选择在资源空闲、无其他干扰的时间段，因此需要一个任务定时的功能，以设定开始执行的时间。Python 中可以实现定时任务的模块有很多，实现方式也有许多种。此处为读者介绍一个轻量级任务定时模块 schedule。

schedule 是一个第三方的轻量级的任务调度模块，可以按照秒、分、小时、日期或者自定义事件执行定时任务，允许用户通过最简单、人性化的语法以预定的时间间隔定期运行 Python 可调用的函数。schedule 作为 Python 的一个第三方库，使用 pip install schedule 命令便可轻松完成安装。

下面先来看一个 schedule 的示例。代码如下：

```
# chapter2\schedule_demo.py
import schedule
import time


def job():
    print("I'm working...")

# 每 10 秒执行一次 job 函数
schedule.every(10).seconds.do(job)
# 每 10 分钟执行一次 job 函数
```

```
schedule.every(10).minutes.do(job)
# 每 1 小时执行一次 job 函数
schedule.every().hour.do(job)
# 每天的 10 点 30 分执行一次 job 函数
schedule.every().day.at("10:30").do(job)
# 每 5 到 10 分钟执行一次 job 函数
schedule.every(5).to(10).minutes.do(job)
# 每周三的 13 点 15 分时执行一次 job 函数
schedule.every().wednesday.at("13:15").do(job)
# 每分钟的 23 秒时执行一次 job 函数
schedule.every().minute.at(":23").do(job)

def job_with_argument(name):
  print(f"I am {name}")

# 如果执行的函数带参数，参数依次写在 do 方法中
schedule.every(10).seconds.do(job_with_argument, name="Peter")

while True:
  schedule.run_pending()
  time.sleep(1)
```

上述脚本中，通过 While True 让脚本持续运行，通过 schedule.run_pending()运行所有可以运行的任务。下面是 schedule 的一些方法：

- run_pending：运行所有可以运行的任务。
- run_all：运行所有任务，不管是否应该运行。
- clear：删除所有调度的任务。
- cancel_job：删除一个任务。
- every：创建一个调度任务，返回的是一个 job。

如果我们需要每天晚上 23 点执行自动化用例脚本，则代码可以写成如下形式：

```
# chapter2\schedule_test.py
import unittest
from schedule import every, repeat, run_pending


def get_student_info(student_id):
  students = {
    1001: {"name": "方鸿渐", "age": "21", "sex": "男"},
    1002: {"name": "苏文纨", "age": "21", "sex": "女"},
    1003: {"name": "唐晓芙", "age": "17", "sex": "女"},
    1004: {"name": "赵辛楣", "age": "16", "sex": "女"}
  }
  return students.get(student_id, "The student ID does not exist.")
```

```
class TestGetStudentInfo(unittest.TestCase):
    def student_info_func(self, student_id, expect):
        assert get_student_info(student_id) == expect

    def test_case_1(self):
        self.student_info_func(1001, {"name": "方鸿渐", "age": "21", "sex": "男"})

    def test_case_2(self):
        self.student_info_func(1003, {"name": "唐晓芙", "age": "17", "sex": "女"})

    def test_case_3(self):
        self.student_info_func(1007, "The student ID does not exist.")


@repeat(every().day.at('23:00'))
def job():
    suit = unittest.TestLoader().loadTestsFromTestCase(TestGetStudentInfo)
    runner = unittest.TextTestRunner()
    runner.run(suit)


if __name__ == '__main__':
    while True:
        run_pending()
```

上述代码中用到了 repeat 装饰器，用来调度新的周期性任务。装饰器 repeat 的写法比 do()方法更简洁。

我们通过命令行工具进入 schedule_test.py 文件所在目录，执行命令 python schedule_test.py，运行上述脚本后，测试用例会在每天晚上的 23 点准时开始执行。

2.14 生成测试报告

自动化测试用例执行完成后，需要输出一份统计报告，以记录测试过程出现的问题和分析测试结果，进而判断产品质量是否达到预期。下面以 XTestRunner 为例，为读者介绍如何生成一份漂亮的测试报告。

XTestRunner 是一款基于 unittest 单元测试框架的现代风格测试报告输出工具，支持单元、Web UI、API 各种类型的测试，支持失败重跑、发送邮件、多语言（en、zh-CN 等）、HTML/XML 不同格式的报告，是 Python 的一个第三方库，使用 pip install XTestRunner 命令即可完成安装。下面是一个示例的代码：

```
# chapter2\XTestRunner_demo.py
```

```python
import unittest
from XTestRunner import HTMLTestRunner


def get_student_info(student_id):
    students = {
        1001: {"name": "方鸿渐", "age": "21", "sex": "男"},
        1002: {"name": "苏文纨", "age": "21", "sex": "女"},
        1003: {"name": "唐晓芙", "age": "17", "sex": "女"},
        1004: {"name": "赵辛楣", "age": "16", "sex": "女"}
    }
    return students.get(student_id, "The student ID does not exist.")


class TestGetStudentInfo(unittest.TestCase):
    def student_info_func(self, student_id, expect):
        self.assertEqual(expect, get_student_info(student_id), msg="断言失败")

    def test_success_1(self):
        self.student_info_func(1001, {"name": "方鸿渐", "age": "21", "sex": "男"})

    def test_success_2(self):
        self.student_info_func(1007, "The student ID does not exist.")

    def test_fail_1(self):
        self.student_info_func(1001, {"name": "赵辛楣", "age": "16", "sex": "女"})

    def test_error_1(self):
        self.student_info_func(None)

    @unittest.skip
    def test_skip_1(self):
        self.student_info_func(1007, "The student ID does not exist.")


if __name__ == '__main__':
    suit = unittest.TestLoader().loadTestsFromTestCase(TestGetStudentInfo)
    with open('./report.html', 'wb') as fp:
        runner = HTMLTestRunner(
            stream=fp,
            title='XTestRunner 样例测试报告',
            description='用于示例展示',
            language='zh-CN',
            rerun=1,
        )
        runner.run(suit)
```

参数说明：

- stream：测试报告路径。
- title：测试报告标题。
- description：测试报告描述，也可以作为自动化测试项目描述。
- language：报告显示的语言，支持 zh-CN 中文和 en 英文。
- rerun：失败重试次数。

run()方法中的参数说明：

- testlist：测试套件。

运行上述脚本，会在当前目录下生成一个 report.html 文件，使用浏览器打开该文件可观察到测试用例的执行结果，如图 2-4 所示。

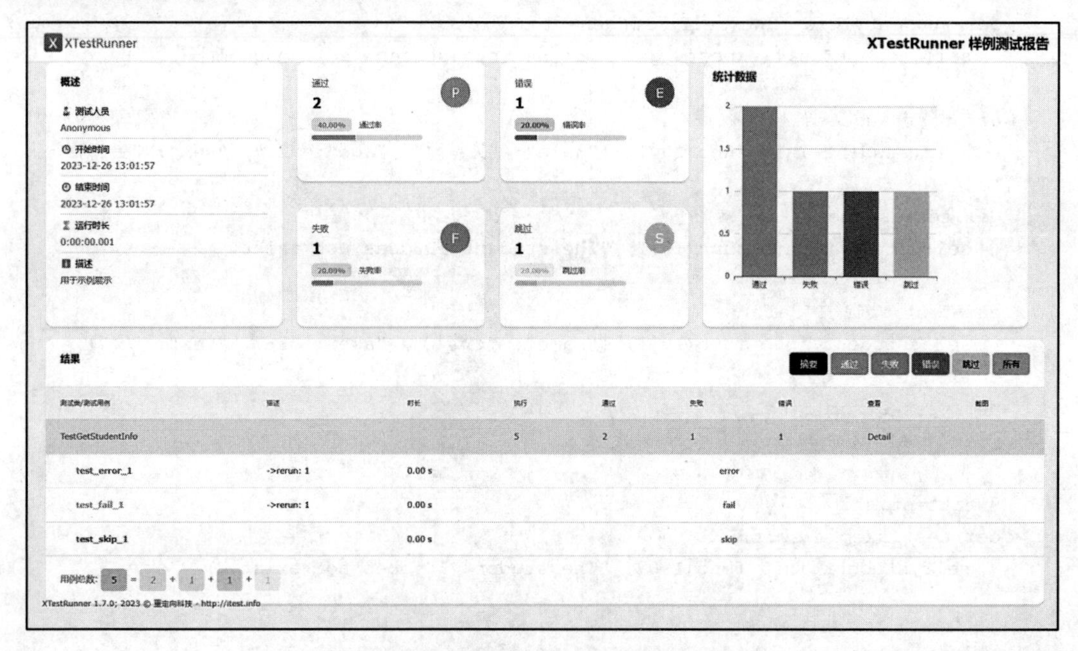

图 2-4　XTestRunner 测试报告

2.15　发送测试结果通知

发送自动化测试结果通知是自动化测试项目中非常实用且普遍的一个功能。自动化测试运行结束后，需要将结果通知相关人员。通知方式需要选择公司普遍认同且大家都容易看到的，例如钉钉、微信、电子邮件等。下面以通过 Python 发送电子邮件为例进行说明。

步骤 01 获取邮箱客户端授权码。

授权码用于登录第三方客户端的专用密码，适用于 POP3/IMAP/SMTP/Exchange/CardDAV/CalDAV 服务。下面以 QQ 邮箱为例获取授权码。

进入 QQ 邮箱，单击【设置】菜单（图 2-5 标记 1 处）打开邮箱设置页面，然后选择【账户】Tab，在 POP3/IMAP/SMTP/Exchange/CardDAV/CalDAV 服务区域下开启 POP3/SMTP 服务（图 2-5 标记 2 处），开启后单击生成授权码（图 2-5 标记 3 处），根据提示发送邮件即可获取授权码。

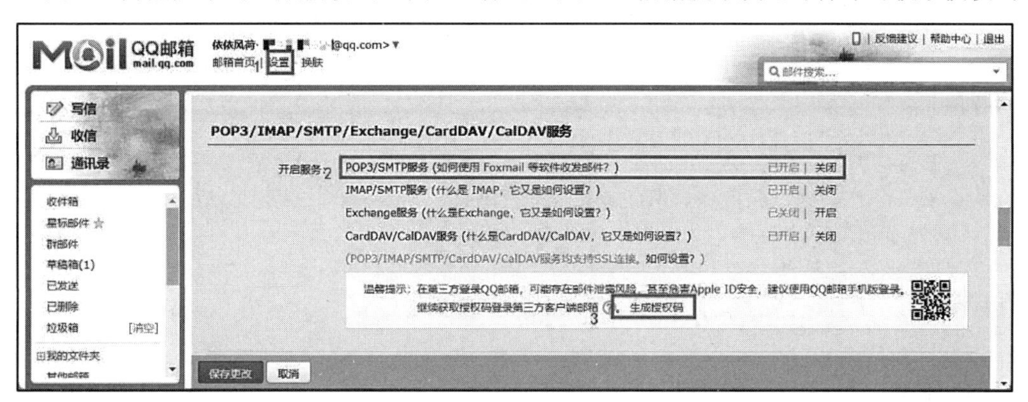

图 2-5 获取授权码

步骤 02 smtplib 的使用。

使用 Python 发送邮件需要借助 smtplib 库，在命令行工具中输入 pip install smtplib 命令完成 smtplib 库的安装。smtplib 模块定义了一个 SMTP 客户端会话对象，可用于发送邮件到任何具有 SMTP 或 ESMTP 侦听器守护进程的 internet 机器。

使用 smtplib 发送邮件时可分 4 步。① 定义邮箱域名、发件人邮箱、邮箱授权码、收件人邮箱；② 构建 MIMEMultipart 对象并添加文本内容；③ 发送邮件；④ 关闭邮件服务连接。

（1）定义邮箱域名、发件人邮箱、邮箱授权码、收件人邮箱，代码如下：

```
# SMTP 服务器
mail_host = "smtp.qq.com"
# 发件人邮箱
mail_sender = "tynam.yang@qq.com"
# 邮箱授权码
mail_password = "xxxxxxxxxxxxxxxx"
# 收件人邮箱
mail_receivers = ["tynam.yang@gmail.com", "xxxxxxxxxxx@163.com"]
```

注意 mail_password 指的是客户端授权密码，并非邮箱登录密码。

（2）构建 MIMEMultipart 对象并添加文本内容，代码如下：

```
# 设置邮件头部内容
mm = MIMEMultipart('related')
```

```
# 邮件主题
subject_content = "xxx 项目自动化测试报告"
# 添加邮件主题
mm["Subject"] = Header(subject_content, 'utf-8')
# 邮件发送者
mm['From'] = f"tynam<{mail_sender}>"
# 邮件接收者
mm['To'] = f"tynam<{mail_receivers[0]}>,yang<{mail_receivers[1]}>"

# 添加正文
now = datetime.strftime(datetime.now(), '%Y 年%m 月%d 日%H 时%M 分')
# 正文内容
body_content = f"{now} xxx 项目自动化测试报告"
# 转化为邮件的文本内容
message_text = MIMEText(body_content, "plain", "utf-8")
# MIMEMultipart 对象中添加正文内容
mm.attach(message_text)

# 添加附件
# 构造附件
attach = MIMEText(open(file, 'rb').read(), 'html', 'utf-8')
# 设置附件信息
attach.add_header("Content-Disposition", "attachment", filename=filename)
# MIMEMultipart 对象中添加附件
mm.attach(attach)
```

注意 如果添加的附件是图片，读取图片时使用 MIMEImage 类。

（3）发送邮件，代码如下：

```
# 创建 SMTP 对象
mail_server = smtplib.SMTP(mail_host, 25)
# 登录邮箱
mail_server.login(mail_sender, mail_password)
# 发送邮件
mail_server.sendmail(mail_sender, mail_receivers, mm.as_string())
```

（4）关闭邮件服务连接，代码如下：

```
mail_server.quit()
```

步骤 03 实现发送邮件脚本。

现在将发送邮件的流程封装成方法，结合任务定时功能，每执行一次测试用例便发送一次邮件。代码实现如下：

```
# chapter2\send_mail_test.py
```

```
from datetime import datetime
import unittest
import smtplib
from email.header import Header
from email.mime.multipart import MIMEMultipart
from email.mime.text import MIMEText
from schedule import every, repeat, run_pending
from XTestRunner import HTMLTestRunner


def get_student_info(student_id):
    students = {
        1001: {"name": "方鸿渐", "age": "21", "sex": "男"},
        1002: {"name": "苏文纨", "age": "21", "sex": "女"},
        1003: {"name": "唐晓芙", "age": "17", "sex": "女"},
        1004: {"name": "赵辛楣", "age": "16", "sex": "女"}
    }
    return students.get(student_id, "The student ID does not exist.")


class TestGetStudentInfo(unittest.TestCase):
    def student_info_func(self, student_id, expect):
        assert get_student_info(student_id) == expect

    def test_case_1(self):
        self.student_info_func(1001, {"name": "方鸿渐", "age": "21", "sex": "男"})

    def test_case_2(self):
        self.student_info_func(1003, {"name": "唐晓芙", "age": "17", "sex": "女"})

    def test_case_3(self):
        self.student_info_func(1007, "The student ID does not exist.")


def send_mail(attach_file=None):
    # 设置邮箱域名、发件人邮箱、邮箱授权码、收件人邮箱
    # SMTP 服务器
    mail_host = "smtp.qq.com"
    # 发件人邮箱
    mail_sender = "yangdingjia@qq.com"
    # 邮箱授权码
    mail_password = "hkcxcvlgtpgabahi"
```

```
# 收件人邮箱
mail_receivers = ["tynam.yang@gmail.com", "18888888888@163.com"]

# 构建 MIMEMultipart 对象，用来添加文本、图片、附件等
mm = MIMEMultipart('related')
# 设置邮件头部内容
# 邮件主题
subject_content = "xxx 项目自动化测试报告"
# 添加邮件主题
mm["Subject"] = Header(subject_content, 'utf-8')
# 邮件发送者
mm['From'] = f"tynam<{mail_sender}>"
# 邮件接收者
mm['To'] = f"tynam<{mail_receivers[0]}>,yang<{mail_receivers[1]}>"

# 添加正文
now = datetime.strftime(datetime.now(), '%Y 年%m 月%d 日%H 时%M 分')
# 正文内容
body_content = f"{now} xxx 项目自动化测试报告"
# 转化为邮件的文本内容
message_text = MIMEText(body_content, "plain", "utf-8")
# MIMEMultipart 对象中添加正文内容
mm.attach(message_text)

# 添加附件
# 构造附件
attach = MIMEText(open(attach_file, 'rb').read(), 'html', 'utf-8')
# 设置附件信息
attach.add_header("Content-Disposition", "attachment", filename=attach_file)
# MIMEMultipart 对象中添加附件
mm.attach(attach)

# 发送邮件
# 创建 SMTP 对象
mail_server = smtplib.SMTP(mail_host, 25)
# 登录邮箱
mail_server.login(mail_sender, mail_password)
# 发送邮件
mail_server.sendmail(mail_sender, mail_receivers, mm.as_string())

# 退出登录
mail_server.quit()
```

```
@repeat(every(1).minute)
def job():
    now = datetime.strftime(datetime.now(), '%Y年%m月%d日%H时%M分')
    report_name = now + "_report.html"
    suit = unittest.TestLoader().loadTestsFromTestCase(TestGetStudentInfo)
    with open(f'./{report_name}', 'wb') as fp:
        runner = HTMLTestRunner(
            stream=fp,
            title='XTestRunner 样例测试报告',
            description='用于示例展示',
            language='zh-CN',
        )
        runner.run(
            testlist=suit,
            rerun=1,
            save_last_run=False
        )
    send_mail(report_name)


if __name__ == '__main__':
    while True:
        run_pending()
```

上述代码每隔 1 分钟就会执行一次测试用例，测试用例执行时会在当前目录下生成一个以【当前时间+report.html】的测试报告文件，然后将该文件当作邮件附件发送给相关人员。

运行上述脚本，1 分钟后进入接收邮箱，查看收到的测试报告邮件，如图 2-6 所示。

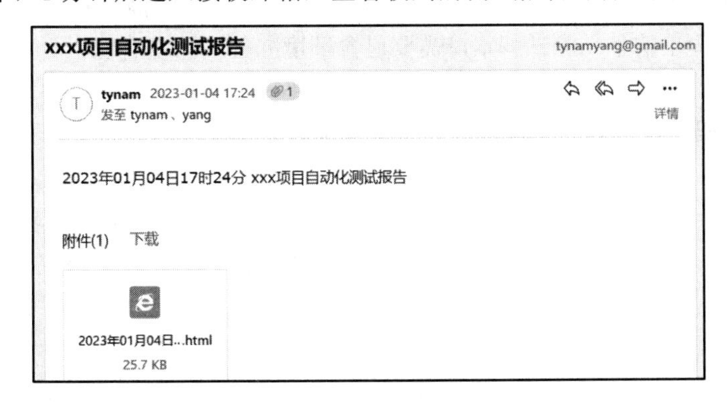

图 2-6　自动化测试邮件通知结果

从接收到的邮件中可以看到，正文内容为“2023 年 01 月 04 日 17 时 24 分 xxx 项目自动化测试报告"，与我们设置的正文内容一致；附件名称为2023年01月04日17时24分_report.html，与我们设置的附件名一致。浏览附件，附件内容显示的正是自动化测试用例测试结果，如图2-7所示。

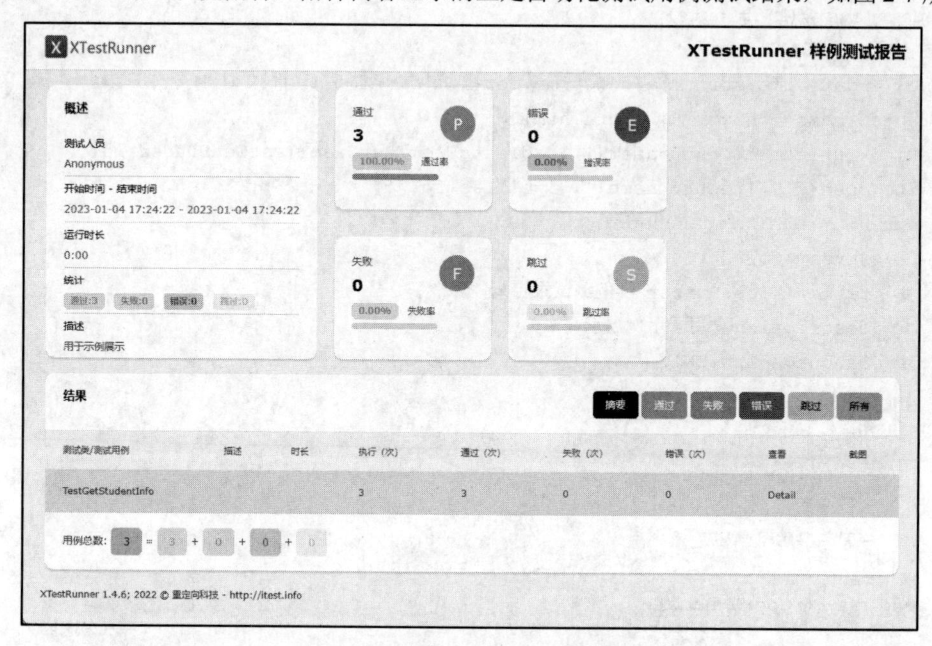

图2-7 自动化测试用例测试结果

2.16 思考题

1. unittest都有哪些组件？

2. 请简单介绍一下unittest的工作原理？

3. 如果项目中采用unittest单元测试框架，如何控制用例的执行顺序？

4. 请实现一个简单的单元测试脚本，需要包含环境准备、环境清理、测试用例及测试运行方法或函数。

5. 你了解ddt吗？在unittest单元测试框架上如何实现ddt？

第 3 章

pytest

pytest 与 unittest 测试框架类似，都是单元测试框架，但是比 unittest 框架使用起来更简洁，功能更强大，效率也更高。其支持参数化、重复执行、部分执行、跳过测试用例、可集成 CI 环境，具有丰富的第三方插件和完整的在线文档。本章将详细介绍 pytest 的使用。

3.1 简　介

pytest 是一个成熟的全功能 Python 测试工具，可以帮助用户更优雅地编写测试脚本。它也是 Python 的一个第三方库，使用前需要先通过 pip install pytest 命令进行安装。

pytest 作为一个成熟的测试工具，受到许多企业、测试人员的喜爱，它有如下诸多优点：

- 简单灵活，容易上手，且文档丰富。
- 支持参数化。
- 支持简单的单元测试和复杂的功能测试，与 Selenium、Appium、Requests 等库可以完美结合，完成不同类型的自动化测试。
- 测试用例可以通过标记、跳过进行处理。
- 具有很多第三方插件，并且可以自定义扩展。例如 pytest-html、pytest-selenium。
- 与 CI 工具（例如 Jenkins）可以很完美地结合。

读者可以在 https://www.osgeo.cn/pytest/contents.html 网站了解 pytest 的更多特性。

3.2 第一个示例

参照 unittest 应用，先编写一个测试脚本 pytest_demo_test.py，写法与使用 unittest 单元测试类似，只是不再使用 unittest 中的类和方法，代码如下：

```
# chapter3\pytest_demo_test.py
import pytest
```

```
def get_student_info(student_id):
  students = {
    1001: {"name": "方鸿渐", "age": "21", "sex": "男"},
    1002: {"name": "苏文纨", "age": "21", "sex": "女"},
    1003: {"name": "唐晓芙", "age": "17", "sex": "女"},
    1004: {"name": "赵辛楣", "age": "16", "sex": "女"}
  }
  return students.get(student_id, "The student ID does not exist.")


class TestGetStudentInfo:
  def student_info_func(self, student_id, expect):
    assert get_student_info(student_id) == expect

  def test_case_1(self):
    self.student_info_func(1001, {"name": "方鸿渐", "age": "21", "sex": "男"})

  def test_case_2(self):
    self.student_info_func(1003, {"name": "唐晓芙", "age": "17", "sex": "女"})

  def test_case_3(self):
    self.student_info_func(1007, "The student ID does not exist.")


if __name__ == '__main__':
  pytest.main(['-v', 'pytest_demo_test.py'])
```

上述脚本使用的是 pytest.main()方法执行测试用例，参数以列表的形式传入，如 pytest.main(['-v'])，如果指定测试文件，则可写成 pytest.main(['-v', 'file_test.py'])，其中参数-v 可以让在控制台输出的测试结果更详细。

通过命令行工具进入 pytest_demo_test.py 文件所在的目录，执行命令 pyhon pytest_demo_test.py，如图 3-1 所示。

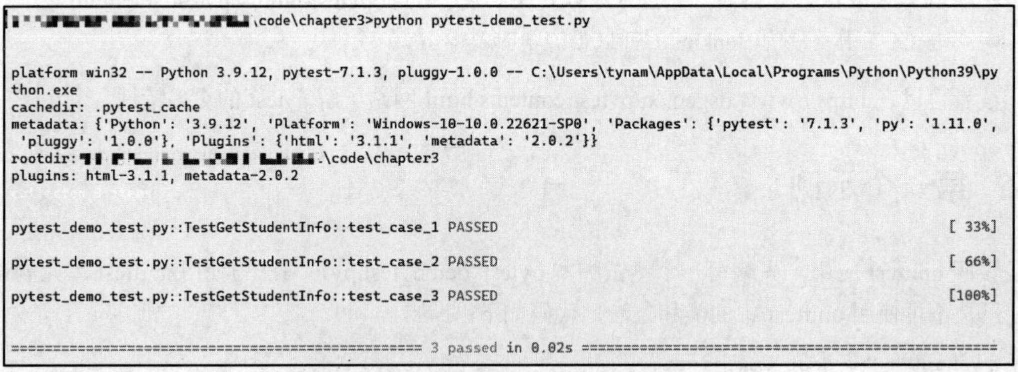

```
\code\chapter3>python pytest_demo_test.py

platform win32 -- Python 3.9.12, pytest-7.1.3, pluggy-1.0.0 -- C:\Users\tynam\AppData\Local\Programs\Python\Python39\py
thon.exe
cachedir: .pytest_cache
metadata: {'Python': '3.9.12', 'Platform': 'Windows-10-10.0.22621-SP0', 'Packages': {'pytest': '7.1.3', 'py': '1.11.0',
 'pluggy': '1.0.0'}, 'Plugins': {'html': '3.1.1', 'metadata': '2.0.2'}}
rootdir: \code\chapter3
plugins: html-3.1.1, metadata-2.0.2

pytest_demo_test.py::TestGetStudentInfo::test_case_1 PASSED                                                      [ 33%]

pytest_demo_test.py::TestGetStudentInfo::test_case_2 PASSED                                                      [ 66%]

pytest_demo_test.py::TestGetStudentInfo::test_case_3 PASSED                                                      [100%]

================================================= 3 passed in 0.02s =================================================
```

图 3-1 pytest_demo_test.py 执行结果

可以看到，一共执行了 pytest_demo_test.py 文件中 TestGetStudentInfo 类下的三个测试用例方法，结果都是 PASSED（通过）。

从脚本编写上很明显可以感受到，比 unittest 方便了许多，编写测试用例时不需要再关注继承 TestCase，用例执行时也不需要再考虑测试集的构建，只需要 pytest.main()一个方法，就可以自动收集测试用例并执行。

3.3 测试用例

在 3.2 节中第一个示例我们知道，pytest 在运行时会自动收集测试用例，但它收集测试用例是遵循一定的规则的，并不是漫无目的、遇到方法或函数就当作测试用例方法运行。遵循的规则主要有以下 4 点：

- 收集目录。默认从当前目录开始收集，包括所有的子孙目录。如果指定了测试用例，则从指定的目录开始收集。
- 收集文件。在收集目录及其子孙目录下查找符合命名规则的 test_*.py 或者*_test.py 的文件。
- 收集类。在符合规则的文件中查找以 Test 开头，但是没有__init__构造函数的测试类。
- 收集方法或函数。在符合规则的文件或测试类下收集以 test_开头的测试方法或函数，此方法或函数会被当作测试用例。

示例：新建一个文件夹 case，文件夹新建两个文件 pytest_case.py 和 pytest_case_test.py，然后分别在两个文件中添加测试用例，pytest_case.py 文件名不符合 pytest 收集测试用例的规则，但文件中添加的 test_case_01 函数符合规则。

代码如下：

```
# chapter3\case\pytest_case.py


def test_case_01():
   print("pytest_case.py 文件下的测试用例")
```

pytest_case_test.py 文件名符合 pytest 收集测试用例规则，文件中添加 test_case_01 函数、TestCaseNoInit 类及 TestCaseNoInit 类下 test_case_04 方法符合规则，添加 case_02 函数、case_03_test 函数、TestCaseContainInit 类、TestCaseContainInit 下有__init__构造函数和 test_case_05 方法不符合规则，代码如下：

```
# chapter3\case\pytest_case_test.py


def test_case_01():
   print("pytest_case_test.py 文件下 test_case_01 测试用例")
```

```
def case_02():
  print("pytest_case_test.py 文件下 case_02 测试用例")


def case_03_test():
  print("pytest_case_test.py 文件下 case_03_test 测试用例")


class TestCaseNoInit:
  def test_case_04(self):
    print("pytest_case_test.py 文件中 TestCaseNoInit 下 test_case_04 测试用例")


class TestCaseContainInit:
  def __init__(self) -> None:
    pass

  def test_case_05(self):
    print("pytest_case_test.py 文件中 TestCaseContainInit 下 test_case_05 测试用例")
```

从命令行工具中进入 case 文件夹，执行 pytest -v 命令自动收集测试用例并执行，命令行输出的测试结果如下：

```
~\chapter3\case>pytest -v
=========================== test session starts ============================
platform win32 -- Python 3.9.12, pytest-7.1.3, pluggy-1.0.0 --
C:\Users\tynam\AppData\Local\Programs\Python\Python39\python.exe
cachedir: .pytest_cache
metadata: {'Python': '3.9.12', 'Platform': 'Windows-10-10.0.22621-SP0', 'Packages':
{'pytest': '7.1.3', 'py': '1.11.0', 'pluggy': '1.0.0'}, 'Plugins': {'html': '3.1.1',
'metadata': '2.0.2'}}
rootdir: ~\chapter3\case
collected 2 items

pytest_case_test.py::test_case_01 PASSED                               [ 50%]
pytest_case_test.py::TestCaseNoInit::test_case_04 PASSED               [100%]

============================ warnings summary =============================
pytest_case_test.py:21
  ~\chapter3\case\pytest_case_test.py:21: PytestCollectionWarning: cannot collect
test class 'TestCaseContainInit' because it has a __init__ constructor (from:
pytest_case_test.py)
    class TestCaseContainInit:
```

```
-- Docs: https://docs.pytest.org/en/stable/how-to/capture-warnings.html
====================== 2 passed, 1 warning in 0.02s ======================
```

从测试结果中可以看到，只执行了符合规则的两个测试用例，pytest_case_test.py 文件中 test_case_01 函数及 TestCaseNoInit 类下的 test_case_04 方法，其余不符合规则的方法或函数没有执行。结果中还给出了一个警告，收集测试用例时，TestCaseContainInit 类下含有构造函数 __init__，所以未作为测试类来收集测试用例。

3.4　命令行参数

pytest 收集测试用例并执行有两种方法：一种是在脚本中使用 pytest.main()方法，参数以列表的形式传入方法中；另一种是在命令行工具中使用 pytest 命令，参数直接跟在 pytest 命令后面，本节来介绍命令行参数。在命令行工具中输入 pytest –h 命令查看帮助文档，如图 3-2 所示。

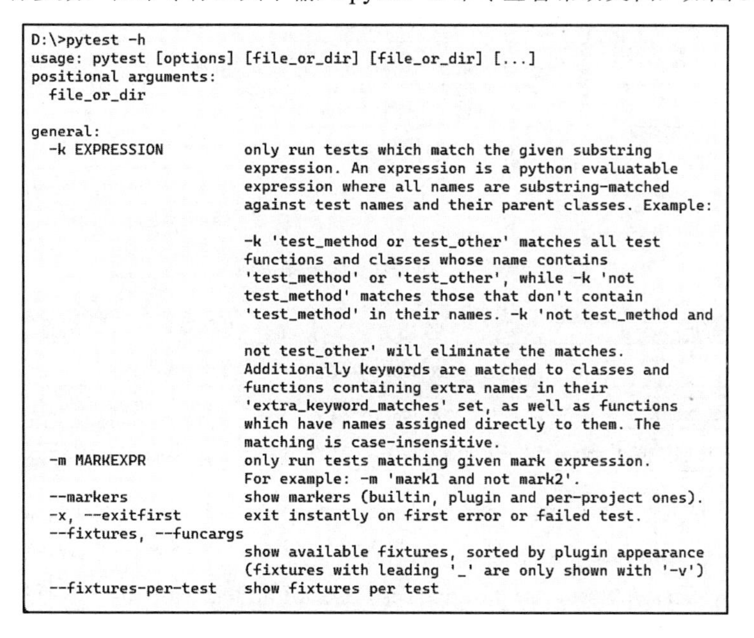

```
D:\>pytest -h
usage: pytest [options] [file_or_dir] [file_or_dir] [...]
positional arguments:
  file_or_dir

general:
  -k EXPRESSION         only run tests which match the given substring
                        expression. An expression is a python evaluatable
                        expression where all names are substring-matched
                        against test names and their parent classes. Example:

                        -k 'test_method or test_other' matches all test
                        functions and classes whose name contains
                        'test_method' or 'test_other', while -k 'not
                        test_method' matches those that don't contain
                        'test_method' in their names. -k 'not test_method and

                        not test_other' will eliminate the matches.
                        Additionally keywords are matched to classes and
                        functions containing extra names in their
                        'extra_keyword_matches' set, as well as functions
                        which have names assigned directly to them. The
                        matching is case-insensitive.
  -m MARKEXPR           only run tests matching given mark expression.
                        For example: -m 'mark1 and not mark2'.
  --markers             show markers (builtin, plugin and per-project ones).
  -x, --exitfirst       exit instantly on first error or failed test.
  --fixtures, --funcargs
                        show available fixtures, sorted by plugin appearance
                        (fixtures with leading '_' are only shown with '-v')
  --fixtures-per-test   show fixtures per test
```

图 3-2　pytest 帮助文档

从返回的结果中可以看到，pytest 的用法和提供的许多参数可帮助用户更好地控制测试用例的收集、执行和结果展示。

pytest 的用法如下：

```
pytest [options] [file_or_dir] [file_or_dir] [...]
```

参数说明：options 为需要添加的参数，file_or_dir 为被测的测试用例文件、测试用例类、测试用例方法或函数。

pytest的常用参数如表3-1所示，被测用例的添加如表3-2所示。

表3-1　pytest的常用参数

参　　数	说　　明
-h	查看帮助
-v	输出详细的测试结果信息
-q	简化输出信息，与-v相反
-k	允许使用表达式指定希望执行的测试用例
-s	打印测试脚本中的print信息，方便调试
-x	遇到失败的测试用例后会终止运行
-m	与pytest.mark配合使用，可指定被标记的测试用例
--maxfail=[num]	用例达到指定的失败个数后停止运行
--lf或--last-failed	仅执行上次失败的用例
--ff或--failed-first	先执行失败的用例，再执行其他用例
--collect-only	显示要执行的用例，但是不会执行
--setup-show	显示fixture的执行步骤
--sw或--stepwise	测试失败时，退出并在下次执行时从上次失败的测试用例继续执行

表3-2　pytest添加被测用例

用例写法	被测用例
pytest xx_test.py	xx_test.py文件下所有的测试用例
pytest xx_test.py::test_xxxx_1	xx_test.py文件下test_xxxx_1用例
pytest xx_test.py::test_xxx::test_xxxx_1	xx_test.py文件下test_xxx类中的test_xxxx_1用例

例如，我们需要执行当前目录下pytest_demo_test.py文件和case/pytest_case_test.py文件中的TestCaseNoInit类下test_case_04用例，并将详细结果输出。在命令行工具中就可写成pytest -v pytest_demo_test.py ./case/pytest_case_test.py::TestCaseNoInit::test_case_04，执行完命令后，输出的结果如下：

```
    ~\chapter3>pytest -v
pytest_demo_test.py ./case/pytest_case_test.py::TestCaseNoInit::test_case_04
    ========================== test session starts ============================
    platform win32 -- Python 3.9.12, pytest-7.1.3, pluggy-1.0.0 --
C:\Users\tynam\AppData\Local\Programs\Python\Python39\python.exe
    cachedir: .pytest_cache
    metadata: {'Python': '3.9.12', 'Platform': 'Windows-10-10.0.22621-SP0', 'Packages':
{'pytest': '7.1.3', 'py': '1.11.0', 'pluggy': '1.0.0'}, 'Plugins': {'html': '3.1.1',
'metadata': '2.0.2'}}
    rootdir: ~\chapter3
```

```
collected 4 items

pytest_demo_test.py::TestGetStudentInfo::test_case_1 PASSED          [ 25%]
pytest_demo_test.py::TestGetStudentInfo::test_case_2 PASSED          [ 50%]
pytest_demo_test.py::TestGetStudentInfo::test_case_3 PASSED          [ 75%]
case/pytest_case_test.py::TestCaseNoInit::test_case_04 PASSED        [100%]

============================ 4 passed in 0.02s ==============================
```

pytest 在执行时，如果不指定文件或目录，就会在当前目录及其子孙目录下查找所有符合规则的测试用例。

3.5 跳　　过

跳过即跳过测试用例，某些用例由于一些原因不需要执行，则可标记为跳过。pytest 中有无条件跳过@pytest.mark.skip()和有条件跳过@pytest.mark.skipif()两种，使用时只需要在相关的测试用例上添加跳过装饰器。pytest 的跳过不仅可以跳过单个测试用例，也可以跳过测试类，请看如下示例：

```
# chapter3\pytest_skip_test.py
import sys
import pytest


def get_student_info(student_id):
    students = {
        1001: {"name": "方鸿渐", "age": "21", "sex": "男"},
        1002: {"name": "苏文纨", "age": "21", "sex": "女"},
        1003: {"name": "唐晓芙", "age": "17", "sex": "女"},
        1004: {"name": "赵辛楣", "age": "16", "sex": "女"}
    }
    return students.get(student_id, "The student ID does not exist.")


def student_info_func(student_id, expect):
    assert get_student_info(student_id) == expect

class TestGetStudentInfo1():
    @pytest.mark.skip(reason="无条件地跳过")
    def test_case_1(self):
        student_info_func(1001, {"name": "方鸿渐", "age": "21", "sex": "男"})

    @pytest.mark.skipif(condition=sys.version > '3', reason="Python 版本大于 3 跳过")
    # 当前使用的 Python 版本是 3.9.12
```

```
    def test_case_2(self):
        student_info_func(1003, {"name": "唐晓芙", "age": "17", "sex": "女"})

    def test_case_3(self):
        student_info_func(1007, "The student ID does not exist.")


@pytest.mark.skip
class TestGetStudentInfo2():
    def test_case_1(self):
        student_info_func(1001, {"name": "方鸿渐", "age": "21", "sex": "男"})


if __name__ == '__main__':
    pytest.main(['-v', 'pytest_skip_test.py'])
```

在上述脚本中，写了两个测试类 TestGetStudentInfo1 和 TestGetStudentInfo2，其中 TestGetStudentInfo2 添加了无条件跳过装饰器。TestGetStudentInfo1 中有三个测试用例方法 test_case_1、test_case_2、test_case_3，其中 test_case_1 添加了无条件跳过装饰器，test_case_2 添加了有条件跳过装饰器，当 Python 版本大于 3 时条件成立。

运行上述脚本，结果如下：

```
====================== test session starts ================================
collected 4 items

pytest_skip_test.py::TestGetStudentInfo1::test_case_1 SKIPPED (无条件地跳过) [ 25%]
pytest_skip_test.py::TestGetStudentInfo1::test_case_2 SKIPPED (Python 版本大于 3 跳过)
[ 50%]
pytest_skip_test.py::TestGetStudentInfo1::test_case_3 PASSED  [ 75%]
pytest_skip_test.py::TestGetStudentInfo2::test_case_1 SKIPPED (unconditional skip)
[100%]

====================== 1 passed, 3 skipped in 0.03s ======================
```

从结果中可以看到，无条件跳过的测试用例方法和测试类都没有执行，有条件跳过的测试用例方法，由于条件满足所以也跳过了，没有执行。

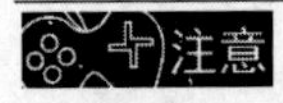

一旦某个测试用例被标注为跳过，那么该测试用例相关的 setUp 和 tearDown 也不会被执行。

3.6 标　记

标记是对测试用例进行一个标识，也可以说是对测试用例实现分类。只需要在测试用例方法上添加@pytest.mark.[markName]装饰器即可完成标记。在执行时，通过-m markName 参数即可实现只执行有标记名的用例方法。如果执行时不需要执行被标记的用例方法，则使用参数-m not markName。当有多个 markName 时，pytest 还可以使用 and、or 进行连接，例如-m markName1 and markName2、-m markName1 or markName2。

3.6.1 内置标记

内置标记指 pytest 已经定义好的一些标记名。例如学过的@pytest.mark.skip()和@pytest.mark.skipif()就是内置标记，skip、skipif 和 parametrize 是 pytest 已经定义了的标记名。除此之外还有其他的一些标记名，在命令行工具中输入 pytest --markers 可查看所有的内置标记，如图 3-3 所示。

```
PS D:\> pytest --markers
@pytest.mark.filterwarnings(warning): add a warning filter to the given test. see https://docs.pytes
t.org/en/stable/how-to/capture-warnings.html#pytest-mark-filterwarnings

@pytest.mark.skip(reason=None): skip the given test function with an optional reason. Example: skip(
reason="no way of currently testing this") skips the test.

@pytest.mark.skipif(condition, ..., *, reason=...): skip the given test function if any of the condi
tions evaluate to True. Example: skipif(sys.platform == 'win32') skips the test if we are on the win
32 platform. See https://docs.pytest.org/en/stable/reference/reference.html#pytest-mark-skipif

@pytest.mark.xfail(condition, ..., *, reason=..., run=True, raises=None, strict=xfail_strict): mark
the test function as an expected failure if any of the conditions evaluate to True. Optionally speci
fy a reason for better reporting and run=False if you don't even want to execute the test function.
If only specific exception(s) are expected, you can list them in raises, and if the test fails in ot
her ways, it will be reported as a true failure. See https://docs.pytest.org/en/stable/reference/ref
erence.html#pytest-mark-xfail

@pytest.mark.parametrize(argnames, argvalues): call a test function multiple times passing in differ
ent arguments in turn. argvalues generally needs to be a list of values if argnames specifies only o
ne name or a list of tuples of values if argnames specifies multiple names. Example: @parametrize('a
rg1', [1,2]) would lead to two calls of the decorated test function, one with arg1=1 and another wit
h arg1=2.see https://docs.pytest.org/en/stable/how-to/parametrize.html for more info and examples.

@pytest.mark.usefixtures(fixturename1, fixturename2, ...): mark tests as needing all of the specifie
d fixtures. see https://docs.pytest.org/en/stable/explanation/fixtures.html#usefixtures

@pytest.mark.tryfirst: mark a hook implementation function such that the plugin machinery will try t
o call it first/as early as possible.

@pytest.mark.trylast: mark a hook implementation function such that the plugin machinery will try to
 call it last/as late as possible.

PS D:\>
```

图 3-3　pytest 内置标记

标记的用法都是相同的，下面对其他的标记进行以下说明：

- @pytest.mark.filterwarnings(warning)：在标记的测试方法上添加警告过滤。
- @pytest.mark.xfail(condition,reason=None,run=True,raises=None,strict=False)：如果条件 condition 的值为 True，则将测试预期结果标记为 False。
- @pytest.mark.parametrize(argnames, argvalues)：用来实现参数化。
- @pytest.mark.usefixtures(fixturename1, fixturename2, ...)：将测试用例标记为需要指定的所有 fixture。
- @pytest.mark.tryfirst：标记一个钩子实现函数，插件机制会尝试在第一个或尽早调用它。

- @pytest.mark.trylast：标记一个钩子实现函数，插件机制会尝试在最后或尽可能晚的时候调用它。

3.6.2 自定义标记

pytest 有内置标记，对应的也有自定义标记，自定义标记是用户自己定义的标记名。我们先来通过一个简单的示例，了解一下标记的好处。新建文件 pytest_custom_mark_test.py，并添加如下代码：

```
# chapter3\pytest_custom_mark_test.py
import pytest


def get_student_info(student_id):
    students = {
        1001: {"name": "方鸿渐", "age": "21", "sex": "男"},
        1002: {"name": "苏文纨", "age": "21", "sex": "女"},
        1003: {"name": "唐晓芙", "age": "17", "sex": "女"},
        1004: {"name": "赵辛楣", "age": "16", "sex": "女"}
    }
    return students.get(student_id, "The student ID does not exist.")


def student_info_func(student_id, expect):
    assert get_student_info(student_id) == expect


class TestGetStudentInfo():
    @pytest.mark.Done
    def test_case_1(self):
        student_info_func(1001, {"name": "方鸿渐", "age": "21", "sex": "男"})

    def test_case_2(self):
        student_info_func(1003, {"name": "唐晓芙", "age": "17", "sex": "女"})

    @pytest.mark.UnDone
    def test_case_3(self):
        student_info_func(1007, "The student ID does not exist.")


if __name__ == '__main__':
    pytest.main(['-v', '-m not Done', 'pytest_custom_mark_test.py'])
```

上述脚本中 TestGetStudentInfo 类下有三个测试用例方法，test_case_1、test_case_2 和 test_case_3，test_case_1 添加 Done 标记，test_case_3 添加了 UnDone 标记，test_case_2 没有添加

任何标记。最后使用了-m "not Done"参数，表示不运行被标记为 Done 的测试用例。

运行上面的脚本，控制台的输出结果如下：

```
====================== test session starts ======================================
collected 3 items / 1 deselected / 2 selected

pytest_custom_mark_test.py::TestGetStudentInfo::test_case_2 PASSED        [ 50%]
pytest_custom_mark_test.py::TestGetStudentInfo::test_case_3 PASSED        [100%]
====================== warnings summary =========================================
pytest_mark_test.py:20
  ~\chapter3\pytest_custom_mark_test.py:20: PytestUnknownMarkWarning: Unknown
pytest.mark.Done - is this a typo?  You can register custom marks to avoid this warning
- for details, see https://docs.pytest.org/en/stable/how-to/mark.html
    @pytest.mark.Done

pytest_mark_test.py:27
  ~\chapter3\pytest_custom_mark_test.py:27: PytestUnknownMarkWarning: Unknown
pytest.mark.UnDone - is this a typo?  You can register custom marks to avoid this
warning - for details, see https://docs.pytest.org/en/stable/how-to/mark.html
    @pytest.mark.UnDone

-- Docs: https://docs.pytest.org/en/stable/how-to/capture-warnings.html
====================== 2 passed, 1 deselected, 2 warnings in 0.04s ==============
```

从结果中可以看到，被标记为 Done 的测试用例方法 test_case_1 没有运行，其余 test_case_2 和 test_case_3 都运行了。

上述脚本运行后出现了两个警告信息，提示 pytest 不认识该标记信息。处理该警告有两种方法，一种是注册 mark 标记，另一种是在运行时添加--disable-warnings 参数禁止提示警告，例如 pytest.main(['-v', '--disable-warnings', '-m not Done', 'pytest_custom_mark_test.py'])。但是不推荐通过添加--disable-warnings 参数来禁用，因为某些警告可能会转换成错误。下面通过注册标记处理该警告。

在 pytest_custom_mark_test.py 所在目录下添加 pytest.ini 文件，添加内容如下：

```
[pytest]
markers =
  Done   : 'mark completed test cases'
  UnDone : 'mark unfinished test cases'
```

markers 中写入需要添加的 mark 名称，冒号（:）前面是标记名称，后面是标记说明。

再次运行 pytest_custom_mark_test.py 脚本，控制台的输出结果如下：

```
====================== test session starts ==================================
collected 3 items / 1 deselected / 2 selected

pytest_custom_mark_test.py::TestGetStudentInfo::test_case_2 PASSED      [ 50%]
```

```
pytest_custom_mark_test.py::TestGetStudentInfo::test_case_3 PASSED      [100%]

====================== 2 passed, 1 deselected in 0.02s =======================
```

从输出结果可以看到，没有再次提示警告。

pytest.ini 是 pytest 的配置文件，位置与运行的测试脚本所在位置有关系。如果是单个测试脚本，那么放在与测试脚本同文件夹下，如果是测试项目，一般放在项目的根目录。

3.7 夹　具

夹具（fixture）是 pytest 中非常重要的一个概念，类似于 unittest 框架里的 setup（前置处理）和 teardown（后置处理），用于在测试用例执行前做环境准备和测试用例执行后的数据清理。如果一个函数添加了装饰器@pytest.fixture()，那么就认为这个函数是一个夹具。

夹具在 pytest 框架中是非常灵活且好用的一个功能，非常受测试人员的喜爱。

3.7.1 fixture 参数

如下是 fixture 函数的代码：

```
def fixture(
    fixture_function: Optional[FixtureFunction] = None,
    *,
    scope: "Union[_ScopeName, Callable[[str, Config], _ScopeName]]" = "function",
    params: Optional[Iterable[object]] = None,
    autouse: bool = False,
    ids: Optional[
        Union[Sequence[Optional[object]], Callable[[Any], Optional[object]]]
    ] = None,
    name: Optional[str] = None,
) -> Union[FixtureFunctionMarker, FixtureFunction]:
```

从 fixture()函数的代码中可以看到，fixture 提供了 scope、params、autouse、ids、name 5 个参数，这些参数的功能如下：

- scope：作用域参数，有 function、class、module、package、session 共 5 个级别，分别对应函数级、类级、模块级、包级、会话级，默认值是 function。
- params：用来实现参数化。
- autouse：自动使用夹具。如果为 True，则所有测试方法都会执行夹具方法，默认值是 False。该参数不经常使用。
- ids：配合 params 使用作为 id 的一部分。如果 ids 为空，id 将从参数中自动生成。
- name：fixture 的名称，默认为装饰器的名称。

3.7.2 夹具的使用

夹具的使用很简单，在某个函数上添加装饰器@pytest.fixture()将其变成一个夹具，然后在测试用例方法中将该函数名当作参数传入，该测试用例方法执行时便会自动调用夹具。

例如，在 API 自动化测试时，登录操作为前置条件，退出登录为后置条件，那么就可以将登录操作和退出登录写一个函数并作为夹具应用。实现代码如下：

```
# chapter3\pytest_fixture_test.py
import pytest


def get_user_info(user_id):
    users = {
        1001: "name=tynam;age=21",
    }
    return users.get(user_id, "The user ID does not exist.")


def login():
    print("\n登录成功")
    user_id = 1001
    return user_id


def logout():
    print("退出登录成功")


@pytest.fixture()
def manage_login():
    user_id = login()
    yield user_id
    logout()


def test_get_user_info_1(manage_login):
    print("\ntest_get_user_info_1 测试")
    user_id = manage_login
    assert get_user_info(user_id) == "name=tynam;age=21"


def test_get_user_info_2(manage_login):
    print("\ntest_get_user_info_2 测试")
    user_id = 1002
    assert get_user_info(user_id) == "The user ID does not exist."
```

```
if __name__ == '__main__':
    pytest.main(['-q', 'pytest_fixture_test.py'])
```

从代码中可以看到，定义了一个夹具 manage_login，并且使用了关键字 yield。yield 用来区分夹具中的代码是在测试用例执行前执行还是测试用例执行后执行。pytest 夹具会将关键字 yield 之前的代码当作前置条件，yield 之后内容当作后置条件。因此，上述代码中 user_id=login()就是前置条件，logout()为后置条件，yield user_id 是将 user_id 返回出去，便于测试用例函数接收使用。

在 pytest.main()方法中添加-q 参数，将代码中的 print 内容输出。

运行上面的脚本，结果如下所示：

```
============================= test session starts ==============================
collecting ... collected 2 items

pytest_fixture_test.py::test_get_user_info_1
登录成功
PASSED                        [ 50%]
test_get_user_info_1 测试
退出登录成功

pytest_fixture_test.py::test_get_user_info_2
登录成功
PASSED                        [100%]
test_get_user_info_2 测试
退出登录成功


============================== 2 passed in 0.02s ===============================
```

从结果中不难发现，一共执行了两次测试方法，每次执行前都打印了登录成功，执行后都打印了退出登录成功。

3.7.3 夹具作用域

fixture 中 scope 参数用于设置夹具的作用域，默认是 function 函数级。除此之外，还有 class、module、package、session 级别。

- function：函数级，每个测试用例执行前后都会执行一次。
- class：类级，每个测试类执行前后都会执行一次。
- module：模块级，每个测试模块（测试模块可以看作是.py 文件）执行前后都会执行一次。
- package：包级，每个包执行前后都会执行一次。
- session：会话级，整个会话执行前后执行一次。

示例：新建一个 pytest_fixture_scope_test.py 文件，分别定义一个 session 级、class 级、function 级的夹具。然后添加一个测试用例函数 test_case_1 和一个测试类 TestScope，测试类下添加一个测试用例方法 test_case_2，三个夹具都作用在 test_case_1 和 test_case_2 上。

代码如下：

```
# pytest_fixture_scope_test.py
import pytest


@pytest.fixture(scope='session')
def session_scope():
  print("\n 会话级别的夹具")


@pytest.fixture(scope='class')
def class_scope():
  print("\n 类级别的夹具")


@pytest.fixture(scope='function')
def function_scope():
  print("\n 函数级别的夹具")


def test_case_1(session_scope, class_scope, function_scope):
  print("\n 测试用例一")


@pytest.mark.usefixtures('session_scope', 'class_scope', 'function_scope')
class TestScope:
  def test_case_2(self):
    print("\n 测试用例二")

  def test_case_3(self):
    print("\n 测试用例三")


if __name__ == '__main__':
  pytest.main(['-q', 'pytest_fixture_scope_test.py'])
```

测试类 TestScope 上添加了装饰器@pytest.mark.usefixtures'session_scope', 'class_scope', 'function_scope')，这是一种比较快捷的写法，如果一个测试类下所有测试用例方法都使用到相同的夹具，则可采用@pytest.mark.usefixtures()装饰器的方法，省去将夹具写在每一个测试用例方法的参数中。但这种写法也有弊端，不能传递夹具的返回值。当然，@pytest.mark.usefixtures()装饰器也可添加到测试用例函数上。

执行上述脚本，结果如下：

```
============================= test session starts ==============================
collecting ... collected 3 items

pytest_fixture_scope_test.py::test_case_1
会话级别的夹具

类级别的夹具

函数级别的夹具
PASSED                                  [ 33%]
测试用例一

pytest_fixture_scope_test.py::TestScope::test_case_2
类级别的夹具

函数级别的夹具
PASSED                                  [ 66%]
测试用例二

pytest_fixture_scope_test.py::TestScope::test_case_3
函数级别的夹具
PASSED                                  [100%]
测试用例三


============================== 3 passed in 0.02s ===============================
```

从结果中可以看到，会话开始后执行了会话级别的夹具，然后测试类开始后执行了类级别的夹具，最后测试用例执行开始后执行了函数级别的夹具。虽然 test_case_1 用例只是一个函数，没有类，但它添加了类级别的夹具，因此类级别的夹具也执行了。

夹具的执行与它是否使用有关，如果 test_case_1 函数没有添加 session_scope 夹具，TestScope 类添加了 session_scope 夹具，尽管它是一个会话级的夹具，session_scope 夹具也只会在执行到 TestScope 类时执行，不会在脚本一运行时就执行。

3.7.4　共享夹具

编写测试用例脚本时，如果有多个测试用例文件具有相同的环境准备和数据清理工作，根据之前所学知识，每个测试用例文件中都需要定义一次相同的夹具，代码得不到复用，这就给我们的工作带来极大的消耗。幸运的是，pytest 提供了一个共享夹具的功能。我们只需要添加一个 conftest.py 文件，该文件所在目录及其子孙目录下的所有测试用例文件不需要导入，可直接使用

conftest.py 文件中的夹具，pytest 在运行脚本时会自动加载 conftest.py 模块中的内容。

例如，测试用例执行前需要登录系统，测试用例执行结束后退出登录，那么将登录和退出就可作为一个夹具放在 conftest.py 文件中。具体操作是：新建一个 fixture_share 文件夹，文件夹下面创建一个共享文件 conftest.py，两个测试用例文件 fixture_share_1_test.py 和 fixture_share_2_test.py，conftest.py 添加登录和退出操作夹具，fixture_share_1_test.py 和 fixture_share_2_test.py 下各添加一条测试用例方法，代码如下。

conftest.py 文件内容如下：

```
# chapter3\fixture_share\conftest.py
import pytest


@pytest.fixture()
def manage_login():
  print("\n 登录成功")
  yield
  print("退出登录")
```

fixture_share_1_test.py 文件内容如下：

```
# chapter3\fixture_share\fixture_share_1_test.py


def test_case_1(manage_login):
  print("\ntest_case_1 测试")
```

fixture_share_2_test.py 文件内容如下：

```
# chapter3\fixture_share\fixture_share_2_test.py


def test_case_2(manage_login):
  print("\ntest_case_2 测试")
```

从命令行工具中进入 fixture_share 文件夹下，执行命令 pytest -sv，控制台输出的内容如下：

```
fixture_share_1_test.py::test_case_1
登录成功

test_case_1 测试
PASSED
退出登录

fixture_share_2_test.py::test_case_2
登录成功

test_case_2 测试
```

```
PASSED
退出登录


========================= 2 passed in 0.03s ==========================
```

从输出结果中可以看到，每条测试用例前后都执行了夹具。因此，conftest.py 文件中定义的夹具是可以共享给其他测试用例函数的。

3.8 参 数 化

pytest 框架中有一个非常大的特点，就是实现了参数化。在 2.11 ddt 实现参数化一节中，读者已经体验到了参数化带来的魅力。本节就来介绍 pytest 的参数化，pytest 提供了两种方式实现参数化，一种是使用@pytest.mark.parametrize 标记方式实现，另一种是使用 fixture 夹具方式实现，以下我们分别进行介绍具体的实现。

3.8.1 标记方式实现

@pytest.mark.parametrize(argnames, argvalues) 参数化时，只需将数据当作参数传入@pytest.mark.parametrize 装饰器即可。parametrize 有两个参数 argnames 和 argvalues，argnames 用来设置参数名，argvalues 用来添加测试数据，参数名与测试数据一一对应。示例代码如下：

```
# chapter3\pytest_parametrize_test.py
import pytest


def get_student_info(student_id):
  students = {
    1001: {"name": "方鸿渐", "age": "21"},
    1002: {"name": "苏文纨", "age": "21"},
    1003: {"name": "唐晓芙", "age": "17"},
    1004: {"name": "赵辛楣", "age": "16"}
  }
  return students.get(student_id, "The student ID does not exist.")


@pytest.mark.parametrize(['student_id', 'expect'],
             [(1001, {"name": "方鸿渐", "age": "21"}),
              (1003, {"name": "唐晓芙", "age": "17"}),
              (1007, "The student ID does not exist.")],
             ids=['case-1001', 'case-1003', 'case-1007'])
def test_student_info(student_id, expect):
  assert get_student_info(student_id) == expect
```

```
if __name__ == '__main__':
    pytest.main(['-v', 'pytest_parametrize_test.py'])
```

pytest.mark.parametrize()的第一个参数为参数化参数，与被装饰的测试方法参数相对应；第二个参数为依次传入的参数化数据，数量与第一个参数数量相同；ids 参数为测试用例名。

运行上面的脚本，结果如下：

```
============================ test session starts ============================
collecting ... collected 3 items

pytest_parametrize_test.py::test_student_info[case-1001] PASSED         [ 33%]
pytest_parametrize_test.py::test_student_info[case-1003] PASSED         [ 66%]
pytest_parametrize_test.py::test_student_info[case-1007] PASSED         [100%]

============================= 3 passed in 0.01s =============================
```

从结果中可以看到一共运行了三次，对应着三次测试数据。

如果去掉@pytest.mark.parametrize()装饰器中的 ids 参数，则测试用例名直接取传入的参数。去掉 ids 参数，再次运行脚本，结果如下：

```
============================ test session starts ============================
collecting ... collected 3 items

pytest_parametrize_test.py::test_student_info[1001-expect0] PASSED      [ 33%]
pytest_parametrize_test.py::test_student_info[1003-expect1] PASSED      [ 66%]
pytest_parametrize_test.py::test_student_info[1007-The student ID does not exist.]
PASSED [100%]

============================= 3 passed in 0.02s =============================
```

3.8.2　夹具方式实现

fixture 参数化使用的是 fixture 装饰器，被 fixture 装饰的函数会拥有一个内置的对象 request，同时 fixture 中还存在一个 params 参数来传递参数化数据。下面来看一个具体的示例：

```
# chapter3\pytest_fixture_param_test.py
import pytest


def get_student_info(student_id):
    students = {
        1001: {"name": "方鸿渐", "age": "21"},
        1002: {"name": "苏文纨", "age": "21"},
        1003: {"name": "唐晓芙", "age": "17"},
        1004: {"name": "赵辛楣", "age": "16"}
```

```
    }
    return students.get(student_id, "The student ID does not exist.")


# params 传入参数化数据
@pytest.fixture(params=[(1001, {"name": "方鸿渐", "age": "21"}),
                (1003, {"name": "唐晓芙", "age": "17"}),
                (1007, "The student ID does not exist.")],
            ids=['case-1001', 'case-1003', 'case-1007'])
def param_data(request):
    # 返回 request 对象中 param，即参数化数据
    return request.param


def test_student_info(param_data):
    student_id = param_data[0]
    expect = param_data[1]
    assert get_student_info(student_id) == expect


if __name__ == '__main__':
    pytest.main(['-v', 'pytest_fixture_param_test.py'])
```

运行上面的脚本，结果如下：

```
============================= test session starts ==============================
collecting ... collected 3 items

pytest_fixture_param_test.py::test_student_info[case-1001] PASSED        [ 33%]
pytest_fixture_param_test.py::test_student_info[case-1003] PASSED        [ 66%]
pytest_fixture_param_test.py::test_student_info[case-1007] PASSED        [100%]

============================== 3 passed in 0.01s ===============================
```

从结果中可以看到，一共运行了三次，对应着三次不同的参数。与使用@pytest.mark.parametrize 标记方式实现的效果是一致的。

3.9 配置文件

pytest 配置文件用来修改 pytest 在运行时的一些规则或默认行为。例如，添加默认参数、添加测试用例默认收集路径、用例匹配规则、添加 mark 标记等。

pytest 配置文件一般情况下放在项目的根目录，需要用户手动创建一个 pytest.ini 文件，使用 pytest 执行测试用例时都会加载该配置文件。pytest.ini 在内容编写时需要遵守既定的格式，例如添加默认参数-v，则 pytest.ini 内容就可写成：

```
[pytest]
addopts = -v
```

[pytest]是固定写法，addopts 是添加配置参数。

下面对 pytest.ini 文件的内容进行几点说明。

1. 设置默认参数

设置默认参数使用 addopts 表示，常见的参数有 -v、-s、-q、--reruns，还有一些插件参数，例如生成 html 测试报告的参数 html，用法如下：

```
[pytest]
addopts = -vs --reruns 2 --html=report.html
```

参数说明：--reruns=2 表示失败用例重跑两次；--html=report.html 是将测试结果保存在 report.html 文件中，在使用时需要安装 pytest-html 插件。

2. 设置用例路径

设置用例路径后，pytest 查找测试用例时将从指定的路径下开始查找，使用 testpaths 表示。例如从当前路径的 case 文件下开始查找：

```
[pytest]
testpaths = ./case
```

3. 设置用例匹配规则

用例匹配时，从设定的路径下开始，依次查找模块文件、测试类、测试用例。模块文件用 python_files 表示、测试类用 python_classes 表示、测试用例用 python_functions 表示。例如，匹配以 test 结尾的 py 文件，以 Test 开头的测试类和以 test_开头或_test 结尾的测试用例函数：

```
[pytest]
python_files = test*.py
python_files = Test*
python_functions = test_* *_test
```

4. 指定 pytest 最低版本

指定 pytest 最低版本使用 minversion 表示，例如指定 pytest 的最低版本为 7.1：

```
[pytest]
minversion = 7.1
```

5. 指定忽略搜索的目录

指定忽略搜索的目录使用 norecursedirs 表示，例如忽略 src、*.egg、dist、build 目录的搜索：

```
[pytest]
norecursedirs = src *.egg dist build
```

6. 注册 mark 标记

注册 mark 标记实质就是自定义 mark 标记，使用 markers 表示。例如，添加 Done 和 UnDone 标记：

```
[pytest]
markers =
   Done   : 'mark completed test cases'
   UnDone : 'mark unfinished test cases'
```

3.10 插　　件

pytest 有一个非常丰富的插件生态圈环境，其良好的扩展性弥补了自动化测试脚本开发中的不同需求，这也是读者非常喜欢 pytest 的原因之一。下面介绍几个简单易用的插件：

- pytest-mock：提供一个 mock 固件，用来创建虚拟的对象，来实现测试中的个别依赖点。
- pytest-ordering：控制用例的执行顺序。
- pytest-xdist：分布式并发执行测试用例。
- pytest-dependency：控制用例的依赖关系。
- pytest-rerunfailures：失败重跑。
- pytest-html：测试报告。
- pytest-assume：多重断言。

接下来以 pytest-html 插件为例，介绍 pytest 插件的使用。

pytest 插件的安装与 Python 第三方库的安装方式一样，都可使用 pip 命令直接安装，安装 pytest-html 可以执行 pip install pytest-html 命令，如图 3-4 所示。

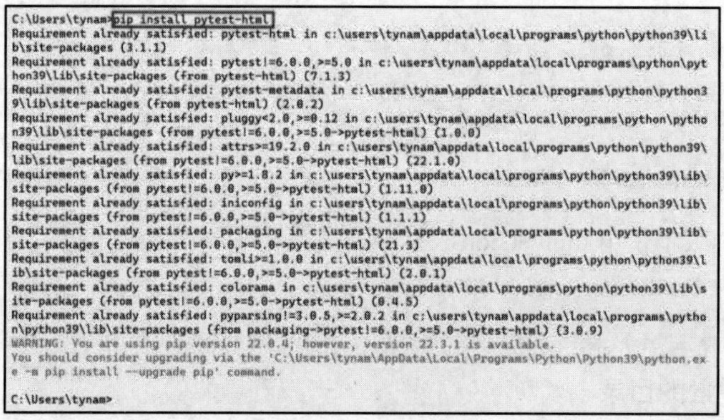

```
C:\Users\tynam>pip install pytest-html
Requirement already satisfied: pytest-html in c:\users\tynam\appdata\local\programs\python\python39\li
b\site-packages (3.1.1)
Requirement already satisfied: pytest!=6.0.0,>=5.0 in c:\users\tynam\appdata\local\programs\python\pyt
hon39\lib\site-packages (from pytest-html) (7.1.3)
Requirement already satisfied: pytest-metadata in c:\users\tynam\appdata\local\programs\python\python3
9\lib\site-packages (from pytest-html) (2.0.2)
Requirement already satisfied: pluggy<2.0,>=0.12 in c:\users\tynam\appdata\local\programs\python\pytho
n39\lib\site-packages (from pytest!=6.0.0,>=5.0->pytest-html) (1.0.0)
Requirement already satisfied: attrs>=19.2.0 in c:\users\tynam\appdata\local\programs\python\python39\
lib\site-packages (from pytest!=6.0.0,>=5.0->pytest-html) (22.1.0)
Requirement already satisfied: py>=1.8.2 in c:\users\tynam\appdata\local\programs\python\python39\lib\
site-packages (from pytest!=6.0.0,>=5.0->pytest-html) (1.11.0)
Requirement already satisfied: iniconfig in c:\users\tynam\appdata\local\programs\python\python39\lib\
site-packages (from pytest!=6.0.0,>=5.0->pytest-html) (1.1.1)
Requirement already satisfied: packaging in c:\users\tynam\appdata\local\programs\python\python39\lib\
site-packages (from pytest!=6.0.0,>=5.0->pytest-html) (21.3)
Requirement already satisfied: tomli>=1.0.0 in c:\users\tynam\appdata\local\programs\python\python39\l
ib\site-packages (from pytest!=6.0.0,>=5.0->pytest-html) (2.0.1)
Requirement already satisfied: colorama in c:\users\tynam\appdata\local\programs\python\python39\lib\s
ite-packages (from pytest!=6.0.0,>=5.0->pytest-html) (0.4.5)
Requirement already satisfied: pyparsing!=3.0.5,>=2.0.2 in c:\users\tynam\appdata\local\programs\pytho
n\python39\lib\site-packages (from packaging->pytest!=6.0.0,>=5.0->pytest-html) (3.0.9)
WARNING: You are using pip version 22.0.4; however, version 22.3.1 is available.
You should consider upgrading via the 'C:\Users\tynam\AppData\Local\Programs\Python\Python39\python.ex
e -m pip install --upgrade pip' command.

C:\Users\tynam>
```

图 3-4　pytest-html 安装

pytest-html 的使用和 pytest 其他参数一样，例如 pytest --html=report.html 命令会将运行的测试

用例在当前目录下生成一个 report.html 测试报告。下面我们运行 pytest_demo_test.py 文件中的测试用例，并生成 HTML 测试报告。

命令行工具中进入 pytest_demo_test.py 文件所在的目录，执行命令 pytest -s pytest_demo_test.py --html=report.html，如图 3-5 所示。

```
D:[illegible]\code\chapter3>pytest -s pytest_demo_test
.py --html=report.html

platform win32 -- Python 3.9.12, pytest-7.1.3, pluggy-1.0.0
rootdir: D:[illegible]\code\chapter3, configfile: pyte
st.ini
plugins: html-3.2.0, metadata-2.0.2


pytest_demo_test.py ...

- generated html file: file:///D:[illegible]/code/chap
ter3/report.html -
========================= 3 passed in 0.02s =========================

D:[illegible]\code\chapter3>
```

图 3-5 运行测试用例

测试用例执行完成后，会在当前目录下生成一个 report.html 文件，打开后内容如图 3-6 所示。

图 3-6 report.html 测试报告

3.11 分布式执行

分布式测试已经是一个常态化的手段，用于执行自动化测试用例，提高测试效率。pytest 框架中可借助插件 pytest-xdist 实现分布式测试。xdist 与其他分布式工具类似，都是一个主从结构的工具，主是 master，从是 workers；master 负责下发命令并控制 workers，workers 根据 master 下发的命令执行测试任务，每个 worker 都负责执行完整的测试用例集。

pytest-xdist 插件通过一种新的测试执行模式扩展了 pytest，主要体现在并行运行、looponfail（子进程中重复运行）和多平台覆盖。

- 并行运行：跨 CPU 或主机执行测试，也可以组合多个 CPU 或主机执行。
- --looponfail：在子进程中重复运行测试。每次运行后，pytest 都会等待项目中的某个文件发生更改，然后重新运行以前失败的测试。
- 跨平台覆盖：用户可以指定不同的 Python 解释程序或不同的平台，并在所有这些平台上并行运行测试。

pytest-xdist 是 pytest 的一个插件，我们可以轻松地在命令行中通过命令 pip install pytest-xdist 实现安装。使用时添加-n=[num]参数即可，和 pytest 的其他参数使用相同。num 为并行数，进程数，也可直接赋值 auto，pytest 将自动检测系统 CPU 核数，触发最大并行数。

下面通过一个示例来说明其使用。新建 pytest_xdist_test.py 文件，编写如下代码：

```
# chapter3\pytest_xdist_test.py
import pytest
import time


@pytest.mark.parametrize('n',
                         [1, 2, 3, 4, 5, 6],
                         ids=['sleep-1', 'sleep-2', 'sleep-3', 'sleep-4', 'sleep-5', 'sleep-
6'])
def test_case_xdist(n):
    time.sleep(n)
```

创建了一个测试用例方法 test_case_xdist，并且通过参数化的形式生成 6 条测试用例，依次等待 1、2、3、4、5、6 秒时间。

在 VSCode 或 PyCharm 工具中打开命令行工具，进入 pytest_xdist_test.py 文件所在的目录，执行命令 pytest -n=auto pytest_xdist_test.py，执行结果如下：

```
PS ~\chapter3> pytest -n=auto pytest_xdist_test.py
============================== test session starts
==============================
platform win32 -- Python 3.11.4, pytest-7.4.0, pluggy-1.2.0
rootdir: ~\chapter3
configfile: pytest.ini
plugins: allure-pytest-2.13.2, Faker-19.3.0, xdist-3.3.1
16 workers [6 items]
...                                                                    [100%]
============================== 6 passed in 8.60s ==============================
```

从结果中可以看到，出现了 16 workers [6 items]内容，表示有 16 条并行测试线，测试 6 条用例，共耗时 8.60s。

接下来将并行数修改为 3，再次执行，结果如下：

```
PS ~\chapter3> pytest -n=3 pytest_xdist_test.py
=========================== test session starts ===========================
platform win32 -- Python 3.11.4, pytest-7.4.0, pluggy-1.2.0
rootdir: ~\chapter3
configfile: pytest.ini
plugins: allure-pytest-2.13.2, Faker-19.3.0, xdist-3.3.1
3 workers [6 items]
......                                                          [100%]
=========================== 6 passed in 12.26s ===========================
```

从结果中可以看到出现了 3 workers [6 items]内容，有三条并行测试线，测试 6 条用例，共耗时 12.26s，明显高于六条并行线所耗费的时间。

在执行测试用例时，可通过更多的参数丰富测试结果，例如将测试结果生成 HTML 测试报告，就可写成 pytest -n=3 --html=report.html pytest_xdist_test.py。

pytest-xdist 在执行测试用例时默认是无序的，用户需要通过添加--dist 参数来控制顺序。--dist=loadscope 表示按照模块下的函数和测试类分组，按类分组优于按模块分组；--dist=loadfile 表示按照文件名分组。一个测试组下的所有测试用例分发给同一个可执行的 worker，确保同一个组的测试用例在同一个进程中执行。

提示　由于 pytest-xdist 的实现方式不同，-s 和--capture=no 参数将不生效。

3.12　Allure 测试报告

Allure 是一款轻量级开源测试报告生成框架，可以输出漂亮的测试报告。其由 Java 语言开发，且支持 TestNG、pytest、JUint 等绝大多数测试框架，简单易用，受到很多测试人员的喜爱。

3.12.1　Allure 安装

在 pytest 下使用 Allure，不仅需要安装 Allure 工具，而且还需要安装 allure-pytest 插件。下面介绍详细的安装步骤：

步骤 01 Allure 是由 Java 语言开发的，请先确保计算机已经成功安装了 Java JDK，并配置了 Java 环境。

步骤 02 下载 Allure。进入到 Allure commandline 下载页面 https://repo.maven.apache.org/maven2/io/qameta/allure/allure-commandline/，选择合适的版本进行下载，例如下载 allure-commandline-2.20.0.zip，如图 3-7 所示。

```
allure-commandline-2.20.0.tgz.md5              2022-11-03 13:27        32
allure-commandline-2.20.0.tgz.sha1             2022-11-03 13:27        40
allure-commandline-2.20.0.tgz.sha256           2022-11-03 13:27        64
allure-commandline-2.20.0.tgz.sha512           2022-11-03 13:27       128
allure-commandline-2.20.0.zip                  2022-11-03 13:27  20033136
allure-commandline-2.20.0.zip.asc              2022-11-03 13:27       821
allure-commandline-2.20.0.zip.asc.md5          2022-11-03 13:27        32
allure-commandline-2.20.0.zip.asc.sha1         2022-11-03 13:27        40
allure-commandline-2.20.0.zip.asc.sha256       2022-11-03 13:27        64
allure-commandline-2.20.0.zip.asc.sha512       2022-11-03 13:27       128
allure-commandline-2.20.0.zip.md5              2022-11-03 13:27        32
allure-commandline-2.20.0.zip.sha1             2022-11-03 13:27        40
allure-commandline-2.20.0.zip.sha256           2022-11-03 13:27        64
allure-commandline-2.20.0.zip.sha512           2022-11-03 13:27       128
```

图 3-7 Allure 下载

步骤 03 解压配置环境变量。下载后解压，将解压后的 allure.bat 文件所在的 bin 目录添加到环境变量 Path 中。右击“我的电脑”，然后依次选择“属性→高级系统设置→环境变量”，编辑名为 Path 的变量，添加解压后的 bin 目录所在的路径如图 3-8 所示。

步骤 04 验证 Allure 是否安装成功。打开命令行工具，输入命令 allure --version 查看 allure 的版本。如果出现 Allure 版本号，则表示 allure 安装成功，如图 3-9 所示。

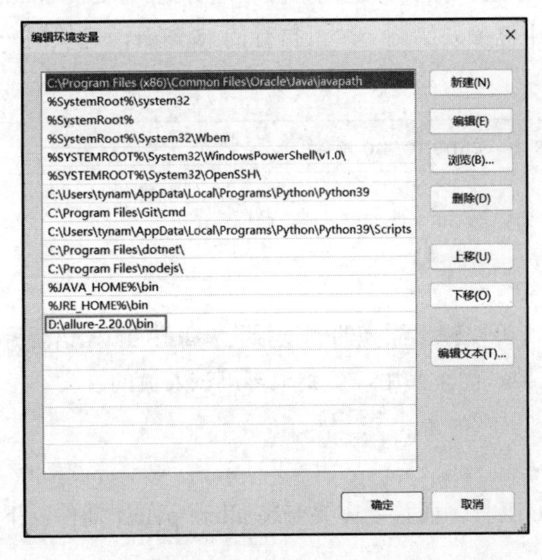

图 3-8 添加 Allure 环境变量

```
C:\Users\tynam>allure --version
2.20.0
C:\Users\tynam>
```

图 3-9 查看 Allure 的版本

步骤 05 安装 allure-pytest 插件。在命令行工具中输入 pip install allure-pytest 命令完成安装。

3.12.2 生成测试报告

使用 pytest 运行测试用例并生成 allure 测试报告，分两步。第一步通过--alluredir 参数将测试结果保存；第二步使用 allure generate 命令将测试结果生成测试报告。

下面我们运行本章产生的所有测试用例，命令行工具中进入本章存放代码所在的目录~\chapter3\，执行命令 pytest --alluredir ./result/，将生成的测试结果数据保存在当前目录下的 result

文件夹中。

命令运行完成后，会在当前目录下创建一个 result 文件夹，里面存放了运行后产生的测试结果数据文件，如图 3-10 所示。

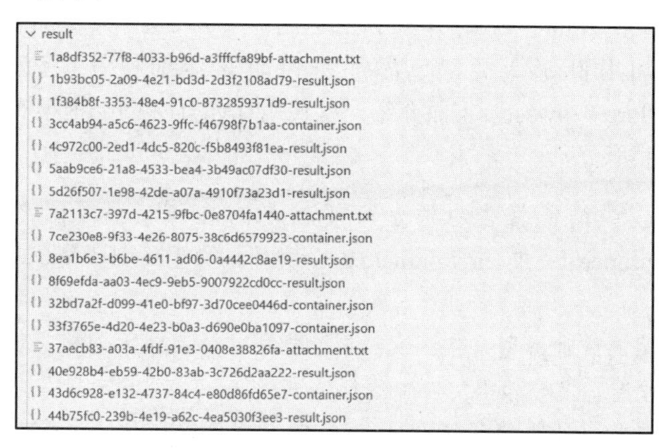

图 3-10　测试结果数据文件

接下来利用上面产生的测试结果数据，生成 Allure 测试报告。在命令行工具中执行命令 allure generate ./result/ -o ./report/ --clean 完成测试报告的生成。generate 为生成测试报告，后跟测试结果数据，-o 为生成的报告存放路径，--clean 表示清除旧报告后再生成新测试报告。执行命令后，会在当前目录下生成一个 report 文件夹，里面存放的便是 Allure 测试报告。用户可以单击 report 文件夹下的 index.html 打开测试报告，也可使用 allure serve ./report 命令打开报告。打开的报告如图 3-11 所示。

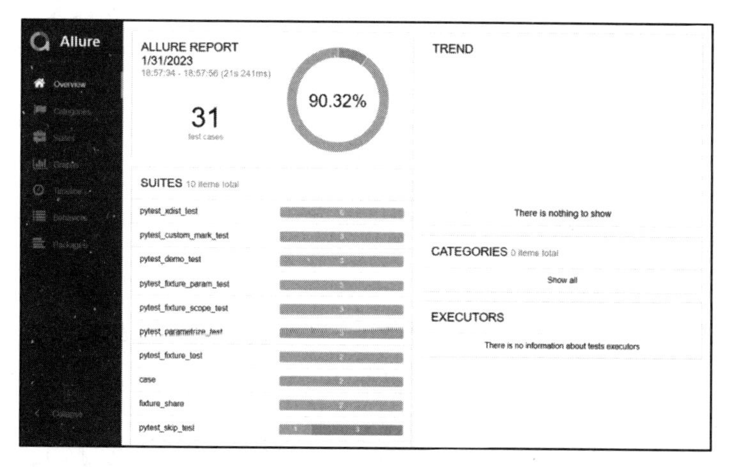

图 3-11　Allure 测试报告

提示　在查看 Allure 测试报告时，如果遇到数据加载失败、NaN%等情况，可借助其他工具打开，例如 VSCode 中 Live Server 插件。

3.12.3 Allure 特性与应用示例

1. 特性

Allure 特性用于丰富 Allure 测试报告，添加后测试报告将会展示更加丰富的细节信息。例如添加环境信息、添加用例统计类型、添加链接等。详细特性可查看 Allure 官方文档 https://docs.qameta.io/allure/#_pytest。下面介绍一些使用 pytest+allure 框架实现自动化测试项目中经常用到的 Allure 特性：

- environment：在测试报告中添加环境信息。在测试结果数据所在的目录下创建 environment.properties 或 environment.xml 文件，当生成测试报告时便会携带文件中的信息。
- categories：用例统计类型。在测试结果数据所在的目录下创建 categories.json 文件，当生成测试报告时，便会根据文件中的标注进行统计。
- steps：测试步骤描述，使用@allure.step 实现。可以在测试步骤方法或函数上添加装饰器@allure.step，也可以直接将测试操作内容写在 allure.step 下，步骤描述和执行的操作将会一起展示在测试报告中。
- titles：测试用例标题，使用@allure.title 实现。标题描述支持占位符和动态参数。
- links：测试报告中添加链接，可用于关联 BUG、测试用例等，使用@allure.link 或@allure.testcase 或@allure.issue 实现。
- attachments：测试报告中添加附件，使用 allure.attach 实现。
- severity：标记测试用例级别，有 blocker（致命）、critical（严重）、normal（一般）、minor（次要）、trivial（轻微）共 5 个级别，使用@allure.severity 实现。
- descriptions：测试报告中展示测试用例的描述信息，使用@allure.description(string)或@allure.description_html(html)实现。
- features：对测试用例分类，相当于一个功能模块、一个测试类，使用@allure.feature 实现。
- stories：对测试用例分类，相当于一个测试用例，使用@allure.stories 实现。

2. 示例

新建一个 allure_feature_test.py，定义两个测试类 TestLogin 和 TestLogout，TestLogin 类下添加一个登录方法 login_func，并且添加装饰器@allure.step("输入用户名和密码并单击登录")，然后添加 4 个测试用例方法 test_login_success、test_user_error、test_login_multiple_click 和 test_login_fail，测试用例方法下都使用 login_func 登录方法，最后根据测试用例所验证的点分别添加@allure.title 装饰器和@allure.severity 装饰器，其中 test_user_error 测试用例添加了@allure.link('https://www.cnblogs.com/tynam', 'BUG 链接')装饰器，用以关联 BUG 单，test_login_multiple_click 测试用例添加了@allure.description("验证密码错误，登录失败")装饰器，

用来描述用例的作用，test_login_fail 测试用例使用了 try…execpt…，当断言失败后，将通过 allure.attach 添加错误截图。TestLogout 类下添加了一个测试用例 test_logout_test，使用 with allure.step 的方式设置用例步骤。

代码如下：

```
# chapter3\allure_feature_test.py
import allure


@allure.feature("登录测试")
class TestLogin:
    @allure.step("输入用户名和密码并单击登录")
    def login_func(self):
        pass

    @allure.title("验证登录成功")
    @allure.severity(allure.severity_level.BLOCKER)
    def test_login_success(self):
        self.login_func()

    @allure.title("验证密码错误，登录失败")
    @allure.severity(allure.severity_level.CRITICAL)
    @allure.link('https://www.cnblogs.com/tynam', 'BUG 链接')
    def test_user_error(self):
        self.login_func()

    @allure.description("验证密码错误，登录失败")
    @allure.severity(allure.severity_level.NORMAL)
    def test_login_multiple_click(self):
        self.login_func()

    @allure.title("验证随机用户名或密码，登录失败")
    @allure.severity(allure.severity_level.MINOR)
    def test_login_fail(self):
        try:
            self.loqin_func()
            assert False
        except AssertionError:
            with open(r"./file/logo.png", "rb") as f:
                context = f.read()
                allure.attach(context, "断言失败",
attachment_type=allure.attachment_type.PNG)


@allure.feature("登出测试")
```

```
class TestLogout:
    @allure.title("验证登出测试")
    @allure.severity(allure.severity_level.CRITICAL)
    def test_logout_test(self):
        with allure.step("单击登出"):
            pass
        with allure.step("验证登出成功"):
            pass
```

通过命令行工具进入 allure_feature_test.py 文件所在的目录，执行命令 pytest -sq --alluredir=./result allure_feature_test.py 生成测试结果数据。

接下来添加环境信息，在测试结果数据所在的目录 result 下添加文件 environment.properties，编辑文件内容如下：

```
python.Version=3.9.12
Allure.Version=2.20

product=test
test_machine=172.168.1.13
```

如果不使用 environment.properties 而使用 environment.xml 文件，则需要编辑的内容如下：

```
<environment>
    <parameter>
        <key>python.Version</key>
        <value>3.9.12</value>
    </parameter>
    <parameter>
        <key>Allure.Version</key>
        <value>2.20</value>
    </parameter>
    <parameter>
        <key>product</key>
        <value>test</value>
    </parameter>
    <parameter>
        <key>test_machine</key>
        <value>172.168.1.13</value>
    </parameter>
</environment>
```

然后添加用例统计文件，在测试结果数据所在的目录 result 下添加文件 categories.json，编辑文件内容如下：

```
[
  {
    "name": "Ignored tests",
```

```
    "matchedStatuses": ["skipped"]
  },
  {
    "name": "Infrastructure problems",
    "matchedStatuses": ["broken", "failed"],
    "messageRegex": ".*bye-bye.*"
  },
  {
    "name": "Outdated tests",
    "matchedStatuses": ["broken"],
    "traceRegex": ".*FileNotFoundException.*"
  },
  {
    "name": "Product defects",
    "matchedStatuses": ["failed"]
  },
  {
    "name": "Test defects",
    "matchedStatuses": ["broken"]
  }
]
```

categories.json 文件中 name 为分类名称，必须存在；matchedStatuses 是统计的测试用例状态列表，默认值是["failed", "broken", "passed", "skipped", "unknown"]；messageRegex 是用于检查测试错误消息的正则表达式模式，默认值是".*"；traceRegex 是用于检查堆栈跟踪的正则表达式模式，默认值是".*"。

最后，在命令行工具中执行 allure generate ./result/ -o ./report/ --clean 命令完成测试报告的生成。打开测试报告，如图 3-12 所示。

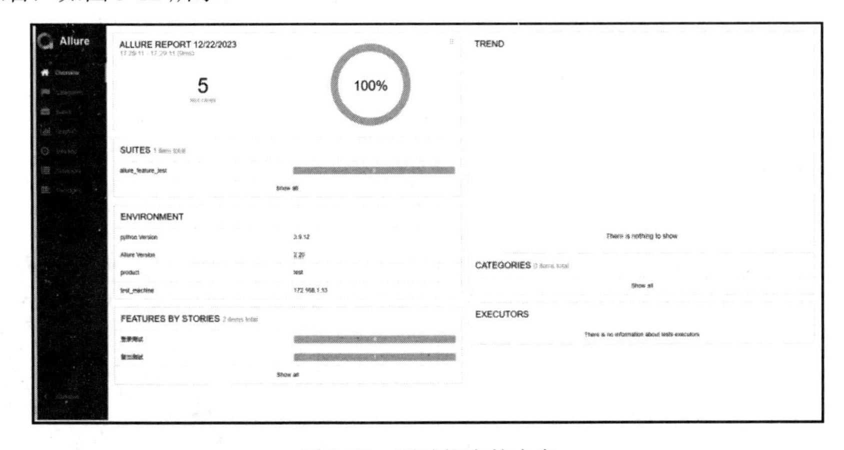

图 3-12　测试报告的内容

从测试报告中可以看到，环境信息与添加的 environment.properties 内容一致，如图 3-13 所示。

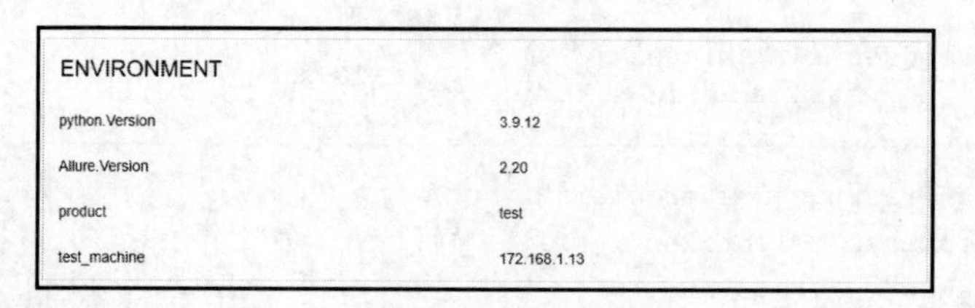

图 3-13　环境信息

切换到 Suites 页面，可以看到添加了@allure.title 装饰器的用例方法，显示的用例名都是 title 描述，未添加的显示的是测试用例名；数量统计上，由于只有成功的测试用例，所以数据显示的是 5，其他分类数据显示的是 0，如图 3-14 所示。

然后依次查看测试用例，每条用例都显示用例级别 Severity，用例步骤描述也正确，其中 test_login_multiple_click 用例显示了用例描述，如图 3-15 所示；“验证密码错误，登录失败”用例有 Links 链接，并且可以直接单击跳转，如图 3-16 所示；“验证随机用户名或密码，登录失败”用例在断言失败后有附件显示，如图 3-17 所示；“验证登出测试”的测试用例步骤显示正常，如图 3-18 所示。

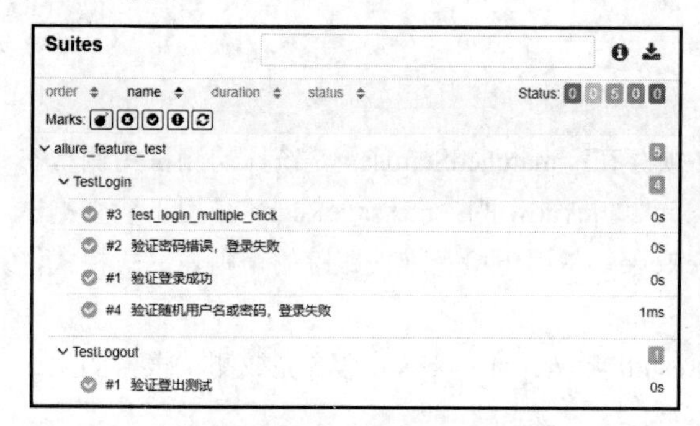

图 3-14　Suites 内容展示

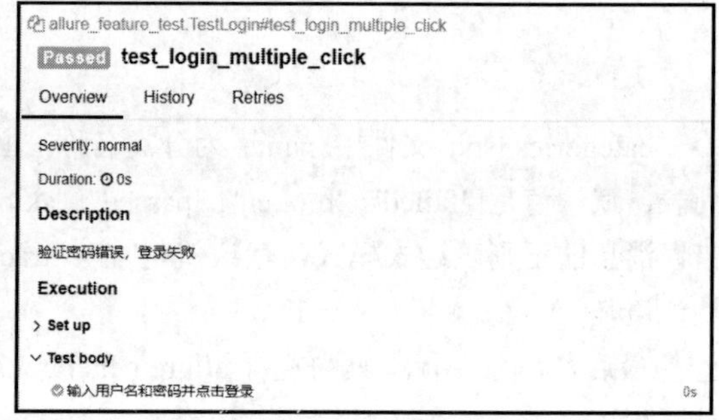

图 3-15　用例描述展示

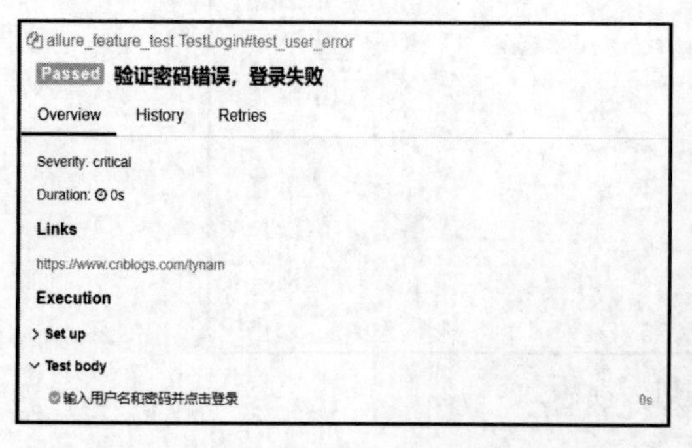

图 3-16　用例 links 展示

图 3-17　用例附件展示

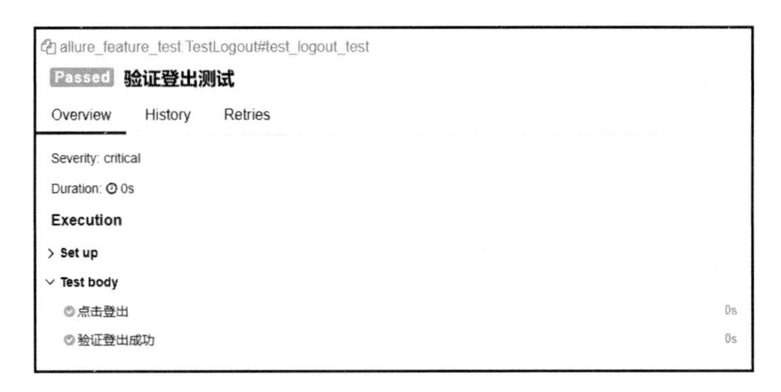

图 3-18 用例步骤展示

3.13 思 考 题

1. 你的测试项目中为什么使用 pytest，而不是 unittest？
2. 给你一个登录功能，测试数据特别多，在 pytest 框架上如何编写测试用例？
3. 使用 pytest 执行测试用例，下表中哪些方法或函数会被当作测试用例执行？为什么？

<table>
<tr><th>序号</th><th>文件</th><th>文件下的函数</th><th>文件下的类</th><th>类下的方法</th></tr>
<tr><td>1</td><td rowspan="5">test_login.py</td><td>login_1</td><td></td><td></td></tr>
<tr><td>2</td><td></td><td rowspan="2">TestLogin</td><td>test_login_2</td></tr>
<tr><td>3</td><td></td><td>login_test_3</td></tr>
<tr><td>4</td><td></td><td rowspan="2">TestLogin2</td><td>__init__</td></tr>
<tr><td>5</td><td></td><td>test_login_4</td></tr>
<tr><td>6</td><td rowspan="2">login.py</td><td>test_login_1</td><td></td><td></td></tr>
<tr><td>7</td><td></td><td>TestLogin</td><td>test_login_2</td></tr>
<tr><td>8</td><td rowspan="3">login_test.py</td><td>test_login_1</td><td></td><td></td></tr>
<tr><td>9</td><td></td><td rowspan="2">LoginTest</td><td>test_login_2</td></tr>
<tr><td>10</td><td></td><td>login_test_3</td></tr>
</table>

4. pytest.fixture 中 scope 参数的作用是什么？
5. pytest 框架如何实现分布式测试？

第4章 Requests

Requests 库是 Python 语言中非常实用且易用的一个第三方库，通过它可以非常轻松地实现 HTTP 请求。许多测试人员都喜欢使用 Requests 库进行接口测试，比如，使用 Python 语言开发 HTTP 接口测试项目，首选的就是 Requests 库。本章将介绍 Requests 库的功能及使用技巧。

4.1 简　介

Requests 库是用 Python 语言基于 urllib 编写的，采用 Apache License 2.0 开源协议的 HTTP 库，但是它比 urllib 更简单易用和人性化，而且能在 PyPy 下完美运行。

以下列举了 Requests 的一些重要特点：

- 简单，高效。
- 支持使用 Cookie 保持会话。
- 支持文件上传和下载、POST 数据自动编码、自动响应内容编码。
- 支持 HTTP(S)代理。
- 支持证书认证和身份认证。
- 自身友好的异常处理。

关于 Requests 的更多介绍，可查看 Requests 官网文档：https://docs.python-requests.org/。

Requests 使用时需要先安装，安装方法很简单，只需要在命令行中执行 pip install requests 即可完成安装。

接口测试的学习重点是练习和实战，下面提供一些接口练习网站，本章在介绍知识点时使用的示例接口也都来自这些网站：

- Postman 接口练习网站：https://postman-echo.com/，专为 Postman 工具使用。
- Reqres 网站：https://reqres.in/。
- httpbin 网站：http://httpbin.org/，一个简单的 HTTP 请求和响应服务。

- Petstore 接口：https://petstore.swagger.io/。

也可以通过浏览器开发者工具、Fiddler、Wireshark 等工具抓取一些公共网站上的接口进行练习。

4.2　主要方法

Requests 是一个很实用的 Python HTTP 客户端库，在编写爬虫和测试服务器响应数据时非常易用，它提供了 request()、get()、post()、head()、put()、patch()、delete() 7 个主要方法，request()为构造请求方法，其他 6 个方法为提交请求方法，如表 4-1 所示。

表4-1　Requests的主要方法

方　法	描　述	对应 HTTP 请求方法
requests.request()	构造一个请求，支撑以下各种方法的基础方法	
requests.get()	获取 URL 位置的资源	GET
requests.post()	向 URL 指定的资源提交数据或附加新的数据	POST
requests.head()	请求 URL 位置资源的响应消息报告，即获得该资源的头部信息	HEAD
requests.put()	请求向 URL 位置储存一个资源，覆盖原 URL 位置的资源	PUT
requests.patch()	请求局部更新 URL 位置的资源，即改变该处资源的部分内容	PATCH
requests.delete()	删除 URL 位置储存的资源	DELETE

4.2.1　请求示例

Requests 库使用 request(method, url, **kwargs)构造请求方法发送请求，非常简单，只需要添加对应的参数即可。参数 method 是请求方法，参数 url 是请求 URL，参数 kwargs 为查询参数，例如请求头、请求体等。例如发送表 4-2 所示的接口。

表4-2　httpbin网站GET接口

接口名称	httpbin 网站 GET 接口	
接口地址	http://httpbin.org/get	
请求方式	GET	
查询参数	Any	可选参数

响应结果	{
	"args": {},
	"headers": {},
	"origin": "",
	"url": "http://httpbin.org/get"
	}
		args：查询参数；
		headers：请求头信息；
		origin：站点信息；
		url：请求地址

新建 requests_demo.py 文件，编写代码如下：

```
# chapter4\requests_demo.py
import requests


url = "http://httpbin.org/get"
response = requests.request('GET', url)

# 打印响应状态码
print("响应状态码是：{}".format(response.status_code))
# 打印响应数据
print(response.text)
```

运行脚本后控制台输出内容如下：

```
响应状态码是：200
{
  "args": {},
  "headers": {
    "Accept": "*/*",
    "Accept-Encoding": "gzip, deflate",
    "Host": "httpbin.org",
    "User-Agent": "python-requests/2.28.1",
    "X-Amzn-Trace-Id": "Root=1-53dc6a60-5be88997a789a77553a325dee"
  },
  "origin": "123.138.89.130",
  "url": "http://httpbin.org/get"
}
```

从打印结果中可以看到，成功返回了响应状态码和响应结果，说明请求成功。response.status_code 打印结果是 200，说明响应状态码是 200；response.text 打印结果是接口返回的数据。由此便完成了一个简单的 GET 请求。

如果在发送请求时出现 Caused by SSLError(SSLError(1,'[SSL: CERTIFICATE_VERIFY_FAILED] certificate verify failed (_ssl.c:749)'),)错误，可通过添加 verify=False 参数解决，例如 requests.request('GET', url, verify=False)。

4.2.2 查询参数

在 4.2.1 节的示例代码中，发送 GET 请求的语句是 requests.request('GET', url)，使用了参数 method 和 url，这是两个必填参数，还有一些可选参数可以使用，可使用的参数如下所示：

- method：请求方法。例如设置为 GET，则等同于 requests.get()。
- url：请求 URL。例如 https://fanyi.youdao.com/。
- params：用来传递参数，字典或字节序列，将其作为参数添加到 URL 中。例如 requests.get(('http://tynam.com/get', {'key':'value'})，与 requests.get(('http://tynam.com/get?key=

value')是相同的。

- data：data 参数，字典类型，字节序列或文件对象。作为请求体。
- headers：HTTP 请求头，字典类型。
- cookies：cookie 内容，字典或 Cpplie Jar。
- files：用于传输文件，字典类型。例如 files = {'file_name': open(file_path，'rb')}。
- auth：允许设置指定的身份验证机制，元组类型。
- timeout：超时时间设置，单位为秒。
- allow_redirects：允许重定型，布尔类型，默认值为 True。
- proxies：代理设置，字典类型。
- hooks：事件挂钩，Requests 有一个钩子系统，用来操控部分请求过程或信号事件处理。
- stream：流式请求，默认值为 True。
- verify：SSL 认证，默认值为 True。如果证书验证失败，Requests 就会抛出 SSLError。
- cert：用来指定一个本地证书用作客户端证书，可以是单个文件（包含密钥和证书）或一个包含两个文件路径的元组。
- json：JSON 格式数据。

4.2.3　响应对象

发送 HTTP 请求后，服务器接收到请求并且会做出一定的响应，例如 4.2.1 节示例代码中的 response.status_code 就是获取响应状态码，response 是一个响应对象。Requests 提供了响应对象的很多属性，可以轻易获取接口的响应内容，经常使用的属性如下所示：

- response.status_code：获取响应状态码。也可以判断响应状态码，例如 response.status_code ==requests.code.ok。
- response.heards：获取响应头。也可以获取响应头的具体字典，例如 response.headers ['Server']。
- response.cookies：获取 Cookies 信息。也可以获取指定 Cookie，例如 response.cookies['ts']。
- response.encoding：设置字符编码格式，用来解决乱码问题。例如 response.encoding='utf-8'。
- response.url：获取请求的 URL。
- response.raw：获取原始响应内容，即 urllib 中的 HTTPResponse 对象。
- response.text：获取服务器响应内容。会自动根据响应头部的字符编码进行解码。
- response.content：以字节形式（二进制）返回。字节方式的响应体，会自动解码为 gzip 和 deflate 压缩。
- response.json()：返回一个 JSON 对象。Requests 内置了一个 JOSN 解码器，如果 JSON 解码失败，则会抛出一个 ValueError: No JSON object could be decoded 异常。
- response.history：获取请求的历史记录。有重定向时，取到的是[响应对象 1，响应对象 2...]。

- response.request：获取响应对应的请求。
- response.raise_for_status()：失败请求（非 200 响应）抛出异常。

4.3 发送 GET 请求

GET 请求一般用来获取数据，本节将以表 4-2 所示的接口详细介绍使用 Requests 发送 GET 请求的方法。

4.3.1 params 参数

Requests 发送 GET 请求时，可通过 requests.get()方法中的 params 参数添加接口参数。比如访问表 4-2 所示的接口，则就可以将查询参数添加在 get()方法的 params 参数上，例如添加查询参数 name=tynam，param 以字典或字节序列格式传递参数，值就可以写成{'name': ' tynam'}。则可编写如下代码：

```
# chapter4\requests_params.py
import requests


url = "http://httpbin.org/get"
params = {
    'name': 'tynam',
}

response = requests.get(url=url, params=params)

print("请求接口的地址是：{}".format(response.url))
print(response.json())
```

由于返回的结果是 JSON 数据，所以使用 response.json()打印返回结果，输出的内容将是字典格式，如果使用 response.text 打印返回结果，输出的格式将是字符串。运行脚本后，控制台的输出内容如下：

```
请求接口的地址是：http://httpbin.org/get?name=tynam
{'args': {'name': 'tynam'}, 'headers': {'Accept': '*/*', 'Accept-Encoding': 'gzip, deflate', 'Host': 'httpbin.org', 'User-Agent': 'python-requests/2.28.1', 'X-Amzn-Trace-Id': 'Root=1-63dca6a3-4a3d90ce0ddec5047a7fb825'}, 'origin': '123.138.89.130', 'url': 'http://httpbin.org/get?name=tynam'}
```

从打印结果中可以看到，请求的 URL 是 http://httpbin.org/get?name=tynam，Requests 自动将 params 内容拼接在了 URL 后面，实则与发送 requests.get(url='http://httpbin.org/get?name=tynam')请求的效果一致。

4.3.2　自定义请求头

在接口测试中，经常需要在请求头中添加一些自定义内容，满足不同的需求。通过 requests.get(url).request.headers 可以获取请求头信息，代码如下：

```
# chapter4\requests_headers.py
import requests


url = "http://httpbin.org/get"

req_headers = requests.get(url).request.headers
print("默认的请求头信息是：{}".format(req_headers))
```

运行脚本后控制台输出内容如下：

```
默认的请求头信息是：{'User-Agent': 'python-requests/2.28.1', 'Accept-Encoding': 'gzip, deflate', 'Accept': '*/*', 'Connection': 'keep-alive'}
```

从打印结果中可以看到，请求头一共有 4 个字段，其中用户代理 User-Agent 的值是 python-requests/2.18.4，下面我们通过添加 Headers 参数自定义 User-Agent。

如果不知道 User-Agent 值该如何构造，可以通过抓包工具捕获一条浏览器发送的请求，直接复制请求头下面的 User-Agent 值。例如“Mozilla/5.0 (Windows NT 10.0; Win64; x64) AppleWebKit/537.36 (KHTML, like Gecko) Chrome/96.0.4664.110 Safari/537.36”便是从捕获的请求中拷贝出来的值。接下来只需要将 User-Agent 以字典的形式传入请求方法中的 headers 参数即可。代码如下：

```
# chapter4\requests_headers.py
import requests


url = "http://httpbin.org/get"

# req_headers = requests.get(url).request.headers
# print("默认的请求头信息是：{}".format(req_headers))

headers = {
    'User-Agent':'Mozilla/5.0 (Windows NT 10.0; Win64; x64) AppleWebKit/537.36 (KHTML, like Gecko) Chrome/96.0.4664.110 Safari/537.36'
}
req_headers = requests.get(url, headers=headers).request.headers
print("修改后的请求头信息是：{}".format(req_headers))
```

运行脚本后，控制台的输出内容如下：

```
修改后的请求头信息是：{'User-Agent': 'Mozilla/5.0 (Windows NT 10.0; Win64; x64)
```

```
AppleWebKit/537.36 (KHTML, like Gecko) Chrome/96.0.4664.110 Safari/537.36', 'Accept-Encoding': 'gzip, deflate', 'Accept': '*/*', 'Connection': 'keep-alive'}
```

从输出结果中可以看到 User-Agent 已修改成功。

User-Agent 作用
User-Agent 的作用是告诉服务器，用户是通过什么工具发送的请求。有些网站限制比较严格，例如爬虫请求便会拒绝，如果是浏览器就会做出应答。 浏览器的 User-Agent 标准格式是：浏览器标识（操作系统标识；加密等级标识；浏览器语言）渲染引擎标识版本信息。例如 Mozilla/5.0（Windows NT 10.0; Win64; x64），AppleWebKit/537.36（KHTML, like Gecko），Chrome/96.0.4664.110，Safari/537.36。其中，Mozilla/5.0：网景公司浏览器的标识；Windows NT 10.0：Windows 10 的标识符；Win64：Windows 64 系统；x64：64 位处理器；AppleWebKit/537.36：苹果公司开发的呈现引擎；KHTML：Linux 平台中 Konqueror 浏览器的呈现引擎；like Gecko：行为与 Gecko 浏览器引擎类似；Chrome/96.0.4664.110：Chrome 浏览器 96.0.4664.110 版本；Safari/537.36：Safari 浏览器 537.36 版本。

4.4　发送 POST 请求

POST 请求通常用于提交数据。提交的数据通过 requests.post()方法中的 data 或 json 参数传递。本小节将以表 4-3 所示的接口详细介绍使用 Requests 发送 POST 请求的方法。

表4-3　httpbin网站POST接口

接口名称	httpbin 网站 POST 接口	
接口地址	http://httpbin.org/post	
请求方式	POST	
输入参数	Any	可选参数

响应结果	{
	"args": {},
	"data": "",
	"files": {},
	"form": {},
	"headers":{},
	"json": null,
	"origin": "",
	"url": "https://httpbin.org/post"
	}
		Args：查询参数；
		Data：发送的 data 数据；
		Files：上传的文件；
		Form：提交的表单内容；
		Headers：请求头信息；
		Json：提交的 json 数据；
		Origin：站点信息；
		url：请求地址

4.4.1 data 参数

data 参数是一个可选参数，可携带表单编码的字典、bytes 或文件对象。当 data 数据为字典格式时，请求头中 content-type 字段会默认为 application/x-www-form-urlencoded，以普通表单的形式提交。当 data 数据为字符串时，请求头中 content-type 字段会默认为 text/plain，以纯文本的形式提交。

下面通过代码实现发送表 4-3 所示的接口的请求。例如将{"user": "tynam", "password": "123456"}以字典格式提交，编写代码如下：

```
# chapter4\requests_data_form.py
import requests


url = "http://httpbin.org/post"
data = {
    'user': 'tynam',
    'password': '123456'
}

response = requests.post(url=url, data=data)
print(response.text)
```

运行脚本后控制台输出的内容如下：

```
{
  "args": {},
  "data": "",
  "files": {},
  "form": {
    "password": "123456",
    "user": "tynam"
  },
  "headers": {
    "Accept": "*/*",
    "Accept-Encoding": "gzip, deflate",
    "Content-Length": "26",
    "Content-Type": "application/x-www-form-urlencoded",
    "Host": "httpbin.org",
    "User-Agent": "python-requests/2.28.1",
    "X-Amzn-Trace-Id": "Root=1-63dcdsea-07e359c4425a93c0aa5d4171"
  },
  "json": null,
  "origin": "123.138.89.130",
  "url": "http://httpbin.org/post"
}
```

根据打印的结果可以看到，提交的内容出现在 form 字段中，表面是以 application/x-www-form-urlencoded 表单的形式提交的数据。

下面，我们将提交的数据{"user": "tynam", "password": "123456"}改成字符串格式，代码如下：

```
# chapter4\requests_data_str.py
import requests


url = "http://httpbin.org/post"
data = '{"user": "tynam", "password": "123456"}'

response = requests.post(url=url, data=data)
print(response.text)
```

运行脚本后控制台输出的内容如下：

```
{
  "args": {},
  "data": "{\"user\": \"tynam\", \"password\": \"123456\"}",
  "files": {},
  "form": {},
  "headers": {
    "Accept": "*/*",
    "Accept-Encoding": "gzip, deflate",
    "Content-Length": "39",
    "Host": "httpbin.org",
    "User-Agent": "python-requests/2.28.1",
    "X-Amzn-Trace-Id": "Root=1-62eca93d-403dec4e3gbd8c8e4284b1a1"
  },
  "json": {
    "password": "123456",
    "user": "tynam"
  },
  "origin": "123.138.89.130",
  "url": "http://httpbin.org/post"
}
```

根据打印结果可以看到，提交的内容出现在 data 字段中，表面是以 text/plain 纯文本的形式提交的数据。

4.4.2 json 参数

json 参数主要用于提交 JSON 格式的数据，使用时可以是字符串类型，也可以是字典类型。requests 提交时会以{'key1': 'value1', 'key2': 'value2'}形式提交。

下面通过代码实现发送表 4-3 所示的接口的请求。例如将字典格式的数据{"user": "tynam",

"password": "123456"}传递到 json 参数上，代码如下：

```
# chapter4\requests_json.py
import requests


url = "http://httpbin.org/post"
data = {
    'user': 'tynam',
    'password': '123456'
}

response = requests.post(url=url, json=data)
print(response.text)
```

运行脚本后控制台输出的内容如下：

```
{
  "args": {},
  "data": "{\"user\": \"tynam\", \"password\": \"123456\"}",
  "files": {},
  "form": {},
  "headers": {
    "Accept": "*/*",
    "Accept-Encoding": "gzip, deflate",
    "Content-Length": "39",
    "Content-Type": "application/json",
    "Host": "httpbin.org",
    "User-Agent": "python-requests/2.28.1",
    "X-Amzn-Trace-Id": "Root=1-63dcac6f-6d1f915721da99dd55aca78e"
  },
  "json": {
    "password": "123456",
    "user": "tynam"
  },
  "origin": "123.138.89.130",
  "url": "http://httpbin.org/post"
}
```

根据打印的结果可以看到，提交的内容出现在 json 字段中，表明提交的数据是以 json 参数传递的。

4.5 发送其他类型的请求

在 4.3 节和 4.4 节中，分别介绍了发送 GET 和 POST 请求。使用 Requests 库还可以发送

HEAD、PUT、PATCH 和 DELETE 请求，方法与发送 GET 和 POST 请求类似，下面只进行简单的介绍。请求接口如表 4-4 所示。

表4-4 httpbin网站PUT、PATCH和DELETE接口

接口名称	请求 URL	请求方法
PUT 接口	https://httpbin.org/put	PUT
PATCH 接口	https://httpbin.org/patch	PATCH
DELETE 接口	https://httpbin.org/delete	DELETE

4.5.1 发送 HEAD 请求

HTTP 请求中，HEAD 方法与 GET 方法相同，只不过发送 HEAD 请求，服务器不会返回消息体。HEAD 请求可以用来获取请求中隐含的元信息，而不用传输实体本身。经常用来测试超链接的有效性和可用性。代码如下：

```
# requests_head_method.py
import requests


url = "http://localhost:8080"
response = requests.head(url)
```

4.5.2 发送 PUT 请求

PUT 请求用于向指定的 URL 传送更新资源。通过该方法使客户端可以将指定资源的最新数据传送给服务器并取代指定的资源的内容。代码如下：

```
# chapter4\requests_put_method.py
import requests
import json


url = "https://httpbin.org/put"
headers = {'Content-Type': 'application/json'}
data = {'name': 'tynam', 'password': '123456'}

response = requests.put(url, data=json.dumps(data), headers=headers)
print(response.text)
```

4.5.3 发送 PATCH 请求

PATCH 请求用于对资源进行部分修改，与 PUT 请求类似，同样用于资源的更新。但 PATCH 一般用于资源的部分更新，而 PUT 一般用于资源的整体更新。当资源不存在时，PATCH 会创建一个新的资源，而 PUT 只会对已有资源进行更新。代码如下：

```
# chapter4\requests_patch_method.py
import requests


url = "https://httpbin.org/patch"
data = {'name': 'tynam', 'password': '123456'}

response = requests.patch(url, data=data)
print(response.text)
```

4.5.4　发送 DELETE 请求

DELETE 请求用于请求服务器删除所请求 URI（统一资源标识符）所标识的资源。DELETE 请求后，指定资源会被删除。代码如下：

```
# chapter4\requests_delete_method.py
import requests


url = "https://httpbin.org/delete"
data = {'id': '123'}

response = requests.delete(url, data=data)
print(response.text)
```

4.6　文件上传

文件上传是一个很常见的测试项，例如发送图片、Excel 文件、JSON 文件、视频文件等到服务器。一般情况下，上传文件使用的都是 Content-Type: multipart/form-data;数据类型，可以发送文件，也可以发送相关的消息体数据。

使用 Requests 库上传文件可以分三步：首先是构造文件数据，经常会使用 open()函数以二进制的方式打开，open()函数接受文件路径和模式两个参数；其次是构造其他相关数据；最后发送 POST 请求，并将文件数据通过 files 参数传入。

下面通过代码上传文件，实现发送表 4-3 所示的接口的请求。代码如下：

```
# chapter4\requests_upload.py
import requests


url = 'https://httpbin.org/post'
files = {
   'filename': ("logo.png", open(r'./file/logo.png', 'rb'), 'image/png'),
}
```

```
response = requests.post(url=url, files=files)
print(response.text)
```

运行脚本后控制台输出的结果如下：

```
{
  "args": {},
  "data": "",
  "files": { "filename":
"data:image/png;base64,iVBORw0KGgoAAAANSUhEUgAAApsAAAGpCAYAAADCyP1fAAAAAXNSR0IArs4c6QAA
AARnQU1B......PNenNGjP3PLRH/npeO4+IcP/z+A+k059DlsLwAAAABJRU5ErkJggg=="},
  "form": {},
  "headers": {
    "Accept": "*/*",
    "Accept-Encoding": "gzip, deflate",
    "Content-Length": "0",
    "Host": "httpbin.org",
    "User-Agent": "python-requests/2.28.1",
    "X-Amzn-Trace-Id": "Root=1-63dcb387-1ee614f65b9d8b7c5c28de03"
  },
  "json": null,
  "origin": "123.138.89.130",
  "url": "https://httpbin.org/post"
}
```

由于上传文件后的 files 字段内容过长，在上面结果展示时对部分内容做了省略。根据打印的结果可以看到，files 字段出现了内容，文件成功实现了提交。

Requests 还支持流式上传，这就允许用户不需要先将文件读入内存，从而发送比较大的数据流或文件。使用方法如下：

```
with open(r'./file/logo.png', 'rb') as f:
requests.post('https://httpbin.org/post', data=f)
```

以上代码中上传的文件都是单文件，如果有多个文件需要同时上传，则需要将上传的文件写在一个列表中，代码如下：

```
multiple_files = [
        ('images', ('foo.png', open('foo.png', 'rb'), 'image/png')),
        ('images', ('bar.png', open('bar.png', 'rb'), 'image/png'))]
requests.post(url, files=multiple_files)
```

4.7　文件下载

Requests 的文件下载是通过发送下载接口请求获取数据流，然后使用 open()函数将获取到的数据流写入本地文件。例如表 4-5 所示的接口，就是 httpbin 网站提供的下载 PNG 图片的接口。

表4-5 httpbin网站下载PNG图片接口

接口名称	httpbin 网站下载 PNG 图片接口
接口地址	http://httpbin.org/image/png
请求方式	GET
响应结果	PNG 图片

下面通过代码下载 PNG 文件，实现发送表 4-5 所示的接口的请求。代码如下：

```
# chapter4\requests_download.py
import requests


url = 'http://httpbin.org/image/png'
response = requests.get(url=url)

with open(r'D:\httpbin_image.png', 'wb') as f:
  f.write(response.content)
```

运行脚本后，在 D 盘会生成一个 httpbin_image.png 文件，打开文件后可以看到文件内容，如图 4-1 所示。

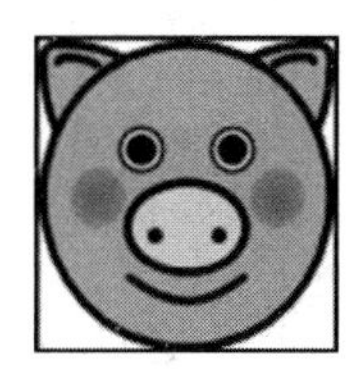

图 4-1 httpbin_image.png 文件

上述代码的下载方式适合下载小文件，但如果遇到大文件则需要借助 iter_content()函数。代码如下：

```
url = 'http://httpbin.org/image/png'
response = requests.get(url=url)

with open(r'D:\httpbin_image.png', 'wb') as f:
  for chunk in response.iter_content(chunk_size=1024):
    f.write(response.content)
```

requests.get(url)下载文件时会默认将内容存到内存中，如果设置了参数 chunk_size，那么下载时将会一块一块下载，这就避免了一次性将大内容写入内存产生很大负担的问题。

4.8 Cookies 参数

接口测试中，可以使用 Cookie 维持登录状态。发送请求时携带 Cookies 可以跳过登录。例如登录百度后，通过 Fiddler 抓包工具获取 Cookies，如图 4-2 所示。在发送请求时，只需将获取到的 Cookies 以字典的格式传入请求的 cookies 参数，就能保持登录状态。

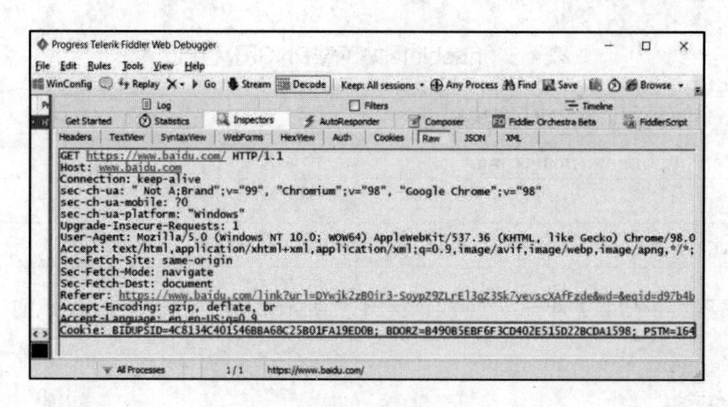

图 4-2 捕获的 Cookie 信息

然后通过代码发送百度账号登录记录的接口请求，如下代码：

```
# chapter4\requests_cookies.py
import requests


url = 'https://passport.baidu.com/v3/api/user/loginrecord'
cookies = 'HOSUPPORT=1; HOSUPPORT_BFESS=1; BIDUPSID=xxx; PSTM=1614411367;
__yjs_duid=xxx; BAIDU_WISE_UID=xxx; BAIDUID_V4=xxx; RT="xxxx"; pplogid=xxx;
pplogid_BFESS=xxx; logTraceID=xxx; STOKEN=xxx; USERNAMETYPE=3; SAVEUSERID=xxx;
BDUSS=xxx; HISTORY=xxx; BDUSS_BFESS=xxx; USERNAMETYPE_BFESS=3; SAVEUSERID_BFESS=xxx;
PTOKEN_BFESS=xxx; HISTORY_BFESS=xxx; H_PS_PSSID=xxx; BA_HECTOR=xxx; BDORZ=xxx;
BAIDUID=xxx; BAIDUID_BFESS=xxx; UBI=xxx; UBI_BFESS=xxx
# 将原生 cookies 转换为字典格式
cookies_dict = {item.split('=')[0]: item.split('=')[1] for item in cookies.split('; ')}

response = requests.get(url=url, cookies=cookies_dict)
print(response.json())
```

运行脚本后控制台输出的结果如下：

```
{'code': 110000, 'message': '', 'data': {'displayname': 'sh***荷浅', 'list': [{'ip':
'124.23.*.*', 'location': '中国-陕西-咸阳', 'login_type': '手机号登录', 'browser': '-',
'device': '电脑 (OS X10.14.6)', 'normal': 1, 'type': '手机号登录', 'ltime': '2022-02-17
22:33:44'}, {'ip': '222.90.*.*', 'location': '中国-陕西-西安', 'login_type': '微信登录',
'browser': '-', 'device': '电脑 (Win7)', 'normal': 1, 'type': '微信登录', 'ltime': '2022-
02-15 17:36:56'}, {'ip': '124.23.*.*', 'location': '中国-陕西-咸阳', 'login_type': '手机号
登录', 'browser': '-', 'device': '电脑 (Win10)', 'normal': 1, 'type': '手机号登录',
'ltime': '2022-01-23 14:54:17'}, {'ip': '124.23.*.*', 'location': '中国-陕西-咸阳',
'login_type': 'WAP 登录', 'browser': '-', 'device': '移动设备 (Android)', 'normal': 1,
'type': 'WAP 登录', 'ltime': '2021-12-13 00:39:05'}]}}
```

通过响应结果可以看到，成功地获取到了账号登录的记录信息，说明 Cookies 添加成功。

4.9　Session 对象

Session 对象能够帮助我们在跨请求时保持某些参数。最常用的就是保持 cookies，即在同一个 session 实例发出的所有请求之间保持 cookies。例如在 session 对象中设置 cookies，那么使用该 session 对象发送请求时都会携带此 cookies 值。

例如将登录百度后获取到的 cookies 添加到 session 对象中，使用 session 对象再请求百度账号登录记录的接口，依然能获取账号登录的记录信息。如下代码：

```
# chapter4\requests_session.py
import requests


url = 'https://passport.baidu.com/v3/api/user/loginrecord'
cookies = 'HOSUPPORT=1; HOSUPPORT_BFESS=1; BIDUPSID=xxx; PSTM=1614411367;
__yjs_duid=xxx; BAIDU_WISE_UID=xxx; BAIDUID_V4=xxx; RT="xxxx"; pplogid=xxx;
pplogid_BFESS=xxx; logTraceID=xxx; STOKEN=xxx; USERNAMETYPE=3; SAVEUSERID=xxx;
BDUSS=xxx; HISTORY=xxx; BDUSS_BFESS=xxx; USERNAMETYPE_BFESS=3; SAVEUSERID_BFESS=xxx;
PTOKEN_BFESS=xxx; HISTORY_BFESS=xxx; H_PS_PSSID=xxx; BA_HECTOR=xxx; BDORZ=xxx;
BAIDUID=xxx; BAIDUID_BFESS=xxx; UBI=xxx; UBI_BFESS=xxx'

session = requests.session()                          # 创建 session 对象
session.cookies.set('authentication', cookies)   # 设置 cookies
response = session.get(url=url)                        # 通过 session 发送请求
print(response.json())
```

运行脚本后控制台输出结果如下：

```
{'code': 110000, 'message': '', 'data': {'displayname': 'sh***荷浅', 'list': [{'ip':
'222.90.*.*', 'location': '中国-陕西-西安', 'login_type': '微信登录', 'browser': '-',
'device': '电脑 (Win10)', 'normal': 1, 'type': '微信登录', 'ltime': '2022-02-18
17:26:49'}, {'ip': '124.23.*.*', 'location': '中国-陕西-咸阳', 'login_type': '手机号登录',
'browser': '-', 'device': '电脑 (OS X10.14.6)', 'normal': 1, 'type': '手机号登录',
'ltime': '2022-02-17 22:33:44'}, {'ip': '222.90.*.*', 'location': '中国-陕西-西安',
'login_type': '微信登录', 'browser': '-', 'device': '电脑 (Win7)', 'normal': 1, 'type': '
微信登录', 'ltime': '2022-02-15 17:36:56'}, {'ip': '124.23.*.*', 'location': '中国-陕西-咸
阳', 'login_type': '手机号登录', 'browser': '-', 'device': '电脑 (Win10)', 'normal': 1,
'type': '手机号登录', 'ltime': '2022-01-23 14:54:17'}, {'ip': '124.23.*.*', 'location':
'中国-陕西-咸阳', 'login_type': 'WAP 登录', 'browser': '-', 'device': '移动设备 (Android)',
'normal': 1, 'type': 'WAP 登录', 'ltime': '2021-12-13 00:39:05'}]}}
```

从响应结果中可以看到，与预期结果一致，依然获取到了账号登录的记录信息。

4.10 重定向

URL 重定向，也称为 URL 转发，是一种当实际资源如单个页面、表单或者整个 Web 应用被迁移到新的 URL 下的时候，保持（原有）链接可用的技术。在 HTTP 协议中，重定向操作由服务器通过发送特殊的响应（即 redirects）而触发。HTTP 协议的重定向响应的状态码为 3xx。例如表 4-6 就是一个重定向接口。

表4-6　httpbin网站重定向接口

接口名称	httpbin 网站重定向接口	
接口地址	http://httpbin.org/redirect-to	
请求方式	GET	
查询参数	url	必须项，重定向的 URL
	status_code	非必须项，状态码
响应结果	无	

Requests 库中设置返回的结果是否是重定向请求结果由参数 allow_redirects 决定，默认值是 True 允许重定向，即默认返回的响应结果是重定向后的结果。

例如，设置查询参数 url= http://httpbin.org/get，分别发送不允许重定向和允许重定向请求后并获取响应状态码及响应结果，代码如下：

```
# chapter4\requests_redirect.py
import requests


url = 'http://httpbin.org/redirect-to?url=http://httpbin.org/get'

response = requests.get(url, allow_redirects=False)
print("不允许重定向的响应状态码是：{}".format(response.status_code))
print("不允许重定向的响应结果是：{}".format(response.text))

response = requests.get(url, allow_redirects=True)
print("允许重定向的响应状态码是：{}".format(response.status_code))
print("允许重定向的响应结果是：{}".format(response.text))
```

运行脚本后控制台输出结果如下：

```
不允许重定向的响应状态码是：302
不允许重定向的响应结果是：
允许重定向的响应状态码是：200
允许重定向的响应结果是：{
  "args": {},
  "headers": {
```

```
    "Accept": "*/*",
    "Accept-Encoding": "gzip, deflate",
    "Host": "httpbin.org",
    "User-Agent": "python-requests/2.28.1",
    "X-Amzn-Trace-Id": "Root=1-63dcd5fa-049d7d447b0a9ac44b59f53f"
  },
  "origin": "123.138.89.130",
  "url": "http://httpbin.org/get"
}
```

从打印结果可以看到，设置不允许重定向后返回的响应状态码是 302，响应结果无；设置允许重定向后返回的响应状态码是 200，响应结果是重定向后请求的响应结果。

在重定向请求中，Requests 提供了使用响应对象的 history 方法来追踪重定向的功能。Response.history 是一个 Response 对象的列表，列表中按照由先至后的请求顺序排序。

4.11　添加代理

使用接口访问资源时，有时候会因为访问次数超过了目标网站设置的阈值，而出现 403 Forbidden 的情况，服务器会返回一些错误信息，此种情况下就可以通过设置代理解决。Requests 添加代理很简单，发送请求时将设置好的代理传给参数 proxies 即可。如下示例代码：

```
# chapter4\requests_proxies.py
import requests


url = 'https://www.cnblogs.com/tynam'
proxies = {
  'http': 'http://localhost:51000',
  'https': 'https://localhost:51000'
}

try:
  response = requests.post(url=url, proxies=proxies)
  print(response.text)
except requests.exceptions.ConnectionError as e:
  print(e)
```

如果代理需要认证，只需要在代理的前面加上用户名和密码即可，编写代码如下：

```
proxies = {
    "http":"http://username:password@ip:端口号"
    "https": "https://username:password@ip:端口号"
  }
```

4.12　超时设置

接口请求中经常会遇到请求超时的情况，特别是在执行自动化脚本的时候，从而阻塞后面的测试。Requests 库中设置超时的参数是 timeout，timeout 有以下三种类型的值可以设置：

- None：默认值，不限制超时时间，直到服务器响应数据。因此，如果不设置超时参数，Requests 会一直等待。示例如下：

```
requests.post('https://www.cnblogs.com/tynam', timeout=None)
```

- 单值：例如，0.2、0.1，单位为秒。该超时时间包括连接时间（发送请求后，与服务器连接所花费的时间）和读取时间（与服务器连接后，服务器进行处理并返回数据给客户端所花费的时间）。如果在连接阶段超时，将抛出 ConnectTimeout 异常，如果在读取阶段超时将抛出 ReadTimeout 异常。示例如下：

```
requests.post('https://www.cnblogs.com/tynam', timeout=0.2)
```

- 元组：例如，timeout=(0.2, 0.1)，元组中第一个值为连接超时时间，第二个值为读取超时时间。示例如下：

```
requests.post('https://www.cnblogs.com/tynam', timeout=(0.2, 0.1))
```

4.13　异常处理

使用 Requests 库时经常会发生异常，而 Requests 库有一个异常类 requests.exceptions 来区分各种异常。例如 JSON 错误 InvalidJSONError、HTTP 错误 HTTPError、无效的代理 URL 错误 InvalidProxyURL。在实际使用中，会将可能发生异常的请求放在 try 下，把可能发生的异常用 except 捕获。例如，如下代码，当 URL 中丢失 http 或 https 时，会抛出 MissingSchema 的异常。

```
# chapter4\requests_exception.py
import requests


url = 'tynam.com'
try:
    response = requests.get(url=url)
except requests.exceptions.MissingSchema as e:
    print(e)
```

运行脚本后控制台的输出结果如下：

```
Invalid URL 'tynam.com': No scheme supplied. Perhaps you meant http://tynam.com?
```

从打印的结果可以看到，捕获到 MissingSchema 异常，抛出了 Invalid URL 异常。

4.14　证书验证

在使用 Requests 访问某些 HTTPS 协议地址时，会首先检测我们的证书是否合法，如果不合法则会出现 SSLError 的错误。例如通过代码 requests.get('https://12306.cn/')访问 12306 就会抛出 SSLError 的错误，如图 4-3 所示。

```
requests.exceptions.SSLError: HTTPSConnectionPool(host='12306.cn', port=443): Max retries exceeded with url: / (Caused by SSLError(CertificateError("hostname '
12306.cn' doesn't match either of 'default.chinanetcenter.com', 'yxd.flashgame163.com', 'www.miniclip.com.4399pk.com', 'www.4399dmw.com', 'stc2.kongzhong.com',
 'sstatic.chunboimg.com', 'sso.kongzhong.com', 'ss.9k9.cn', 'ss.3z222.com', 'sj.nzsiteres.com', 's3.chunboimg.com', 's2.chunboimg.com', 's1.chunboimg.com', 's0
.chunboimg.com', 'passport.kongzhong.com', 'nitrome.com.4399.com', 'microgame.5054399.net', 'm.staff.tcl.com', 'm.bbs.3839.com', 'm.4399api.com', '*.56.com', '
jssdk.3304399.net', 'ios.hxjy.iwan4399.com', 'hls.vda.v.cdn20.com', 'h5.preview.3304399.com', 'd.3839app.net', 'cdn.ssjj.iwan4399.com', 'cdn.hxjyios.iwan4399.c
om', 'cdn.h5wan.4399sj.com', 'auth-live.kongzhong.com', 'app.showcai.com.cn', 'api.kongzhong.com', '3000test.com', '*.qf.56.com', '*.ziroom.com', '*.wsfdn.com'
, '*.wscdns.com', '*.v.wscdns.com', '*.v.cdn20.com', '*.tcl.com', '*.service.kugou.com', '*.ourdvsssvip.com', '*.ourdvsss.com', '*.mall.tcl.com', '*.lxdns.com'
, '*.iwan4399.com', '*.img4399.com', '*.i3839.com', '*.file.myqcloud.com', '*.cntv.lxdns.com', '*.cntv.cdn20.com', '*.aiwan4399.com', '*.5054399.com', '*.4399y
oupai.com', '*.4399api.net', '*.4399.com', '*.4399.cn', '*.3839app.com', '*.3839.com', '*.3000test.com', '*.3000api.com', '*.3000.com', '*.1zhe.com', '*.1z123.
com', '*.163.com', '*.ip138.com', 'ip138.com', 'lvs.lxdns.net', 'maangh2.chinanetcenter.com', '*.test.lxdns.com', '*.hnair.com'")))
```

图 4-3　SSLError 异常

有两种方法可以处理此类问题。第一种是通过将 verify 参数值设置为 False，不进行证书校验，即 requests.get('https://12306.cn/', verify=False)。但如此设置，在某些情况下会出现警告提示，需要使用 urllib3.disable_warnings()关闭警告；第二种解决方法是在发送请求时添加 cert 参数，cert 参数是专门用来添加证书的，如果值是字符串则为.pem 证书路径，如果值是元组则格式为('cert', 'key')形式，例如 requests.get('https://12306.cn/', cert=('/path/server.vrt','/path/key'))。

4.15　身份认证

一些 Web 服务在访问时需要身份认证，例如打开网页时会弹出一个提示输入用户名和密码的对话框。身份认证的类型有多种，例如 HTTP Basic Auth、OAuth、netrc 认证等。表 4-7 是 httpbin 网站提供的 Basic Auth 认证接口。

表4-7　httpbin网站Basic Auth认证接口

<table>
<tr><td>接口名称</td><td colspan="2">httpbin 网站 Basic Auth 认证接口</td></tr>
<tr><td>接口地址</td><td colspan="2">http://httpbin.org/basic-auth/{user}/{passwd}</td></tr>
<tr><td>请求方式</td><td colspan="2">GET</td></tr>
<tr><td>响应结果</td><td>{
"authenticated": true,
"user": "123"
}</td><td>authenticated：是否认证成功；
user：认证用户名</td></tr>
<tr><td>备　注</td><td colspan="2">请求地址中的 user 和 passwd 为用户自定义的正确的认证信息</td></tr>
</table>

示例：设置请求地址中的 user=tynam，passwd=123，编写发送请求时携带 HTTP Basic Auth 认证信息。

代码如下：

```
# chapter4\requests_auth.py
import requests
from requests.auth import HTTPBasicAuth


url = 'http://httpbin.org/basic-auth/tynam/123'

auth = HTTPBasicAuth(username='tynam', password='123')
response = requests.get(url, auth=auth)
print(response.text)
```

运行脚本后控制台输出的结果如下：

```
{
  "authenticated": true,
  "user": "tynam"
}
```

从响应结果中可以看到，authenticated 值为 true，证明添加认证成功。

由于 HTTP Basic Auth 是很常见的一种认证，因此在 Requests 中可以简写为：

```
requests.get('http://httpbin.org/basic-auth/tynam/123', auth= ('tynam', '123'))
```

4.16　生成测试用例脚本

Requests 库的作用是用来实现发送 HTTP 请求的，自动化测试时需要将接口测试用例转换成一条条自动化测试用例，编写成测试脚本。在第 2 章和第 3 章所介绍的 unittest、pytest 便是用来编写测试用例、生成测试用例集、运行测试用例集的，因此接口自动化测试项目中往往是 Requests+unittest 或 Requests+pytest 结合使用的。

本节将使用 Requests+pytest 介绍一个简单的接口测试用例脚本，主要测试表 4-2~表 4-4 提到的接口。所写测试用例如下：

- 测试用例一：http://httpbin.org/get 请求添加查询参数 name=tynam，通过返回结果中的 url 字段断言。
- 测试用例二：http://httpbin.org/post 请求添加字典格式输入参数 data={"user": "tynam"}，通过返回结果中的 form 字段断言。
- 测试用例三：http://httpbin.org/post 请求添加字符串格式输入参数 data='{"user": "tynam"}'，通过返回结果中的 data 字段断言。
- 测试用例四：http://httpbin.org/post 请求添加输入参数 json={"user": "tynam"}，通过返回结果中的 json 字段断言。
- 测试用例五：https://httpbin.org/put 请求添加输入参数 data={"user": "tynam"}，通过返回结果中的 form 字段断言。

- 测试用例六：https://httpbin.org/patch 请求添加输入参数 data={"user": "tynam"}，通过返回结果中的 form 字段断言。
- 测试用例七：https://httpbin.org/delete 请求添加输入参数 data={"user": "tynam"}，通过返回结果中的 form 字段断言。

由于测试用例中的接口、参数、响应结果在本节示例中都有详细的介绍，因此此处不再赘述。编写脚本如下：

```
# chapter4\api_testcase_test.py
import pytest
import requests


host = "http://httpbin.org/"


def send_api(method, path, **kwargs):
    """发送 api 请求"""
    url = host + path
    return requests.request(method, url, **kwargs)


def api_test_func(method, path, field, expect, **kwargs):
    """发送 api 请求并通过返回结果中的一个字段断言"""
    response = send_api(method, path, **kwargs)
    response_json = response.json()
    assert response_json[field] == expect


def test_get():
    """test case 1"""
    params = {'name': 'tynam'}
    expect = 'http://httpbin.org/get?name=tynam'
    api_test_func('get', 'get', 'url', expect, **{"params": params})


@pytest.mark.parametrize(['field', 'expect', 'data', 'json'],
                         [('form', {"user": "tynam"}, {"user": "tynam"}, ""),
                          ('data', "{\"user\": \"tynam\"}", '{"user": "tynam"}', ""),
                          ('json', {"user": "tynam"}, "", {"user": "tynam"})],
                         ids=['test case 2', 'test case 3', 'test case 4'])
def test_post(field, expect, data, json):
    """test case 2、3、4"""
    api_test_func('post', 'post', field, expect, **{"data": data, "json": json})
```

```
@pytest.mark.parametrize(['method', 'path'],
                [('put', 'put'),
                 ('patch', 'patch'),
                 ('delete', 'delete')],
                ids=['test case 5', 'test case 6', 'test case 7'])
def test_other(method, path):
   """test case 5、6、7"""
   data = {'name': 'tynam'}
   api_test_func(method, path, 'form', data, **{"data": data})


if __name__ == '__main__':
   pytest.main(['-v', 'api_testcase_test.py'])
```

由于被测接口和断言都有一定的规则，因此在上述脚本中首先定义了一个发送请求的函数 send_api；然后定义了一个 api_test_func 接口测试的函数，根据发送请求函数 send_api 返回的响应结果获取字段值，并将字段值与预期结果对比；最后根据接口测试函数 api_test_func 生成测试用例，由于测试用例二、三、四测试的接口相同，因此使用参数化的形式生成测试用例，测试用例五、六、七只有请求方法和请求 URL 不相同，因此也使用参数化的形式生成测试用例。

运行上面的测试脚本，控制台输出的结果如下：

```
============================= test session starts =============================
api_testcase_test.py::test_get PASSED                                     [ 14%]
api_testcase_test.py::test_post[test case 2] PASSED                       [ 28%]
api_testcase_test.py::test_post[test case 3] PASSED                       [ 42%]
api_testcase_test.py::test_post[test case 4] PASSED                       [ 57%]
api_testcase_test.py::test_other[test case 5] PASSED                      [ 71%]
api_testcase_test.py::test_other[test case 6] PASSED                      [ 85%]
api_testcase_test.py::test_other[test case 7] PASSED                      [100%]

============================= 7 passed in 21.10s ==============================
```

从结果中可以知道，七条测试用例都是通过的。

4.17 思　考　题

1. HTTP 请求中 GET 与 POST 请求的区别在哪里？
2. Python-Requests 接口测试中，发送请求时传递的参数 params、data、json 有什么区别？
3. 使用 Requests 实现接口参数时，你是如何保持会话的？
4. 当被测接口依赖第三方接口或未开发完成，你是如何处理的？
5. 对于不可逆的操作，你是如何处理的，比如删除订单接口？

第5章

Postman

Postman 是一款模拟发送 HTTP 接口请求的工具，几乎支持所有类型的 HTTP 请求，可以在 Mac（Intel 和 M1）、Windows（32 位/64 位）和 Linux（64 位）操作系统上运行，且提供可视化操作界面，使用简单且容易上手。由于该工具的简洁易用，后续许多开发人员、测试人员都模仿它开发自己的可视化接口测试工具或平台。本章我们将重点介绍该工具的使用方法。

5.1 安　　装

Postman 是用来验证接口的一款工具，用户在不需要编写代码的情况下即可轻松完成项目接口测试用例的编写，实现自动化测试。使用 Postman 工具有很多优点，其支持 GET、POST、PUT、PATCH、DELETE 等各种请求类型；支持在线存储数据，通过账号就可以实现数据迁移；支持设置请求 Header、查询参数、Cookies、代理、添加断言等；自动保存 Cookies，保存会话；响应数据 HTML、JSON、XML 等语法格式高亮显示；自带任务定时、监视器、结果通知等功能。

下面我们开始安装 Postman。

首先进入 Postman 官网 https://www.postman.com/downloads/下载安装程序，如图 5-1 所示。下载完成后，会得到一个 Postman-win64-Setup.exe 程序文件，双击运行即可完成安装。

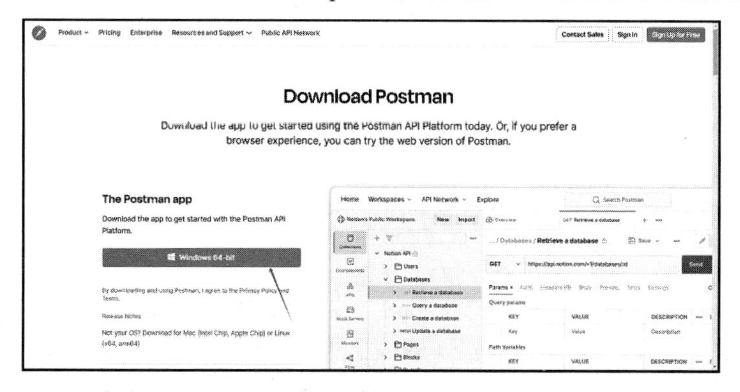

图 5-1　Postman 下载

完成安装后启动程序，首次启动会提示用户登录，如图 5-2 所示。用户可以选择登录使用，也可以单击【Skip and go to the app】（如图 5-2 标记处所示）选择跳过登录。用户登录后数据就可以在线保存，即使更换了机器，只要登录账号就可以同步数据，一般情况下建议使用者创建一个账号登录使用，如果用户未登录，像 Mock Servers、Monitors 等功能是不允许使用的。

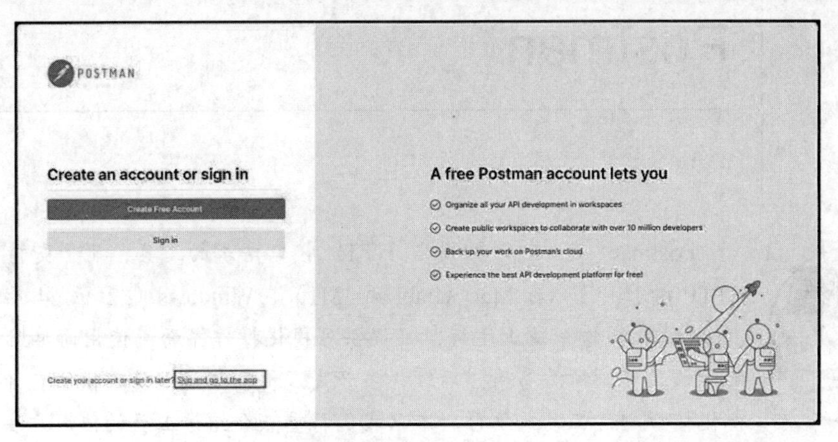

图 5-2　Postman 登录

然后进入 Postman 欢迎页，如图 5-3 所示。

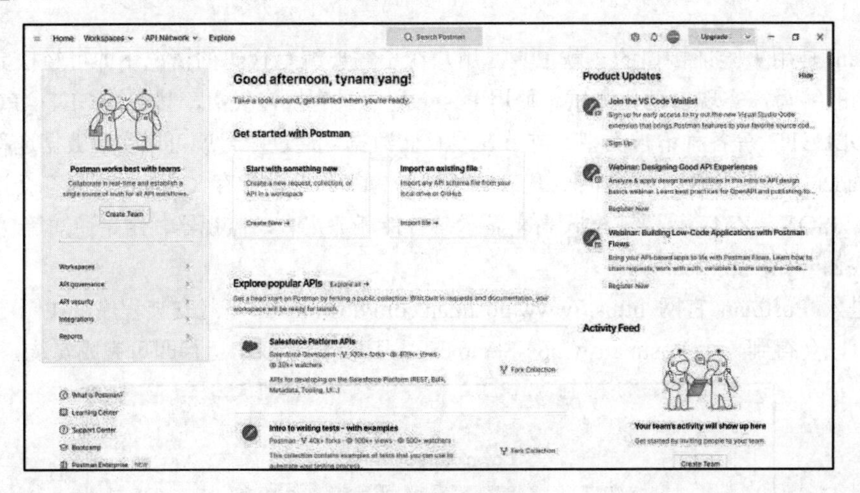

图 5-3　Postman 界面

Postman 官网也列出了 Mac（Apple silicon）、Mac（Intel）、Linux 系统上的安装命令，如下所示：

- Mac（Apple silicon）系统上安装：curl -o- "https://dl-cli.pstmn.io/install/osx_arm64.sh" | sh。
- Mac（Intel）系统上安装：curl -o- "https://dl-cli.pstmn.io/install/osx_64.sh" | sh。
- Linux 系统上安装：curl -o- "https://dl-cli.pstmn.io/install/linux64.sh" | sh。

5.2 界面介绍

启动 Postman 程序后，首先需要创建一个 Workspace，一个 Workspace 可以理解成是一个测试项目。单击 Postman 菜单栏中的 Workspaces 菜单打开“选择 Workspace”窗口，如图 5-4 所示，从图中可以看到有一个 My Workspace，这是 Postman 默认给用户添加的 Workspace。用户也可以通过单击【Create Workspace】添加新的 Workspace，例如笔者新建了一个名为“APITest Workspace”的 Workspace。

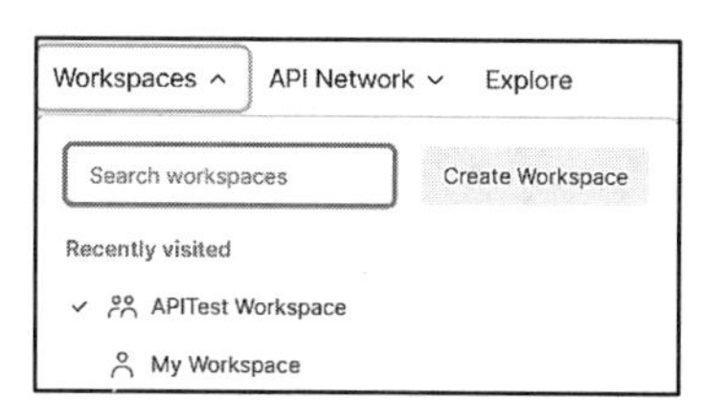

图 5-4 “选择 Workspace”窗口

单击 APITest Workspace 进入到项目的工作空间，如图 5-5 所示。

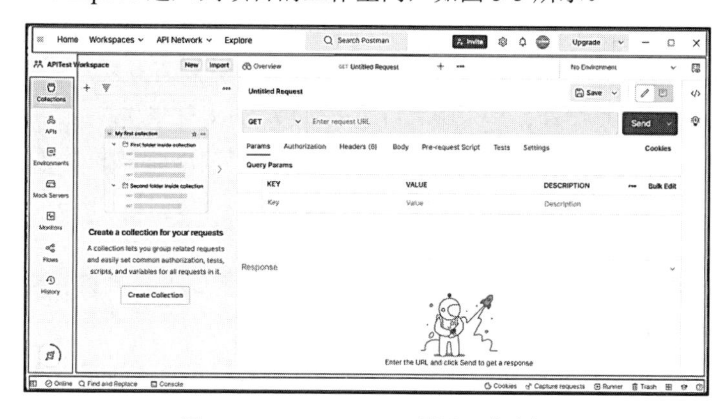

图 5-5 My Workspace 项目工作空间

Postman 工作空间整体可分为 4 个区域，如图 5-5 所示。头部区域、左侧组件区域、中间工作区域和底部区域。头部区域可以让用户创建工作空间、探索公共 API 网络、查找、查看同步状态和通知、设置、账户信息等；左侧组件区域提供了一些组件包括集合、APIs、环境、Mock 服务、监视器、API 工作流、历史记录；中间工作区域根据选中的左侧组件的不同而不同，是一个内容编辑区域；底部区域可以让用户显示/隐藏侧边栏、查找和替换内容、打开控制台、管理 Cookies、捕获请求、运行管理、打开垃圾箱、进入训练营等。下面分别对这些功能进行介绍。

头部区域：

- Home：进入个人主页，个人主页中有警报、公告、活动提要、最近访问的工作区，如果有团队资源也会展示团队资源链接。

- Workspaces：查看工作空间。包括搜索、创建、最近访问的工作空间。
- API Network：探索公共 API 网络并访问团队私有 API 网络。
- Explore：在 Postman 上浏览公共 APIs、团队、工作空间和集合。
- Search：在 Postman 中的所有工作空间、集合、APIs 和团队中搜索。
- Invite：工作空间中如果是管理员角色，则可以邀请其他用户进行协作。
- Settings：Postman 设置和访问其他一些资源。
- Notifications：查看团队最近的活动，拉取请求、评论活动、其他重要信息以及获取 Postman 更新通知。
- Account：账户设置。
- Team (paid plans) or Upgrade (free plan)：查看资源使用情况，计费仪表板和其他账户管理工具。

左侧组件区域：

- Collections：集合管理，集合可对接口进行分组。如果一个集合上设置授权、测试、脚本和变量，那么集合下所有接口都拥有这些设置。
- APIs：API 管理，功能用于创建任何 API 的多个版本，用户可以在版本中将集合、Mock、监视器和文档链接在一起，不同版本有各自对应的内容。
- Environments：环境管理，显示所有的环境信息，可对环境实现增、删、改操作。
- Mock servers：Mock 服务管理，创建模拟服务器，帮助测试人员尽早地开展测试。
- Monitors：监视器管理，对集合进行定期检查，用来跟踪接口的运行状况，并且可以将监控结果发送电子邮件。
- Flows：工作流管理，用于创建 API 工作流的可视化工具，可以使用流在工作空间中链接请求、处理数据和创建真实的工作流。
- History：历史记录，记录了用户发送的所有请求，用户可以对请求保存、监控、生成文档、删除。

底部区域：

- Hide sidebar：关闭或打开侧边栏。
- Sync status：数据正在同步状态，查看是否已连接 Postman 服务器。
- Find and replace：在当前工作空间进行搜索，也可对结果进行替换。
- Console：检查并调试发送的请求。
- Git branch icon：如果 APIs 使用 Git 仓库管理，则会出现该图标，用于切换分支和开源码管理窗口。
- Cookies：查看、管理和同步 Cookies。
- Capture requests：将 Postman 作为代理，捕获并存储请求和 Cookies。
- Bootcamp：访问 Postman 课堂，用户可以学习 Postman 的使用。

- Runner：打开集合运行窗口。
- Trash：垃圾箱，恢复或永久删除任何已删除的集合。
- Two-pane view：请求与响应两部分内容横向展示或纵向展示。
- Help：查看帮助。

5.3　HTTP 请求

本节将带领读者学习如何创建接口请求、发送请求、结果处理。

本节练习的接口如表 5-1 和表 5-2 所示。

表5-1　Postman网站GET接口

接口名称	Postman 网站 GET 接口	
接口地址	https://postman-echo.com/get	
请求方式	GET	
查询参数	Any	可选参数

响应结果	{
	"args": {},
	"headers": {},
	"url": ""
	}
		args：查询参数；
		headers：请求头信息；
		url：请求地址

表5-2　Postman网站POST接口

接口名称	Postman 网站 POST 接口	
接口地址	https://postman-echo.com/post	
请求方式	POST	
请 求 体	Any	可选参数

响应结果	{
	"args": {},
	"data": "",
	"files": {},
	"form": {},
	"headers": {},
	"json": {},
	"url": ""
	}
		args：查询参数；
		data：发送的 data 数据；
		files：上传的文件；
		form：提交的表单内容；
		headers：请求头信息；
		json：提交的 json 数据；
		url：请求地址

5.3.1 请求界面介绍

在项目工作空间的集合组件下，单击图 5-6 标记处的【+】符号，新建一个名为“Request Demo”的集合。

单击“Request Demo”集合后面的【...】（View more actions）图标，在下拉菜单中单击【Add request】选项（图 5-7 标记 1 处）或工作区域的【+】图标（图 5-7 标记 2 处）即可添加一个请求。通过下拉菜单【Add request】添加的请求会直接关联在对应的集合下，而使用工作区域【+】添加的请求则不会关联集合，在保存请求时才会提示必须要关联集合。因此通过下拉菜单【Add request】添加的请求一般是比较正式的，而使用工作区域【+】添加的请求通常来说是非正式的，用于临时性的测试。

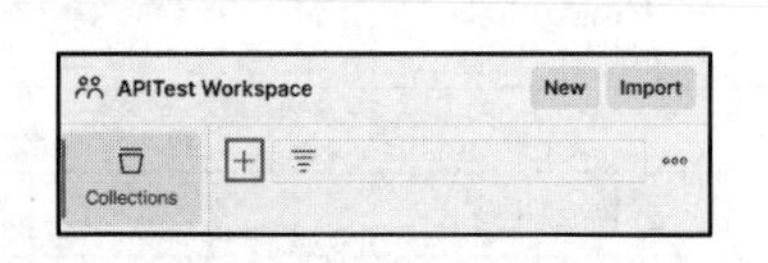

图 5-6　新建集合

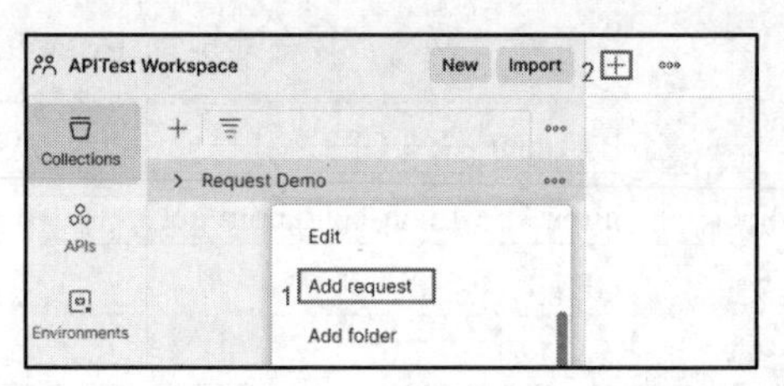

图 5-7　添加请求

添加接口请求后，请求界面如图 5-8 所示。从上至下依次可分为标题区域、请求区域、参数区域和响应区域共 4 部分。

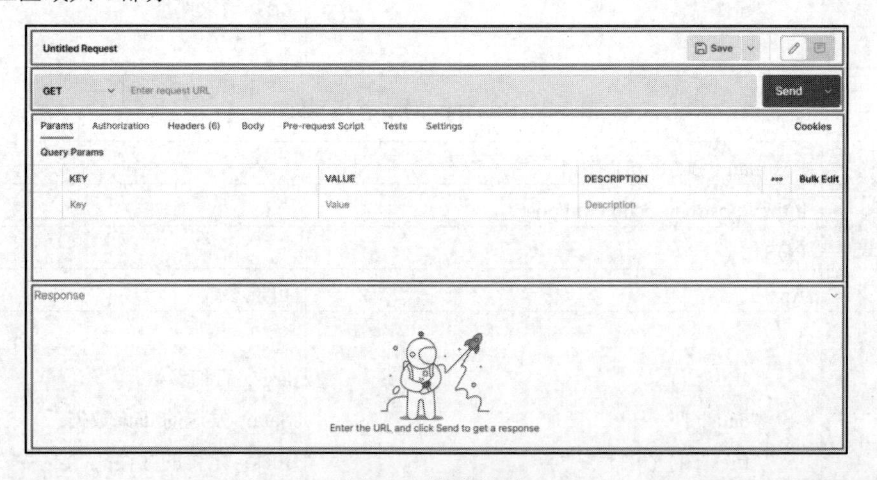

图 5-8　请求界面

标题区域有三个功能，请求名称、保存和开启评论模式。如果未设置名称，则名称为 Untitled Request 或请求 URL，未保存的请求不允许设置名称；请求区域有请求方法、请求 URL 和发送按钮三部分内容。Postman 几乎支持所有的 HTTP 请求方法；参数区域用以设置请求的参数，有查询参数（Params）、认证（Authorization）、请求头（Headers）、请求体（Body）、前置脚本（Pre-request Script）、后置脚本（Tests）、请求设置（Settings）以及 Cookies 管理；响应区域是发送请求后的响应结果，响应结果展示非常丰富，例如响应体（Body）、Cookies、响应头（Headers）、测试结果（Test Results）、响应状态码（Status）、耗时（Time）、大小（Size）等。

5.3.2　GET 请求

GET 请求可以说是 HTTP 请求中最简单的一种请求方式，输入简单的请求方法、请求 URL 便可以完成。接下来，根据表 5-1 提供的接口完成 GET 请求。

在“Request Demo”集合下新建一个请求并命名“Get Request”，请求方式选择 GET，请求 URL 输入 https://postman-echo.com/get；然后在 Params 下添加查询参数 name=tynam 和 password=123456，也可以将查询参数直接写在请求 URL 后面，Postman 中将查询参数写在 Params 或 URL 后面效果是相同的，表现也是一样的，只要 Params 或 URL 任意一方带有查询参数，另一方便会自动填充；最后单击【Send】按钮发送请求，结果如图 5-9 所示。

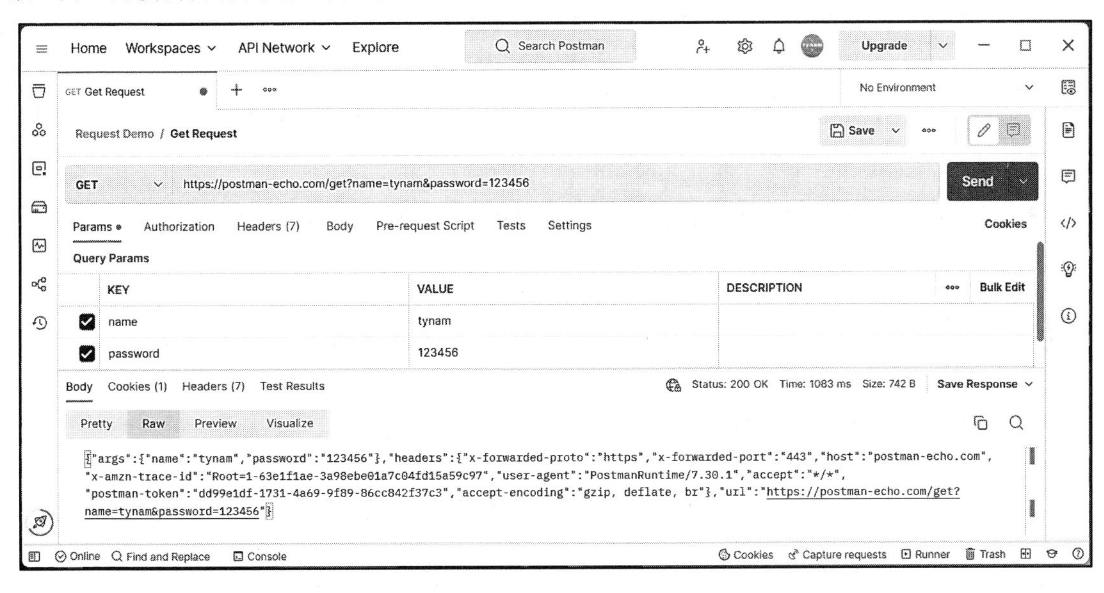

图 5-9　GET 请求

从响应结果中可以看到，args 字段的值是{"name":"tynam","password":"123456"}，URL 字段的值是 https://postman-echo.com/get?name=tynam&password=123456，响应结果内容与发出的请求内容匹配，GET 请求发送成功。从图 5-9 中可以看到，响应体 Body 下有 Pretty、Raw、Preview 和 Visualize 4 种视图，Pretty 视图会格式化 JSON 或 XML 响应，以便更容易查看；Raw 原始视图是一个带有响应正文的大文本区域；Preview 预览视图是在沙盒 iframe 中呈现响应；Visualize 可视化视图会根据添加到请求 Tests 的可视化代码呈现 API 响应中的数据。

5.3.3 POST 请求

掌握了 GET 请求，POST 请求就容易多了。简单的 POST 请求只比 GET 请求多了请求体内容，请求体有 none、form-data、x-www-form-urlencoded、raw、binary、GraphQL 共 6 种格式，如图 5-10 所示，而选择哪种格式由请求的 MIME 类型定义，MIME 类型通过请求头部 Content-Type 字段设置。最常用的 MIME 类型有 multipart/form-data、application/x-www-form-urlencoded 和 application/json。

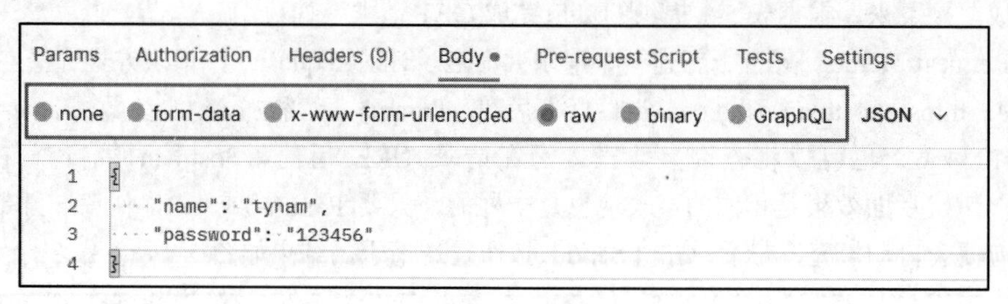

图 5-10　请求体

下面对 none、form-data、x-www-form-urlencoded、raw、binary、GraphQL 6 种格式进行说明：

- None：不包含请求体。用以不携带任何请求体的请求。
- form-data：以表单的形式提交数据，选择 form-data 则 Postman 会将 Content-Type 设置为 multipart/form-data。
- x-www-form-urlencoded：以键值对的形式发送参数，可以上传键值对或上传文件，选择 x-www-form-urlencoded 则 Postman 会将 Content-Type 设置为 application/x-www-form-urlencoded。在发送请求时 Postman 会将参数转化为键值对进行发送，例如 name=tynam&password=123456。
- raw：raw 格式下支持多种格式的数据，包括 Text、JavaScript、JSON、HTML、XML。图 5-10 所看到的就是 JSON 格式。如果是 JSON 格式发送，Postman 会将 Content-Type 设置为 application/json。
- binary：用于发送二进制数据，通常用来上传文件，且一次只能上传一个文件。
- GraphQL：GraphQL（Graph + Query Language）用以发送 GraphQL 查询。

1. form-data

在“Request Demo”集合下新建一个请求并命名为“Post form-data Request”。根据表 5-2 所示的接口，请求方式选择 POST；请求 URL 输入 https://postman-echo.com/post；请求体选择 form-data，并添加参数 name=tynam 和 password=123456。然后单击【Send】按钮发送请求，结果如图 5-11 所示。

图 5-11 form-data 格式 POST 请求

从响应结果中可以看到，form 字段的值是{"name":"tynam","password":"123456"}，请求头 Headers 下 Content-Type 的值是 multipart/form-data，响应结果内容与发出的请求内容匹配，POST 请求成功提交了 form-data 格式数据。

2. x-www-form-urlencoded

在“Request Demo”集合下新建一个请求并命名为“Post x-www-form-urlencoded Request”。根据表 5-2 所示的接口，请求方式选择 POST；请求 URL 输入 https://postman-echo.com/post；请求体选择 x-www-form-urlencoded，并添加参数 name=tynam 和 password=123456。然后单击【Send】按钮发送请求，结果如图 5-12 所示。

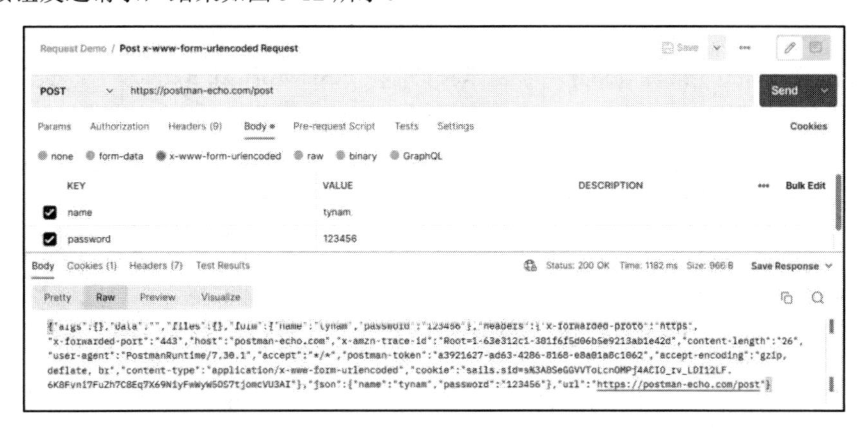

图 5-12 x-www-form-urlencoded 格式 POST 请求

从响应结果中可以看到，form 字段的值是{"name":"tynam","password":"123456"}，Content-Type 的值是 application/x-www-form-urlencoded，响应结果内容与发出的请求内容匹配，POST 请求成功提交了 x-www-form-urlencoded 格式数据。

3. raw-json

在“Request Demo”集合下新建一个请求并命名为“Post raw-json Request”。根据表 5-2 所示的接口，请求方式选择 POST；请求 URL 输入 https://postman-echo.com/post；请求体选择 raw，raw 下数据格式选择 JSON 并输入内容{"name": "tynam","password": "123456"}。然后单击【Send】按钮发送请求，结果如图 5-13 所示。

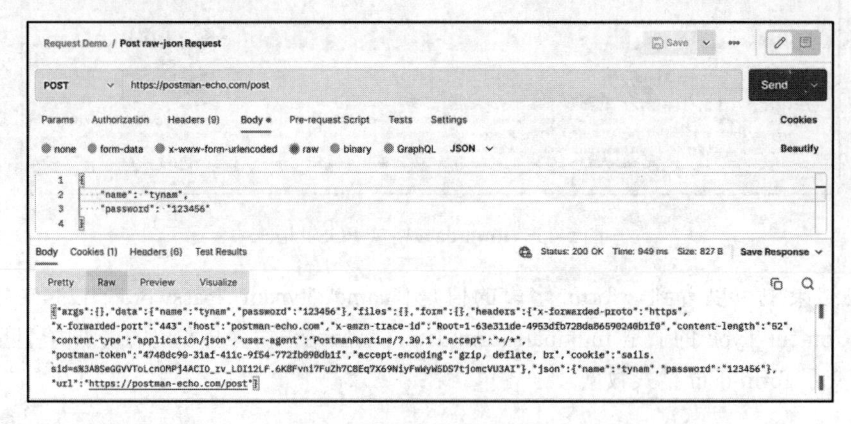

图 5-13 raw-json 格式 POST 请求

从响应结果中可以看到，json 字段的值是{"name":"tynam","password":"123456"}，Content-Type 的值是 application/json，响应结果内容与发出的请求内容匹配，POST 请求成功提交了 json 格式数据。

4. raw-text

在“Request Demo”集合下新建一个请求并命名“Post raw-text Request”。根据表 5-2 所示的接口，请求方式选择 POST；请求 URL 输入 https://postman-echo.com/post；请求体选择 raw，raw 下数据格式选择 Text 并输入内容{"name": "tynam","password": "123456"}。然后单击【Send】按钮发送请求，结果如图 5-14 所示。

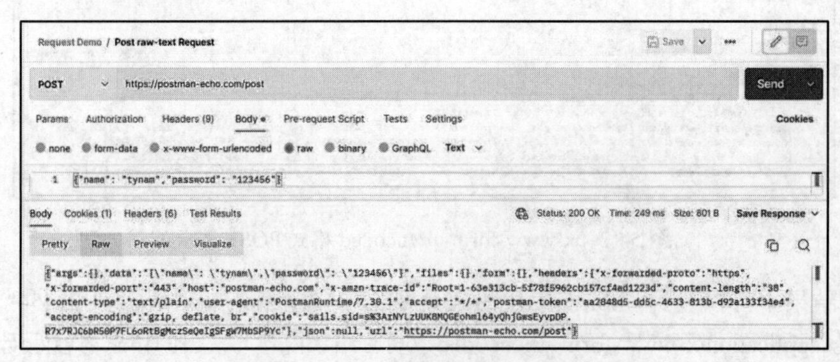

图 5-14 raw-text 格式 POST 请求

从响应结果中可以看到，data 字段的值是{\"name\": \"tynam\",\"password\": \"123456\"}，Content-Type 的值是 text/plain，响应结果内容与发出的请求内容匹配，POST 请求成功提交了 Text 纯文本格式数据。

5.3.4　其他类型请求

Postman 支持 GET、POST、PUT、PATCH、DELETE、COPY、HEAD 等十几种请求方法，从 Postman 请求方法下拉框中可以看到（见图 5-15）。而 GET 和 POST 是使用率最高的两种请求方法，在 5.3.2 节和 5.3.3 节中已经做了详细的介绍，其他请求方法的使用和 GET、POST 请求方法是相同的。下面根据表 5-3 所示的接口，简单地介绍一些其他请求方法的用法。

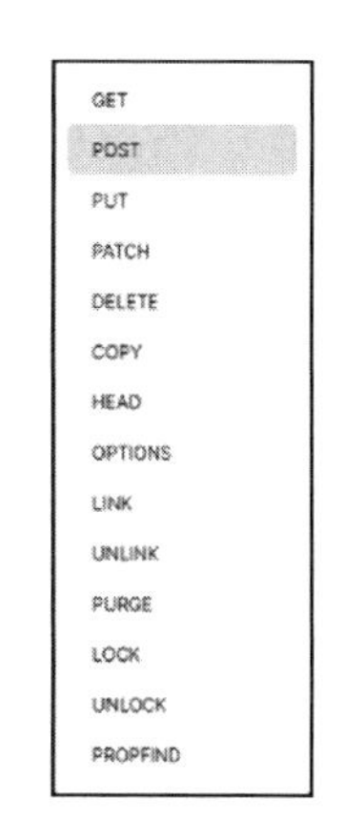

图 5-15　请求方法

表5-3　Postman网站PUT、PATCH和DELETE接口

接口名称	请求 URL	请求方法
PUT 接口	https://postman-echo.com/put	PUT
PATCH 接口	https://postman-echo.com/patch	PATCH
DELETE 接口	https://postman-echo.com/delete	DELETE

1. PUT 请求

在“Request Demo”集合下新建一个请求并命名为“Put Request”。请求方式选择 PUT；请求 URL 输入 https://postman-echo.com/put；请求体选择 form-data 并输入参数 name=tynam。然后单击【Send】按钮发送请求，结果如图 5-16 所示。

图 5-16　PUT 请求

2. PATCH 请求

在“Request Demo”集合下新建一个请求并命名为“Patch Request”。请求方式选择 PATCH；

请求 URL 输入 https://postman-echo.com/patch；请求体选择 form-data 并输入参数 name=tynam。然后单击【Send】按钮发送请求，结果如图 5-17 所示。

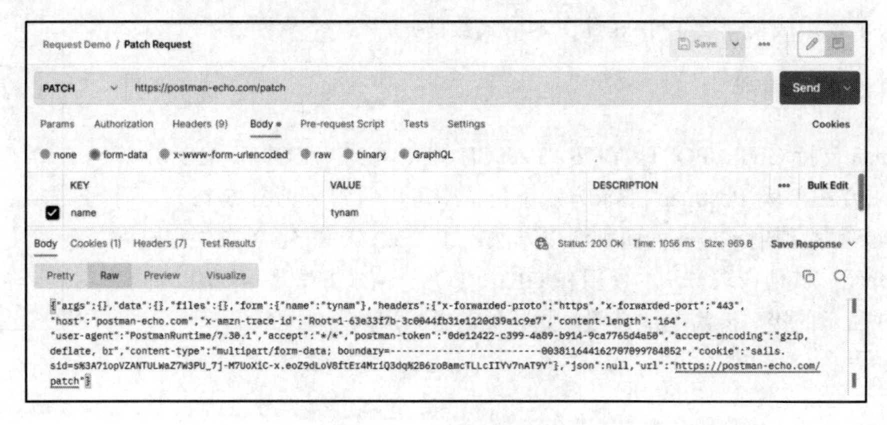

图 5-17　PATCH 请求

3. DELETE 请求

在“Request Demo”集合下新建一个请求并命名为“Delete Request”。请求方式选择 DELETE；请求 URL 输入 https://postman-echo.com/delete；请求体选择 form-data 并输入参数 name=tynam。然后单击【Send】按钮发送请求，结果如图 5-18 所示。

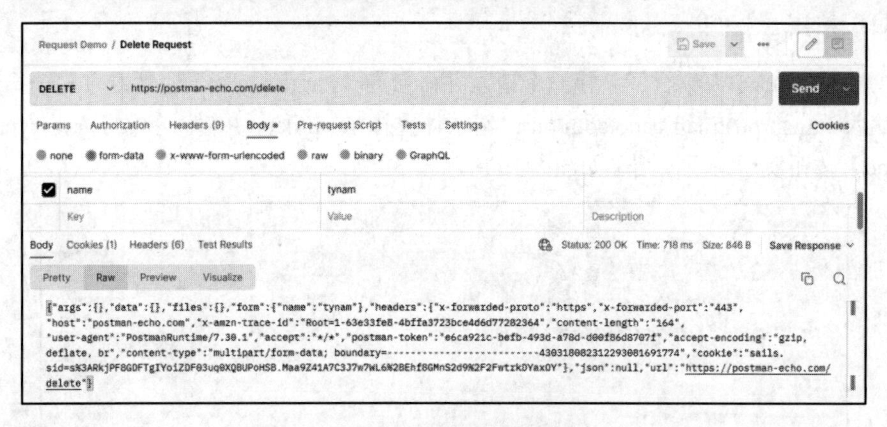

图 5-18　DELETE 请求

5.3.5　文件上传

在接口测试中，永远绕不开文件上传，这也是自动化测试工程师必须掌握的一个技能。Postman 上传文件操作是在 form-data 请求体下添加文件，发送请求时 Postman 会自动化对文件内容进行读取、编码、上传。下面根据表 5-2 所示的接口上传文件。

在“Request Demo”集合下新建一个请求并命名为“Upload File”。请求方式选择 POST；请求 URL 输入 https://postman-echo.com/post；由于上传文件需要使用 form-data 类型，因此在请求头下添加 Content-Type=multipart/form-data；请求体选择 form-data 并添加一个参数，KEY 设置为 file，鼠标悬浮在 file 所在的输入框上方后，输入框后面会出现一个下拉框，从下拉列表框中选择【File】选项，表示 VALUE 为一个文件。然后在 VALUE 输入框中添加一个文件，例如添加文件“logo.png”。最后单击【Send】按钮发送请求，结果如图 5-19 所示。

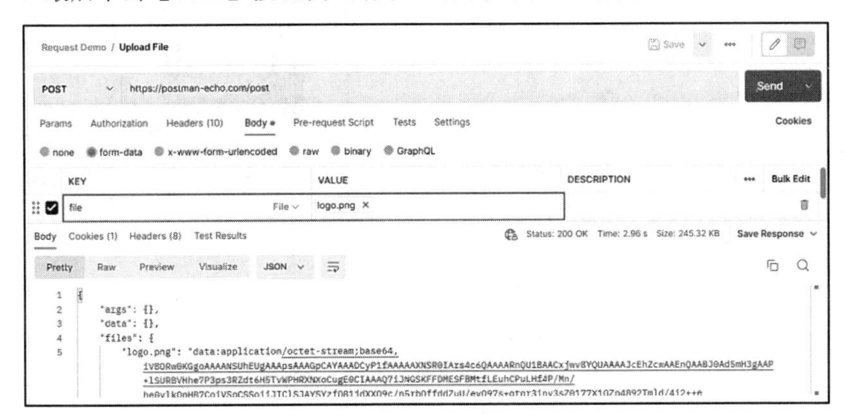

图 5-19　上传文件请求

从响应结果中可以看到，files 字段中出现 key 为“logo.png”、值为 Base64 编码的内容，响应结果内容与发出的请求内容匹配，表明请求成功上传文件。

5.3.6　文件下载

文件下载与文件上传相对应，Postman 工具实现文件下载是通过单击【Send and Download】按钮进行操作的。接口在发送请求时单击【Send】按钮，如果需要发送请求并将返回结果保存，则单击【Send】按钮后面下拉框中的【Send and Download】按钮。如果返回结果是一个文件则保存的是对应的文件，如果返回结果是文本内容，则根据文本内容保存成对应的文件，例如返回的是 JSON 格式数据，则会以.json 文件保存。

下面以表 5-4 提供的接口为例演示下载文件。

表5-4　httpbin网站下载JPEG图片接口

接口名称	httpbin 网站下载 JPEG 图片接口
接口地址	http://httpbin.org/image/jpeg
请求方式	GET
响应结果	JPEG 图片

在“Request Demo”集合下新建一个请求并命名为“Download File”。请求方式选择 GET；请求 URL 输入 http://httpbin.org/image/jpeg。然后单击【Send】按钮后面下拉框选项中的【Send and Download】按钮，发送请求并保存响应结果，结果如图 5-20 所示。

单击【Send and Download】按钮后，当有响应结果时，会弹出一个保存文件的窗口，选择保存位置进行保存。保存成功后可以打开下载的文件，如图 5-21 所示。

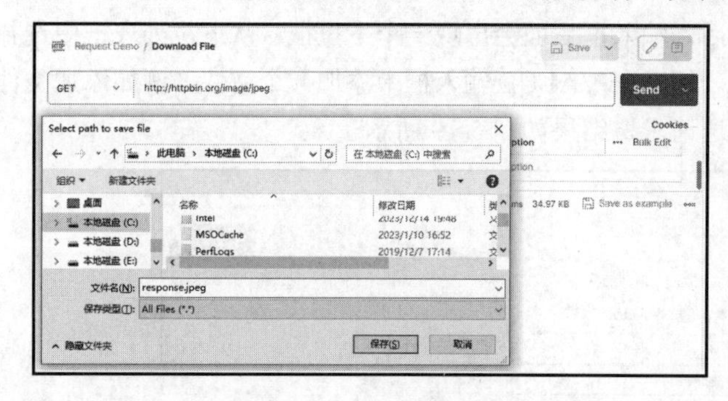

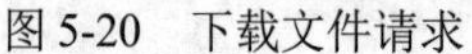
图 5-20　下载文件请求

图 5-21　JPEG 文件

5.3.7　授权

访问一些非公开的接口时需要用户出示通行证，只有出示了通行证才有权限访问接口，获取数据。而通行证就可以理解为是授权，授权过程就是验证是否具有访问服务器资源的权限。在 Postman 程序中设置授权方式很简单，在参数区域 Authorization 下添加必要的参数，在发送请求时授权信息头便会自动生成，即带着通行证访问服务器资源。

postman 提供了 inherit auth from parent、No Auth、API key、Bearer Token、Basic Auth、Digest Auth、OAuth 1.0、OAuth 2.0、Hawk Authentication、AWS Signature、NTLM Authentication (Beta) 以及 Akamai EdgeGrid 多种类型的授权，在 Authorization 参数下的 Type 下拉框中可以看到，如图 5-22 所示。

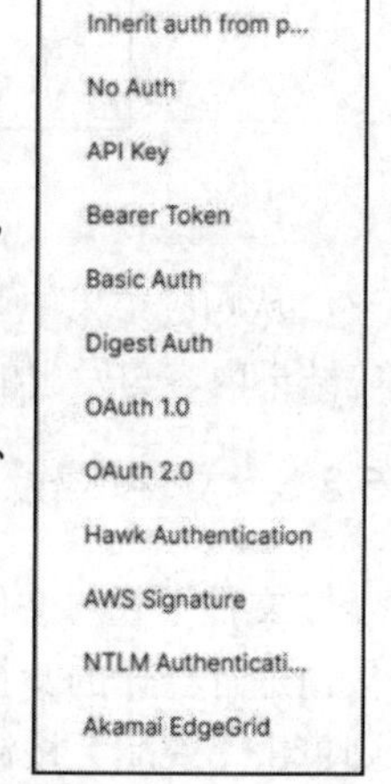

图 5-22　授权类型

- Inherit auth from parent：默认授权类型。从父集合或父文件夹继承身份验证。
- No Auth：不需要认证，在发送请求时不需要授权。
- API key：用于将密钥和值与 API 请求一起发送。
- Bearer Token：安全令牌。任何带有 Bearer Token 的用户都可以访问资源。
- Basic Aut：通过验证用户名和密码访问数据资源。客户端通过明文（Base64 编码格式）传输用户名和密码到服务端进行认证。
- Digest Auth：采用杂凑式（hash）加密方法，以避免使用明文传输用户的口令。
- OAuth 1.0：开放授权，允许用户提供一个令牌，而不是用户名和密码来访问他们存放在特定服务提供者的数据。
- OAuth 2.0：OAuth 1.0 的升级版本。使用 OAuth 2.0，首先检索 API 的访问令牌，然后使用该令牌对后面的请求进行身份验证。
- Hawk Authentication：允许使用部分加密验证对请求进行授权。

- AWS Signature: AWS Signatune 是针对 Amazon Web Services 请求进行身份验证。AWS Signaturt 使用一个基于 keyed-HMAC（哈希消息认证码）的自定义 HTTP 方案进行认证。
- NTLM Authentication (Beta)：Windows 挑战/响应（NTLM）是 Windows 操作系统和独立系统的授权流。
- Akamai EdgeGrid: Akamai EdgeGrid 是 Akamai 开发和使用的授权助手。

下面以表 5-5 提供的接口为例演示授权的实现方法。

表5-5 Postman网站Hawk身份验证接口

接口名称	Postman 网站 Hawk 身份验证接口
接口地址	https://postman-echo.com/auth/hawk
请求方式	GET
Hawk 身份验证	Hawk Auth ID: dh37fgj492je Hawk Auth Key: werxhqb98rpaxn39848xrunpaw3489ruxnpa98w4rxn Algorithm: sha256
认证成功响应	{"message":"Hawk Authentication successful"}
认证失败响应	{"statusCode":"","error": "","message": "","attributes": {}}

在“Request Demo”集合下新建一个请求并命名为“Hawk Auth Request”。请求方式选择 GET；请求 URL 输入 https://postman-echo.com/auth/hawk；Authentication Tab 下 Type 选择 Hawk Authentication，然后在 Hawk Auth ID 输入框输入 dh37fgj492je，Hawk Auth Key 输入框输入 werxhqb98rpaxn39848xrunpaw3489ruxnpa98w4rxn，在 Algorithm 下拉列表中选择 sha256。最后单击【Send】按钮发送请求，结果如图 5-23 所示。

图 5-23 Hawk 身份验证请求

从图 5-23 可以看到，响应结果是{"message":"Hawk Authentication successful"}，表示认证成功。

最后，这里提供了表 5-6 的接口，帮助读者练习授权操作，以便更好地理解。

表5-6　httpbin网站digest身份验证接口

接口名称	httpbin 网站 digest 身份验证接口	
接口地址	https://httpbin.org/digest-auth/{qop}/{user}/{passwd}	
请求方式	GET	
Digest 身份验证	Qop	值为 URL 中的 qop 值
	User	值为 URL 中的 user 值
	Password	值为 URL 中的 passwd 值
响应结果	{"authenticated": true,"user": ""}	
备注	qop 值取 auth 或 auth-int URL 示例：https://httpbin.org/digest-auth/auth/tynam/123456	

5.3.8　前置脚本

Postman 内置了一个基于 Node.js 的强大运行器，他允许用户在请求和集合中添加一些动态数据，例如动态参数、请求之间传递数据。这些操作主要在参数区域的 Pre-request Script Tab 和 Tests Tab 下完成的。一个请求的执行顺序是前置脚本→请求→响应→后置脚本，如图 5-24 所示。

前置脚本是在参数区域 Pre-request Script 下使用 JavaScript 语言编写，在请求发送之前执行，也就是测试用例中的前置条件，用于环境准备或数据准备。

在 Pre-request Script 下脚本编写区域的右侧，可以看到 Postman 提供了一些代码片段，如图 5-25 所示，这些代码片段能够快速添加一些操作，单击后可直接将对应的代码添加到脚本编辑区。下面对代码片段进行介绍。

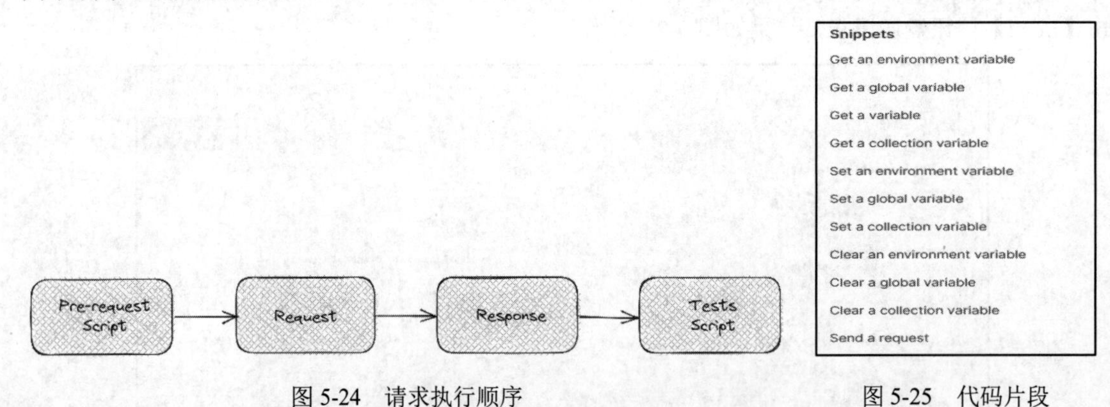

图 5-24　请求执行顺序　　　　图 5-25　代码片段

（1）Get an environment variable：获取一个环境变量值。代码是：

```
pm.environment.get("variable_key");
```

（2）Get a global variable：获取一个全局变量值。代码为：

```
pm.globals.get("variable_key");
```

（3）Get a variable：获取一个变量值。代码为：

```
pm.variables.get("variable_key");
```

（4）Get a collection variable：获取一个集合变量值。代码为：

```
pm.collectionVariables.get("variable_key");
```

（5）Set an environment variable：设置一个环境变量的值。代码为：

```
pm.environment.set("variable_key", "variable_value");。
```

（6）Set a global variable：设置一个全局变量的值。代码为：

```
pm.globals.set("variable_key", "variable_value");
```

（7）Set a collection variable：设置一个集合变量的值。代码为：

```
pm.collectionVariables.set("variable_key","variable_value");。
```

（8）Clear an environment variable：清除一个环境变量的值。代码为：

```
pm.environment.unset("variable_key");
```

（9）Clear a global variable：清除一个全局变量的值。代码为：

```
pm.globals.unset("variable_key");
```

（10）Clear a collection variable：清除一个集合变量的值。代码为：

```
pm.collectionVariables.unset("variable_key");
```

（11）Send a request：发送一个请求。代码为：

```
pm.sendRequest("https://postman-echo.com/get", function (err, response) {
  console.log(response.json());
});
```

下面来看一个示例。在发送表 5-2 接口请求中添加前置脚本，前置脚本中添加一个发送表 5-1 的接口请求并打印返回结果。

在“Request Demo”集合下新建一个请求并命名为“Pre-req Request”。请求方式选择 POST；请求 URL 输入 https://postman-echo.com/post；Pre-request Script Tab 下添加脚本 pm.sendRequest ("https://postman-echo.com/get", function (err, response) {console.log(response.json());}); 。最后单击【Send】按钮发送请求，结果如图 5-26 所示。

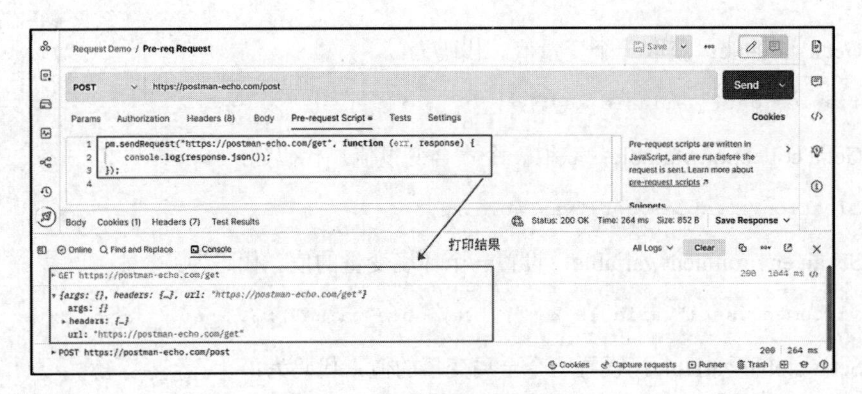

图 5-26　前置脚本请求

从 Console 控制台输出的内容可以看到，先发送了前置脚本中的 GET 请求，并打印了响应结果，然后才执行的 POST 请求。

console.log(response.json())表示将请求返回结果打印在控制台上，单击底部区域的 Console 可打开控制台，查看接口的请求及响应结果。另外，console.log()也常用于调试。

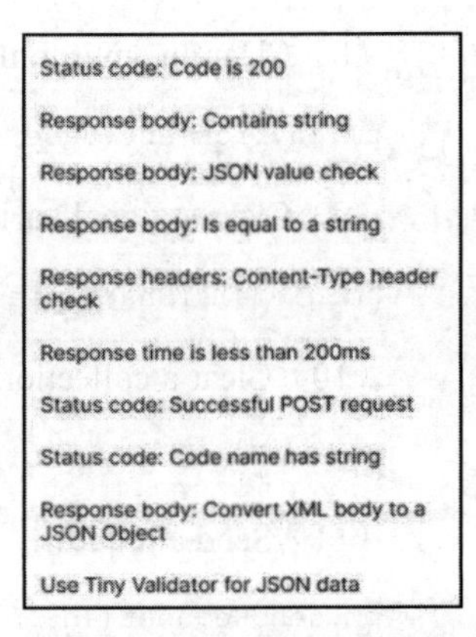

图 5-27　断言代码片段

5.3.9　后置脚本

后置脚本也叫测试脚本，与前置脚本执行顺序相反，在发送请求之后执行，用来获取响应结果、添加断言及数据清理，即测试用例中的断言和后置条件。后置脚本在参数区域 Tests Tab 下使用 JavaScript 语言编写。

在 Tests 下脚本编写区域的右侧，可以看到 Postman 提供了一些代码片段，除过 Pre-request Script 下看到的代码片段外，还多了一些断言代码片段，如图 5-27 所示。下面我们来介绍断言代码片段。

（1）stauts code: Code is 200 是断言响应状态码是 200。代码为：

```
pm.test("Status code is 200", function () {
  pm.response.to.have.status(200);
});
```

举一反三，通过上述代码也可以断言其他状态码，例如 404 状态码就可以写成 pm.response.to.have.status(404)。

（2）Response body: Contains string 是断言响应体中包含某些字符串。代码为：

```
pm.test("body matches string", function () {
  pm.expect(pm.response.text()).to.include("string_you_want_to_search");
});
```

（3）Response body: JSON value check，当返回结果是 JSON 数据时，断言某个字段值。代码为：

```
pm.test("your test name", function () {
  var jsondata = pm.response.json();
  pm.expect(jsonData.value).to.eql(100);
});
```

var jsondata = pm.response.json()是获取返回结果中 JSON 数据，jsonData.value 是获取 JSON 数据中某个字段值。例如返回结果是{"name":"tynam","age":18}，获取 name 值就可以写成 jsonData.name，还可以写成 jsonData["name"]。

（4）Response body: Is equal to a string 是断言响应体等于某个字符串。代码为：

```
pm.test("body is correct", function () {
  pm.response.to.have.body("response_body_string");
});
```

（5）Response headers: Content-Type header check 是断言响应头部含有 Content-Type。代码为：

```
pm.test("content-type is present", function () {
  pm.response.to.have.header("Content-Type");
});
```

（6）Response time is less than 200ms 是断言响应时间小于 200ms。代码为：

```
pm.test("Response time is less than 200ms", function () {
  pm.expect(pm.response.responseTime).to.be.below(200);
});
```

（7）Status code: Successful POST request 是断言 POST 请求返回的状态正确，即状态码是 201 或 202。代码为：

```
pm.test("successful post request", function () {
  pm.expect(pm.response.code).to.be.oneOf([201, 202]);
});
```

（8）Status code: Code name has string 是断言响应状态名称包含某个字符串。代码为：

```
pm.test("Status code name has string", function () {
  pm.response.to.have.status("Created");
});
```

（9）Response body: Convert XML body to a JSON Object 是将 XML 正文转换为 JSON 对象。代码为：

```
var jsonObject = xml2Json(responseBody);
```

（10）Use Tiny Validator for JSON data 是对于 json 数据使用 TinyValidator。代码为：

```
var schema = {
```

```
  "items": {
    "type": "boolean"
  }
};

var data1 = [true, false];
var data2 = [true, 123];

pm.test('Schema is valid', function () {
  pm.expect(tv4.validate(data1, schema)).to.be.true;
  pm.expect(tv4.validate(data2, schema)).to.be.true;
});
```

Postman 工具也可借助 Chai 断言库实现断言，Chai 断言库是用于编写断言的外部 JavaScript 库。与我们直接用 JavaScript 编写的代码相比，此断言库优于更少的时间和精力，且易于使用。

下面看一个示例，在发送表 5-2 接口请求中添加后置脚本，后置脚本中添加一个响应状态码是 200 的断言和一个响应结果中 JSON 数据的 URL 值是 https://postman-echo.com/post 的断言。

在“Request Demo”集合下新建一个请求并命名为“Assert Request”。请求方式选择 POST；请求 URL 输入 https://postman-echo.com/post；Tests Tab 下添加脚本两个断言代码片段，代码如下：

```
pm.test("响应状态码是 200 断言", function () {
  pm.response.to.have.status(200);
});

pm.test("响应结果中 URL 正确", function () {
  var jsonData = pm.response.json();
  pm.expect(jsonData["url"]).to.eql("https://postman-echo.com/post");
});
```

然后单击【Send】按钮发送请求，结果如图 5-28 所示。

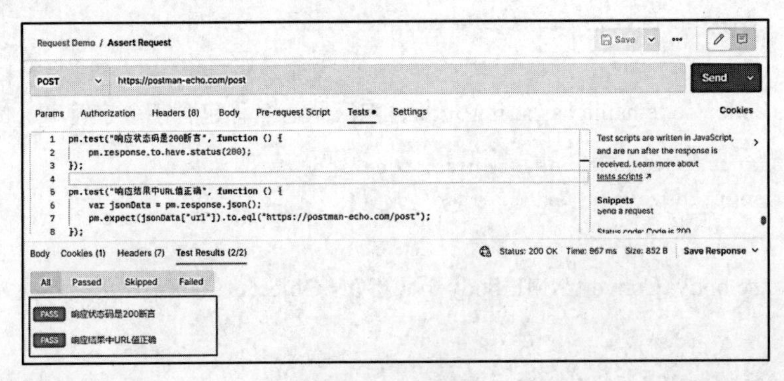

图 5-28　断言请求

接口响应结果展示区域有一个 Test Results 的 Tab，用来显示断言的结果。从结果中可以看到有"响应状态码是 200 断言"和"响应结果中 URL 正确"两条断言，都是 PASS 状态。

5.3.10　请求设置

Postman 参数区域有一个 Settings 标签，如图 5-29 所示。Settings 下是一些设置项，可以影响请求的发送和结果的接收，例如启用 SSL 证书验证、自动跟随重定向、自动编码 URL 等。

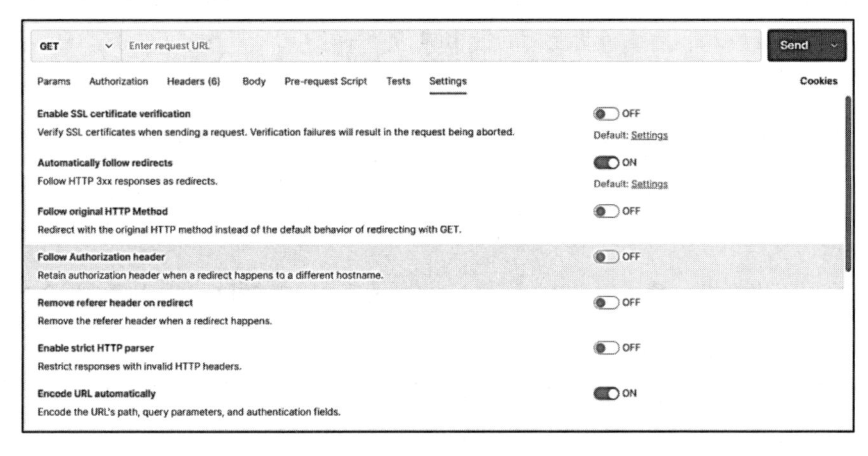

图 5-29　请求设置界面

一般情况下，这些设置项保持默认即可。下面简单地介绍一下请求设置项：

- Enable SSL certificate verification：启用 SSL 证书验证。在发送请求时验证 SSL 证书，如果验证失败则终止请求。
- Automatically follow redirects：自动跟随重定向。如果响应状态码是 3XX，则返回的结果是重定向后的请求响应。
- Follow original HTTP Method：跟随原始 HTTP 方法。重定向时使用原始的 HTTP 方法，而不是默认的 GET 方法。
- Follow Authorization header：跟随授权信息头。当重定向到不同的主机时，将保留授权信息头。
- Remove referer header on redirect：重定向中删除 referer 信息头。
- Enable strict HTTP parser：使用严格的 HTTP 解析器。
- Encode URL automatically：自动编码 URL。
- Disable cookie jar：禁止使用 CookieJar。
- Use server cipher suite during handshake：握手期间使用服务器的密码套件顺序，而不是客户端的密码套件顺序。
- Maximum number of redirects：设置重定向的最大数。
- Protocols disabled during handshake：握手期间禁用协议。握手期间 SSL 和 TLS 协议版本会被禁用，但其他所有的协议将被启用。
- Cipher suite selection：选择密码套件。

5.3.11　其他

在请求界面的最右侧可以看到有文档、评论、代码、相关集合和信息 5 个菜单，如图 5-30 所示。

- 文档：查看文档，将集合或接口以文档形式查看。
- 评论：集合、请求、API 发表评论。
- 代码：将接口生成各种语言和框架的代码片段，用户可以在其他程序中直接使用。
- 相关集合：查看公网 API 中与请求具有相同 URL 的公共集合，包括 API 文档。
- 信息：查看接口、请求、API、环境、模拟服务器、监视器、工作流的详细信息，包括 ID、创建时间、创建者等。

图 5-30　其他功能

上面介绍的 5 个菜单只是在请求界面出现的，在集合、工作流、监视器等界面还有其他的菜单，但都是一些比较小的功能，且有界面提示，打开后很容易就会理解功能的作用。

5.4　环境和变量

一个程序往往会有多个环境，例如开发环境、测试环境、正式环境，不同的环境下程序配置是不同的，例如 Web 项目中开发环境 HOST 是 172.168.1.1，正式环境 HOST 可能就是 test.com。测试时不可能每种环境都编写一套脚本，最常见的方式是求同存异，相同的使用同一套脚本，不相同的写在各自的配置环境中。

Postman 工具中环境最大的作用就是存放变量，而变量存放的地方有三处，分别是全局环境、本地环境和集合环境，这三处环境下存放的变量也称为全局变量、本地环境变量和集合变量。

全局变量又分内置变量和自定义变量，内置变量是 Postman 自带的变量，例如 guid、timestamp、randomInt、randomPhoneNumberExt、randomFilePath、randomCity、randomFullName 等，自定义变量是用户自己添加的变量，添加入口是单击左侧菜单【Environments】（图 5-31 标记 1 处），在环境列表处单击【Globals】（图 5-31 标记 2 处）即可打开全局变量编辑界面，如图 5-31 所示。

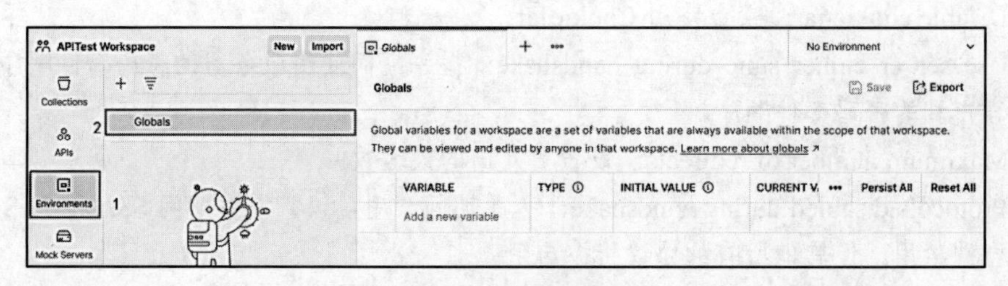

图 5-31　全局变量界面

在本地环境变量添加前，需要先添加本地环境，例如添加一个名为“测试环境”的环境。单击左侧菜单【Environments】，再单击环境列表上方的【+】（图 5-32 标记 1 处）即可打开本地环境变量编辑界面，如图 5-32 所示，最后重命名环境为“测试环境”（图 5-32 标记 2 处）。

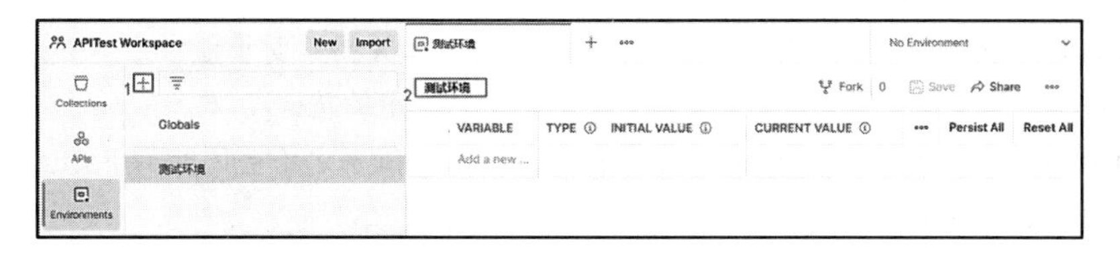

图 5-32 添加本地环境

全局环境和本地环境也可单击界面的【 Environment quick look】快速查看环境图标，在弹出的窗口中单击【Add】或【Edit】按钮，进入环境变量编辑界面，如图 5-33 所示。

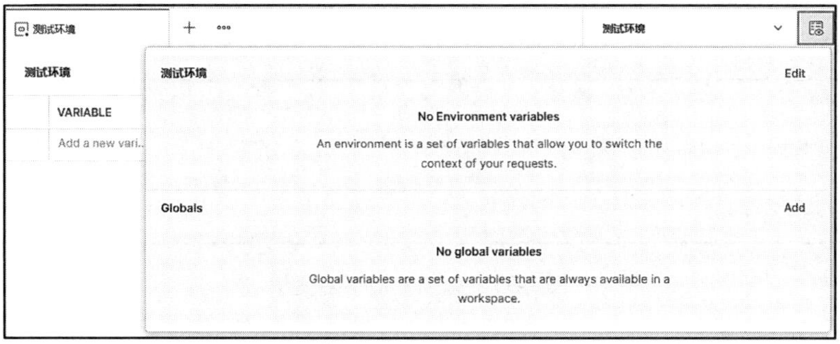

图 5-33 快速查看环境

集合变量是在集合界面下 Variables Tab 下添加的，如图 5-34 所示。

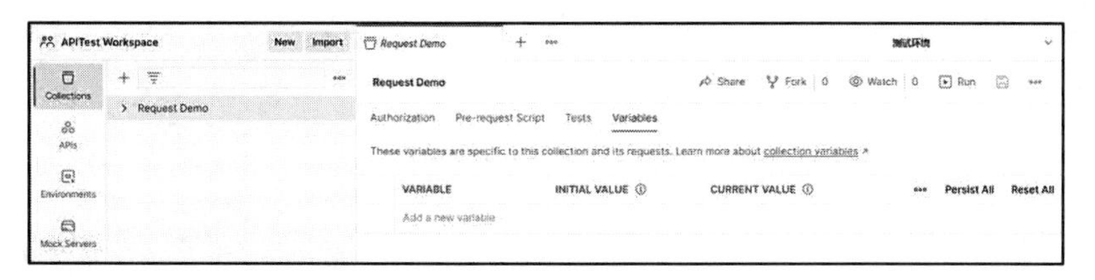

图 5-34 集合变量界面

全局变量、本地环境变量和集合变量都是变量，从编辑界面可以看到，都是以表格的形式添加，设置项也几乎一样。这三者变量的添加、使用等操作几乎完全相同，唯一不同的是三者作用域不相同。全局变量在全局都生效，任何请求中都可以使用；本地环境变量作用域小于全局变量，只有当本地环境被使用时，变量才生效；集合变量作用域最小，只对自己集合下的请求有效。

由于全局变量、本地环境变量和集合变量在操作和使用上都基本一致，因此下面就只以本地环境变量为例，介绍变量的添加和使用。变量编辑页面的表格中可以看到有 VARIABLE、TYPE、INITIAL VALUE、CURRENT VALUE 4 列，和【...】、【Persist All】和【Reset All】三个操作按钮。

- VARIABLE：变量名称，使用时通过引用变量名获得变量值。
- TYPE：变量类型，在 Postman 旧版本上是没有此列的。有 default 和 secret 两个选项，default 是默认值，明文显示变量值；secret 是以暗文显示变量值。
- INITIAL VALUE：当与团队共享时，对应变量使用的值。
- CURRENT VALUE：运行脚本时使用的值。当前值永远不会同步到 Postman 的服务器并与团队成员共享。
- ...：设置显示列。
- Persist All：将所有变量的当前值替换成初始值。
- Reset All：将所有变量的初始值替换成当前值。

在“测试环境”中添加一个变量 host，初始值和当前值都设置为 postman-echo.com，如图 5-35 所示。

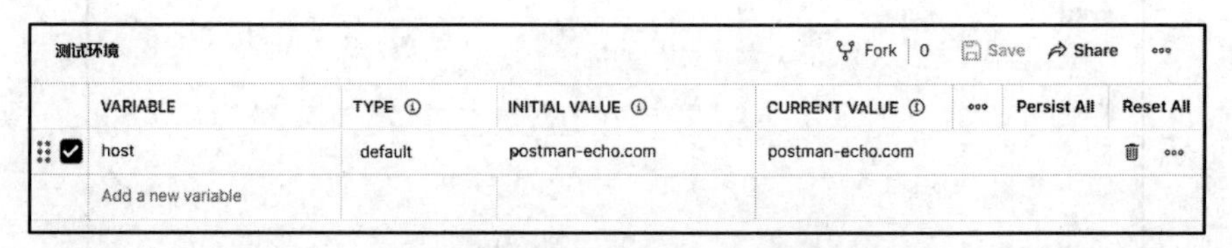

图 5-35　添加本地环境变量

变量通过双括号引用使用，括号里面填写变量名{{VARIABLE}}，例如引用 host 变量就可以写成{{host}}，URL 是 https://postman-echo.com/get 就可以写成 https://{{host}}/get。

在“Request Demo”集合下新建一个请求并命名为“Variable Test”。请求方式选择 GET；请求 URL 输入 https://{{host}}/get；环境选择“测试环境”（图 5-36 标记处）。然后单击【Send】按钮发送请求，如图 5-36 所示。

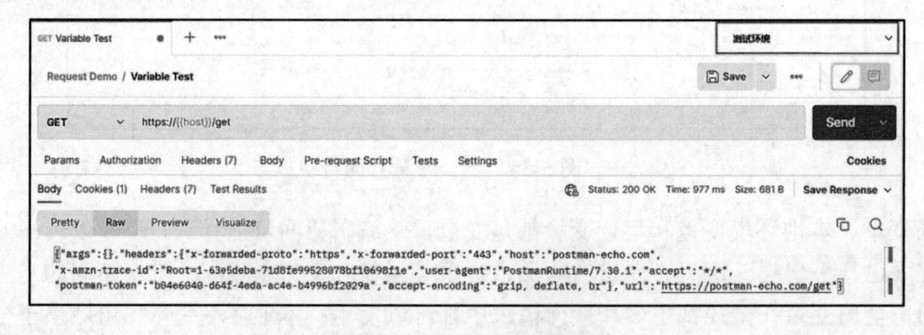

图 5-36　环境变量测试请求

注意　发送请求时如果有环境变量的引用，一定要切换到正确的环境。

从图 5-36 中可以看到，成功返回了响应结果，证明变量引用成功。

环境变量不仅可以在 URL 中使用，也可以在参数中使用，都是以{{VARIABLE}}方式添加。前置脚本和后置脚本中使用变量稍有不同，需要以代码的形式设置，相关代码可参考 5.3.8 前置脚本一节代码片段的介绍。

5.5 Cookies 管理

Cookie 是一段不超过 4KB 的小型文本数据，由一个名称（Name）、一个值（Value）和其他几个用于控制 Cookie 有效期、安全性、使用范围的可选属性组成。是某些网站为了辨别用户身份，进行 Session 跟踪而存储在用户本地终端上的数据（通常经过加密），由用户客户端计算机暂时或永久保存的信息。简单的理解就是用户身份认证信息，可用来维持会话。Postman 工具中通常不需关注 Cookies，因为在发送请求后，Postman 会自动存储 Cookies，在之后的请求中也会自动携带 Cookies。Postman 也支持用户手动管理 Cookies。在请求界面单击参数区域最后面的【Cookies】即可打开 Cookies 管理窗口，如图 5-37 所示。

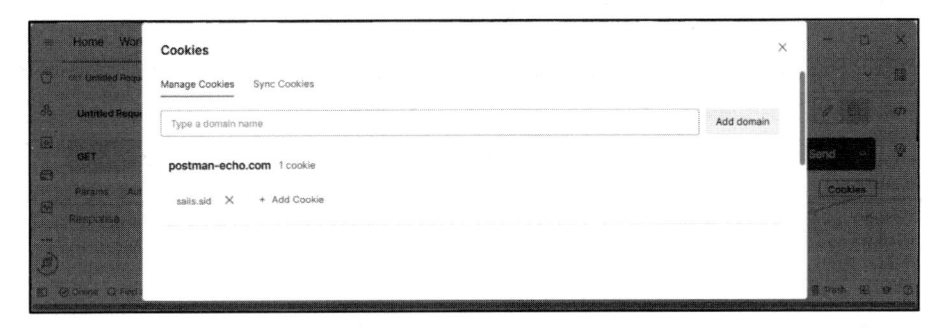

图 5-37 Cookies 管理

因为我们向 postman-echo.com 网站发送过请求，因此界面中可以域名为 postman-echo.com 的 Cookie 内容。Cookies 管理窗口可以很清楚地看到添加域名、添加 Cookie、删除 Cookie、删除域名，双击某个 Cookie 也可对其编辑。带有界面的工具一般都很容易理解和操作，我们要做的就是将正确的名称（Name）和值（Value）填入正确的域名下。

下面通过发送表 5-7 提供的两个接口，体验 Postman 自动管理 Cookies 的魅力。

表5-7 Postman网站Cookies管理接口

接口名称	请求 URL	请求方法	查询参数	响应结果	备 注
设置 Cookies	https://postman-echo.com/cookies/set	GET	Any	{"cookies":{}}	添加的查询参数为 Cookies 内容
获取 Cookies	https://postman-echo.com/cookies	GET		{"cookies":{}}	

新建一个集合并命名为“Cookies Test”，其下添加两个请求。第一个请求命名为“Set Cookies”，请求方法选择 GET；请求 URL 填写 https://postman-echo.com/cookies/set；查询参数添加 name=tynam 和 passwd=123456。第二个请求命名为“Get Cookies”，请求方法选择 GET；请求 URL 填写 https://postman-echo.com/cookies。先发送“Set Cookies”请求，再发送“Get Cookies”请求，如图 5-38 所示。

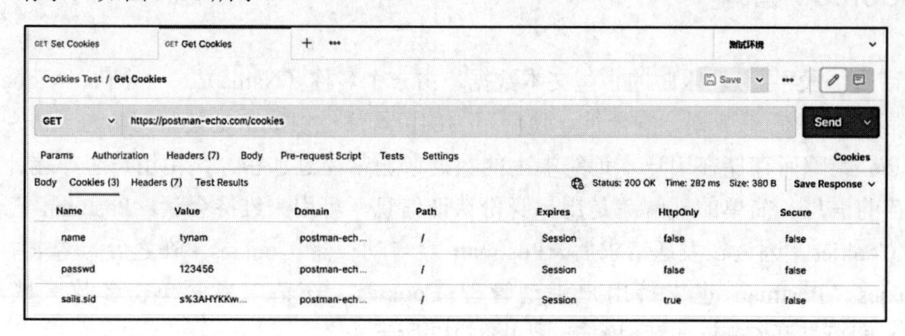

图 5-38　Cookies 管理请求

在“Get Cookies”请求响应结果区域选择 Cookies 标签，见图 5-38，可以清楚地看到 name=tynam 和 passwd=123456，证明“Set Cookies”请求成功地设置了 Cookies，并在发送“Get Cookies”请求时携带了该域名的 Cookies 值。单击参数区域最后面的【Cookies】，打开 Cookies 管理窗口，也可以看到 name=tynam 和 passwd=123456 被添加到 postman-echo.com 域名下的 Cookies，如图 5-39 所示。

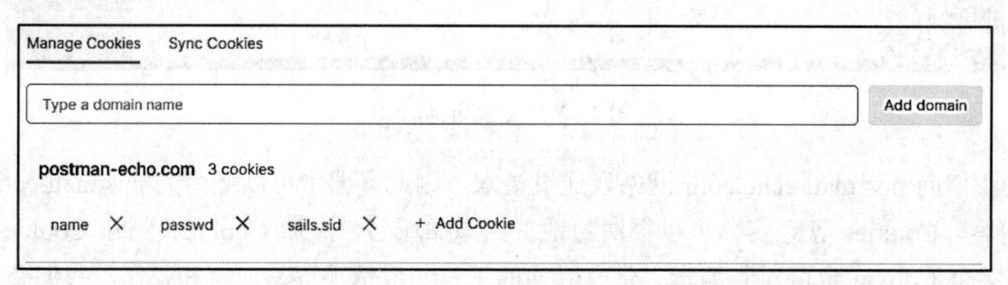

图 5-39　查看 Cookies

5.6　代理设置

一个基本的网络会话是客户端发送请求到服务器，服务器返回一个响应给客户端。代理服务器就是客户端和服务器之间的一个中介，客户端发送的请求首先到达代理服务器，再由代理服务器转发给服务器，服务器返回的响应也是先到达代理服务器，再由代理服务器转发给客户端，如图 5-40 所示。

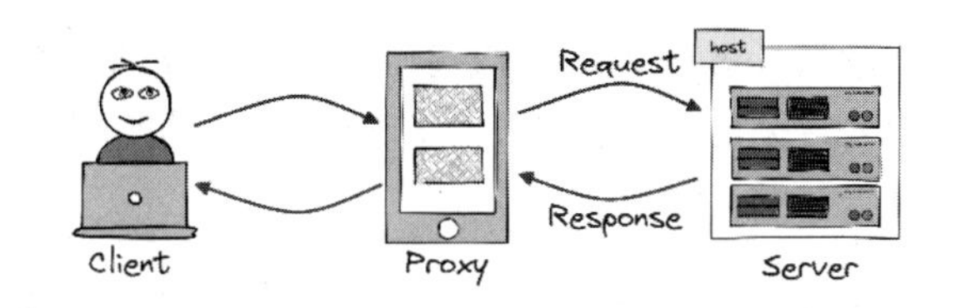

图 5-40 代理服务器请求

在 Postman 工具中单击头部区域设置图标，然后在下拉菜单中选择【Settings】打开基本设置窗口，在窗口中选择 Proxy 标签即为代理设置界面，如图 5-41 所示。

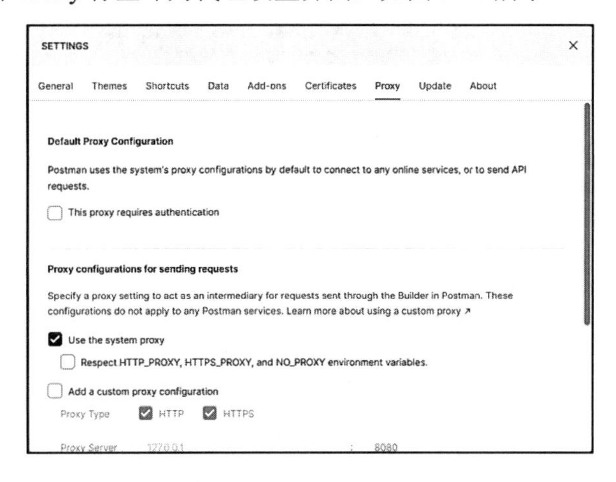

图 5-41 代理设置界面

代理设置界面有两部分内容，Default Proxy Configuration（默认代理配置）和 Proxy configurations for sending requests（发送请求代理配置）。

- 默认代理配置：如果本地系统配置了代理，Postman 桌面应用程序将会默认使用此代理发送 API 请求或访问任何在线资源。如果系统配置的代理服务器需要身份验证，则勾选【This proxy requires authentication】复选框，即可设置用户名和密码并添加身份验证。
- 发送请求代理配置：发送请求代理配置下有 Use the system proxy（使用系统代理）和 Add a custom proxy configuration（添加一个自定义代理）两个选项。使用系统代理，即使用本地系统配置的代理，Postman 将使用该代理发送请求；使用自定义代理是使用系统代理以外的代理服务器发送 API 请求。

代理设置界面使用最多的是添加自定义代理，在代理设置界面勾选【Add a custom proxy configuration】复选框使用自定义代理，自定义代理下有 Proxy Type（代理类型）、Proxy Server（代理服务器）、Proxy Auth（代理认证）和 Proxy Bypass（代理绕过）选项。

- 代理类型：选择要通过代理服务器发送的请求类型。默认勾选 HTTP 和 HTTPS。
- 代理服务器：代理服务器的主机名或 IP 地址和端口号。

- 代理认证：如果代理服务器需要基本身份验证，则打开此开关并输入用户名和密码。
- 代理绕过：输入以逗号分隔的主机列表。发送到这些主机的请求不会使用自定义代理。

自定义代理设置非常简单，只需要将正确的值输入到对应的位置即可。例如使用代理服务器 127.0.0.1，端口号是 8080，用户名是 tynam，密码是 123456，那么将这些信息填入对应位置即可。Proxy 填写 127.0.0.1 和 8080，打开 Proxy Auth，用户名填写 tynam，密码添加 123456，即可完成代理设置，如图 5-42 所示。

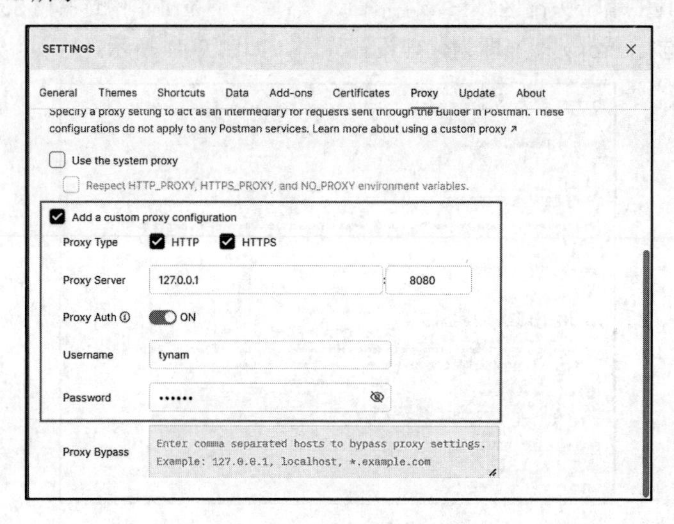

图 5-42　添加自定义代理

5.7　证书管理

证书是一种身份认证，在 Postman 工具中单击头部区域设置图标，然后在下拉菜单中选择【Settings】打开基本设置窗口，窗口中选择 Certificates 标签即可进入证书管理界面，如图 5-43 所示。

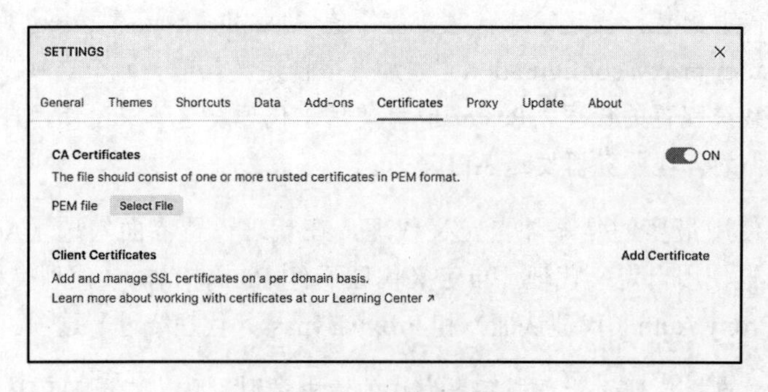

图 5-43　证书管理界面

从图 5-43 中可以看到，Postman 支持 CA Certificates（CA 证书）和 Client Certificates（客户端证书）两种证书。CA 证书以文件的格式上传，该文件应包含一个或多个 PEM 格式的受信任证书；客户端证书是在每个域基础上添加和管理 SSL 证书。

CA 证书是上传 PEM 格式文件，比较简单，接下来介绍添加客户端证书。在证书管理界面单击 Client Certificates 后面的【Add Certificate】，进入添加证书界面，界面有 Host（主机）、CRT file（CRT 文件）、KEY file（KEY 文件）、PFX file（PFX 文件）和 Passphrase（密码）五个字段。例如 Host 填写 postman-echo.com；端口号不填写，Postman 将使用 HTTPS 的默认端口 443；上传 CRT 文件和 Key 文件，或选择 PFX 文件；如果客户端证书生成时，使用了 Passphrase 则输入 Passphrase，如图 5-44 所示；最后单击【Add】按钮即可完成证书添加。

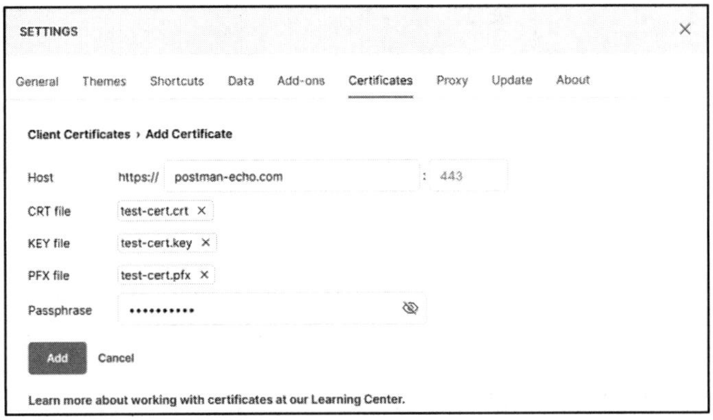

图 5-44　添加客户端证书

提示　如果是自签证书，则最好在基本设置界面（进入路径为【⚙设置】→【Settings】→【General】标签）关闭【SSL certificate verification】SSL 证书验证选项，此选项可关闭 Postman 在发出请求时检查 SSL 证书的有效性，如图 5-45 所示。

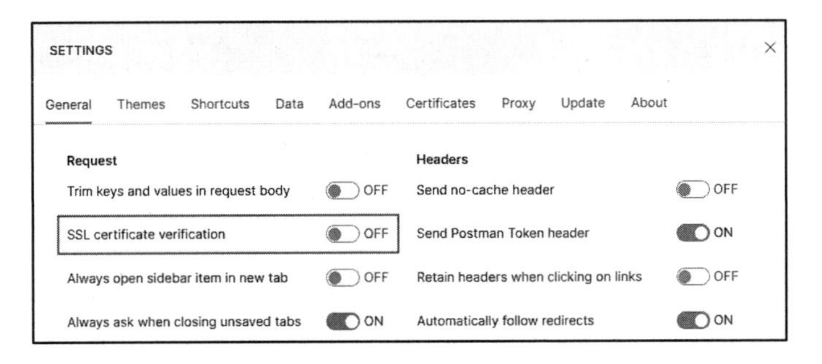

图 5-45　关闭 SSL 证书验证

5.8 集合管理

集合是对请求的分组，相当于 unittest 中的测试集，将同一类别的测试用例集合在一个测试集中。单击左侧菜单栏中的【Collections】（图 5-46 标记 1 处）即可打开集合界面，左侧为集合列表区域，在集合列表中选择任意集合单击即可打开右侧编辑区域，例如选择“Request Demo”集合。

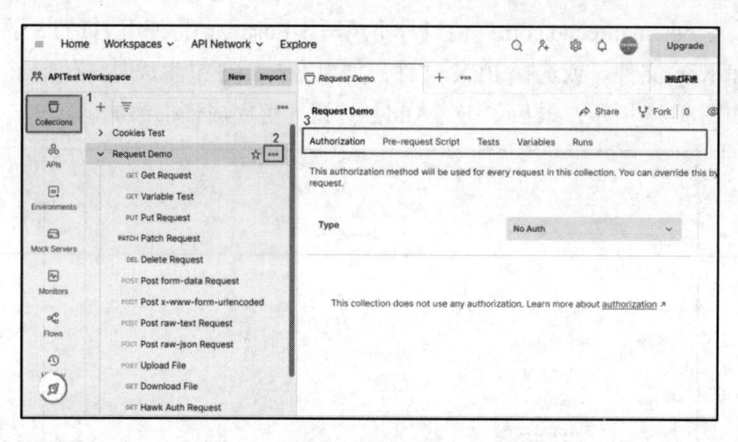

图 5-46　集合界面

集合操作最重要、也是最常用的两个地方是动作【…】View more actions（图 5-46 标记 2 处）和参数设置（图 5-46 标记 3 处）。View more actions 下有 Share（分享）、Move（移动）、Run collection（执行集合）、Edit（编辑）、Add request（添加请求）、Add folder（添加文件夹）、Duplicate（复制）、Export（导出）、Delete（删除）等菜单，都是些比较常用的操作，看见名字就知道其作用；参数设置有 Authorization（授权）、Pre-request Script（前置条件）、Tests（后置条件）、Variable（变量）、Runs（执行结果记录），都是一些有关请求的设置。

- Authorization：如果在集合上添加授权，那么默认集合下的所有请求都会添加授权。因为请求的默认授权是【Inherit auth from parent】，当请求授权类型不是 Inherit auth from parent 时，那么该请求将不再继承集合授权。
- Pre-request Script：如果集合上添加了前置脚本，那么集合下的每一个请求在发送前都会执行一次该脚本。
- Tests：如果集合上添加了后置脚本，那么集合下的每一个请求在执行完成后都会执行一次该脚本。
- Variable：集合变量，作用域仅限于该集合。
- Runs：执行结果展示，每执行一次集合，Runs 标签下便会多一条结果。

5.8.1　执行集合

集合可以使我们的接口测试项目得到很好的规划，方便批量化操作，例如集合导出、分享、运行。本小节将为读者介绍集合的运行。

环境选择“测试环境”，然后单击“Request Demo”后面的动作【…】图标，在弹出的菜单中选择【Run collection】菜单打开集合执行设置界面，如图 5-47 所示。

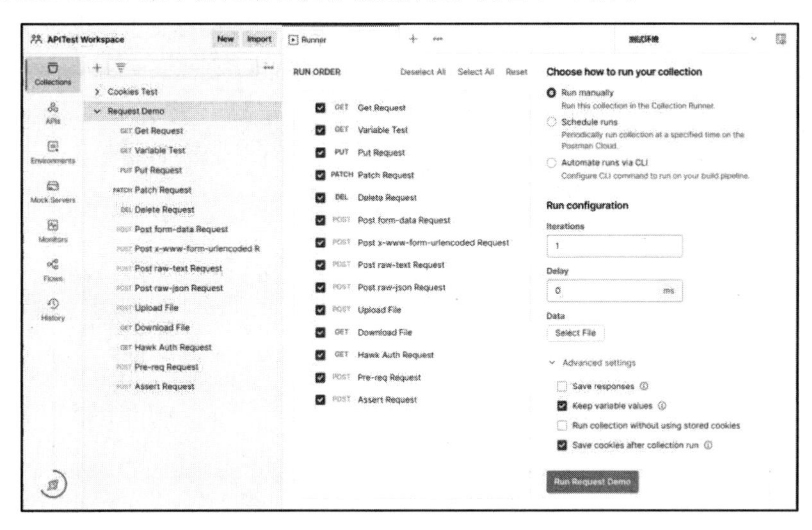

图 5-47　集合执行设置界面

集合设置界面由 RUN OPDER（选择请求）、Choose how to run your collection（如何执行集合）、Run configuration（执行配置）三部分组成。

- RUN OPDER：选择请求区域是选项执行哪些请求、不执行哪些请求。
- Choose how to run your collection：如何执行集合下有 run manually、Schedule runs 和 Automate runs via CLI 三个选项，run manually 是手动执行，集合单独执行时，使用频率最高的选项；Schedule runs 是定时执行，多以项目为单位执行使用；Automate runs via CLI 是使用 Postman CLI 命令或 Newman 执行，多用在 CI/CD 流程中。
- Run configuration：执行配置是执行时的一些设置项，有 Iterations、Delay、Data、Save responses、Keep variable values、Run collection without using stored cookies 和 Save cookies after collection run 共 7 个设置项。
  - Iterations：迭代次数，集合下的请求执行多少次。
  - Delay：延时，每个请求之间的间隔时间，单位为毫秒。
  - Data：测试数据文件，支持 JSON、CSV 文件。用于参数化。
  - Save responses：保持响应结果，记录响应头和响应体。
  - Keep variable values：保留变量值，在集合运行过程中允许改变变量的当前值。

◆ Run collection without using stored cookies：不使用存储的 Cookies 运行集合，运行集合时不使用存储的 Cookies。

◆ Save cookies after collection run：集合运行结束后保存 Cookies，集合运行后将允许改变和保存 Cookies。

保持默认设置项，单击【Run Request Demo】按钮执行集合下所有的请求，执行完成后可以看到执行结果，如图 5-48 所示。进入“Request Demo”集合 Runs 标签下，也会发现多了一条测试结果数据。

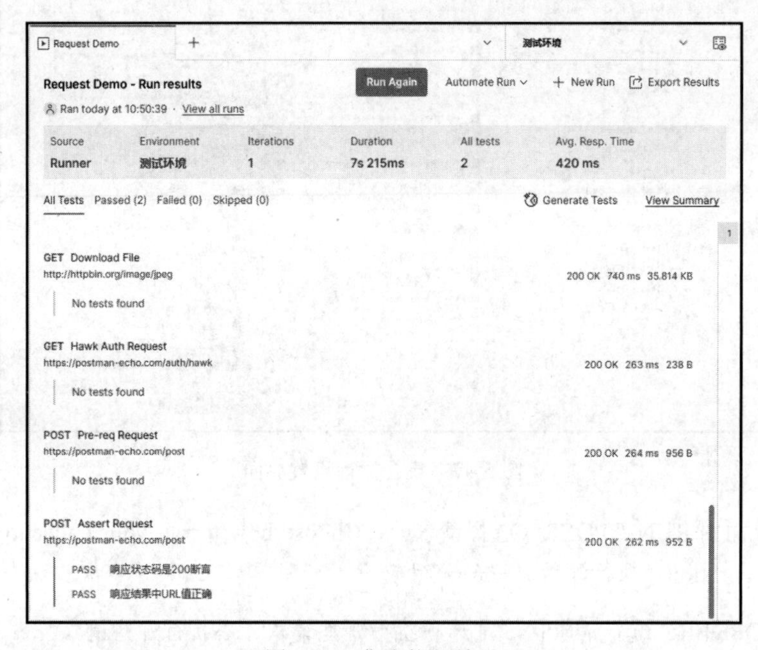

图 5-48 集合执行结果

5.8.2 参数化

Postman 工具参数化是将测试数据按照一定的规则保存在 JSON 或 CSV 文件，然后通过引用文件中的数据名称获取数据值，最后执行集合时上传测试数据文件即可获取文件中的所有数据，并依次使用每条数据。下面通过一个示例体验参数化。

步骤 01 创建数据文件。新建一个 TEXT 文件，并且命名为 test_parameterization.csv。添加内容如下：

```
name,age
tynam,18
Annie,21
Lawrence,13
Layne,24
```

文件中第一行是参数名，第二行开始是测试参数数据。多个参数之间使用英文逗号分隔。如上内容便是创建了两个参数 name、age 和 4 条测试数据。

步骤 02 创建请求。新建一个集合并命名为 Parameterization，其下添加一个请求并命名为 Test。Test 请求下请求方法选择 GET；请求 URL 输入 https://postman-echo.com/get；然后在 Params 下添加查询参数 name={{name}}和 age={{age}}，如图 5-49 所示。数据参数的引用方法与 Postman 中其他参数的使用方法一致，格式均是{{VARIABLE}}。

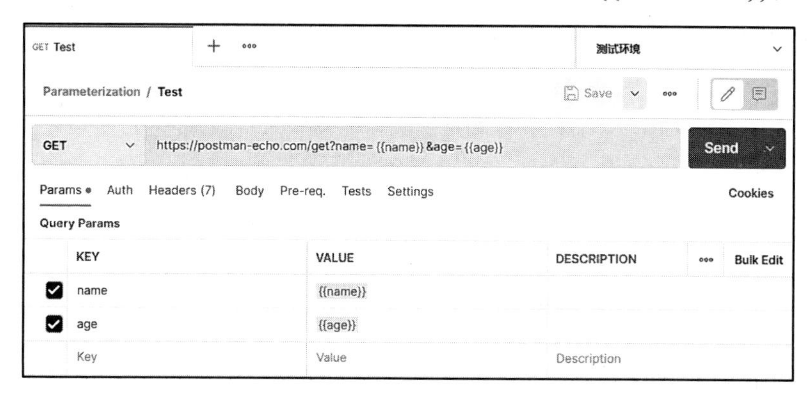

图 5-49　参数化请求

步骤 03 添加数据文件。选择集合 Parameterization 后面的动作【...】图标，在弹出的菜单中，选择【Run collection】菜单打开集合执行设置界面。界面中单击【data】字段后【Select File】按钮上传 test_parameterization.csv 文件，文件上传后会多出一个【Data File Typed】字段，字段【Data File Typed】选择 text/csv，然后单击【Data File Typed】后面的【Preview】按钮预览上传的文件内容，如图 5-50 所示。文件上传后，Iterations 字段会自动计算出可以迭代的数据数，并填入 Iterations 输入框。

PREVIEW DATA

Iteration	name	age
1	"tynam"	18
2	"Annie"	21
3	"Lawrence"	13
4	"Layne"	24

图 5-50　预览数据文件

步骤 04 执行。单击集合执行设置界面的【Run Parameterization】按钮执行集合，结果如图 5-51 所示。从图 5-51 中可以看到一共发送了 4 条请求，请求 URL 依次是 https://postman-echo.com/get?name=tynam&age=18 、 https://postman-echo.com/get?name=Annie&age=21 、 https://postman-echo.com/get?name=Lawrence&age=13 和 https://postman-echo.com/get?name=Layne&age=24。查询参数与上传的测试文件数据一致。

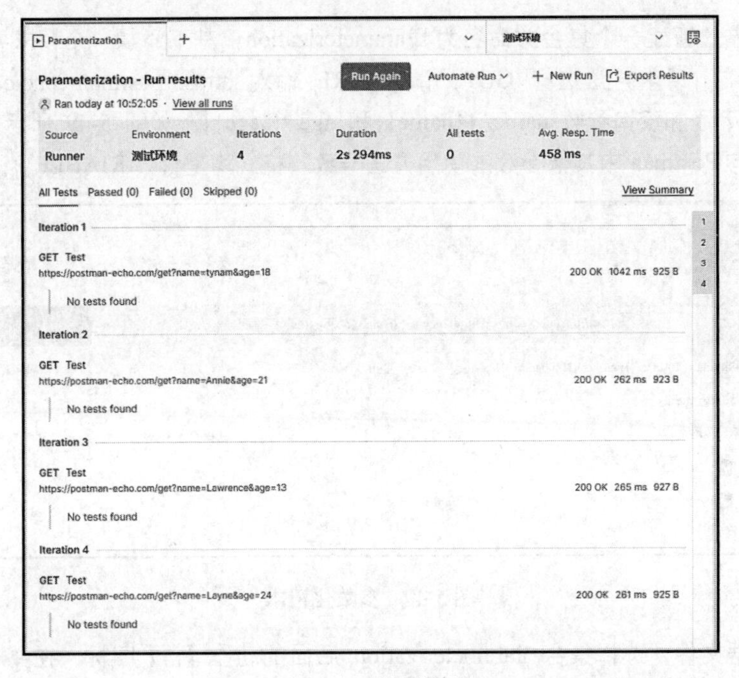

图 5-51　执行结果

5.8.3　分支和循环

在 Postman 工具中，用户可借助 setNextRequest()函数跨 API 请求实现分支和循环。setNextRequest()函数只有一个参数，参数为请求名。但是，该函数仅适用于集合或 Newman 工具运行时，而不是发送单个请求。

例如，当“Get Request”请求返回状态码为 200 时，再次发送“Assert Request”请求，在“Get Request”请求的后置条件中就可使用如下代码：

```
if(pm.response.to.have.status(200)){
 postman.setNextRequest("Assert Request")
}
```

然后运行集合“Request Demo”，会发现“Get Request”执行后直接运行的是“Assert Request”请求，跳过了中间的其他请求，如图 5-52 所示。

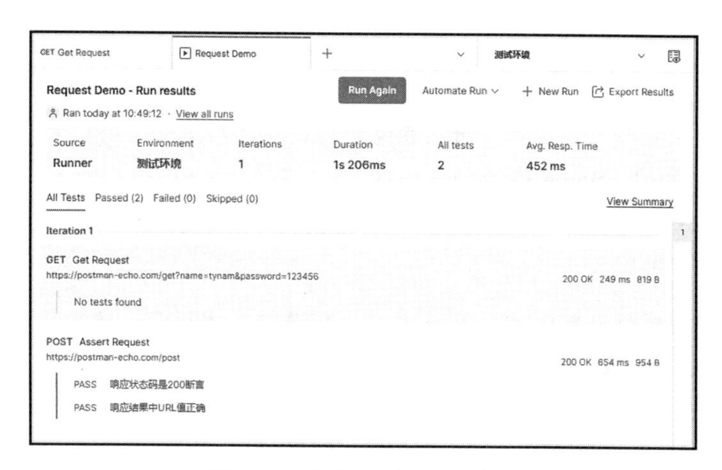

图 5-52　分支和循环请求结果

如果在“Get Request”请求中添加 postman.setNextRequest("Get Request")代码，那么“Get Request”请求将会一直发送，直到手动停止。如果要通过代码停止工作流程的执行，则需在 setNextRequest()函数中传递 null 参数，例如 postman.setNextRequest(null)。

5.9　模拟服务器

Mock Servers 中文称为模拟服务器，允许用户模拟一个接口及其对应的响应。也就是说，当开发人员未完成接口的开发工作，但测试人员想尽快实现测试并完成接口测试脚本的开发，此时就可以借助模拟服务器功能模拟接口，从而尽早完成接口测试工作，当接口开发完成后再配合联调测试即可。

接下来，通过模拟表 5-8 提供的接口来介绍模拟服务器的使用。

表5-8　登录接口

接口名称	登录接口
接口地址	login
请求方式	POST
请求体	{"name":"tynam", "passwd":"123456"}
响应状态码	200
响应结果	{"status":1001,"msg":"SUCCESS" }

步骤 01 创建模拟服务器。单击 Postman 工具左侧菜单栏的【Mock Servers】打开模拟服务器管理界面，然后单击展开界面中的【+】符号（图 5-53 标记 1 处）创建一个模拟服务器。界面中有 Create a new collection（创建一个新的集合）和 Select an existing collection（选择一个已经存在的集合）两个标签，如果在“创建一个新的集合”标签下创建模拟服务器，

那么 Postman 也会相应地创建一个与模拟服务器名称相同的集合，并在集合下自动添加所有模拟的接口。

步骤 02 填写模拟的接口值。模拟接口时需要填写 Request Method（接口方法）、Request URL（接口地址）、Response Code（响应状态码）、Response Body（响应体）四个字段。单击表头后面的【...】图标（图 5-53 标记 2 处）还可添加 Request Body（请求体）和 Description（描述）。

Request URL 填写时只需添加资源路径，不需要填写主机名，模拟服务器创建成功后，Postman 会自动生成一个主机名。

单击表头后面的【...】图标，从下拉菜单中勾选【Request Body】。根据表 5-8 提供的内容填写内容，Request Method 选择 POST；Request URL 填写 login；Request Body 填写{"name":"tynam", "passwd":"123456"}；Response Code 填写 200；Response Body 填写{"status":1001,"msg":"SUCCESS" }，添加完成后单击【Next】按钮进入下一步的模拟服务器配置界面。

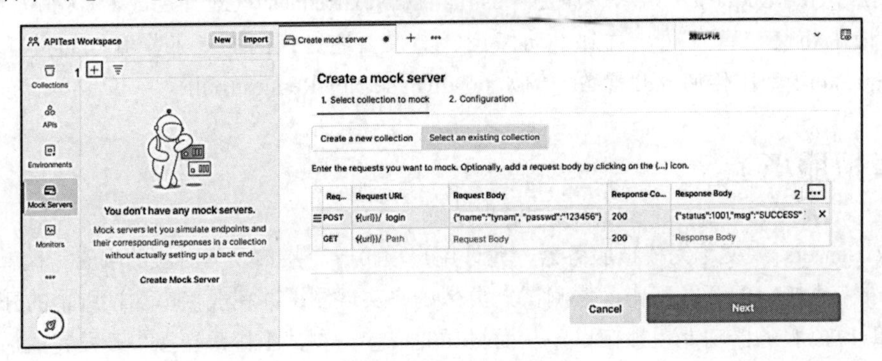

图 5-53　模拟登录接口

步骤 03 模拟服务器配置。模拟服务器配置界面有 Mock Server Name、Environment、Save the mock server URL as an new environment variable、Simuate a fixed network delay、Make mock server private 共五个设置项。Mock Server Name 是模拟服务器名称；Save the mock server URL as an new environment variable 是将模拟服务器 URL 作为一个新的变量存储在本地环境中，如果不勾选模拟服务器地址，将会存储在集合变量中；Environment 是选择环境，如果勾选了 Save the mock server URL as an new environment variable，则 Environment 必须选一个环境；Simuate a fixed network delay 是模拟固定网络延迟；Make mock server private 是将模拟服务器变为私有的。

Mock Server Name 填写 Test Mock，其他内容保持默认，如图 5-54 所示。然后单击【Create Mock Server】创建模拟服务器。

图 5-54 模拟服务器配置

步骤04 查看模拟服务器地址。创建成功后，在"Test Mock"模拟服务器主页即可看到"Test Mock"服务器的地址，如图 5-55 标记处。

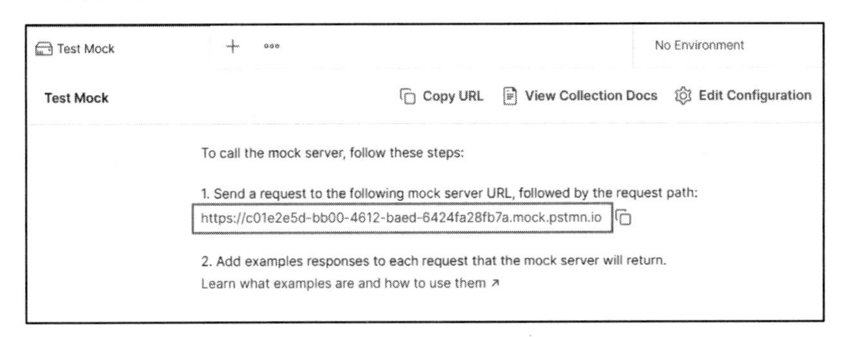

图 5-55 模拟服务器主页

步骤05 发送请求。进入集合界面会发现集合列表多了一条"Test Mock"集合，集合变量中有一条 URL 变量，如图 5-56 所示。集合下有一条以 login 命名的请求，发送请求并返回了结果，如图 5-57 所示。

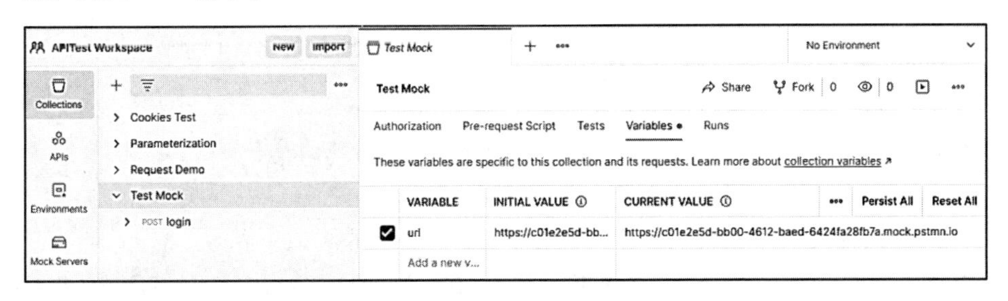

图 5-56 集合变量 URL

图 5-57　发送模拟接口请求

从模拟接口请求的返回结果中可以看到，响应状态码是 200，响应体是{"status":1001,"msg":"SUCCESS" }，与模拟接口是设置的返回结果一致。

5.10 监视器

监视器允许用户定期运行集合以检查其性能和响应，并且在创建监视器时还可以通过电子邮件获得监控结果。本节将为读者介绍监控的使用。

步骤 01 创建监视器并添加基本设置项。单击 Postman 工具左侧菜单栏的【Monitors】打开监视器管理界面，然后单击展开界面中的【+】符号（图 5-58 标记 1 处）创建一个监视器。创建监视器界面有 Monitor name、Collection、Environment、Data file (optional)、Run this monitor、Regions 共六大项设置内容：

- Monitor name：监视器名称。
- Collection：执行并监控的集合。
- Collection tag：选择集合版本，默认是 CURRENT 当前的集合。
- Environment：集合需要的环境。
- Data file (optional)：测试文件，数据参数化时需要的测试文件。
- Run this monitor：监视器执行策略，可选值有 Minute Timer、Hour Timer、Week Timer。Minute Timer 是间隔固定的分钟执行一次；Hour Timer 是间隔固定的小时执行一次；

Week Timer 是以周为单位进行执行集合，选择 Week Timer 后还可以继续选择执行的天，可供选择的选项有每天、每周的周一到周五、每周的具体某一天，然后选择在具体的某一整点执行。

- Regions：其他设置项。

Monitor name 填写“Test Monitor”；Collection 选择“Request Demo”；Environment 选择“测试环境”；Run this monitor 依次选择“Hour Timer”和“Every hour”。如图 5-58 所示。

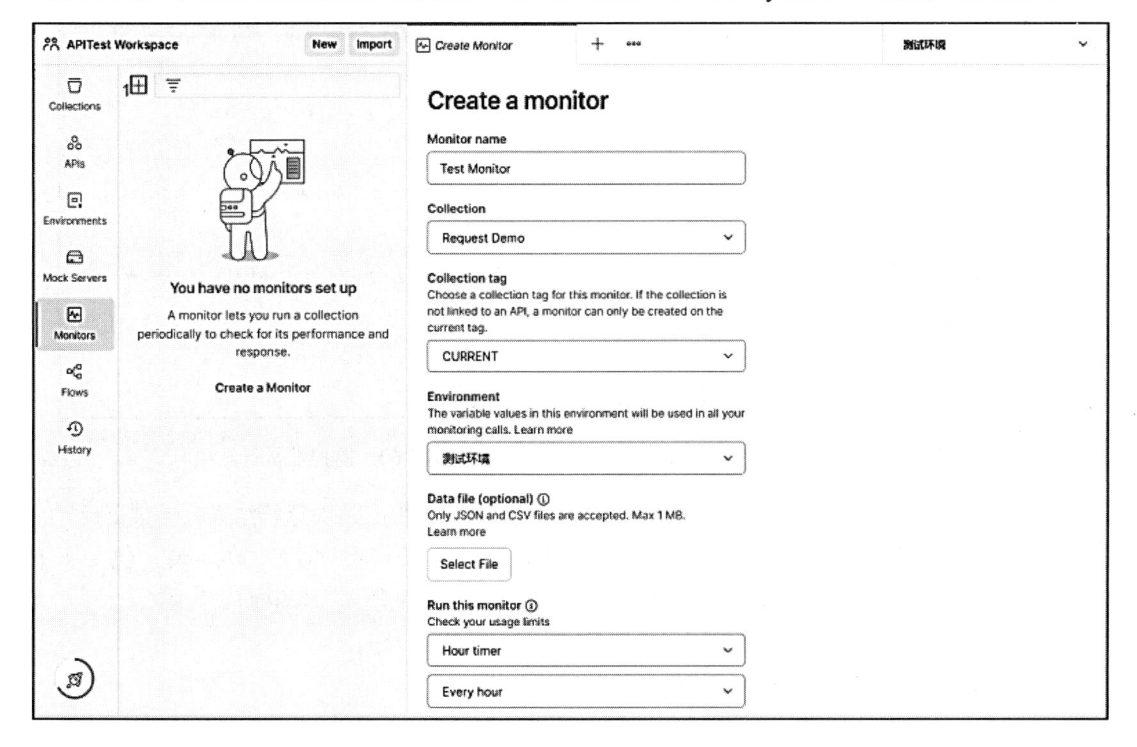

图 5-58　监控器基本设置

步骤 02 监视器其他项设置。其他项下有 9 个字段可以设置，介绍如下：

- Select regions：集合执行时机器的时区，有 Automatically select region 和 Manually select regions 两个选项，默认值为 Automatically select region 自动选择。
- Recieve email notificaions for run failures and errors：集合执行失败或出错后将会邮箱通知。
- Add another recipient email：添加其他收件人，最多可以添加 5 个收件人。
- Stop notifications after 3 consecutive failures：连续失败 3 次后将停止发送邮件通知。
- Retry if run fails：如果运行失败，将会再次尝试运行。
- Set request timeout：设置接口请求超时时间。
- Set delay between requests：设置请求之间的间隔时间。

- Follow redirects：跟踪重定向。
- Disable SSL vaildation：禁止使用 SSL 认证。

Recieve email notificaions for run failures and errors 输入框中添加收件人信息，其他内容保持默认即可，如图 5-59 所示。然后单击【Create Monitor】按钮创建监控。

用户也可以单击监控界面的【Run】按钮（图 5-60 标记处）手动运行。运行结果如图 5-60 所示。

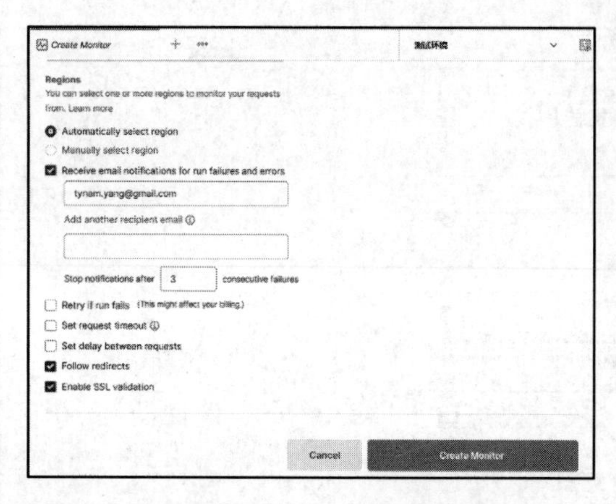

图 5-59 监控器其他项设置

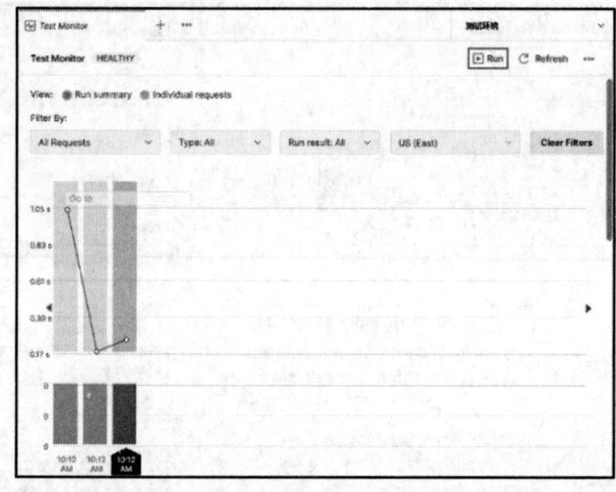

图 5-60 监控器执行结果

步骤03 监视器执行结果。监控创建后，便会每隔一小时运行一次，每次运行结果都会被记录。

步骤04 查看邮件通知。如果集合中请求有运行失败，邮箱将会收到失败结果。例如，在"Request Demo"集合下"Get Request"请求中添加如下断言，使其断言失败。

```
pm.test("Status code is 200", function () {
  pm.response.to.have.status(400);
});
```

进入"Test Monitor"监视器，单击监控界面的【Run】按钮手动执行监视器，可以看到运行结果是失败的，如图 5-61 所示。

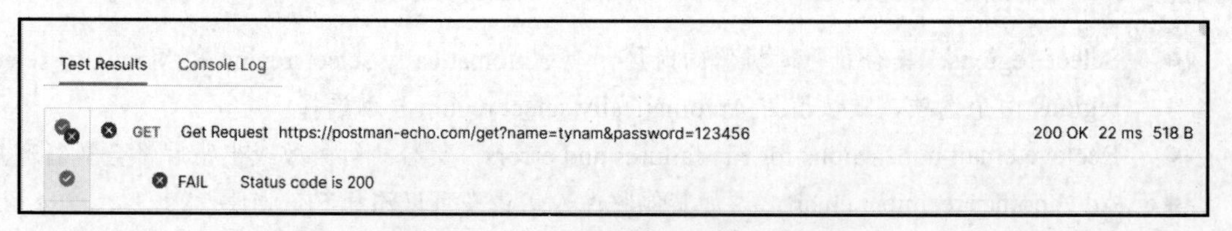

图 5-61 "Get Request"请求失败结果

进入邮箱收件箱查看收到的邮件，如图 5-62 所示。

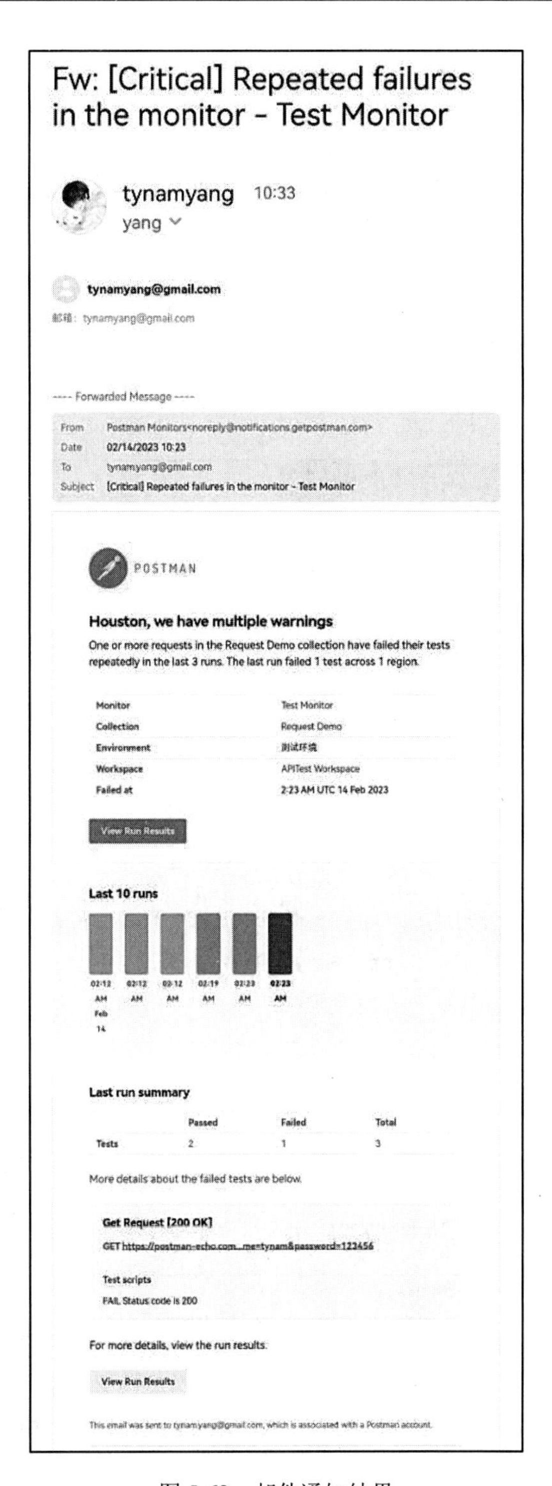
Fw: [Critical] Repeated failures in the monitor - Test Monitor
tynamyang 10:33
yang
tynamyang@gmail.com
邮箱：tynamyang@gmail.com
---- Forwarded Message ----
From Postman Monitors<noreply@notifications.getpostman.com>
Date 02/14/2023 10:23
To tynamyang@gmail.com
Subject [Critical] Repeated failures in the monitor - Test Monitor
POSTMAN
Houston, we have multiple warnings
One or more requests in the Request Demo collection have failed their tests repeatedly in the last 3 runs. The last run failed 1 test across 1 region.
Monitor Test Monitor
Collection Request Demo
Environment 测试环境
Workspace APITest Workspace
Failed at 2:23 AM UTC 14 Feb 2023
View Run Results
Last 10 runs
Last run summary
Passed Failed Total
Tests 2 1 3
More details about the failed tests are below.
Get Request [200 OK]
GET https://postman-echo.com...me=tynam&password=123456
Test scripts
FAIL Status code is 200
For more details, view the run results.
View Run Results
This email was sent to tynamyang@gmail.com, which is associated with a Postman account.

图 5-62　邮件通知结果

5.11 命令行执行集合

命令行执行集合需要借助 Newman 工具，Newman 是 Postman 的命令行集合运行器。Newman 与 Postman 保持功能对等，它能够直接在命令行运行和测试集合，这使得 Postman 可以轻松地与其他 CI/CD 工具集成。下面介绍 Newman 的使用。

步骤 01 下载 Node.js。Newman 是 Postman 推出的一个 Node.js 库，使用 Newman 必须先安装 Node.js。进入 Node.js 下载地址 http://nodejs.cn/download/，根据计算机系统选择正确的安装文件下载，例如笔者使用的是 Windows 64 位系统，就下载 Windows 系统 64 位文件，如图 5-63 所示。

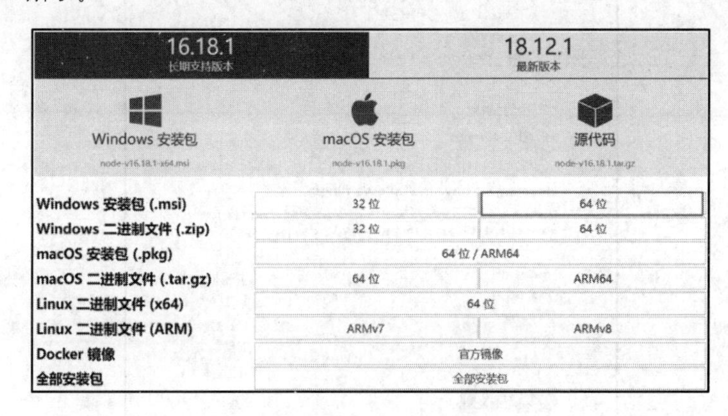

图 5-63 下载 Node.js

步骤 02 安装 Node.js。下载完成后，会得到一个 node-v16.18.1-x64.msi 文件。双击运行安装即可。完成后，在命令行工具中输入 npm -v 可查看 NPM 工具是否安装成功，如图 5-64 所示。NPM 是包含在 Node.js 里的一个包管理工具。

```
C:\Users\tynam>npm -v
9.2.0
```

图 5-64 查看 NPM 版本

步骤 03 安装 Newman。在命令行中输入命令 npm install -g newman 可完成 Newman 的安装。参数 -g 是指在全局环境安装，如图 5-65 所示。

图 5-65 安装 Newman

步骤 04 导出集合。在 Postman 中选择集合"Request Demo"，单击后面的【...】图标，从下拉菜单中单击【Export】弹出导出集合窗口，如图 5-66 所示。然后单击【Export】按钮导出集合，此时会得到"Request Demo.postman_collection.json"文件。

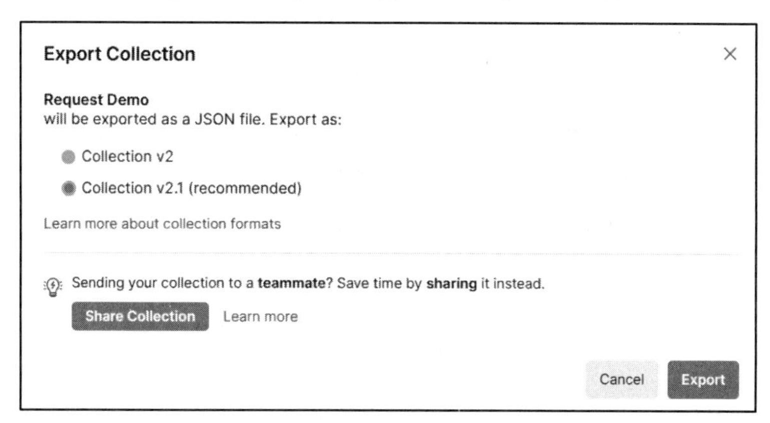

图 5-66　导出集合

步骤 05 导出环境。在 Postman 中选择环境"测试环境"，在环境标题区域单击【...】图标（图 5-67 标记 1 处），从下拉菜单中单击【Export】（图 5-67 标记 2 处）导出环境。此时会得到一个".postman_environment.json"文件。

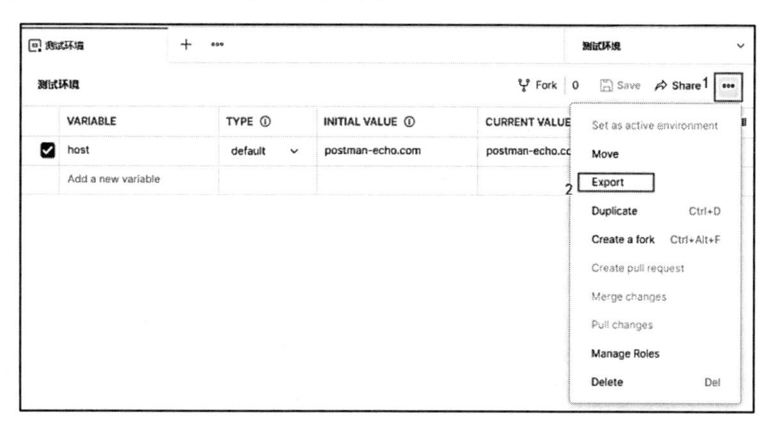

图 5-67　导出环境

步骤 06 Newman 运行集合。Newman 运行集合的命令是 newman run mycollection.json。Newman 也提供了非常丰富的选项参数，常用的参数如下：

- -h 或--help：查找帮助文档。
- -v 或--version：查看 Newman 版本。
- --folder [folderName]：指定要从集合运行的单个文件夹。
- -e 或--environment [file|URL]：指定 Postman 环境文件。

- -d 或--iteration-data [file]：指定测试数据文件。
- -g 或--globals [file]：指定 Postman 全局环境。
- -n 或--iteration-count [number]：定义要运行的迭代次数。
- --delay-request [number]：指定请求之间的延迟（单位：毫秒）。
- --timeout-request [number]：设置请求超时时间（单位：毫秒）。

在命令行中输入命令 newman run Request Demo.postman_collection.json -e "测试环境.postman_environment.json"执行集合“Request Demo”，代码如下：

```
    D:\>newman run "D:\Request Demo.postman_collection.json" -e "D:\测试环境.postman_environment.json"
    newman

    Request Demo

    → Get Request
      GET https://postman-echo.com/get?name=tynam&password=123456 [200 OK, 773B, 1207ms]

    → Variable Test
      GET https://postman-echo.com/get [200 OK, 816B, 234ms]

    → Put Request
      PUT https://postman-echo.com/put [200 OK, 990B, 240ms]

    → Patch Request
      PATCH https://postman-echo.com/patch [200 OK, 994B, 238ms]

    → Delete Request
      DELETE https://postman-echo.com/delete [200 OK, 995B, 239ms]

    → Post form-data Request
      POST https://postman-echo.com/post [200 OK, 1.01kB, 251ms]

    → Post x-www-form-urlencoded Request
      POST https://postman-echo.com/post [200 OK, 999B, 238ms]

    → Post raw-text Request
      POST https://postman-echo.com/post [200 OK, 830B, 241ms]

    → Post raw-json Request
      POST https://postman-echo.com/post [200 OK, 984B, 237ms]
```

```
→ Upload File
  POST https://postman-echo.com/post [200 OK, 251.23kB, 1888ms]

→ Download File
  GET http://httpbin.org/image/jpeg [200 OK, 35.81kB, 1156ms]

→ Hawk Auth Request
  GET https://postman-echo.com/auth/hawk [200 OK, 384B, 235ms]

→ Pre-req Request
  GET https://postman-echo.com/get [200 OK, 820B, 232ms]
  ┌
  │ {
  │   args: {},
  │   headers: {
  │     'x-forwarded-proto': 'https',
  │     'x-forwarded-port': '443',
  │     host: 'postman-echo.com',
  │     'x-amzn-trace-id': 'Root=1-63eb30ed-457e7cce77074829394120
  │ 18',
  │     'user-agent': 'PostmanRuntime/7.29.0',
  │     accept: '*/*',
  │     'cache-control': 'no-cache',
  │     'postman-token': 'cbd232bc-54a1-4215-b97b-7151f67c0554'
  │ 9m,
  │     'accept-encoding': 'gzip, deflate, br',
  │     cookie: 'sails.sid=s%3A8YBYG1xMjP_jIuO2hZJ5xPO3LuyQGbS-.hV
  │ I6kceh%2BQcRHgJVdHXFdH%2FaD60ompLTUw%2FNuezKBoU'
  │   },
  │   url: 'https://postman-echo.com/get'
  │ }
  └
  POST https://postman-echo.com/post [200 OK, 881B, 236ms]

→ Assert Request
  POST https://postman-echo.com/post [200 OK, 881B, 234ms]
  √ 响应状态码是 200 断言
  √ 响应结果中 URL 值正确

┌─────────────────────────┬─────────────────────────┬─────────────────────────┐
│                         │        executed         │         failed          │
├─────────────────────────┼─────────────────────────┼─────────────────────────┤
```

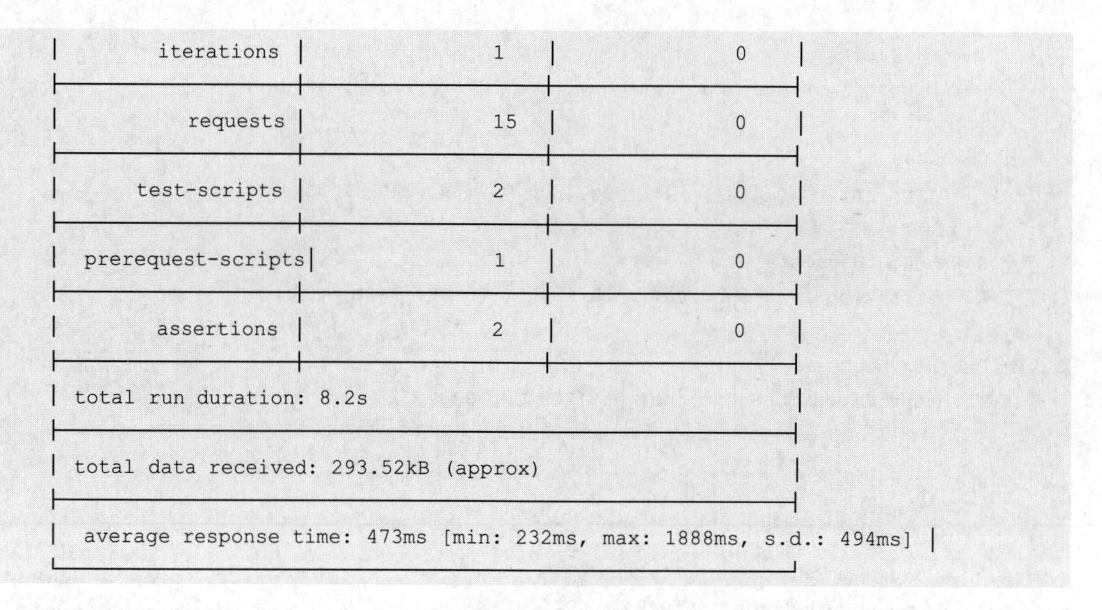

```
│         iterations │           1 │            0 │
├────────────────────┼─────────────┼──────────────┤
│           requests │          15 │            0 │
├────────────────────┼─────────────┼──────────────┤
│       test-scripts │           2 │            0 │
├────────────────────┼─────────────┼──────────────┤
│ prerequest-scripts│           1 │            0 │
├────────────────────┼─────────────┼──────────────┤
│         assertions │           2 │            0 │
├────────────────────┴─────────────┴──────────────┤
│ total run duration: 8.2s                        │
├─────────────────────────────────────────────────┤
│ total data received: 293.52kB (approx)          │
├─────────────────────────────────────────────────┤
│  average response time: 473ms [min: 232ms, max: 1888ms, s.d.: 494ms] │
└─────────────────────────────────────────────────┘
```

从输出结果中可以看到，本次执行集合的迭代次数是 1、请求数量有 15 条、测试脚本有两条、前置脚本有 1 条、总共耗时 8.2s、总接收数据 293.52KB、请求平均响应时间是 73ms，与在 Postman 中执行集合的结果或监控中执行的结果是相同的。

步骤 07 输出测试报告。Newman 支持 cli、json、html、junit 共 4 种格式的报告文件，其中生成 HTML 报告时需要安装 HTML 套件。套件有 newman-reporter-html 和 newman-reporter-htmlextra 两种，newman-reporter-html 是最初的套件，样式简单单一；newman-reporter-htmlextra 是 newman-reporter-html 升级版本，样式丰富多彩。这里我们使用 newman-reporter-htmlextra 套件。

在命令行中执行 npm install -g newman-reporter-htmlextra 安装该套件。

输出报告时需要使用的参数如下：

- -r html, htmlextra,json,junit：指定生成 HTML、JSON、XML 形式的测试报告。
- --reporter-json-export jsonReport.json：生成 JSON 格式的测试报告。
- --reporter-junit-export xmlReport.xml：生成 XML 格式的测试报告。
- --reporter-html-export htmlReport.html：生成 HTML 格式的测试报告。

例如，生成 HTML 报告可以写成 newman run "D:\Request Demo.postman_collection.json" -e "D:\测试环境.postman_environment.json" -r htmlextra。

在命令行工具中输入生成 HTML 报告的命令，命令执行完成后会在当前目录下生成一个 newman 文件夹，newman 文件夹下生成以【集合名-时间】命名的 HTML 文件，例如这里生成的文件就是 Request Demo-2023-02-14-08-01-42-818-0.html，打开后便是集合执行的结果。如图 5-68 所示。

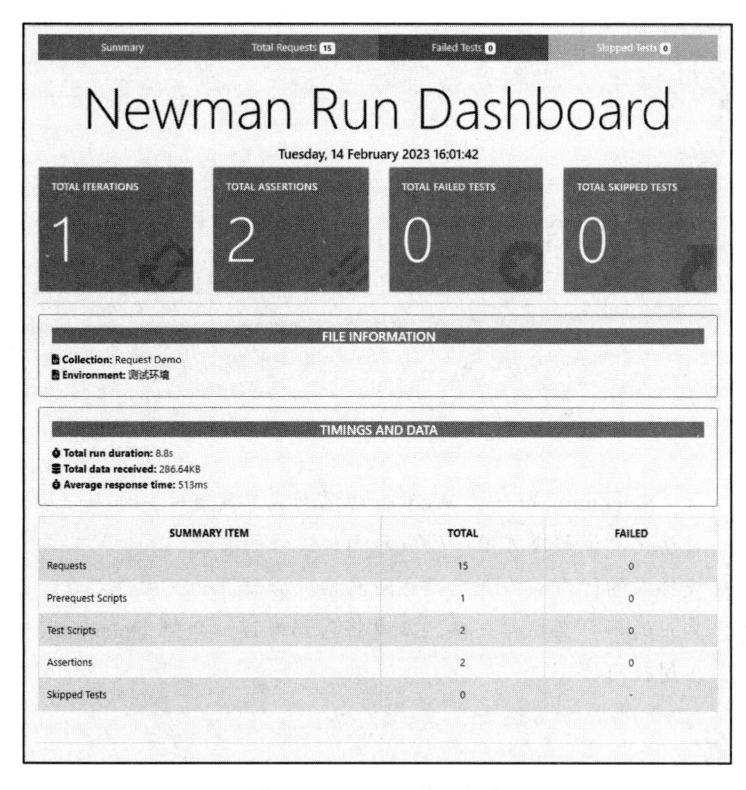

图 5-68　HTML 结果报告

可以看到，HTML 报告以一种更直观、简洁的可视化方式展示了集合运行的结果。

5.12　思　考　题

1. 接口测试中的关联是什么含义？如何使用 Postman 设置关联？
2. 使用 Postman 实现接口测试项目时，其流程是什么样的？
3. Postman 参数化有哪几种方式？
4. Postman 中常见的接口测试断言方法有哪些？
5. 你对 Postman 了解多少？

第6章

Selenium

Selenium 是一个 Web 自动化测试工具套件，作为一个开源免费且易用的自动化测试解决方案，已成为测试工作的首选。我们可以向它传输一定的指令，模拟人的行为操作浏览器访问网站、加载页面、操作对象、断言内容等，就像真正的用户在操作一样。本章将为读者详细介绍 Selenium 在自动化测试中的应用技巧。

6.1 简　介

本节我们先来介绍 Selenium 的版本演进、主要特点和 WebDriver 的工作原理，以使读者对 Selenium 有一个初步的认识。

6.1.1 版本演进

Selenium 是由杰森·哈金斯（Jason Huggins）在 2004 年发起的一个项目，他编写了一个可以与浏览器进行交互的 JavaScript 类库，能让多浏览器自动返回测试结果，从而减少重复性的手工测试工作，该类库便是 Selenium Core，也是 Selenium RC（远程控制）和 Selenium IDE 的核心组件。

从 2006 年开始至今，Selenium 一共发布了 4 个大版本。2006 年，Selenium 1.0 发布，该版本由 Selenium IDE、Selenium Grid 和 Selenium RC 三大核心组件组成。

- Selenium IDE：Selenium IDE 是一个用来开发 Selenium 测试用例的工具，可以嵌入到 Firefox 浏览器中作为插件使用，记录用户在浏览器中的操作并实现回放。
- Selenium Grid：Selenium Grid 非常方便地实现了在多机器、多浏览器上运行测试用例，不同的测试用例可以同时在不同的远程机器上执行，缩短了测试运行的时间。
- Selenium RC：Selenium RC 由 Client Libraries 和 Selenium Server 组成。Client Libraries 库提供了各种编程语言和 Selenium Server 之间的接口，用来编写脚本。Selenium Server

能启动和杀死浏览器进程，解析并运行由测试程序传递过来的 Selenese 命令（Selenium IDE 命令），并且可以是一个 HTTP 代理，拦截和验证浏览器和 AUT（测试中的应用）之间的 HTTP 通信。

同年，为了解决浏览器的同源策略的问题，ThoughtWorks 的另一位程序员 Simon Stewart 开发了一个 Web 自动化测试工具 WebDriver。

WebDriver 的设计理念是将端到端测试与底层具体的测试工具隔离，并采用设计模式 Adapter 适配器来达到目标。WebDriver 针对各个浏览器而开发，提供了一套非常好用的 API，支持更高级的测试工作。

WebDriver 使用浏览器供应商提供的浏览器自动化 API 来控制浏览器和运行测试，从而更加真实地模拟用户操作。有了 WebDriver 的加入，使用 Selenium 工具实现自动化测试变得更加容易了。

2009 年，Webdriver 与 Selenium 合并，构成了 Selenium 2.0。

2016 年，Selenium 工具中去除了 Selenium RC，发布了 Selenium 3.0。由此，Selenium 便由 Selenium IDE、Selenium Grid 和 WebDriver 三大组件组成。

2021 年，发布了一个稳定的版本 Selenium 4.0。添加了一些新特性，用户体验更佳，脚本运行更加稳定。

2023 年 8 月，Selenium 发布了 4.6.0 版本，这也是本书写作时的最新版本。

现在的 Selenium 不仅作为一款强而有力的自动化测试工具被广泛使用，而且还能用于网络爬虫、模拟用户操作浏览器的行为等，是测试人员必备工具之一。

6.1.2 特点

Selenium 备受关注，得益于它的许多特点，也正是这些特点使它成为了测试人员进入 Web 自动化测试的必备技能。主要特点有：

- 开源、免费。
- 支持多平台：Linux、Windows、macOS、Android。
- 支持多浏览器：Chrome、FireFox、IE、Opera、Edge。
- 支持多语言：Java、Python、C#、JavaScript、PHP、Ruby、Perl。
- 一整套操作页面的 API，使用简单。
- 支持分布式用例执行。
- 对页面的良好支持，模拟用户操作。
- 成熟、稳定、丰富的文档。

6.1.3 WebDriver 的工作原理

Selenium 的核心是 WebDriver，这是一个编写指令集的接口，可以在许多浏览器中运行。测试人员使用 Selenium 编写 Web UI 自动化测试脚本时，调用的都是 WebDriver 提供的 API，因此本章的重点也是 WebDriver API。

WebDriver 按照 Server–Client 的经典设计模式设计。Client 就是使用 Selenium 编写的测试脚本，是操作浏览器的一些行为，比如打开浏览器、访问百度。Server 就是 Remote Server，当使用脚本启动浏览器后，该浏览器就是 Remote Server，它会对 Client 发出的请求作出相应的操作。

当测试脚本启动浏览器时，WebDriver 会将启动的浏览器绑定到指定端口，绑定后的浏览器作为 WebDriver 的 Remote Server 存在，客户端便会创建一个 Session。在该 Session 中，每执行一条测试脚本，便会通过 HTTP 协议创建一个 Restful 请求发送给 WebDriver，WebDriver 中有一个 HTTP Server 来接收这些 HTTP 请求；WebDriver 接收到请求后翻译成浏览器能识别的指令发送给浏览器，浏览器执行对应的操作并将执行结果返回给 WebDriver，WebService 再将结果进行处理后返回给测试脚本，如图 6-1 所示。

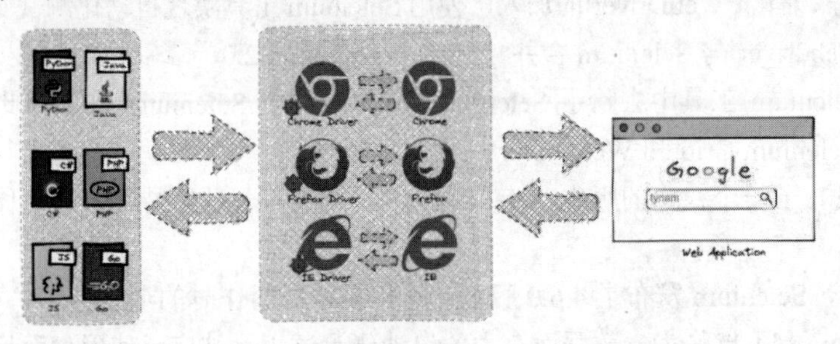

图 6-1　WebDriver 的工作原理

6.2　环境准备

Selenium 工具支持 C#、Java、Python 等多种语言，不同的语言下安装方式也有所不同。本节我们通过 Python 语言介绍 Selenium 的使用，因此安装也在 Python 语言环境下进行。

6.2.1　安装 Selenium

Selenium 是一个第三方库，因此可使用 pip 工具来安装。打开命令行工具，输入命令 pip install selenium，然后按回车键，等待安装完成即可，如图 6-2 所示。

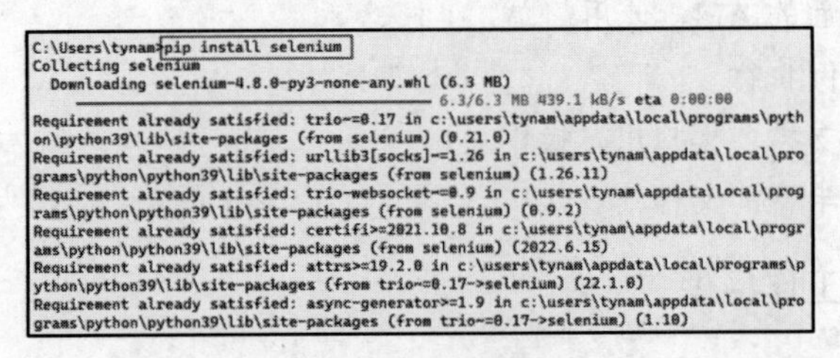

```
C:\Users\tynam>pip install selenium
Collecting selenium
  Downloading selenium-4.8.0-py3-none-any.whl (6.3 MB)
     ---------------------------------------- 6.3/6.3 MB 439.1 kB/s eta 0:00:00
Requirement already satisfied: trio~=0.17 in c:\users\tynam\appdata\local\programs\pyth
on\python39\lib\site-packages (from selenium) (0.21.0)
Requirement already satisfied: urllib3[socks]~=1.26 in c:\users\tynam\appdata\local\pro
grams\python\python39\lib\site-packages (from selenium) (1.26.11)
Requirement already satisfied: trio-websocket~=0.9 in c:\users\tynam\appdata\local\prog
rams\python\python39\lib\site-packages (from selenium) (0.9.2)
Requirement already satisfied: certifi>=2021.10.8 in c:\users\tynam\appdata\local\progr
ams\python\python39\lib\site-packages (from selenium) (2022.6.15)
Requirement already satisfied: attrs>=19.2.0 in c:\users\tynam\appdata\local\programs\p
ython\python39\lib\site-packages (from trio~=0.17->selenium) (22.1.0)
Requirement already satisfied: async-generator>=1.9 in c:\users\tynam\appdata\local\pro
grams\python\python39\lib\site-packages (from trio~=0.17->selenium) (1.10)
```

图 6-2　安装 Selenium

安装完成后，可通过命令 pip show selenium 查看 Selenium 库的信息，验证是否安装成功，如

图 6-3 所示。从图中可以看到，Selenium 的版本信息是 4.1.2。

```
C:\Users\tynam>pip show selenium
Name: selenium
Version: 4.1.2
Summary:
Home-page: https://www.selenium.dev
Author:
Author-email:
License: Apache 2.0
Location: c:\users\tynam\appdata\local\programs\python\python39\lib\site-packages
Requires: trio, trio-websocket, urllib3
Required-by:
```

图 6-3　查看 Selenium 库的信息

6.2.2　安装浏览器驱动

在 WebDriver 的工作原理中提到，编写的测试脚本需要先发送给 WebDriver，WebDriver 翻译成浏览器可识别的指令再发送给浏览器。每种浏览器都有着自己的 WebDriver，例如 Chrome 浏览器对应的就是 Chrome Driver、Firefox 浏览器对应的就是 Firefox Driver。这里以 Chrome 浏览器为例，介绍如何安装 Chrome Driver。

步骤 01 查看自己 Chrome 浏览器的版本信息。Chrome 浏览器中访问 chrome://settings/help 即可看到版本信息。如图 6-4 所示，显示的版本就是 99.0.4844.51。

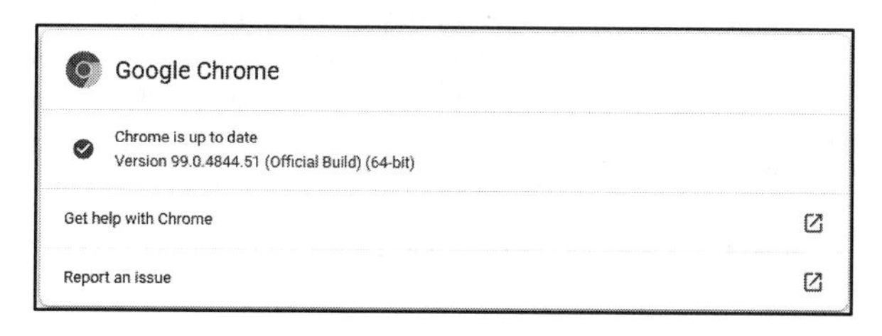

图 6-4　Chrome 版本信息

步骤 02 进入 Chrome Driver 下载网站（http://chromedriver.storage.googleapis.com/index.html），如果不能打开则访问淘宝镜像网站（http://npm.taobao.org/mirrors/chromedriver/）。找到与浏览器版本对应的目录，如图 6-5 标记处就是 Chrome 99.0.4844.51 对应版本的驱动的目录。

图 6-5　Chrome 版本对应的驱动

步骤 03 进入与 Chrome 版本对应的驱动的目录，然后根据计算机操作系统下载对应的 Chrome Driver，例如在 Windows 系统上使用就下载 chromedriver_win32.zip，如图 6-6 所示。

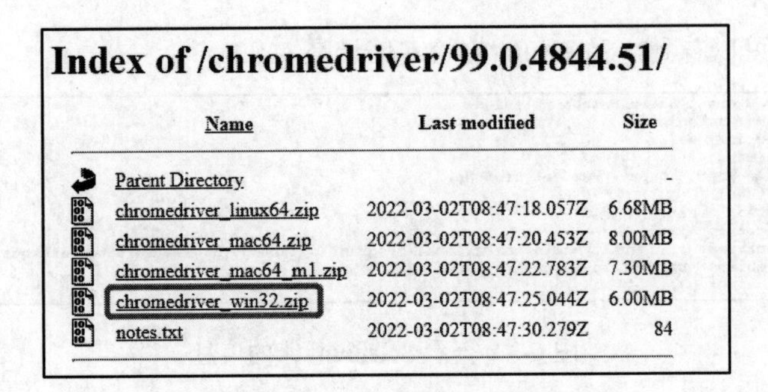

图 6-6 下载浏览器驱动

步骤 04 下载完成后解压，会得到一个 chromedriver.exe 的文件，将其移动到 Python 程序的根目录下，即移动到 python.exe 程序所在的文件夹下，如图 6-7 所示。也可以对 chromedriver.exe 配置环境变量，最终目的是 Python 在调用 chromedriver.exe 时可以找到。

« Programs › Python › Python39 › Search Python39

Name	Date modified	Type	Size
NEWS.txt	8/30/2021 8:37 PM	Text Document	1,061 KB
python.exe	8/30/2021 8:36 PM	Application	100 KB
python3.dll	8/30/2021 8:36 PM	Application exten...	59 KB
python39.dll	8/30/2021 8:36 PM	Application exten...	4,384 KB
pythonw.exe	8/30/2021 8:36 PM	Application	98 KB
vcruntime140.dll	8/30/2021 8:37 PM	Application exten...	95 KB
vcruntime140_1.dll	8/30/2021 8:37 PM	Application exten...	37 KB
chromedriver.exe	3/5/2022 7:57 PM	Application	11,607 KB

图 6-7 ChromeDriver 移动到 Python 的根目录

6.2.3 第一个示例

环境安装完成后，下面我们编写一个简单的 Selenium 应用示例。

示例功能：通过代码启动浏览器，接着访问 EasyUI 网站（http://www.jeasyui.com/index.php），然后单击 Demo 菜单进入 Demo 页面，等待 10 秒时间后关闭浏览器。

编写的代码如下：

```
# chapter6\selenium_demo.py
import time
from selenium import webdriver
from selenium.webdriver.common.by import By


driver = webdriver.Chrome()  #启动一个 Chrome 浏览器
driver.get("http://www.jeasyui.com/index.php")  #访问 EasyUI 网站

time.sleep(1)  #等待 1s，等待网页加载完成
demo_nav = driver.find_element(By.LINK_TEXT, 'Demo')  #查找链接文本是 Demo 的元素，即导航栏中的 Demo 菜单
```

```
demo_nav.click()  #单击导航栏中的 Demo 菜单

time.sleep(10)  #等待 10s，查看 EasyUI Demo 页面内容
driver.quit()  #关闭浏览器
```

运行 Python 脚本后，可以依次看到启动了 Chrome 浏览器并访问了 EasyUI 网站，然后单击了导航栏中的 Demo 菜单，网页进入了 EasyUI Demo 页面，稍微停顿了一会，浏览器关闭了。

代码中有详细注解，读者可从中了解到 Selenium 的魅力。

6.3　浏览器操作

Selenium 是 Web 页面自动化测试的一个工具，自然也提供了许多操作浏览器的方法，例如初始化浏览器对象、访问页面、设置浏览器大小、刷新页面和前进/后退等基础操作。本节将详细介绍 Selenium 操作浏览器的一些功能。

1. 初始化浏览器对象

在 6.2.3 节示例中已经使用过 webdriver.Chrome()，这就是初始化一个 Chrome 浏览器对象，执行该语句便会发送指令给 Chrome 浏览器驱动打开 Chrome 浏览器。

初始化浏览器对象时，会先发送指令给浏览器驱动，例如执行 webdriver.Chrome()语句。因此，要找到该浏览器驱动程序，在 6.2.2 节环境准备中我们已经将下载的 Chrome 浏览器驱动放在与 Python 程序同一个目录下，Python 运行时就会在自己当前的目录中查找浏览器驱动程序。如果未进行以上操作，在初始化浏览器对象时需要指定浏览器驱动程序，例如初始化 Chrome 浏览器对象，可编写如下代码：

```
from selenium import webdriver
from selenium.webdriver.chrome.service import Service

service = Service(executable_path= r'D:\yang\chromedriver.exe')
driver = webdriver.Chrome(service=service)
```

Selenium 支持多个浏览器，例如 Edge、Firefox、IE、Opera、Safari 等，使用方法都是相同的。

2. 访问页面

访问页面使用的是 get()方法，在方法中传入目标 URL 地址即可，示例代码如下：

```
driver =webdriver.Chrome()
# 访问 EasyUI 网站首页
driver.get("http://www.jeasyui.com/index.php")
```

3. 设置浏览器大小

Selenium 启动浏览器后，默认的浏览器大小为宽 400 像素，高 580 像素。可通过

maximize_window()方法最大化浏览器，即占据整个屏幕，也可使用 set_window_size(width, height)方法自定义浏览器的宽和高。例如需要在 1280×768 像素下测试，那么就可以编写如下代码：

```
driver = webdriver.Chrome()
# 设置浏览器的大小为 1280 x 768
driver.set_window_size(1280, 768)
```

4. 设置浏览器位置

使用 set_window_position(x, y)方法设置浏览器的位置。参数 x 表示浏览器左上角距屏幕左上角的横坐标，参数 y 表示浏览器左上角距屏幕左上角的纵坐标。示例代码如下：

```
driver = webdriver.Chrome()
driver.set_window_position(100, 100)
```

也可以使用 set_window_rect(x, y, width, height)方法，同时设置浏览器的位置和大小。示例代码如下：

```
driver = webdriver.Chrome()
driver.set_window_rect(100, 100, 1280, 768)
```

5. 刷新页面

使用 refresh()方法可对当前页面进行刷新，获取最新的数据。示例代码如下：

```
driver = webdriver.Chrome()
driver.refresh()
```

6. 浏览器后退

使用 back()方法可操作浏览器后退一步。示例代码如下：

```
driver = webdriver.Chrome()
driver.get("http://www.jeasyui.com/index.php ")
# 操作浏览器后退一步
driver.back()
```

7. 浏览器前进

使用 forward()方法可操作浏览器前进一步。示例代码如下：

```
driver = webdriver.Chrome()
driver.get("http://www.jeasyui.com/index.php ")
# 操作浏览器后退一步
driver.back()
# 操作浏览器前进一步
driver.forward()
```

8. 浏览器关闭

使用 close()方法可关闭浏览器的当前标签页（Tab）。如果在浏览器中打开了多个标签页，使用 close()只会关闭当前标签页；如果浏览器中只打开了一个标签页，使用 close()方法则会关闭浏览器。示例代码如下：

```
driver = webdriver.Chrome()
driver.close()
```

9. 结束浏览器进程

使用 quit()方法可关闭浏览器并且结束进程。示例代码如下：

```
driver = webdriver.Chrome()
driver.quit()
```

10. 获取浏览器版本号

使用 capabilities['browserVersion']可获取浏览器版本号。示例代码如下：

```
driver = webdriver.Chrome()
version = driver.capabilities['browserVersion']
print(version)
```

运行上述代码后，在控制台上输出了内容“99.0.4844.51”。

11. 滚动条操作

操作元素需要使元素出现在浏览器的可见视野中，有时候因为内容太多某些元素不在可视区域内，这时浏览器会出现滚动条，需要滑动滚动条使元素出现才能对其操作。操作滚动条需要借助 JavaScript 完成，流动条常见的 4 种场景如下：

- 滚动条移动到页面顶部：execute_script("window.scrollTo(document.body.scrollHeight,0)")。
- 滚动条移动到页面底部：execute_script("window.scrollTo(0,document.body.scrollHeight)")。
- 移动到使元素顶部与窗口的顶部对齐位置：execute_script("arguments[0].scrollIntoView();", element)。
- 移动到使元素底部与窗口的底部对齐位置：execute_script("arguments[0].scrollIntoView(false);" , element)。

例如，访问 EasyUI Demo 页面（http://www.jeasyui.com/demo/main/index.php），使页面最下方的版权信息（Copyright © 2010-2023 www.jeasyui.com）显示在浏览器可视区域，并且与窗口的底部对齐。EasyUI Demo 页面中的版权信息元素代码如下：

```
<div id="footer">
    <div class="units-row text-centered">Copyright © 2010-2023
www.jeasyui.com</div>
```

```
</div>
```

使用 Selenium 实现滚动条操作的代码如下：

```
# chapter6\operate_scrollbar.py
import time
from selenium import webdriver
from selenium.webdriver.common.by import By


driver = webdriver.Chrome()
driver.get("http://www.jeasyui.com/index.php")
time.sleep(1)

# 定位元素版本信息元素
element = driver.find_element(By.CSS_SELECTOR, '#footer div')
# 移动滚动条，使元素底部与窗口的底部对齐位置
driver.execute_script("arguments[0].scrollIntoView(false);", element)

time.sleep(10)
driver.quit()
```

运行脚本可以看到浏览器运行后访问了 EasyUI Demo 页面，然后版权信息（Copyright © 2010-2023 www.jeasyui.com）显示在可视区域，且与窗口底部对齐。

12. 打开新窗口

打开新窗口是 Selenium 4.0 的一个新特性，语法是 switch_to.new_window('window')。示例代码如下：

```
driver = webdriver.Chrome()
driver.switch_to.new_window('window')
```

运行上述代码后，启动一个浏览器，随之又打开了一个新的窗口。

Chrome 浏览器中手动打开一个新窗口的操作步骤是：单击右上角的三个点（⋮）菜单，选择菜单栏下的【打开新的窗口】（快捷键是 Ctrl+N）即可打开一个新的窗口。

13. 打开新标签页

打开新标签页和打开新窗口一样都是 Selenium 4.0 的新特性，语法是 switch_to.new_window('tab')。示例代码如下：

```
driver = webdriver.Chrome()
driver.switch_to.new_window('tab')
```

运行上述代码后，启动一个浏览器，随之浏览器又打开了一个新的标签页。

在 Chrome 浏览器中手动打开一个新标签页的操作是：单击右上角的三个点（⋮）菜单，选

择菜单栏下的【打开新的标签页】（快捷键是 Ctrl+T）即可打开一个新的标签页。

14. 切换浏览器标签页

在网页操作中，有时候会单击一个元素打开一个新的标签页，而 WebDriver 记录的还是操作的标签页。如果需要在打开的新标签页中操作元素，则需要切换标签页进入待操作的标签页。Selenium 提供了 switch_to.window(handle)方法切换浏览器标签页，参数 handle 为标签页句柄，可通过下面的两个方法获取标签页句柄：

- current_window_handle：获得当前标签页句柄。
- window_handles：获取所有的标签页句柄。

例如，启动一个 Chrome 浏览器并访问 EasyUI 网站，然后通过 JS 打开一个新标签页，在新的标签页访问 EasyUI Demo 网站。代码实现如下：

```
# chapter6\switch_tab.py
import time
from selenium import webdriver


driver = webdriver.Chrome()
driver.get("http://www.jeasyui.com/index.php")
time.sleep(1)

# 获取当前窗口句柄
current_handle = driver.current_window_handle

# 使用 JavaScript 语句 window.open() 打开一个新的窗口
driver.execute_script('window.open()')

# 获取所有窗口句柄
handles = driver.window_handles
# 窗口切换
for handle in handles:
   if handle != current_handle:
      driver.switch_to.window(handle)

driver.get("https://www.jeasyui.com/demo/main/index.php")

time.sleep(10)
driver.quit()
```

运行上述脚本，可看到启动 Chrome 浏览器后会访问 EasyUI 网站，然后打开了一个新的标签页，并且访问了 EasyUI Demo 网站。

15. 浏览器弹窗操作

浏览器弹窗有 alert、confirm 和 prompt 三种形式，它们属于浏览器层结构，不能通过页面元素定位操作。Selenium 操作浏览器弹窗时，需要通过 switch_to.alert()方法先切换进弹窗，然后使用 accept()、dismiss()、text、send_keys(keysToSend)方法进行相关操作。

- accept()：接受弹窗信息。
- dismiss()：取消弹窗。
- text：获取弹窗中的文本内容。
- send_keys(keysToSend)：发送内容，对有提交需求的 prompt 提示消息框。

例如，启动一个 Chrome 浏览器，通过 JavaScript 生成一个浏览器弹窗，然后切换到弹窗获取弹窗中的文本内容并打印，最后弹窗消失。代码实现如下：

```
# chapter6\operate_alert.py
import time
from selenium import webdriver


driver = webdriver.Chrome()
# JavaScript 语句，生成一个浏览器弹窗
js = 'alert("浏览器弹窗操作测试");'
driver.execute_script(js)
time.sleep(1)

# 切换进 alert 弹窗
alert = driver.switch_to.alert
# 打印 alert 弹窗中的文本内容
print("alert 弹窗中的文本内容是：{}".format(alert.text))
# 接受弹窗信息
alert.accept()

time.sleep(10)
driver.quit()
```

运行上述脚本后，会观察到启动 Chrome 浏览器，然后弹出了一个窗口（见图 6-8），最后弹窗消失。与此同时，控制台上打印出了“alert 弹窗中的文本内容是：浏览器弹窗操作测试”内容。

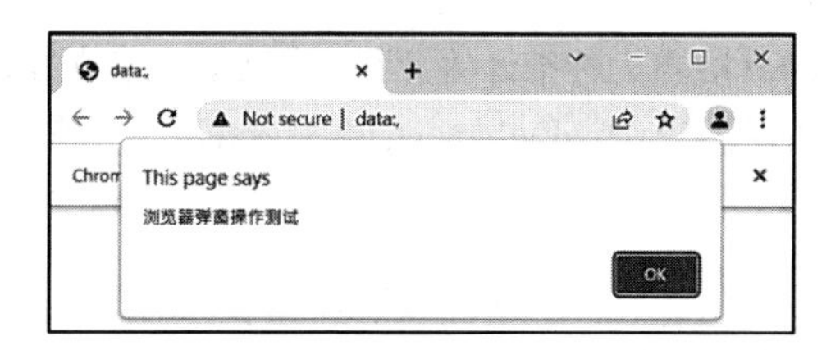

图 6-8　alert 弹窗

6.4　页面元素定位

元素定位是 Selenium 非常重要的一个功能。只有在页面中找到需要的元素，就能去操作它，比如输入内容或单击。Selenium 提供了 By.ID、By.NAME、By.CLASS_NAME、By.TAG_NAME、By.LINK_TEXT、By.PARTIAL_LINK_TEXT、By.XPATH 和 By.CSS_SELECTOR 8 种基本元素定位方式，同时，可使用 find_element(By, value) 方法查找元素。Selenium 3.0 还提供了 find_element_by_* 指令的方式查找元素，但在 Selenium 4.0 中已经弃用，不过，在 Selenium 4.0 中还可以继续使用 find_element_by_* 指令查找元素。例如，下述代码是使用 find_element_by_id() 方法，通过 id 查找元素：

```
def find_element_by_id(self, id_) -> WebElement:
    """Finds an element by id.

    :Args:
     - id\\_ - The id of the element to be found.

    :Returns:
     - WebElement - the element if it was found

    :Raises:
     - NoSuchElementException - if the element wasn't found

    :Usage:
        ::

            element = driver.find_element_by_id('foo')
    """
    warnings.warn(
        "find_element_by_* commands are deprecated. Please use find_element()
instead",
        DeprecationWarning,
        stacklevel=2,
    )
    return self.find_element(by=By.ID, value=id_)
```

本书以最新的 Selenium 4.0 版本为标准，因此只介绍 By.* 定位方式。在 Selenium 4.0 版本之前，find_element_by_* 指令的用法与 find_element(By.*, value)方法是一致的，表 6-1 列出了两者的用法，掌握 find_element(By.*, value)的用法后， find_element_by_*(value)用法也可完全掌握。

表6-1 元素定位表

定位方式	By.* 定位	find_element_by_* 定位
id 定位	find_element(By.ID,value)	find_element_by_id(value)
name 定位	find_element(By.NAME,value)	find_element_by_name(value)
class 定位	find_element(By.CLASS_NAME,value)	find_element_by_class_name(value)
tag 定位	find_element(By.TAG_NAME,value)	find_element_by_tag_name(value)
link 定位	find_element(By.LINK_TEXT,value)	find_element_by_link_text(value)
partial link 定位	find_element(By.PARTIAL_LINK_TEXT,value)	find_element_by_partial_link_text(value)
css 定位	find_element(By.CSS_SELECTOR,value)	find_element_by_css_selector(value)
xpath 定位	find_element(By.XPATH,value)	find_element_by_xpath(value)

了解了 8 种基本定位方式，下面详细说明 8 种定位方式的使用。

6.4.1 页面查找元素

Selenium 操作页面元素可以分为两个步骤，先是在页面查找元素，找到后再进行操作。本小节介绍如何在页面确认查找的元素就是预期的元素，快速确认页面元素的唯一性，能够提高脚本开发效率。

步骤 01 打开网页源码。以在 Chrome 浏览器中操作为例，鼠标右键在页面任意位置单击→选择【Inspect】即可打开浏览器开发者工具，如图 6-9 所示。也可使用快捷键 F12。

步骤 02 单击【元素选择器】图标（图 6-10 标记处），将鼠标移动到需要定位的元素上，元素会以灰色背景显示，在开发者工具 Elements 下可以看到选中元素对应的代码，如此便可非常直观地看到元素与对应节点代码。如图 6-10 所示，就是将鼠标移动到 EasyUI 网站的 Demo 菜单上。

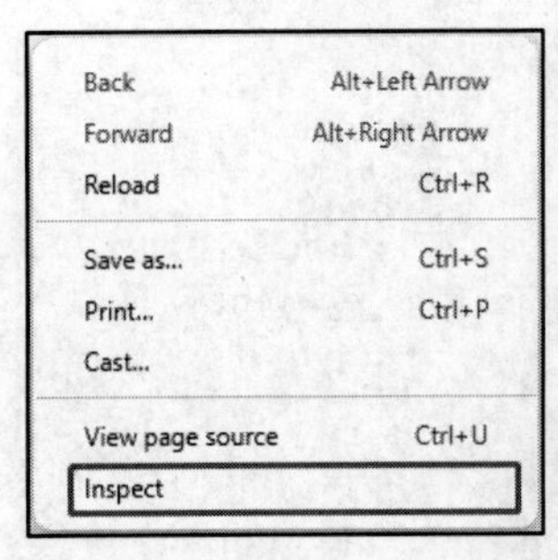

图 6-9 打开浏览器开发者工具

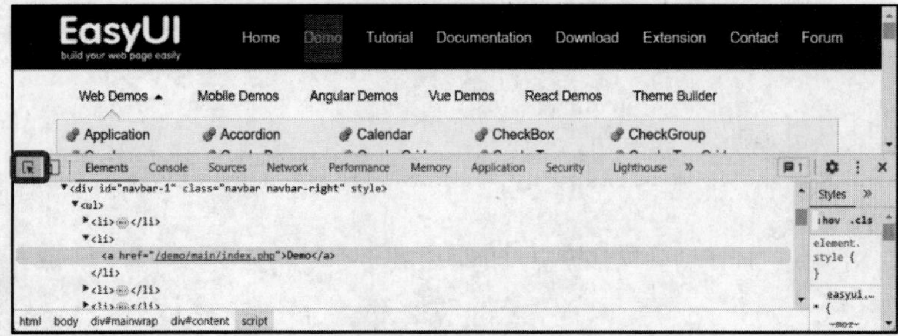

图 6-10 查看元素属性

步骤 03 鼠标在浏览器开发者工具的任意空白位置单击，使焦点移动到工具上，然后通过快捷键 Ctrl+F 调出搜索输入框。在搜索输入框中输入需要元素的定位字符串，观察输入框后面的数字，或者单击输入框后面的上下箭头，观察查找到的内容，从而确定输入的元素定位字符串是否符合预期。如图 6-11 所示，就是查找 id="footer"的元素。

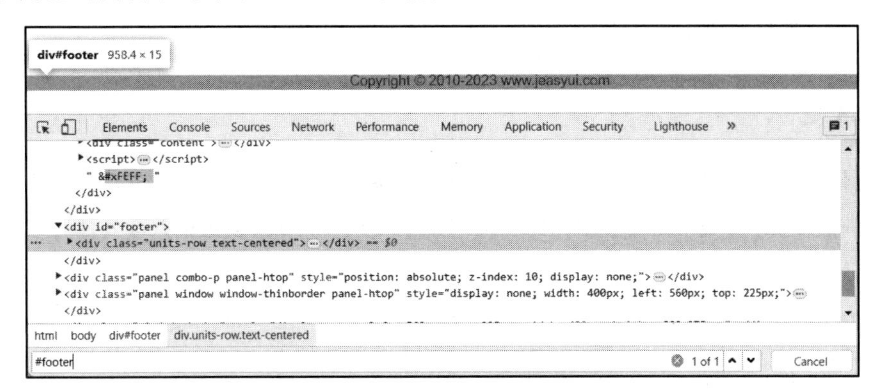

图 6-11　id="footer"的元素

提示　#footer 是 CSS 表达式，表示 id="footer"。在后面 6.4.8 节会有详细的讲解。

6.4.2　id 定位

id 定位是通过元素的 id 属性进行定位，id 具有唯一性，所以也是最直接、最简单的一种定位方式。例如，定位 EasyUI Demo 网页中 RTL 复选框元素，对应的 HTML 代码如下：

```
<input id="ck-rtl" type="checkbox" onclick="open2();event.stopPropagation();">
```

节点中有一个 id 属性，值为 ck-rtl。因此使用 id 定位元素可写成：

```
# chapter6\selenium_find_element.py

driver.get("https://www.jeasyui.com/demo/main/index.php")
# 使用 id 定位 RTL 复选框
rtl_checkbox = driver.find_element(By.ID, 'ck-rtl')
```

注意　如果元素的 id 属性值是动态的，则尽量不要使用 id 定位。

6.4.3　name 定位

name 定位是通过元素的 name 属性进行定位。例如，定位 EasyUI Demo 网页 Form 组件中 Email 输入框元素，对应的 HTML 代码如下：

```
<input class="easyui-textbox" name="email" style="width:100%" data-
options="label:'Email:',required:true,validType:'email'">
```

节点中有一个 name 属性，值为 email。因此使用 name 定位元素可写成：

```
# chapter6\selenium_find_element.py

driver.get("https://www.jeasyui.com/demo/main/index.php?plugin=Form")
# 使用 name 定位 Email 输入框
email_input = driver.find_element(By.NAME, 'email')
```

6.4.4 class 定位

class 定位是通过元素的 class 属性进行定位。class 属性的值可能有多个，定位字符串中只需要写一个值即可。例如，定位 EasyUI Demo 网页 Form 组件中 Language 语言选择下拉框元素，对应的 HTML 代码如下：

```
<select class="easyui-combobox" name="language" label="Language"
style="width:100%">
    <option value="ar">Arabic</option>
    <option value="bg">Bulgarian</option>
</select>
```

节点中有一个 class 属性，值为 easyui-combobox。因此，使用 class 定位元素可写成：

```
# chapter6\selenium_find_element.py

driver.get("https://www.jeasyui.com/demo/main/index.php?plugin=Form")
# 使用 class 定位语言选择下拉框
language_combox = driver.find_element(By.CLASS_NAME, 'easyui-combobox')
```

6.4.5 tag 定位

tag 定位是通过元素的 tag 名进行定位。tag 指的是 HTML 中标签名。例如，定位 EasyUI Demo 网页 Form 组件中的 Form 区域，对应 HTML 代码如下：

```
<form id="ff" method="post">
<!–省略其他内容 -->
</form>
```

Form 区域节点的 HTML 标签是 form，因此使用 tag 定位元素可写成：

```
# chapter6\selenium_find_element.py

driver.get("https://www.jeasyui.com/demo/main/index.php?plugin=Form")
# 使用 tag 定位 Form 区域
form_location = driver.find_element(By.TAG_NAME, 'form')
```

6.4.6 link 定位

link 定位是通过元素的链接文本进行定位。例如，定位 EasyUI 网页导航栏中 Demo 菜单元素，对应 HTML 代码如下：

```
<a href="/demo/main/index.php">Demo</a>
```

EasyUI 网页导航栏中 Demo 菜单元素是一个 a 链接标签，a 链接标签下的文本内容是“Demo”，因此使用 link 定位元素可写成：

```
# chapter6\selenium_find_element.py


driver.get("https://www.jeasyui.com/demo/main/index.php")
# 使用 link 定位导航栏中 Demo 菜单
demo_link = driver.find_element(By.LINK_TEXT, 'Demo')
```

6.4.7 partial link 定位

partial link 定位与 link 定位的使用基本相同，只不过 link 定位时需要给出链接的全部文本内容，而 partial link 定位则只需要给出部分文本内容。

例如，定位 EasyUI 网页导航栏中 Demo 菜单元素，使用 link 定位就需要给出“Demo”文本，而使用 partial link 定位给出“Dem”文本即可，因此使用 partial link 定位元素可写成如下代码：

```
# chapter6\selenium_find_element.py

# 使用 partial link 定位导航栏中 Demo 菜单
demo_link = driver.find_element(By.PARTIAL_LINK_TEXT, 'Dem')
```

6.4.8 css 定位

css 定位也叫 css 选择器定位，可以通过元素的各种属性组合进行定位，非常灵活。有兴趣的读者可以在 w3school 网站学习 CSS（Cascading Style Sheets）语言，学习地址是 https://www.w3school.com.cn/css/css_selector_type.asp。其元素获取方式与 Selenium 中 css 定位的写法是一致的。

例如，定位 EasyUI 网页 LOGO 元素，对应的 HTML 代码如下：

```
<div id="elogo" class="navbar navbar-left"><ul><li>
    <a href="/index.php"><img src="/images/logo2.png" alt="jQuery EasyUI"></a>
</li></ul></div>
```

使用 css 定位，利用元素的各种属性可以写成#elogo、.navbar-left、[id='elogo']、div[id='elogo'] 等多种形式。通过 Selenium 实现定位 EasyUI 网页 LOGO 元素便可编写如下代码：

```
# chapter6\selenium_find_element.py
```

```
# 使用 css 定位 LOGO 元素
logo = driver.find_element(By.CSS_SELECTOR, '#elogo')
```

css 定位方法非常实用，表 6-2 列出了一些常用的 css 定位写法。

表6-2 css常见定位语法

选 择 器	说 明
*	通配符，选择所有的元素
#id	通过 id 选择
.class	通过 class 选择
tag	通过标签选择
element1,element2	选择 element1 和 element2
element1 element2	选择 element1 节点下的 element2
element1>element2	选择父元素是 element1 的 element2
element1+element2	选择与 element1 同级且之后的第一个 element2
[attribute]	选择带有 attribute 属性的元素
[attribute=value]	选择属性 attribute=value 的元素
:first-child	选择第一个子元素
:last-child	选择最后一个子元素
:nth-child(n)	选择第 n 个元素
element1~element2	选择 element1 之后的 element2
[attribute^=value]	选择属性 attribute 的值以 value 开头的元素
[attribute$=value]	选择属性 attribute 的值以 value 结尾的元素
[attribute*=value]	选择属性 attribute 的值中包含 value 的元素
element:not(s)	选择不包含 s 内容的 element 元素

6.4.9 xpath 定位

xpath 定位是使用 XPath 语言选择元素。XPath 语言是一门在 XML 文档中查找信息的语言，可用来在 XML 文档中对元素和属性进行遍历。读者可在 w3school 网站学习 XPath 语言，学习网址是 http://www.w3school.com.cn/xpath/index.asp。

xpath 定位也叫轴定位，选取节点是沿着路径来获取的。在使用前，先来了解一下 XPath 语言中的几种路径表达式，如表 6-3 所示。

表6-3　XPath常见路径表达式

表 达 式	说　明
/	从根节点选取
//	从文档的任意节点选择匹配，而不考虑它们的位置
.	选取当前节点
..	选择当前节点的父节点
@	选择属性
nodename	选取此节点的所有子节点
*	通配符，选取任何属性节点

下面通过几个示例详细介绍 XPath 语言的使用。

如图 6-12 所示，是 EasyUI 网站的 LOGO 图片元素节点在 HTML 中的位置及属性信息。

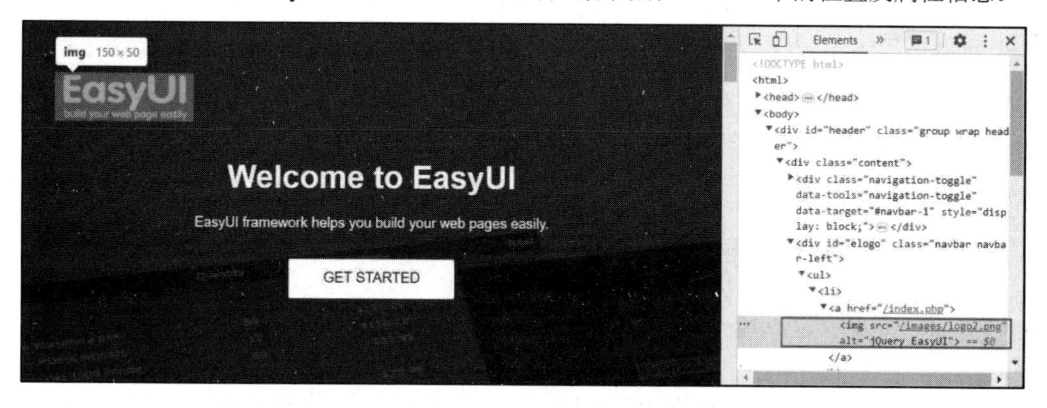

图 6-12　LOGO 图片元素节点在 HTML 中的位置及属性信息

以下示例是通过不同的 XPath 表达式选取 EasyUI 网站中 LOGO 图片元素。

1. 绝对定位

绝对定位是从网页起始标签一直到预期元素的节点标签路径。例如 LOGO 图片元素从起始位置开始到其节点路径是/html/body/div[1]/div/div[2]/ul/li/a/img。通过 Selenium 实现定位可使用如下代码：

```
driver.find_element(By.XPATH, '/html/body/div[1]/div/div[2]/ul/li/a/img')
```

提示　在实际自动化脚本开发中，很少使用绝对路径定位，因为中间有任何元素的变动，都有可能影响该表达式，导致定位失败。

2. 相对定位

相对定位是从离被定位元素最近的几个节点开始，页面元素变动对其影响很小。例如 LOGO

图片元素从 id="elogo"节点开始定位，路径表达式就可写成//*[@id="elogo"]/ul/li/a/img。通过 Selenium 实现定位可使用如下代码：

```
driver.find_element(By.XPATH, '//*[@id="elogo"]/ul/li/a/img')
```

3. 索引定位

索引定位是通过元素在父节点的索引值进行定位，初始值为 1，如果不写索引默认值也为 1。例如，相对定位中的表达式//*[@id="elogo"]/ul/li/a/img 也可写成//*[@id="elogo"]/ul/li/a/img[1]。

4. 属性定位

通过元素的属性进行定位。例如，LOGO 图片元素中有一个 alt 属性，则表达式可写成//img[@alt]，通过 Selenium 实现定位可使用如下代码：

```
driver.find_element(By.XPATH, '//img[@alt]')
```

5. 属性值定位

通过元素中属性值定位元素，比属性定位更加精准。例如，LOGO 图片元素中有 alt='jQuery EasyUI'属性，则表达式可写成//img[@alt='jQuery EasyUI']。

属性值定位中还可以结合以下的 starts-with、ends-with、contains 等关键字使用：

- starts-with：例如//img[starts-with(@alt, 'jQuery')]表示匹配 img 中含有 alt 属性，且属性值以 jQuery 开头。
- ends-with：例如//img[ends-with(@alt, 'EasyUI')]表示匹配 img 中含有 alt 属性，且属性值以 EasyUI 结尾。
- contains：例如//img[contains(@alt, 'ry E')]表示匹配 img 中含有 alt 属性，且属性值中包含 ry E 内容。

6. 文本定位

通过元素的文本内容进行定位，语法 text()=value。例如，定位 EasyUI 网站导航栏中的 Demo 菜单元素，其 HTML 脚本是：

```
<a href="/demo/main/index.php">Demo</a>
```

文本内容是"Demo",XPath 表达式可写成//a[text()='Demo']，实际使用中还会结合关键字 contains 一起使用，例如 XPath 表达式写成//a[contains(text(),'Dem')]。通过 Selenium 实现定位可使用如下代码：

```
driver.find_element(By. XPATH, '//a[contains(text(),"Dem")]')
```

7. 逻辑运算定位

可以使用逻辑运算符 and 和 or 计算元素的多个属性。例如，LOGO 图片元素中有

src="/images/logo2.png"和 alt="jQuery EasyUI"属性。使用 and 运算符表可将 XPath 表达式写成//a[@src='/images/logo2.png' and @alt='jQuery EasyUI']，意思是查找 a 标签中同时含有 src="/images/logo2.png"和 alt="jQuery EasyUI"的元素。通过 Selenium 实现定位可使用如下代码：

```
    driver.find_element(By.XPATH, "//a[@src='/images/logo2.png' and @alt='jQuery
EasyUI']")
```

or 运算符是或的意思，左右联合的内容只要满足一个即可。除此之外，XPath 还支持+、-、*、div（除法）、!=、<、>、<=、>=等计算符。

8. 通配符匹配

例如，//*[@alt='jQuery EasyUI']表示选择含有 alt="jQuery EasyUI"属性的节点，不用考虑标签名；例如//a[@*='jQuery EasyUI']表示选择 a 标签中含有属性值是 jQuery EasyUI 的元素，不用考虑属性名。

9. 关系匹配

关系匹配指通过元素的父子、兄弟、相邻、前面、后面等关系进行定位。例如，通过 LOGO 图片的父节点定位 LOGO 图片，则 XPath 表达式可写成//*[@id="elogo"]/ul/li/a/child::img[1]，意思是 a 标签的子节点中第一个 img 标签。通过 Selenium 实现定位可使用如下代码：

```
    driver.find_element(By. XPATH, '//*[@id="elogo"]/ul/li/a/child::img[1]')
```

反之，通过 LOGO 图片元素节点定位父节点，则可写成//*[@alt='jQuery EasyUI']/parent::a。下面列出一些常用的关系关键字，用法都类似。

- child：选取当前节点的所有子节点。
- parent：选取当前节点的父节点。
- descendant：选取当前节点的所有后代节点。
- ancestor：选取当前节点的所有先辈节点。
- descendant-or-self：选取当前节点的所有后代节点及当前节点本身。
- ancestor-or-self：选取当前节点所有先辈节点及当前节点本身。
- preceding-sibling：选取当前节点之前的所有同级节点。
- following-sibling：选取当前节点之后的所有同级节点。
- preceding：选取当前节点的开始标签之前的所有节点。
- following：选取当前节点的开始标签之后的所有节点。

10. not 定位

not 即排除。例如，//img[@alt='jQuery EasyUI' and not(contains(@href,'hassbi'))]表示查找 img 标签中含有 alt="jQuery EasyUI"，且 href 属性值中不含 hassbi 的元素。

XPath 语法非常强大，以上列举的写法只是最基础的几种，不同写法交叉、混合，又会产生更多的用法，读者只有多尝试才能灵活自如地使用它。

6.4.10　相对定位

相对定位是 Selenium 4.0 新增的一个功能，提供了根据元素的相对位置查找元素。使用时需要导入方法 locate_with()或 with_tag_name()，它返回的是 RelativeBy 对象，该对象中封装了 above、below、to_left_of、to_right_of、near 方法，用于查找邻近的元素。

- above：查找某个元素上方的元素。
- below：查找某个元素下方的元素。
- to_left_of：查找某个元素的左边元素。
- to_right_of：查找某个元素的右边元素。
- near：查找某个元素附近的元素。

下面通过一个示例来了解具体的使用。如图 6-13 所示是 EasyUI 网站首页导航栏的 Demo 和 Tutorial 两个菜单，Tutorial 菜单在 Demo 菜单的右边，这里通过 Demo 菜单元素使用 to_right_of 方法定位 Tutorial 菜单元素。

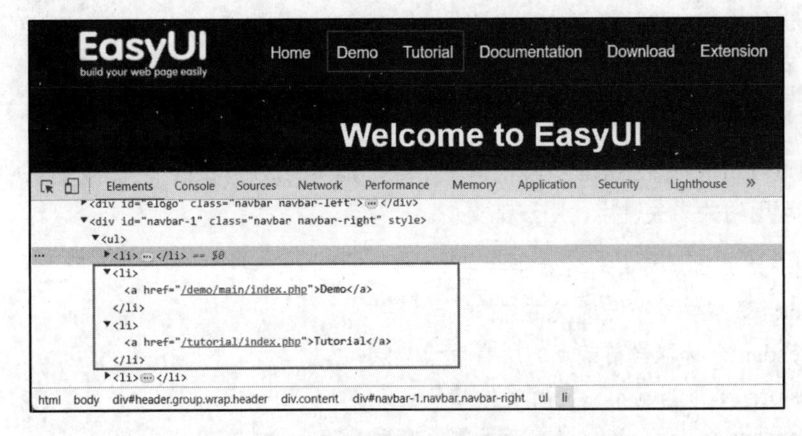

图 6-13　Demo 和 Tutorial 菜单位置关系

具体实现代码如下：

```
# chapter6\relative_locator_element.py
import time
from selenium import webdriver
from selenium.webdriver.common.by import By
from selenium.webdriver.support.relative_locator import locate_with, with_tag_name


driver = webdriver.Chrome()
driver.get("http://www.jeasyui.com/index.php")
time.sleep(1)
```

```
    # 定位 Tutorial 菜单
    tutorial_nav = locate_with(By.LINK_TEXT, 'Tutorial')
    # 获取 Demo 菜单元素
    demo_nav_element = driver.find_element(By.LINK_TEXT, 'Demo')
    # 通过 Demo 菜单元素定位它右边的 Tutorial 菜单元素
    tutorial_nav_element =
driver.find_element(tutorial_nav.to_right_of(demo_nav_element))
    # 单击 Tutorial 菜单
    tutorial_nav_element.click()

    time.sleep(10)
    driver.quit()
```

运行脚本后，浏览器先访问了 EasyUI 网站首页，然后进入了 Tutorial 页面。

提示　使用 find_element()方法定位元素时，如果在页面中查找到了多个，则只返回第一个。

上面运用了 locate_with(by, using)的用法，locate_with(by, using)有两个参数，参数 by 是定位方式，参数 using 是定位表达式。另一种相对定位的用法是 with_tag_name(tag_name)，它只有一个参数 tag_name，值为 tag 标签。用法与 locate_with()相似，例如 driver.find_element(with_tag_name('a').to_right_of(driver.find_element(By.LINK_TEXT, 'Demo'))) 就是在 EasyUI 网站首页，通过导航栏中 Demo 菜单定位他右边的 a 标签元素，即 Tutorial 菜单。

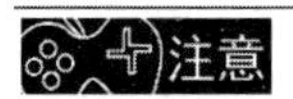

相对定位 locate_with(by, using)和 with_tag_name(tag_name)在使用时，一定要清楚对应参数，通过谁定位谁。

6.4.11　定位一组元素

定位一组元素使用的是 find_elements()方法，返回的是一个列表，列表中的元素是 WebElement 对象，与 find_element()方法返回值 WebElement 对象相同，find_elements()与 find_element()方法基本用法是相同的。Selenium 4.0 版本之前，find_elements()也有对应的 find_elements_by_xxx(value)方法，Selenium 4.0 版本之后已被舍弃。下面通过一个示例来具体讲解。

如图 6-11 所示，EasyUI 网站首页导航栏中的菜单都可以通过 CSS 表达式“#navbar-1 a”定位。下面通过 find_elements()方法获取导航栏中所有菜单元素，并打印这些元素的文本内容。实现代码如下：

```
# chapter6\selenium_find_elements.py
import time
from selenium import webdriver
from selenium.webdriver.common.by import By
```

```
driver = webdriver.Chrome()
driver.get("http://www.jeasyui.com/index.php")
time.sleep(2)

nav_elements = driver.find_elements(By.CSS_SELECTOR, '#navbar-1 a')
print("nav_elements 的返回值类型是：{}".format(type(nav_elements)))
print("nav_elements 中有 {} 个元素".format(len(nav_elements)))
nav_elements_text = [nav_element.text for nav_element in nav_elements]
print("nav_elements 中元素的文本内容是：{}".format(str(nav_elements_text)))

driver.quit()
```

执行脚本后控制台的输出结果如下：

```
nav_elements 的返回值类型是：<class 'list'>
nav_elements 中有 8 个元素
nav_elements 中元素的文本内容是：['Home', 'Demo', 'Tutorial', 'Documentation',
'Download', 'Extension', 'Contact', 'Forum']
```

从控制台输出的结果中可以看到，find_elements()方法返回的是一个列表，打印的文本内容也与页面中展示的导航菜单文本一致，与预期结果一致。

6.5 获取页面内容

访问具体的网页后，我们需要通过页面中的一些内容判断是否符合预期，有时候也需要获取这些内容，以便在后续的操作中使用。Selenium 提供了许多接口，支持页面不同内容的获取。下面具体介绍这些接口。

1. 获取页面源码

使用 page_source 可获取当前页面的 HTML 代码。如下代码便是获取 EasyUI 网站首页的源码并打印：

```
# chapter6\get_page_content.py
import time
from selenium import webdriver

driver = webdriver.Chrome()
driver.get('https://www.jeasyui.com/index.php')
time.sleep(2)

# 获取当前页面的源码
source = driver.page_source
print(source)
```

执行上面代码，控制台上会打印 EasyUI 网站首页的 HTML 代码。

2. 获取 Title 文本

使用 title 可获取当前页面的 Title 文本。如下代码便是获取 EasyUI 网站首页的 Title 并打印：

```
# chapter6\get_page_content.py
from selenium import webdriver

# 获取当前页面的 Title 文本
title = driver.title
print(title)
```

执行上述代码，控制台上输出了"EasyUI - helps you build your web pages easily"内容。

3. 获取当前 URL

使用 current_url 可获取当前页面的 URL。如下代码便是获取 EasyUI 网站首页并打印当前URL：

```
# chapter6\get_page_content.py

# 获取当前页面的 URL
url = driver.current_url
print(url)
```

执行上述代码，控制台上输出了"https://www.jeasyui.com/index.php"内容。

6.6 获取元素属性

自动化测试中的元素属性可以提供许多信息，例如文本内容、是否可以编辑等。下面详细介绍如何获取元素的一些属性值。

1. 获取元素属性值

使用 get_attribute(name)方法可获取元素指定的属性值，例如 get_attribute('class')就是获取元素的 class 值。如下代码便是获取 EasyUI 网站导航栏中 Demo 菜单元素的 href 属性值：

```
# chapter6\get_element_attribute.py
import time
from selenium import webdriver

driver = webdriver.Chrome()
driver.get('https://www.jeasyui.com/index.php')
time.sleep(2)

# 定位导航栏中的 Demo 菜单
```

```
demo_nav = driver.find_element(By.LINK_TEXT, 'Demo')
# 获取 href 属性值
href_value = demo_nav.get_attribute('href')
print(href_value)
```

执行上述代码，控制台上输出了“https://www.jeasyui.com/demo/main/index.php”内容。

2. 获取文本

使用 text 可获取元素的文本内容。如下代码便是获取 EasyUI 网站导航栏中 Demo 菜单元素的文本值并打印：

```
# chapter6\get_element_attribute.py

# 定位导航栏中的 Demo 菜单
demo_nav = driver.find_element(By.LINK_TEXT, 'Demo')
# 获取文本值
href_text = demo_nav.text
print(href_text)
```

执行上述代码，控制台上输出了“Demo”内容。

3. 获取元素的其他属性

一个元素有多个属性，在前面章节中，我们已经介绍了使用 text 接口获取元素文本值和使用 get_attribute(name)接口获取指定属性值。本节我们介绍如何使用 Selenium 提供的接口获取元素 id、位置、标签名、大小、显示状态等的属性值。

- id：获取元素 id。
- location：获取元素的位置。
- size：获取元素大小。
- tag_name：获取元素标签。
- is_displayed()：判断元素的显示状态。如果显示，则返回 True，否则返回 False。
- is_selected()：判断 Radio Box、Check Box 元素的选中状态。如果选中，则返回 True，否则返回 False。
- is_enabled()：判断 input、select 等标签元素的编辑状态。如果可编辑，则返回 True，否则返回 False。

如下代码便是获取 EasyUI 网站导航栏中 Demo 菜单元素的一些属性并打印输出：

```
# chapter6\get_element_attribute.py

# 定位导航栏中的 Demo 菜单
demo_nav = driver.find_element(By.LINK_TEXT, 'Demo')
# 获取其他属性
```

```
print("Demo 菜单的 id 是：{}".format(demo_nav.id))
print("Demo 菜单的位置是：{}".format(demo_nav.location))
print("Demo 菜单的大小是：{}".format(demo_nav.size))
print("Demo 菜单的标签名是：{}".format(demo_nav.tag_name))
print("Demo 菜单的显示状态是：{}".format(demo_nav.is_displayed()))
print("Demo 菜单的编辑状态是：{}".format(demo_nav.is_enabled()))
```

执行上述脚本，控制台输出的内容如下：

```
Demo 菜单的 id 是：02655f0e-e499-46c4-8ee8-287a5d2e0ea0
Demo 菜单的位置是：{'x': 379, 'y': 8}
Demo 菜单的大小是：{'height': 50, 'width': 42}
Demo 菜单的标签名是：a
Demo 菜单的显示状态是：True
Demo 菜单的编辑状态是：True
```

6.7　页面元素操作

页面元素操作分两个部分，定位元素和操作元素。在 6.4 节中介绍了如何定位页面元素，本节介绍如何对定位到的元素进行单击、输入内容等。

6.7.1　单击

使用 click()方法可以对按钮、链接等元素单击，例如，单击 EasyUI 网站导航栏中的 Demo 菜单，代码如下：

```
# chapter6\operate_click.py
import time
from selenium import webdriver
from selenium.webdriver.common.by import By


driver = webdriver.Chrome()
driver.get('https://www.jeasyui.com/index.php')
time.sleep(2)

# 定位导航栏中的 Demo 菜单
demo_nav = driver.find_element(By.LINK_TEXT, 'Demo')
# 元素单击
demo_nav.click()

time.sleep(10)
driver.quit()
```

执行上述代码，打开浏览器后访问 EasyUI 网站首页，然后单击导航栏中的 Demo 菜单，进入了 Demo 页面。

6.7.2 输入文本

使用 send_keys(value)方法可以对输入框、富文本等元素发送文本内容。例如，在 EasyUI Demo TextBox 组件页面中的 Email 输入框中输入内容“输入文本方法测试”，代码如下：

```
# chapter6\operate_send_keys.py
import time
from selenium import webdriver
from selenium.webdriver.common.by import By


driver = webdriver.Chrome()
driver.get("https://www.jeasyui.com/demo/main/index.php?plugin=TextBox")
time.sleep(2)

# 定位 Email 输入框元素
email_input = driver.find_element(By.CSS_SELECTOR, 'input[placeholder="Enter a
email address..."]')
# 输入内容：输入文本方法测试
email_input.send_keys("输入文本方法测试")

time.sleep(10)
driver.quit()
```

执行上述代码，打开浏览器后访问 EasyUI Demo TextBox 组件页面，然后会观察到 Email 输入框中输入了内容“输入文本方法测试”。

6.7.3 清除文本

清除文本与输入文本相反，清除文本使用的是 clear()方法，会将输入框、富文本等已经输入的内容清空。例如，在 EasyUI Demo TextBox 组件页面 Email 输入框中输入内容“输入文本方法测试”，等待 1s 时间后将内容清空，代码如下：

```
# chapter6\operate_clear.py
import time
from selenium import webdriver
from selenium.webdriver.common.by import By


driver = webdriver.Chrome()
driver.get("https://www.jeasyui.com/demo/main/index.php?plugin=TextBox")
time.sleep(2)

# 定位 Email 输入框元素
```

```
    email_input = driver.find_element(By.CSS_SELECTOR, 'input[placeholder="Enter a
email address..."]')
    # 输入内容：输入文本方法测试
    email_input.send_keys("输入文本方法测试")
    time.sleep(1)
    # 清空内容
    email_input.clear()

    time.sleep(10)
    driver.quit()
```

执行上述代码，会观察到 Email 输入框先输入了内容“输入文本方法测试”，然后内容被清空了。

6.7.4　提交表单

使用 submit()方法可对表单进行提交，效果与 click()一样。只不过 submit 侧重的是表单内容的提交，针对的是 form 标签表单且按钮的 type 属性值是 submit，而 click 侧重于对象的单击触发。

例如，EasyUI Demo Form 组件下的 Ajax Form Demo 页面（见图 6-14）展示的 Ajax Form Demo 区域就是以 Form 表单的形式提交数据。

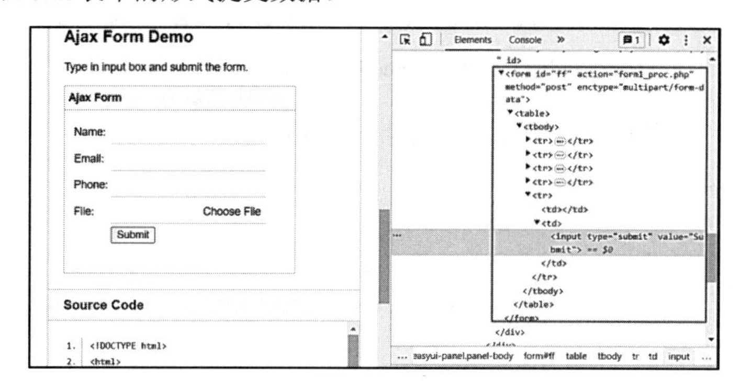

图 6-14　EasyUI Ajax Form Demo 组件页面

单击【Submit】按钮的操作，就可以使用 submit()方法触发，代码如下：

```
# chapter6\submit_form.py

driver = webdriver.Chrome()
driver.get("https://www.jeasyui.com/demo/main/index.php?plugin=Form")
time.sleep(2)
# 单击 Ajax Form 列表进入 Ajax Form Demo 页面
driver.find_element(By.LINK_TEXT, "Ajax Form").click()

# 定位 Submit 按钮
submit_btn = driver.find_element(By.XPATH, "//input[@type='submit']")
```

```
    submit_btn.submit()

    time.sleep(10)
    driver.quit()
```

执行上述代码，会观察到访问 EasyUI Demo Form 组件页面后，单击了 Form 列表下的 Ajax Form，进入 Ajax Form 页面触发了【submit】按钮，便弹出了一个提交表单的数据信息框。

6.7.5 单选框操作

单选框实际上也是一种单击事件，即对需要的选项进行单击，可达到选中的目的。

例如，EasyUI Demo RadioGroup 组件页面的第一个单选框，如图 6-15 所示。

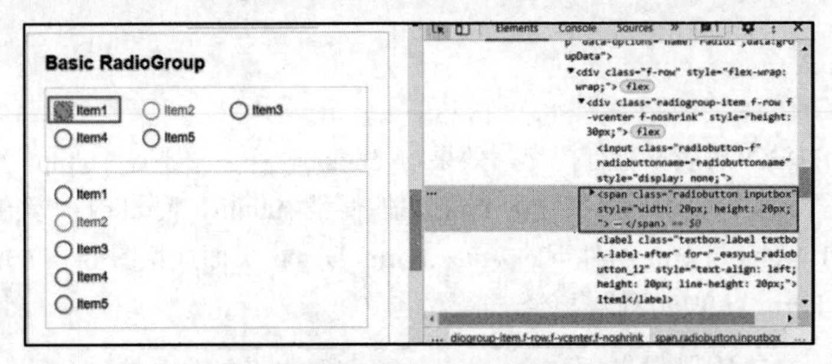

图 6-15　EasyUI Demo RadioGroup 组件页面

操作时需要先定位到单选框，然后单击可选中，代码如下：

```
    # chapter6\operate_radiobox.py
    import time
    from selenium import webdriver
    from selenium.webdriver.common.by import By


    driver = webdriver.Chrome()
    driver.get("https://www.jeasyui.com/demo/main/index.php?plugin=RadioGroup")
    time.sleep(2)

    # 定位第一个单选框
    first_radio = driver.find_element(By.CSS_SELECTOR, ".easyui-
radiogroup .radiobutton")
    first_radio.click()

    time.sleep(10)
    driver.quit()
```

执行上述代码，会观察到浏览器访问 EasyUI Demo RadioGroup 组件页面后单击了第一个单选框，第一个单选框就被选中了。

6.7.6　复选框操作

复选框的操作和单选框的操作是相同的。先定位到需要选择的元素，然后发送单击事件即可。例如，EasyUI Demo CheckBox 组件页面的 Apple 多选框，如图 6-16 所示。

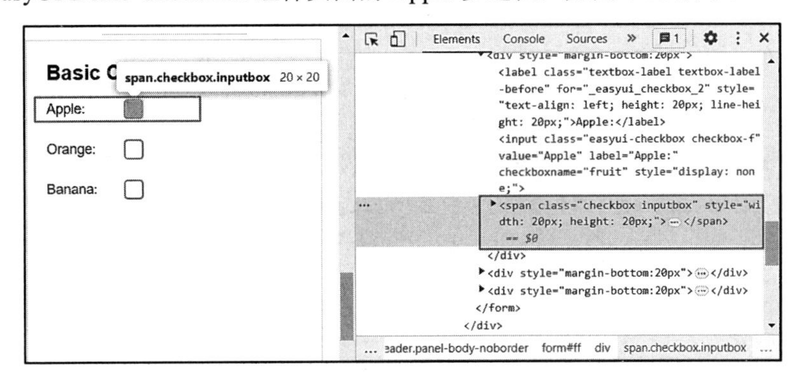

图 6-16　EasyUI Demo CheckBox 组件页面

操作时需要先定位到多选框，然后单击即可选中，代码如下：

```
    # chapter6\operate_checkbox.py
    import time
    from selenium import webdriver
    from selenium.webdriver.common.by import By


    driver = webdriver.Chrome()
    driver.get("https://www.jeasyui.com/demo/main/index.php?plugin=CheckBox")
    time.sleep(2)

    # 定位 Apple 复选框
    apple_checkbox = driver.find_element(By.XPATH,
"//label[text()='Apple:']/following-sibling::span")
    apple_checkbox.click()

    time.sleep(10)
    driver.quit()
```

执行上述代码，会观察到浏览器访问 EasyUI Demo CheckBox 组件页面后单击了 Apple 复选框，Apple 复选框就被选中了。

6.7.7　下拉框操作

下拉框的结构有多种，例如 select 标签开发的下拉框，div 标签开发的下拉框。如果是 select 开发的下拉框，可直接使用 Selenium 提供的 Select 类进行操作。

Selenium 使用 Select 类处理 select 标签下拉框时，需要先导入 Select 类。导入 Select 类有两种方法，用户可根据需要任选其中一个，因为它们的指向都是同一个文件。两种导入方式如下：

```
from selenium.webdriver.support.ui import Select
from selenium.webdriver.support.select import Select
```

Select 类提供了以下三个属性，供用户获取选择项的信息：

- options：返回所有 option 标签的选择项。
- all_selected_options：返回所有被选中的选项。
- first_selected_options：返回第一个被选中的选项。

Select 类中提供了以下三种方法供选择某一项：

- select_by_index(index)：通过索引选择。索引从 0 开始。
- select_by_value(value)：通过 value 值选择。
- select_by_visible_text(text)：通过文本值选择。

Select 类也提供了以下 4 种方法供用户取消已选的项：

- deselect_all()：取消全部的已选项。
- deselect_by_index(index)：根据索引取消选项。
- deselect_by_value(value)：根据 value 值取消选项。
- deselect_by_visible_text(text)：根据文本值取消选项。

但是现在的 Web 系统中基本都不采用 select 标签开发下拉框，而是采用前端框架中的 ComboBox 组件，例如 EasyUI 框架中 ComboBox 组件就是通过 div 标签完成的，如图 6-17 所示。

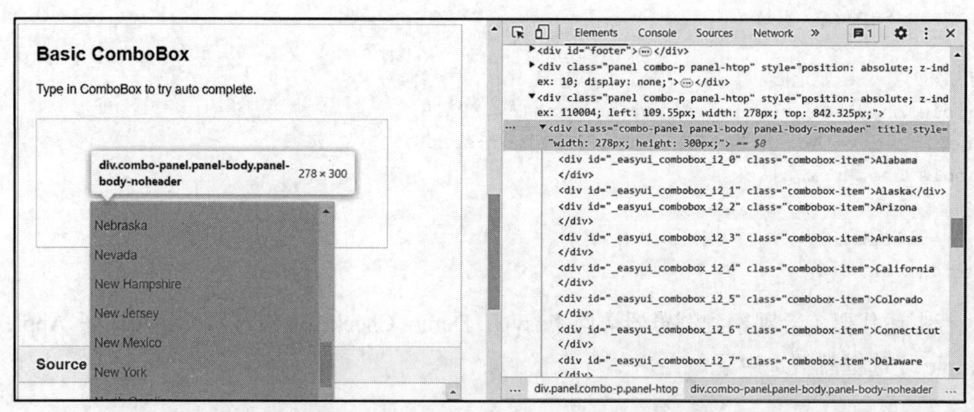

图 6-17　EasyUI Demo ComboBox 组件页面

Selenium 操作非 select 标签开发的下拉框是通过手动操作步骤实现的。如图 6-17 所示，下拉框的操作步骤就是单击 State 输入框后面的小三角形图标，然后在弹出的窗口中单击选项。具体代码实现如下：

```
# chapter6\operate_combobox.py
import time
from selenium import webdriver
from selenium.webdriver.common.by import By


driver = webdriver.Chrome()
driver.get("https://www.jeasyui.com/demo/main/index.php?plugin=ComboBox")
time.sleep(2)


def combobox_select(value):
    # 定位输入框后面的小三角形图标
    open_combobox_btn = driver.find_element(By.CSS_SELECTOR, ".panel .textbox-addon-right")
    # 单击小三角形图标，显示下拉框选项
    open_combobox_btn.click()
    time.sleep(1)
    # 定位下拉选项并单击
    item = driver.find_element(By.XPATH, f"//div[@class='combobox-item' and text()='{value}']")
    item.click()


combobox_select('New Mexico')

time.sleep(10)
driver.quit()
```

执行上述脚本会发现访问 EasyUI ComboBox 组件页面，然后单击 State 输入框后面的小三角形图标会显示出下拉框选项，最后单击 New Mexico 选项。State 输入框最后显示的是 New Mexico 内容。

6.7.8 Frame 结构操作

Frame 结构指在 HTML 页面中使用 frame 或 iframe 标签，再嵌套一个 HTML 页面，例如登录 126 网站页面的登录区域就在 iframe 结构中，如图 6-18 所示。如果 Selenium 要操作嵌套在 Frame 结构中的 HTML，就需要使用 switch_to.frame(frame_reference)切换到 frame 结构，操作完成后再使用 switch_to.default_content()方法退出 frame 结构。

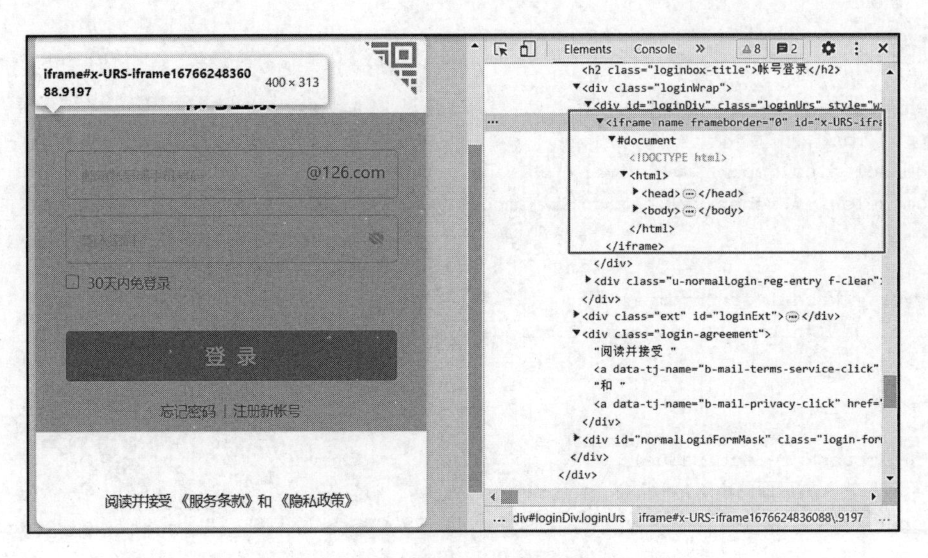

图 6-18　126 网站登录页面的 iframe 结构

下面是切换 frame 结构的几个方法或用法：

- switch_to.frame(index)：通过 frame 的索引 index 切换到对应的 frame。例如 driver.switch_to.frame(1)。
- switch_to.frame(name)：通过 frame 的 name 属性值切换到对应的 frame。例如 driver.switch_to.frame('name')。
- switch_to.frame(webelement)：通过 webelement 对象（即定位元素）切换到对应的 frame。例如 driver.switch_to.frame(driver.find_elements(By.ID, 'id'))。
- switch_to.default_content()：退出 frame 结构，切换到主 HTML 页面中。
- switch_to.parent_frame()：切换到父级 frame 结构。

例如，登录 126 网站页面。先切换到 iframe 结构，在邮箱地址输入框中输入内容，然后退出 iframe 结构单击登录按钮下方的“《服务条款》”链接，代码如下：

```
# chapter6\switch_frame.py
import time
from selenium import webdriver
from selenium.webdriver.common.by import By


driver = webdriver.Chrome()
driver.get("https://www.126.com/")
time.sleep(1)

# 通过索引切换进 iframe 结构
driver.switch_to.frame(0)
```

```
# 邮箱地址输入框中输入内容
driver.find_element(By.NAME, 'email').send_keys('123456')
# 退出 iframe 结构
driver.switch_to.default_content()
# 单击《服务条款》链接
driver.find_element(By.LINK_TEXT, "《服务条款》").click()

time.sleep(10)
driver.quit()
```

执行上述脚本，会观察到访问 126 网站登录页面，邮箱地址输入框中输入了内容“123456”，然后单击了“《服务条款》”链接，打开了网易邮箱账号服务条款页面。

6.8　文件操作

文件操作包括文件上传和文件下载。文件上传指通过一定的方法或手段将指定的文件添加到页面，文件下载指从页面中下载文件到指定的目录。

6.8.1　文件上传

文件上传操作分为直接上传和借助外力上传。如果 HTML 页面中是使用 input[type='file']形式写的，可以直接使用 Selenium 提供的 send_keys()方法上传。如果是非 input[type='file']形式或通过一定的手段对 input[type='file']进行了遮盖、隐藏等处理，那么就需要借助外力，使用其他手法达到目的，最简单直接的方法就是将遮盖或隐藏的 input[type='file']显露出来，再使用 send_keys()方法上传。

如图 6-19 所示的 EasyUI FileBox 组件页面，文件上传就是通过 input[type='file']形式实现的。使用 Selenium 实现文件上传，代码如下：

```
# chapter6\file_upload.py
import time
from selenium import webdriver
from selenium.webdriver.common.by import By


driver = webdriver.Chrome()
driver.get("https://www.jeasyui.com/demo/main/index.php?plugin=FileBox")
time.sleep(2)

# 上传文件
driver.find_element(By.ID, 'filebox_file_id_1').send_keys(r'D:\tynam.png')

time.sleep(10)
driver.quit()
```

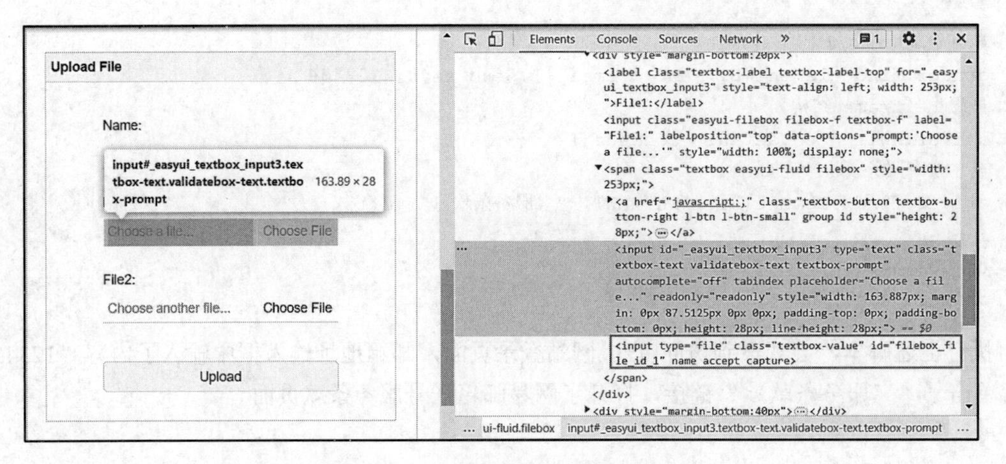

图 6-19　EasyUI FileBox 组件页面

执行上述脚本，会观察到浏览器访问了 EasyUI FileBox 组件页面，并且在 File1 输入框上传了一个文件 tynam.png，如图 6-20 所示。

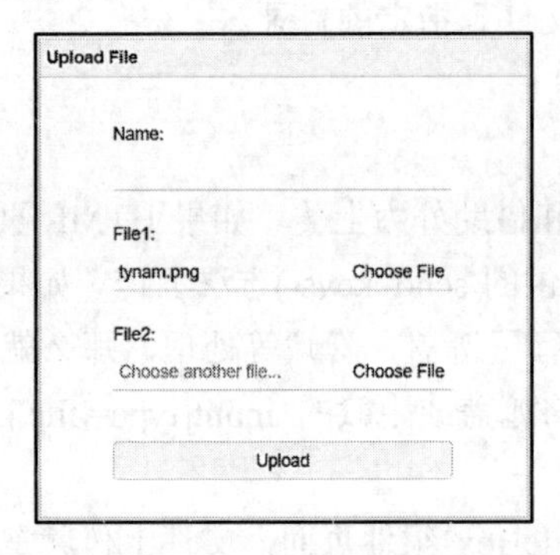

图 6-20　上传文件后的截图

6.8.2　文件下载

文件下载是使用 Selenium 提供的浏览器配置项接口 options 修改浏览器的下载路径。对于 Chrome 浏览器，Selenium 可通过 download.default_directory 改变文件的下载路径，经常和 download.prompt_for_download 配合使用。

- download.default_directory：设置下载路径。
- download.prompt_for_download：设置下载时是否弹出下载提示框。默认为 True，设置为 False 时，不弹出下载提示框。

如图 6-21 所示是 jQuery EasyUI V19 的下载结构，首先通过 ChromeOptions()设置浏览器的下载配置，然后访问 jQuery EasyUI 下载页面（https://www.jeasyui.com/download/v19.php），最后单击【Download】下载按钮进行下载，实现代码如下：

```
# chapter6\file_download.py
import time
from selenium import webdriver
from selenium.webdriver.common.by import By

options = webdriver.ChromeOptions()
prefs = {
        'download.prompt_for_download': False,      # 下载时不弹窗
        'download.default_directory': 'D:\\test\\', # 设置下载路径为D盘下的test文件夹
    }
options.add_experimental_option('prefs', prefs)
driver = webdriver.Chrome(options=options)

driver.get("https://www.jeasyui.com/download/v19.php")
time.sleep(2)
# 单击下载按钮
driver.find_element(By.XPATH, "//h5[text()='Freeware
Edition']/following::a[text()='Download']").click()
```

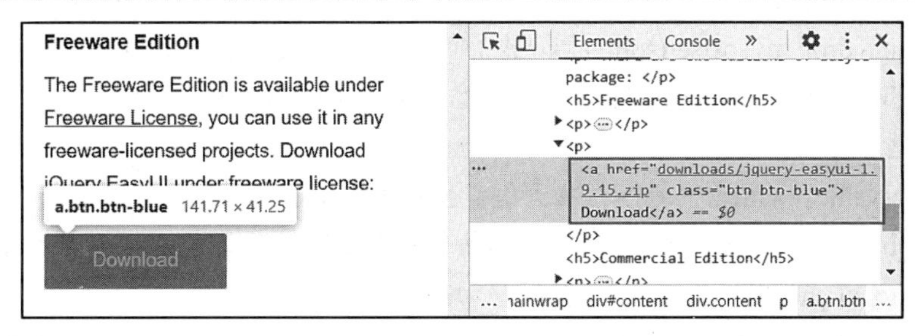

图 6-21　jQuery EasyUI V19 下载结构

执行上述脚本，会观察到访问了 jQuery EasyUI 下载页面，然后单击了页面上的【Download】按钮。待下载完成后，进入计算机 D 盘 test 文件夹下，保存了一个 jquery-easyui-1.9.15.zip 文件。

查看启动的 Chrome 浏览器下载地址设置项，会发现下载路径正是设置的 download.default_directory 值 D:\test\，如图 6-22 所示。

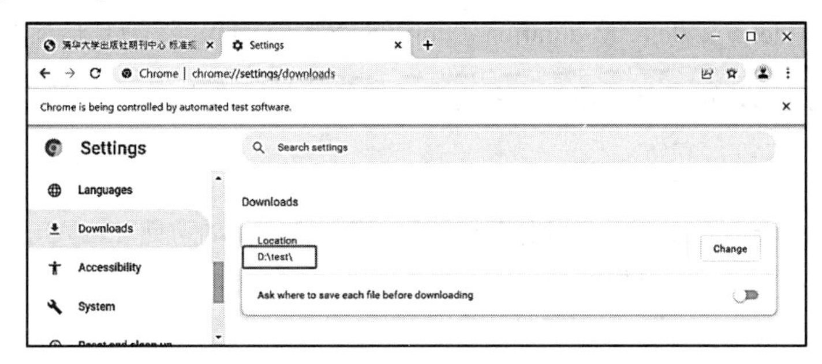

图 6-22　浏览器下载路径

6.9 模拟鼠标操作

鼠标操作是 Web 自动化测试中常用的一种操作。Selenium 提供了 ActionChains 类用以模拟鼠标操作，例如左键单击、左键双击、右键单击、拖曳等。使用 ActionChains 类需要先导入，导入方法如下代码：

```
from selenium.webdriver.common.action_chains import ActionChains
```

ActionChains 类中提供了许多模拟鼠标操作的方法，列举如下：

- perform()：执行链中的所有动作。
- reset_actions()：清除操作中的指令。
- click(on_element=None)：鼠标左键单击。
- click_and_hold(on_element=None)：鼠标左键单击，并且不松开。
- context_click(on_element=None)：鼠标右键单击。
- double_click(on_element=None)：鼠标左键双击。
- drag_and_drop(source, target)：拖曳 source 元素到 target 元素然后松开。
- drag_and_drop_by_offset(source, xoffset, yoffset)：拖曳 source 元素到某个坐标，然后松开。
- key_down(value, element=None)：按下键盘上的某个键，并且不松开。和 Control、Alt 或 Shift 结合使用。
- key_up(value, element=None)：松开键盘上的某个键。
- move_by_offset(xoffset, yoffset)：鼠标从当前位置移动到某个位置，参数为偏移量。
- move_to_element(to_element)：鼠标移动到某个元素上。
- move_to_element_with_offset(to_element, xoffset, yoffset)：将鼠标移动到指定元素的偏移位置。从元素左上角的位置坐标开始计算。
- pause(seconds)：暂停操作（秒）。
- release(on_element=None)：在元素上释放按下的鼠标。
- send_keys(*keys_to_send)：发送某个键到当前聚焦的元素。
- send_keys_to_element(element, *keys_to_send)：发送某个键到指定的元素。
- scroll(x, y, delta_x, delta_y, duration=0, origin="viewport")：滚动鼠标滚轮。

接下来介绍上述方法中经常使用的一些方法。

1. 左键单击

使用 click(on_element=None)方法可实现鼠标左键单击。例如访问 EasyUI 首页，然后左键单击导航栏中的 Demo 菜单。实现代码如下：

```
# chapter6\mouse_action.py
import time
from selenium import webdriver
```

```
from selenium.webdriver.common.by import By
from selenium.webdriver.common.action_chains import ActionChains


driver = webdriver.Chrome()
driver.get('https://www.jeasyui.com/index.php')
time.sleep(2)

# 定位导航栏中的 Demo 菜单
demo_nav = driver.find_element(By.LINK_TEXT, 'Demo')

# 模拟左键单击
action = ActionChains(driver)          # 实例化 ActionChains
action.click(demo_nav)                 # 调用鼠标操作的方法
action.perform()                       # 执行鼠标操作

time.sleep(10)
driver.quit()
```

执行上述脚本，会观察到访问 EasyUI 首页，然后左键单击导航栏中的 Demo 菜单，进入了 EasyUI Demo 页面。

2. 右键单击

使用 context_click(on_element=None)方法可模拟鼠标右键单击，和鼠标左键单击的用法类似，实现代码如下：

```
# 模拟右键单击
action = ActionChains(driver)
action.context_click(demo_nav)
action.perform()
```

3. 左键双击

使用 double_click(on_element=None)方法可实现鼠标左键双击，与鼠标左键单击的用法类似，实现代码如下：

```
# 模拟左键双击
action = ActionChains(driver)
action.double_click(demo_nav)
action.perform()
```

4. 悬停

使用方法 move_to_element(to_element)可使鼠标移动到某个元素上。例如，将鼠标移动到 EasyUI 首页导航栏中的 Demo 菜单上，Demo 文本会添加下划线。实现代码如下：

```
# 模拟鼠标悬停
```

```
action = ActionChains(driver)
action.move_to_element(demo_nav)
action.perform()
```

5. 拖曳

使用 drag_and_drop(source, target)方法可以将 source 元素拖曳到 target 元素上。例如，访问 EasyUI Demo Droppable 组件页面，使用 Selenium 实现将页面中 Source 源下的 Apple 元素拖曳到 Target 源下。实现代码如下：

```
# chapter6\mouse_drag_drop.py
import time
from selenium import webdriver
from selenium.webdriver.common.by import By
from selenium.webdriver.common.action_chains import ActionChains


driver = webdriver.Chrome()
driver.maximize_window()
driver.get("https://www.jeasyui.com/demo/main/index.php?plugin=Droppable")
time.sleep(2)

# 定位需要拖曳的元素
source = driver.find_element(By.XPATH, "//div[@class='dragitem' and text()='Apple']")
# 定位目的元素
target = driver.find_element(By.CLASS_NAME, 'targetarea')

# 模拟鼠标拖曳
action=ActionChains(driver)
action.drag_and_drop(source, target)
action.perform()

time.sleep(10)
driver.quit()
```

执行上述脚本，会观察到访问 EasyUI Demo Droppable 组件页面后，页面中 Source 源下的 Apple 元素被拖曳到 Target 源下，拖曳后的效果如图 6-23 所示。

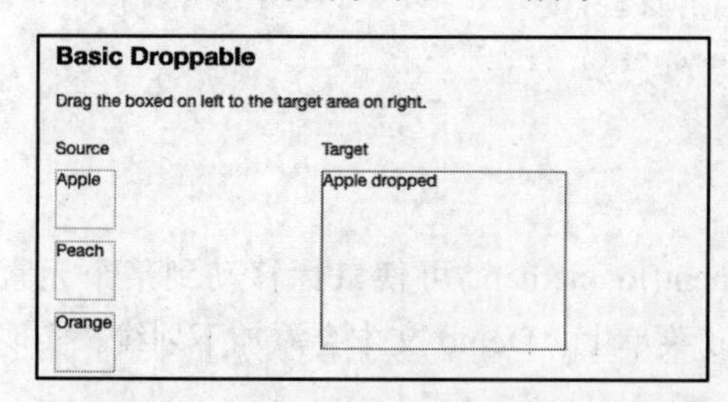

图 6-23 模拟鼠标拖曳后的效果截图

6.10　模拟键盘操作

键盘操作与鼠标操作一样重要，在系统快捷键的测试时显得尤为重要。Selenium 中提供了一个 Keys 类，Keys 类中提供了几乎所有的键盘事件，包括 Ctrl+A、Ctrl+C、Ctrl+V 等组合键，使用时需要先导入 Keys 类，导入方法如下：

```
from selenium.webdriver.common.keys import Keys
```

可以进入 Keys 类查看所有可使用的键盘事件，下面列出了一些常用的键：

- Keys.BACK_SPACE：回退键 BackSpace
- Keys.ESCAPE：返回键 Esc
- Keys.SPACE：空格键 Space
- Keys.SHIFT：大小写转换键 Shift
- Keys.DELETE：删除键 Delete
- Keys.ALT：ALT 键
- Keys.CONTROL：控制键 Control
- Keys.ENTER：回车键 Enter
- Keys.TAB：制表键 Tab
- NUMPAD0 ~ NUMPAD9：数字键 0~9
- F1 ~ F12：功能键 F1~F12
- (Keys.CONTROL, 'a')：全选组合键 Control+A
- (Keys.CONTROL, 'c')：复制组合键 Control+C
- (Keys.CONTROL, 'x')：剪贴组合键 Control+X
- (Keys.CONTROL, 'v')：粘贴组合键 Control+V

如果需要将测试键盘键发送给指定的元素，还需要借助 ActionChains 类中的 send_keys()、key_up()和 key_down()方法。例如，在 EasyUI Demo TextBox 组件页面中的 Email 输入框输入一些内容，然后使用快捷键 Ctrl+A 全选输入的内容，再通过 Delete 键删除 Email 输入框内容。实现代码如下：

```
# chapter6\keyboard_action.py
import time
from selenium import webdriver
from selenium.webdriver.common.by import By
from selenium.webdriver.common.action_chains import ActionChains
from selenium.webdriver.common.keys import Keys


driver = webdriver.Chrome()
driver.get("https://www.jeasyui.com/demo/main/index.php?plugin=TextBox")
```

```
    time.sleep(2)

    # 定位 Email 输入框元素
    email_input = driver.find_element(By.CSS_SELECTOR, 'input[placeholder="Enter a
email address..."]')
    # 输入内容：测试键盘输入
    email_input.send_keys("测试键盘输入")

    action = ActionChains(driver)
    # 发送组合键 Ctrl + A，然后按下 Delete 键
    action.key_down(Keys.CONTROL).key_down('a').perform()
    time.sleep(2)
    action.send_keys(Keys.DELETE).perform()

    """
    也可以写成下面两种方式：
    方式一：action.key_down(Keys.CONTROL).key_down('a').send_keys(Keys.DELETE).perform()
    方式二：email_input.send_keys(Keys.CONTROL, 'a', Keys.DELETE)
    """

    time.sleep(10)
    driver.quit()
```

执行上述脚本会观察到访问 EasyUI Demo TextBox 组件页面后，Email 输入框中输入了"测试键盘输入"内容，接着全部内容被选中，最后被清除。

6.11 延时等待

在网页操作中，经常会因为带宽、浏览器渲染速度、机器性能等因素造成页面加载缓慢，而 Selenium 是在页面上操作的，如果某些元素还没有完成加载就操作，就很容易出现程序抛出 “未找到定位元素”的异常。解决此问题的方法就是添加等待时间，也称延时等待。延时等待有三种类型，分别是强制等待、隐式等待和显示等待，下面就具体的介绍这三种延时等待。

1. 强制等待

强制等待使用的是 time 模块下的 sleep(secs)方法，在之前的示例中都是使用这种方法，它的意思是线程一定会等待指定的时间。使用很简单，例如以下代码便是强制等待 3 秒：

```
from time import sleep

sleep(3)    # 强制等待 3s
```

注意，这种强制性的行为，无法很好地控制脚本的执行速度，如果添加得太多，会严重拉长脚本的运行时间。

2. 隐式等待

隐式等待使用的是 Selenium 提供的 implicitly_wait(time_to_wait)方法。如果脚本中添加了 implicitly_wait(time_to_wait)，那么在查找元素或执行一条指令时，等待的最大时间是 time_to_wait，超过了这个时间就会抛出异常。该方法只要被设置一次，driver 的整个生命周期都会生效。

例如，设置隐式等待时间为 10 秒，代码如下：

```
driver = webdriver.Chrome()
driver.implicitly_wait(10)  # 隐式等待 10s
```

3. 显式等待

显式等待使用的是 Selenium 提供的 WebDriverWait(driver,timeout,poll_frequency=POLL_FREQUENCY,ignored_exceptions=None)类。参数 driver 为实例化的 webdriver 对象；timeout 为超时时间；poll_frequency 为调用频率，默认值 POLL_FREQUENCY 是 0.5 秒；ignored_exceptions 为忽略异常。WebDriverWait()类下有 until(method,message='')和 until_not(method,message='')两个方法，参数 method 为可执行的方法，参数 message 为超时时返回的信息。WebDriverWait(driver,timeout,poll_frequency,ignored_exceptions).until(method,message='')的意思是每隔 poll_frequency 时间就去调用一次 method，如果 method 通过就执行下一条语句，如果超过 timeout 时间 method 还是未成功，则抛出超时异常。WebDriverWait(driver,timeout,poll_frequency, ignored_exceptions).until_not(method,message='')的意思是每隔 poll_frequency 时间就去调用一次 method，如果 method 不通过就执行下一条语句，如果超过 timeout 时间 method 还是成功，则抛出超时异常。

参数 method 通常使用的是 Selenium 提供的 expected_conditions 模块下的函数。expected_conditions 模块下已经定义好了常用的一些函数，如表 6-4 所示。

表6-4　expected_conditions模块下的函数

函　　数	说　　明
title_contains(title)	检查页面 Title 是否包含指定字符串
presence_of_element_located(locator)	检查元素是否存在，不判断可见
url_contains(url)	检查当前 URL 是否包含指定字符串
visibility_of_element_located(locator)	检查元素是否可见，并且元素宽和高大于 0
presence_of_all_elements_located(locator)	检查页面中至少存在一个元素，不判断可见
visibility_of_all_elements_located(locator)	检查页面中至少有一个元素可见
text_to_be_present_in_element(locator, text_)	检查元素的文本中是否包含指定字符串
text_to_be_present_in_element_value(locator, text_)	检查元素的 value 值中是否包含指定字符串

（续表）

函　数	说　明
text_to_be_present_in_element_attribute(locator, attribute_, text_)	检查元素的指定属性中是否包含指定字符串
frame_to_be_available_and_switch_to_it(locator)	检查 frame 是否有效并且可以切入，如果可以则切入 frame
invisibility_of_element_located(locator)	检查元素不存在或不可见
invisibility_of_element(element)	检查元素不存在或不可见
element_to_be_clickable(mark)	检查元素可见并且可以单击
element_to_be_selected(element)	检查元素是否被选中
element_located_to_be_selected(locator)	检查元素是否被选中
number_of_windows_to_be(num_windows)	检查 windows 窗口数量
new_window_is_opened(current_handles)	检查有一个新的 windows 窗口打开
alert_is_present()	检查是否存在 alert 弹窗
element_attribute_to_include(locator, attribute_)	检查元素中包含指定的属性

要使用显示等待，则需要先导入相应的模块，导入方法如下：

```
# 导入 WebDriverWait
from selenium.webdriver.support.wait import WebDriverWait
# 导入 expected_conditions
from selenium.webdriver.support import expected_conditions
```

下面通过一个具体的示例来演示显示等待的用法。访问 EasyUI Demo TextBox 组件页面，每 0.3 秒检查一次 Email 搜索输入框，最大超时时间设置为 3 秒，如果找到了就输入内容。实现代码如下：

```
# chapter6\driver_wait.py
import time

from selenium import webdriver
from selenium.webdriver.common.by import By
from selenium.webdriver.support.wait import WebDriverWait
from selenium.webdriver.support import expected_conditions as EC


driver = webdriver.Chrome()
driver.get("https://www.jeasyui.com/demo/main/index.php?plugin=TextBox")

email_input = WebDriverWait(driver, 3, 0.3).until(
    EC.visibility_of_element_located((By.CSS_SELECTOR, 'input[placeholder="Enter a
email address..."]')))
```

```
email_input.send_keys("测试显示等待")

time.sleep(10)
driver.quit()
```

执行上述脚本，可观察到访问 EasyUI Demo TextBox 组件页面后，Email 输入框中输入了"测试显示等待"内容。

6.12　浏览器配置

浏览器的配置非常影响 Web 端产品带给用户的体验。例如设置网络代理、阻止 JavaScript 的执行、设置编码等，每一项设置都会影响用户的使用。自动化测试中需要通过脚本实现浏览器的配置，在 6.8.2　文件下载中已经有相关介绍。

不同的浏览器有不同的配置项和配置方法，本节以 Chrome 浏览器 ChromeOptions 为例进行讲解。ChromeOptions 是一个用以配置 Chrome 浏览器启动时的属性类，在该配置类下，用户可以设置二进制位置（binary_location）、添加启动参数（add_argument）、添加扩展应用（add_extension、add_encoded_extension）、添加实验性质的参数（add_experimental_option）、设置调试地址（debugger_address）。下面介绍一些经常会用到的案例。

1. 添加启动参数

添加启动参数是常用的一个设置项，例如设置默认编码格式为 UTF-8，那么就可以在启动参数中添加 lang=zh_CN.UTF-8 内容，代码如下：

```
options = webdriver.ChromeOptions()
# 设置浏览器编码格式为 UTF-8
options.add_argument('lang=zh_CN.UTF-8')
driver = webdriver.Chrome(options=options)
```

有些读者可能会看到 webdriver.Chrome(chrome_options=options)的写法，在 Selenium 4 中 chrome_options 已被弃用，并使用 options 代替了。

下面列出一些常用的启动参数：

- options.add_argument('--headless')：启动无界面模式，浏览器启动后界面不显示。
- options.add_argument("--disable-gpu")：禁用 GPU。
- options.add_argument('--start-maximized')：启动时浏览器最大化，即全屏窗口。
- options.add_argument('--disable-javascript')：禁用 JavaScript。
- options.add_argument("--proxy-server=http://192.10.1.1:8888")：添加代理。
- option.add_argument("--disable-plugins")：禁用插件。
- options.add_argument('--user-agent="Mozilla/5.0 (iPhone; CPU iPhone OS 9_1 like Mac OS X)

AppleWebKit/601.1.46 (KHTML, like Gecko) Version/9.0 Mobile/13B143 Safari/601.1'") ：模拟移动设备。

2. 添加扩展应用

扩展应用即浏览器插件，使用时需要先将插件下载到本地，然后通过 add_extension()添加，示例代码如下：

```
options = webdriver.ChromeOptions()
# 添加插件
options.add_extension('C:/extension/xxxx.crx')
driver = webdriver.Chrome(options=options)
```

3. 添加实验性质的参数

使用 Selenium 操控浏览器时，浏览器会检测到被自动测试软件控制，而非人的行为，就会提示“Chrome is being controlled by automated test software.”，如图 6-24 所示。

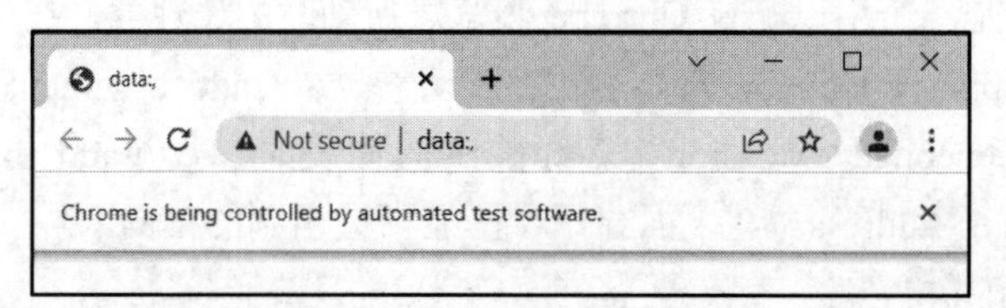

图 6-24　Chrome 受自动测试软件控制的提示信息

此时就可通过添加实验性质的参数 add_experimental_option('excludeSwitches', ['enable-automation'])去除该提示。

下面是一个去除 Chrome 浏览器受自动测试软件控制的提示的示例代码：

```
options = webdriver.ChromeOptions()
# 取消浏览器对自动测试软件的检测
options.add_experimental_option('excludeSwitches', ['enable-automation'])
driver = webdriver.Chrome(options=options)
```

测试中，有时候不需要关心页面中图片和视频，为了提高网速，可以通过实验性质的参数设置禁止图片和视频的加载，实现代码如下：

```
options = webdriver.ChromeOptions()
# 禁止图片和视频的加载
prefs = {"profile.managed_default_content_settings.images":2}
options.add_exprimental_option('prefs', prefs)
driver = webdriver.Chrome(options=options)
```

4. 设置调试地址

debugger_address 是一个非常好用的功能，它允许初始化浏览器时连接到一个已经启动了的浏览器。例如，先启动一个浏览器并访问 EasyUI 首页，获取 driver 的 debugger address。然后再启动一个浏览器，并且设置 option 的 debugger address 为之前启动浏览器的 debugger address，最后访问百度首页，实现代码如下：

```
# chapter6\debugger_address.py
import time
from selenium import webdriver


driver1 = webdriver.Chrome()
driver1.get("http://www.jeasyui.com/index.php")
# 获取 driver1 的 debugger address
debuggerAddress = driver1.capabilities['goog:chromeOptions']['debuggerAddress']

# 设置 debugger address
options = webdriver.ChromeOptions()
options.debugger_address = debuggerAddress
driver = webdriver.Chrome(options = options)

driver.get("https://www.baidu.com")

time.sleep(10)
driver.close()
```

执行上述脚本，会观察到访问 EasyUI 首页，然后又访问百度网站，使用的都是同一个浏览器。如果在第二个浏览器实例化时不添加 options 参数，那么将会再启动一个新的浏览器。

6.13 其他操作

在 Web 自动化测试中，不仅要关注 Web 页面，还要注意浏览器的配置项、脚本的稳定性、失败用例易定位等一系列事情，而 Selenium 提供了许多好用的方法，帮助我们更好地执行脚本测试项目，例如调用 JavaScript 语句、设置浏览器配置项等。本节将介绍一些 Selenium 提供的其他 API。

6.13.1 调用 JavaScript

在实际自动化测试中，经常会遇到某些元素难以定位或操作不稳定的情况，这时就可以借助 JavaScript 语句完成，以稳定我们的测试脚本。Selenium 提供了 execute_script(script)方法，用以执行 JavaScript 语句。

例如，访问 EasyUI 网站首页，使用 JavaScript 语句将 EasyUI 首页第一个 h1 标签内容文字（Welcome to EasyUI）变成红色。代码如下：

```
# chapter6\execute_javascript.py
```

```
import time
from selenium import webdriver


driver = webdriver.Chrome()
driver.get("http://www.jeasyui.com/index.php")
time.sleep(2)

# js 语句
js = "document.getElementsByTagName('h1')[0].style.color='red'"
# 执行 js 语句
driver.execute_script(js)

time.sleep(10)
driver.quit()
```

执行上述脚本，可观察到访问 EasyUI 首页后，等待一会儿，内容“Welcome to EasyUI”变成了红色，如图 6-25 所示。

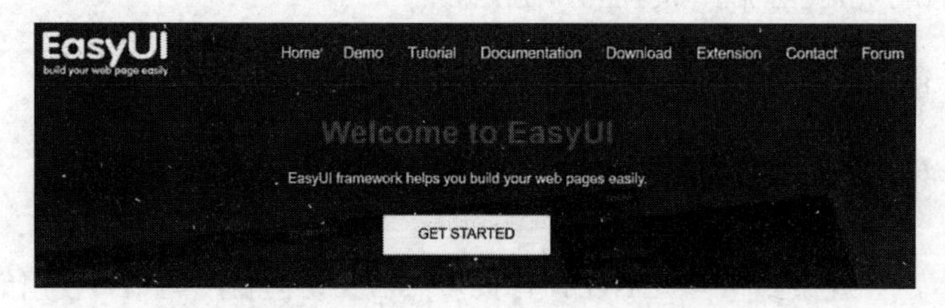

图 6-25 execute_javascript.py 执行结果

6.13.2 Cookie 操作

Cookie 用于辨别用户身份，可用于在访问服务器时保持登录状态。使用 Selenium 可以直接操作 Cookie，下面是一些 Cookie 的常用操作：

- add_cookie(cookie_dict)：添加 Cookie，参数 cookie_dict 是一个字典对象。
- delete_cookie(name)：删除 Cookie 信息中 key 为"name"的值。
- delete_all_cookies()：删除所有的 Cookie 信息。
- get_cookie(name)：获取 Cookie 信息中 key 为"name"的值。
- get_cookies()：获取所有的 Cookie 信息。

例如，访问必应首页，获取 Cookie 名为 SUID 的值，代码如下：

```
driver = webdriver.Chrome()
driver.get("https://cn.bing.com/")

print(driver.get_cookie('SUID'))
```

执行上述代码，会打印出 Cookie 名为 SUID 的值，打印的结果如下：

```
{'domain': '.bing.com', 'expiry': 1648215394, 'httpOnly': True, 'name': 'SUID',
'path': '/', 'sameSite': 'None', 'secure': True, 'value': 'M'}
```

6.13.3　屏幕截图

屏幕截图是一个非常好用的功能，当测试失败时便可截图保存，以方便失败原因的调查。截屏的方法有：

- get_screenshot_as_base64()：以 Base64 编码字符串的形式获取当前窗口的屏幕截图。
- get_screenshot_as_file(filename)：保存当前窗口截图为 PNG 图片。
- get_screenshot_as_png()：以二进制数据的形式获取当前窗口的截图。
- save_screenshot(filename)：保存当前窗口截图为 PNG 图片。

例如，访问 EasyUI 网站首页，并且查找一个元素，当查找的元素不存在时，保存截图。代码如下：

```
driver = webdriver.Chrome()
driver.get("http://www.jeasyui.com/index.php")

try:
    driver.find_element(By.ID, 'id')
except:
    # 元素不存时截屏保存
    driver.save_screenshot('screenshot.png')
```

执行上述代码，由于 try 代码下 id='id'的元素不存在，因此执行了 except 下的 sava_screenshot()方法，对当前窗口进行截图，并在当前目录下保存了一个 screenshot.png 图片文件。

6.13.4　获取环境信息

使用 capabilities 属性可以获取一些环境信息，例如浏览器名称、浏览器版本、操作系统信息等。capabilities 的返回值是一个字典，因此可以通过字典的方式获取信息。下面是使用 capabilities 可以获取到的内容：

- capabilities["browserName"]：获取浏览器名称。
- capabilities["browserVersion"]：获取浏览器版本。
- capabilities["goog:chromeOptions"]["debuggerAddress"]：获取 Debugger 地址。
- capabilities["platformName"]：获取操作系统名称。
- capabilities["proxy"]：获取代理。
- capabilities["timeouts"]：获取超时时间。

例如，打印超时时间，代码如下：

```
driver = webdriver.Chrome()
print(driver.capabilities["timeouts"])
```

执行上述代码，控制台输出的结果如下：

```
{'implicit': 0, 'pageLoad': 300000, 'script': 30000}
```

结果中的 implicit 为隐式等待时间；pageLoad 为文档完全加载时间，单位为毫秒，默认为 30 秒；script 指带有 Execute Script 或 Execute Async Script 的脚本运行时间，单位为毫秒，默认为 30 秒。

6.13.5 执行 CDP 命令

CDP（ChromeDevTools Protocal）即 Chrome 开发者工具协议，允许运行其他工具或库检查、调试 Chrome 和其他基于 Blink 的浏览器，即通过该协议可以开发工具或编写脚本，实现获取基于 Blink 的浏览器信息或对其操作。Selenium 4 提供了 execute_cdp_cmd()方法，用于执行 CDP 命令。CDP 命令可参考 CDP API 文档 https://chromedevtools.github.io/devtools-protocol/tot/Emulation/。

下面通过对当前页面截图的示例，介绍 Selenium 执行 CDP 命令的操作。

通过阅读 CDP API 文档可以知道，有一个 Page.captureScreenshot 方法，用来截取当前屏幕，Page.captureScreenshot 方法如图 6-26 所示。

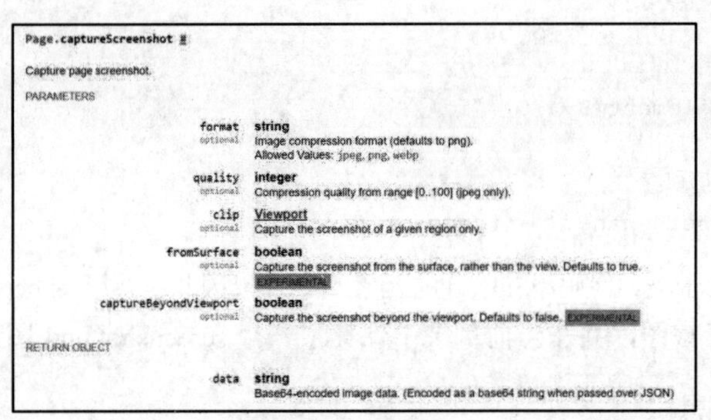

图 6-26 Page.captureScreenshot 方法

根据提供的方法编写代码如下：

```
# chapter6\run_cdp_cmd.py
import base64
import time
from selenium import webdriver


driver = webdriver.Chrome()
driver.get("http://www.jeasyui.com/index.php")
time.sleep(2)
# 执行 cdp 命令
res = driver.execute_cdp_cmd("Page.captureScreenshot",
```

```
                    {
                        "format": "jpeg",
                        "quality": 70,
                    })
with open('screetshout.jpeg', 'wb') as f:
    img = base64.b64decode(res['data'])
    f.write(img)

driver.quit()
```

执行上述脚本，代码运行完成后在当前目录下生成了一个 screetshout.jpeg 文件，打开后是 EasyUI 网站首页截图。

6.13.6　设置超时时间

为了快速并稳定地运行脚本，不但需要合理地使用强制等待、隐式等待和显式等待，还需要设置页面加载超时时间和 JavaScript 的执行超时时间。设置方法如下：

- set_page_load_timeout(time_to_wait)：设置页面加载超时时间，单位为秒。
- set_script_timeout(time_to_wait)：设置异步 JavaScript 执行超时时间，单位为秒。

例如，设置页面加载超时时间为 40 秒，异步 JavaScript 执行超时时间为 50 秒。代码如下：

```
driver = webdriver.Chrome()
# 设置页面加载超时时间为 40s
driver.set_page_load_timeout(40)
# 设置异步 JS 执行超时时间为 50s
driver.set_script_timeout(50)

print("页面加载超时时间是：{}".format(driver.timeouts.page_load))
print("异步 JS 执行超时时间是：{}".format(driver.timeouts. timeouts.script))
```

执行上面的代码，控制台的输出结果如下：

```
页面加载超时时间是：40.0
异步 JS 执行超时时间是：50.0
```

从输出结果中可以看到，页面加载超时时间和 JavaScript 执行超时时间设置成功。

6.14　Webdriver Manager

使用 Selenium 开发 Web UI 自动化测试脚本，需要根据不同浏览器、不同版本配置浏览器驱动，每一次浏览器版本的升级就意味着驱动需要更新一次，测试人员需要手动或自己编写脚本实现更新，而 Python 有一个第三方库 Webdriver Manager，可以帮助我们自动完成浏览器驱动的更新。在最新的 webdriver-manager 3.8.3 版本中，已经支持了 ChromeDriver、GeckoDriver、IEDriver、

OperaDriver、EdgeChromiumDriver 驱动程序，通过命令 pip install webdriver-manager 便可完成 webdriver-manager 的安装。

下面通过 Chrome 浏览器的设置来学习具体的使用。

首先导入 ChromeDriverManager，在实例化 Chrome 浏览器时，通过 ChromeDriverManager().install()方法自动下载对应版本的驱动。

Selenium 3 使用代码如下：

```
# selenium 3
from selenium import webdriver
from webdriver_manager.chrome import ChromeDriverManager

driver = webdriver.Chrome(ChromeDriverManager().install())
```

Selenium 4 使用代码如下：

```
# selenium 4
from selenium import webdriver
from selenium.webdriver.chrome.service import Service as ChromeService
from webdriver_manager.chrome import ChromeDriverManager

driver = webdriver.Chrome(service=ChromeService(ChromeDriverManager().install()))
```

Webdriver Manager 对不同的浏览器下载对应的驱动程序，在用法上会稍有不同。具体可查看 Webdriver Manager 开源项目仓库主页 https://github.com/SergeyPirogov/webdriver_manager。

6.15 Selenium Grid

Selenium Grid 是 Selenium 三大组件之一，用于分布式执行测试，即允许测试脚本在不同的测试环境（操作系统、浏览器等）下并行运行测试用例，以缩短测试项目的运行时间。

Selenium Grid 主要使用 hub-nodes 理念，由一个 Hub 节点和若干个 Node 代理节点组成。Hub 节点是管理中心，用来管理各个 Node 代理节点的注册信息和状态信息；Node 节点负责执行具体的测试用例。当客户端下发执行任务命令后，Hub 节点接收客户端代码的请求调用，然后对 Node 节点均衡调度并转发请求的命令，Node 节点再执行具体的命令（即测试机器上运行具体的测试用例），如图 6-27 所示。

Selenium Grid 的使用可通过文件准备→启动 Hub 节点→注册 Node 节点→编写运行脚本共 4 个步骤完成。

步骤 01 文件准备。

进入 https://selenium-release.storage.googleapis.com/index.html 网页，下载 selenium-server-standalone 的 jar 包。一般情况下，选择最新版本下载。例如下载 3.9.1 版本，选择可以在独立环境中运行的 jar 包，即 selenium-server-standalone-3.9.1.jar 文件，如图 6-28 所示。

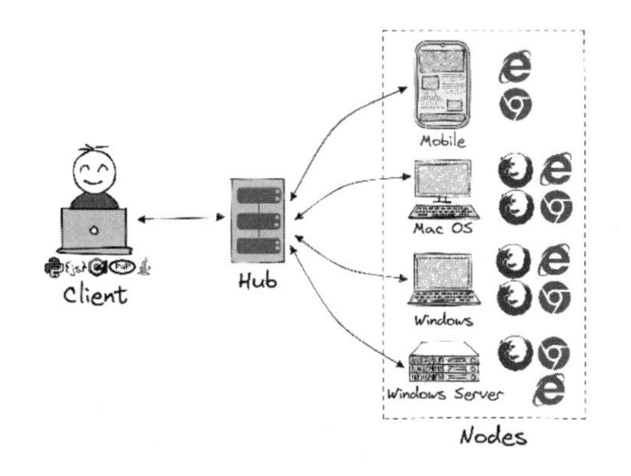

图 6-27　Selenium Grid 运行原理

Index of /3.9/

Name	Last modified	Size	ETag
Parent Directory		-	
IEDriverServer_Win32_3.9.0.zip	2018-02-05 17:44:30	0.94MB	[illegible]
IEDriverServer_x64_3.9.0.zip	2018-02-05 17:44:31	1.08MB	[illegible]
selenium-dotnet-3.9.0.zip	2018-02-05 17:44:32	4.47MB	[illegible]
selenium-dotnet-3.9.1.zip	2018-02-09 20:33:46	4.47MB	[illegible]
selenium-dotnet-strongnamed-3.9.0.zip	2018-02-05 17:44:32	4.48MB	[illegible]
selenium-dotnet-strongnamed-3.9.1.zip	2018-02-09 20:33:48	4.48MB	[illegible]
selenium-html-runner-3.9.0.jar	2018-02-05 14:57:45	14.23MB	[illegible]
selenium-html-runner-3.9.1.jar	2018-02-07 22:43:43	14.23MB	[illegible]
selenium-java-3.9.0.zip	2018-02-05 14:57:34	8.43MB	[illegible]
selenium-java-3.9.1.zip	2018-02-07 22:43:32	8.43MB	[illegible]
selenium-server-3.9.0.zip	2018-02-05 14:57:28	21.05MB	[illegible]
selenium-server-3.9.1.zip	2018-02-07 22:43:25	21.05MB	[illegible]
selenium-server-standalone-3.9.0.jar	2018-02-05 14:57:12	22.34MB	[illegible]
selenium-server-standalone-3.9.1.jar	2018-02-07 22:43:10	22.34MB	[illegible]

图 6-28　下载 selenium-server

然后准备若干机器部署 Hub 节点和 Node 节点。在此选择一台 Hub 节点机器和两台 Node 节点机器。准备的机器信息如表 6-5 所示。

表6-5　节点信息

节　点	IP	系统环境	浏览器配置
Hub 节点	192.168.18.111	Windows 11，64 位操作系统	Chrome110，Firefox110
Node1 节点	192.168.18.111	Windows 11，64 位操作系统	Chrome110，Firefox110
Node2 节点	192.168.18.250	Windows 11，64 位操作系统	Chrome110，Edge110

因为 Hub 节点和 Node 节点之间需要通信，所以需要确保 Hub 节点和 Node 节点机器之间网络互通。再由于 Node 节点是具体的测试用例执行者，因此需要具备用例执行的环境要求，例如安装了 Python 3 和浏览器驱动，根据测试的需要配置 Node 节点环境。

步骤 02 启动 Hub 节点。

selenium-server 是由 Java 语言开发的，进入 192.168.18.111 机器 selenium-server-standalone-3.9.1.jar 文件所在的目录下，使用 java -jar selenium-server-standalone-3.9.1.jar -role hub -maxSession 10 -port 4444 命令可启动 Hub 节点，如图 6-29 所示。

```
D:\grid>java -jar selenium-server-standalone-3.9.1.jar -role hub -maxSession 10 -port 4444
09:15:55.761 INFO - Selenium build info: version: '3.9.1', revision: '63f7b50'
09:15:55.761 INFO - Launching Selenium Grid hub on port 4444
2023-02-22 09:15:58.017:INFO::main: Logging initialized @2882ms to org.seleniumhq.jetty9.ut
il.log.StdErrLog
2023-02-22 09:15:58.120:INFO:osjs.Server:main: jetty-9.4.7.v20170914, build timestamp: 2017
-11-22T05:27:37+08:00, git hash: 82b8fb23f757335bb3329d540ce37a2a2615f0a8
2023-02-22 09:15:58.166:INFO:osjs.session:main: DefaultSessionIdManager workerName=node0
2023-02-22 09:15:58.166:INFO:osjs.session:main: No SessionScavenger set, using defaults
2023-02-22 09:15:58.172:INFO:osjs.session:main: Scavenging every 660000ms
2023-02-22 09:15:58.183:INFO:osjsh.ContextHandler:main: Started o.s.j.s.ServletContextHandl
er@44ebcd03{/,null,AVAILABLE}2023-02-22 09:15:58.244:INFO:osjs.AbstractConnector:main: Star
ted ServerConnector@79e2c065{HTTP/1.1,[http/1.1]}{0.0.0.0:4444}
2023-02-22 09:15:58.246:INFO:osjs.Server:main: Started @3106ms
09:15:58.246 INFO - Selenium Grid hub is up and running
09:15:58.246 INFO - Nodes should register to http://192.168.18.111:4444/grid/register/
09:15:58.246 INFO - Clients should connect to http://192.168.18.111:4444/wd/hub
```

图 6-29　启动 Hub 节点

启动上面的 Hub 节点时使用了参数-role、-maxSession、-port，除此还有--max-threads、--host

等参数。下面是一些常用参数：

- -role：指定节点，-role hub 表示启动 Hub 节点。
- -maxSession：最大会话数，用于设置并发执行的会话数量。
- -port：监听端口号。Hub 节点默认监听端口号是 4444，Node 节点默认监听端口号是 5555。
- --max-threads：监听线程的最大数量。默认值是可用处理器×3。
- --host：服务 IP 或主机名，一般是自动确定的。

启动 Hub 节点后，在浏览器中访问 http://IP:4444/grid/console（http:// 192.168.18.111:4444/grid /console）可进入 Grid Console 界面，查看配置项，如图 6-30 所示。如果是本机访问，则可写成 http://localhost:4444/grid/console。

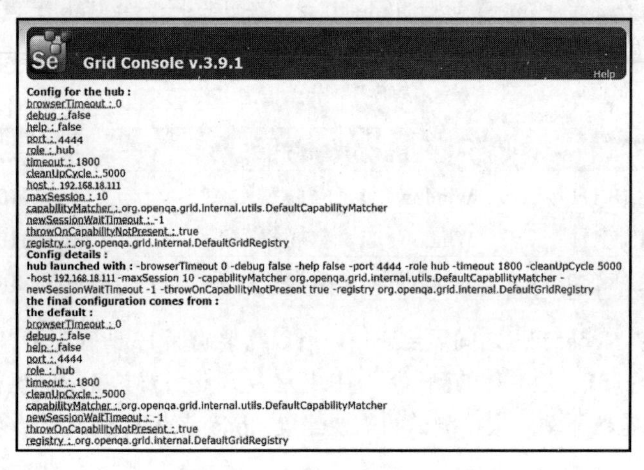

图 6-30　Grid Console 界面

步骤 03 注册 Node 节点。

进入 192.168.18.111 机器 selenium-server-standalone-3.9.1.jar 文件所在的目录，使用 Java 命令 java -jar selenium-server-standalone-3.9.1.jar -role node -port 5555 -hub http://192.168.18.111:4444/grid/ register -browser browserName=firefox 注册第一个 Node 节点。如图 6-31 所示。

```
D:\grid>java -jar selenium-server-standalone-3.9.1.jar -role node -port 5555 -hub http://192.16
8.18.111:4444/grid/register -browser browserName=firefox
09:45:20.197 INFO - Selenium build info: version: '3.9.1', revision: '63f7b50'
09:45:20.197 INFO - Launching a Selenium Grid node on port 5555
2023-02-22 09:45:21.530:INFO::main: Logging initialized @1876ms to org.seleniumhq.jetty9.util.l
og.StdErrLog
2023-02-22 09:45:21.665:INFO:osjs.Server:main: jetty-9.4.7.v20170914, build timestamp: 2017-11-
22T05:27:37+08:00, git hash: 82b8fb23f757335bb3329d540ce37a2a2615f0a8
2023-02-22 09:45:21.690:WARN:osjs.SecurityHandler:main: ServletContext@o.s.j.s.ServletContextHa
ndler@61d6015a{/,null,STARTING} has uncovered http methods for path: /
2023-02-22 09:45:21.699:INFO:osjsh.ContextHandler:main: Started o.s.j.s.ServletContextHandler@6
1d6015a{/,null,AVAILABLE}2023-02-22 09:45:21.736:INFO:osjs.AbstractConnector:main: Started Serv
erConnector@67080771{HTTP/1.1,[http/1.1]}{0.0.0.0:5555}
2023-02-22 09:45:21.736:INFO:osjs.Server:main: Started @2082ms
09:45:21.736 INFO - Selenium Server is up and running on port 5555
09:45:21.736 INFO - Selenium Grid node is up and ready to register to the hub
09:45:21.759 INFO - Starting auto registration thread. Will try to register every 5000 ms.
09:45:21.759 INFO - Registering the node to the hub: http://192.168.18.111:4444/grid/register
09:45:22.118 INFO - Updating the node configuration from the hub
09:45:22.140 INFO - The node is registered to the hub and ready to use
```

图 6-31　注册 Node 节点

参数说明：

- -role：指定节点，-role node 表示启动 Node 节点。
- -port：监听端口号。
- -hub：指定注册的 Hub 节点。
- -browser：指定浏览器。可以设置多个属性，例如-browser browserName=firefox,maxInstances=5,platform=WINDOWS,version=110。browserName=firefox 表示浏览器为 Firefox，maxInstances=5 表示最大实例数为 5，platform=WINDOWS 表示操作系统为 WINDOWS，version=110 表示浏览器版本是 110。

以同样的方式注册第二个节点，进入 192.168.18.250 机器 selenium-server-standalone-3.9.1.jar 文件所在的目录，使用 Java 命令 java -jar selenium-server-standalone-3.9.1.jar -role node -port 6666 -hub http://192.168.18.111:4444/grid/register 注册第二个 Node 节点。

两个 Node 节点注册完成后，再次访问 http://192.168.18.111:4444/grid/console 页面。如图 6-32 所示。

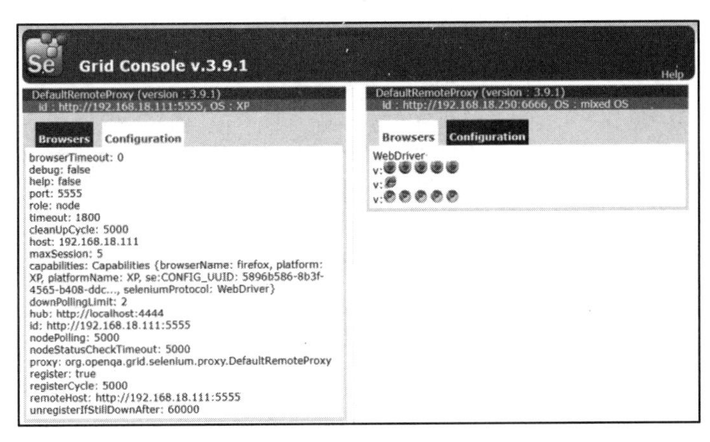

图 6-32　Node 节点信息

从图 6-32 中可以看到两个注册的 Node 节点信息，Node 节点一地址是 http://192.168.18.111:5555，只支持 Firefox 浏览器，最大实例数为 1；Node 节点二地址是 http://192.168.18.250:6666，支持 Firefox 浏览器且最大实例数为 5、IE 浏览器最大实例数为 1、Chrome 浏览器最大实例数为 5。

步骤 04 编写运行脚本。

分布式脚本编写是通过 webdriver.Remote(command_executor,options)实例化浏览器对象的，参数 command_executor 表示远程服务器 URL，默认值是 http://127.0.0.1:4444/wd/hub；参数 options 表示添加的参数，可以设置 platform_name、browser_version 等值。如下代码，实例化浏览器对象时指定 hub 地址为 http://192.168.18.111:4444/wd/hub，启动浏览器是 Chrome，然后尝试访

问 EasyUI 网站首页。

```
# chapter6\grid.py
import time
from selenium import webdriver


# Hub 地址
hub = 'http://192.168.18.111:4444/wd/hub'
# 设置 options
# options = webdriver.FirefoxOptions()
options = webdriver.ChromeOptions()

driver = webdriver.Remote(command_executor=hub, options=options)
try:
    # 操作步骤
    driver.maximize_window()
    driver.get('http://www.jeasyui.com/index.php')
    time.sleep(3)

except Exception as e:
    print("发生异常错误")
    print(e)
finally:
    driver.quit()
```

运行上述脚本，会观察到 Node2 节点（192.168.18.250）启动了 Chrome 浏览器，并访问了 EasyUI 网站首页，最后关闭了浏览器。由于 Node 节点中只有 Node2 注册了 Chrome 浏览器，因此 Hub 节点将任务分配给了 Node2 节点执行，这种分配方式与 Selenium Grid 的内部调度机制有关系。

Selenium Grid 在任务分配时，会根据 Hub 节点记录的 Node 节点的注册信息和状态信息综合判断任务下发到哪一个 Node 节点上，如果 Node1 和 Node2 节点都满足条件且空闲，则会随机选择节点下发，如果 Node1 已经占用了一个资源，Node2 空闲，则会优先下发到 Node2 节点。任务的分配会考虑 Node 节点资源的均衡。

6.16　生成测试用例脚本

Selenium 工具的作用是实现 Web 系统 UI 自动化测试，自动化测试用例需要借助 unittest 或 pytest 单元测试框架实现。本节将会使用 Selenium+pytest 介绍一个简单的 Web UI 测试用例脚本。

编写的测试用例如下：

- 测试用例一：访问 EasyUI Demo（http://www.jeasyui.com/demo/main/index.php）网页，

通过页面 Title（Live Demo - jQuery EasyUI）断言页面是否正确。

- 测试用例二：访问 EasyUI Demo 网页，进入 CheckBox 组件页面，勾选 Apple 多选框，通过 Apple 多选框状态断言操作是否正确。
- 测试用例三：访问 EasyUI Demo 网页，进入 Tabs 组件页面，单击 Help Tab，通过 Help Tab 下内容（This is the help content.）断言操作是否正确。
- 测试用例四：访问 EasyUI Demo 网页，进入 SearchBox 组件页面，搜索“用例测试”内容，通过弹窗内容断言操作是否正确。
- 测试用例五：访问 EasyUI Demo 网页，进入 Droppable 组件页面，将 Peach 源拖到 Target 区域，通过 Target 区域内容断言操作是否正确。

由于测试用例中的操作和页面示例基本都在本节示例中有所演示，未演示的读者可进入 EasyUI Demo 网站查看。

根据测试用例排版测试脚本，新建一个 EasyUIDemoTest 文件夹，文件下创建__init__.py、config.py、component.py、test_func.py 和 test_case.py 文件，如图 6-33 所示。

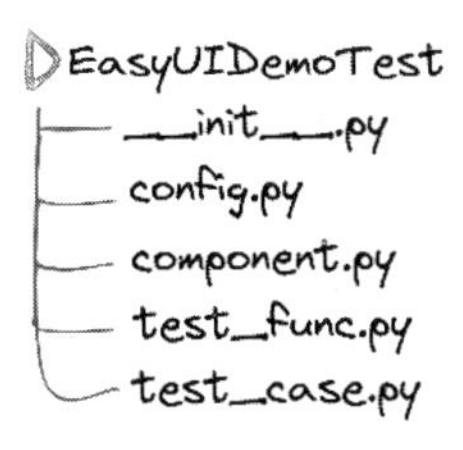

图 6-33 测试脚本

- __init__.py：标识 EasyUIDemoTest 是一个 package 包。
- config.py：配置文件，编写常用的配置内容。
- component.py：组件文件，组件相关的操作。
- test_func.py：测试方法文件，为测试用例做基础。
- test_case.py：测试用例文件，结合 test_func.py 生成测试用例。

步骤 01 配置文件。由于 URL 是一个常用的配置项，因此可以写在 config.py 配置文件下，config.py 文件内容如下：

```
# chapter6\EasyUIDemoTest\config.py

easyui_demo_url = 'http://www.jeasyui.com/demo/main/index.php'
```

步骤 02 组件文件。本次测试项目中需要使用的组件操作有进入对应的组件页面、单击 CheckBox、获取 CheckBox 状态、切换 Tab、获取 Alert 弹窗内容和鼠标拖曳。因此，将这几项的操作进行封装，写在 component.py 文件下，代码如下：

```
# chapter6\EasyUIDemoTest\component.py
```

```
from selenium.webdriver.common.by import By
from selenium.webdriver.support.wait import WebDriverWait
from selenium.webdriver.support import expected_conditions as EC
from selenium.webdriver.common.action_chains import ActionChains


def enter_component(driver, value):
    """进入对应的组件页面"""
    location_expression = f"//a[@onclick=\"open2('{value}')\"]"
    component = WebDriverWait(driver, 3,
0.3).until(EC.visibility_of_element_located((By.XPATH, location_expression)))
    component.click()


def checkbox_status(driver, value) -> bool:
    """判断 checkbox 选中状态"""
    location_expression = f"//label[text()='{value}']/following-sibling::span"
    checkbox = WebDriverWait(driver, 3,
0.3).until(EC.visibility_of_element_located((By.XPATH, location_expression)))
    if 'checkbox-checked' in checkbox.get_attribute('class'):
        status = True
    else:
        status = False
    return status


def select_checkbox(driver, value):
    """单击 checkbox """
    location_expression = f"//label[text()='{value}']/following-sibling::span"
    checkbox = WebDriverWait(driver, 3,
0.3).until(EC.visibility_of_element_located((By.XPATH, location_expression)))
    checkbox.click()


def switch_tab(driver, value):
    """单击 tab"""
    location_expression = f"//span[contains(@class ,'tabs-title') and
text()='{value}']"
    tab = WebDriverWait(driver, 3,
0.3).until(EC.visibility_of_element_located((By.XPATH, location_expression)))
    tab.click()


def get_alert_message_and_close(driver):
    """获取 Alert 弹窗内容，然后关闭弹窗"""
    alert = driver.switch_to.alert
```

```
        text = alert.text
        alert.accept()
        return text


    def drag_drop(driver, source):
        """鼠标拖曳"""
        location_expression = f"//div[@class='dragitem' and text()='{source}']"
        source = WebDriverWait(driver, 3,
0.3).until(EC.visibility_of_element_located((By.XPATH, location_expression)))
        target = WebDriverWait(driver, 3,
0.3).until(EC.visibility_of_element_located((By.CLASS_NAME, 'targetarea')))
        # 模拟鼠标拖曳
        action = ActionChains(driver)
        action.drag_and_drop(source, target)
        action.perform()
```

步骤 03 用例方法文件。再利用封装的组件、手动操作的顺序封装测试用例需要的方法，写在 test_func.py 文件中。代码如下：

```
# chapter6\EasyUIDemoTest\test_func.py
from .component import *


help_content_expr = "//div[contains(@data-options, 'icon-help')]"
search_input_id = "_easyui_textbox_input2"
search_btn_css = ".searchbox a"
target_class = "targetarea"


def assert_result(actual, expect=None):
    """断言"""
    if expect:
        assert actual == expect


def visit_page_func(driver, url, expect=None):
    """访问页面，通过页面 Title 断言"""
    driver.get(url)
    assert_result(driver.title, expect)


def checkbox_func(driver, value, expect=None):
    """访问 Checkbox 组件页面，然后单击一个 checkbox，通过 checkbox 状态断言"""
    enter_component(driver, 'CheckBox')
    select_checkbox(driver, value)
```

```
        assert_result(checkbox_status(driver, value), expect)


    def tab_func(driver, value, expect=None):
        """访问 Tabs 组件页面，然后单击一个 tab，通过 tab 下内容断言"""
        enter_component(driver, 'Tabs')
        switch_tab(driver, value)
        actual = WebDriverWait(driver, 3,
0.3).until(EC.visibility_of_element_located((By.XPATH, help_content_expr)))
        assert_result(actual.text, expect)


    def search_func(driver, value, expect=None):
        """访问 SearchBox 组件页面，然后搜索内容，通过 Alert 弹窗内容断言"""
        enter_component(driver, 'SearchBox')
        search_input = WebDriverWait(driver, 3,
0.3).until(EC.visibility_of_element_located((By.ID, search_input_id)))
        search_btn = WebDriverWait(driver, 3,
0.3).until(EC.visibility_of_element_located((By.CSS_SELECTOR, search_btn_css)))
        search_input.send_keys(value)
        search_btn.click()
        actual = get_alert_message_and_close(driver)
        assert_result(actual, expect)


    def droppable_func(driver, value, expect=None):
        """访问 Droppable 组件页面，然后将源拖曳到目的地， 通过目的地内容断言"""
        enter_component(driver, 'Droppable')
        drag_drop(driver, value)
        target = WebDriverWait(driver, 3,
0.3).until(EC.visibility_of_element_located((By.CLASS_NAME, target_class)))
        assert_result(target.text, expect)
```

步骤 04 测试用例文件。根据封装的测试方法添加测试数据，利用 pytest 框架生成测试用例。将启动 Chrome 浏览器和关闭浏览器写在夹具中，使整个测试脚本只执行一次浏览器启动和关闭。test_case.py 文件内容如下：

```
    # chapter6\EasyUIDemoTest\test_case.py
    import time
    import pytest
    from selenium import webdriver
    from .test_func import visit_page_func, checkbox_func, tab_func, search_func,
droppable_func
    from .config import easyui_demo_url
```

```
@pytest.fixture(scope='module')
def open_page_and_close():
    """module 执行前启动 Chrome 并最大化，module 执行后关闭浏览器"""
    driver = webdriver.Chrome()
    driver.maximize_window()
    time.sleep(2)
    yield driver
    driver.quit()


def test_visit_easyuidemo(open_page_and_close):
    """访问 EasyUI Demo 测试"""
    driver = open_page_and_close
    visit_page_func(driver, url=easyui_demo_url)


def test_checkbox(open_page_and_close):
    """checkbox 操作测试"""
    driver = open_page_and_close
    checkbox_func(driver, "Apple:", expect=True)


def test_tab(open_page_and_close):
    """tab 操作测试"""
    driver = open_page_and_close
    tab_func(driver, "Help", expect="This is the help content.")


def test_search(open_page_and_close):
    """搜索操作测试"""
    driver = open_page_and_close
    search_func(driver, "用例测试", expect="You input: 用例测试")


def test_droppable(open_page_and_close):
    """拖曳操作测试"""
    driver = open_page_and_close
    droppable_func(driver, "Peach", expect="Peach dropped")


if __name__ == '__main__':
    pytest.main(['-v', 'test_case.py'])
```

步骤 05 执行测试用例。执行测试用例脚本，执行脚本后启动 Chrome 浏览器，然后根据测试用例执行对应的操作，最后关闭了浏览器。执行后，控制台输出了如下测试结果：

```
============================== test session starts ==============================
collecting ... collected 5 items

EasyUIDemoTest/test_case.py::test_visit_easyuidemo  PASSED              [ 20%]
EasyUIDemoTest/test_case.py::test_checkbox  PASSED                      [ 40%]
EasyUIDemoTest/test_case.py::test_tab  PASSED                           [ 60%]
EasyUIDemoTest/test_case.py::test_search  PASSED                        [ 80%]
EasyUIDemoTest/test_case.py::test_droppable  PASSED                     [100%]

============================== 5 passed in 12.98s ==============================
```

从输出结果中可以看到，一共执行了 test_visit_easyuidemo、test_checkbox、test_tab、test_search、test_droppable 共 5 条测试用例，耗时 12.98s，且全部通过。

6.17 思考题

1. 什么是 Selenium，Selenium 都有哪些组件？
2. Selenium 中都有哪些定位方式？
3. 什么是 xpath 定位？xpath 定位中单斜杠（/）和双斜杠（//）有什么区别？
4. 如果元素存在，但是在页面中不显示，该元素应该如何操作？
5. 使用 Selenium 实现自动化测试项目，你都用过哪些时间等待方式？
6. Selenium 的工作原理是什么？
7. 在 Selenium 自动化测试中，如果一个元素定位或操作失败，那么可能的原因有哪些？

第7章

Appium

Appium 是一款开源免费的移动端自动化测试工具，与 Web 端 UI 自动化测试工具 Selenium 类似，在自动化测试中同样占有非常重要的地位。使用 Appium 可完成 Android、iOS 等设备上应用程序的自动化测试，本章将详细介绍 Appium 的使用。

7.1 简　　介

Appium 是一种用于自动化移动设备应用程序的开源工具，具有跨平台的特性，能够对 iOS 和 Android 等多种移动设备上的原生、Web 和混合应用程序实现自动化测试。原生应用程序指使用 Android、iOS 或 Windows SDK 编写的应用；Web 应用程序指通过浏览器访问的应用；混合应用程序指结合了原生应用程序和 Web 应用程序两者的元素的软件应用，本质上是带有原生应用外壳的 Web 应用。

1. Appium 的理念

Appium 旨在满足移动自动化的需求，其理念可以概括为以下 4 条：

- 无须为了实现自动化而通过其他方式修改或者重新编译应用程序。
- 编写和运行自动化测试用例时，不应该局限于某种指定的语言或框架。
- 移动自动化框架在 API 上不应该“重新发明轮子”。
- 一个移动自动化框架应该是开源的，无论是精神上还是实践上，都应该如此。

2. Appium 的设计

为了满足第一条理念，Appium 使用了系统自带的自动化框架。如此，使用 Appium 编写和运行测试脚本时，就无须将 Appium 特定的或第三方代码编译进被测应用，这意味着测试的应用和最终发布的应用是一致的。

Appium 自带的自动化框架有：

- iOS 9.3 及以上：苹果的 XCUITest。
- iOS 9.3 及以下：苹果的 UIAutomation。
- Android 4.3+：谷歌的 UiAutomator/UiAutomator2。
- Windows：微软的 WinAppDriver。

为了满足第二条理念，Appium 将这些系统框架封装成了一套 API——WebDriver API。WebDriver 也称 Selenium WebDriver，规定了一个客户端-服务端协议（JSON Wire Protocol），通过这种客户端-服务端的架构，可以使用任何语言编写客户端，并向服务端发送适当的 HTTP 请求。目前大多数流行语言的客户端版本都已经实现，即使用者可以自由地选择编程语言和测试框架。

以同样的方式实现第三条理念。WebDriver 已经成为 Web 浏览器自动化的标准，也成了 W3C 的标准（W3C Working Draft）。Appium 扩充了 WebDriver 的协议，在原来的基础上添加了移动自动化相关的 API 方法，保证了 API 的一致性，也拥有了移动自动化相关的 API。

对于第四条理念，读者应该已有所认识，Appium 是一个开源工具。

7.2 Android 模拟器

App 自动化测试需要搭建 App 的测试环境，例如对于 Android 设备，可以使用真机或模拟器，模拟器相对来说灵活度更高一点，因为它可以轻松地创建不同 Android 版本和分辨率的平台。

Android 模拟器是可以在计算机上模拟 Android 平台的一个工具，该工具能像真正的移动设备一样运行 App 程序。Android 平台程序开发者可以使用它调试应用程序，测试人员则可以使用它构建 Android 平台环境，用以测试应用程序。较受欢迎的模拟器有网易的 MuMu、Android Studio 模拟器、Genymotion 模拟器、BlueStacks、Nox（夜神）、LDPlayer（雷电）等。这里以 Nox（夜神）模拟器构建 Android 测试平台，详细介绍 App 自动化测试技术。

夜神模拟器是一款免费的 Android 平台模拟器工具，支持在 Windows 和 MacOS 系统上安装。安装很简单，进入夜神模拟器官网（https://www.yeshen.com/）下载安装包，然后运行安装程序即可完成安装。启动应用程序后的界面如图 7-1 所示。

图 7-1　夜神模拟器的界面

夜神模拟器支持模拟器多开（一次模拟多个手机）、安装 Android 5/7/9 版本、不同分辨率设置、不同手机型号的模拟、录屏等，也可以进行手机摇一摇、音量、网络、蓝牙、定位等设置，和真实手机功能高度一致，非常方便测试工作的开展。

7.3　ADB 工具

ADB 工具即 Android 调试桥工具（Android Debug Bridge Tool），是一个 C/S 架构的命令行工具，使用它能够直接操作 Android 模拟器或者真实的 Android 设备，它是测试人员测试 App 程序时必不可少的一个工具。ADB 工具最初用来协助开发人员在开发 Android 应用时更好地调试 APK，使用 ADB 工具可以安装卸载 APK、复制推送文件、查看设备硬件信息、查看应用程序占用资源、在设备上执行 Shell 命令等，该工具在 App 自动化测试中非常实用。

7.3.1　ADB 的工作原理

ADB 工具是一种 C/S 架构的程序，由客户端、服务器和守护进程三个组件构成：

- 客户端：英文名 ADB Client，运行在开发用的机器上，可以是命令行，也可以是 DDMS 等工具，用来发送命令。当用户启动一个客户端时，首先会检测服务端进程是否运行，如果没有则启动服务端进程。
- 服务器：英文名 ADB Server，是运行在开发机器上的一个后台进程。主要作用是管理客户端和守护进程之间的通信。
- 守护进程：英文名 ADB Daemon，是运行在 Android 设备后台的一个进程，主要作用是处理来自 ADB Server 的命令行请求，并将结果返回 ADB Server。

了解了 ADB 工具的三个组件，相信读者对 ADB 工具的工作原理已经有了一个基本的轮廓。客户端与服务器建立连接，服务器与守护进程建立连接，就形成了客户端→服务器→守护进程，守护进程→服务器→客户端这样一个回路，如图 7-2 所示。

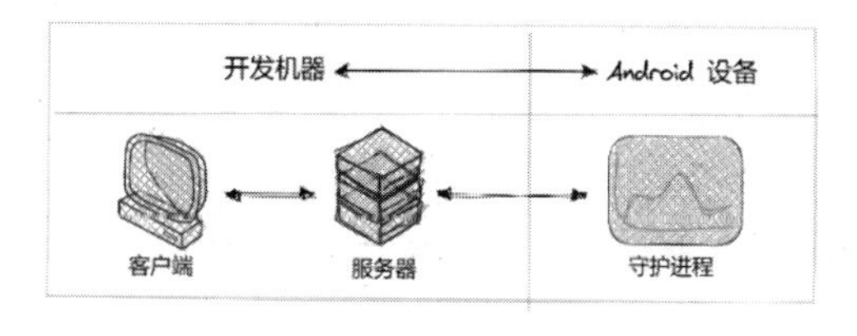

图 7-2　ADB 的工作原理

当我们启动一个 ADB 客户端时，首先会检查服务器的进程是否在运行，如果没有则启动服务器进程，服务器启动后会与本地 TCP 端口 5037 绑定，并监听客户端发出的命令。然后服务器会扫描 5555~5585 之间的奇数号端口查找模拟器，如果发现守护进程便与之建立连接。当服务器与客户端和守护进程都建立连接后，便可以通过 ADB 客户端访问连接的移动设备。

7.3.2 ADB 工具安装

ADB 是 Android SDK 中的一个工具，因此安装 Android SDK 后就可以使用 ADB 命令，Android SDK 是谷歌提供的 Android 开发工具包，在开发 Android 应用时需要引入工具包来调用 Android 的 API。也可以通过安装 Android Studio（内含 Android SDK）完成 ADB 的安装，Android Studio 是谷歌推出的 Android 集成开发工具，提供了集成的 Android 开发工具用于开发和调试。

接下来，我们在 Windows 系统上安装 Android SDK。

步骤01 请确认计算机上已经安装了 Java JDK，并且配置了环境变量。

步骤02 进入官方网站（https://developer.android.com/）或中文网站（https://www.androiddevtools.cn/）下载 ZIP 安装包。例如进入中文网站页面，在 SDK Tools 节点下选择 Windows 平台的 ZIP 包，如 24.4.1 版本文件 android-sdk_r24.4.1-windows.zip，下载完成后解压。

步骤03 进入解压后的文件夹，运行程序 SDK Manager.exe 开始安装 SDK。在打开的界面中勾选 Tools 下 Android SDK Tools、Android SDK Platform-tools、Android SDK Build-tools，Extras 下 Google USB Driver，然后单击 Install 开始安装，如图 7-3 所示。

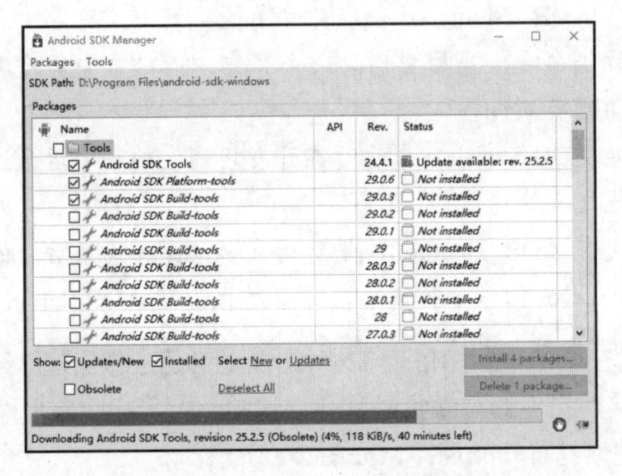

图 7-3　安装 Android SDK

步骤04 设置环境变量。将 ZIP 包解压后的文件夹路径添加进环境变量，并命名为 ANDROID_HOME，如图 7-4 所示。

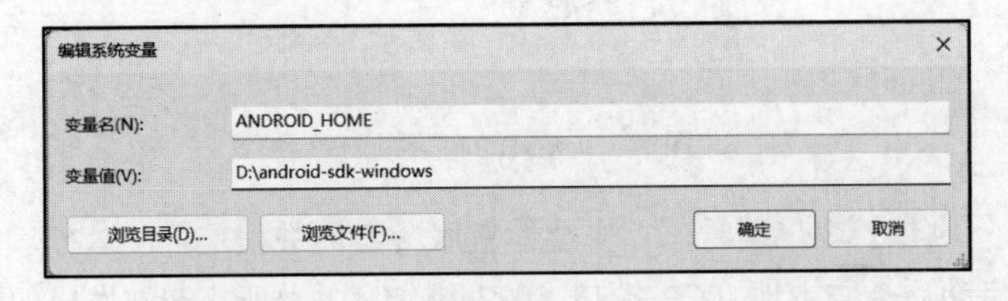

图 7-4　添加环境变量 ANDROID_HOME

步骤05 SDK 安装完成后，将 SDK Manager.exe 所在文件夹下的 tools、platform-tools、build-tools 文

件夹添加到环境变量 Path 中，添加内容依次为%ANDROID_HOME%\tools、%ANDROID_HOME%\platform-tools、%ANDROID_HOME%\build-tools，如图 7-5 所示。

图 7-5　添加环境变量

上述 5 个步骤设置完成后，打开命令行工具并输入命令 adb version，如果显示 ADB 版本信息，那么表示 ADB 工具安装成功，如图 7-6 所示。

```
C:\Users\tynam>adb version
Android Debug Bridge version 1.0.41
Version 29.0.6-6198805
Installed as D:\android-sdk-windows\platform-tools\adb.exe
```

图 7-6　查看 ADB 工具版本

步骤 06 替换模拟器的 ADB 程序。夜神模拟器自带了一个 nox_adb.exe 程序，我们需要使用安装的 adb.exe 替换模拟器中的 nox_adb.exe，否则由于 ADB 版本问题，安装的 ADB 工具在查找夜神模拟器时会失败。

进入 ANDROID_HOME 路径下的 platform-tools 文件夹，复制 adb.exe 程序，并重命名为 nox_adb.exe，将其移动到夜神模拟器安装路径下的 bin 文件夹中，覆盖原有的 nox adb.exe 程序，然后重启夜神模拟器使其生效。打开命令行工具，输入命令 adb devices 可查看当前连接的设备，如图 7-7 所示，从图中可以看到连接了一个 127.0.0.1:62001 的设备。

```
C:\Users\tynam>adb devices
List of devices attached
127.0.0.1:62001 device
```

图 7-7　查看当前连接设备

7.3.3 ADB 常用命令

ADB 工具的操作很简单，只需要在命令行工具中输入 ADB 命令即可查看设备信息或执行某些操作。ADB 命令分为两类，ADB 基本操作命令和 adb shell 命令。ADB 基本操作常用的命令如表 7-1 所示。

表7-1　ADB基本操作常用命令

命　令	说　明
adb devices	查看当前连接设备
adb get-state	查看设备状态：device（正常连接）、offline（离线）、unknown（没有连接设备）
adb connect device	连接开启了 TCP 连接方式的设备
adb logcat	查看日志
adb logcat -c	清除日志缓存
adb install xxx.apk	安装应用，如果已经存在则无法安装
adb install -r xxx.apk	安装应用，如果已经存在则覆盖
adb uninstall com.xxx	卸载应用，指定的是包
adb uninstall -k com.xxx	卸载应用，但保留数据和缓存文件
adb push <local> <remote>	从本地复制文件到设备
adb pull <remote> <local>	从设备复制文件到本地
adb bugreport	手机日志数据，可用于后续的分析
adb reboot	重启设备
adb get-serialno	获取序列号
adb help	查看 ADB 命令帮助

Android 是一种基于 Linux 的自由及开放源代码的操作系统，adb shell 命令是一个 Linux 的 shell，用以调用 Android 系统内置的一些命令，主要可以分为如下几类：

- adb shell input：input 命令用来模拟一些按键单击、屏幕单击、输入等命令。例如，模拟输入文本信息：input text "hellow world"。
- adb shell dumpsys：dumpsys 命令可以查询系统内 App 的相关信息，例如内存、耗电量、CPU、帧率等。
- adb shell pm：pm（Package Manager）是包相关的一些命令。例如 APK 安装、APK 卸载等。
- adb shell am：am (Activity Manager) 命令用来启动 Activity、启动广播和服务等。例如打开一个 Activity：am start io.appium.android.apis/.ApiDemos。
- adb shell ps：查看进程。

- adb shell monkey：进行 Monkey 测试，模拟随机事件测试应用程序。

adb shell 常用的命令如表 7-2 所示。

表7-2　adb shell常用命令

命　　令	说　　明
adb shell pm list packages	查看已经安装的所有应用包名
adb shell pm list packages -3	查看除系统应用外的第三方应用包名
adb shell pm clear 包名	清除应用数据与缓存
adb shell top -s 10	查看占用内存前 10 的应用
adb shell am start 包名/完整 Activity 路径	启动 Activity
adb shell am force-stop 包名	关闭指定包名的应用
adb shell screencap /sdcard/screen.png	屏幕截图
adb shell stop	关闭设备
adb shell start	启动设备

下面演示一个简单的示例。启动 Android 模拟器后，在命令行工具中输入 adb shell pm list packages 命令查看已安装的所有应用包名，操作如下：

```
C:\Users\tynam>adb shell pm list packages
package:com.android.cts.priv.ctsshim
package:com.android.providers.telephony
package:com.android.providers.calendar
package:com.android.providers.media
package:com.android.wallpapercropper
package:com.android.documentsui
package:com.android.externalstorage
package:com.android.htmlviewer
package:com.android.mms.service
...
```

7.3.4　自动化测试中常用的 ADB 命令

ADB 是 App 自动化测试项目中非常有用的一个辅助工具，可以帮助我们解决很多问题。下面详细介绍一些在 App 自动化测试中经常使用的 ADB 命令。

启动夜神模拟器，并在命令行窗口使用命令 adb devices 查看当前连接的设备，确保 ADB 工具可以查找到夜神模拟器，然后根据下面的说明进行操作。

1. 安装应用

下载一个应用程序，例如 API Demo 程序（Appium 样例程序，下载地址 https://github.com/appium/appium/tree/1.19/sample-code/apps 下 ApiDemos-debug.apk），然后执行命令 adb install -r

即可完成在夜神模拟器中安装 API Demo App。操作如下：

```
C:\Users\tynam>adb install -r D:\appium\sample-code\apps\ApiDemos-debug.apk
Performing Streamed Install
Success

C:\Users\tynam>
```

命令执行完成后，打开夜神模拟器便可以看到 API Demo 程序已经安装成功，如图 7-8 所示。

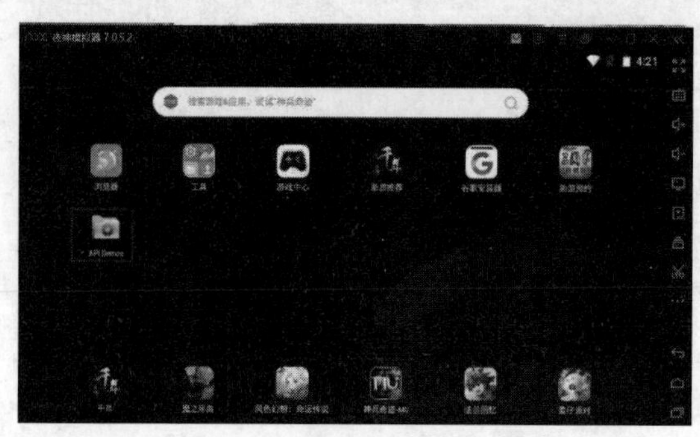

图 7-8 API Demo 应用安装成功

2. 查看 API Demo 包名

执行命令 adb shell pm list packages -3 查看模拟器中安装的第三方应用包名，操作如下：

```
C:\Users\tynam>adb shell pm list packages -3
package:io.appium.android.apis

C:\Users\tynam>
```

因为只安装了一个第三方应用，所以 API Demo 的包名是 io.appium.android.apis。知道了包名便可以使用命令 adb uninstall io.appium.android.apis 将 API Demo 应用卸载。

3. 清除应用数据与缓存

打开游戏中心应用（包名：com.android.Calendar），首次打开会提示用户是否一键安装多款游戏，单击【跳过】进入主页面，然后打开命令行工具，输入命令 adb shell pm clear com.android.Calendar 清除应用数据与缓存。

```
C:\Users\tynam>adb shell pm clear com.android.Calendar
Success

C:\Users\tynam>
```

执行命令时，如果游戏中心应用在一个运行状态下，则会关闭应用进程。手动再次重新启动游戏中心应用，发现提示用户是否一键安装多款游戏又出现了，这是因为上述命令会清除应用的数据和缓存，包括相关权限。

4. 查看 Activity

Activity 是 Android 的一个应用组件，它提供了屏幕用于进行交互。一个 Activity 代表一个具有用户界面的单一屏幕。

查看 Activity 的方法很简单，在模拟器中打开对应的应用程序，进入需要查看的界面，然后输入命令 adb shell dumpsys activity | findstr "mFocusedActivity"即可获取到当前界面的 Activity 值。例如，查看 API Demo 主页面的 Activity 值，如图 7-9 所示。模拟器屏幕显示的是 API Demo 的主页界面，输入命令后便获取到了 Activity 的值是 io.appium.android.apis/.ApiDemos。

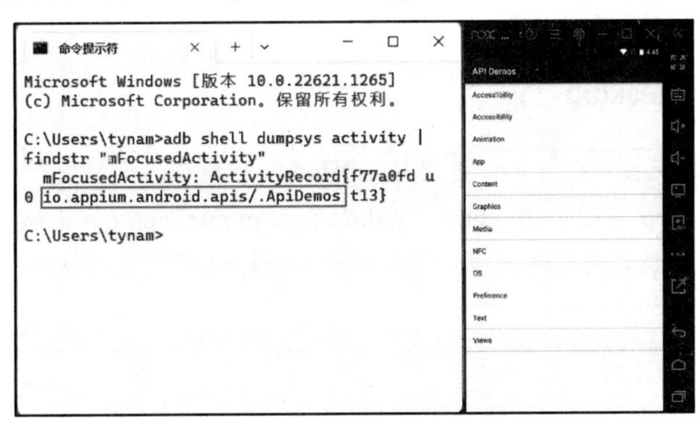

图 7-9　查看 Activity

5. 启动 Activity

在模拟器中结束 API Demo 应用进程，然后在命令行工具中执行命令 adb shell am start io.appium.android.apis/.ApiDemos 便可以打开 API Demo 应用的主页界面。操作如下：

```
C:\Users\tynam>adb shell am start io.appium.android.apis/.ApiDemos
Starting: Intent { act=android.intent.action.MAIN
cat=[android.intent.category.LAUNCHER] cmp=io.appium.android.apis/.ApiDemos }

C:\Users\tynam>
```

命令执行后，模拟器打开了 API Demo 应用，并且进入到了主页界面。

6. 关闭应用

执行命令 adb shell am force-stop io.appium.android.apis 关闭 API Demo 应用。操作如下：

```
C:\Users\tynam>adb shell am force-stop io.appium.android.apis

C:\Users\tynam>
```

命令执行完成后，会发现模拟器中关闭了 API Demo 应用。

7.4 Appium 环境准备

Appium 有三个重要的工具，分别是 Appium Server、Appium Desktop 和 Appium Inspector。Appium Desktop 是一款用于 macOS、Windows 和 Linux 的开源应用，内嵌了 Appium Server 和 Appium Inspector 工具。Server 用来接收不同语言脚本发送的请求，并将其转换为对不同平台的调用；Inspector 用来查看应用程序的元素，并进行基本的交互。

在 Appium V1.22 版本后，Appium Inspector 工具作为一个单独的应用程序发布，不再内嵌于 Appium Desktop 中，而 Appium Desktop 成为了 Appium Server 的一个可视化工具，因此也称为 Appium Server GUI 工具。

7.4.1 安装 Appium Desktop

Appium Desktop 的安装非常简单，首先从 GitHub 下载程序，然后运行程序安装即可。

进入 Appium Desktop 下载页面（https://github.com/appium/appium-desktop/releases），选择合适的版本，根据操作系统选择对应的程序。例如下载 Windows 系统上运行的 1.22.3 版本，如图 7-10 所示。

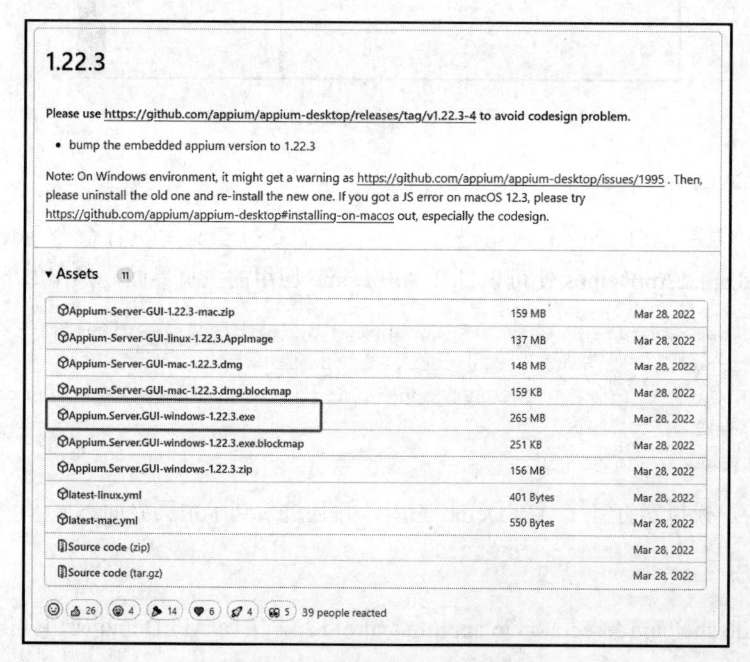

图 7-10 下载 Appium Desktop

下载完成后，单击下载的程序 Appium.Server.GUI-windows-1.22.3.exe 进行安装。安装完成后，启动 Appium Desktop 程序，启动后的程序界面如图 7-11 所示。

Appium
File View Help
appium
Simple
Advanced
Presets
Host
0.0.0.0
Port
4723
Start Server v1.22.3
Edit Configurations

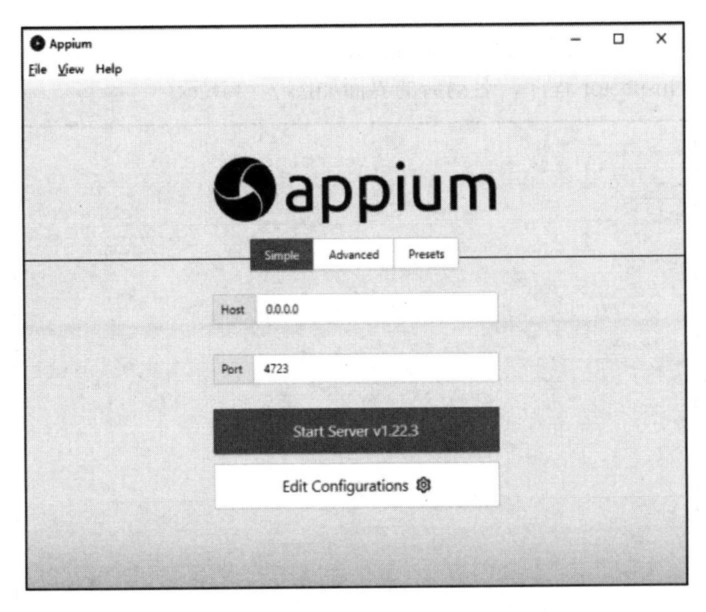

图 7-11　Appium Desktop 启动后界面

7.4.2　安装 Appium Inspector

进入 Appium Inspector 下载页面（https://github.com/appium/appium-inspector/releases），选择合适的版本，然后根据操作系统选择对应的程序。例如下载 Windows 系统上运行的 2022.5.1 版本，如图 7-12 所示。

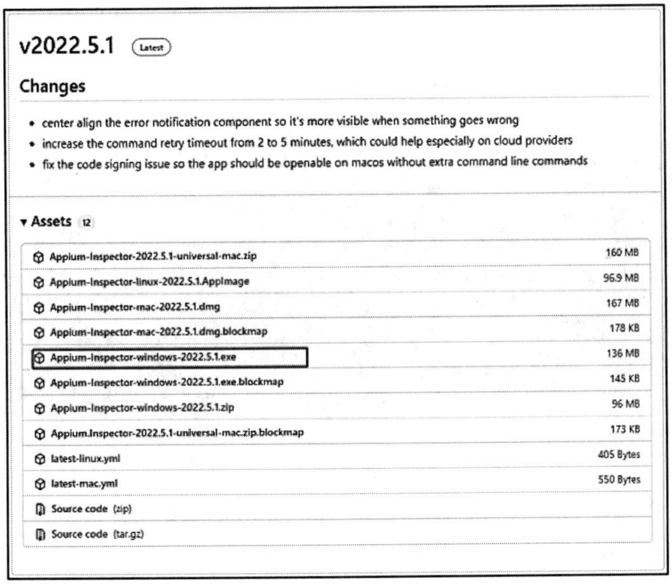

v2022.5.1
Latest
Changes
center align the error notification component so it's more visible when something goes wrong
increase the command retry timeout from 2 to 5 minutes, which could help especially on cloud providers
fix the code signing issue so the app should be openable on macos without extra command line commands
Assets 12
Appium-Inspector-2022.5.1-universal-mac.zip 160 MB
Appium-Inspector-linux-2022.5.1.AppImage 96.9 MB
Appium-Inspector-mac-2022.5.1.dmg 167 MB
Appium-Inspector-mac-2022.5.1.dmg.blockmap 178 KB
Appium-Inspector-windows-2022.5.1.exe 136 MB
Appium-Inspector-windows-2022.5.1.exe.blockmap 145 KB
Appium-Inspector-windows-2022.5.1.zip 96 MB
Appium.Inspector-2022.5.1-universal-mac.zip.blockmap 173 KB
latest-linux.yml 405 Bytes
latest-mac.yml 550 Bytes
Source code (zip)
Source code (tar.gz)

图 7-12　下载 Appium Inspector

下载完成后，单击下载的程序 Appium-Inspector-windows-2022.5.1.exe 即可完成安装。安装完成后，启动 Appium Inspector 程序，启动后的界面如图 7-13 所示。

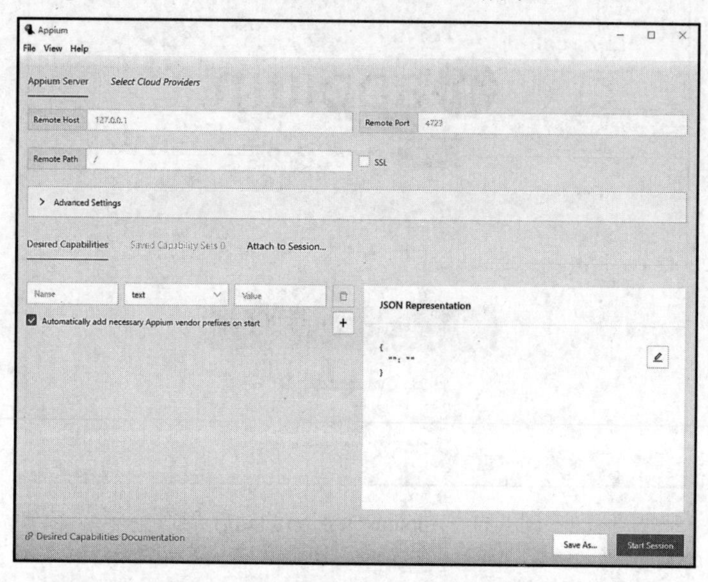

图 7-13　Appium Inspector 启动后的界面

7.4.3　Appium 简单使用

步骤01 启动 Appium Server。单击图 7-11 中的【Start Server v1.22.3】按钮启动 Appium Server，启动后界面如图 7-14 所示。从界面中打印的日志可以看到，Appium 将会监听本地 4723 端口。

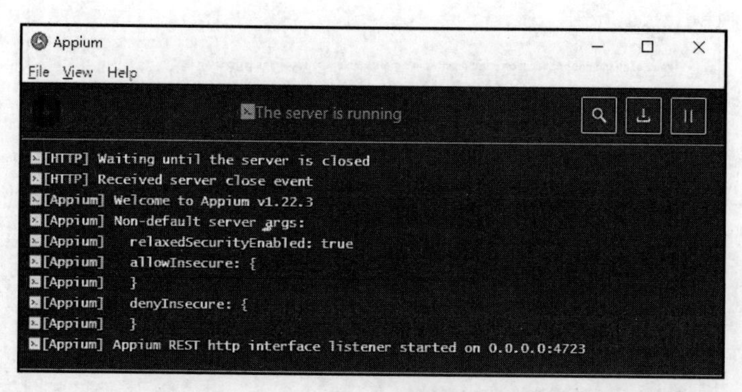

图 7-14　启动 Appium Server 后界面

步骤02 在 Inspector 中配置 Appium Server。启动 Appium Inspector 程序后，在 Appium Server 的标签下设置【Remote Host】为 127.0.0.1，【Remote Port】为 4723，【Remote Path】为 /wd/hub。如图 7-15 所示。

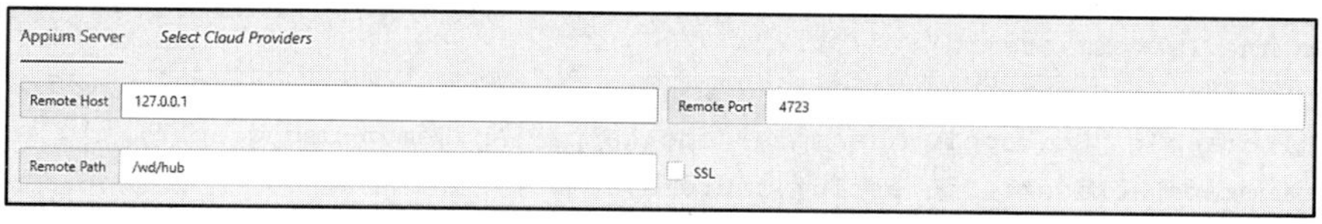

图 7-15　Inspector 中配置 Appium Server

【Remote Path】中的 wd 可理解为 webdriver，hub 理解为主节点，意思是访问 webdriver 的主节点。

步骤 03 配置 Desired Capabilities。Desired Capabilities 是一些发送给 Appium Server 的键值对集合。主要作用为启动服务端时设置参数，在启动一个 session 时，参数是必须要提供的。

Desired Capabilities 下可以添加许多参数，详细内容可查看 Appium Desired Capabilities 页面（http://appium.io/docs/en/writing-running-appium/caps/），表 7-3 列出了一些常用的参数。

表7-3　Desired Capabilities常用参数

参　　数	说　　明	值
automationName	自动化测试引擎	如 Appium、UiAutomator2
platformName	移动设备操作系统	如 iOS、Android
platformVersion	移动设备操作系统版本	如 7.1、4.4
deviceName	移动设备或模拟器设备名称	如 iPhone Simulator
orientation	设置横屏或竖屏，值为 LANDSCAPE（横向）或 PORTRAIT（纵向）	如 LANDSCAPE
app	.ipa 或.apk 文件路径	如/abs/path/to/my.apk
browserName	移动设备浏览器名称	如 Chrome、Safari
newCommandTimeout	设置命令超时时间，单位为秒	如 60
appActivity	App activity	如 MainActivity
appPackage	Android 应用的包名	如 com.example.android.myApp
unicodeKeyboard	使用 Unicode 输入法，默认值 False	True 或 False
resetKeyboard	重置输入法到原有状态，默认值 False	True 或 False
noReset	启动 Session 前和测试结束后，停止并清除应用数据。但不卸载	True 或 False
autoGrantPermissions	应用程序安装时自动授予需要的权限。如果 noReset 为 True，则此功能不起作用	True 或 False

接下来配置 Desired Capabilities，配置内容如下：

```
{
  "appium:platformName": "Android",
```

```
  "appium:platformVersion": "7.1.2",
  "appium:deviceName": "NoxPlayer V7",
  "appium:app": "D:\\appium\\sample-code\\apps\\ApiDemos-debug.apk",
  "appium:appPackage": "io.appium.android.apis",
  "appium:appActivity": ".ApiDemos"
}
```

意思是启动 Session 时初始化的操作系统是 Android、操作系统版本是 7.1.2、设备名称是 NoxPlayer V7、App 安装包路径是 D:\\appium\\sample-code\\apps\\ApiDemos-debug.apk、App 的 Activity 是.ApiDemos、App 包名是 io.appium.android.apis。操作截图如图 7-16 所示。

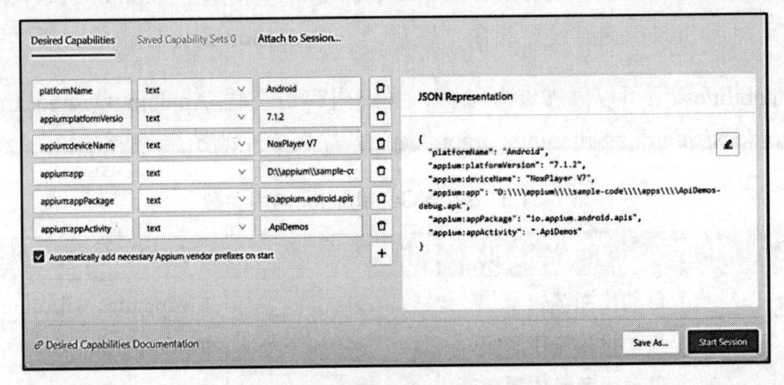

图 7-16　配置 Desired Capabilities

步骤 04 启动 Session。单击当前界面右下角【Start Session】按钮，即可启动一个 Session。也可单击【Save】将当前配置的 Desired Capabilities 保存到【Saved Capability Sets】下。

启动 Session 后，夜神模拟器会重新安装 API Demo 应用，然后进入 API Demo 主页界面（主页界面的 Activity 是.ApiDemos）。此时 Appium Inspector 会捕获夜神模拟器的当前界面，测试人员可在 Inspector 当前窗口查看捕获界面的一些信息。如图 7-17 所示。

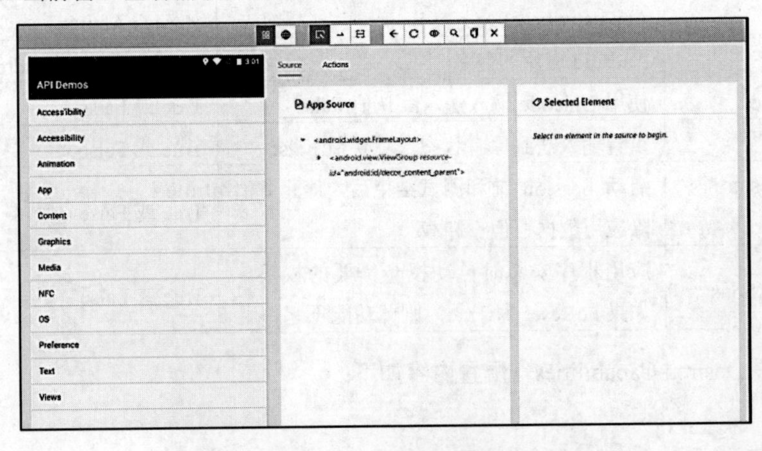

图 7-17　启动 Session 后的 Inspector 界面

Inspector 界面由三部分构成，最左边展示的是捕获的应用截图，称为快照视图；中间展示的是应用程序的 XML，称为 Source 区域；最右边展示的是已选元素的信息，称为元素信息视图。

Appium Inspector 工具对于初学 Appium 的用户来说是非常实用的，带有一个简单的 UI 界面，在此界面可以进行脚本录制、元素定位等操作，简单易用。

注意　Appium 在启动 Session 时默认会清除应用数据，例如应用权限、登录用户。如果不希望数据被清除，则需要在 Desired Capabilities 下添加"noReset": "true"参数。

7.4.4 Inspector 功能

Appium Inspector 启动 Session 后，提供了许多功能协助测试脚本的开发。图 7-17 最顶部的一排按钮，从左至右依次是原生应用模式、Web/混合应用模式、选择元素、滑动坐标、单击坐标点、返回、刷新、脚本录制、元素查找、复制 XML 源代码和停止 Session。

- 原生应用模式：如果被测应用是原生应用，则启用该模式。
- Web/混合应用模式：如果被测应用是 Web 或混合应用，则启用该模式。
- 选择元素：选择该按钮后，鼠标悬浮在捕获的应用界面中的某个元素上，将会高亮标记，如果单击，右侧会直接显示该元素的一些属性和值。
- 滑动坐标：通过设置滑动起始点进行页面滑动操作。
- 单击坐标点：选择捕获应用界面的一个坐标点进行单击操作。
- 返回：返回操作。
- 刷新：重新捕获应用界面，保持与移动设备或模拟器一致。
- 脚本录制：录制接下来的操作，并且生成测试脚本。
- 查找元素：通过 Id、XPath、Name 等方式查找元素。
- 复制 XML 源代码：复制当前界面的 XML 源代码。
- 停止 Session：停止当前 Session，并关闭 Inspector。

7.4.5 脚本录制

脚本录制功能可以帮助我们快速生成对应的测试脚本，下面介绍具体的使用。

步骤 01 启动 Session。使用 7.4.3 节步骤三配置的 Desired Capabilities，将 appActivity 字段的值修改为.app.SearchInvoke（App/Search/Invoke Search 界面），接着启动 Session。

步骤 02 启动脚本录制。单击【脚本录制】图标，启动录制功能，此时脚本录制图标会变成停止录制图标。

步骤 03 选择 Inspector 工具中的【选择元素】图标，在快照视图区域寻找到【Prefill query】输入框，然后左键单击。此时，Inspector 界面如图 7-18 所示。

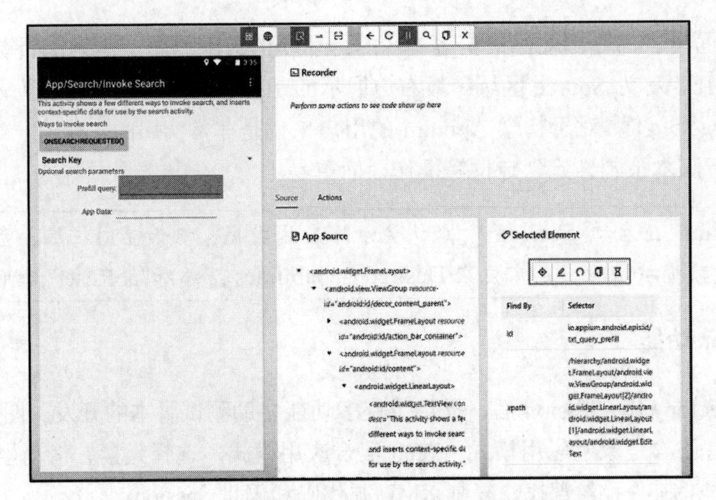

图 7-18　查看【Prefill query】输入框元素

选择元素后，在元素信息视图区域会显示输入框元素的所有属性。在元素信息视图区域会出现一排按钮，如图 7-18 所示，从左至右依次是单击、发送内容、清空、复制元素属性、获取时间。

- 单击：执行单击操作，单击所选元素。
- 发送内容：多用于输入框，在所选元素中输入内容。
- 清空：清空输入的内容，经常用于清空输入框中的默认值。
- 复制元素属性：将所选元素的属性和值复制到剪贴板。
- 获取时间：单击之后，在定位表达式后面显示执行该表达式定位元素耗费的时间。如图 7-19 所示。

Find By	Selector	Time (ms)
id	io.appium.android.apis:id/txt_query_prefill	66
xpath	/hierarchy/android.widget.FrameLayout/android.view.ViewGroup/android.widget.FrameLayout[2]/android.widget.LinearLayout/android.widget.LinearLayout[1]/android.widget.LinearLayout/android.widget.EditText	108

图 7-19　定位表达式及执行时间

提示　由于 Inspector 分辨率等一些因素影响，鼠标在快照视图区域所选的元素与视图界面中显示的位置不一致，需要读者根据元素信息视图区域下 text 或其他属性判断所选元素是否为期望元素。

步骤 04 发送内容“hellow”。单击元素信息视图区域下的【发送内容】图标，在弹出的对话框中输入 hellow，然后单击【Send Keys】按钮。如图 7-20 所示。

图 7-20　发送内容

内容发送成功后，模拟器中会观察到【Prefill query】输入框中填写了内容“hellow”。Inspector 工具中快照视图区域也会同步更新。

步骤 05 单击【ONSEARCHREQUESTED()】按钮。在快照视图区域寻找到【ONSEARCHREQUESTED()】按钮，然后左键单击。此时元素信息视图下显示的是【ONSEARCHREQUESTED()】按钮元素信息，单击【单击】图标发送元素单击事件。

单击事件触发成功后，模拟器中会观察到界面最上方出现了搜索输入框，并填充了内容 hellow。Inspector 工具中快照视图区域也进行了同步更新，如图 7-21 所示。

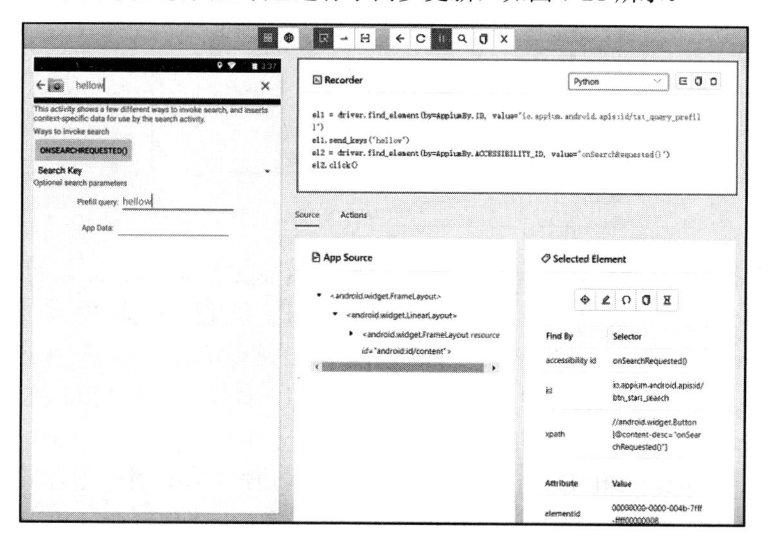

图 7-21　查看录制的脚本

从图 7-21 标记处可以看到，以上操作已经被录制并生成了测试脚本，在此可以选择查看不同语言的测试脚本，下面代码便是生成的 Python 脚本。

```
    el1 = driver.find_element(by=AppiumBy.ID,value="io.appium.android.apis:id/txt_
query_prefill")
    el1.send_keys("hellow")
    el2 = driver.find_element(by=AppiumBy.ACCESSIBILITY_ID,
value="onSearchRequested()")
    el2.click()
```

7.4.6 查看元素属性

在上一小节中，通过录制功能录制了用户操作，并自动生成了测试脚本。从生成的测试脚本中可以看到，Appium 对元素的操作和 Selenium 一致，都是根据元素的属性，使用 find_element() 方法查找到元素，然后对元素发送内容或单击。接下来学习如何查看元素属性。

例如查看 App/Search/Invoke Search 界面中【Prefill query】输入框的元素属性，单击快照视图区域下【Prefill query】输入框元素或 Source 区域下【Prefill query】输入框节点，在元素信息视图下都能显示【Prefill query】输入框元素相关的属性，如图 7-22 所示。

Find By	Selector
id	io.appium.android.apis:id/txt_query_prefill
xpath	/hierarchy/android.widget.FrameLayout/android.view.ViewGroup/android.widget.FrameLayout[2]/android.widget.LinearLayout/android.widget.LinearLayout[1]/android.widget.LinearLayout/android.widget.EditText

Attribute	Value
elementId	00000000-0000-0058-7fff-ffff00000004
index	1
package	io.appium.android.apis
class	android.widget.EditText
text	
resource-id	io.appium.android.apis:id/txt_query_prefill

图 7-22 查看元素属性

元素信息视图下有两个表，第一个表是 FindBy，通过表下 id、xpath 等可定位元素，例如 id=io.appium.android.apis:id/txt_query_prefill，通过 id 定位搜索输入框就可写成 driver.find_element(by=AppiumBy.ID,value="io.appium.android.apis:id/txt_query_prefill")；第二个表是 Attribute，显示的是元素属性，根据元素的属性可以对元素做进一步操作。例如【Prefill query】输入框元素属性就有 class=android.widget.EditText，resource-id=io.appium.android.apis:id/txt_query_prefill，checkable= false，clickable=true，displayed=true。通过这些属性值很容易判断出元素的一些信息，例如根据 class=android.widget.EditText 可知该元素是一个编辑框，根据 clickable=true 可知该元素可以单击，根据 displayed=true 可知该元素在页面上显示，没有隐藏。

提示 元素的 resource-id 属性就是元素的 ID，具有唯一性，可通过此属性定位元素。

7.5 Appium Server

Appium Server 工具用来接收不同语言脚本发送的请求，并将其转换为对不同平台的调用。在前面几节讲解中，我们是通过 Appium Desktop 工具启动 Server，操作很简单，单击一个启动按钮即可启动 Server。本节将介绍如何安装 Appium Server 工具和使用该工具启动 Server。

Appium Server 工具安装有两种方式，下载安装程序安装和使用 NPM 命令安装。

安装方式一：下载安装程序并安装。进入下载网页（https://bitbucket.org/appium/appium.app/downloads/），根据本地计算机系统选择不同的程序，例如 Windows 系统就可选择 AppiumForWindows_1_4_16_1.zip 文件，如图 7-23 所示。下载后解压 zip 文件，运行 appium-installer.exe 完成程序安装。

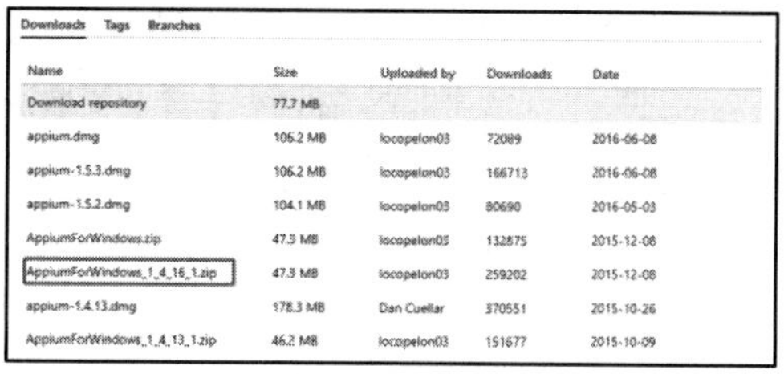

Downloads　Tags　Branches

Name	Size	Uploaded by	Downloads	Date
Download repository	77.7 MB			
appium.dmg	106.2 MB	locopelon03	72089	2016-06-08
appium-1.5.3.dmg	106.2 MB	locopelon03	166713	2016-06-08
appium-1.5.2.dmg	104.1 MB	locopelon03	80690	2016-05-03
AppiumForWindows.zip	47.3 MB	locopelon03	132875	2015-12-08
AppiumForWindows_1_4_16_1.zip	47.3 MB	locopelon03	259202	2015-12-08
appium-1.4.13.dmg	178.3 MB	Dan Cuellar	370551	2015-10-26
AppiumForWindows_1_4_13_1.zip	46.2 MB	locopelon03	151677	2015-10-09

图 7-23　选择 Appium Server 安装程序

安装方式二：NPM 是随同 NodeJS 一起安装的包管理工具，进入 NodeJS 下载页面（https://nodejs.org/en/download/）下载 NodeJS 并安装，安装完成后即可使用 npm 命令。在命令行工具中输入命令 npm install -g appium 可完成 Appium Server 的安装。直接使用该命令可能会安装失败，因此需要借助淘宝的 cnpm 安装，在命令行工具中依次执行下面两条命令：

```
npm install -g cnpm --registry http://registry.npm.taobao.org
cnpm install -g appium
```

如果是通过 npm 命令安装的，在命令行中输入命令 appium 即可启动 Server。如果是通过 appium-installer.exe 程序安装的，通过安装目录下的 node.exe 程序执行 appium.js 文件可启动 Server。例如笔者的 Appium Server 安装目录是 C:\Program Files (x86)\Appium，那么 node.exe 程序路径就是 C:\Program Files (x86)\Appium\node.exe，appium.js 文件路径就是 C:\Program Files (x86)\Appium\node_modules\appium\bin\appium.js，在命令行中执行命令 "C:\Program Files (x86)\Appium\node.exe" "C:\Program Files (x86)\Appium\node_modules\appium\bin\appium.js"便可启动 Server，如图 7-24 所示。

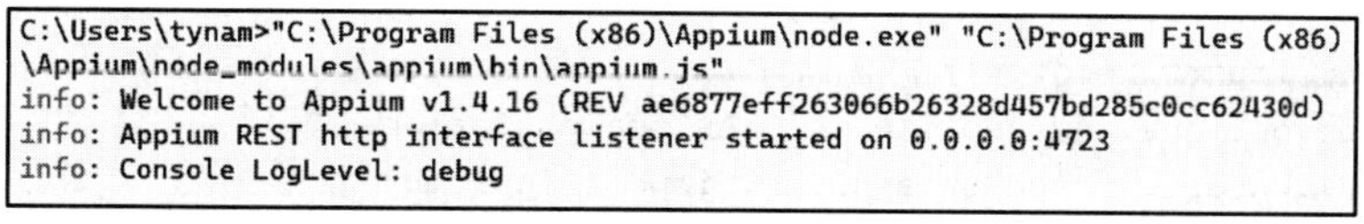

```
C:\Users\tynam>"C:\Program Files (x86)\Appium\node.exe" "C:\Program Files (x86)
\Appium\node_modules\appium\bin\appium.js"
info: Welcome to Appium v1.4.16 (REV ae6877eff263066b26328d457bd285c0cc62430d)
info: Appium REST http interface listener started on 0.0.0.0:4723
info: Console LogLevel: debug
```

图 7-24　启动 Appium Server

从控制台中输出的信息可以看到，Appium Server 成功启动，并监听了本地 4723 端口。

7.6 Appium Client

Apppium Client（Apppium 客户端）程序库封装了标准的 Selenium 客户端程序库，提供了所有 JSON Wire protocol 指定的常规 Selenium 命令，并扩展了操控移动设备的相关命令。当前流行的编程语言几乎都拥有自己的 Appium Client，例如 Java Client、Python Client，表 7-4 列出了一些常见的 Appium Client。

表7-4 常见的Appium Client

语言/框架	GitHub 仓库和安装说明
Ruby	https://github.com/appium/ruby_lib https://github.com/appium/ruby_lib_core
Python	https://github.com/appium/python-client
java	https//github.com/appium/java-client
C# (.NET)	https://github.com/appium/appium-dotnet-driver
PHP	https//github.com/appium/php-client
RobotFramework	https://github.com/serhatbolsu/robotframework-appiumlibrary

下面以 Python 语言为例，为读者讲解 Appium Client 的使用方法。

基于 Python 语言的 Appium Client 的安装和 Python 的第三方库安装方法一样，在命令行工具中输入命令 pip install Appium-Python-Client 即可完成安装，也可借助豆瓣 Pypi 安装，命令为 pip3 install --index-url https://pypi.douban.com/simple appium-python-client，然后便可在 Python 脚本中使用。接下来，使用 Python 语言实现 7.4.5 脚本录制中的用户操作。

首先设置启动参数和服务器监听地址，即将 Inspector 启动 Session 前的 Remote Host、Remote Port、Remote Path、Desired Capabilities 设置使用代码实现；然后通过 Remote()方法连接 Server 并开启一个 Session 会话；接着就是具体的用户行为，【Prefill query】输入框中发送内容和单击【ONSEARCHREQUESTED()】按钮；最后使用 quit()方法结束连接。详细代码如下：

```
# chapter7\appium_demo.py
import os

from appium import webdriver
from appium.options.android import UiAutomator2Options
from appium.webdriver.common.appiumby import AppiumBy
import time


# 设置启动参数
current_path = os.path.abspath(os.path.dirname(__file__))
app_path = os.path.join(current_path, './app/ApiDemos-debug.apk')
options = UiAutomator2Options()
```

```
    options.platform_name = 'Android'
    options.platformVersion = '7.1.2'
    options.device_name = 'NoxPlayer V7'
    options.app = app_path
    options.app_package = 'io.appium.android.apis'
    options.app_activity = '.app.SearchInvoke'
    options.no_reset = 'true'

    # Appium Server 监听地址
    server = 'http://localhost:4723/wd/hub'
    # 客户端连接 Server，启动 Session 会话
    driver = webdriver.Remote(server, options=options)
    time.sleep(3)

    # 具体的操作
    # 定位 Prefill query 输入框，并发送内容 hellow
    el1 = driver.find_element(by=AppiumBy.ID,
value="io.appium.android.apis:id/txt_query_prefill")
    el1.send_keys("hellow")
    # 定位查找图标，并单击
    el2 = driver.find_element(by=AppiumBy.ACCESSIBILITY_ID,
value="onSearchRequested()")
    el2.click()

    # 关闭连接，关闭 Session 会话
    driver.quit()
```

在设置启动参数时需要注意，Appium-Python-Client3.0.0 版本以后使用 UiAutomator2Options() 设置启动参数，但在 Appium-Python-Client3.0.0 之前使用的还是 desired_caps，如下代码：

```
    # 设置启动参数
    desired_caps = {}
    desired_caps['appium:platformName'] = 'Android'
    desired_caps['appium:platformVersion'] = '7.1.2'
    desired_caps['appium:deviceName'] = 'NoxPlayer V7'
    desired_caps['appium:app'] = "D:\\appium\\sample-code\\apps\\ApiDemos-debug.apk"
    desired_caps['appium:appPackage'] = 'io.appium.android.apis'
    desired_caps['appium:appActivity'] = '.app.SearchInvoke'
    desired_caps['appium:noReset'] = 'true'

    # Appium Server 监听地址
    server = 'http://localhost:4723/wd/hub'
    # 客户端连接 Server，启动 Session 会话
    driver = webdriver.Remote(server, desired_caps)
```

提示　本书代码采用 Appium-Python-Client3.0.0 之后的写法。

命令行工具中输入 python appium_demo.py 运行该脚本。在模拟器中会观察到，启动 API Demo 应用并直接进入了 App/Search/Invoke Search 界面，在【Prefill query】输入框中输入了内容“hellow”，接着单击了【ONSEARCHREQUESTED()】按钮，界面上方出现了带有 hellow 内容的搜索输入框。由于单击事件在界面中未有明显的表现，因此很难观察到触发的单击，但是从界面内容的变化可以反映出单击事件已经发生了。

7.7 UI Automator Viewer

UI Automator Viewer 直译为界面自动化查看器，是 Android SDK 自带的一个工具，可以通过截取屏幕分析 XML 文件布局，查看 Android 设备当前屏幕上的控件信息，与 Appium Inspector 工具查看元素属性信息功能相同。该工具位于~\android-sdk-windows\tools 文件夹下，详细路径请参考 7.3.2 节中 Android SDK 的安装。单击~\android-sdk-windows\tools 路径下的 uiautomatorviewer.bat 文件，即可启动 UI Automator Viewer 工具，启动后界面如图 7-25 所示。

> 注意 在使用 UI Automator Viewer 工具时，请不要启动 Appium Inspector。

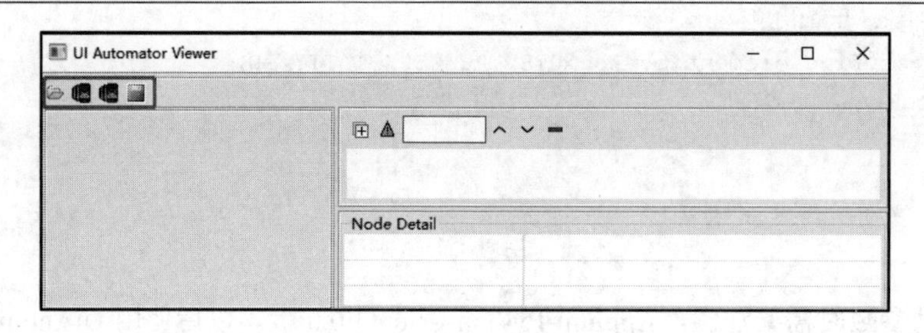

图 7-25 UI Automator Viewer 界面

UI Automator Viewer 界面共有 4 个菜单和三个区域，4 个菜单如图 7-25 标记处，从左至右依次是打开、获取详细截屏、获取简洁截屏、保存；三个区域分别为左侧截图区（显示移动设备当前屏幕的布局图片）、右上方布局区（以 XML 树形式显示控件布局）和右下方控件属性区（显示选中的控件属性）。4 个菜单详细说明如下：

- 打开：打开已保存的 png 图标或 uix 文件。
- 获取详细截屏：获取当前屏幕详细控件层次结构信息。
- 获取简洁截屏：获取当前屏幕压缩后的 View 树信息，只呈现有用的控件布局。
- 保存：将当前屏幕保存为一个 png 图片，将控件层次结构保存为一个 uix 文件。

启动夜神模拟器后打开 API Demo 应用程序，接着单击 UI Automator Viewer 工具中的【获取详细截屏】图标，便可获取模拟器当前屏幕截图，在 UI Automator Viewer 工具的截图区显示。然后鼠标在截图区悬浮移动，即可观察到右侧布局区和控件属性区的变动。例如鼠标悬停在截图区标题 API Demos 文字上，布局区选中标题 API Demos 控件所在的节点，控件属性区显示标题

API Demos 控件详细属性，如图 7-26 所示。

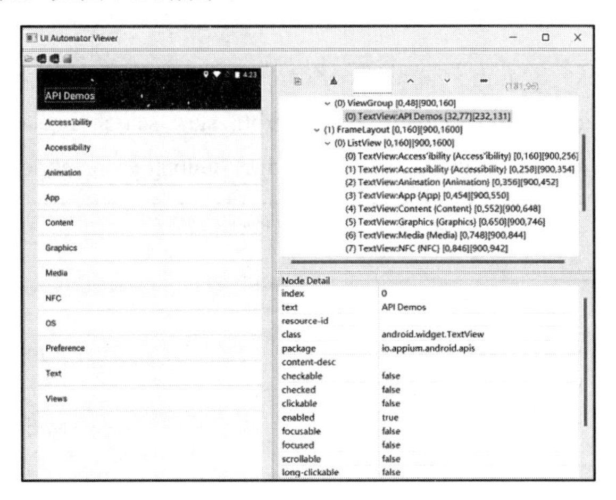

图 7-26　查看标题 API Demos 控件属性

从控件属性区便可知道，标题 API Demos 控件的 text=API Demos，class=android.widget.TextView，bounds=[32,77][232,131]。非常利用元素的定位。

7.8 元素定位

Appium API 是在 WebDriver API 基础上进行扩展的，因此 Appium 中也可以使用 WebDriver API，包括元素定位的 API。WebDriver 有 8 种基本元素定位方法，详细内容请阅读 6.4 节。Appium 在此基础上扩展了移动端产品的元素定位，并保持与 WebDriver 相同的代码风格，即扩展的定位方法与 WebDriver 定位方法在使用方式上是相同的，而 Appium 常用的定位方法却不多，如表 7-5 所示。

表7-5　Appium常用定位方法

定位方式	方法示例	定位描述
ID 定位	find_element(AppiumBy.ID,value)	通过元素 id 属性定位，Android 系统上是 resource-id 属性，iOS 系统上是 name 属性
XPATH 定位	find_element(by=AppiumBy.XPATH, value)	通过 xpath 路径定位，支持绝对路径和相对路径
CLASS NAME 定位	find_element(by=AppiumBy.CLASS_NAME, value)	通过元素 class 属性定位
ACCESSIBILITYID 定位	find_element(by=AppiumBy.ACCESSIBILITY_ID, value)	通过元素 content-desc 属性定位
UIAUTOMATOR 定位	find_element(by=AppiumBy.ANDROID_UIAUTOMATOR,value)	使用 Android 系统原生支持的定位方式

还有一些不太常用的定位方式，例如 ANDROID_VIEWTAG、IMAGE、IOS_CLASS_CHAIN，使用方式都是相同的。

例如 App/Search/Invoke Search 界面的【onSearchRequested()】按钮元素，如图 7-27 所示。可以知道该元素的 resource-id="io.appium.android.apis:id/btn_start_search"，class="android.widget.Button"，accessibility id="onSearchRequested()"xpath="//android.widget.Button[@content-desc='onSearchRequested()']"。

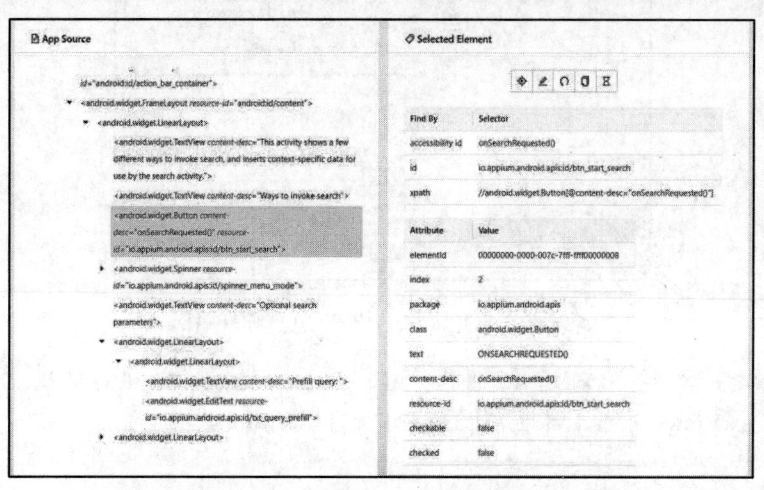

图 7-27 【onSearchRequested()】按钮元素属性

那么，使用 ID 定位方式定位该元素就可写成：

```
    driver.find_element(by=AppiumBy.ID,
value="io.appium.android.apis:id/btn_start_search")
```

使用 ID 定位时，可直接省去前面的包名，写成：

```
    driver.find_element(by=AppiumBy.ID, value="btn_start_search")
```

使用 CLASS NAME 定位方式定位该元素就可写成：

```
    driver.find_element(by=AppiumBy.CLASS_NAME, value="android.widget.Button")
```

使用 ACCESSIBILITY 定位方式定位该元素就可写成：

```
    driver.find_element(by=AppiumBy.ACCESSIBILITY_ID, value="onSearchRequested()")
```

使用 XPATH 定位方式定位该元素就可写成：

```
    driver.find_element(by=AppiumBy.XPATH, value="//android.widget.Button[@content-
desc='onSearchRequested()']")
```

使用 UIAUTOMATOR 定位方式定位该元素就可写成：

```
    driver.find_element(by=AppiumBy.ANDROID_UIAUTOMATOR, value="new
UiSelector().resourceId(\"io.appium.android.apis:id/txt_query_prefill\")")
```

UIAutomator 元素定位是 Android 系统原生支持的定位方式，例如根据 id 定位就可以写成 UiSelector().resourceId(resource-id)，根据 text 定位就可以写成 UiSelector().text(text)，根据 text 中包含的文本定位就可以写成 UiSelector().textContains(text)，根据 class name 定位就可以写成 UiSelector().className(className)，根据 content-desc 定位就可以写成 UiSelector().description(content-desc)，父元素下查找子元素就可以写成 UiSelector().resourceId(resource-id).childSelector(new UiSelector().resourceId(resource-id))。更多方法参考 UiAutomator 源码中 UiSelector 类支持的方法。

上面介绍的定位方法只是定位一个元素，如果需要定位一组元素，只需要将 find_element 换成 find_elements 即可。

7.9　元素操作

定位到元素后，便可对元素进行下一步事件操作，例如单击、发送内容等。本节介绍几个常用的元素操作 API。

1. 单击事件

使用 click()方法可对元素实现单击。例如，单击 API Demo 应用 App/Search/Invoke Search 界面中的【ONSEARCHREQUESTED()】按钮：

```
driver.find_element(by=AppiumBy.ID, value="btn_start_search").click()
```

2. 清空内容

使用 clear()方法可对输入框内容实现清空。例如，清空 API Demo 应用 App/Search/Invoke Search 界面中的【Prefill query】输入框内容：

```
driver.find_element(by=AppiumBy.ID, value="txt_query_prefill").clear()
```

3. 输入内容

使用 send(text)方法可对输入框元素实现输入内容。例如，在 API Demo 应用 App/Search/Invoke Search 界面中的【Prefill query】输入框输入内容“hellow”：

```
driver.find_element(by=AppiumBy.ID, value="txt_query_prefill").send_keys("hellow")
```

4. Android Keycode 操作

Android Keycode（按键代码）是一种描述在安卓设备上触摸屏幕或按下物理按键的操作。在 Android 系统中，KeyEvent 就是用来描述按键操作的类，KeyEvent 类会保存一个按键动作（如 ACTION_DOWN、ACTION_MULTIPLE、ACTION_UP）和按键码（键值）。例如回车键 KEYCODE_ENTER 对应的键值就是 66。查看 Android Keycode 可访问 http://developer.android.com/reference/android/view/KeyEvent.html 页面。

Appium 中可以使用 keyevent()或 press_keycode()发送按键代码。查看源码可知，keyevent()方

法返回的就是 press_keycode()方法，因此两个方法执行逻辑是同一个，均有效。

例如，发送回车键就可以写成：

```
driver.keyevent(66)
# driver.press_keycode(66)
```

7.10　获取元素属性

自动化测试中会经常使用元素属性，通过元素属性可以获取当前元素的某些信息或状态，例如元素的 text、class、checked、size 等。下面介绍获取元素属性的一些 API。

1. text

定位到元素后，使用 element.text 可获取元素的 text 文本值。例如，获取 API Demo 应用 App/Search/Invoke Search 界面中【ONSEARCHREQUESTED()】按钮 text 内容，代码如下：

```
# chapter7\get_attribute.py
import os

from appium import webdriver
from appium.options.android import UiAutomator2Options
from appium.webdriver.common.appiumby import AppiumBy
import time


# 设置启动参数
current_path = os.path.abspath(os.path.dirname(__file__))
app_path = os.path.join(current_path, './app/ApiDemos-debug.apk')
options = UiAutomator2Options()
options.platform_name = 'Android'
options.platformVersion = '7.1.2'
options.device_name = 'NoxPlayer V7'
options.app = app_path
options.app_package = 'io.appium.android.apis'
options.app_activity = '.app.SearchInvoke'
options.no_reset = 'true'

# 启动 server
server = 'http://localhost:4723/wd/hub'
driver = webdriver.Remote(server, options=options)
time.sleep(3)

# 定位 API Demo 应用 App/Search/Invoke Search 界面中【ONSEARCHREQUESTED()】按钮
element = driver.find_element(by=AppiumBy.ID, value="btn_start_search")
```

```
# 获取文本值
print(element.text)

# 关闭连接，关闭 Session 会话
driver.quit()
```

运行代码从后控制台输出：ONSEARCHREQUESTED()。

2. get_attribute()

定位到元素后，使用 element.get_attribute(name)可获取元素指定的属性值。例如，获取 API Demo 应用 App/Search/Invoke Search 界面中【ONSEARCHREQUESTED()】按钮的 resource-id 值，代码如下：

```
# chapter7\get_attribute.py

element = driver.find_element(by=AppiumBy.ID, value="sj_search_toolbar_et_search")
print(element.get_attribute("resourceId"))
```

运行代码后控制台会输出：io.appium.android.apis:id/btn_start_search。

对于元素的一些标准属性，使用 get_attribute(name)方法都能获取到，如下代码就是分别获取元素的 class、text、checkbox、content-desc 属性值。

```
# 获取 class 属性值
print(element.get_attribute("className"))
# 获取 text 文本内容
print(element.get_attribute("text"))
# 获取 checkbox 属性值
print(element.get_attribute("checkable"))
# 获取 content-desc 属性值
print(element.get_attribute("contentDescription"))
```

运行代码后控制台输出结果如下：

```
android.widget.Button
ONSEARCHREQUESTED()
false
onSearchRequested()
```

content-desc 属性值获取时还可以使用 element.get_attribute("name")，但是需要注意，当 content-desc 的值为空时，获取到的值则是 text 文本，当 content-desc 不为空时才返回其值。

3. size

定位到元素后，使用 element.size 可获取元素的大小，返回值是一个字典。例如，获取 API Demo 应用 App/Search/Invoke Search 界面中【ONSEARCHREQUESTED()】按钮元素的大小：

```
# chapter7\get_attribute.py
```

```
element = driver.find_element(by=AppiumBy.ID, value="sj_search_toolbar_et_search")
print(element.size)
```

运行代码后控制台输出：{'height': 96, 'width': 368}。

4. location

定位到元素后，使用 element.location 可获取元素的位置，返回值是一个字典。例如，获取 API Demo 应用 App/Search/Invoke Search 界面中【ONSEARCHREQUESTED()】按钮元素的位置：

```
# chapter7\get_attribute.py

element = driver.find_element(by=AppiumBy.ID, value="sj_search_toolbar_et_search")
print(element.location)
```

运行代码后控制台输出：{'x': 0, 'y': 277}。

7.11　触控事件

触控事件是模拟键盘、鼠标、手势等操作，分为单点触控和多点触控。单点触控指同一时间内只执行一个动作，例如单击一下鼠标左键；多点触控指同一时间内执行多个动作，例如两根手指放大屏幕，同一时间内两个手指都在执行各自的动作。

7.11.1　TouchAction

Appium 2.0 之前，借助 TouchAction 类和 MultiAction 类可实现触控事件。Appium 将一些手势操作，例如轻敲、长按、移动等方法封装在 TouchAction 类中，使用 TouchAction 类中的方法可以将一系列动作串联为一条链，然后调用 perform()方法依次执行该链中各个动作，TouchAction 类的主要方法如表 7-6 所示。

表7-6　TouchAction类的主要方法

方　法	描　述
tap(element=None,count=1) tap(x=None,y=None,count=1)	模拟手指在元素或坐标点上轻敲。参数 count 为轻敲次数
press(element=None,pressure=1) press(x=None,y=None, pressure=1)	模拟手指在元素或坐标点上按压。参数 pressure 只能用于 iOS 上，表示强制按压
long_press(element=None,duration=1000) long_press(x=None,y=None, duration=1000)	模拟手指在元素或坐标点上长按。参数 duration 表示长按时间，单位为毫秒
wait(ms=0)	等待指定时间，参数 ms 为等待的时间，单位为毫秒

（续表）

方　法	描　述
move_to(element=None) move_to(x=None,y=None)	手指移动到元素或坐标点上
release()	模拟释放手指。手指按压后可使用该方法释放
perform()	将命令发送到服务器执行操作

例如，进入模拟器九宫格锁屏设置界面，首先连接九宫格中第一行的三个点，然后单击【取消】按钮，就可以写成如下代码：

```
# chapter7\test_touch_action.py
sfrom appium import webdriver
from appium.options.android import UiAutomator2Options
from appium.webdriver.common.appiumby import AppiumBy
from appium.webdriver.common.touch_action import TouchAction
import time


# 设置启动参数
options = UiAutomator2Options()
options.platform_name = 'Android'
options.platformVersion = '7.1.2'
options.device_name = 'NoxPlayer V7'
options.app_package = 'com.android.settings'
options.app_activity = '.ChooseLockPattern'

# 启动 server
server = 'http://localhost:4723/wd/hub'
driver = webdriver.Remote(server, options=options)
time.sleep(3)

# 第一个点坐标：x=180, y=770；第二个点坐标：x=450, y=770；第三个点坐标：x=720, y=770
TouchAction(driver).press(x=180, y=770).wait(100).move_to(x=450,
y=770).wait(100).move_to(x=720, y=770).release().perform()
time.sleep(2)
# 定位取消按钮
cancel_btn = driver.find_element(by=AppiumBy.ID,
value="com.android.settings:id/footerLeftButton")
# 在取消按钮上轻敲一下
TouchAction(driver).tap().perform()
time.sleep(2)

driver.quit()
```

运行代码后，模拟器启动“设置”应用，并且进入了九宫格锁屏设置界面，然后依次连接了九宫格第一行的三个点（见图 7-28），最后单击了取消按钮，三个点的连接线消失。

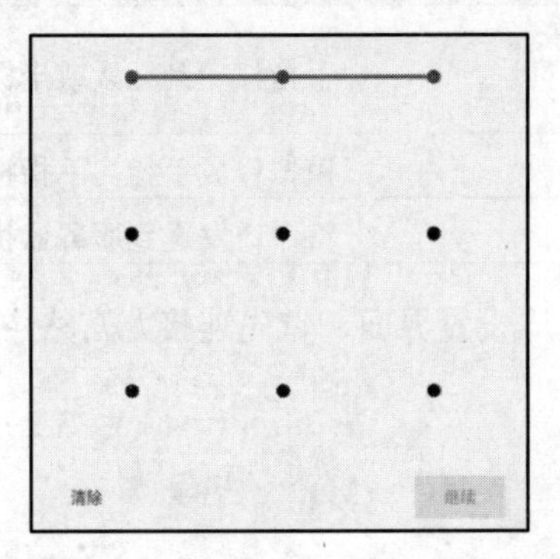

图 7-28 连接九宫格第一行的三个点

7.11.2 输入源行为

Appium 从 2.0 版本后抛弃了 TouchAction 类，拥抱 W3C actions。W3C actions 将输入源分为键盘类（Key）、指针类（Pointer）和 None 三类，指针类输入源又有鼠标（Mouse）、触屏（Touch）和笔触（Pen）三种，在 Selenium 源码的~/selenium/common/actions/interaction.py 文件下可查看支持的输入源。对于不同的输入源，Appium 实现了不同的行为动作，供用户在不同场景下使用。

提示 输入源就是提供输入事件的虚拟设备，例如虚拟鼠标、虚拟键盘等。

1. 空输入源行为

空输入源行为只有一个 pause(seconds)方法，表示暂停所有行为一段时间，参数 seconds 为暂停的时间，单位为秒。

2. 键盘输入源行为

键盘输入源行为有 key_down()、key_up()、pause()和 send_keys()共 4 个行为。

- key_down()：按下指定的键。
- key_up()：释放指定的键。
- pause()：暂停所有的键盘行为一段时间。
- send_keys()：键盘输入内容。

3. 指针输入源行为

指针输入源行为有 pointer_down()、pointer_up()、move_to()、move_by()、move_to_location()、click()、context_click()、click_and_hold()、release()、double_click()和 pause()共 11 个行为。

- pointer_down(): 按下指针输入源，例如按下鼠标左键、触屏、触屏笔。
- pointer_up(): 松开指针输入源，例如松开鼠标左键、手、触屏笔。
- move_to(): 将元素移动到与当前位置相对的偏移位置。
- move_by(): 指针输入源移动到指定元素或坐标点位置。
- move_to_location(): 将 viewport 输入源移动到指定坐标点，该方法的输入源为 viewport。
- click(): 在指定元素上执行鼠标左键单击。
- context_click(): 在指定元素上执行右击。
- click_and_hold(): 鼠标移动到指定元素上后，左键按下不松开。
- release(): 释放鼠标左键。
- double_click(): 鼠标移动到指定元素上后进行双击。
- pause(): 暂停所有的指针行为一段时间。

Appium 采用了标准的 W3C actions 代替已有的 TouchAction 和 MultiAction，使自己的代码更规范和标准，在 6.9 节中讲解 Selenium 模拟鼠标操作时用到的 ActionChains 类，其下的方法也都是采用 W3C actions 的方法实现的。由此可以看出，无论是 Selenium 还是 Appium 代码都在标准化和规范化。

7.11.3 单点触控

单点触控指同一时间内只执行一个动作，通过 Selenium 提供的 ActionChains 类下的方法即可实现。单点触控的实现思路是先实例化一个 ActionChains 对象，然后通过 ActionChains.w3c_action 下的方法实例化输入源行为对象，接着通过输入源行为类下实现的一些方法进行操作，最后使用 ActionChains 类下的 perform()方法将命令发送到服务器执行操作。

例如，进入模拟器九宫格锁屏设置界面，连接九宫格中第一行的三个点，代码可以写成如下形式：

```
# chapter7\single_touch.py
import time
from appium import webdriver
from appium.options.android import UiAutomator2Options
from selenium.webdriver import ActionChains
from selenium.webdriver.common.actions.mouse_button import MouseButton


# 设置启动参数
options = UiAutomator2Options()
options.platform_name = 'Android'
options.platformVersion = '7.1.2'
options.device_name = 'NoxPlayer V7'
options.app_package = 'com.android.settings'
options.app_activity = '.ChooseLockPattern'
```

```
# 启动 server
server = 'http://localhost:4723/wd/hub'
driver = webdriver.Remote(server, options=options)
time.sleep(3)

actions = ActionChains(driver)
pa = actions.w3c_actions.pointer_action    # 实例化一个指针输入源行为对象
# 第一个点坐标：x=180, y=770；第二个点坐标：x=450, y=770；第三个点坐标：x=720, y=770
pa.move_to_location(x=180, y=770)          # 指针输入源移动第一个点的坐标上
pa.pointer_down(MouseButton.LEFT)          # 按下鼠标左键不松开
pa.move_to_location(x=450, y=770)          # 指针输入源移动第二个点的坐标上
pa.move_to_location(x=720, y=770)          # 指针输入源移动第三个点的坐标上
pa.pointer_up(MouseButton.LEFT)            # 释放鼠标左键
actions.perform()                          # 执行操作

time.sleep(10)
driver.quit()
```

运行代码后，模拟器启动“设置”应用，并且进入了九宫格锁屏设置界面，然后依次连接了九宫格第一行的三个点，最后程序退出。

上述代码中，actions.w3c_actions.pointer_action 实际上是实例化一个指针输入源行为对象，pointer_action 方法实现的是实例化指针输入源行为对象，并且指定输入源为鼠标。在 w3c_actions 下，还可以实例化键盘输入源行为（actions.w3c_actions.key_action）和鼠标滚轮输入源行为（actions.w3c_actions.wheel_action）。

7.11.4　多点触控

在实现单点触控代码时，我们不需要特意设置输入源，因为 Appium 默认会帮助我们设置一个输入源，但是在多点触控时就需要设置输入源了，只有设置了输入源，Appium 才会知道接下来的操作是哪个输入源的行为。 代码实现比单点触控多一步设置输入源的步骤，例如在百度地图程序中，两根手指同时从中间位置分别向右上角和左下角滑动，用以放大地图，就可以写成如下代码：

```
# chapter7\multipoint_touch.py
import time
from appium import webdriver
from appium.options.android import UiAutomator2Options
from selenium.webdriver import ActionChains
from selenium.webdriver.common.actions import interaction
from selenium.webdriver.common.actions.mouse_button import MouseButton
```

```
    # 设置启动参数
    options = UiAutomator2Options()
    options.platform_name = 'Android'
    options.platformVersion = '7.1.2'
    options.device_name = 'NoxPlayer V7'
    # 百度地图应用，请提前安装百度地图
    options.app_package = 'com.baidu.BaiduMap'
    options.app_activity = 'com.baidu.baidumaps.MapsActivity'
    options.no_reset = 'true'

    # 启动 server
    server = 'http://localhost:4723/wd/hub'
    driver = webdriver.Remote(server, options=options)
    time.sleep(3)

    size_dict = driver.get_window_size()    # 获取当前窗口尺寸，返回值是一个字典
    center_position = {'X': size_dict["width"] * 0.5, 'Y': size_dict["height"] * 0.5}
    upper_right_position = {'X': size_dict["width"] * 0.7, 'Y': size_dict["height"] *
0.2}
    lower_left_position = {'X': size_dict["width"] * 0.2, 'Y': size_dict["height"] *
0.7}

    actions = ActionChains(driver)
    actions.w3c_actions.devices = []          # 清空设备列表
    kind = interaction.POINTER_TOUCH          # 设置输入源类型
    actions.w3c_actions.add_pointer_input(kind, "touch0")
    # 添加一个名为 touch0 的 POINTER_TOUCH 类型输入源到设备列表中
    # 实例化一个指针输入源行为对象
    pa = actions.w3c_actions.pointer_action
    # 设置输入源
    pa.source = actions.w3c_actions.devices[0]
    # 接下来的代码是输入源 touch0 的行为
    pa.move_to_location(x=center_position['X'], y=center_position['Y'])
    pa.pointer_down(MouseButton.LEFT)
    pa.move_to_location(x=upper_right_position["X"], y=upper_right_position["Y"])
    pa.pointer_up(MouseButton.LEFT)

    # 添加一个名为 touch1 的 POINTER_TOUCH 类型输入源到设备列表中
    actions.w3c_actions.add_pointer_input(kind, "touch1")
    # 设置输入源
    pa.source = actions.w3c_actions.devices[1]
    # 接下来的代码是输入源 touch1 的行为
```

```
pa.move_to_location(x=size_dict["width"] * 0.5, y=size_dict["height"] * 0.5)
pa.pointer_down(MouseButton.LEFT)
pa.move_to_location(x=size_dict["width"] * 0.9, y=size_dict["height"] * 0.1)
pa.pointer_up(MouseButton.LEFT)

actions.perform()      # 执行操作
time.sleep(10)
driver.quit()
```

运行代码后，模拟器启动百度地图应用并且进入地图界面，然后地图被放大，等待一会儿后程序退出。Appium 模拟两根手指在屏幕上滑动前后的对比效果如图 7-29 所示。

图 7-29　地图放大前后对比

7.11.5　其他触控操作

在移动端设备上，触控事件是一个很平常的操作事件，因此 Appium 在指针操作源上已经帮助我们封装了一些操作方法，下面进行简单的介绍。

1. 滚动

使用 scroll(origin_el, destination_el, duration)方法可将元素 origin_el 滚动到元素 destination_el 的位置。参数 origin_el 为要滚动的元素，参数 destination_el 为滚动到的元素，参数 duration 为滚动的持续时间。例如在 API Demo 应用 Views/Tabs/5.Scrollable 界面，将页面中的 TAB4 移动到 TAB1 的位置，如图 7-30 所示。

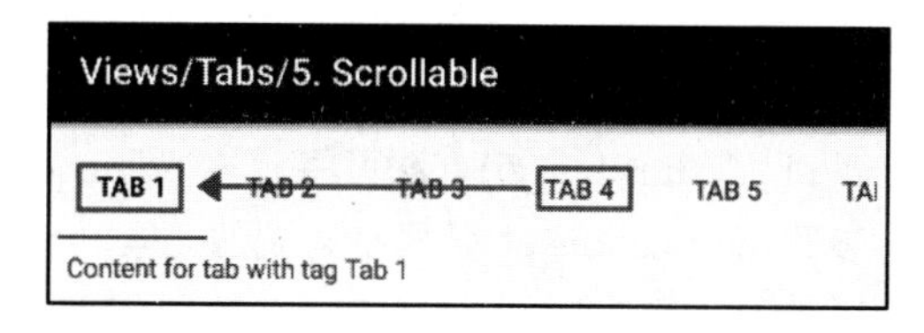

图 7-30　Views/Tabs/5.Scrollable 界面

可通过以下代码实现上述操作：

```
# chapter7\test_scroll.py
import os
import time
from appium import webdriver
from appium.options.android import UiAutomator2Options
from appium.webdriver.common.appiumby import AppiumBy


current_path = os.path.abspath(os.path.dirname(__file__))
app_path = os.path.join(current_path, './app/ApiDemos-debug.apk')
options = UiAutomator2Options()
options.platform_name = 'Android'
options.platformVersion = '7.1.2'
options.device_name = 'NoxPlayer V7'
options.app = app_path
options.orientation = 'LANDSCAPE'
options.app_package = 'io.appium.android.apis'
options.app_activity = '.view.Tabs5'
options.no_reset = 'true'

# 启动 server
server = 'http://localhost:4723/wd/hub'
driver = webdriver.Remote(server, options=options)
time.sleep(2)

# 分别定位界面最下方第一张图片、第三张图片
el_tab1 = driver.find_element(by=AppiumBy.ANDROID_UIAUTOMATOR, value="new
UiSelector().text(\"TAB 1\")")
el_tab4 = driver.find_element(by=AppiumBy.ANDROID_UIAUTOMATOR, value="new
UiSelector().text(\"TAB 4\")")

# 滚动
driver.scroll(el_tab4, el_tab1, 1000)

time.sleep(3)
driver.quit()
```

2. 元素拖动

使用 drag_and_drop(origin_el, destination_el)方法可将元素 origin_el 拖到元素 destination_el 上。参数 origin_el 为被拖元素，参数 destination_el 是要拖动到的元素。例如将元素 source 拖到元素 target 位置，示例代码如下：

```
el_source = driver.find_element(by=AppiumBy.ID, value="id1")
el_target = driver.find_element(by=AppiumBy.ID, value="id2")

# 拖动
driver.scroll(el_source, el_target)
```

3. 坐标轻点

使用 tap(positions, duration)方法可模拟手指轻点指定的位置，并保持一段时间。参数 positions 为轻点的位置，是一个列表类型，列表中每个元素是元组类型，为单击指定位置的 x 和 y 坐标，positions 中最多可写 5 个坐标。参数 duration 是持续时间，单位为毫秒，默认值为 None。例如，模拟手指在坐标 x=100，y=20 处轻点一下，示例代码如下：

```
driver.tap([(100, 20)])
```

4. 滑动

使用 swipe(start_x, start_y, end_x, end_y, duration)方法可将屏幕从一个点滑动到另一个点，并持续一定的时间。参数 start_x 为开始位置的 x 坐标；参数 start_y 为开始位置的 y 坐标；参数 end_x 为结束位置的 x 坐标；参数 end_y 为结束位置的 y 坐标；参数 duration 为持续的时间，默认值为 0（单位为毫秒）。例如将屏幕从 x=100，y=100 位置滑动到 x=100，y=300 位置，持续 3 秒。示例代码如下：

```
driver.swipe(100, 100, 100, 300, 3000)
```

5. 快速滑动

使用 flick(start_x, start_y, end_x, end_y)方法可将屏幕从一个点快速滑动到另一个点，由于中间没有持续时间，所以表现出来的行为是跳。与 swipe(start_x, start_y, end_x, end_y, 0)的表现一致。例如将屏幕从 x=100，y=100 位置快速滑动到 x=100，y=300 位置。示例代码如下：

```
driver.flick(100, 100, 100, 300)
```

7.12　设备交互 API

Appium 设备交互 API 指的是操作设备系统中的一些固有功能，而非被测程序的功能，例如模拟来电、模拟发送短信、设置网络、切换横竖屏、App 操作、打开通知栏、录屏等。Appium 提供了许多设备交互的 API，可以在 Appium 官方文档（http://appium.io/docs/en/about-appium/intro/）

中查看，如图 7-31 标记处所示。

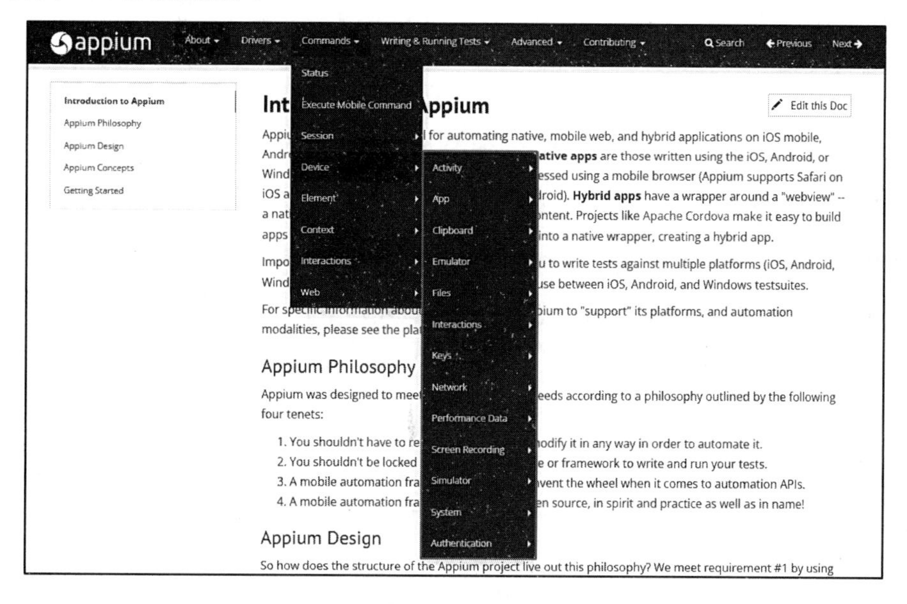

图 7-31　Appium 设备交互 API

接下来介绍一些常用的设备交互 API。

1. 模拟来电

使用 make_gsm_call(phone_number, action)方法可模拟来电，但是只能在模拟器上使用。参数 phone_number 为电话号码，参数 action 的值需要写成 GsmCallActions.CALL。示例代码如下：

```
from appium.webdriver.extensions.android.gsm import GsmCallActions

driver.make_gsm_call('18888888888', GsmCallActions.CALL)
```

2. 模拟发送短信

使用 send_sms(phone_number, message)方法可模拟发送短信，但是只能在模拟器上使用。参数 phone_number 为电话号码，参数 message 为短信内容。示例代码如下：

```
driver.send_sms('18888888888', "Test sending SMS")
```

3. 锁屏

使用 lock(seconds)方法可锁屏幕。参数 seconds 为锁屏时长，单位为秒。示例代码如下：

```
driver.lock(3)
```

4. 获取锁屏状态

使用 is_locked()方法可判断设备锁屏状态，如果是锁屏状态，则返回 True，反之返回 False。

示例代码如下：

```
driver.is_locked()
```

5. 解锁

使用 unlock()方法可解锁屏幕。示例代码如下：

```
driver.unlock()
```

6. 打开通知栏

使用 open_notifications()方法可打开通知栏。示例代码如下：

```
driver.open_notifications()
```

7. 获取网络状态

Appium 中定义了五种网络连接状态类型，分别是 0(None)、1 (Airplane Mode)、2 (Wifi only)、4(Data only)和 6(All network on)。0 表示没有网络；1 表示飞行模式；2 表示仅 Wi-Fi；4 表示仅数据流量；6 等于 2 + 4，表示 wifi 和数据流量都开启。

使用 network_connection 方法可获取网络状态，返回值是网络连接状态类型。示例代码如下：

```
driver.network_connection
```

8. 设置网络状态

使用 set_network_connection(connection_type)方法可设置网络状态。参数 connection_type 为整型，是网络连接状态类型。示例代码如下：

```
driver.set_network_connection(6)
```

9. 摇一摇

使用 shake()可实现移动设备的摇动。示例代码如下：

```
driver.shake()
```

10. 推送文件

使用 push_file(destination_path, base64data=None, source_path=None)方法可将数据存入到移动设备的指定路径下。参数 destination_path 为移动设备上文件存放的位置，参数 base64data 为要写入文件的内容，参数 source_path 为需要上传的文件。

示例一：将指定内容保存到移动设备上的文件中，代码如下：

```
dest_path = '/data/local/tmp/test_push_content.txt'
data = bytes('测试将内容写入到移设备上的文件。', 'utf-8')
driver.push_file(dest_path, base64.b64encode(data).decode('utf-8'))
```

示例二：将本地文件上传到移动设备上的指定路径，示例代码如下：

```
dest_path = '/data/local/tmp/test_push_file.txt'
source_path = r'D:\test.txt'
driver.push_file(dest_path, source_path=source_path)
```

11. 获取文件

使用 pull_file(path)方法可获取移动设备中指定文件。参数 path 为移动设备中指定的文件，返回的文件内容编码为 Base64。示例代码如下：

```
file_base64 = driver.pull_file('/data/local/tmp/test.txt')
```

12. 获取文件夹

使用 pull_folder(path)方法可获取移动设备中指定文件夹下的内容。参数 path 为移动设备中指定的文件夹，返回的文件夹内容会被压缩，且编码为 Base64。示例代码如下：

```
folder_base64 = driver.pull_folder('/data/local/tmp/')
```

13. 安装 App

使用 install_app(app_path)方法可在移动设备上安装指定 App。参数 app_path 为本地或远程应用程序的路径。示例代码如下：

```
driver.install_app(r"D:\appium\sample-code\apps\ApiDemos-debug.apk")
```

14. 启动 App

使用 start_activity(app_package, app_activity)方法可启动应用程序并进入到指定的 Activity。参数 app_package 为启动的 App 包名，参数 app_activity 为打开的 Activity。示例代码如下：

```
driver.start_activity('io.appium.android.apis', '.app.SearchInvoke')
```

15. 卸载 App

使用 remove_app(app_id)方法可卸载指定的应用程序。参数 app_id 为需要移除的程序 id。示例代码如下：

```
driver.remove_app('io.appium.android.apis')
```

16. 获取 App 安装状态

使用 is_app_installed(bundle_id)方法可判断指定 App 是否已经安装。参数 bundle_id 为需要查询的程序 id。如果已经安装，则返回 True，反之返回 False。示例代码如下：

```
driver.is_app_installed('io.appium.android.apis')
```

17. 将 App 置于后台

使用 background_app(seconds)方法可将当前活动的应用程序发送到后台，并在一定时间后返回。参数 seconds 为应用程序在后台停留的时长，单位秒。示例代码如下：

```
driver.background_app(10)
```

7.13 Android Toast 识别

Toast 是 Android 系统一种轻量级消息提示，通常以小弹框的形式出现。它的设计思想是在尽可能不引起用户过多关注的情况下，给用户传递一定的通知消息。

Toast 一般会在停留 2 秒后消失，并且没有焦点，使用 Appium Inspector 在 Page Source 中也找不到该元素，但自动化中却经常会用到它。当 Appium 借助 UiAutomator2 的底层机制抓取 Toast 并存到控件树中时，可以将其当作控件来定位，但实质上它并不属于控件。

Appium 在定位 Toast 元素时可使用 xpath 定位方式，通过 Toast 的 class='android.widget.Toast' 或文本内容定位，因此定位 Toast 元素可写成：

```
# 通过 class='android.widget.Toast' 定位
driver.find_element(by=AppiumBy.XPATH, value="//*[@class='android.widget.Toast']")
# 通过文本内容定位，例如文本内容是：test toast
driver.find_element(by=AppiumBy.XPATH, value="//*[@text='test toast']")
```

例如 API Demo 应用 OS/SMS Messaging 页面，单击【SEND】按钮会提示“Please enter a message recipient.”，如图 7-32 所示。

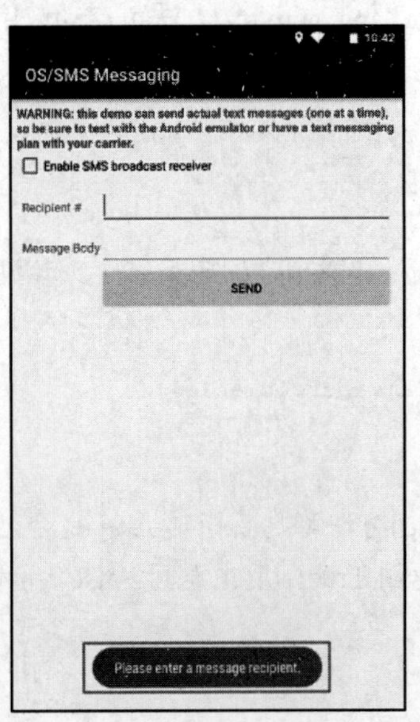

图 7-32　Toast 提示

在自动化测试中实现获取该 Toast 消息并且打印，可使用如下代码：

```
# chapter7\test_toast.py
import time
from appium import webdriver
from appium.options.android import UiAutomator2Options
from appium.webdriver.common.appiumby import AppiumBy


options = UiAutomator2Options()
options.platform_name = 'Android'
options.platformVersion = '7.1.2'
options.device_name = 'NoxPlayer V7'
options.automation_name = 'Uiautomator2'
options.orientation = 'LANDSCAPE'
options.app_package = 'io.appium.android.apis'
options.app_activity = '.os.SmsMessagingDemo'

# 启动 server
server = 'http://localhost:4723/wd/hub'
driver = webdriver.Remote(server, options=options)
time.sleep(2)

# 单击【SEND】按钮
driver.find_element(by=AppiumBy.ID, value='sms_send_message').click()
# 定位 toast 元素
el = driver.find_element(by=AppiumBy.XPATH,
value="//*[@class='android.widget.Toast']")
# 打印 toast 文本内容
print(el.text)

time.sleep(1)
driver.quit()
```

运行代码后控制台的输出如下：

```
Please enter a message recipient.
```

从输出结果可以知道，使用 class='android.widget.Toast'成功定位到了 Toast 元素，并且获取到文本值。

7.14　其他操作

在使用 Appium 实现 App 自动化测试中，除了本章已经介绍的常用 API 外，还有一些不太常用但非常有意思的 API，本节就为读者介绍一些。

1. 获取屏幕大小

使用 get_window_size()方法可获取当前屏幕的大小，返回值是一个字典。例如，获取当前屏幕大小，示例代码如下：

```
driver.get_window_size()
```

得到的结果是一个字典，如{'width': 900, 'height': 1600}，便可知当前屏幕的分辨率宽是 900，高是 1600。

2. 截屏操作

使用 save_screenshot(filename)方法可截取当前屏幕并保存为一张 PNG 图片。例如，截取当前屏幕，并保存在 D 盘下的 test.png 文件，示例代码如下：

```
driver.save_screenshot('D://test.png')
```

3. 获取当前地理位置

使用 location 可获取当前的地理位置，返回值是一个字典。例如，获取设备当前的地理位置，示例代码如下：

```
driver.location
```

得到的结果是一个字典，如{'latitude': 32.9767, 'longitude': 108.55413, 'altitude': 5e-324}，便可知设备当前的纬度是 32.9767，经度是 108.55413，海拔是 5e-324。

4. 获取日志类型

使用 log_types 可获取日志的类型。以下是获取日志类型的示例代码：

```
driver.log_types
```

得到的结果是一个列表，如['logcat', 'bugreport', 'server']，便可知日志类型有三种，分别是 logcat、bugreport、server。

5. 获取指定类型的日志

使用 get_log(log_type)方法可获取指定类型的日志，参数 log_type 为日志类型。例如获取 server 类型的日志，示例代码如下：

```
driver.get_log('server')
```

6. 获取性能数据的类型

使用 get_performance_data_types()方法可获取性能数据的类型。例如，以下是一个获取性能数据类型的示例代码：

```
driver.get_performance_data_types()
```

得到的结果是一个列表，如['cpuinfo', 'memoryinfo', 'batteryinfo', 'networkinfo']，便可知性能数据类型有 4 种，分别是 cpuinfo、memoryinfo、batteryinfo、networkinfo。

7. 获取指定类型的性能数据

使用 get_performance_data(package_name, data_type, data_read_timeout)方法可获取指定类型的性能数据，参数 package_name 为程序包名，参数 data_type 为性能数据的类型，参数 data_read_timeout 为尝试读取的次数。例如，获取 API Demo 应用消耗的 CPU 信息，示例代码如下：

```
driver.get_performance_data('io.appium.android.apis', 'cpuinfo', 5)
```

8. 获取当前会话设置项

使用 get_settings()方法可获取 Appium 服务器当前会话的设置项。例如，获取当前会话的设置项，示例代码如下：

```
driver.get_settings()
```

得到的结果是一个字典，如{'imageMatchThreshold': 0.4, 'imageMatchMethod': '', 'fixImageFindScreenshotDims': True, 'fixImageTemplateSize': False, 'fixImageTemplateScale': False, 'defaultImageTemplateScale': 1, 'checkForImageElementStaleness': True, 'autoUpdateImageElementPosition': False, 'imageElementTapStrategy': 'w3cActions', 'getMatchedImageResult': False, 'ignoreUnimportantViews': False, 'allowInvisibleElements': False, 'keyInjectionDelay': 0, 'mjpegScalingFactor': 50, 'trackScrollEvents': True, 'normalizeTagNames': False, 'useResourcesForOrientationDetection': False, 'mjpegServerScreenshotQuality': 50, 'wakeLockTimeout': 86344696, 'waitForSelectorTimeout': 10000, 'mjpegServerPort': 7810, 'simpleBoundsCalculation': False, 'shutdownOnPowerDisconnect': True, 'scrollAcknowledgmentTimeout': 200, 'mjpegServerFramerate': 10, 'elementResponseAttributes': 'name,text', 'enableMultiWindows': False, 'actionAcknowledgmentTimeout': 3000, 'serverPort': 6790, 'waitForIdleTimeout': 10000, 'enableNotificationListener': True, 'mjpegBilinearFiltering': False, 'shouldUseCompactResponses': True}，不同的字段代表不同的涵义，例如字段 waitForSelectorTimeout 表示等待选择器的超时时间。

9. 更新当前会话的设置项

使用 update_settings(settings)方法可更新当前会话的设置项，参数 settings 是一个字典。例如，更新等待选择器的超时时间为 20s，示例代码如下：

```
driver.update_settings({'waitForSelectorTimeout': 20000})
```

7.15　不同应用的测试

移动设备上的应用程序丰富多彩，实现方式也千姿百态。根据开发技术的实现可以将 App 分为原生应用（Native App）、Web 应用（Web App）和混合应用（Hybrid App）三类，本节就此三种类型应用分别实现自动化测试。

7.15.1　App 应用程序的分类

根据 App 开发技术的实现可以将 App 分为三类，分别是原生应用（Native App）、Web 应用（Web App）和混合应用（Hybrid App）。原生应用指利用移动操作系统提供的接口开发的应用程序，功能强大且交互性强，但是无法跨平台，且开发成本、门槛、维护等成本也较高；Web 应用可以认为是一个浏览器应用，不需要安装 App，开发成本低且可以跨平台，但是设计受限制较多，也很难直接与系统级别上的功能交互，例如 Wi-Fi、蓝牙等；混合应用是利用原生应用做窗口和框架，利用 Web 应用完成基本功能的实现，在原生应用中嵌入 WebView 控件，通过 WebView 访问网页，很好地结合了原生应用和 Web 应用的优点。

对于不同类型的 App，在自动化测试脚本开发中是有所差异的，简单的可以认为原生应用采用 Appium API 操作，Web 应用采用 Selenium API 操作。在操作之前，需要先确认控件是由原生技术实现的还是 Web 技术实现的，具体的区分方法有多种，下面介绍 4 种区分方法。

1. 断网状态下查看内容显示

断开网络后刷新界面，如果是原生技术实现则可以正常显示，如果是 Web 技术开发则会出错。

2. 根据界面加载方式判断

在打开界面时，如果导航栏处有一条加载线，则为 Web 页面，反之页面则使用原生技术实现。

3. 根据页面布局判断

进入移动设备【设置】→【开发者选项】，开启【显示布局边界】。如果是原生技术实现的界面，那么每一个控件都有自己的边框，如果是 Web 技术实现，那么将会使用一个 WebView 控件加载（只有一个边框），如图 7-33 所示，是一个 Views/WebView 界面。

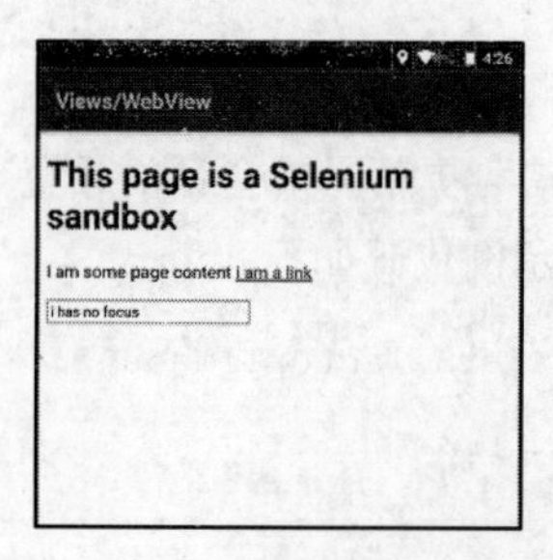

图 7-33　Views/WebView 界面布局

提示　夜神模拟器打开开发者选项的步骤是：依次进入【设置】→【关于平板电脑】，多次单击【版本号】，然后退回【设置】就可以看到【开发者选项】菜单。

4. 使用 contexts 判断

contexts 是 Appium 提供的一个 API，用以获取上下文列表，如果是 WebView，则列表中就会出现 WEBVIEW_xxx 格式的内容。例如，启动模拟器中的浏览器，然后打印 contexts，代码如下：

```
# chapter7\test_contexts.py
from appium import webdriver
from appium.options.android import UiAutomator2Options


options = UiAutomator2Options()
options.platform_name = 'Android'
options.platformVersion = '7.1.2'
options.device_name = 'NoxPlayer V7'
options.app_package = 'io.appium.android.apis'
options.app_activity = '.view.WebView1'

# 启动 server
server = 'http://localhost:4723/wd/hub'
driver = webdriver.Remote(server, options=options)
# 打印 contexts
print(driver.contexts)

driver.quit()
```

运行代码后控制台输出的内容如下：

```
['NATIVE_APP', 'WEBVIEW_io.appium.android.apis']
```

输出结果中 NATIVE_APP 表明是一个原生应用，WEBVIEW_io.appium.android.apis 表示当前页面是一个 WebView。如果是一个原生页面，则输出的结果是['NATIVE_APP']。

7.15.2　案例一：原生应用的测试

本章在讲解 Appium API 时，全部都是原生页面的操作。下面运用所学知识做一个简单的练习。

1. 实践对象

本例实践对象为 API Demo 应用中的 Views/Spinner 和 Views/Search View/Filter 界面。其中，Views/Spinner 界面有两个下拉框，选择内容后会出现一条 Toast 消息，如图 7-34 所示；Views/Search View/Filter 界面是一个过滤筛选功能，可在搜索输出框输入内容查找相关数据并展示在页面，如图 7-35 所示。

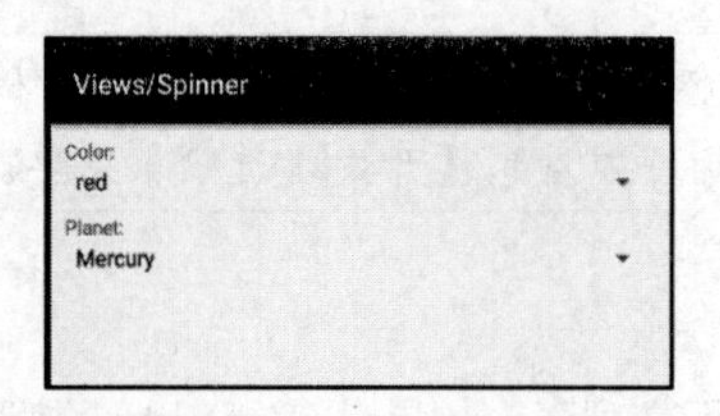

图 7-34　Views/Spinner 界面

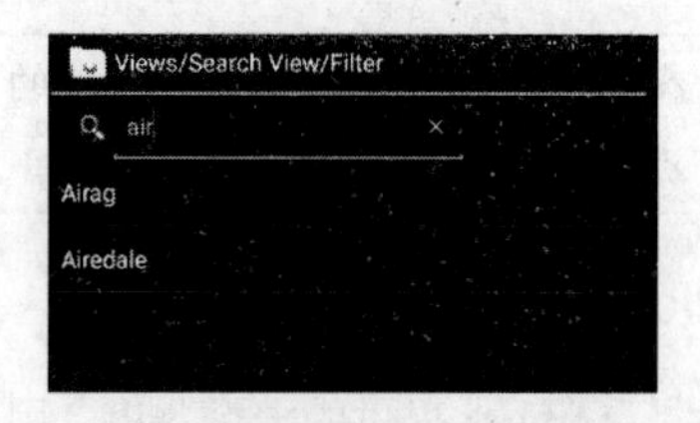

图 7-35　Views/Search View/Filter 界面

2. 设计用例

UI 测试的对象主要是界面的 UI 和程序的功能，手工功能测试人员编写测试用例最多的也是此类对象的测试用例。在此练习几个比较简单的用例。

Views/Spinner 界面列出两条测试用例：

- Color 选择“yellow”，预期提示“Spinner1: position=2 id=2”。
- Planet 选择“Mars”，预期提示“Spinner2: position=3 id=3”。

Views/Search View/Filter 界面列出三条测试用例：

- 检查输入框的提示信息是“Cheese hunt”。
- 搜索框中输入“Air”，界面显示“Airag”和“Airedale”两条数据。
- 搜索框中输入“braudostur”，界面显示“braudostur”一条数据。

3. 搭建项目

搭建一个简单的项目结构，使测试项目文件都有自己明确的职责。新建如图 7-36 所示的项目结构。

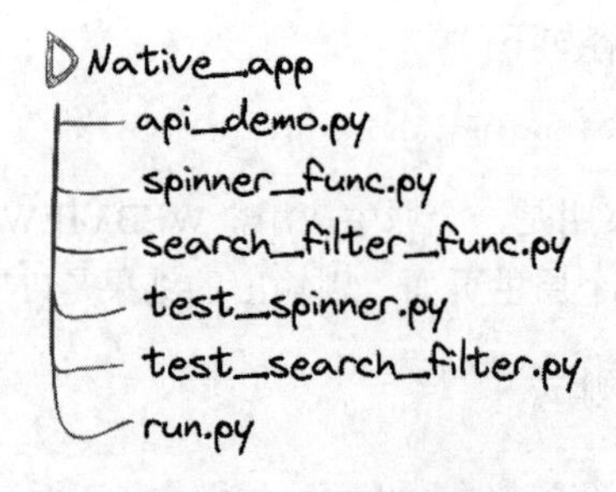

图 7-36　项目结构

下面对自动化测试项目中的文件进行以下说明：

- api_demo.py：API Demo 自动化测试中使用到的共有方法或函数。
- spinner_func.py：Views/Spinner 界面相关元素定位及操作。
- search_filter_func.py：Views/Search View/Filter 界面相关元素定位及操作。
- test_spinner.py：Views/Spinner 界面自动化测试用例。

- test_search_filter.py：Views/Search View/Filter 界面自动化测试用例。
- run.py：测试用例执行文件。

4. 编写脚本

根据测试对象、测试用例等编写测试脚本。

1）api_demo.py

api_demo.py 用以编写 API Demo 自动化测试中使用到的共有方法或函数。对于本测试，可以编写三个函数 start_apidemos()、wait_element_visible()和 wait_elements_visible()。代码如下：

```
# chapter7\native_app\api_demo.py
import os
import time

from appium import webdriver
from appium.options.android import UiAutomator2Options
from selenium.webdriver.support.wait import WebDriverWait


def start_apidemos(app_activity='.ApiDemos'):
    # 设置启动参数
    current_path = os.path.abspath(os.path.dirname(__file__))
    app_path = os.path.join(current_path, './../app/ApiDemos-debug.apk')
    options = UiAutomator2Options()
    options.platform_name = 'Android'
    options.platformVersion = '7.1.2'
    options.device_name = 'NoxPlayer V7'
    options.app = app_path
    options.app_package = 'io.appium.android.apis'
    options.app_activity = app_activity
    options.no_reset = 'true'

    # 启动 server
    server = 'http://localhost:4723/wd/hub'
    driver = webdriver.Remote(server, options=options)
    driver.implicitly_wait(10)
    time.sleep(1)

    return driver

def wait_element_visible(driver, locator):
    """
    等待元素出现，每隔 1s 检查一次，返回一个元素
    """
    return WebDriverWait(driver, 10, 1).until(lambda x: x.find_element(locator[0],
```

```
locator[1]))

    def wait_elements_visible(driver, locator):
        """
        等待元素出现，每隔 1s 检查一次，返回一组元素
        """
        return WebDriverWait(driver, 10, 1).until(lambda x: x.find_elements(locator[0],
locator[1]))
```

start_apidemos()函数用以启动 API Demo 程序并且进入对应的界面，返回值是实例化的 driver；wait_element_visible()函数用来定位一个元素，并且将定位到的元素返回；wait_elements_visible()函数用来定位一组元素。定位元素中使用到了隐式等待方法 WebDriverWait，详细使用可查看 6.11 节中三种时间等待。

2）spinner_func.py

spinner_func.py 文件用来封装 Views/Spinner 界面相关元素定位和操作方法。在此封装了一个类 SpinnerFunc，类下有一个初始化方法__init__()和结束会话方法 close_page()，5 个操作方法 open_color_combobox_area()、open_planet_combobox_area()、select_item()、select_color()、select_planet()以及一个断言方法 assert_select_success()。代码如下：

```
    # chapter7\native_app\spinner_func.py
    import time
    from appium.webdriver.common.appiumby import AppiumBy

    from api_demo import start_apidemos, wait_element_visible, wait_elements_visible


    class SpinnerFunc:
        """Views/Spinner 页面相关操作"""
        spinner_activity = '.view.Spinner1'
        spinner_menu_loc = (AppiumBy.XPATH, "//android.widget.TextView[@content-
desc='Spinner']")
        color_combobox_loc = (AppiumBy.ID, 'spinner1')
        planet_combobox_loc = (AppiumBy.ID, 'spinner2')
        items_loc = (AppiumBy.XPATH, f"//android.widget.CheckedTextView")
        message_loc = (AppiumBy.XPATH, "//*[@class='android.widget.Toast']")

        def __init__(self):
            self.driver = start_apidemos(self.spinner_activity)

        def close_page(self):
            self.driver.quit()

        def open_color_combobox_area(self):
            """打开 Color 下拉框"""
```

```
        wait_element_visible(self.driver, self.color_combobox_loc).click()

    def open_planet_combobox_area(self):
        """打开 Planet 下拉框"""
        wait_element_visible(self.driver, self.planet_combobox_loc).click()

    def select_item(self, text):
        """下拉框菜单选择"""
        items = wait_elements_visible(self.driver, self.items_loc)
        for item in items:
            if item.text == text: return item.click()

    def select_color(self, text):
        """Color 下拉框选择"""
        self.open_color_combobox_area()
        self.select_item(text)

    def select_planet(self, text):
        """Planet 下拉框选择"""
        self.open_planet_combobox_area()
        self.select_item(text)

    def assert_select_success(self, expect):
        """断言 Toast 内容正确"""
        time.sleep(2)
        message = self.driver.find_element(self.message_loc[0],
self.message_loc[1]).text
        assert message == expect
```

__init__()方法是类 SpinnerFunc 的初始化方法，在实例化 SpinnerFunc 类时便会启动会话并进入 API Demo 应用程序的 Spinner 界面；close_page()方法用于结束会话；open_color_combobox_area()方法用于打开 Color 下拉框；open_planet_combobox_area()方法用于打开 Planet 下拉框；select_item()方法用来单击下拉框选项；select_color()方法是打开 Color 下拉框并单击选项；select_planet()方法是打开 Planet 下拉框并单击选项；assert_select_success()断言方法是根据 Toast 信息判断下拉框操作是否正确。

3）search_filter_func.py

search_filter_func.py 用来封装 Views/Search View/Filter 界面的相关元素定位及操作。在此封装了一个类 SearchFilterFunc，类下封装一个初始化方法__init__()和结束会话方法 close_page()，三个操作方法 get_search_input_attr()、input_search_text()、clear_search_text()和一个断言方法 assert_search_result()。代码如下：

```
# chapter7\native_app\search_filter_func.py
from collections import Counter
```

```
from appium.webdriver.common.appiumby import AppiumBy

from api_demo import start_apidemos, wait_element_visible, wait_elements_visible


class SearchFilterFunc:
    search_filter_activity = '.view.SearchViewFilterMode'
    search_input_loc = (AppiumBy.ID, 'android:id/search_src_text')
    itmes_loc = (AppiumBy.ID, "android:id/text1")

    def __init__(self):
        self.driver = start_apidemos(self.search_filter_activity)

    def close_page(self):
        self.driver.quit()

    def get_search_input_attr(self, attr):
        """获取搜索输入框元素属性值"""
        return wait_element_visible(self.driver,
self.search_input_loc).get_attribute(attr)

    def input_search_text(self, text):
        """搜索输入框中输入内容"""
        wait_element_visible(self.driver, self.search_input_loc).send_keys(text)

    def clear_search_text(self):
        """清除搜索输入框中的内容"""
        try:
            wait_element_visible(self.driver, self.search_input_loc).clear()
        except:
            pass

    def assert_search_result(self, expect: list):
        """断言预期结果相对，忽略列表顺序"""
        items = wait_elements_visible(self.driver, self.itmes_loc)
        itmes_text = [item.text for item in items]
        assert dict(Counter(itmes_text)) == dict(Counter(expect))
```

__init__()方法是类 SpinnerFunc 的初始化方法，在实例化 SearchFilterFunc 类时便会启动会话并进入 API Demo 应用程序的 Search Filter 界面；close_page()方法用于结束会话；get_search_input_attr()方法用来获取搜索输入框元素的属性值；input_search_text()方法用来在搜索输入框中输入内容；clear_search_text()方法用来清除搜索输入框中的内容；assert_search_result()断言方法用来判断过滤出来的内容是否与预期值一致。

4）test_spinner.py

test_spinner.py 用于编写 Views/Spinner 界面的测试用例。编写代码如下：

```
# chapter7\native_app\test_spinner.py
import unittest

from spinner_func import SpinnerFunc


class TestSpinner(unittest.TestCase):
    @classmethod
    def setUpClass(cls):
        cls.spinner = SpinnerFunc()

    @classmethod
    def tearDownClass(cls):
        cls.spinner.close_page()

    def test_color(self):
        """Color 下拉框选择测试"""
        self.spinner.select_color("yellow")
        self.spinner.assert_select_success("Spinner1: position=2 id=2")

    def test_planet(self):
        """Planet 下拉框选择测试"""
        self.spinner.select_planet("Mars")
        self.spinner.assert_select_success("Spinner2: position=3 id=3")


if __name__ == '__main__':
    loader = unittest.TestLoader()
    suit = unittest.TestLoader().loadTestsFromTestCase(TestSpinner)
    runner = unittest.TextTestRunner()
    runner.run(suit)
```

首先添加了 setUpClass 和 tearDownClass，在整个测试类执行前启动会话并进入 Spinner 界面，测试类执行后关闭会话。然后添加了两条测试用例方法 test_color()和 test_planet()，test_color()用来测试用例 Color 下拉框选择“yellow”，预期提示“Spinner1: position=2 id=2”；test_planet()用来测试用例 Planet 下拉框选择“Mars”，预期提示“Spinner2: position=3 id=3”。

5）test_search_filter.py

test_search_filter.py 用于编写 Views/Search View/Filter 界面的测试用例。编写代码如下：

```
# chapter7\native_app\test_search_filter.py
import unittest
```

```
from search_filter_func import SearchFilterFunc


class TestSearchFilter(unittest.TestCase):
  @classmethod
  def setUpClass(cls):
    cls.search_filter = SearchFilterFunc()

  @classmethod
  def tearDownClass(cls):
    cls.search_filter.close_page()

  def setUp(self):
    self.search_filter.clear_search_text()

  def test_search_input_placeholder(self):
    """测试搜索输入框提示信息"""
    placeholder = self.search_filter.get_search_input_attr("text")
    self.assertEqual(placeholder, 'Cheese hunt')

  def test_fuzzy_search (self):
    """模糊搜索测试"""
    self.search_filter.input_search_text('Air')
    self.search_filter.assert_search_result(['Airag', 'Airedale'])

  def test_precision_search(self):
    """精准搜索测试"""
    self.search_filter.input_search_text('braudostur')
    self.search_filter.assert_search_result(['Braudostur'])


if __name__ == '__main__':
  loader = unittest.TestLoader()
  suit = unittest.TestLoader().loadTestsFromTestCase(TestSearchFilter)
  runner = unittest.TextTestRunner()
  runner.run(suit)
```

首先添加了 setUpClass 和 tearDownClass，在整个测试类执行前启动会话并进入 Search Filter 界面，测试类执行后关闭会话。然后添加 setUp，每条测试用例执行前都会清空一次搜索输入框。最后添加三条测试用例方法 test_search_input_placeholder、test_fuzzy_search、test_precision_search，test_search_input_placeholder 用来测试用例检查输入框中提示信息是“Cheese hunt”；test_fuzzy_search 用来测试用例搜索框中输入“Air”，界面显示“Airag”和“Airedale”两条数据；test_precision_search 用来测试用例搜索框中输入“braudostur”，界面显示“braudostur”一条数据。

5. 测试运行

测试用例脚本开发完成后，接下来运行自动化测试用例，并且获取测试报告。在 run.py 文件中添加运行自动化测试脚本代码，如下所示：

```
# chapter7\native_app\run.py
import os
import unittest



if __name__ == '__main__':
    current_path = os.path.abspath(os.path.dirname(__file__))
    suit = unittest.defaultTestLoader.discover(current_path, pattern='test*.py')
    runner = unittest.TextTestRunner(verbosity=2)
    runner.run(suit)
```

运行 run.py 文件，控制台的输出结果如下：

```
test_fuzzy_search (test_search_filter.TestSearchFilter)
模糊搜索测试 ... ok
test_precision_search (test_search_filter.TestSearchFilter)
精准搜索测试 ... ok
test_search_input_placeholder (test_search_filter.TestSearchFilter)
测试搜索输入框提示信息 ... ok
test_color (test_spinner.TestSpinner)
Color 下拉框选择测试 ... ok
test_planet (test_spinner.TestSpinner)
Planet 下拉框选择测试 ... ok

----------------------------------------------------------------------
Ran 5 tests in 33.340s

OK
```

从输出结果中可以看到，一共执行了 5 条测试用例，且全部通过，用时 33.340 秒。

7.15.3　案例二：Web 应用测试

在第 6 章介绍了使用 Selenium 测试 Web 应用，而移动端的 Web 应用与 PC 端的 Web 应用相比，在思想、结构构建等方面是完全相同的，只不过移动端的 Web 应用在脚本开发上要做稍微的调整，本节将详细介绍如何实现移动端的 Web 应用自动化脚本。

1. 元素定位

Web 界面在 App 程序中会被当作一个个 WebView 控件，因此需要通过一些工具获取 Web 界面的源代码，然后查看元素属性，最后使用 Selenium 提供的 8 大定位方式定位元素。

1）浏览器直接访问 URL 获取源码

Web 应用都有具体的 URL，因此在 PC 端使用浏览器访问 URL 即可进入页面，然后通过开发者工具查看页面源码，如图 7-37 所示。为了和移动端展示的内容一致，需要将页面切换到自响应模式下，切换按钮见图 7-37 标记处。

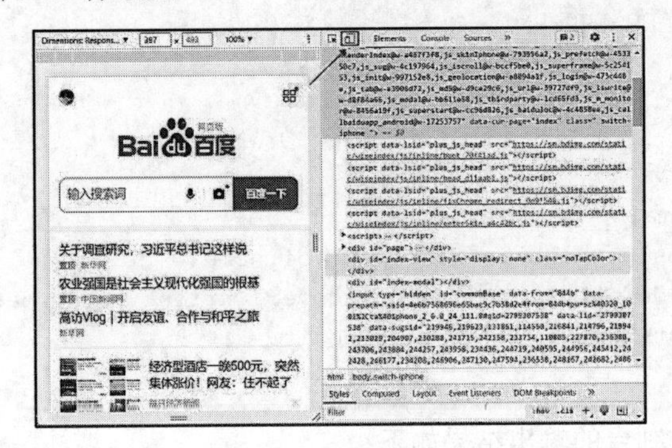

图 7-37　浏览器中查看页面源码

2）通过 Chrome DevTools 工具查看网页源码

在移动设备上使用浏览器访问网站，然后在 PC 设备上使用 Chrome 浏览器访问 chrome://inspect/#devices 进入 DevTools 调试工具页面，在页面中可以查看到远程设备及远程设备显示的 WebView，单击 WebView 下对应的 Inspect（图 7-38 标记处），打开 DevToolsApp 即可查看页面源码。

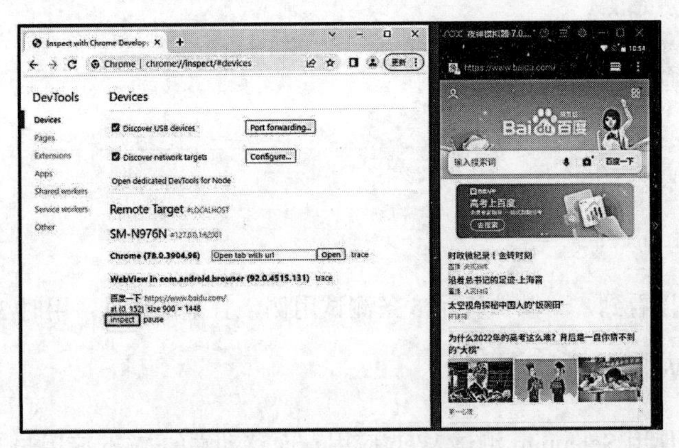

图 7-38　浏览器中查看页面源码

注意　使用 Inspect 查看页面源码，由于某些原因国内是不能使用的。

3）使用 UC DevTools 工具查看网页源码

UC DevTools 工具（UC 开发者工具）与 Chrome DevTools 工具类似，都可用作远程设备应用程序中的 WebView 调试。UC DevTools 工具的使用方法如下：

（1）进入 UC 浏览器开发者工具下载网站（https://plus.ucweb.com/download/#DevTool）下载 UC 浏览器开发者工具，然后运行下载的文件，根据提示操作完成安装。

（2）进入 UC 浏览器开发者工具的安装目录，找到 uc-devtools.exe 文件（见图 7-39），单击运行即可打开 UC DevTools 工具。

名称	修改日期	类型	大小
node.dll	2018/5/22 15:51	应用程序扩展	18,213 KB
pdf_viewer_resources.pak	2018/5/22 15:51	PAK 文件	138 KB
snapshot_blob.bin	2018/5/22 15:51	BIN 文件	1,416 KB
uc-devtools.exe	2018/5/22 15:52	应用程序	78,802 KB
ucrtbase.dll	2018/5/22 15:51	应用程序扩展	974 KB
ui_resources_200_percent.pak	2018/5/22 15:51	PAK 文件	75 KB

图 7-39　UC 浏览器开发者工具运行文件

（3）进入 UC 浏览器开发者工具设置界面，将 InspectorURI Resource 设置为【本地 Devtools Inspector UI 资源】，如图 7-40 所示。

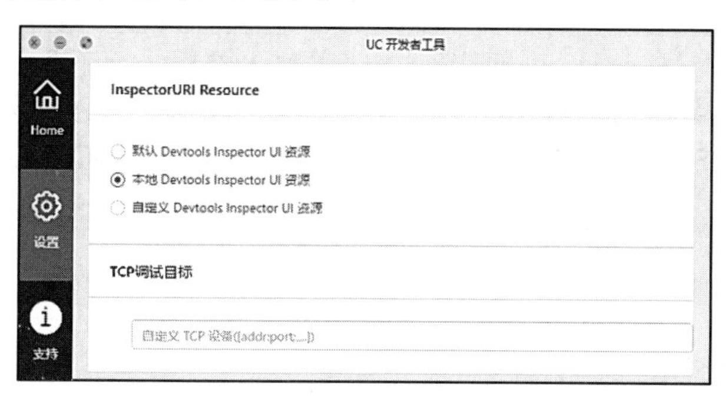

图 7-40　设置 InspectorURI Resource

（4）移动设备上使用浏览器访问网站。

（5）进入 UC 浏览器开发者工具 HOME 界面，界面中可以查看到远程设备及远程设备显示的 WebView，如图 7-41 所示。

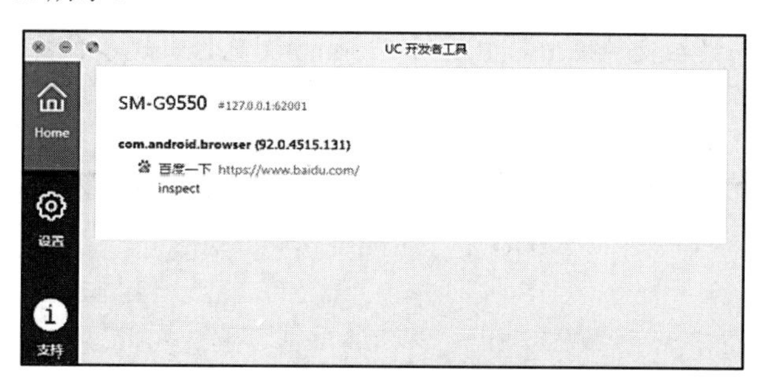

图 7-41　UC 浏览器开发者工具 HOME 界面

（6）单击 WebView 下方的 Inspect 可打开开发者工具界面，如图 7-42 所示。该界面与浏览器中开发者工具界面一致，很容易便能找到元素对应的节点，获取到元素属性。

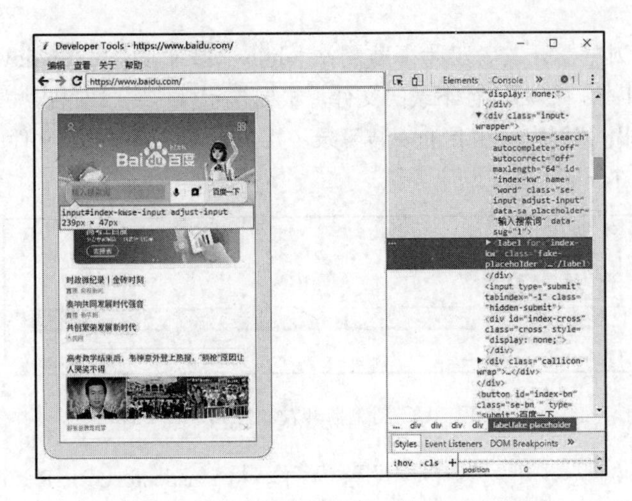

图 7-42　UC 浏览器开发者工具 HOME 界面

提示　如果 WebView 在 UC 浏览器开发者工具的 HOME 界面不显示，则需要检查 App 是否开启了 WebView 调试模式。开启 WebView 调试模式需要开发人员的协助，在 App 中配置如下代码（在 WebView 类中调用静态方法 setWebContentsDebuggingEnabled）：

```
if (Build.VERSION.SDK_INT >=Build.VERSION_CODES.KITKAT) {
 WebView.setWebContentsDebuggingEnabled(true);
}
```

2. Web 应用测试脚本开发

在开始测试之前，需要做一些准备工作。主要有两点，一是在移动设备上安装 Chrome 浏览器，二是在 PC 设备上下载对应版本的浏览器驱动，详细下载方法可参考 6.2.2　安装浏览器驱动一节。

提示　这里以夜神模拟器作为移动端设备，但夜神模拟器对 Google 的一些程序兼容并不是很好，故如果在夜神模拟器中使用 Chrome 浏览器出现各种错误，建议更换模拟器或使用真机。

下面通过一个简单的示例详细介绍移动端 Web 应用的自动化脚本开发。例如，打开浏览器→访问百度首页→搜索输入框输入“软件测试”→单击按钮“百度一下”→断言当前 TITLE→退出。实现代码如下：

```
# chapter7\test_web.py
import time
from appium import webdriver
from appium.options.android import UiAutomator2Options
from selenium.webdriver.common.by import By
```

```
# 设置启动参数
options = UiAutomator2Options()
options.platform_name = 'Android'
options.platformVersion = '7.1.2'
options.device_name = 'NoxPlayer V7'
options.chromedriver_executable = r"D:\driver\chromedriver.exe"
options.chrome_options = {'w3c': False}

# 启动浏览器
driver = webdriver.Remote('http://localhost:4723/wd/hub', options=options)
driver.implicitly_wait(10)

# 访问百度首页
driver.get("https://www.baidu.com")
time.sleep(1)
driver.find_element(By.ID, 'index-kw').send_keys("软件测试")
time.sleep(2)
driver.find_element(By.ID, 'index-bn').click()
time.sleep(5)

# 添加 title 断言
title = driver.title
assert title == "软件测试 - 百度"

driver.quit()
```

运行上述代码，会发现移动设备中启动了 Chrome 浏览器，接着打开了百度首页，紧接着在搜索输入框中输入了内容“软件测试”，然后单击【百度一下】按钮进入了搜索后的界面，最后浏览器关闭。

Desired Capabilities 参数中 browserName 为浏览器名称；chromedriverExecutable 为浏览器驱动程序；chromeOptions 设置为{'w3c': False}表示不在 w3c 模式下工作，代码运行时出现 selenium.common.exceptions.InvalidArgumentException: Message: invalid argument: invalid locator 错误可添加该值解决。然后实例化一个 WebDriver 对象，剩下的操作和本书第 6 章讲解的 Selenium 操作完全一致。

7.15.4　案例三：混合应用测试

混合应用是利用原生应用做窗口和框架，在原生应用中嵌入 WebView 控件实现 H5 页面。那么测试混合应用时，如果控件是原生控件，则用 Appium 操作元素，如果是 WebView 控件（即 H5 页面），则用 Selenium 操作。而原生页面与 H5 页面之间的切换就需要 WebDriver 提供的 switch_to.context(context_name)方法，通过此方法便可在两个页面之间自由切换，实现不同控件的操作。

例如腾讯课堂应用中课程分销页面就是一个 H5 页面，如图 7-43 所示，从 UC 浏览器开发者工具中可以看到该页面内容区域是一个 H5 页面，但最上面的 TITLE 区域没有在 UC 浏览器开发者工具中显示，因此是原生控件。

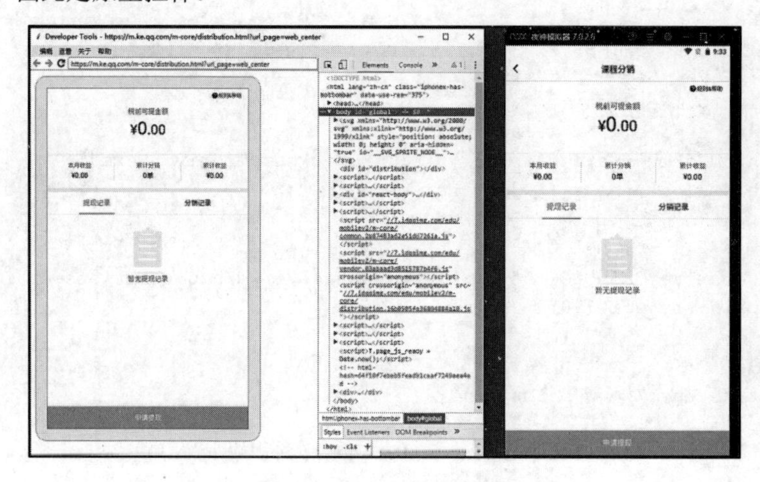

图 7-43　课程分销页面

下面我们实现对该页面的操作，操作顺序为：启动腾讯课堂应用，单击【我的】菜单进入我的界面，然后单击【课程分销】进入分销界面，接着单击【申请提现】进入下一步，此时单击返回进入分销界面，再单击返回进入我的界面，最后退出应用，关闭会话。代码实现如下：

```
# chapter7\test_hybrid.py
from appium import webdriver
from appium.options.android import UiAutomator2Options
from appium.webdriver.common.appiumby import AppiumBy
from selenium.webdriver.common.by import By


# 设置启动参数
options = UiAutomator2Options()
options.platform_name = 'Android'
options.platformVersion = '7.1.2'
options.device_name = 'NoxPlayer V7'
options.chromedriver_executable = r"D:\driver\chromedriver.exe"
options.chrome_options = {'w3c': False}
options.app_package = 'com.tencent.edu'
options.app_activity = '.module.homepage.newhome.NewHomePageActivity'
options.no_reset = 'true'

driver = webdriver.Remote('http://localhost:4723/wd/hub', options=options)
driver.implicitly_wait(10)

# 通过 resource-id 和 text 查找元素
def find_tab(id, text):
  elements = driver.find_elements(AppiumBy.ID, value=id)
```

```
    for element in elements:
        if element.text == text:
            return element

# 依次单击我的、课程分销，进入课程分销页面
find_tab('a4y', '我的').click()
find_tab('pr', '课程分销').click()
print(driver.contexts) # 打印结果是：['NATIVE_APP', 'WEBVIEW_com.tencent.edu']
# 切换上下文，切换到 H5 页面操作
driver.switch_to.context('WEBVIEW_com.tencent.edu')
# 使用 Selenium 提供的定位方式定位元素，定位申请提现按钮
driver.find_element(By.CLASS_NAME, 'bottom-btn').click()
# 切换上下文，切换到原生控件操作
driver.switch_to.context('NATIVE_APP')
# 返回课程分销界面
driver.find_element(AppiumBy.ID, 'a57').click()
# 返回我的界面
driver.find_element(AppiumBy.ID, 'a57').click()

driver.quit()
```

运行脚本后，在模拟器中的结果与预期结果一致。

上述代码有两点需做一解释，封装 find_tab(id, text)方法和上下文切换。由于同类元素有相同的 source-id，但是 text 不同，为了操作元素方便，所以封装了一个方法 find_tab(id, text)；切换上下文使用的是 switch_to.context(context_name)方法，参数 context_name 的值为 driver.contexts 结果中的值，代码中是直接传入对应的字符串，也可以从 driver.contexts 取值传入，例如切换到 H5 页面操作便可写成 driver.switch_to.context(driver.contexts[1])。

7.15.5 案例四：微信小程序测试

微信小程序和微信公众号的自动化测试，大部分是对混合应用的测试。微信小程序和公众号基本上都是 H5 页面，因此完全可以采用混合应用测试的方式实现自动化测试脚本，但具体情况还需要根据实际情况而定。

在微信旧版本中，我们需要开启微信的调试功能，如此便可以使用 UC 浏览器开发者工具获取小程序或公众号的页面源码，进而获取元素属性，帮助元素定位。开启微信调试功能的方法是在微信中给任意好友发送地址 debugx5.qq.com，然后单击该地址，开启调试功能。但最新的微信版本改用了 xweb 内核，小程序 H5 页面自动化已可通过原生程序中的定位方式实现。

接下来实现一个简单的操作。启动微信程序后进入发现页面，然后进入小程序菜单，在小程序页面找到中国电信客服并进入，接着单击套餐余量菜单，最后通过模拟器的返回按钮返回微信。代码实现如下：

```
# chapter7\test_wechat_applet.py
import time
```

```
from appium import webdriver
from appium.options.android import UiAutomator2Options
from appium.webdriver.common.appiumby import AppiumBy


# 设置启动参数
desired_caps = {}
desired_caps['platformName'] = 'Android'
desired_caps['platformVersion'] = '12'
desired_caps['deviceName'] = 'NoxPlayer V7'
desired_caps['chromedriverExecutable'] = r"D:\driver\chromedriver.exe"
desired_caps['chromeOptions'] = {'w3c': False}
desired_caps['appPackage'] = 'com.tencent.mm'
desired_caps['appActivity'] = '.ui.LauncherUI'
desired_caps['noReset'] = 'true'

options = UiAutomator2Options().load_capabilities(desired_caps)
driver = webdriver.Remote('http://localhost:4723/wd/hub', options=options)
driver.implicitly_wait(10)
time.sleep(5)

# 依次单击“发现>>小程序>>搜索中国电信客服 >> 进入中国电信客服”
driver.find_element(by=AppiumBy.ANDROID_UIAUTOMATOR, value="new
UiSelector().text(\"发现\")").click()
driver.find_element(by=AppiumBy.ANDROID_UIAUTOMATOR, value="new
UiSelector().text(\"小程序\")").click()
# 搜索中国电信客服
driver.find_element(by=AppiumBy.XPATH, value="//android.view.View[@content-desc=\"
小程序\"]/following-sibling::android.widget.ImageView").click()
driver.find_element(by=AppiumBy.ID, value="com.tencent.mm:id/d98").send_keys("中国
电信客服")
driver.find_element(by=AppiumBy.ID, value="com.tencent.mm:id/mdx").click()
# 选择中国电信客服小程序
driver.find_element(by=AppiumBy.XPATH,
value="//android.widget.Button[contains(@text, \"中国电信客服\")]").click()
time.sleep(3)
driver.find_element(by=AppiumBy.ANDROID_UIAUTOMATOR, value="new
UiSelector().text(\"套餐余量\")").click()

# 通过模拟器的返回键返回到中国电信客服主页
driver.back()
# 返回微信
driver.back()

driver.quit()
```

运行脚本后，可以看到模拟器中的结果与预期结果一致。

7.16　稳定性测试

稳定性测试指应用程序长时间的持续运行，系统版本是否稳定，能否持续地为用户提供服务。实际上稳定性测试可以说是一种性能测试，即检测程序在长时间运行后是否会发生异常，服务器响应是否正常，是否会过度消耗内存、CPU、电量、流量，通常会对使用 FPS（帧率）、GPU 渲染等指标进行度量。

稳定性测试常用的工具有 Monkey、MonkeyRunner、Maxim 等，除此之外，基于 Monkey 进行的二次开发工具也非常多，例如 Fastbot-Android，与 Fastbot-Android 对应的 iOS 平台上也有 Fastbot-iOS。本节介绍稳定性测试工具 Monkey。

7.16.1　Monkey 简介

Monkey 单词翻译成中文是猴子，而 Monkey 工具的动作就像一只猴子的行为，不停地对程序随机操作，没有任何目的和主观性，因此 Monkey 测试也称猴子测试。Monkey 工具可以向被测应用程序发送伪随机事件流，例如按键、触屏、滑动等操作，以验证程序的稳定性和健壮性。

Monkey 测试中所有的事件都是随机产生的，且可以设置事件数量、类型、频率等，简单方便。但也有一定的局限性，例如被测对象只能是应用程序、事件随机且不能自定义。

Monkey 借助 ADB 工具与移动设备通信，使用时只需在命令行工具中输入对应的命令即可发送相应的指令，基本语法如下：

```
adb shell monkey [options]
```

例如启动 API Demo 应用程序，并向其发送 100 个伪随机事件，命令可以写成 adb shell monkey -p io.appium.android.apis -v 100，如图 7-44 所示。其中-p io.appium.android.apis 表示被测程序是 io.appium.android.apis；参数-v 表示日志信息级别是 Level0；100 表示 100 个伪随机事件。

```
C:\Users\tynam>adb shell monkey -p io.appium.android.apis -v 100
:Monkey: seed=1678291994255 count=100
:AllowPackage: io.appium.android.apis
:IncludeCategory: android.intent.category.LAUNCHER
:IncludeCategory: android.intent.category.MONKEY
// Event percentages:
//   0: 15.0%
//   1: 10.0%
//   2: 2.0%
//   3: 15.0%
//   4: -0.0%
//   5: -0.0%
//   6: 25.0%
//   7: 15.0%
//   8: 2.0%
//   9: 2.0%
//   10: 1.0%
//   11: 13.0%
:Switch: #Intent;action=android.intent.action.MAIN;category=android.intent.category.L
AUNCHER;launchFlags=0x10200000;component=io.appium.android.apis/.ApiDemos;end
    // Allowing start of Intent { act=android.intent.action.MAIN cat=[android.intent.
category.LAUNCHER] cmp=io.appium.android.apis/.ApiDemos } in package io.appium.androi
d.apis
:Sending Touch (ACTION_DOWN): 0:(457.0,749.0)
:Sending Touch (ACTION_UP): 0:(454.79703,740.36176)
:Sending Touch (ACTION_DOWN): 0:(61.0,1062.0)
:Sending Touch (ACTION_UP): 0:(56.467052,1041.1583)
:Sending Touch (ACTION_DOWN): 0:(245.0,976.0)
:Sending Touch (ACTION_UP): 0:(234.8345,973.1414)
```

图 7-44　Monkey 测试

可以看到，执行命令后，模拟器打开了 API Demo 应用，然后随机执行了 100 个事件。

7.16.2　Monkey 常用参数

Monkey 提供了许多参数，帮助用户设置事件发生的特性或反馈信息的输出。在命令行工具中输入 adb shell monkey –h 命令即可查看 Monkey 提供的参数，如图 7-45 所示。

```
C:\Users\tynam>adb shell monkey -h
usage: monkey [-p ALLOWED_PACKAGE [-p ALLOWED_PACKAGE] ...]
              [-c MAIN_CATEGORY [-c MAIN_CATEGORY] ...]
              [--ignore-crashes] [--ignore-timeouts]
              [--ignore-security-exceptions]
              [--monitor-native-crashes] [--ignore-native-crashes]
              [--kill-process-after-error] [--hprof]
              [--pct-touch PERCENT] [--pct-motion PERCENT]
              [--pct-trackball PERCENT] [--pct-syskeys PERCENT]
              [--pct-nav PERCENT] [--pct-majornav PERCENT]
              [--pct-appswitch PERCENT] [--pct-flip PERCENT]
              [--pct-anyevent PERCENT] [--pct-pinchzoom PERCENT]
              [--pct-permission PERCENT]
              [--pkg-blacklist-file PACKAGE_BLACKLIST_FILE]
              [--pkg-whitelist-file PACKAGE_WHITELIST_FILE]
              [--wait-dbg] [--dbg-no-events]
              [--setup scriptfile] [-f scriptfile [-f scriptfile] ...]
              [--port port]
              [-s SEED] [-v [-v] ...]
              [--throttle MILLISEC] [--randomize-throttle]
              [--profile-wait MILLISEC]
              [--device-sleep-time MILLISEC]
              [--randomize-script]
              [--script-log]
              [--bugreport]
              [--periodic-bugreport]
              [--permission-target-system]
              COUNT

C:\Users\tynam>
```

图 7-45　查看 Monkey 帮助文档

下面对一些常用的参数进行介绍。

1. 伪随机数

伪随机数是最简单的一个参数，在 Monkey 命令后面直接写一个数字即可。

示例，对整机发送 100 个伪随机事件，命令如下：

```
adb shell monkey 100
```

2. -p

参数-p 用于指定包，即被测程序，可以指定一个，也可以指定多个。指定后，Monkey 将只允许系统启动指定的包，如果不指定将允许系统启动所有的包。

示例一：不指定包名，允许系统启动所有的包，发送 100 个伪随机事件，命令如下：

```
adb shell monkey 100
```

示例二：只指定一个包名，对 API Demo 程序发送 100 个伪随机事件，命令如下：

```
adb shell monkey -p io.appium.android.apis 100
```

示例三：指定两个包名，对 API Demo 程序和系统设置程序发送 100 个伪随机事件，命令如下：

```
adb shell monkey -p io.appium.android.apis -p com.android.settings 100
```

3. -v

参数-v 用于设置反馈信息的级别，即日志的详细程度，每添加一个-v 参数，日志级别就提高一级。日志信息有三个级别，分别是 Level0、Level1 和 Level2。Level0（-v）是 Monkey 的默认值，只提供启动提示、测试完成和最终结果等少量信息；Level1（-v -v）提供较为详细的日志，包括每个发送到 Activity 的时间信息；Level2（-v -v -v）提供最详细的日志，包括测试中选中/未选中的 Activity 信息。

示例，对 API Demo 程序发送 100 个伪随机事件，日志级别设置为 Level2，命令如下：

```
adb shell monkey -p io.appium.android.apis -v -v -v 100
```

4. -s

参数-s 用于设置伪随机数生成器的 seed 值。Monkey 发送的是伪随机事件流，当 seed 值相同时，所产生的事件序列也是相同的，即模拟的用户操作是相同的。

示例，指定 seed 值为 10，多次执行下面的命令，测试应该是相同的。

```
adb shell monkey -p io.appium.android.apis -s 10 100
```

5. -throttle

参数-throttle 用于设置操作的延迟时间，单位毫秒。即两个相邻事件之间的间隔。

示例，设置相邻事件之间的间隔时间为 1s，命令如下：

```
adb shell monkey -p io.appium.android.apis --throttle 1000 100
```

6. --ignore-{error}

参数--ignore-{error}用于设置当程序出现某些状况时，Monkey 是否停止运行。如果使用此参数，当被测程序出现指定错误时，monkey 会继续发送事件，直到事件计数完成；如果不使用此参数，当被测程序出现指定的错误时，Monkey 会停止运行。参数如下：

- --ignore-crashes：当应用程序崩溃时，Monkey 是否停止运行。
- --ignore-timeouts：当应用程序发生 ANR（Application No Responding）错误时，Monkey 是否停止运行。
- --ignore-security-exceptions：当应用程序发生许可错误时（如证书许可，网络许可等），Monkey 是否停止运行。

示例，对 API Demo 程序发送 100 个伪随机事件，忽略程序崩溃，命令如下：

```
adb shellmonkey -p io.appium.android.apis --ignore-crashes 1000
```

7. --pct-{events}

参数--pct-{events}用于设置不同类型事件的百分比。如果不设置，--pct-anyevent 将会是 100%，即纯随机事件。可设置的参数如下：

- --pct-touch：触摸事件，在屏幕上单击。
- --pct-motion：滑屏事件，在屏幕上直线滑动。
- --pct-trackball：轨迹球事件，由一个或几个随机的移动组成，有时还伴随有单击。
- --pct-nav：导航事件，方向输入设备的上/下/左/右。
- --pct-majornav：主导航事件，指中间键、取消、确定或菜单引发的图形接口的动作。
- --pct-syskeys：系统按键事件，设备上的 HOME/返回/开始通话/结束通话/音量等控制键。
- --pct-appswitch：App 切换事件，调整启动 Activity 的百分比，在随机间隔中执行一次 startActivity()方法调用。
- --pct-anyevent：随机事件。

例如，对 API Demo 程序发送 100 个伪随机事件，触摸事件占 30%，App 切换事件占 5%，命令如下：

```
adb shell monkey -p io.appium.android.apis --pct-touch 30 --pct-appswitch 5 100
```

8. 保存日志

使用>{path}可将 Monkey 的运行日志保存到 PC 或移动设备中。

例如，对 API Demo 程序发送 100 个伪随机事件，并将日志保存到 PC 设备的 D 盘下，并且命名为 monkey_test.txt，命令如下：

```
adb shell monkey -p io.appium.android.apis 100 >d:\monkey_test.txt
```

7.16.3 Monkey 日志分析

例如，Monkey 测试 API Demo 应用，忽略程序崩溃和 ANR 错误，设置日志级别为 Level2，发送伪随机事件 10 次，并将日志保存在 PC 的 D 盘下 monkey_test.txt 文件中。命令如下：

```
adb shell monkey -p io.appium.android.apis --ignore-crashes --ignore-timeouts -v -v -v 10 >d:\monkey_test.txt
```

命令执行完成后，查看 D 盘下的 monkey_test.txt 文件，结果如下：

```
1.  :Monkey: seed=1655230461548 count=10
2.  :AllowPackage: com.pcncn.jj
3.  :IncludeCategory: android.intent.category.LAUNCHER
4.  :IncludeCategory: android.intent.category.MONKEY
5.  // Selecting main activities from category android.intent.category.LAUNCHER
6.  //   - NOT USING main activity com.android.browser.BrowserActivity (from package com.android.browser)
```

```
7. //   - NOT USING main activity com.android.camera.CameraLauncher (from package com.android.camera2)
8. //   - NOT USING main activity com.android.gallery3d.app.GalleryActivity (from package com.android.gallery3d)
9. //   - NOT USING main activity com.android.settings.Settings (from package com.android.settings)
10. //   - NOT USING main activity com.baidu.baidumaps.WelcomeScreen (from package com.baidu.BaiduMap)
11. //   - NOT USING main activity com.amaze.filemanager.activities.MainActivity (from package com.amaze.filemanager)
12. //   - NOT USING main activity com.android.Calendar.ui.activity.MainActivity (from package com.android.Calendar)
13. //   - NOT USING main activity com.android.calculator2.MainActivity (from package com.android.calculator2)
14. //   - NOT USING main activity com.android.deskclock.MainActivity (from package com.android.deskclock)
15. //   - NOT USING main activity com.android.documentsui.LauncherActivity (from package com.android.documentsui)
16. //   - NOT USING main activity com.fenbi.android.leo.activity.RouterActivity (from package com.fenbi.android.leo)
17. //   + Using main activity com.pcncn.jj.act.SplashNewActivity (from package com.pcncn.jj)
18. //   - NOT USING main activity com.sina.weibo.SplashActivity (from package com.sina.weibo)
19. //   - NOT USING main activity com.youdao.calculator.activities.MainActivity (from package com.youdao.calculator)
20. //   - NOT USING main activity io.appium.settings.Settings (from package io.appium.settings)
21. // Selecting main activities from category android.intent.category.MONKEY
22. //   - NOT USING main activity com.android.launcher3.launcher3.Launcher (from package com.android.launcher3)
23. //   - NOT USING main activity com.android.settings.Settings$RunningServicesActivity (from package com.android.settings)
24. //   - NOT USING main activity com.android.settings.Settings$StorageUseActivity (from package com.android.settings)
25. // Seeded: 1655230461548
26. // Event percentages:
27. //   0: 15.0%
28. //   1: 10.0%
29. //   2: 2.0%
30. //   3: 15.0%
31. //   4: -0.0%
32. //   5: -0.0%
33. //   6: 25.0%
34. //   7: 15.0%
```

```
    35. //  8: 2.0%
    36. //  9: 2.0%
    37. //  10: 1.0%
    38. //  11: 13.0%
    39. :Switch:
#Intent;action=android.intent.action.MAIN;category=android.intent.category.LAUNCHER;lau
nchFlags=0x10200000;component=com.pcncn.jj/.act.SplashNewActivity;end
    40.    // Allowing start of Intent { act=android.intent.action.MAIN
cat=[android.intent.category.LAUNCHER] cmp=com.pcncn.jj/.act.SplashNewActivity } in
package com.pcncn.jj
    41. Sleeping for 0 milliseconds
    42. :Sending Key (ACTION_DOWN): 200    // KEYCODE_BUTTON_13
    43. :Sending Key (ACTION_UP): 200    // KEYCODE_BUTTON_13
    44. Sleeping for 0 milliseconds
    45. :Sending Key (ACTION_DOWN): 19    // KEYCODE_DPAD_UP
    46. :Sending Key (ACTION_UP): 19    // KEYCODE_DPAD_UP
    47. Sleeping for 0 milliseconds
    48. :Sending Trackball (ACTION_MOVE): 0:(0.0,3.0)
    49. :Sending Trackball (ACTION_MOVE): 0:(0.0,-2.0)
    50. :Sending Trackball (ACTION_MOVE): 0:(4.0,3.0)
    51. :Sending Trackball (ACTION_MOVE): 0:(-1.0,0.0)
    52. :Sending Trackball (ACTION_MOVE): 0:(-3.0,-4.0)
    53. Events injected: 10
    54. :Sending rotation degree=0, persist=false
    55. :Dropped: keys=0 pointers=0 trackballs=0 flips=0 rotations=0
    56. ## Network stats: elapsed time=200ms (0ms mobile, 0ms wifi, 200ms not
connected)
    57. // Monkey finished
```

Monkey 日志一般包含 4 类信息，分别是测试命令信息、伪随机事件流信息、异常信息、Monkey 执行结果信息。

第 1 行：Monkey: seed=1678370231472 count=10 测试命令信息，说明随机种子和事件数；第 2 行：AllowPackage: io.appium.android.apis 是允许运行的包；第 3、4 行：以 IncludeCategory:开头的行，是启动的活动；第 5~24 行是测试中选中/未选中的 Activity 信息；第 25 行// Seeded: 1678370231472 为随机种子；第 26~38 行是各事件百分比，0 表示触摸事件 TOUCH，1 表示手势事件 MOTION, 2 表示两指缩放事件 PINCHZOOM，3 表示轨迹球事件 TRACKBALL，4 表示屏幕旋转事件 ROTATION，5 表示基本导航事件 nav，6 表示主要导航事件 majornav，7 表示系统按钮事件 sysops，8 表示启动 activity 事件 appswitch，9 表示键盘轻弹事件 flip，10 表示其他事件，包括按键和不常用的按键；第 39、40 行是跳转并进入 io.appium.android.apis/.ApiDemos；第 41~52 行是随机事件，其中 Sleeping 开头的行是延迟时间，:Sending 开头的行是随机事件；第 53~56 行是 Monkey 执行结果信息；第 57 行 Monkey finished 为 Monkey 测试结束的标识。

从上面的日志信息中能够看到测试命令信息、伪随机事件流信息、Monkey 执行结果信息，没有异常信息。当输出的日志很多时，可以通过查找一些关键词，例如 ANR、Force Close，确定 Monkey 测试有没有出现程序崩溃、ANR 等问题，然后通过错误行所在的上下文操作信息复现问题和定位问题。

7.17 思 考 题

1. 你知道有哪些移动应用程序类型吗？
2. 了解 ADB 工具吗？它是如何工作的？
3. 如果 ADB 检测不到移动设备，你该如何解决？
4. 常用的 ADB 命令有哪些？
5. 请写一个 Monkey 脚本，并解释其中参数的含义？
6. 你对 Appium Inspector 了解多少？
7. Appium 中常用的定位策略有哪些，请简要介绍一下。

第 8 章

JMeter

JMeter 是 Apache 组织开发的基于 Java 的压力测试工具，最初被设计用于 Web 应用测试，由于它的免费、开源、小巧、易用、可视化界面、支持多种协议等诸多优点吸引了许多测试人员的喜爱，后来也被扩展到其他测试领域。尤其在性能测试方面，JMeter 表现出色，本章将带领读者学习和运用 JMeter。

8.1 简　介

JMeter 也称为 Apache JMeter，可用来对服务器、网络或对象模拟巨大的负载，在不同压力作用下测试它们的强度和分析整体性能。JMeter 还可以通过创建带有断言的脚本来验证程序是否能返回期望的结果，因此也被用来做接口测试。

1. JMeter 的优势

比起其他性能测试工具（如 LoadRunner、WAS 等），JMeter 具有很大的优势，具体表现在以下几个方面：

- 免费、开源，允许使用源代码进行二次开发。
- 带有图形化界面，易学易操作。
- 100%纯 Java 桌面应用程序，完全的可移植性。
- 高度可扩展，带有丰富的插件库，也支持用户开发插件。
- 支持录制和回放。
- 完全多线程框架，通过多个线程并发取样或通过单独线程组对不同的功能同时取样。
- 可以模拟多用户并发线程。
- 支持 HTTP、HTTPS、SOAP、FTP、JDBC、JMS、POP3 等多种协议。
- 可用于测试静态和动态资源，如静态文件、Java 小服务程序、CGI 脚本、Java 对象、数据库和 FTP 服务器等。
- 允许用户添加断言，判断返回结果的正确性。

- 支持多个测试策略，如负载测试、分布式测试和功能测试。
- 自带多种类型的结果展示元件。例如 XML 文件（扩展名 Jtl）、CSV 文件图形测试报告。

虽然，JMeter 有很多优点，但也有一些不足的地方，例如 JMeter 无法验证页面 UI。

2. JMeter 的工作流程

JMeter 基本的工作流程是创建目标并发送请求，服务器返回结果后保存结果，然后通过结果收集数据计算出性能度量，最后以不同形式的报表展示性能度量。在实际操作中，通常是在测试计划下创建线程组用于模拟一组用户，然后添加取样器发送请求，在运行过程中通过断言判断结果的正确性，通过监听器收集并记录测试结果，如图 8-1 所示。

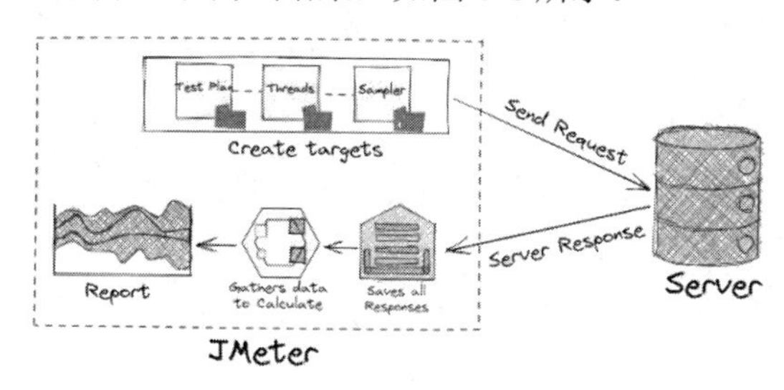

图 8-1　JMeter 的工作流程

8.2 安　　装

JMeter 是由 Java 语言编写的一个桌面应用程序，使用前需确保已经安装了 Java JDK 并且配置好环境变量。JMeter 的最新版本是 5.5，推荐使用 Java 8+。接下来介绍 JMeter 是如何安装的。

下载 JMeter 程序。进入 JMeter 下载页面 https://jmeter.apache.org/download_jmeter.cgi，页面中有 Binaries 和 Source 两种资源。Binaries 是可执行版，经过编译的版本，下载后解压即可使用。Source 是源代码版，需要使用者编译成可执行的程序。如果只是使用工具，那么下载 Binaries 版的 ZIP 包即可，如图 8-2 标记处。

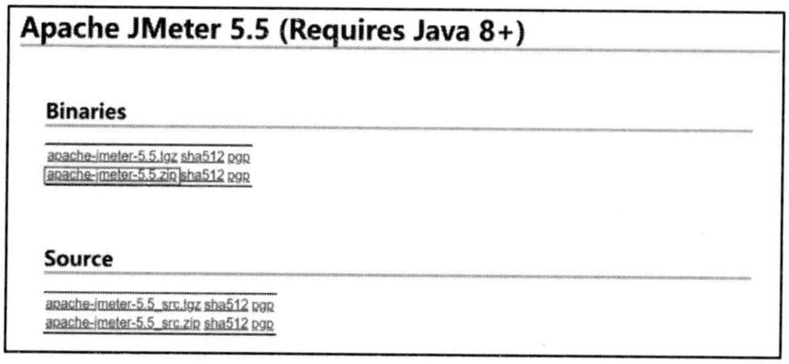

Apache JMeter 5.5 (Requires Java 8+)

Binaries

apache-jmeter-5.5.tgz sha512 pgp
apache-jmeter-5.5.zip sha512 pgp

Source

apache-jmeter-5.5_src.tgz sha512 pgp
apache-jmeter-5.5_src.zip sha512 pgp

图 8-2　下载 JMeter 工具

下载完成后，将得到 apache-Jmeter-5.5.zip 压缩包并解压。进入~/apache-jmeter-5.5/bin/目录，在 Windows 系统下单击 jmeter.bat 即可启动 JMeter 程序，启动后的界面如图 8-3 所示。

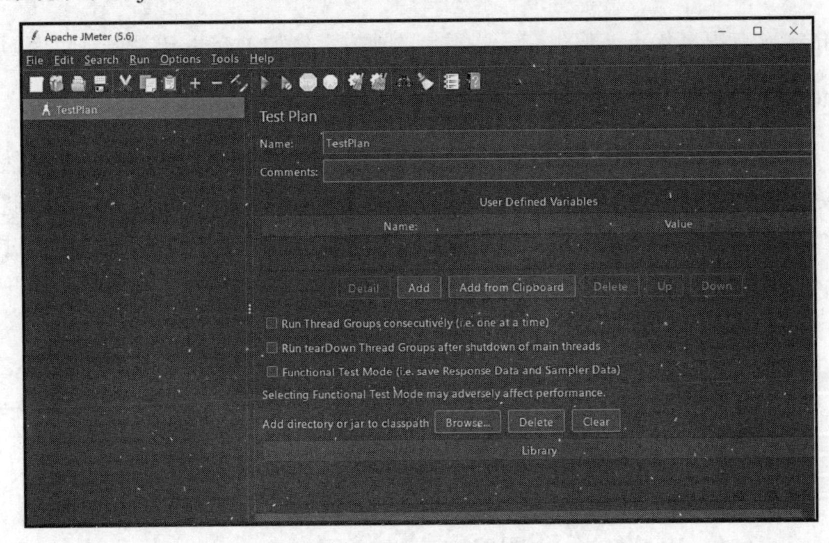

图 8-3　JMeter 启动后的界面

macOS 或 Linux 系统下启动 JMeter 程序与 Windows 系统下稍有不同，macOS 或 Linux 系统下启动 JMeter 程序需进入~/apache-jmeter-5.5/bin 目录，执行命令 sh jmeter.sh 便可启动。

8.3 配置文件

JMeter 的配置文件非常重要，它能够自定义程序的一些设置项。在~/apache-jmeter-5.5/bin/目录下可以看到多个.properties 格式的文件，这便是 JMeter 的配置文件，例如 jmeter.properties、reportgenerator.properties、system.properties、upgrade.properties、user.properties。使用最多的是 JMeter.properties，它是 JMeter 工具的配置文件，通过该文件可以设置 JMeter 工具的显示语言、编码格式、图标大小、内容区字体设置、快捷键、捕获 Cookies、配置远程主机、日志级别等。设置完成后，重新启动 JMeter 即可生效。

1. 设置默认显示语言

JMeter 工具默认显示的语言是英文，可通过修改 JMeter.properties 文件中的 language 字段来改变显示的语言。例如，修改显示语言为中文：

```
#Preferred GUI language. Comment out to use the JVM default locale's language.
#language=en
language=zh_CN
```

JMeter.properties 文件符号“#”是注释符号。在语言设置中，en 表示英文、zh_CN 表示中文。

当然还支持其他的语言，例如 fr（法语）、de（德语）、no（挪威语）、es（西班牙语）、tr（土耳其语）、ja（日语）、pl（波兰语）、pt_BR（葡萄牙语）等。

2. 设置编码格式

JMeter 默认设置的编码格式是 ISO-8859-1，可通过修改 JMeter.properties 文件中 sampleresult.default.encoding 字段改变编码格式。例如，修改编码格式为 GBK：

```
# The encoding to be used if none is provided (default ISO-8859-1)
#sampleresult.default.encoding=ISO-8859-1
sampleresult.default.encoding=GBK
```

3. 设置图标大小

当使用 JMeter 界面时，如果感觉图标大小不合适，可在 JMeter.properties 文件中通过 jmeter.hidpi.mode=true 开启视网膜模式，然后通过 jmeter.hidpi.scale.factor 设置图标比例。例如，将图标放大一倍：

```
# HiDPI mode (default: false)
# Activate a 'pseudo'-HiDPI mode. Allows to increase size of some UI elements
# which are not correctly managed by JVM with high resolution screens in Linux or
Windows
#jmeter.hidpi.mode=false
# To enable pseudo-HiDPI mode change to true
#jmeter.hidpi.mode=true
# HiDPI scale factor
#jmeter.hidpi.scale.factor=1.0
# Suggested value for HiDPI
#jmeter.hidpi.scale.factor=2.0
jmeter.hidpi.mode=true
jmeter.hidpi.scale.factor=2.0
```

4. 设置工具栏图标大小

JMeter 默认的工具栏图标大小是 22×22，可通过修改 JMeter.properties 文件中的 jmeter.toolbar.icons.size 字段改变工具栏图标大小，可选值有 22×22、32×32、48×48。例如，修改工具栏图标大小为 32×32：

```
# Toolbar display
# Toolbar icon definitions
#jmeter.toolbar.icons=org/apache/jmeter/images/toolbar/icons-toolbar.properties
# Toolbar list
#jmeter.toolbar=new,open,close,save,save_as_testplan,|,cut,copy,paste,|,expand,col
lapse,toggle,|,test_start,test_stop,test_shutdown,|,test_start_remote_all,test_stop_rem
ote_all,test_shutdown_remote_all,|,test_clear,test_clear_all,|,search,search_reset,|,fu
```

```
nction_helper,help
    # Toolbar icons default size: 22x22. Available sizes are: 22x22, 32x32, 48x48
    #jmeter.toolbar.icons.size=22x22
    # Suggested value for HiDPI
    #jmeter.toolbar.icons.size=48x48
    jmeter.toolbar.icons.size=32x32
```

5. 设置目录树图标大小

JMeter 默认的目录树图标大小是 19×19，可通过修改 JMeter.properties 文件中 jmeter.tree.icons.size 字段改变目录树图标大小，可选值有 19×19、24×24、32×32、48×48。例如，修改目录树图标大小为 24×24：

```
    # Tree icons default size: 19x19. Available sizes are: 19x19, 24x24, 32x32, 48x48
    # Useful for HiDPI display (see below)
    #jmeter.tree.icons.size=19x19
    # Suggested value for HiDPI screen like 3200x1800:
    #jmeter.tree.icons.size=32x32
    jmeter.tree.icons.size=24x24
```

6. 设置内容区字体

JMeter 默认的内容区字体是 Hack，大小是 16，可通过修改 JMeter.properties 文件中的 jsyntaxtextarea.font.family 和 jsyntaxtextarea.font.size 两个字段，改变内容区字体的字号和大小。例如，修改内容区字体为 Arial，大小为 16：

```
    # Change the font on the (JSyntax) Text Areas. (Useful for HiDPI screens)
    #jsyntaxtextarea.font.family=Hack
    #jsyntaxtextarea.font.size=14
    jsyntaxtextarea.font.family=Arial
    jsyntaxtextarea.font.size=16
```

7. 设置快捷键

可通过修改 JMeter.properties 文件中的 gui.quick_NUM 字段改变快捷键，Windows 系统上是 Ctrl +（0~9），macOS 系统是 Command +（0~9）。默认快捷键内容如下：

```
    # Hotkeys to add JMeter components, will add elements when you press Ctrl+0 ..
Ctrl+9 (Command+0 .. Command+9 on Mac)
    gui.quick_0=ThreadGroupGui                    #添加一个线程组
    gui.quick_1=HttpTestSampleGui                 #添加一个 HTTP 取样器
    gui.quick_2=RegexExtractorGui                 #添加一个正则表达式提取器
    gui.quick_3=AssertionGui                      #添加一个响应断言
    gui.quick_4=ConstantTimerGui                  #添加一个常量定时器
    gui.quick_5=TestActionGui                     #添加一个测试活动
```

```
gui.quick_6=JSR223PostProcessor              #添加一个 JSR223 后置处理程序
gui.quick_7=JSR223PreProcessor               #添加一个 JSR223 前置处理程序
gui.quick_8=DebugSampler                     #添加一个 Debug 取样器
gui.quick_9=ViewResultsFullVisualizer        #添加一个查看结果树监听器
```

8. 设置捕获 Cookies

JMeter 默认是不会保存 Cookies 的，可在 JMeter.properties 文件中将字段 CookieManager.save.cookies 设置为 true 保存 Cookies 为变量，设置如下：

```
# CookieManager behaviour - should Cookies be stored as variables?
# Default is false
CookieManager.save.cookies=true
```

9. 配置远程主机

JMeter 默认设置的远程主机是 127.0.0.1，即本机，可通过修改 JMeter.properties 文件中的 remote_hosts 字段改变远程主机。如果有多个主机，可使用逗号分隔。示例如下：

```
# Remote Hosts - comma delimited
remote_hosts=127.0.0.1
#remote_hosts=localhost:1099,localhost:2010
```

8.4 界面介绍

JMeter 的界面可以划分 4 个区域，分别是菜单栏、工具栏、目录树区域、内容区域，如图 8-4 所示。

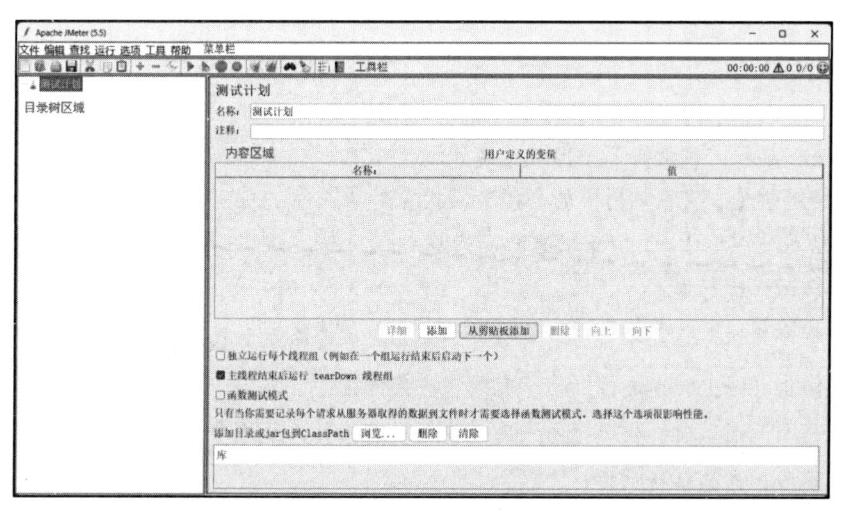

图 8-4　JMeter 界面区域划分

1. 菜单栏

菜单栏包含 JMeter 的全部组件和设置项，有文件、编辑、查找、运行、选项、工具和帮助共 7 个菜单：

- 文件：JMeter 文件菜单，包含新建、合并、保存文档，以及 JMeter 工具的重启和退出等功能。
- 编辑：编辑菜单可用来添加线程组/取样器/监控器/定时器等元件，还可以将菜单的配置 GUI 保存为图片，将整个界面保存为图片等功能。
- 查找：包含查找、替换等功能。
- 运行：JMeter 运行脚本功能，包括启动、停止、远程启动、远程停止等。
- 选项：JMeter 工具的一些设置项，包括外观设置、日志级别设置、日志查看、语言设置、界面放大和缩小等功能。
- 工具：工具助手菜单，例如函数助手对话框。
- 帮助：查看帮助文档的菜单。

2. 工具栏

工具栏提供了常用功能的快速操作选项：

- 新建：新建一个脚本。
- 模板…：Templates 模板。
- 打开：打开.JMX 脚本文件。
- 保存：保存脚本。
- 剪切：内容剪切。
- 复制：内容复制。
- 粘贴：内容粘贴。
- 全部展开：目录树下全部节点展开。
- 全部折叠：将目录树下的全部节点折叠起来。
- 切换：类似于 Java 中设置断点的意思。
- 启动：运行脚本。
- 不停顿运行：无停顿启动测试计划，即可以忽略定时器，且再启动时运行更快。
- 停止：停止脚本运行，将所有线程直接停掉。
- 关闭：在当前线程运行结束后，将还没有执行的线程全部结束掉。
- 清除：清除运行结果。
- 清除全部：清除运行结果，包括日志。

- 查找：打开查找替换窗口。
- 重置搜索：重置搜索内容。
- 函数助手对话框：打开函数助手窗口。
- 帮助：打开帮助文档。

3. 目录树区域

目录树区域通过元件构成节点，以树结构形式显示测试计划，也是测试脚本的步骤展示，如图 8-5 所示。

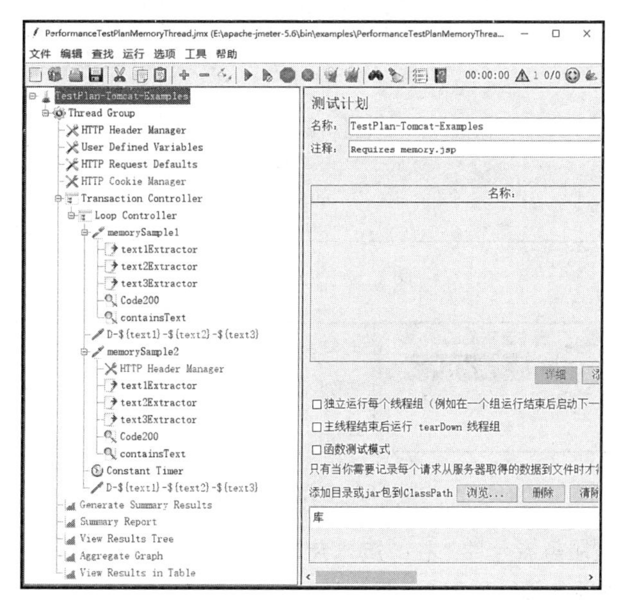

图 8-5　目录树展示

4. 内容区域

内容区域是目录数区域下一个具体元件的内容编辑区，用来设置元件内容。JMeter 脚本的编写就是在目录树下添加步骤，内容区域用来对每个步骤设置具体的行为。

8.5　脚本录制

JMeter 自带了通过代理的方式录制脚本，对于初学者来说是一个非常友好的功能。本节将介绍具体如何使用 JMeter 的代理功能录制脚本。

步骤 01 启动 JMeter 工具，将测试计划重命名为“脚本录制测试”，重命名位置如图 8-6 标记处所示。

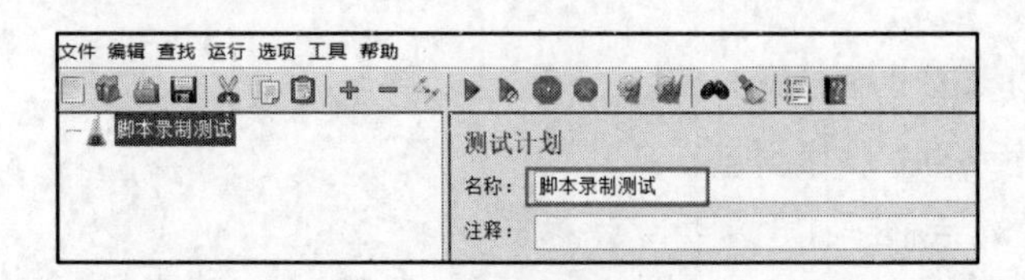

图 8-6 重命名测试计划

步骤 02 添加线程组。在"脚本录制测试"节点上右击，依次选择添加→线程（用户）→线程组，如图 8-7 标记所示，然后重命名为"录制测试线程组"，如图 8-8 所示。

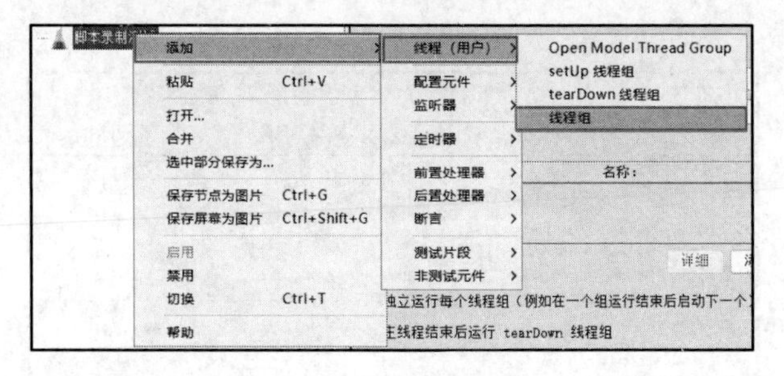

图 8-7 添加线程组

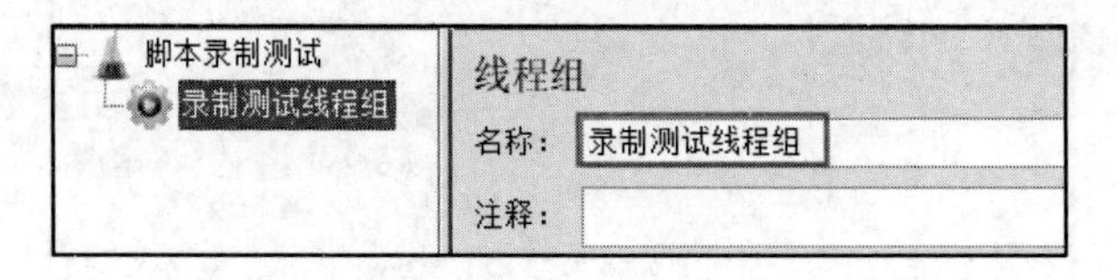

图 8-8 重命名线程组

步骤 03 添加 HTTP 代理服务器元件。在"脚本录制测试"节点上右击，依次选择添加→非测试元件→HTTP 代理服务器，如图 8-9 标记所示。

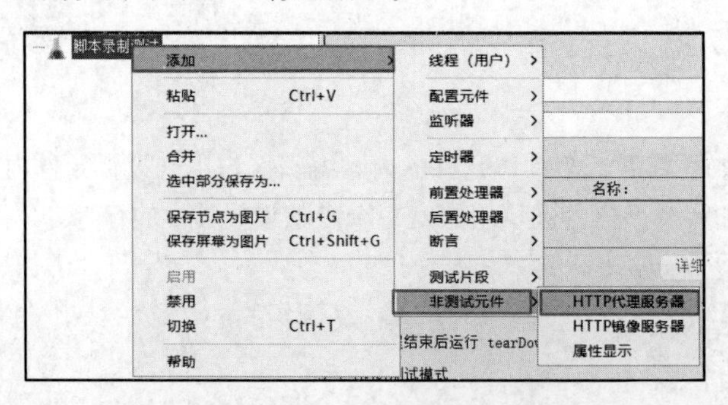

图 8-9 添加 HTTP 代理服务器

在 HTTP 代理服务器界面，【端口】字段填入 8888，也是默认值；【目标控制器】字段选择"脚本录制测试→录制测试线程组"，表示录制的脚本会被存放在"录制测试线程组"线程组下。如图 8-10 所示。

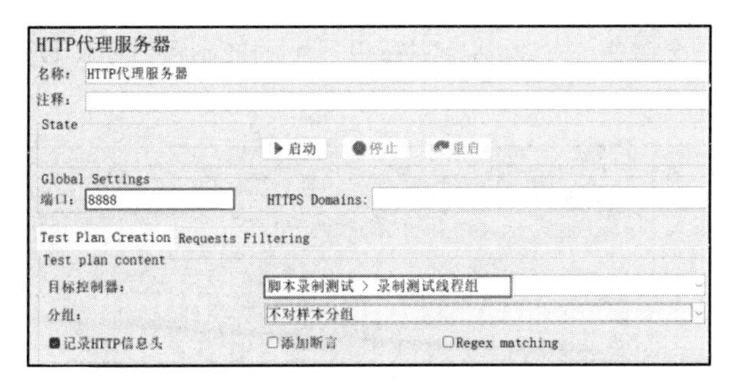

图 8-10　设置 HTTP 代理服务器

步骤 04 设置浏览器代理。打开 Chrome 浏览器并进入网络代理设置界面，选择手动配置代理，然后将【代理 IP 地址】设置为 127.0.0.1（本设备），【端口】设置为 8888，此处代理 IP 地址和端口号与在 JMeter 脚本中设置的 HTTP 代理服务器界面设置的代理一致。然后保存。如图 8-11 所示。

图 8-11　编辑代理服务器

步骤 05 开始录制。在 JMeter 脚本中单击"HTTP 代理服务器"界面的【启动】按钮。启动后会提示在 JMeter 的 bin 路径下创建信任证书，单击【确定】按钮即可。如图 8-12 所示。

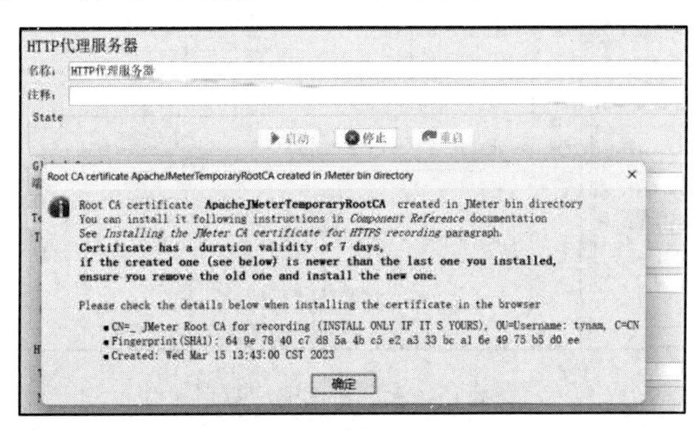

图 8-12　创建信任证书

信任证书被创建后，会弹出一个录制控制窗口，录制控制窗口中可设置 HTTP 取样器。如图 8-13 所示。

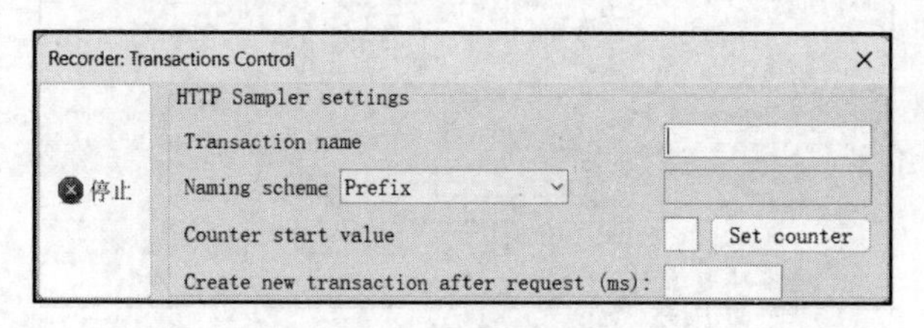

图 8-13 录制控制窗口

步骤 06 录制网页。在 Chrome 浏览器中访问 httpbin 首页（http://httpbin.org），待页面完全加载后，单击 JMeter 录制控制窗口中的【停止】按钮，停止录制功能。此时，在"录制测试线程组"下会出现许多录制的请求，如图 8-14 所示。

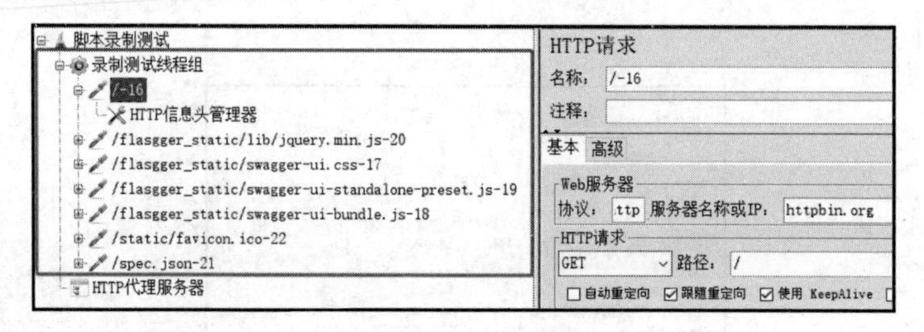

图 8-14 录制的脚本

步骤 07 添加查看结果树监听器。在"脚本录制测试"上右击，然后依次选择添加→监听器→查看结果树。查看结果树监听器用来查看请求响应结果。

步骤 08 执行脚本。单击工具栏中的【▶启动】按钮，运行脚本。

步骤 09 查看请求执行结果。待脚本执行完成后，在"查看结果树"中可查看请求响应数据，如图 8-15 所示。

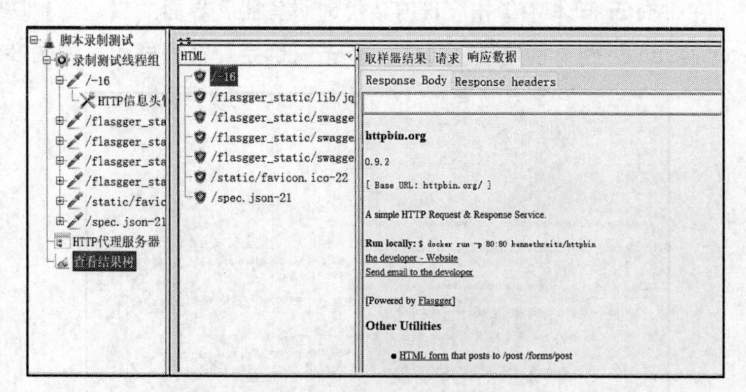

图 8-15 查看请求响应数据

从结果中可以看到，请求全部以绿色显示，表示全部通过。如果请求失败，则会以红色显示。

单击响应列表中“/-16”请求，然后在响应列表上方的下拉框选择“HTML”，表示以 HTML 格式显示响应数据。在右侧区域单击响应数据 Tab 下的“Response Body”查看响应结果，可以看到显示的内容正是 httpbin.org 网站首页页面。最后依次查看其他几条请求的响应数据，均是 httpbin.org 网站首页的请求。

综上，我们成功录制了 httpbin 首页请求，并且通过回放实现了再一次访问 httpbin 首页。

8.6 基本组件

JMeter 脚本是由一个一个的元件组成，类型相同的一组元件称为组件。在“测试计划”节点右键单击，选择“添加”选项，可以看到线程（用户）、配置元件、监听器、定时器、前置处理器、后置处理器、断言、测试片段、非测试元件共 9 大组件，如图 8-16 所示。

“测试计划”节点下添加一个“线程组”节点，在“线程组”节点右键单击，选择“添加”选项，还可以看到取样器和逻辑控制器两个组件，如图 8-17 所示。

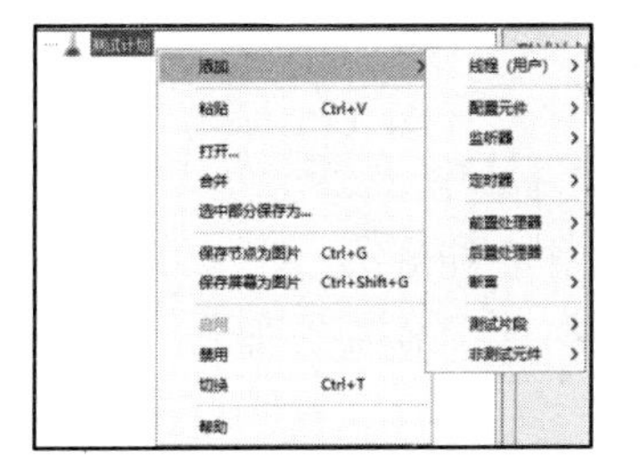

图 8-16　测试计划下添加组件

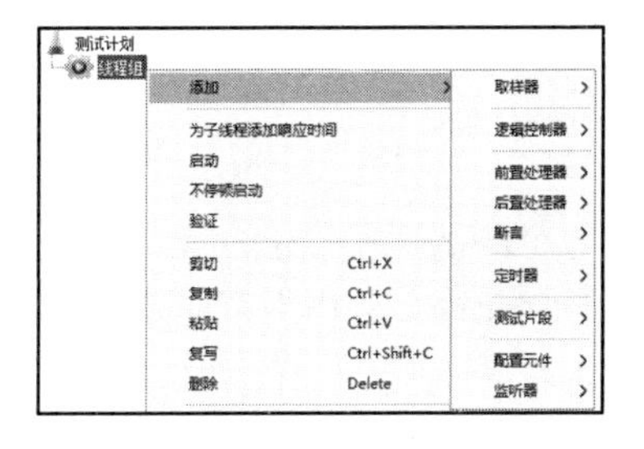

图 8-17　线程组下添加组件

因此 JMeter 有线程（用户）（Threads(Users)）、配置元件（Config Element）、监听器（Listener）、定时器（Timer）、前置处理器（Pre Processors）、后置处理器（Post Processors）、断言（Assertions）、测试片段（Test Fragment）、非测试元件（Non-Test Elements）、取样器（Sampler）和逻辑控制器（Logic Controller）共 11 个基本组件，外加根节点测试计划（Test Plan）组件。

- 测试计划：测试计划是一个测试脚本的起始节点，用来描述整个性能测试。
- 线程（用户）：线程组是一组虚拟用户的集合，JMeter 程序中，一个线程相当于一个虚拟用户，模拟一条真实的请求。
- 配置元件：配置元件用于提供对静态数据配置的支持。
- 监听器：监听器用于收集测试数据和监听系统资源，并以图形、结果树、聚合报告、表格等形式展示。
- 定时器：也称思考时间，用于在脚本执行过程中添加等待时间，是性能测试中常用的控制客户端 QPS（Queries Per Second，请求数/秒）的手段。
- 前置处理器：前置处理器用于在实际请求发送之前进行的操作，例如环境准备。与手动功能测试用例之中的前置条件是一个含义。

- 后置处理器：后置处理器用于在发送请求并得到服务器响应结果后的操作，例如提取响应内容、清理数据。与手动功能测试用例之中的后置条件是一个含义。
- 断言：断言用来设置检查点，判断服务器响应结果是否符合预期。
- 测试片段：是控制器上一种特殊的线程组，与线程组同一个层级，用于模块化测试流程，将复用性高的脚本封装成模块，简化测试流程。
- 非测试元件：非测试元件是一组辅助性元件,服务测试脚本更好地开展。其下有 HTTP 代理服务器、HTTP 镜像服务器和属性显示三个元件，HTTP 镜像服务器用于在本地搭建临时的 HTTP 服务器，该服务器将接收到的请求原样返回；HTTP 代理服务器用于录制 HTTP 请求；属性显示用于显示 JMeter 的属性设置。
- 取样器：模拟各种协议的接口向服务器发送请求，JMeter 支持 HTTP、FTP、LDAP、TCP、SMTP 等多种协议。
- 逻辑控制器：逻辑控制器用于控制取样器发送请求的逻辑顺序和组织可控制取样器节点。

8.7　测试计划

测试计划是一个测试脚本的起始节点，用来描述整个性能测试。打开 JMeter 程序后，都会有一个默认的测试计划元件，其作用范围是整个测试脚本，其下添加的变量、引用的 jar 包对整个测试脚本都生效。测试计划元件界面如图 8-18 所示。

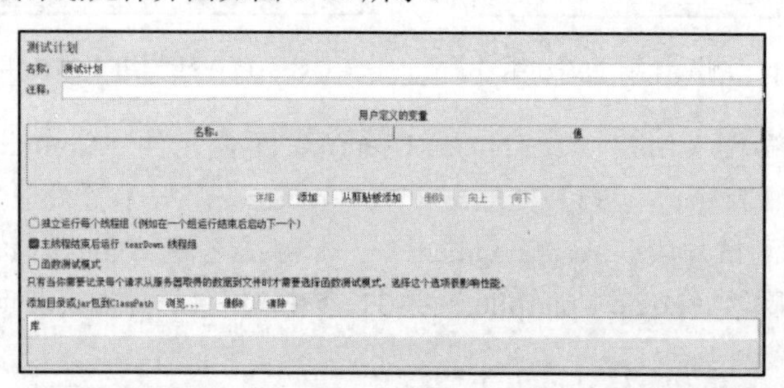

图 8-18　测试计划元件

测试计划界面中有字段名称、注释、用户定义的变量、独立运行每个线程组、主线程结束后运行 tearDown 线程组、函数测试模式、添加目录或 jar 包到 ClassPath。其中名称和注释是所有元件都有的两个字段，名称为重命名元件，注释是对该元件的说明或注释。

- 用户定义的变量：添加自定义变量，整个测试脚本中都可以使用添加的变量。
- 独立运行每个线程组：如果脚本中有多个线程组，勾选该选项后，脚本会按照目录树中的顺序依次运行线程组，不勾选该选项则多个线程组并行运行。
- 主线程结束后运行 tearDown 线程组：tearDown 线程组是后置线程组，如果主线程组被中止，tearDown 线程组仍会被运行。

- 函数测试模式：函数测试模式会使 JMeter 记录每个取样器的响应数据。如果在监听器中选择了文件，则响应数据会被写入文件，当写入大量的响应数据时，会非常影响性能结果。因此。性能测试中一般都不勾选该项。
- 添加目录或 jar 包到 ClassPath：用来引入需要 jar 包，或将包所在的目录加入类路径，其他元件可直接使用引入的 jar 包。

下面通过一个示例说明测试计划中“用户定义的变量”和“添加目录或 jar 包到 ClassPath”两个字段的使用。

步骤 01 制作一个简单的 jar 包。

新建文件 HelloTester.java，并编辑内容使其输出“hello tester!!”，内容如下：

```
package com.tester;

public class HelloTester{
  public static String hello(){
    return "hello tester!!";
  }

  public static void main(String[] agrs){
    String helloTester = hello();
    System.out.println(helloTester);
  }
}
```

然后打开命令行工具，通过 javac（javac 是 Java 编译源代码的命令工具，将.java 文件编译成.class 文件，javac.exe 工具在 Java 安装目录的 bin 目录下）命令编译文件，在命令行工具中输入命令 javac -d . HelloTester.java，编译后会得到文件 com\tester\HelloTester.class。

接着，使用命令 jar -cvf HelloTester.jar com\tester\HelloTester.class 将编译后的 HelloTester.class 文件打成 HelloTester.jar 包。参数-c 表示创建一个新的 jar 包，-v 表示创建过程中在控制台输出创建过程的一些信息，-f 表示命名生成的 jar 包。

最后，使用命令 java -jar HelloTester.jar 执行 jar 包，控制台会提示“HelloTester.jar 中没有主清单属性”。此时，需要添加 Main-Class 属性，用压缩软件打开 HelloTester.jar 文件，通过记事本编辑 META-INF 文件夹下的 MENIFEST.MF 文件，在第三行添加内容 Main-Class: com.tester.HelloTester，然后保存。添加后的文件内容如下：

```
Manifest-Version: 1.0
Created-By: 1.8.0_351 (Oracle Corporation)
Main-Class: com.tester.HelloTester
```

再次，使用命令 java -jar HelloTester.jar 执行 jar 包，可以看到控制台打印了内容“hello tester!!”，如图 8-19 所示。

```
D:\tynam\me\autotest-tutorial\code\chapter8\source>java -jar HelloTester.jar
hello tester!!
```

图 8-19　执行 jar 包

注意　编辑 MENIFEST.MF 文件时，冒号后面有一个空格，文件最末有一空行。

步骤 02 新建 JMeter 文件。

新建一个 JMeter 文件，将默认的测试计划重命名为“测试计划样例”。

“测试计划样例”中添加两个变量，变量名分别为“Variable01”和“Variable02”，变量 Variable01 的值设置为“测试计划中变量 01”，如图 8-20 标记 1 处。

“测试计划元件样例”中引入的 HelloTester.jar 文件，如图 8-20 标记 2 处。

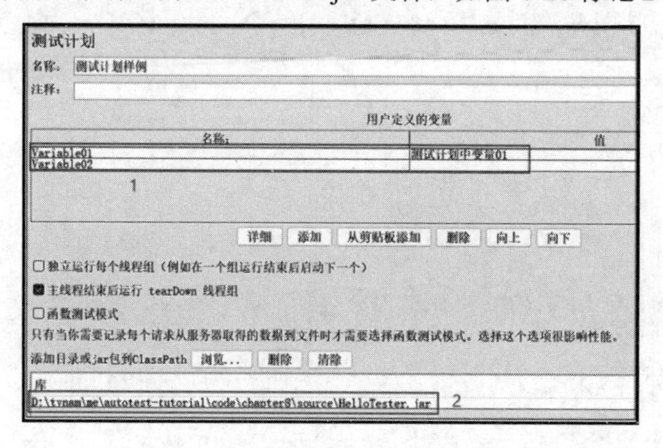

图 8-20　添加变量和引入 jar 包

步骤 03 添加监听器。“测试计划样例”节点上右击，然后依次选择添加→监听器→查看结果树。

步骤 04 添加线程组。“测试计划样例”节点上右击，然后依次选择添加→线程组（用户）→线程组。

步骤 05 添加 BeanShell 预处理程序。

在线程组节点上右击，然后依次选择添加→前置处理器→BeanShell 预处理程序。脚本处添加如下代码：

```
import com.tester.HelloTester;

String hello = HelloTester.hello();
vars.put("Variable02", hello);
```

import com.tester.HelloTester 用来导入 HelloTester 类；String hello = HelloTester.hello()调用 HelloTester 类下的 hello()方法，并将返回值赋值给变量 hello；vars.put("Variable02", hello)将代码中的变量 hello 值赋值给 JMeter 脚本变量 Variable02。

步骤06 添加取样器。线程组节点上右键单击，然后依次选择添加→取样器→调试取样器。

将调试取样器重命名为"Variable01:${Variable01} && Variable02:${Variable02}"，如图 8-21 所示。

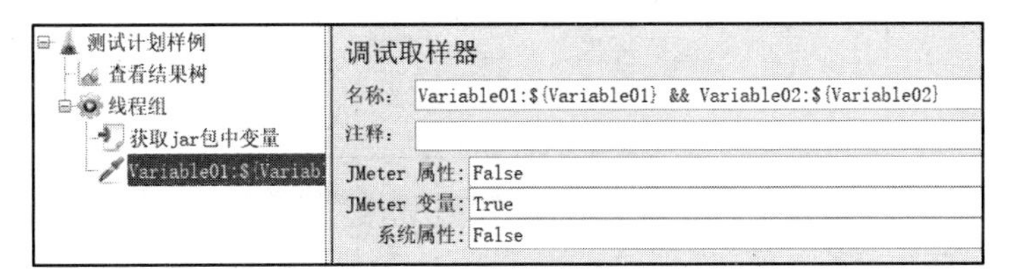

图 8-21　添加调试取样器

${变量名}可用来获取变量值。

步骤07 执行脚本并查看结果。单击工具栏中的【▶启动】按钮运行脚本，待脚本执行完成后，在"查看结果树"节点中可查看请求响应数据，如图 8-22 所示。

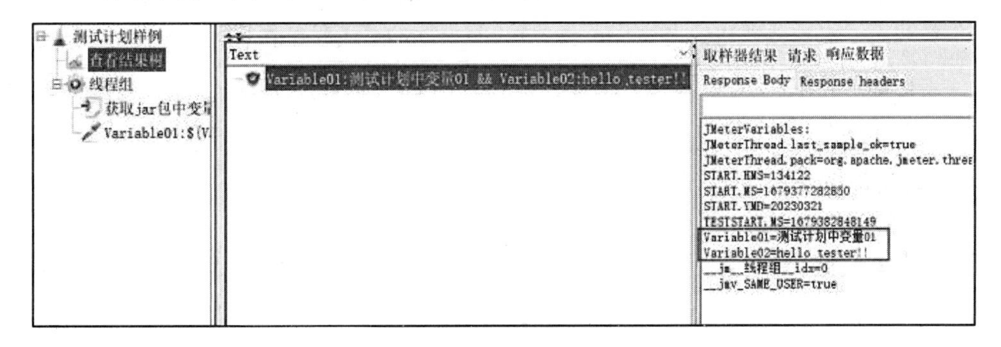

图 8-22　测试计划样例执行结果

从响应结果中可以看到，响应列表中的数据名称为"Variable01: 测试计划中变量 01 && Variable02: hello tester!!"，响应数据中列出了"Variable01=测试计划中变量 01"和"Variable02=hello tester!!"。无论是自定义变量还是引入 jar 包使用，都可成功地获取到值且符合预期。

8.8 线　程　组

线程组是一组虚拟用户的集合，一个线程相当于一个虚拟用户，用于模拟一条真实的请求。在测试计划元件节点上右击，然后依次选择添加→线程（用户）可以看到 Open Model Thread Group、setUp 线程组、tearDown 线程组和线程组元件，如图 8-23 所示。

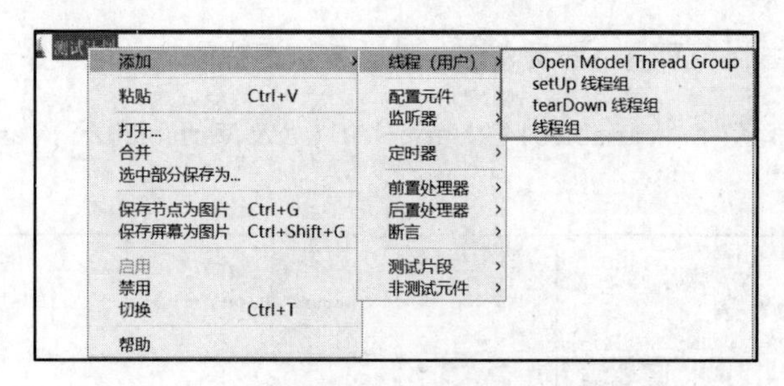

图 8-23　线程组元件

线程组的说明：

- Open Model Thread Group：开放模型线程组是 JMeter 5.5 的一个新特性，它允许用户创建可变负载。
- setUp 线程组：前置线程组在普通线程组执行之前进行的一些必要操作。
- tearDown 线程组：后置线程组用于在普通线程组执行之后进行的一些必要操作。
- 线程组：普通线程组，与 setUp 线程组、tearDown 线程组在设置上相同。

这 4 个线程组的执行顺序依次是 setUp 线程组→开放模型线程组/线程组→tearDown 线程组，与他们所在位置无关。

8.8.1　普通线程组

普通线程组是通过线程数（虚拟用户）和 Ramp-Up 时间来设置负载的，元件界面如图 8-24 所示。

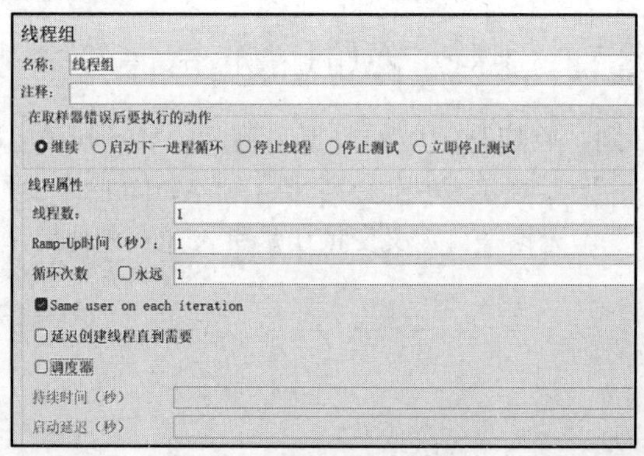

图 8-24　普通线程组元件

普通线程组界面中各字段的说明：

- 在取样器错误后要执行的动作：线程组下的取样器出错时，脚本如何操作，有继续、启动下一进程循环、停止线程、停止测试和立即停止测试共五个选项可供设置。
- 线程数：设置启动线程数，即模拟虚拟用户数。

- Ramp-Up 时间（秒）：启动【线程数】字段设置的线程数需要花费的时间，即在多少时间内完成指定线程数的启动。例如，线程数设置为 10，Ramp-Up 时间设置为 100s，那么 10s（100s/10 线程=10s/线程）时间启动一个线程。
- 循环次数：执行多少次。勾选【永远】复选框脚本会一直执行，直到手动停止。
- Same user on each iteration：是否在每个迭代中使用相同的用户。
- 延迟创建线程直到需要：JMeter 默认会在测试开始时创建完所有线程。如果勾选此项，则只在需要时，才会创建线程。
- 调度器：即线程的生命周期，其下有【持续时间】和【启动延迟】两个设置项。
  - ◆ 持续时间（秒）：脚本执行指定时间后停止测试。
  - ◆ 启动延迟（秒）：脚本执行后，在指定时间后再开始测试。

接下来通过一个示例说明普通线程组的使用及普通线程组与 setUp 线程组、tearDown 线程组之间的执行顺序。

步骤 01 新建 JMeter 文件。新建一个 JMeter 文件，将默认的测试计划重命名为"线程组样例"。

步骤 02 添加监听器。"线程组样例"节点上右键单击，然后依次选择添加→监听器→查看结果树。

步骤 03 添加 setUp 线程组。在"线程组样例"节点上右击，然后依次选择添加→线程组（用户）→setUp 线程组。并将【线程数】设置为 2。

步骤 04 setUp 线程组下添加取样器。在"setUp 线程组"节点上右击，然后依次选择添加→取样器→调试取样器。重命名为"setUp 线程组下取样器"。

步骤 05 添加 tearDown 线程组。在"线程组样例"节点上右击，然后依次选择添加→线程组（用户）→tearDown 线程组。

步骤 06 tearDown 线程组下添加取样器。在"tearDown 线程组"节点上右击，然后依次选择添加→取样器→调试取样器。重命名为"tearDown 线程组下取样器"。

步骤 07 添加普通线程组。"线程组样例"节点上右击，然后依次选择添加→线程组（用户）→线程组。并将【线程数】设置为 3。

步骤 08 线程组下添加取样器。在"线程组"节点上右击，然后依次选择添加→取样器→调试取样器。重命名为"普通线程组下取样器"。

步骤 09 执行脚本并查看结果。单击工具栏中的【▶启动】按钮运行脚本，待脚本执行完成后在"查看结果树"节点中查看请求响应数据，如图 8-25 所示。

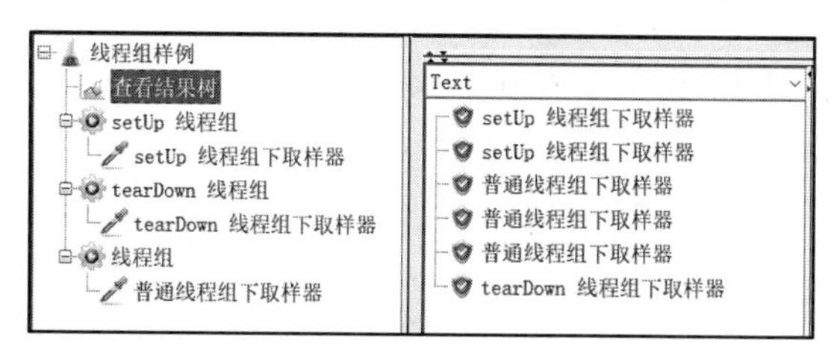

图 8-25　线程组样例执行结果

从结果中可以看到，setUp 线程组执行了两次，普通线程组执行了三次，与设置的线程数一致。执行顺序上也是先执行 setUp 线程组，再执行普通线程组，最后执行 tearDown 线程组。

8.8.2　开放模型线程组

JMeter 5.5 版本其中一个重要的特性就是新增了开放模型线程组，该模型在设计自定义加载模式时非常有用，无须计算线程数，使用表达式中的函数即可生成动态工作负载模型。使用该线程组，只要负载生成器足够强大就可以生成负载模式，而不需要计算测试所需线程的确切数量。

开放模型线程组元件是通过在【Schedule】字段中添加负载模式表达式设置负载的，开放模型线程组元件界面如图 8-26 所示。

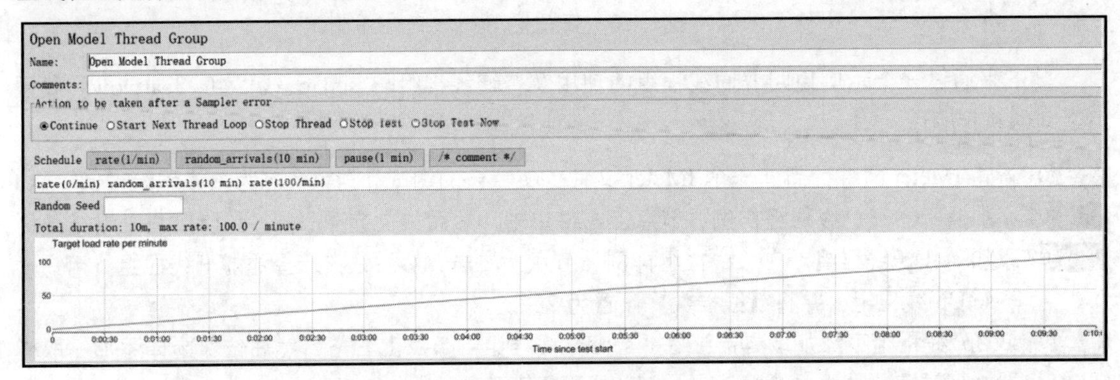

图 8-26　开放模型线程组元件

负载模式表达式主要是通过界面中给出的 rate(100/min)、random_arrivals(10 min)、pause(1 min)三个函数和/* comment */一个注释语句完成。rate()是以 ms（毫秒）、sec（秒）、min（分）、hour（小时）和 day（天）为单位的目标负载速率，例如 rate(1/min)；random_arrival()是定义持续时间，例如 random_arrivals(10 min)。表达式中定义增加的负载模式时，首先使用 rate()定义开始负载率，然后使用 random_arrival()定义持续时间，最后使用 rate()定义结束负载率，例如 rate(0/min) random_arrivals(10 min) rate(100/min)就是在 10 分钟内负载从 0 开始增加到 100，【Schedule】字段输入表达式后，界面下方便会给出目标负载速率走势图。

pause(1 min)是停止负载，即负载为 0，与 rate(0/min) random_arrivals(1 min)表达式效果相同；/* comment */是注释语句，对表达式中的步骤做解释说明，如果只注释一行语句可使用双斜杠，例如// line comments。

负载模式表达式还可结合 JMeter 的内置函数_Random()、__groovy()等使用。例如，结合_Random()和__groovy()函数可写成如下代码：

```
    ${__groovy((1..10).collect { "rate(" + it*10 + "/min) random_arrivals(10 s)
pause(1 min)" }.join(" "))}
    pause(2 min)
    rate(${__Random(10,100,)}/min) random_arrivals(${__Random(10,100,)} min)
```

```
rate(${__Random(10,100,)}/min)
```

生成的目标负载速率走势图，如图 8-27 所示。

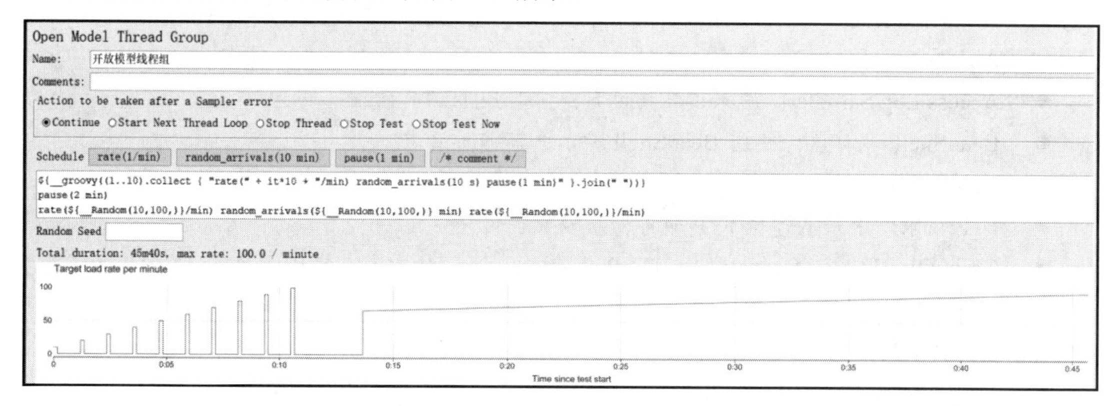

图 8-27　结合内置函数生成目标负载速率

8.9 取　样　器

取样器用以模拟各种协议的接口向服务器发送请求，JMeter 支持 HTTP、FTP、LDAP、TCP、SMTP 等多种协议。在线程组元件节点上右键单击，然后依次选择添加→取样器，可以看到 HTTP 请求、测试活动、调试取样器、JSR223 Sampler 等多种取样器元件，如图 8-28 所示。

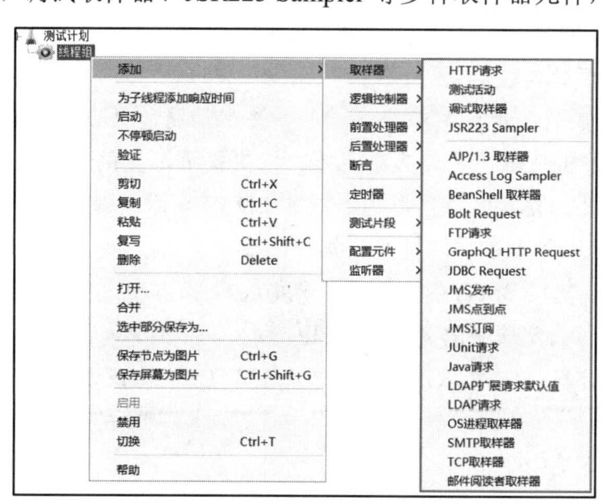

图 8-28　取样器元件

取样器说明如下：

- HTTP 请求：用来向 Web 服务器发送 HTTP/HTTPS 请求。
- 测试活动：用于条件控制器的取样器，用来暂停或停止选定的目标。

- 调试取样器：生成一个包含所有 JMeter 变量和属性值的取样器，在脚本调试中经常使用。
- JSR223 Sampler：JSR223 取样器通过执行 JSR223 脚本用以创建或更新变量。
- AJP/1.3 取样器：使用 Tomcat mod_jk 协议（允许在 AJP 模式下测试 Tomcat，而不需要 Apache httpd）AJP 取样器不支持多文件上传，只会使用第一个文件。
- Access Log Sampler：用来读取访问日志并生成 HTTP 请求。
- BeanShell 取样器：使用 BeanShell 脚本语言编写请求。
- Bolt Request：通过 Bolt 协议运行 Cypher 查询。
- FTP 请求：用来从远程 FTP 服务器获取或上传文件。
- GraphQL HTTP Request：是 HTTP 请求的一个 GUI 形态，提供了更方便的 UI 元素查看或编辑 GraphQL 语句、变量和操作名。同时，使用相同的取样器将它们自动转换为 HTTP 参数。
- JDBC Request：JDBC 请求用来向数据库发送 JDBC 请求（SQL 查询）。
- JMS 发布：用于向指定的目的地（主题/队列）发布消息。
- JMS 点到点：通过点对点连接（队列）发送和选择性接收 JMS 消息。与 JMS 发布/订阅不同，通常用于事务处理。
- JMS 订阅：用于向指定目的地（主题/队列）订阅消息。
- JUnit 请求：已实现支持标准的 JUnit 约定和扩展，还包括 oneTimeSetUp 和 oneTimeTearDown 等扩展。
- Java 请求：允许用户控制一个 Java 类，该类实现了 org.apache.jmeter.protocol.java.sampler.JavaSamplerClient 接口，用户通过编写代码实现此接口，从而通过 JMeter 工具利用多线程、输入参数控制和数据收集。
- LDAP 扩展请求默认值：可以向 LDAP 服务器发送 LDAP 所有不同的八个请求。是 LDAP 取样器的扩展版，因此更难配置，但更接近真实的 LDAP 会话。
- LDAP 请求：向 LDAP 服务器发送不同的 LDAP 请求（添加、修改、删除和查找）。
- OS 进程取样器：用于在本地机器上执行命令。
- SMTP 取样器：使用 SMTP/SMTPS 协议发送邮件。
- TCP 取样器：与指定服务器建立 TCP/IP 连接。然后发送文本，并等待响应。
- 邮件阅读者取样器：使用 POP3（S）或 IMAP（S）协议读取或删除邮件。

8.9.1　HTTP 请求

HTTP 请求用来向 Web 服务器发送 HTTP/HTTPS 请求，也是我们最常见、使用频率最高的一个取样器。元件界面如图 8-29 所示。

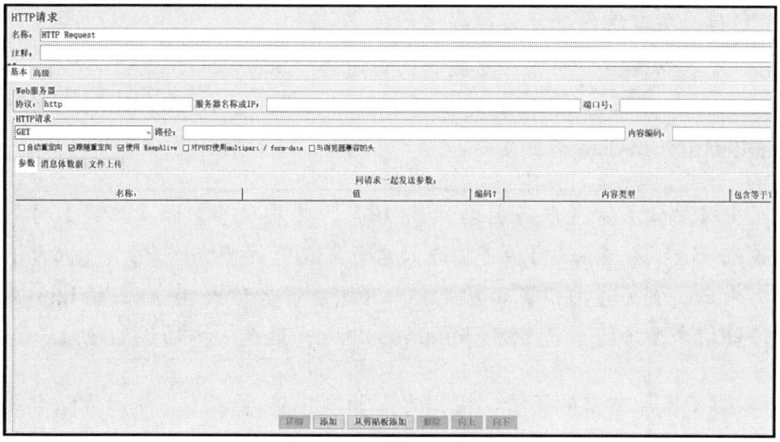

图 8-29　HTTP 取样器元件

HTTP 请求元件界面由“基本”标签和“高级”标签两部分构成，基本标签下是请求的基础字段；高级标签下提供了更加丰富的设置字段，例如代理。基本标签界面如图 8-29 所示，下面对界面字段做以下说明：

- 协议：请求协议，HTTP、HTTPS 或 FILE，默认值是 HTTP。
- 服务器名称或 IP：服务器地址。
- 端口号：服务器端口号，默认值是 80。
- 请求方法：请求方法，下拉选项有 GET、POST、PUT 等值。
- 路径：请求的资源地址。
- 内容编码：对于 POST、PUT、PATCH 和 FILE 请求的编码方式。
- 请求头设置区域：请求头设置区域有自动重定向、跟随重定向、使用 KeepAlive、对 POST 使用 multipart/form-data 和与浏览器兼容的头。
    - 自动重定向：对响应状态码为 301/302 的请求，JMeter 将自动重定向到新的请求，并且只记录最终的返回结果，仅用于 GET 和 HEAD 请求。
    - 跟随重定向：记录重定向过程中所有请求的响应结果。当自动重定向未勾选时，该选项才生效。
    - 使用 KeepAlive：JMeter 和服务器之间使用 Keep-Alive 方式进行 HTTP 通信。
    - 对 POST 使用 multipart/form-data：发送 POST 请求时，使用 multipart/form-data 或 application/x-www-form-urlencoded 格式发送请求体。
    - 与浏览器兼容的头：当使用 multipart/form-data 时，勾选此选项将会限制 Content-Type 和 Content-Transfer-Encoding 请求头，只发送 Content-Disposition 请求头。
- 请求体区域：请求体区域有参数、消息体数据和文件上传三个标签。
    - 参数标签：查询字符串将会以填写的参数列表生成。每个参数都有“名称”“值”以及“编码”“内容类型”和“包含等于？”5 个设置项。“包含等于？”的作用是当值为空字符串时，一些程序不需要等号。

◆ 消息体数据标签：向服务器发送的请求体。例如 JSON 数据。

◆ 文件上传标签：用来发送文件。如果填写了内容，JMeter 会自动将其作为 multipart/form-data 格式发送。

在设置【协议】、【服务器名称或 IP】、【端口号】和【路径】时需要注意，最终的请求 URL 为【协议】+【服务器名称或 IP】+【端口号】+【路径】，切不可重复填写内容。例如【协议】填写 http，【服务器名称或 IP】填写 http://localhost，那么最终的请求地址将会是 http://http://localhost，这是一个错误的地址。

高级标签下提供了更加丰富的设置字段，界面如图 8-30 所示，下面对界面字段做以下说明：

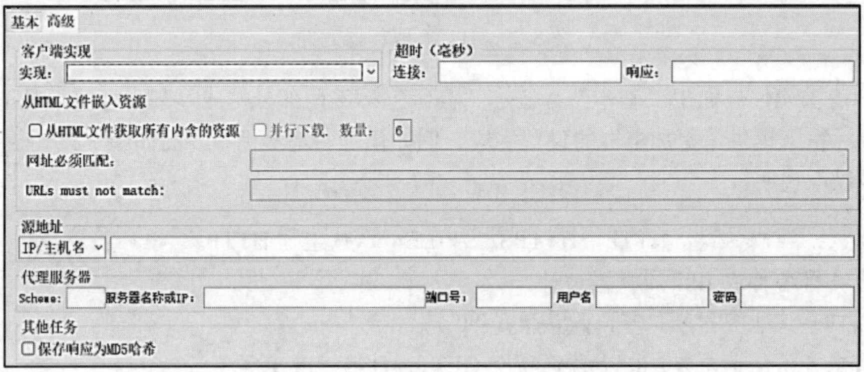

图 8-30 HTTP 取样器元件高级标签设置项

- 客户端实现-实现：发送 HTTP 请求的方式，可选值有 TTPClient4 和 Java。如果未指定则取 JMeter 的 jmeter.httpsampler 属性值。
- 超时（毫秒）-连接：连接服务器超时时间。
- 超时（毫秒）-响应：服务器响应超时时间。
- 从 HTML 文件嵌入资源：用于获取异步资源。解析 HTML 文件，并获取 HTML 文件中的图片、JS、CSS 等资源文件。

  ◆ 从 HTML 文件获取所有内含的资源：获取 HTML 文件中所有的资源文件。

  ◆ 并行下载.数量：设置资源池的大小。

  ◆ 网址必须匹配：网址匹配内容，使用正则表达式匹配 HTML 网页中的资源文件 URL。

  ◆ URLs must not match：网址不匹配内容，剔除正则表达式匹配到的 HTML 网页中资源文件 URL。

- 源地址-类型：仅适用于 HTTPClient 实现的 HTTP 请求。可选值有 IP/主机名、设备、设备 IPV4、设置 IPV6。

- 源地址-输入框：仅适用于 HTTPClient 实现的 HTTP 请求。用于 IP 欺骗，它会覆盖默认的 IP 地址，JMeter 主机必须具有多个 IP 地址，值可以是主机名、IP 地址或网络接口设备。
- 代理服务器-scheme：代理服务器网络协议。
- 代理服务器-服务器名称或 IP：代理服务器名称或 IP 地址。
- 代理服务器-端口号：代理服务器监听端口号。
- 代理服务器-用户名：代理服务器用户名。
- 代理服务器-密码：代理服务器密码。
- 其他任务-保存响应为 MD5 哈希：测试大量数据时使用，勾选后响应结果将不会存储在取样器结果中，而是 32 位 MD5 哈希数据将会被计算并存储。

下面通过一个示例，练习使用 HTTP 请求取样器发送 GET、POST 请求。练习中使用的接口如表 8-1 所示。

表8-1 httpbin网站GET和POST接口

接口名称	请求方法	请求 URL	查询参数	请求数据	响应结果

GET 接口	GET	http://httpbin.org/get	Any		{
					"args": {},
					"headers": {},
					"origin": "",
					"url": "http://httpbin.org/get"
					}

POST 接口	POST	http://httpbin.org/post		Any	{
					"args": {},
					"data": "",
					"files": {},
					"form": {},
					"headers":{},
					"json": null,
					"origin": "",
					"url": "https://httpbin.org/post"
					}

步骤01 新建 JMeter 文件。新建一个 JMeter 文件，重命名为“HTTP 请求样例”。

步骤02 添加线程组。在“HTTP 请求样例”节点下添加一个“线程组”元件。

步骤03 添加监听器。在“线程组”节点上右击，然后依次选择添加→监听器→查看结果树。

步骤04 添加 GET 请求。在“线程组”节点下添加一个“HTTP 取样器”元件，重命名为“GET

请求”。【协议】填写 HTTP；【服务器名称或 IP】填写 httpbin.org;【请求方式】选择 GET；【路径】填写/get；【参数】下添加一个查询参数，参数名为 search，参数值为 tynam。设置后界面如图 8-31 所示。

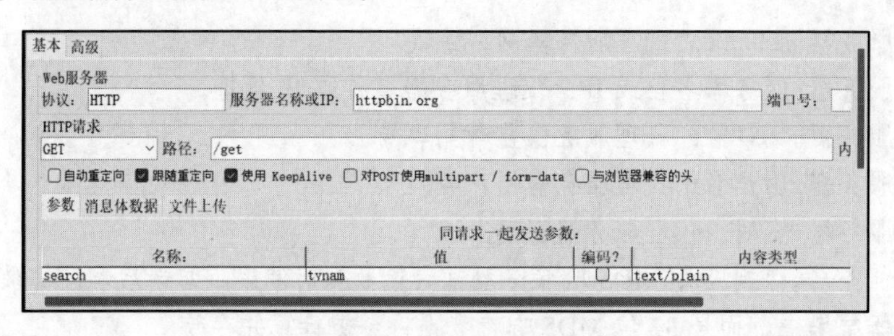

图 8-31　设置 GET 请求

步骤 05 添加 POST 请求。在“线程组”节点下添加一个“HTTP 取样器”元件，重命名为“POST 请求”。【协议】填写 HTTP；【服务器名称或 IP】填写 httpbin.org;【请求方式】选择 POST；【路径】填写/post；【消息体】下添加数据{"name":"tynam"}。设置后界面如图 8-32 所示。

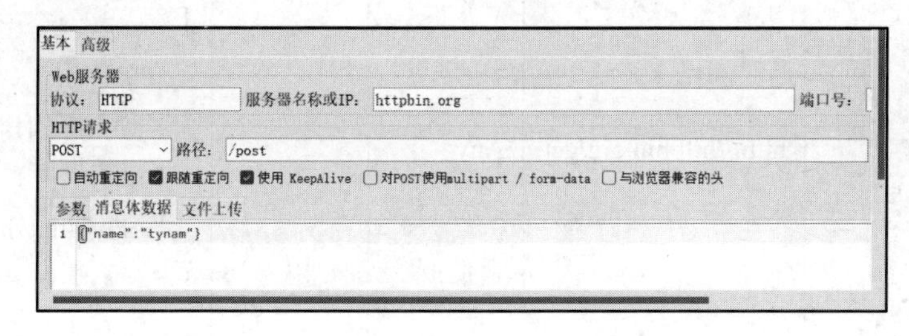

图 8-32　设置 POST 请求

步骤 06 添加 POST 请求。在“线程组”节点下添加一个“HTTP 取样器”元件，重命名为“上传文件请求”。【协议】填写 HTTP；【服务器名称或 IP】填写 httpbin.org;【请求方式】选择 POST；【路径】填写/post；【文件上传】下添加任意文件，参数名称填写 file，设置后界面如图 8-33 所示。

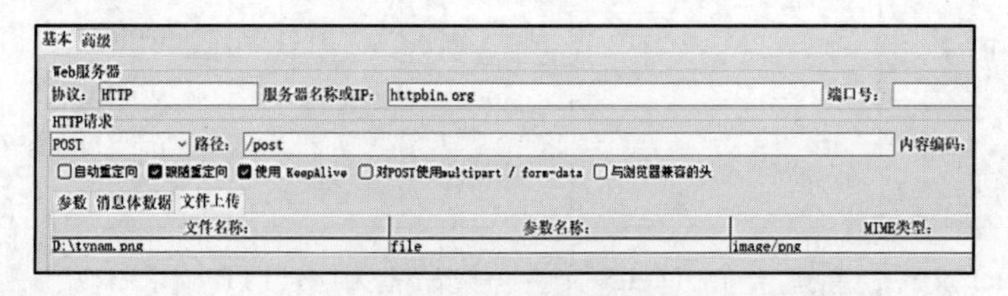

图 8-33　上传文件设置

步骤 07 执行脚本并查看结果。脚本执行完成后在“查看结果树”节点中查看响应数据，GET 请求、POST 请求、上传文件请求响应结果依次如图 8-34、图 8-35 和图 8-36 所示。

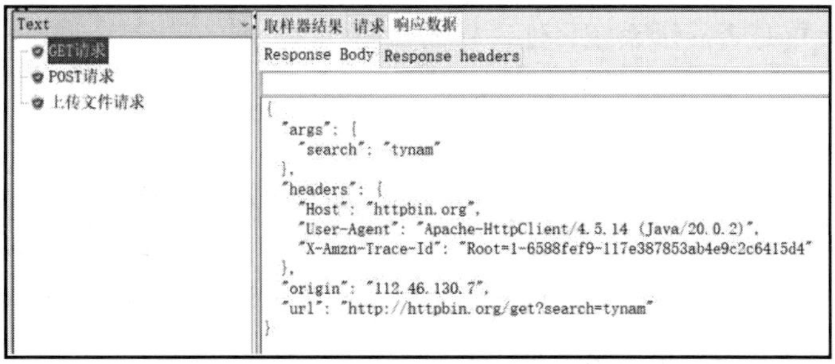
Text
GET请求
POST请求
上传文件请求
取样器结果 请求 响应数据
Response Body Response headers
{
"args": {
"search": "tynam"
},
"headers": {
"Host": "httpbin.org",
"User-Agent": "Apache-HttpClient/4.5.14 (Java/20.0.2)",
"X-Amzn-Trace-Id": "Root=1-6588fef9-117e387853ab4e9c2c6415d4"
},
"origin": "112.46.130.7",
"url": "http://httpbin.org/get?search=tynam"
}

图 8-34　GET 请求响应结果图

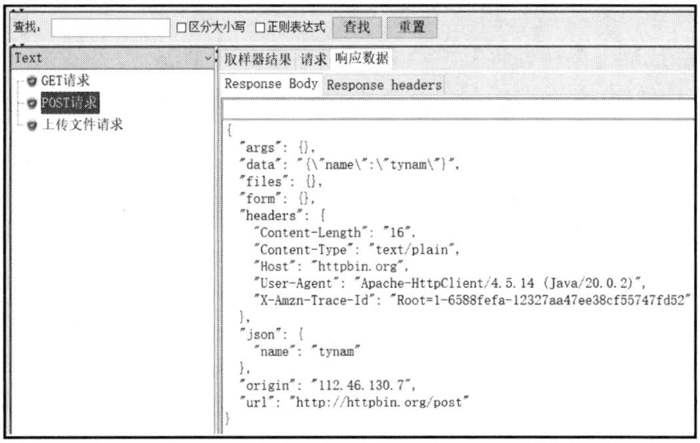
查找：
区分大小写
正则表达式
查找
重置
Text
GET请求
POST请求
上传文件请求
取样器结果 请求 响应数据
Response Body Response headers
{
"args": {},
"data": "{\"name\":\"tynam\"}",
"files": {},
"form": {},
"headers": {
"Content-Length": "16",
"Content-Type": "text/plain",
"Host": "httpbin.org",
"User-Agent": "Apache-HttpClient/4.5.14 (Java/20.0.2)",
"X-Amzn-Trace-Id": "Root=1-6588fefa-12327aa47ee38cf55747fd52"
},
"json": {
"name": "tynam"
},
"origin": "112.46.130.7",
"url": "http://httpbin.org/post"
}

图 8-35　POST 请求响应结果

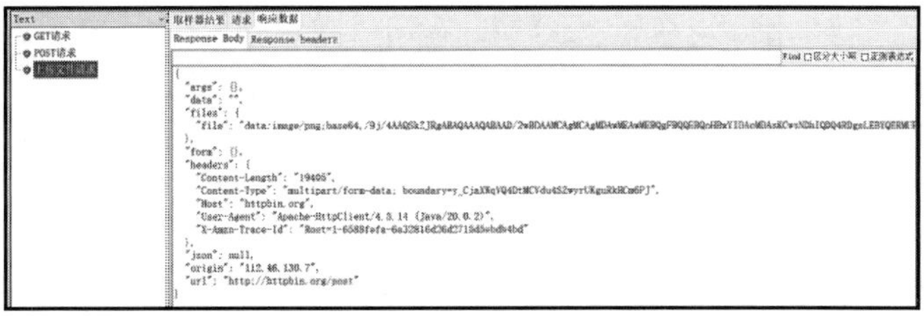
Text
GET请求
POST请求
上传文件请求
取样器结果 请求 响应数据
Response Body Response headers

图 8-36　上传文件请求响应结果

从响应数据中可以看到，GET 请求添加的查询参数出现在了响应数据的 args 中；POST 请求添加的请求体出现在了响应数据的 data 和 json 中；上传文件请求添加的文件内容出现在了响应数据的 files 中。HTTP 请求成功发送并获取到预期的返回结果。

8.9.2　调试取样器

调试取样器用于生成一个包含所有 JMeter 变量和属性值的取样器，在脚本调试中经常使用。界面的设置项也很简单，只有【JMeter 属性】、【JMeter 变量】和【系统属性】三个设置项，【JMeter 属性】用来设置是否显示 JMeter 属性；【JMeter 变量】用来设置是否显示 JMeter 变量；

【系统属性】用来设置是否显示系统属性。界面如图 8-37 所示。

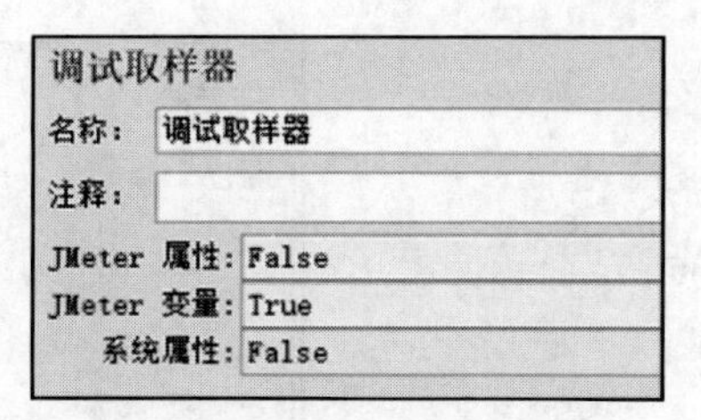

图 8-37　调试取样器元件

下面通过一个示例，体验调试取样器的使用。

步骤 01 新建 JMeter 文件。新建一个 JMeter 文件，重命名为“调试取样器样例”。添加一个用户自定义变量，变量名为 test_variable，变量值为“测试变量”。

步骤 02 添加线程组。在“调试取样器样例”节点下添加一个“线程组”元件。

步骤 03 添加监听器。在“线程组”节点上右击，然后依次选择添加→监听器→查看结果树。

步骤 04 添加调试取样器。在“线程组”节点下添加一个“调试取样器”。将【JMeter 属性】、【JMeter 变量】和【系统属性】三个设置项都设置为 True。

步骤 05 执行脚本并查看结果。脚本执行完成后在“查看结果树”节点中查看响应数据，如图 8-38 所示。

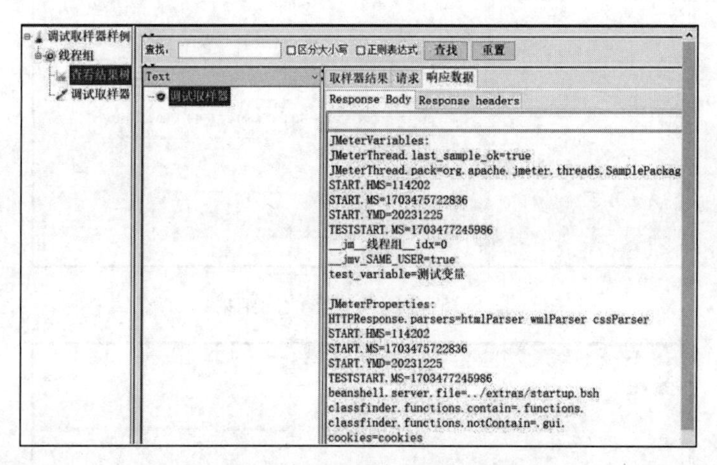

图 8-38　调试取样器样例执行结果

从响应数据中可以找到 JmeterVariables、JmeterProperties 和 SystemProperties 三组内容，分别对应 JMeter 变量、JMeter 属性和系统属性，JMeter 变量下还可以看到脚本中自定义的变量 test_variable。

8.9.3 BeanShell 取样器

BeanShell 是使用 Java 编写的一个小型、免费、可下载、嵌入式的 Java 源代码解释器，具有对象脚本语言的特性，在 JMeter 工具中应用广泛。在 JMeter 程序中有 BeanShell 取样器、BeanShell 预处理程序、BeanShell 后置处理程序、BeanShell 断言、BeanShell 定时器、BeanShell 监听器，这些 BeanShell 元件的使用方法都是相同的，都是通过添加 BeanShell 脚本语言来实现相应的操作。下面以 BeanShell 取样器元件为例，介绍 BeanShell 的使用，BeanShell 取样器元件界面如图 8-39 所示。

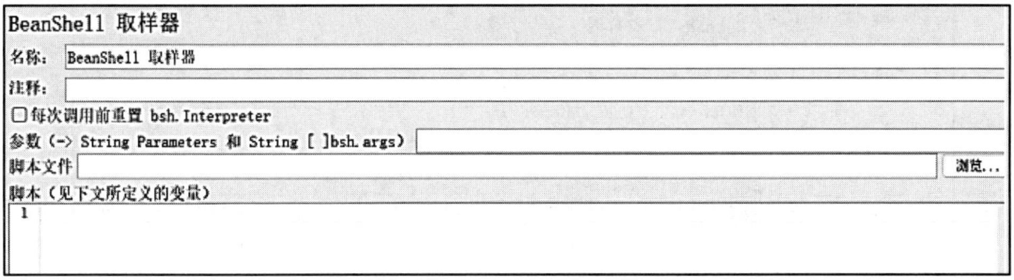

BeanShell 取样器
名称：BeanShell 取样器
注释：
□每次调用前重置 bsh.Interpreter
参数（-> String Parameters 和 String [ ]bsh.args）
脚本文件　浏览...
脚本（见下文所定义的变量）
1

图 8-39　BeanShell 取样器元件

界面设置项比较简单，有【每次调用前重置 bsh.Interpreter】、【参数】、【脚本文件】和【脚本】共 4 个设置项。

- 每次调用前重置 bsh.Interpreter：每次调用前重新创建 BeanShell 解释器。
- 参数：对脚本文件传递的参数。
- 脚本文件：BeanShell 脚本文件。
- 脚本：BeanShell 脚本。

BeanShell 脚本常用的操作有以下几个：

- jmeber.log 文件中写入信息：log.info("日志信息")。
- 从 JMeter 中获得数据：vars.get(String key)。
- 设置 JMeter 变量值：vars.put(String key，String value)。
- 获取上一个取样器响应信息：prev.getResponseDataAsString()。
- 获取上一个取样器响应状态码：prev.getResponseCode()。

变量设置在 8.7 节测试计划中已使用过，本例练习获取上一个取样器的响应结果信息。

步骤 01 新建 JMeter 文件。新建一个 JMeter 文件，重命名为"BeanShell 取样器样例"。

步骤 02 添加线程组。在"BeanShell 取样器样例"节点下添加一个"线程组"元件。

步骤 03 添加 HTTP 请求取样器。在"线程组"节点下添加一个"HTTP 请求"取样器元件，填写表 8-1 中的 GET 请求。【协议】填写 HTTP；【服务器名称或 IP】填写 httpbin.org;【请求方式】选择 GET；【路径】填写/get。

步骤 04 添加 BeanShell 取样器。在"线程组"节点下添加一个"BeanShell 取样器"元件。【脚本】中填写如下代码：

```
log.info("\n HTTP 请求取样器响应结果：" + prev.getResponseDataAsString());
log.info("\n HTTP 请求取样器响应状态码：" + prev.getResponseCode());
```

步骤 05 执行脚本并查看日志。脚本执行完成后从菜单栏中依次单击选项→日志查看，结果如图 8-40 所示。

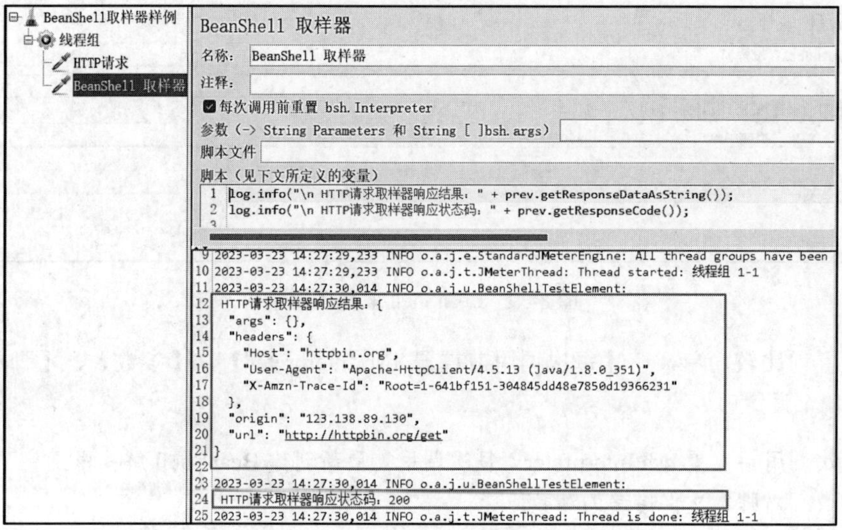

图 8-40　BeanShell 取样器样例执行结果

从输出日志中可以清楚看到，上一个 HTTP 请求响应结果和 HTTP 请求响应状态码，结果与预期一致。

8.9.4　FTP 请求

FTP 请求用来从远程 FTP 服务器获取或上传文件，元件界面如图 8-41 所示。

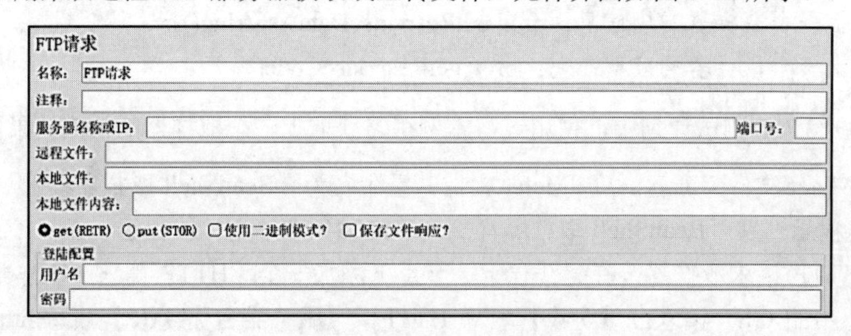

图 8-41　FTP 请求元件

FTP 请求元件界面说明：

- 服务器名称或 IP：FTP 服务器名称或 IP 地址。
- 端口号：FTP 服务器端口号。
- 远程文件：要获取的文件或上传服务器的文件名称。
- 本地文件：上传的文件或下载的文件名称。
- 本地文件内容：上传文件内容，如果填写将会覆盖上传的文件内容。
- get(RETR)/put(STOR)：上传或下载。

- 使用二进制模式？：使用二进制传输文件，默认值是 ASCII。
- 保存文件响应？：是否将下载的文件内容保存在响应数据中。如果使用 ASCII 模式，“查看结果树”监听器中将看到文件内容。
- 用户名：远程服务器用户名。
- 密码：远程服务器密码。

例如 FTP 服务器上有一个内容为“这是一个测试 FTP 请求的文件”的文件 test_ftp_request.txt，现使用 FTP 请求取样器下载到 D 盘的 test.txt 文件。操作步骤如下：

步骤 01 新建 JMeter 文件。新建一个 JMeter 文件，重命名为“FTP 请求样例”。

步骤 02 添加线程组。“FTP 请求样例”节点下添加一个“线程组”元件。

步骤 03 添加监听器。“线程组”节点上右击，然后依次选择添加→监听器→查看结果树。

步骤 04 添加 FTP 请求。“线程组”节点下添加一个“FTP 请求”取样器。填写【服务器名称或 IP】、【用户名】、【密码】，勾选【保存文件响应？】。【远程文件】处填写要下载的文件“/test_ftp_request.txt”，【本地文件】填写下载的位置及文件名“d:test.txt”。填写后如图 8-42 所示。

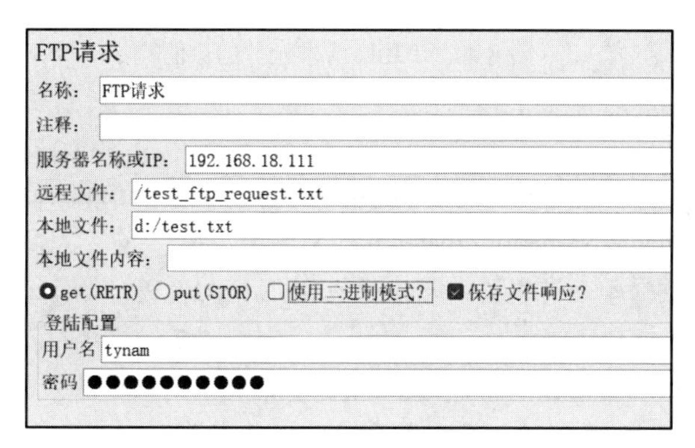

图 8-42 FTP 请求元件

步骤 05 执行脚本并查看结果。脚本执行完成后在“查看结果树”节点中查看响应数据，结果如图 8-43 所示。

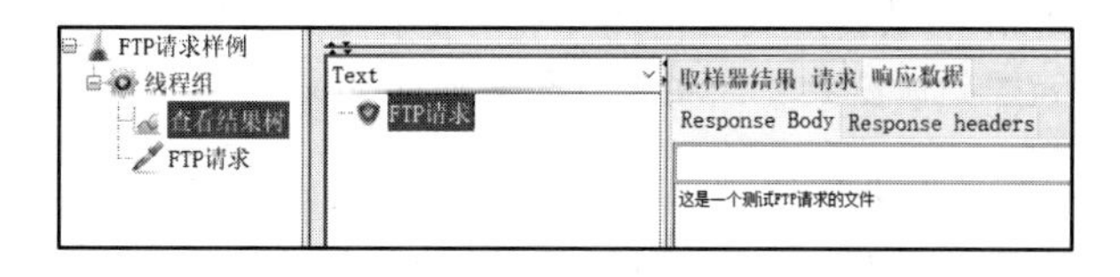

图 8-43 FTP 请求样例执行结果

在响应体中可以看到“这是一个测试 FTP 请求的文件”的内容，表示成功地将文件内容保存到取样器的响应结果中。同时，在 D 盘多出了一个 test.txt 文件，内容也是“这是一个测试 FTP 请求的文件”。

8.9.5　JDBC 请求

JDBC 请求用来向数据库发送 JDBC 请求（SQL 查询），其元件界面如图 8-44 所示。

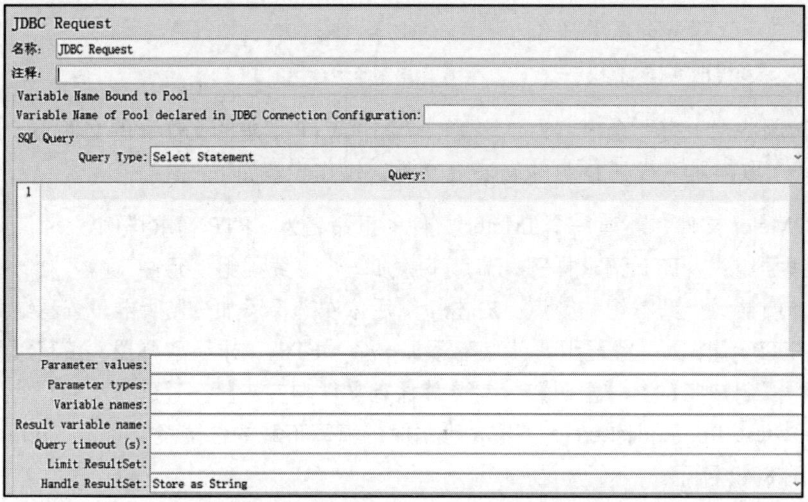

JDBC Request
名称：JDBC Request
注释：
Variable Name Bound to Pool
Variable Name of Pool declared in JDBC Connection Configuration:
SQL Query
Query Type: Select Statement
Query:
1
Parameter values:
Parameter types:
Variable names:
Result variable name:
Query timeout (s):
Limit ResultSet:
Handle ResultSet: Store as String

图 8-44　JDBC 请求元件的界面

JDBC 请求元件界面说明：

- Variable Name of Pool declared in JDBC Connection Configuration：数据库连接配置元件中定义的【Variable Name for created pool】字段，用以绑定数据库连接池。
- Query Type：数据库查询类型，与执行的 SQL 语句有关。
- Query：SQL 语句。
- Parameter values：参数值，用以 SQL 查询参数化，是以逗号分隔的参数列表。
- Parameter types：参数类型，逗号分隔的 SQL 参数类型列表。
- Variable names：变量名称，以逗号分隔的变量列表，用于保存从数据库返回的数据值。
- Result variable name：结果变量名称，包含返回数据集的键值变量。
- Query timeout(s)：查询超时时间。
- Limit ResultSet：限制数据集数量，例如填入 1 表示只返回一条数据。
- Handle ResultSet：处理结果集，指定应如何处理查询结果。

JDBC 请求取样器使用前需要先通过 JDBC 连接配置器元件连接数据库，然后才能对数据库实现增、删、改等操作。操作见 8.10.5　JDBC 连接配置器一节。

8.9.6　SMTP 取样器

通过 SMTP 取样器可实现 SMTP/SMTPS 协议的邮件发送，元件界面如图 8-45 所示。

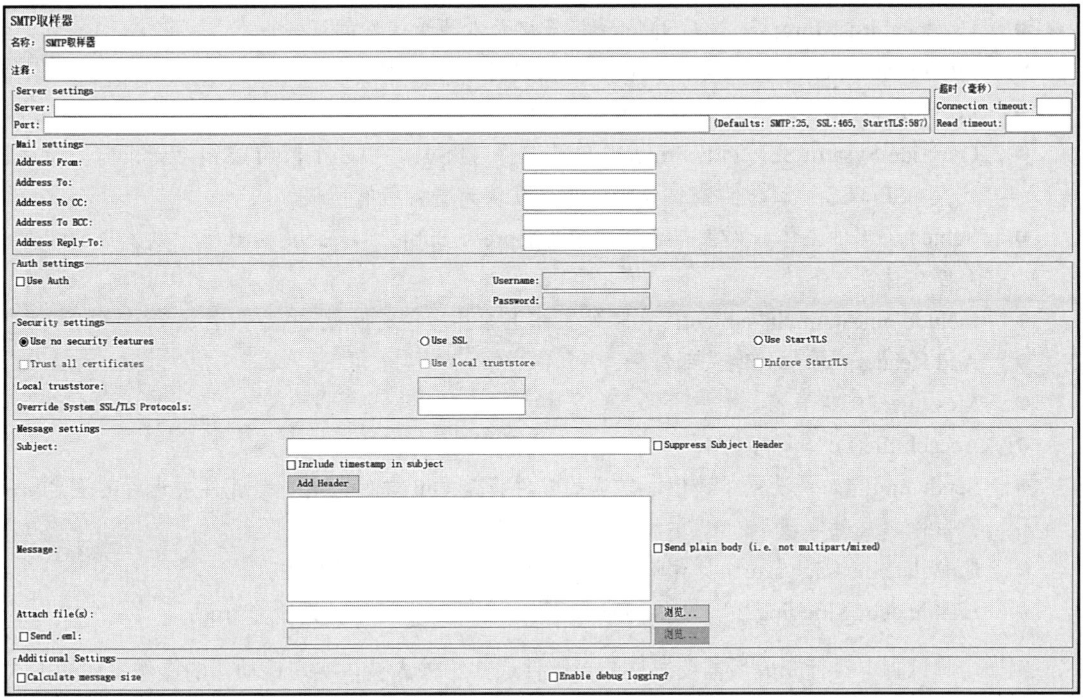

图 8-45　SMTP 取样器元件

SMTP 取样器元件界面说明：

- Server：服务器主机名或 IP 地址。
- Port：连接到服务器的端口，默认值是 SMTP=25, SSL=465, StartTLS=587。
- Connection timeout：连接超时时间，单位为毫米。
- Read timeout：读取超时时间，单位毫米。
- Address From：发件人邮箱地址。
- Address To：收件人邮箱地址，多个人以逗号（；）分隔。
- Address To CC：抄送人邮箱地址，多个人以逗号（；）分隔。
- Address To BCC：暗抄送人邮箱地址，多个人以逗号（；）分隔。
- Address Reply-To：回复人邮箱地址，多个人以逗号（；）分隔。
- Use Auth：SMTP 服务器是否需要用户身份验证。
  - ◆ Username：登录用户名。
  - ◆ Password：登录用户密码，指邮箱的授权密码，可参考 2.15　获取授权密码一节。
- Use no security features：SMTP 服务器连接时，不使用任何安全协议。
- Use SSL：SMTP 服务器连接时，使用 SSL 安全协议。
- Use StartTLS：SMTP 服务器连接时，尝试使用 TLS 协议。
- Trust all certificates：勾选后 JMeter 将信任独立于 CA 的所有证书。

- Use local truststore：勾选后 JMeter 将只接受本地受信任的证书。
- Enforce startTLS：如果没有启用 TLS 协议将中止连接。
- Local truststore：本地受信任的证书路径。
- Override System SSL/TLS Protocals：在握手 TLSv1、TLSv1.1、TLSv1.2 请求时，使用自定义 SSL/TLS 协议作为空格分隔列表。默认为支持所有协议。
- Subject：邮件主体。如果勾选后面的 Suppress Subject Header 复选框，则发送的邮件将省略主体头。
- Include timestamp in subject：在邮件主体上添加当前时间戳。
- Add Header：添加其他头部信息。
- Message：邮件正文。
- Accach file(s)：邮件附件。
- Send .eml：如果设置了该值，发送的邮件将是.eml 文件，而不是元件中设置的主题、消息和附加文件字段。
- Calculate message size：计算邮件大小并将其保存在请求结果中。
- Enable debug logging?：勾选后 JMeter 的 mail.debug 属性将设置为 true。

例如，测试脚本执行完成后需要发送一封邮件通知相关人员，实现该动作的操作步骤如下：

步骤 01 获取 JavaMail 包，JavaMail 是由 Sun 定义的一套收发电子邮件的 API。进入下载地址 https://maven.java.net/content/repositories/releases/com/sun/mail/javax.mail/，选择最新的版本 javax.mail-1.6.2.jar。下载之后，将 javax.mail-1.6.2.jar 移动到 JMeter 程序的 lib 文件夹下。重启 JMeter 程序加载 javax.mail 文件。

步骤 02 新建 JMeter 文件。新建一个 JMeter 文件，重命名为"SMTP 取样器样例"。

步骤 03 添加线程组。"SMTP 取样器样例"节点下添加一个"线程组"元件。

步骤 04 添加 SMTP 取样器。在"线程组"节点下添加一个"SMTP 取样器"。

设置邮箱服务器收件人和发件人。【Server】填写 smtp.qq.com；【Port】填写 25；【Address From】填写发件人地址 yangdingjia@qq.com；【Address To】填写收件人地址 tynam.yang@gmail.com；勾选【Use Auth】复选框，【Username】填写发件人地址 yangdingjia@qq.com，【Password】填写授权密码。

添加邮件内容。【Subject】填写"测试 SMTP 取样器"；【Message】填写"这是一封测试 SMTP 取样器的邮件"；【Accach file(s)】中随便添加一个附件文件。设置后界面如图 8-46 所示。

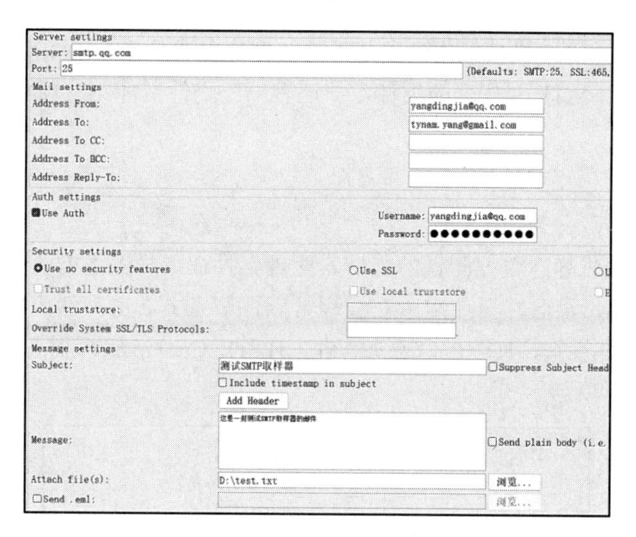

图 8-46　设置 SMTP 取样器

步骤 05 添加监听器在“线程组”节点上右击，然后依次选择添加→监听器→查看结果树。

步骤 06 执行脚本并查看结果脚本执行完成后在“查看结果树”节点中查看响应数据，结果如图 8-47 所示。

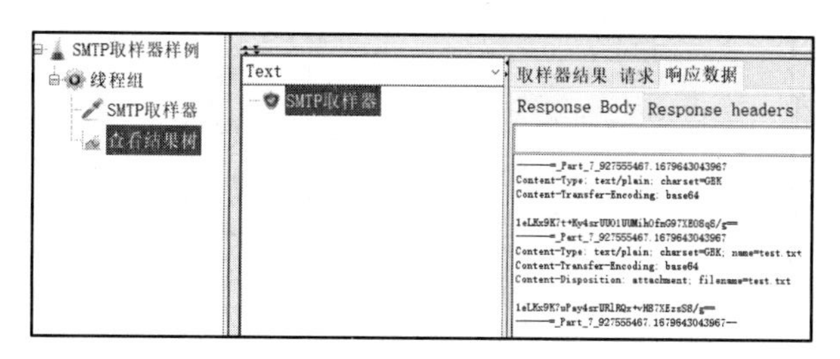

图 8-47　SMTP 取样器样例执行结果

从响应结果可以看到，SMTP 请求成功发送并且获取到了响应内容。接下来进入收件箱查看收件情况，如图 8-48 所示。

图 8-48　SMTP 取样器样例接收的邮件

从图 8-48 中可以看到，成功地收到了邮件，邮件的主题是“测试 SMTP 取样器”；邮件内容是：“这是一封测试 SMTP 取样器的邮件”；还有一个附件文件。与预期结果一致。

8.10 配置元件

配置元件用于提供对静态数据配置的支持。配置元件在取样器之前执行，我们可以使用配置元件设置默认值和变量，供取样器使用。在线程组元件节点上右击，然后依次选择添加→取样器，可以看到 CSV 数据文件设置、HTTP 信息头管理、HTTP Cookie 管理器、HTTP 缓存管理器等多种配置元件，如图 8-49 所示。

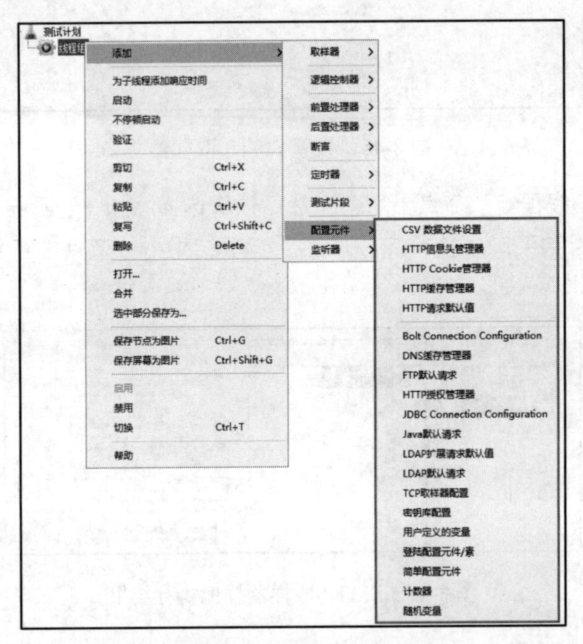

图 8-49　配置元件

配置元件的说明：

- CSV 数据文件设置：是一个参数化配置元件，用于从文件中读取数据，并将数据根据特定的符号分割存储到变量，非常适合处理大量变量。比__CSVRead()和__StringFromFile()函数更易用。
- HTTP 信息头管理器：用来设置 HTTP 请求头，在发送请求时，会一起发送给服务器。JMeter 允许添加多个 HTTP 信息头管理器。
- HTTP Cookie 管理器：可以像浏览器一样保存和发送 Cookie。也支持手动添加 Cookie，但是手动添加后所有线程中都将使用手动添加的 Cookie。
- HTTP 缓存管理器：在其作用域内，在 HTTP 请求中添加缓存功能，用以模拟浏览器缓存功能，每个虚拟用户线程都有自己的缓存。

- HTTP 请求默认值：用来设置 HTTP 请求的默认值。
- Bolt Connection configuration：Bolt 连接配置，创建一个 Bolt 连接池，供 Bolt 请求取样器使用。
- DNS 缓存管理器：JMeter 默认使用的是 JVM DNS 缓存，使用 DNS 缓存管理器可以在每次迭代中分别解析每个线程，并将解析结果保存到其内部 DNS 缓存中，该缓存独立于 JVM 和 OS DNS 缓存。
- FTP 默认请求：用来设置 FTP 请求的默认值。
- HTTP 授权管理器：提供服务器身份验证，当某些 HTTP 请求需要提供用户名和密码验证身份才能继续交互时使用。
- JDBC Connection Configuration：JDBC 连接配置器，用来连接数据库。
- Java 默认请求：用来设置 Java 请求的默认值。
- LDAP 扩展请求默认值：用来设置 LDAP 扩展请求的默认值。
- LDAP 默认请求：用来设置 LDAP 请求的默认值。
- TCP 取样器配置：用来设置 TCP 取样器的默认值。
- 密钥库配置：用于配置如何加载密钥库和将使用哪些密钥，用于 HTTPS 协议请求中。
- 用户定义的变量：用来定义一组初始变量，操作上与测试计划中用户自定义变量一致。
- 登录配置元件/素：登录配置元件用来设置取样器添加或重载用户名和密码。
- 简单配置元件：用于添加或覆盖取样器中的任意值。
- 计数器：可以在线程组中的任何位置使用。计数器允许用户设置起点、最大值和增量，计数器将从开始循环到最大值，然后从开始重新开始，直到测试结束。
- 随机变量：用于生成随机数字字符串，并将其保存在变量中。

8.10.1 CSV 数据文件设置

CSV 数据文件设置是一个参数化配置元件，用于从文件中读取数据，并将数据根据特定的符号分割存储到变量中，非常适合处理大量变量的情况，其界面如图 8-50 所示。

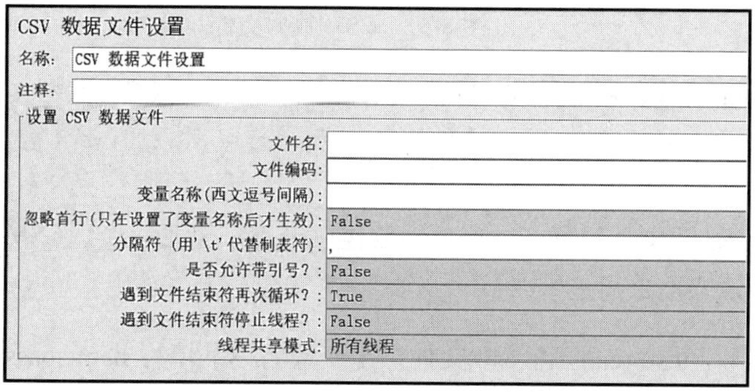

CSV 数据文件设置
名称：CSV 数据文件设置
注释：
设置 CSV 数据文件
文件名：
文件编码：
变量名称(西文逗号间隔)：
忽略首行(只在设置了变量名称后才生效)：False
分隔符（用'\t'代替制表符)：,
是否允许带引号？：False
遇到文件结束符再次循环？：True
遇到文件结束符停止线程？：False
线程共享模式：所有线程

图 8-50　CSV 数据文件设置元件

CSV 数据文件设置元件界面说明：

- 文件名：读取数据的文件，支持相对路径和绝对路径写法。在分布式测试中，相对路径写法必须将 CSV 文件保存在服务器主机中，并以正确的相对目录启动 JMeter；绝对路径写法必须保证远程服务器具有相同的目录结构。
- 文件编码：读取的文件编码格式。
- 变量名称（西文逗号间隔）：变量名称列表，名称必须以分隔符分隔。如果该字段为空，则将文件的第一行作为变量名列表。
- 忽略首行（只在设置了变量名称后才生效）：忽略 CSV 文件的第一行，只有"变量名称"不为空时，才可以使用。如果"变量名称"为空，文件的第一行必须包含标题。
- 分隔符（用'\t'代替制表符）：将一行数据分隔成多个变量，默认值是逗号，也可以使用"\t"。
- 是否允许带引号？：数据中是否带有引号，如果有该字段需要选择 true。
- 遇到文件结束符再次循环？：是否循环读取 CSV 文件内容，到达文件末尾时，是否从头开始重新读取内容；
- 遇到文件结束符停止线程？：读完文件数据后是否停止线程。
- 线程共享模式：定义如何在并发线程之间分配值。

例如，有一个含有用户名和密码的登录文件，现需要读取内容。此时，就可以使用 CSV 数据文件设置配置元件实现读取。具体操作步骤如下：

步骤 01 准备 CSV 文件。创建一个 test_read_file.csv。编写内容如图 8-51 所示。

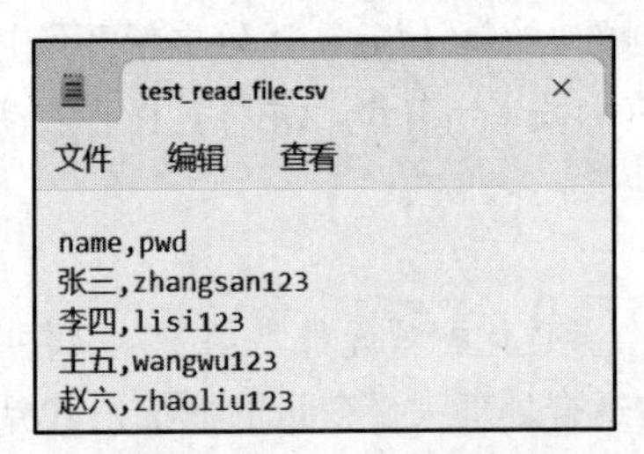

图 8-51　CSV 数据文件

步骤 02 新建 JMeter 文件。新建一个 JMeter 文件，重命名为"CSV 数据文件设置样例"。

步骤 03 添加线程组。在"CSV 数据文件设置样例"节点下添加一个"线程组"元件。【线程数】设置为 5。

步骤 04 添加 CSV 数据文件设置元件。"线程组"节点下添加一个"CSV 数据文件设置"，重命名为"读取登录用户"。

【文件名】填写 test_read_file.csv 文件；【变量名称】填写 name,passwprd;【忽略首行】设置为 true。设置后界面如图 8-52 所示。

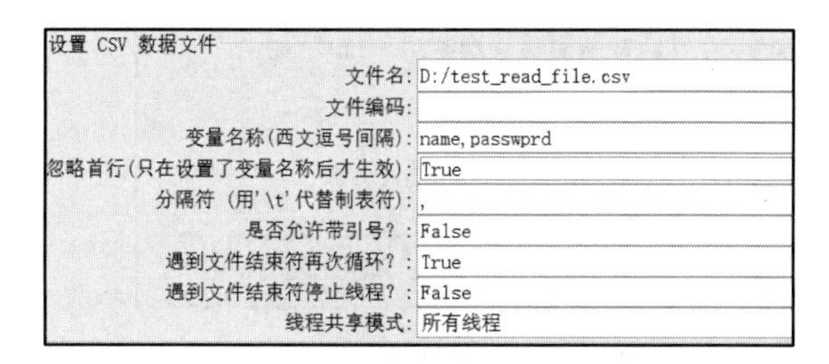

图 8-52　设置 CSV 数据文件

步骤 05 添加调试取样器。在"线程组"节点下添加一个"调试取样器"，重命名为"${name}-${passwprd}"。

步骤 06 添加监听器。在"线程组"节点上右击，然后依次选择添加→监听器→查看结果树。

步骤 07 执行脚本并查看结果。脚本执行完成后在"查看结果树"节点中查看响应数据，结果如图 8-53 所示。

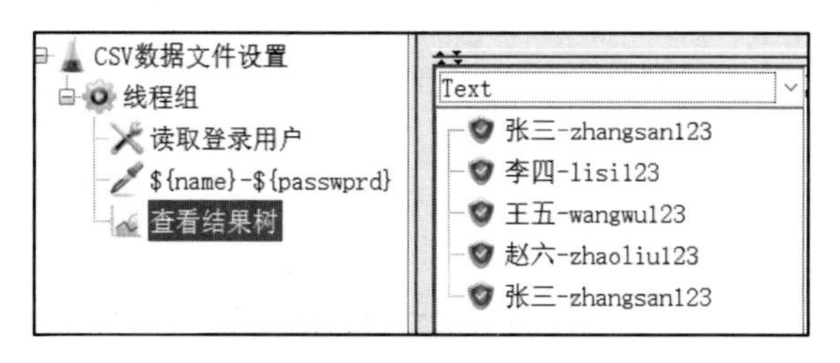

图 8-53　CSV 数据文件设置样例后的执行结果

从图 8-53 中可以看到，成功地一行一行读取到了 CSV 数据文件中内容。

8.10.2　HTTP 信息头管理器

HTTP 信息头管理器用来设置 HTTP 请求头，在发送请求时，会一起发送给服务器。JMeter 允许添加多个 HTTP 信息头管理器。HTTP 信息头管理器是为 HTTP 请求取样器服务的，添加 HTTP 信息头管理器后，其所在作用域内的所有 HTTP 请求取样器都将添加该配置下的 HTTP 信息头。

HTTP 信息头管理器元件界面很简单，只有请求头名称和请求头值。下面通过一个简单的示例，来理解 HTTP 信息头管理器的作用。

步骤 01 新建 JMeter 文件。新建一个 JMeter 文件，重命名为"HTTP 信息头管理器样例"。

步骤 02 添加线程组。在"HTTP 信息头管理器样例"节点下添加一个"线程组"元件。

步骤 03 添加 HTTP 信息头管理器。在"线程组"节点下添加一个"HTTP 信息头管理器"元件，重命名为"设置 HTTP 请求头"。

添加两个 HTTP 请求头 Accept-Language=en,en-US 和 User-Agent= Mozilla/5.0。设置后界面如图 8-54 所示。

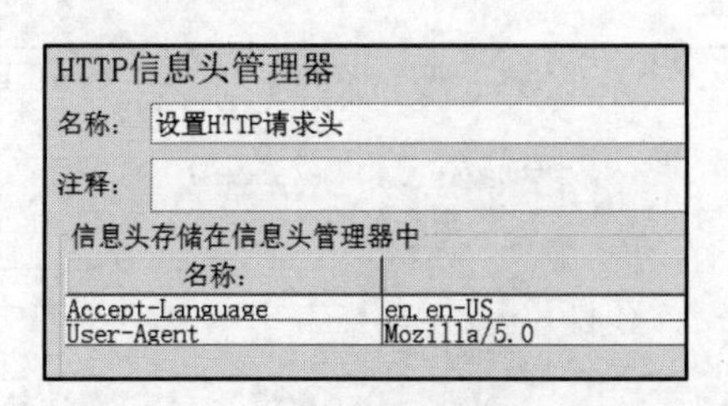

图 8-54　设置 HTTP 信息头管理器

步骤 04 添加 HTTP 请求取样器。在“线程组”节点下添加一个“HTTP 取样器”元件。【协议】填写 HTTP；【服务器名称或 IP】填写 httpbin.org;【请求方式】选择 GET；【路径】填写 /get。

步骤 05 添加监听器。在“线程组”节点上右击，然后依次选择添加→监听器→查看结果树。

步骤 06 执行脚本并查看结果。脚本执行完成后，在“查看结果树”节点中查看响应数据，结果如图 8-55 所示。

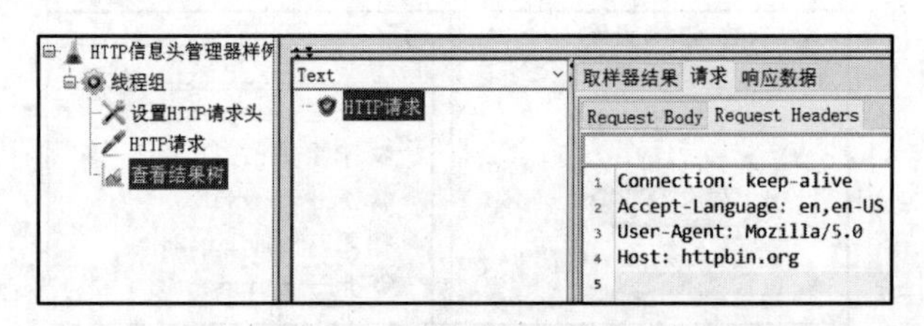

图 8-55　HTTP 信息头管理器样例执行结果

从图 8-55 中可以看到，在发送 HTTP 请求时，携带了 HTTP 信息头管理器元件中添加的两个请求头信息 Accept-Language 和 User-Agent。

8.10.3　HTTP Cookie 管理器

HTTP Cookie 管理器可以像浏览器一样保存和发送 Cookie，也支持手动添加 Cookie，但是手动添加后所有线程中都将使用手动添加的 Cookie。一般情况下该元件无须过多设置，只要存在便能维持作用域内的 HTTP 请求会话。

例如，使用表 8-2 提供的接口设置 Cookies 后获取 Cookies。观察使用和不使用 HTTP Cookie 管理器元件后 Cookies 的变化。具体操作步骤如下：

表8-2　httpbin网站Cookies相关接口

接口名称	请求方法	请求 URL	查询参数	备　注
Cookies 接口	GET	http://httpbin.org/		获取当前 Cookies
Set Cookies 接口	GET	http://httpbin.org//cookies/set	name value	设置 Cookies，查询参数为设置的 Cookies 值

步骤 01 新建 JMeter 文件。新建一个 JMeter 文件，重命名为“HTTP Cookie 管理器样例”。

步骤02 添加线程组。在"HTTP Cookie 管理器样例"节点下添加一个"线程组"元件。

步骤03 添加 HTTP Cookie 管理器。在"线程组"节点下添加一个"HTTP Cookie 管理器"元件。

步骤04 添加设置 Cookies 请求取样器。在"线程组"节点下添加一个"HTTP 取样器"元件，重命名为"设置 Cookies 请求"。【协议】填写 HTTP；【服务器名称或 IP】填写 httpbin.org;【请求方式】选择 GET；【路径】填写/cookies/set；【参数】下添加两个查询参数 name=tynam 和 value=tynam123。

步骤05 添加获取 Cookies 请求取样器。在"线程组"节点下添加一个"HTTP 取样器"元件，重命名为"获取 Cookies"。【协议】填写 HTTP；【服务器名称或 IP】填写 httpbin.org;【请求方式】选择 GET；【路径】填写/cookies。

步骤06 添加监听器。在"线程组"节点上右键单击，然后依次选择添加→监听器→查看结果树。

步骤07 执行脚本并查看结果。脚本执行完成后，在"查看结果树"节点中查看响应数据，结果如图 8-56 所示。

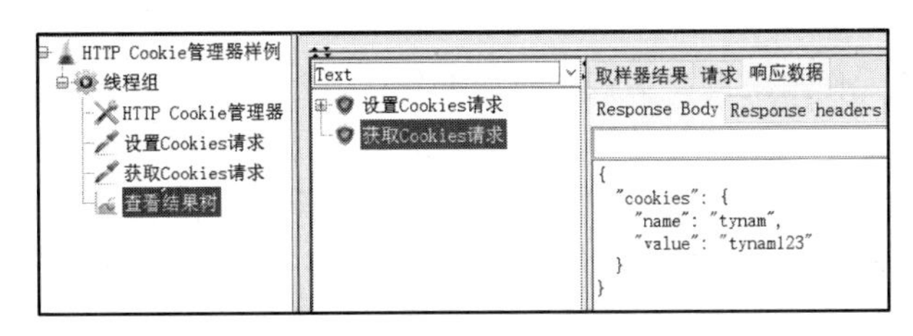

图 8-56　HTTP Cookie 管理器样例执行结果

从图 8-56 显示的响应结果中可以看到，获取 Cookies 请求成功地获取到了设置 Cookies 请求的 Cookies 值。

步骤08 禁用 HTTP Cookie 管理器。在"HTTP Cookie 管理器"节点上右击，单击【禁用】选项，如图 8-57 所示。该功能是停止 HTTP Cookie 管理器元件，不参与脚本的运行，如果要再次使用则只需在此节点上右击，选择【启用】选项。

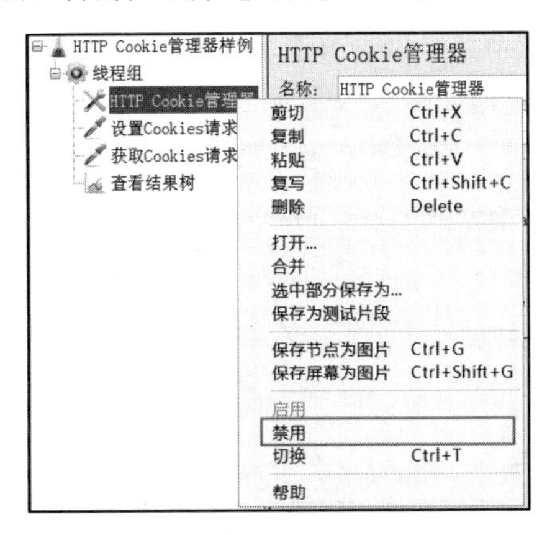

图 8-57　禁用 HTTP Cookie 管理器节点

步骤 09 执行脚本并查看结果。禁用 HTTP Cookie 管理器节点后再次执行脚本，脚本执行完成后在“查看结果树”节点中查看响应数据，结果如图 8-58 所示。

图 8-58　禁用 HTTP Cookie 管理器后执行结果

从图 8-58 显示的响应结果中可以看到，获取 Cookies 请求的响应结果中 Cookies 值为空，没有再获取到设置 Cookies 请求的 Cookies 值。因此 HTTP Cookie 管理器元件可用来存储 Cookies，维持会话。

8.10.4　HTTP 请求默认值

HTTP 请求默认值元件用来设置 HTTP 请求的默认值，界面与 HTTP 请求取样器元件设置项几乎完全相同。如果添加了 HTTP 请求默认值配置元件，那么其作用域下的所有 HTTP 请求取样器都默认拥有该配置元件设置的内容。例如，HTTP 请求默认值配置元件中设置了【路径】值为/get，那么其作用域下的所有 HTTP 请求取样器都默认【路径】字段值是/get，如果 HTTP 请求取样器重新设置了【路径】值，则该取样器的路径值则是自己设置的值。

例如，要测试 httpbin 网站的 GET 接口，如表 8-1 所示，那么相同的内容便可以设置在 HTTP 请求默认值配置元件。操作步骤如下：

步骤 01 新建 JMeter 文件。新建一个 JMeter 文件，重命名为“HTTP 请求默认值样例”。

步骤 02 添加线程组。在“HTTP 请求默认值样例”节点下添加一个“线程组”元件。

步骤 03 添加 HTTP 请求默认值。在“线程组”节点下添加一个“HTTP 请求默认值样例”元件，重命名为“httpbin 接口默认值”。

【协议】填写 HTTP；【服务器名称或 IP】填写 httpbin.org；【请求方式】选择 GET；查询参数添加 name=tynam。设置后界面如图 8-59 所示。

HTTP请求默认值
名称：httpbin接口默认值
注释：
基本　高级
Web服务器
协议：HTTP　服务器名称或IP：httpbin.org
HTTP请求
路径：
参数　消息体数据
同请求一起发送参数：

名称：	值	编码?	
name	tynam	☐	text/plain

图 8-59　设置 HTTP 请求默认值元件

步骤 04 添加 GET 请求。在"线程组"节点下添加一个"HTTP 取样器"元件，重命名为"GET 请求"。由于【协议】、【服务器名称或 IP】和【请求方式】三个字段在 HTTP 请求默认值配置元件中已经设置了，因此在此只需要将【路径】字段设置为/get。

步骤 05 添加监听器。"线程组"节点上右击，然后依次选择添加→监听器→查看结果树。

步骤 06 执行脚本并查看结果。脚本执行完成后在"查看结果树"节点中查看响应数据，结果如图 8-60 所示。

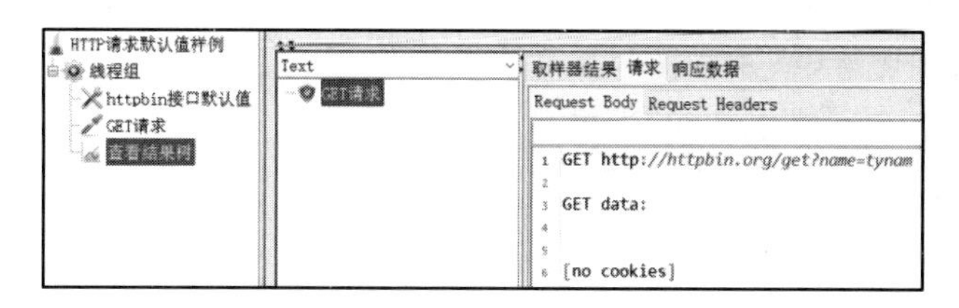

图 8-60　HTTP 请求默认值样例执行结果

从图 8-60 显示的 GET 请求响应结果中的请求内容可以看到，请求的地址是 http://httpbin.org/get，并且有一个查询参数 name=tynam。在发送请求时，成功添加了 HTTP 请求默认值配置元件中的内容。

理解了 HTTP 请求默认值就很容易理解 FTP 默认请求、Java 默认请求、LDAP 扩展请求默认值、LDAP 默认请求等配置元件，界面字段与对应的请求取样器字段基本一致，都是为其对应的取样器设置默认值。

8.10.5　JDBC 连接配置器

JDBC 连接配置器就是一个数据库连接配置器，其界面如图 8-61 所示。

JDBC Connection Configuration
名称: JDBC Connection Configuration
注释:
Variable Name Bound to Pool
Variable Name for created pool:
Connection Pool Configuration
Max Number of Connections: 0
Max Wait (ms): 10000
Time Between Eviction Runs (ms): 60000
Auto Commit: True
Transaction Isolation: DEFAULT
Pool Prepared Statements: -1
Preinit Pool: False
Init SQL statements separated by new line:
1
Connection Validation by Pool
Test While Idle: True
Soft Min Evictable Idle Time(ms): 5000
Validation Query:
Database Connection Configuration
Database URL:
JDBC Driver class:
Username:
Password:
Connection Properties:

图 8-61　JDBC 连接配置器元件界面

JDBC 连接配置器元件界面说明：

- Variable Name for created pool：数据库连接池名称。
- Max Number of Connections：最大连接数，数据库连接池允许的最大的连接数。
- Max Wait (ms)：最大等待时间，在连接过程中超过最大等待时间后连接池便会抛出一个异常。
- Time Between Eviction Runs (ms)：线程可空闲时间，如果超过指定时间连接池还没有被使用，则会关闭连接。
- Auto Commit：自动提交 SQL 语句。
- Transaction isolation：事务隔离级别。
- Pool Prepared Statements：每个连接池最大语句数。-1 表示禁用，0 表示不受限制。
- Preinit Pool：立即初始化连接池。
- Init SQL statements separated by new line：当第一次连接时，初始化 SQL 语句集。这些 SQL 语句集只有在创建连接时，会被执行一次。
- Test While Idle：当连接空闲时是否断开。
- Soft Min Evictable Idle Time(ms)：连接池中处于空闲状态的最短时间。
- Validation Query：验证查询，使用一个简单的查询确认数据库是否可以正常响应。
- Database URL：数据库地址。
- JDBC Driver class：数据库驱动。
- Username：数据库登录用户名。
- Password：数据库登录密码。
- Connection Properties：建立连接时，需要设置的连接属性。

例如，有一个新增学生的接口，新增后可以在数据库查询是否新增成功。此时，就可以使用 JDBC 连接配置器连接到数据库，然后通过 JDBC 请求取样器查询数据，从而确认是否新增成功。

本测试以 PostgreSQL 数据库为例，数据库信息见表 8-3 所示。

表8-3　数据库信息

名　　称	值
数据库类型	PostgreSQL
数据库 URL	mahmud.db.elephantsql.com
用户名	uubgkxmq
密码	6CAYzoiR8zGLesjV7vo1k3V-4n7lmmUE
默认数据库	uubgkxmq
学生数据库	student

该数据库是笔者在 ElephantSQL 网站创建的一个免费数据库。具体操作步骤如下：

步骤01 下载数据库驱动文件。不同的数据库需要不同的驱动文件，对应驱动下载地址如表 8-4 所示。

表8-4　数据库与数据库驱动类、驱动下载地址对应表

数据库名	数据库驱动类	驱动下载地址
MySQL	com.mysql.jdbc.Driver	https://dev.mysql.com/downloads/connector/j/
PostgreSQL	org.postgresql.Driver	https://jdbc.postgresql.org/
Oracle	oracle.jdbc.OracleDriver	https://www.oracle.com/technetwork/database/application-development/jdbc/downloads/index.html
SQL Server	com.microsoft.sqlserver.jdbc.SQLServerDriver	https://learn.microsoft.com/zh-cn/sql/connect/jdbc/download-microsoft-jdbc-driver-for-sql-server?view=sql-server-2017

本例使用的是 PostgreSQL 数据库，因此需要进入 https://jdbc.postgresql.org/下载驱动文件。例如，笔者下载的是 postgresql-42.6.0.jar 文件，将下载的 postgresql-42.6.0.jar 文件放在 JMeter 程序的~\apache-jmeter-5.5\lib\ext 文件夹中，然后重启 JMeter 程序即可生效。如果不希望移动驱动文件 postgresql-42.6.0.jar，也可在测试计划元件中将 postgresql-42.6.0.jar 文件引入。

步骤02 新建 JMeter 文件。新建一个 JMeter 文件，重命名为"JDBC 连接配置器样例"。

步骤03 添加线程组。在"JDBC 连接配置器样例"节点下添加一个"线程组"元件。

步骤04 添加 JDBC 连接配置器。在"线程组"节点下添加一个"JDBC 连接配置器"元件，重命名为"连接数据库"。【Variable Name for created pool】字段填写 pgpool；【Database URL】字段填写 jdbc:postgresql://mahmud.db.elephantsql.com/；【JDBC Driver class】字段选择 org.postgresql.Driver；【Username】字段填写 uubgkxmq；【Password】字段填写 6CAYzoiR8zGLesjV7vo1k3V-4n7lmmUE；【Connection Properties】填写 uubgkxmq。设置后的界面如图 8-62 所示。

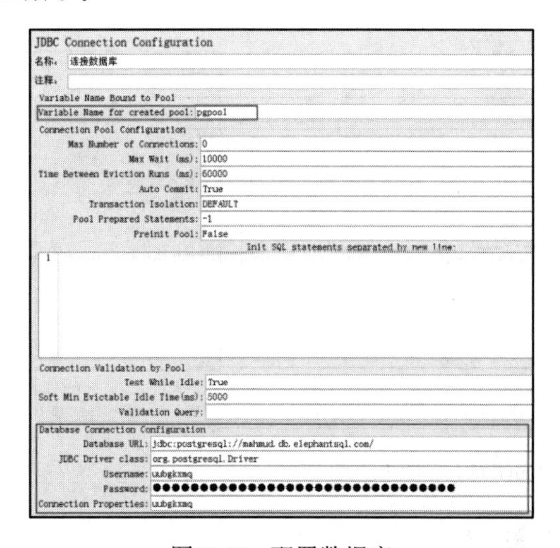

图 8-62　配置数据库

数据库连接 URL 字段，不同的数据库写法不同，例如 PostgreSQL 数据库有如下几种写法：

- jdbc:postgresql:database
- jdbc:postgresql:/
- jdbc:postgresql://host/database
- jdbc:postgresql://host/
- jdbc:postgresql://host:port/database
- jdbc:postgresql://host:port/

步骤 05 添加 JDBC 请求取样器。在“线程组”节点下添加“JDBC Request”取样器，并重命名为“查看数据表内容”。【Variable Name】文本框填写 pgpool；【Query Type】字段选择 Select Statement；【Query】字段下添加查询学生信息的 SQL 语句，SQL 语句如下：

```
SELECT * FROM student.student_info;
```

【Query Type】字段的选择与 SQL 语句有关。

步骤 06 添加监听器。“线程组”节点上右击，然后依次选择添加→监听器→查看结果树。

步骤 07 执行脚本并查看结果。脚本执行完成后在“查看结果树”节点中查看响应结果，如图 8-63 所示。

从查询的结果中可以看到，成功获取到了学生信息表的数据。

8.10.6　随机变量

随机变量用于生成随机数字字符串，并将其保存在变量中，输出变量是通过使用随机数生成器构建的，然后使用格式字符串对生成的数字进行格式化。比用户定义变量和__Random()函数一起使用更简单。界面如图 8-64 所示。

图 8-63　JDBC 连接配置器样例执行结果

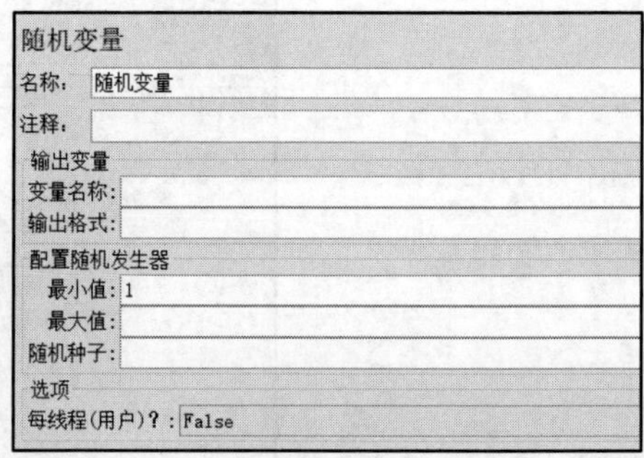

图 8-64　随机变量元件

下面对随机变量元件界面做以下说明：

- 变量名称：随机变量名称。

- 输出格式：格式化字符串，例如 USER_000 将输出“USER_+三位随机数”字符串。
- 最小值：生成的随机数的最小值。
- 最大值：生成的随机数的最大值。
- 随机种子：随机数生成器的种子，如果值为空则默认使用 Random 构造函数。
- 每线程（用户）？：如果为 False，线程组中的所有线程之间共享生成器。如果为 True，则每个线程都有自己的随机生成器。

例如，我们需要随机生成一些密码，则可使用随机变量元件完成。具体的操作步骤如下：

步骤 01 新建 JMeter 文件。新建一个 JMeter 文件，重命名为“随机变量样例”。

步骤 02 添加线程组。在“随机变量样例”节点下添加一个“线程组”元件。【线程数】设置 5。

步骤 03 添加随机变量元件。在“线程组”节点下添加一个“随机变量”元件，重命名为“随机密码”。【变量名称】填写 password；【输出格式】填写 pwd000000；【最小值】添加 111111；【最大值】填写 666666。意思是生成一个 111111~666666 之间的随机数，并在前面添加 pwd，将其保存到变量 password 中，如图 8-65 所示。

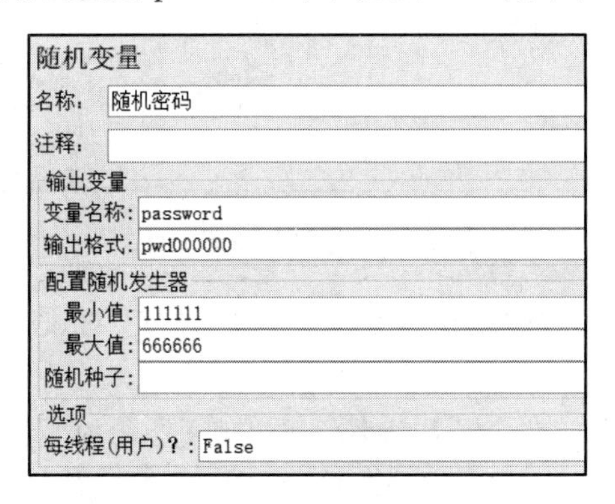

图 8-65 设置随机变量元件

步骤 04 添加取样器。在“线程组”节点下添加一个“调试取样器”，重命名为“${password}”。

步骤 05 添加监听器。在“线程组”节点上右击，然后依次选择添加→监听器→查看结果树。

步骤 06 执行脚本并查看结果。脚本执行完成后在“查看结果树”节点中查看响应结果，如图 8-66 所示。

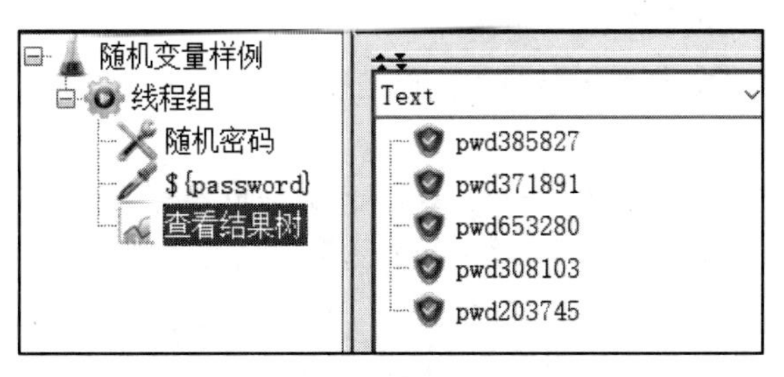

图 8-66 随机变量样例执行结果

从结果中可以看到，调试取样器执行了 5 次，每次获取到的 password 值都是不同的，且数字部分值都在 111111~666666 之间。

8.11　前置处理器

前置处理器用于在实际请求发送之前进行的操作，例如环境准备，其与手动功能测试用例之中的前置条件是同一个含义。在测试计划或线程组元件节点上右键单击，然后依次选择“添加→前置处理器”，可以看到 JSR223 预处理程序、用户参数、HTML 链接解析器、HTTP URL 重写修饰符、JDBC 预处理程序、取样器超时、正则表达式用户参数、BeanShell 预处理程序元件，如图 8-67 所示。

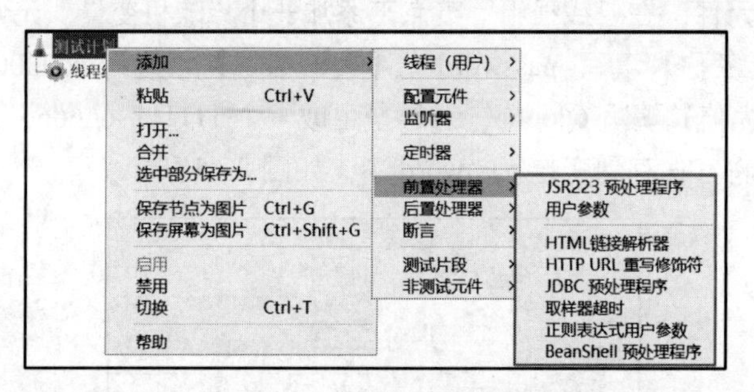

图 8-67　前置处理器元件

- JSR223 预处理程序：JSR223 预处理程序可以使用 Groovy、Java、JavaScript、Jexl 和 Nashorn 语言编写脚本进行预处理操作。
- 用户参数：一个参数元件，不同线程组可以使用不同的变量值。
- HTML 链接解析器：从服务器返回的 HTML 页面中解析链接和表单，然后根据 HTML 链接解析器元件所在的取样器中的规则匹配链接并进一步请求。
- HTTP URL 重写修饰符：工作原理与 HTML 链接解析器相似，只是它具有特定目的，该目的比 HTML 链接解析器更易于使用和有效。对于 Web 应用程序，它使用 URL 重写来保存 SessionID 而非 Cookies。
- JDBC 预处理程序：数据库预处理器，用于取样器执行前对数据库进行预处理操作，其操作与 JDBC 请求取样器基本一致。
- 取样器超时：设置取样器超时时间，此元件会设置一个计时器任务，如果超时，就中断请求，如果未超时，就忽略。
- 正则表达式用户参数：引用前一次正则表达式提取器提取的响应数据。
- BeanShell 预处理程序：该元件是使用脚本实现预处理操作，其操作与 BeanShell 取样器基本一致。

8.11.1　用户参数

用户参数元件中可对一个参数添加多个值，当线程数大于用户参数值数时，多出来的线程则从参数的第一个值重新依次调用，如此多线程中获取到的同一个变量的值是不同的。

例如，有一个查询用户请求，需要使用不同的用户进行请求。此时，就可以使用用户参数设置多用户。具体操作如下：

步骤 01 新建 JMeter 文件。新建一个 JMeter 文件，重命名为"用户参数样例"。

步骤 02 添加监听器。在"用户参数样例"节点下添加一个"查看结果树"元件监听器。

步骤 03 添加线程组。在"用户参数样例"节点下添加一个"线程组"元件，【线程数】设置为 6。

步骤 04 添加用户参数元件。在"线程组"节点下添加一个"用户参数"元件，重命名为"用户名"。

可通过单击界面下方的【添加变量】按钮添加一条参数变量，单击界面下方的【添加用户】按钮添加变量值。

在参数表格中设置参数名为 name，值依次是张三、李四、赵五、王六。添加完成后如图 8-68 所示。

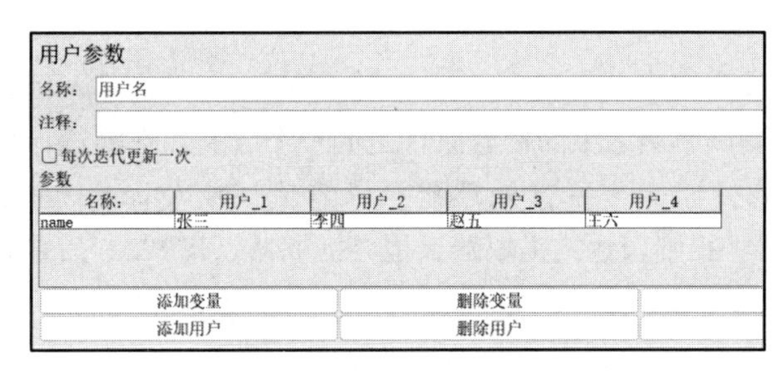

图 8-68　添加用户参数

步骤 05 添加取样器。在"线程组"节点下添加一个"调试取样器"元件，重命名为"${name}"。

步骤 06 执行脚本并查看结果。脚本执行完成后，在"查看结果树"节点中查看响应结果，如图 8-69 所示。

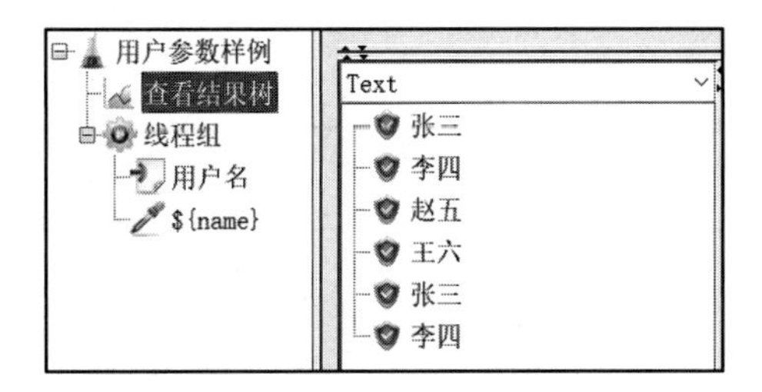

图 8-69　用户参数样例执行结果

从结果中可以看到，由于线程数 6 大于用户名参数值数 4，当用户名参数值都取完后，从第一个参数值又重新开始取。

8.11.2 取样器超时

取样器超时用来设置取样器超时时间，此元件会设置一个计时器任务，如果超时，就中断请求，如果未超时，就忽略。该元件的界面很简单，如图 8-70 所示。

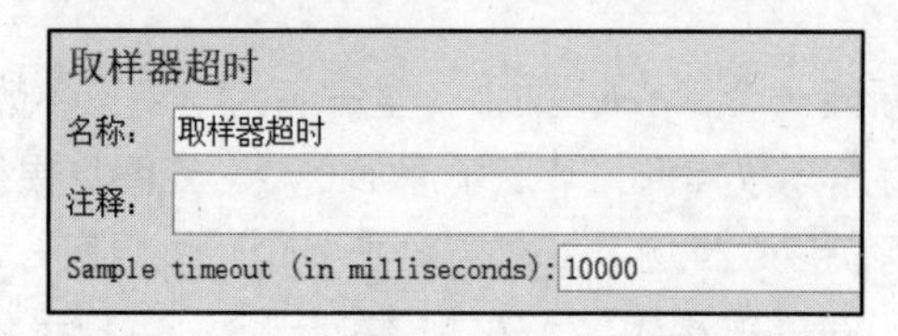

图 8-70 取样器超时元件界面

元件界面只有【Sample Timeout】一个设置项，用来设置取样器的超时时间。如果该值为 0 或负数，则忽略超时限制。如果值大于 0，超过该时间后，取样器就会被中断请求。

8.12 后置处理器

后置处理器用于在发送请求并得到服务器响应结果后进行的操作，例如提取响应内容、数据清理等，其与手动功能测试用例之中的后置条件是同一个含义。在测试计划或线程组元件节点上右键单击，然后依次选择添加→后置处理器可以看到 CSS/Query 提取器、JSON JMESPath Extractor、JSON 提取器、正则表达式提取器、边界提取器、JSR223 后置处理程序等多个元件，如图 8-71 所示。

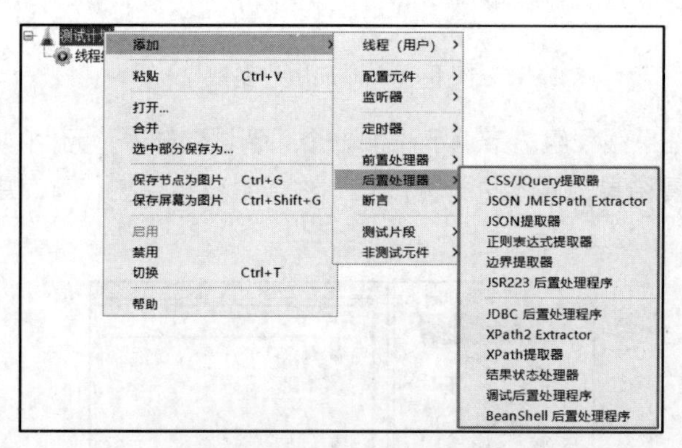

图 8-71 后置处理器元件

后置处理器元件的说明：

- CSS/Query 提取器：使用 CSS Selector 语法从服务器 HTML 响应中提取值。
- JSON JMESPath Extractor：使用 JMESPath 查询语言从 JSON 响应中提取值。

- JSON 提取器：使用 JSON-Path 语法从 JSON 响应中提取数据。该处理器必须作为 HTTP 取样器或其他具有响应取样器的子节点存在。
- 正则表达式提取器：使用正则表达式从服务器响应中提取值。
- 边界提取器：使用左右边界从服务器响应中提取值。
- JSR223 后置处理程序：通过 JSR223 语言实现后置处理。
- JDBC 后置处理程序：数据库后置处理程序，通过 SQL 语言实现后置处理。
- XPath2 Extractor：使用 XPath2 查询语言从结构化响应（XML 或（X）HTML）中提取值。
- XPath 提取器：使用 XPath 查询语言从结构化响应（XML 或（X）HTML）中提取值。
- 结果状态处理器：当取样器失败时，设置程序的处理方式。
- 调试后置处理程序：与调试取样器用法类似。
- BeanShell 后置处理程序：通过 BeanShell 语言实现后置处理。

8.12.1　CSS/Query 提取器

CSS/Query 提取器使用 CSS Selector 语法从服务器 HTML 响应中提取值，其界面如图 8-72 所示。

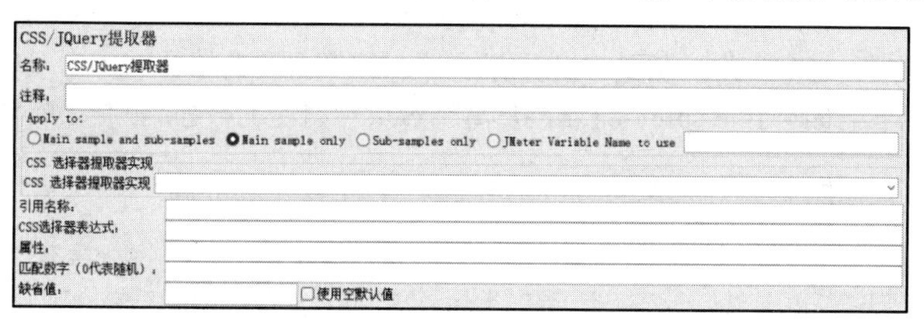

图 8-72　CSS/Query 提取器元件

界面中有 Apply to 区域，表示后置处理器提取内容的范围，范围为主请求、重定向请求（子请求）及变量的值。许多后置处理器元件中都有该字段，在此做以下介绍：

- Main sample and sub-samples：主请求和子请求中都应用。
- Main sample only：只在主请求中应用。
- Sub-samples only：只在子请求中应用。
- JMeter Variable Name to use：提取应用于指定变量的内容。

下面对 CSS/Query 提取器元件界面字段做以下介绍：

- CSS 选择器提取器实现：CSS/JQueryd 支持的语法，可使用 JSoup 和 Jodd-Lagarto（CSSelly），默认值为 JSoup。
- 引用名称：将提取到的值存储到该变量中。
- CSS 选择器表达式：CSS/Jquery 表达式。Jsoup 语法参考 https://jsoup.org/cookbook/extracting

-data/selector-syntax; Jodd-Lagarto (CSSelly)语法参考 https://lagarto.jodd.org/csselly/csselly。

- 属性：从选择器匹配的节点中提取的属性名称。如果为空，则将返回此元素及其所有子元素的组合文本。
- 匹配数据（0 代表随机）：提取的匹配项。0 表示随机，1 表示第一个，-1 表示所有，n 表示第 n 个。匹配到多个内容时，该字段表示选择第几个匹配项。
- 缺省值：如果表达式没有匹配到内容，则将该值作为变量值。如果勾选【使用空默认值】，JMeter 将把默认值设置为空字符串。

例如，访问 httpbin 网站首页，获取含有 class='title'属性的 h2 节点下 pre 标签的 class 属性。具体操作如下：

步骤 01 新建 JMeter 文件。新建一个 JMeter 文件，重命名为“CSS/Query 提取器样例”。

步骤 02 添加线程组。在“CSS/Query 提取器样例”节点下添加一个“线程组”元件。

步骤 03 添加 HTTP 请求取样器。在“线程组”节点下添加一个“HTTP 请求”元件，重命名为“访问 httpbin 网站”。【协议】填写 HTTP；【服务器名称或 IP】填写 httpbin.org；【请求方式】选择 GET。

步骤 04 添加 CSS/Query 提取器。在“访问 httpbin 网站”节点下添加一个“CSS/Query 提取器”后置处理器，重命名为“获取 class 属性”。【引用名称】填写 class；【CSS 选择器表达式】填写 h2[class='title'] pre；【属性】填写 class；【匹配数据（0 代表随机）】填写 1。

节点代码如下所示：

```
<h2 class="title"><!-- react-text: 26 -->httpbin.org<!-- /react-text --
><small><pre class="version"><!-- react-text: 29 --> <!-- /react-text --><!-- react-
text: 30 -->0.9.2<!-- /react-text --><!-- react-text: 31 --> <!-- /react-text --
></pre></small></h2>
```

步骤 05 添加调试取样器。在“线程组”节点下添加一个“调试取样器”元件，重命名为“${class}”。

步骤 06 添加监听器。在“线程组”节点上右击，然后依次选择添加→监听器→查看结果树。

步骤 07 执行脚本并查看结果。脚本执行完成后，在“查看结果树”节点中查看响应数据，结果如图 8-73 所示。

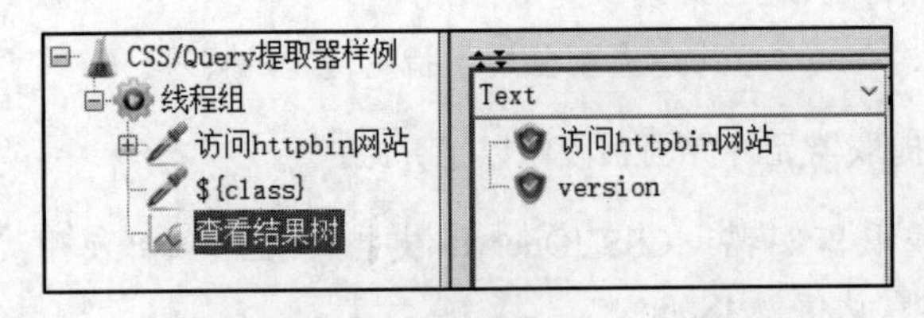

图 8-73　CSS/Query 提取器样例执行结果

从响应结果中可以看到，提取的 class 变量值为 version，与预期结果一致。

8.12.2　JSON 提取器

JSON 提取器使用 JSON-Path 语法从 JSON 响应中提取数据，该处理器必须作为 HTTP 取样器或其他具有响应取样器的子节点存在，其界面如图 8-74 所示。

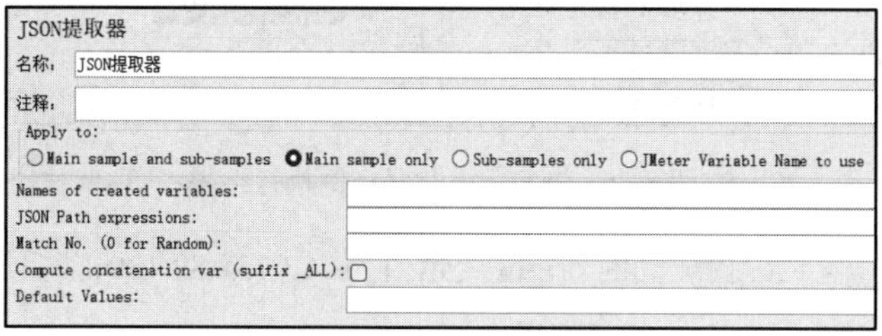

JSON提取器
名称：JSON提取器
注释：
Apply to:
○Main sample and sub-samples ●Main sample only ○Sub-samples only ○JMeter Variable Name to use
Names of created variables:
JSON Path expressions:
Match No. (0 for Random):
Compute concatenation var (suffix _ALL):□
Default Values:

图 8-74　JSON 提取器元件

JSON 提取器元件界面字段说明：

- Names of created variables：创建变量名，将匹配到的内容存储在该变量中。
- JSON Path expressions：JSON Path 表达式。JSON Path 语法参考 https://goessner.net/articles/JsonPath/index.html#e2。
- Match No.(0 for Random)：提取的匹配项。0 表示随机，1 表示第一个，-1 表示所有，n 表示第 n 个。
- Compute concatenation var (suffix_ALL)：将匹配到的所有值保存，保存的变量名为"变量名_ALL"。
- Default Values：默认值，未匹配到内容时，使用默认值。

例如，访问表 8-1 中所示的 httpbin 网站 GET 接口，获取响应结果的 origin 字段值。具体操作如下：

步骤 01 新建 JMeter 文件。新建一个 JMeter 文件，重命名为"JSON 提取器样例"。

步骤 02 添加线程组。在"JSON 提取器样例"节点下添加一个"线程组"元件。

步骤 03 添加 HTTP 请求取样器。在"线程组"节点下添加一个"HTTP 请求"元件，重命名为"访问 httpbin 网站 GET 请求"。【协议】填写 HTTP；【服务器名称或 IP】填写 httpbin.org;【请求方式】选择 GET；【路径】填写/get。

步骤 04 添加 JSON 提取器。在"访问 httpbin 网站 GET 请求"节点下添加一个"JSON 提取器"，重命名为"获取 origin 字段"。【Names of created variables】填写 origin；【JSON Path expressions】填写$.origin；【Match No.(0 for Random)】填写 1。

步骤 05 添加调试取样器。在"线程组"节点下添加一个"调试取样器"元件，重命名为"${origin}"。

步骤 06 添加监听器。"线程组"节点上右击，然后依次选择添加→监听器→查看结果树。

步骤 07 执行脚本并查看结果。脚本执行完成后，在"查看结果树"节点中查看响应数据，结果如

图 8-75 所示。

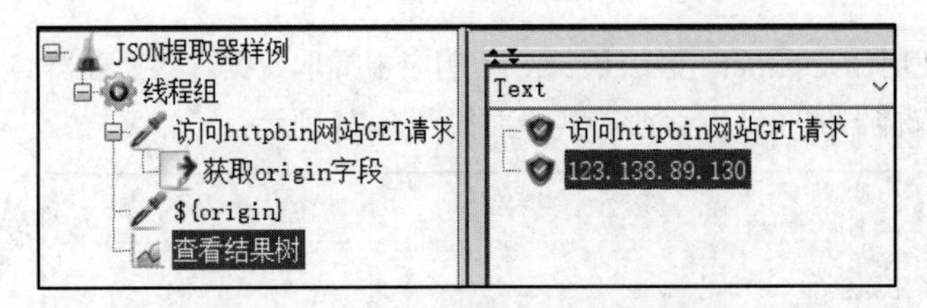

图 8-75　JSON 提取器样例执行结果

从响应结果中可以看到，提取到的 origin 变量值为 123.138.89.130，与预期结果一致。

8.12.3　正则表达式提取器

正则表达式提取器用于使用正则表达式从服务器响应中提取值，其界面如图 8-76 所示。

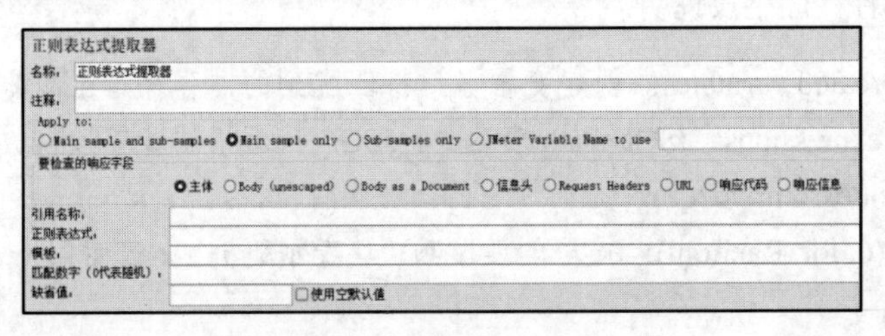

图 8-76　正则表达式提取器元件

正则表达式提取器元件界面字段说明：

- 要检查的响应字段：在响应数据的那部分字段中提取值，可选值有主体、Body（unescaped）、Body as a Document、信息头、Request Headers、URL、响应代码、响应信息。
- 引用名称：变量名称。
- 正则表达式：正则表达式语法可参考 https://www.runoob.com/regexp/regexp-syntax.html。
- 模板：用于引用正则表达式中的组。“1”表示组 1，“2”表示组 2 等。0表示整个表达式匹配的内容。
- 匹配数据（0 代表随机）：提取的匹配项。0 表示随机，1 表示第一个，-1 表示所有，n 表示第 n 个。
- 缺省值：默认值，未匹配到内容时，使用默认值。

例如，访问 httpbin 网站首页，获取响应 HTML 页面中的 title 标签值。具体操作如下：

步骤 01 新建 JMeter 文件。新建一个 JMeter 文件，重命名为“正则表达式提取器样例”。

步骤 02 添加线程组。在“正则表达式提取器样例”节点下添加一个“线程组”元件。

步骤 03 添加 HTTP 请求取样器。在“线程组”节点下添加一个“HTTP 请求”元件，重命名为

"访问 httpbin 网站"。【协议】填写 HTTP；【服务器名称或 IP】填写 httpbin.org;【请求方式】选择 GET。

步骤 04 添加正则表达式提取器。"访问 httpbin 网站"节点下添加一个"正则表达式提取器"，重命名为"获取页面 TITLE"。【引用名称】填写 title；【正则表达式】填写 <title>([\S\s]*?)<\/title>；【模板】填写1。

步骤 05 添加调试取样器。在"线程组"节点下添加一个"调试取样器"元件，重命名为"${title}"。

步骤 06 添加监听器。在"线程组"节点上右击，然后依次选择添加→监听器→查看结果树。

步骤 07 执行脚本并查看结果。脚本执行完成后，在"查看结果树"节点中查看响应数据，结果如图 8-77 所示。

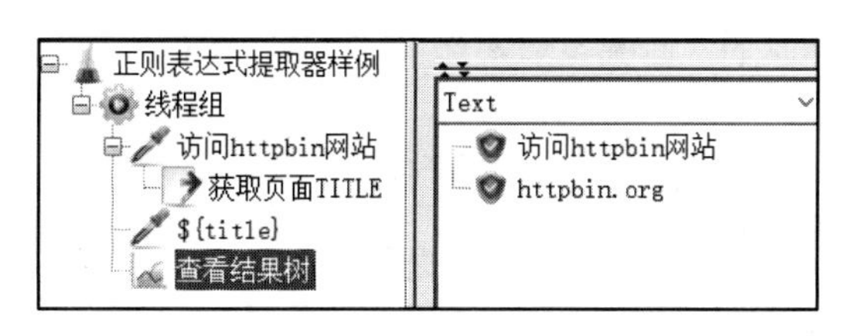

图 8-77　正则表达式提取器样例执行结果

从响应结果中可以看到，提取到的 title 变量值为 httpbin.org，与预期结果一致。

8.12.4　XPath 提取器

XPath 提取器使用 XPath 查询语言从结构化响应（XML 或（X）HTML）中提取值，其界面如图 8-78 所示。

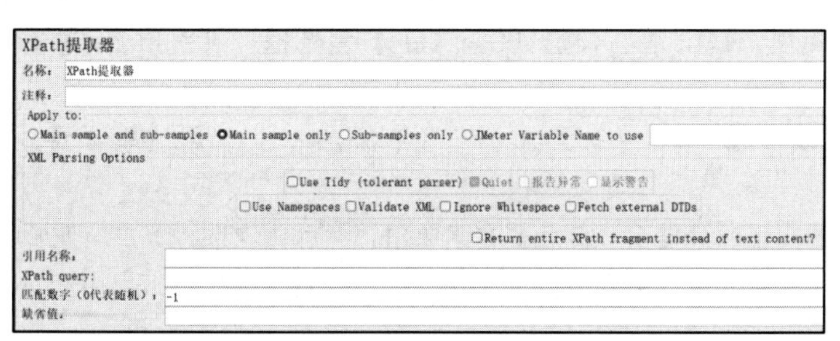

图 8-78　XPath2 提取器元件

XPath 提取器元件界面字段说明：

- Use Tidy (tolerant parser)：使用 Tidy 将 HTML 响应解析为 XHTML。如果是 HTML 响应，则需要选中该字段。
- Quiet：只显示需要的 HTML 页面。
- 报告异常：显示异常。

- 显示警告：显示警告。
- Use Namespaces：启用命名空间，后续的 XML 解析器将使用命名空间来分辨。
- Validate XML：检查文档格式。
- Ignore Whitespace：忽略空白内容。
- Fetch external DTDs：提取外部 DTD。
- Return entire XPath fragment instead of text content?：如果勾选将返回片段，而不是文本内容。例如//title 将返回"<title>Apache JMeter</title>"而不是"Apache JMeter"。
- 引用名称：变量名称。
- XPath query：XPath 表达式，XPath 语法可参考 https://www.runoob.com/xpath/xpath-syntax.html。
- 匹配数据（0 代表随机）：提取的匹配项。0 表示随机，1 表示第一个，-1 表示所有，n 表示第 n 个。
- 缺省值：默认值，未匹配到内容时，使用默认值。

例如，访问 httpbin 网站首页，使用 XPath 提取器获取响应 HTML 页面中 title 标签文本值。具体操作如下：

步骤 01 新建 JMeter 文件。新建一个 JMeter 文件，重命名为"XPath 提取器样例"。

步骤 02 添加线程组。在"正则表达式提取器样例"节点下添加一个"线程组"元件。

步骤 03 添加 HTTP 请求取样器。在"线程组"节点下添加一个"HTTP 请求"元件，重命名为"访问 httpbin 网站"。【协议】填写 HTTP；【服务器名称或 IP】填写 httpbin.org;【请求方式】选择 GET。

步骤 04 添加 XPath 提取器。在"访问 httpbin 网站"节点下添加一个"XPath 提取器"，重命名为"获取页面 TITLE"。勾选【Use Tidy】复选框；【引用名称】填写 title；【XPath query】填写//title。

步骤 05 添加调试取样器。在"线程组"节点下添加一个"调试取样器"元件，重命名为"${title}"。

步骤 06 添加监听器。在"线程组"节点上右键单击，然后依次选择添加→监听器→查看结果树。

步骤 07 执行脚本并查看结果。脚本执行完成后，在"查看结果树"节点中查看响应数据，结果如图 8-79 所示。

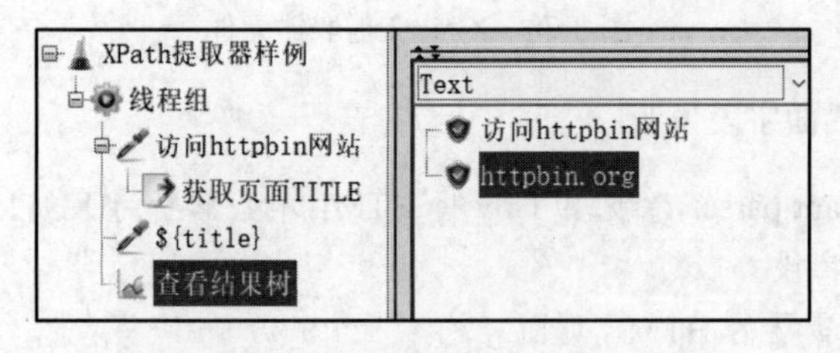

图 8-79 XPath 提取器样例执行结果

从响应结果中可以看到，提取到的 title 变量值为 httpbin.org，与预期结果一致。

8.13　断　　言

断言用来设置检查点，判断服务器响应结果是否符合预期。在测试计划或线程组元件节点上右键单击，然后依次选择“添加→断言”，可以看到响应断言、JSON 断言、大小断言、JSR223 断言、XPath2 Assertion 等多个元件，如图 8-80 所示。

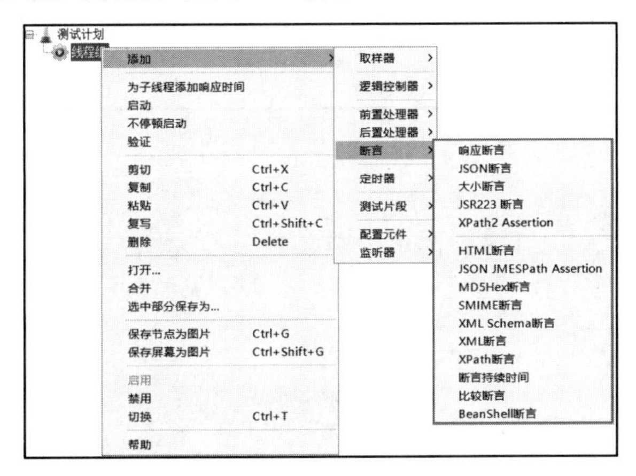

图 8-80　断言元件

断言元件说明：

- 响应断言：可以对响应体、响应头等实现包含、匹配、相等、字符串等模式匹配实现断言。
- JSON 断言：对 JSON 文档内容进行断言。
- 大小断言：检查每个响应的字节数。可以指定等于、大于、小于或不等于。
- JSR223 断言：使用 JSR223 代码检查上一个取样器的状态。
- XPath2 Assertion：XPath2 断言文档的格式是否正确。
- HTML 断言：使用 JTidy 检查响应数据的 HTML 语法。
- JSON JMESPath Assertion：使用 JMESPath 对 JSON 文档内容实现断言。
- MD5Hex 断言：检查响应数据的 MD5 哈希。
- SMIME 断言：用于评估邮件阅读者取样器的结果。此断言可验证 MIME 消息的正文是否已签名。
- XML Schema 断言：根据 XML Schema 验证响应。
- XML 断言：检查响应数据是否为 XML 文档。
- XPath 断言：检查文档的格式是否正确，可以使用 DTD 或通过 Jtidy 验证。如果 XPath 存在，则断言结果为 True。

- 断言持续时间：在指定的时间内收到每个响应。任何超过给定时间的响应都会判断为失败。
- 比较断言：比较其范围内的取样器结果。可以比较内容或经过的时间，并且可以在比较之前对内容进行过滤。
- BeanShell 断言：使用 BeanShell 脚本执行检查。

8.13.1　响应断言

响应断言可以对响应体、响应头等实现包含、匹配、相等、字符串等模式匹配实现断言，其界面如图 8-81 所示。

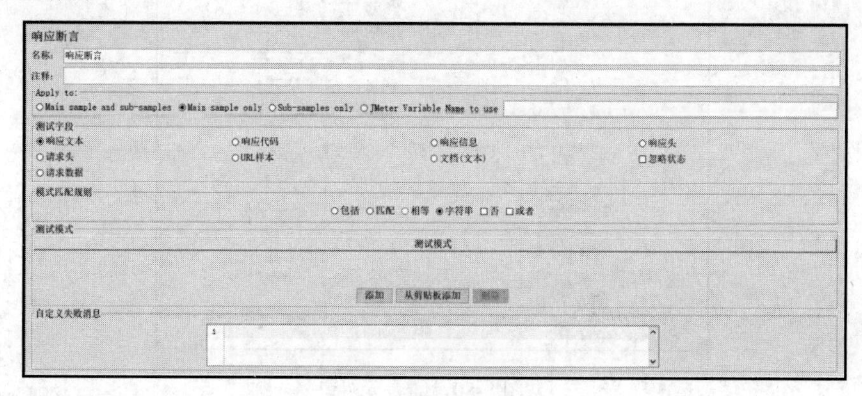

图 8-81　响应断言元件

响应断言元件界面说明：

- Apply to：用于限制断言在请求的范围，表示在主请求或重定向请求（子请求）或变量的值中添加断言。
    - ◆ Main sample and sub-samples：主请求和子请求中都应用。
    - ◆ Main sample only：只在主请求中应用。
    - ◆ Sub-samples only：只在子请求中应用。
    - ◆ JMeter Variable Name to use：提取应用于指定变量的内容。
- 测试字段设置项用于限制断言响应结果的范围。可选值有响应文本、响应代码、响应信息、响应头、请求头、URL 样本、文档（文本）、忽略状态、请求数据。
- 模式匹配规则设置项用于设置断言的类型。可选值有包括、匹配、相等、字符串、否、或者。字符串选项英文名是 Substring，判断返回的结果中包括指定的字符串，且区分大小写。
- 测试模式即预期值，可添加多项，每一项都会被验证。
- 自定义失败信息是在断言失败时，发送的信息。

例如，访问 httpbin 网站首页，判断响应文档中含有“httpbin.org”内容。具体操作如下：

步骤01 新建 JMeter 文件。新建一个 JMeter 文件，重命名为“响应断言样例”。

步骤02 添加线程组。在“响应断言样例”节点下添加一个“线程组”元件。

步骤03 添加 HTTP 请求取样器。在“线程组”节点下添加一个“HTTP 请求”元件，重命名为“访问 httpbin 网站”。【协议】填写 HTTP；【服务器名称或 IP】填写 httpbin.org;【请求方式】选择 GET。

步骤04 添加响应断言。在“访问 httpbin 网站”节点下添加一个“响应断言”，重命名为“成功的断言”。测试字段下勾选【文档（文本）】；模式匹配规则下勾选【字符串】；【测试模式】下添加一个值，填写“httpbin.org”。

步骤05 添加失败的响应断言。在“访问 httpbin 网站”节点下右键单击，选择【复写】（即复制和粘贴）选项，将其下的断言元件重命名为“失败的断言”。【测试模式】的值修改为“失败的断言”。

步骤06 添加监听器。在“线程组”节点上右击，然后依次选择添加→监听器→查看结果树。

步骤07 执行脚本并查看结果。脚本执行完成后在“查看结果树”节点中查看响应数据，结果如图 8-82 所示。

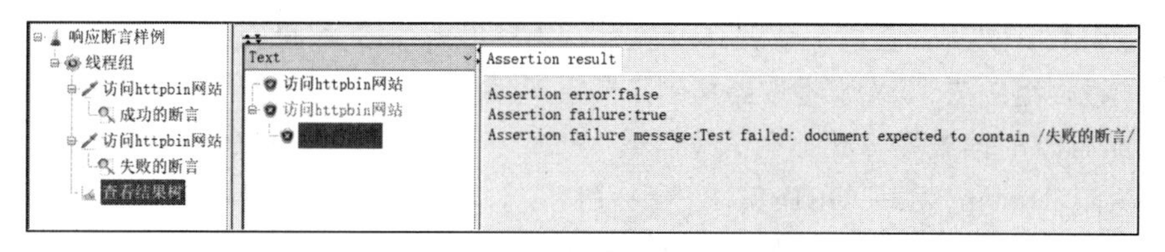

图 8-82　响应断言样例执行结果

从响应结果中可以看到，一个绿色的响应和一个红色响应，绿色表示成功，通过；红色表示失败。在响应列表的“失败的断言”中可以看到一句“Assertion failure message:Test failed: document expected to contain /失败的断言/”，意思是文档中不包含预期内容“失败的断言”。

8.13.2　JSON 断言

JSON 断言用于对 JSON 文档内容进行断言，其界面如图 8-83 所示。

JSON断言
名称：JSON断言
注释：
Assert JSON Path exists:
Additionally assert value
Match as regular expression
Expected Value:
Expect null
Invert assertion (will fail if above conditions met)

图 8-83　JSON 断言元件

JSON 断言元件界面说明：

- Assert JSON Path exists：判断 JSON Path 是否存在。
- Additionally assert value：添加断言值，当指定的 Path 存在时，勾选此复选框会判断匹配到的内容。
- Match as regular expression：使用正则表达式匹配。
- Expected Value：预期结果。如果勾选了【Match as regular expression】，则在此填写正则表达式，如果只勾选【Additionally assert value】复选框，而没有勾选【Match as regular expression】复选框，则在此填写具体的预期内容。
- Expected null：预期结果为空。
- Invert Assertion（will fail if above conditions met）：反向断言，勾选后，如果上面的条件都满足则判断为失败。

例如，请求表 8-1 中所示的 httpbin 网站 GET 接口，断言响应结果的 origin 字段值。具体操作如下：

步骤 01 新建 JMeter 文件。新建一个 JMeter 文件，重命名为"JSON 断言样例"。

步骤 02 添加线程组。在"JSON 提取器样例"节点下添加一个"线程组"元件。

步骤 03 添加 HTTP 请求取样器。在"线程组"节点下添加一个"HTTP 请求"元件，重命名为"访问 httpbin 网站 GET 请求"。【协议】填写 HTTP；【服务器名称或 IP】填写 httpbin.org;【请求方式】选择 GET；【路径】填写/get。

步骤 04 添加 JSON 断言。"访问 httpbin 网站 GET 请求"节点下添加一个"JSON 断言"。【Assert JSON Path exists】填写$.origin；勾选【 Additionally assert value】复选框，不勾选【Match as regular expression】复选框；【Expected Value】填写 123.138.89.130。

步骤 05 添加监听器。在"线程组"节点上右击，然后依次选择添加→监听器→查看结果树。

步骤 06 执行脚本并查看结果。脚本执行完成后，在"查看结果树"节点中查看响应数据，结果如图 8-84 所示。

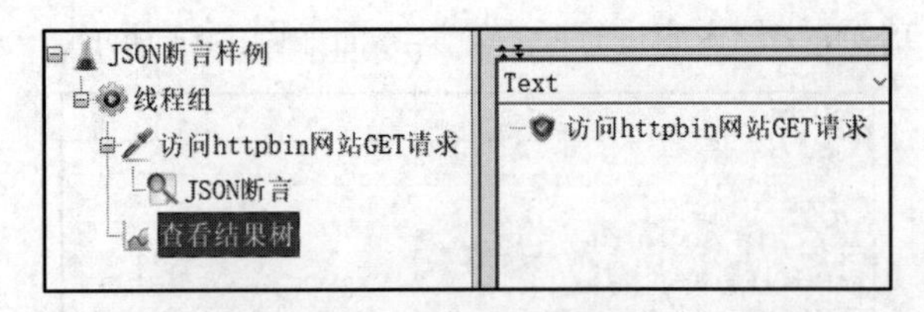

图 8-84　JSON 断言例执行结果

从响应结果中可以看到，响应列表的"访问 httpbin 网站 GET 请求"是绿色显示，表示断言成功。响应结果中 origin 值是 123.138.89.130。

8.13.3 XPath 断言

XPath 断言用于检查文档的格式是否正确，可以使用 DTD 或通过 Jtidy 验证。如果 XPath 存在，则断言结果为 true。其界面如图 8-85 所示。

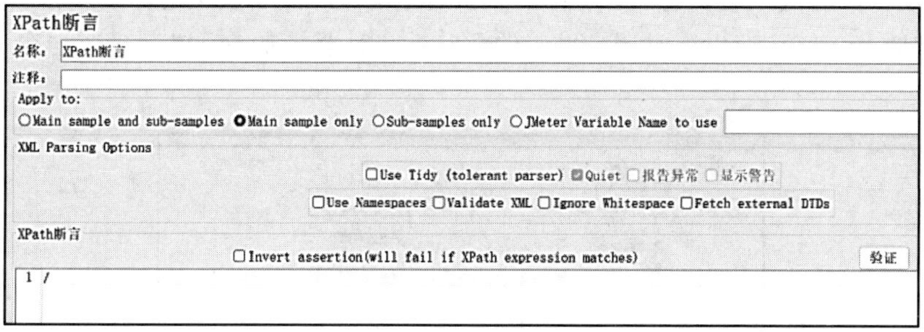

图 8-85 XPath 断言元件

界面中 Apply to 和 XML Parsing Options 字段参考 8.12.2 JSON 提取器一节。

界面中 XPath 断言下用以添加预期值，字段【Invert assertion】意为反转断言，即 XPath 表达式匹配则断言失败，反之断言成功。

例如，访问 httpbin 网站首页，使用 XPath 断言对响应 HTML 页面中 title 标签断言。具体操作如下：

步骤 01 新建 JMeter 文件。新建一个 JMeter 文件，重命名为"XPath 断言样例"。

步骤 02 添加线程组。在"JSON 提取器样例"节点下添加一个"线程组"元件。

步骤 03 添加 HTTP 请求取样器。在"线程组"节点下添加一个"HTTP 请求"元件，重命名为"访问 httpbin 网站 GET 请求"。【协议】填写 HTTP；【服务器名称或 IP】填写 httpbin.org;【请求方式】选择 GET；【路径】填写/get。

步骤 04 添加 XPath 断言。在"访问 httpbin 网站 GET 请求"节点下添加一个"XPath 断言"。勾选【Use Tidy】复选框；【XPath 断言】下填写//title。

步骤 05 添加监听器。在"线程组"节点上右击，然后依次选择添加→监听器→查看结果树。

步骤 06 执行脚本并查看结果。脚本执行完成后，在"查看结果树"节点中查看响应数据，结果如图 8-86 所示。

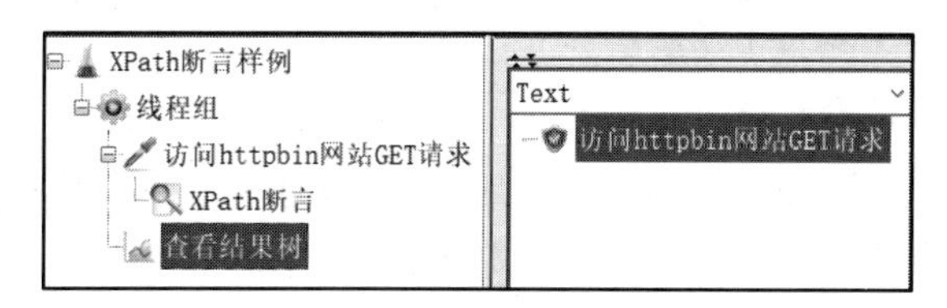

图 8-86 XPath 断言样例执行结果

从响应结果中可以看到，响应列表的"访问 httpbin 网站 GET 请求"是绿色显示，表示断言成功。

8.14 定　时　器

定时器也称思考时间，用于在脚本执行过程中添加等待时间，是性能测试中常用的控制客户端 QPS 的手段。在测试计划或线程组元件节点上右键单击，然后依次选择“添加→定时器”，可以看到固定定时器、统一随机定时器、准确的吞吐量定时器、常数吞吐量定时器等多个元件，如图 8-87 所示。

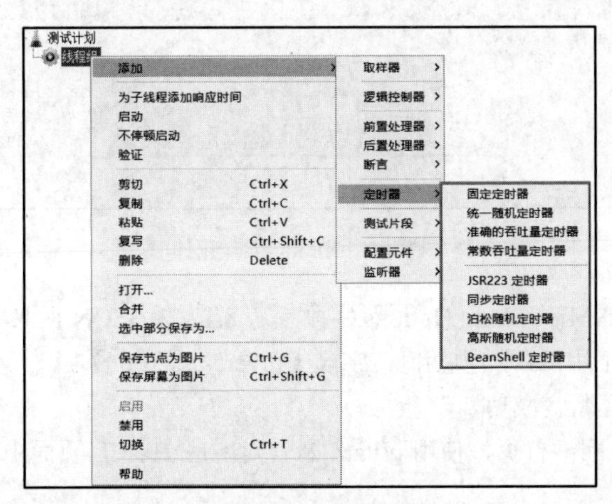

图 8-87　定时器元件

定时器各元件说明：

- 固定定时器：每个线程请求延迟的时间相同。
- 统一随机定时器：产生随机值的延迟时间，每个随机值出现的概率都是相等的。总延迟是随机值和偏移值的总和。
- 准确的吞吐量定时器：根据吞吐量做计时器，可以做到控制请求的速度和个数。
- 常数吞吐量定时器：以每分钟为单位按指定的吞吐量执行。计算吞吐量的依据是最后一次线程的执行时延。
- JSR223 定时器：使用 JSR223 脚本语言生成延迟。
- 同步定时器：用来设置集合点，实现并发。就是阻塞线程，直到达到某个线程数量后再同时释放，给服务器很大的瞬间压力，测试服务器的性能。
- 泊松随机定时器：随机延时值发生在一个特定的值，总的延时值呈现泊松分布。
- 高斯随机定时器：这个计时器用于将每个线程请求延迟一段随机的时间，大多数时间间隔都发生在特定值附近。总延迟是高斯分布值（平均值为 0.0，标准偏差为 1.0）乘以指定的偏差值和偏移值的总和。
- BeanShell 定时器：使用 BeanShell 脚本生成延迟。

8.14.1 固定定时器

固定定时器用于对每个线程请求延迟相同的时间，其界面如图 8-88 所示。

界面很简单，只有一个线程延迟设置项，用来添加取样器的延迟时间。

8.14.2 统一随机定时器

统一随机定时器可用来产生随机值的延迟时间，每个随机值出现的概率都是相等的。总延迟是随机值和偏移值的总和。其界面如图 8-89 所示。

图 8-88 固定定时器元件

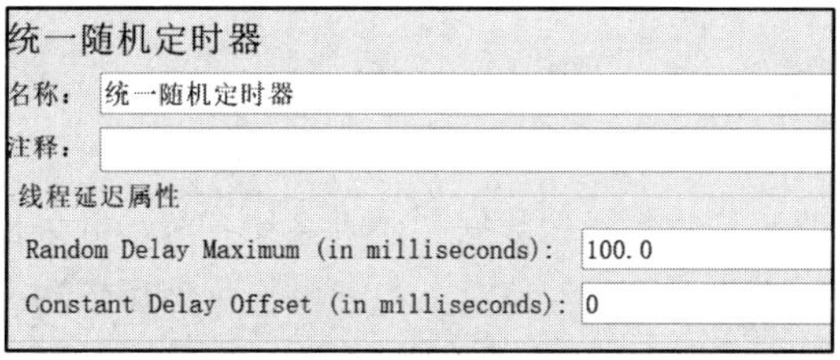

图 8-89 统一随机定时器元件

统一随机定时器界面有两个字段可以设置，Random Delay Maximum 和 Constant Delay Offset。【Random Delay Maximum】为延迟的最大随机数，单位为毫秒；【Constant Delay Offset】为固定延迟偏移时间，除了随机延迟之外添加的固定延迟时间，单位为毫秒。总延迟时间=Random Delay Maximum+Constant Delay Offset。

8.14.3 同步定时器

同步定时器用来设置集合点，用于实现并发。就是阻塞线程，直到达到某个线程数量后再同时释放，从而给服务器很大的瞬间压力，以测试服务器的性能。其界面如图 8-90 所示。

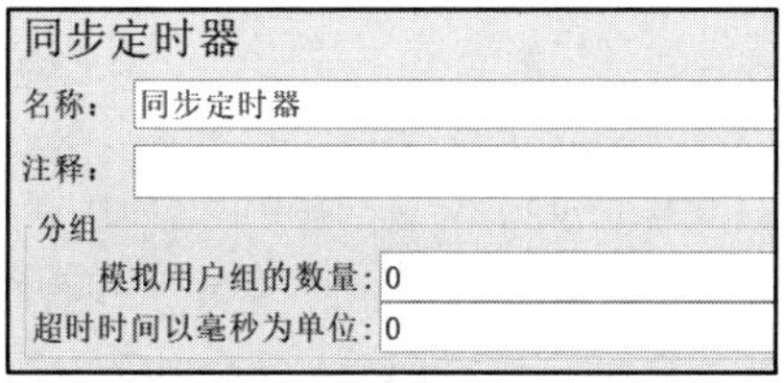

图 8-90 同步定时器元件

同步定时器界面有模拟用户组的数量和超时时间以毫秒为单位两个设置项。【模拟用户组的数量】为同时释放的线程数，值为 0 表示线程组中的线程数；【超时时间以毫秒为单位】为等待线程的超时时间，如果值为 0，定时器将等待线程数达到【模拟用户组的数量】字段设置的值。如果大于 0，计时器将在最大【超时时间以毫秒为单位】处等待线程数。如果在超时间隔之后，还没有达到等待的用户数，计时器将停止等待。

8.14.4 高斯随机定时器

高斯随机定时器将每个线程请求延迟一段随机的时间，大多数时间间隔都发生在特定值附近。总延迟是高斯分布值（平均值为 0.0，标准偏差为 1.0）乘以指定的偏差值和偏移值的总和。其界面如图 8-91 所示。

高斯随机定时器界面有偏差（毫秒）和固定延迟偏移（毫秒）两个设置项。【偏差（毫秒）】是偏差值，单位为毫秒；【固定延迟偏移（毫秒）】除了随机延迟之外添加的固定延迟时间，单位为毫秒。

8.15 监 听 器

监听器用于收集测试数据和监听系统资源，并以图形、结果树、聚合报告、表格等形式展示。在测试计划或线程组元件节点上右键单击，然后依次选择“添加→定时器”，可以看到查看结果树、汇总报告、聚合报告、后端监听器、JSR223 监听器等多个元件，如图 8-92 所示。

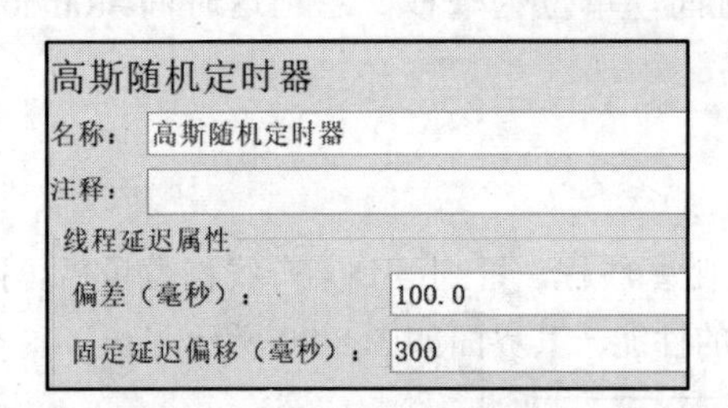

图 8-91 高斯随机定时器元件

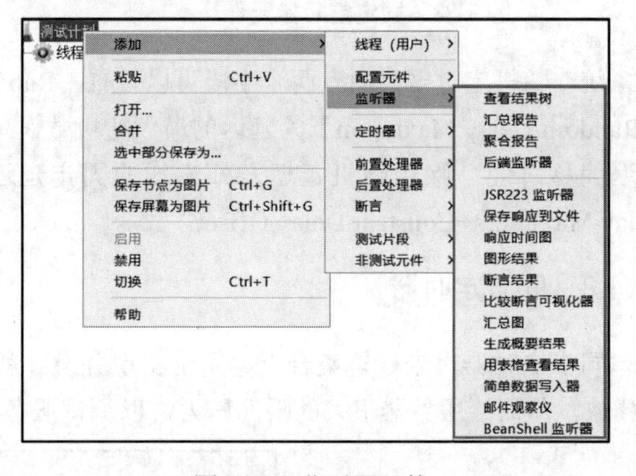

图 8-92 监听器元件

监听器元件说明：

- 查看结果树：以树结构显示所有取样器，在此可以看到取样器的请求、响应、耗时等内容。由于它会消耗大量资源（内存和 CPU），因此在性能测试时使用较少。
- 汇总报告：将不同名称的请求分别记录一条数据。与“聚合报告”类似，但是该元件内存消耗较少。
- 聚合报告：将不同名称的请求分别记录一条数据。每条数据都将响应信息进行汇总，提供请求数、最小值、最大值、平均值、错误率、吞吐量、接收率（KB/sec）和发送率（KB/sec）等。
- 后端监听器：一个异步监听器，通过此监听器可以将数据写入 InfluxDB。
- JSR223 监听器：使用 JSR223 脚本处理响应数据。

- 保存响应到文件：将其作用域内的每个取样器响应数据都保存到文件。
- 响应时间图：以折线图形式显示每个取样器请求的响应时间变化。如果取样器在同一时间存在多个请求，则取平均值。
- 图形结果：用于生成一个简单的图，图中绘制出了所有取样器消耗的时间。
- 断言结果：显示每个取样器的断言结果，由于它会消耗大量资源（内存和 CPU），因此在性能测试时较少使用。
- 比较断言可视化器：显示任何比较断言元件的结果。
- 汇总图：与聚合报告类似，汇总图可以生成条形图并保存成 PNG 文件。
- 生成概要结果：将到当前为止的脚本产生的摘要，生成日志文件并输出。
- 用表格查看结果：每一次请求记录一条数据，内存开销非常大。
- 简单数据写入器：将结果记录到文件中，但不能记录到界面中。目的是通过消除 GUI 开销来提供一种高效的数据记录方式。
- 邮件观察仪：如果出现了太多错误的响应，则可使用该元件发送邮件。
- BeanShell 监听器：使用 BeanShell 脚本处理响应数据。

8.15.1 查看结果树

查看结果树元件是以树形式展示取样器的响应，可以看到取样器请求和响应的细节，包括消息头、请求数据、响应头、响应数据。数据记录结果如图 8-93 所示。

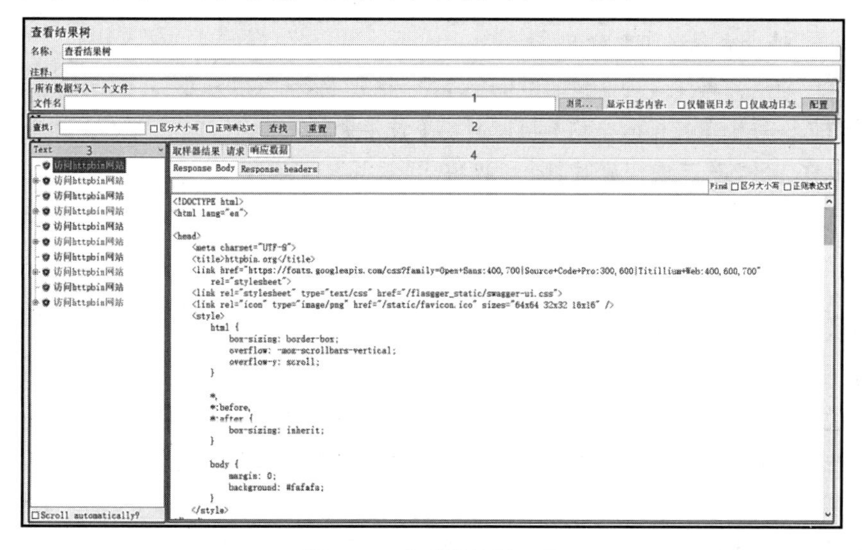

图 8-93　查看结果树元件

界面可分为 4 部分，分别是所有数据写入一个文件（图 8-93 标记 1 处）、查找（图 8-93 标记 2 处）、响应列表（图 8-93 标记 3 处）和响应数据（图 8-93 标记 4 处）。在所有数据写入一个文件下的【文件名】输入框中输入文件路径后，会将所有的响应数据写入到文件，后面的【配置】按钮可用来设置保存的文件类型；查找用来检索响应内容，支持正则表达式；响应列表展示按照请求的先后顺序展示所有的请求，单击响应列表区域顶部的下拉列表可切换响应数据的展示方式，包括 HTML 展示、JSON 展示、JSON 路径测试、CSS 选择器测试等；响应数据区域用来根据选择的请求展示对应的请求和响应数据。

8.15.2 聚合报告

聚合报告元件是将不同名称的请求分别记录一条数据。每条数据都将响应信息进行汇总，提供样本数、最小值、最大值、平均值、异常率、吞吐量、接收率（KB/sec）和发送率（KB/sec）等。数据记录结果如图 8-94 所示。

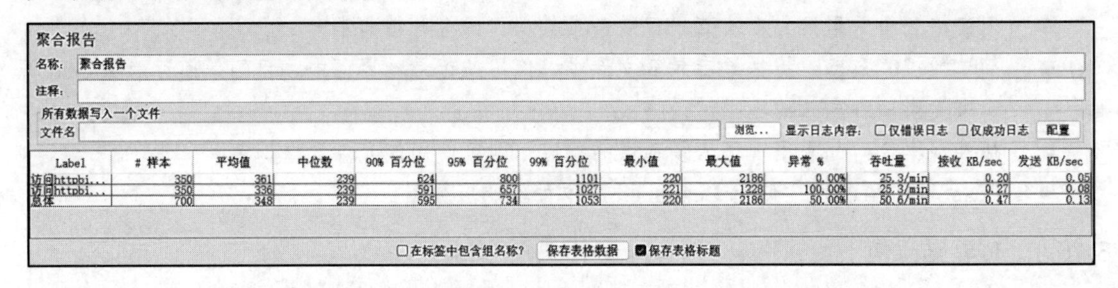

Label	# 样本	平均值	中位数	90% 百分位	95% 百分位	99% 百分位	最小值	最大值	异常 %	吞吐量	接收 KB/sec	发送 KB/sec
访问httpbi...	350	361	239	624	800	1101	220	2186	0.00%	25.3/min	0.20	0.05
访问httpbi...	350	336	239	591	657	1027	221	1228	100.00%	25.3/min	0.27	0.08
总体	700	348	239	595	734	1053	220	2186	50.00%	50.6/min	0.47	0.13

图 8-94　聚合报告元件

聚合报告元件说明：

- Label：请求名称，即取样器名称。
- 样本：向服务器发送的总请求数，样本数=迭代数×虚拟用户数。
- 平均值：每个取样器的平均响应时间，单位是毫秒。
- 中位数：50%用户的响应时间小于该值。
- 90%百分位：90%用户的响应时间小于该值，值越小表示接口响应越快，服务器性能越好。
- 95%百分位：95%用户的响应时间小于该值。
- 99%百分位：99%用户的响应时间小于该值。
- 最小值：最小的响应时间。
- 最大值：最大的响应时间。
- 异常率：异常指标，异常率=错误请求的数量/请求的总数。
- 吞吐量：每秒完成的请求数，该值越大，表示服务器每秒处理的请求数越多，服务器性能越好。
- 接收率（KB/sec）：每秒从服务器接收到的数据量。
- 发送率（KB/sec）：每秒发送到服务器的数据量。

从聚合报告中可以看到，名称相同的取样器和总体统计的各类数据，便于使用者快速得到需要的数据。

8.15.3　响应时间图

响应时间图元件是以折线图形式显示每个取样器请求的响应时间变化。如果取样器在同一时间存在多个请求，则取平均值。数据记录结果如图 8-95 所示。

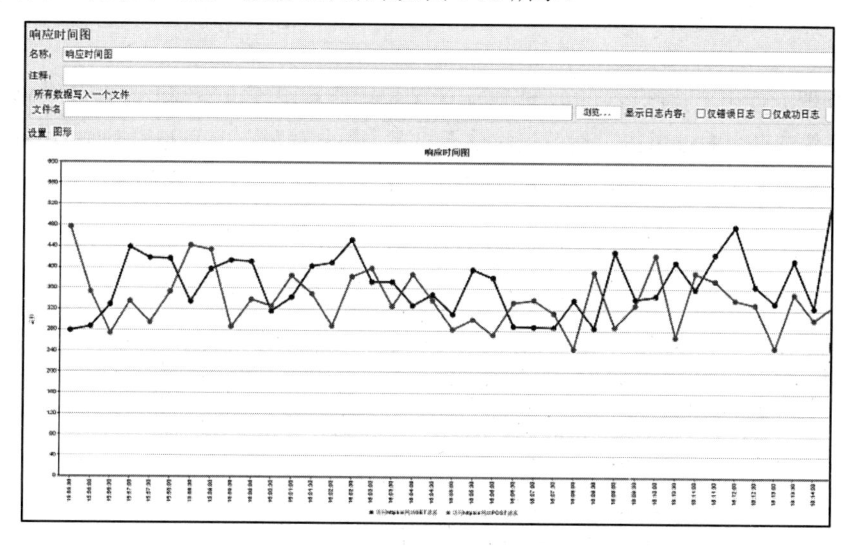

图 8-95　响应时间图元件

响应时间图会记录每个取样器不同时间的响应时间，并以折现图的形式展示响应时间的走势。

8.15.4　断言结果

断言结果元件显示每个取样器的断言结果，由于它会消耗大量的资源（内存和 CPU），因此在性能测试时较少使用。该元件数据记录结果如图 8-96 所示。

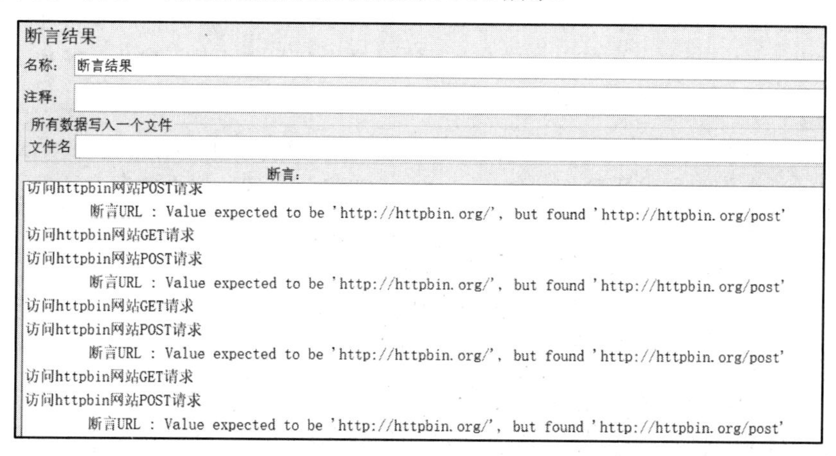

图 8-96　断言结果元件

断言结果元件会记录每一次请求的断言情况，如果断言成功则只显示取样器名称，如果断言失败则会在对应取样器名称下记录失败的断言，并显示期望值和实际值。

8.16 逻辑控制器

逻辑控制器元件用于控制取样器发送请求的逻辑顺序和组织可控制取样器的节点。在测试计划或线程组元件节点上右键单击，然后依次选择“添加→定时器”，可以看到 IF 控制器、事务控制器、循环控制器、While 控制器、ForEach 控制器等多个元件，如图 8-97 所示。

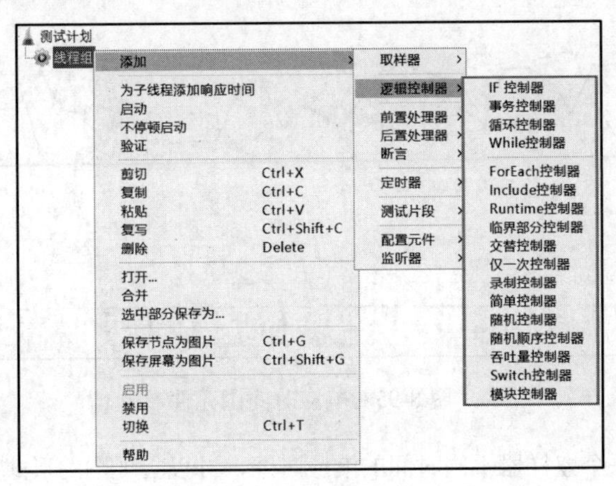

图 8-97　逻辑控制器元件

逻辑控制器元件说明：

- IF 控制器：通过一定的条件判定其下子节点是否执行。
- 事务控制器：生成一个额外的取样器来测量该控制器下节点运行的总时间。
- 循环控制器：其下取样器或逻辑控制器会循环执行指定次数。脚本执行中，其下取样器或逻辑控制器实际寻找的总次数=循环控制器次数 x 线程组的循环次数。
- While 控制器：循环执行其下的子节点元件，直到条件为 False。
- ForEach 控制器：遍历循环控制器，通过一组相关变量的值进行循环，其下取样器或控制器都会执行一次或多次，在每个循环期间，变量都是一个新值。
- Include 控制器：包含控制器，用来引用外部 JMX 文件，从而实现多个测试计划组合。
- Runtime 控制器：控制其子控制器和取样器的运行时间。
- 临界部分控制器：确保其下取样器和控制器被执行，即只有一个线程作为一个锁。
- 交替控制器：每次循环中，其下子控制器和取样器会交替执行。
- 仅一次控制器：多线程执行时，其下子控制器和取样器只执行一次。
- 录制控制器：在测试执行期间记录数据，生成带有数据的取样器。
- 简单控制器：用来组织取样器和其他逻辑控制器，对取样器和逻辑控制器在结构上实现分组或分类。

- 随机控制器：类似于交替控制器，但该控制器不是按顺序依次执行子控制器和取样器，而是随机选择一个。
- 随机顺序控制器：该控制器下子控制器和取样器最多执行一次，但执行顺序是随机的。
- 吞吐量控制器：允许用户控制子控制器和取样器的执行频率。
- Switch 控制器：通过指定子节点的索引或名称来运行某个具体的取样器和控制器。
- 模块控制器：用于跳转到选定的控制器位置，并执行对应的控制器。

8.16.1 IF 控制器

IF 控制器元件是通过一定的条件判定其下的子节点是否执行，其界面如图 8-98 所示。

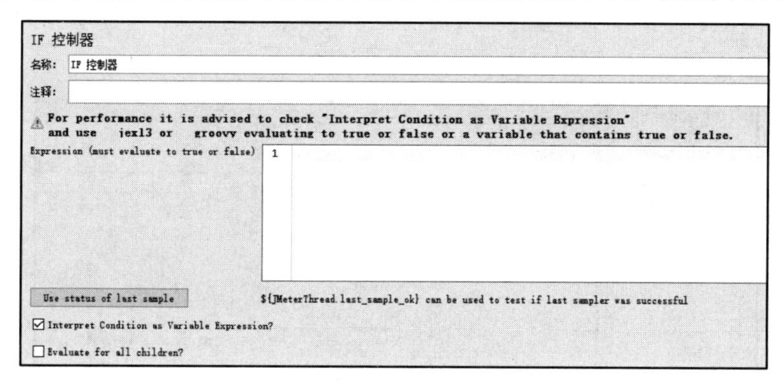

图 8-98 IF 控制器元件

IF 控制器元件界面中的字段说明：

- Expression (must evaluate to true or false)：条件表达式，表达式结果必须是 True 或 False。
- Use status of last sample：使用上一个取样器的结果，即上一个取样器执行成功后，才执行 IF 控制器下的子项。
- Interpret Condition as Variable Expression?：将条件解释为变量表达式，需要使用__jexl3 或者__groovy 表达式（示例：${__jexl3(${VAR} > 100)}），此项默认为勾选。
- Evaluate for all children?：条件作用于每个子节点，默认不勾选，仅在 IF Controller 入口处判断一次。

例如，访问表 8-1 中的 GET 接口并添加参数 name=tynam，当返回结果中 name 参数的值是 tynam 时，则继续访问表 8-1 中的 POST 接口。具体操作如下：

步骤 01 新建 JMeter 文件。新建一个 JMeter 文件，重命名为“IF 控制器样例”。

步骤 02 添加线程组。在“IF 控制器样例”节点下添加一个“线程组”元件。

步骤 03 添加 HTTP 请求取样器。在“线程组”节点下添加一个“HTTP 请求”元件，重命名为“GET 请求”。【协议】填写 HTTP；【服务器名称或 IP】填写 httpbin.org;【请求方式】

选择 GET；【路径】填写/get；【参数】下添加一个参数，【名称】填写 name，【值】填写 tynam。

步骤 04 添加 JSON 提取器。在"GET 请求"节点下添加一个"JSON 取样器"元件，【Names of created variables】填写 name；【JSON Path expressions】填写$.args.name。

步骤 05 添加 IF 控制器。在"线程组"节点上右击，然后依次选择添加→逻辑控制器→IF 控制器。【Expression (must evaluate to true or false)】填写${__jexl3("${name}" == "tynam")}。

步骤 06 添加 HTTP 请求取样器。"IF 控制器"节点下添加一个"HTTP 请求"元件，重命名为"POST 请求"。【协议】填写 HTTP；【服务器名称或 IP】填写 httpbin.org;【请求方式】选择 POST；【路径】填写/post。

步骤 07 添加监听器。在"线程组"节点下添加一个查看结果树监听器。

步骤 08 执行脚本并查看结果。脚本执行完成后，在"查看结果树"节点中查看结果，如图 8-99 所示。

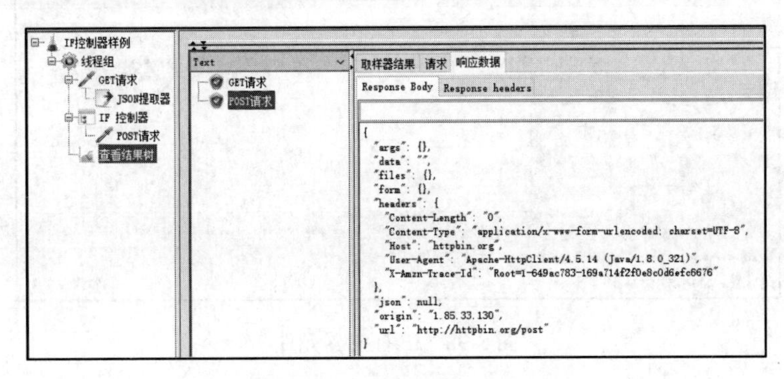

图 8-99　IF 控制器样例执行结果

从结果中可以看到，POST 请求成功访问，说明 IF 控制器中表达式结果为真，执行了 IF 控制器下的节点。

8.16.2　循环控制器

循环控制器元件会使其下的取样器或逻辑控制器循环执行指定的次数。在脚本执行中，其下取样器或逻辑控制器实际执行的总次数=循环控制器次数 X 线程组的循环次数。其界面如图 8-100 所示。

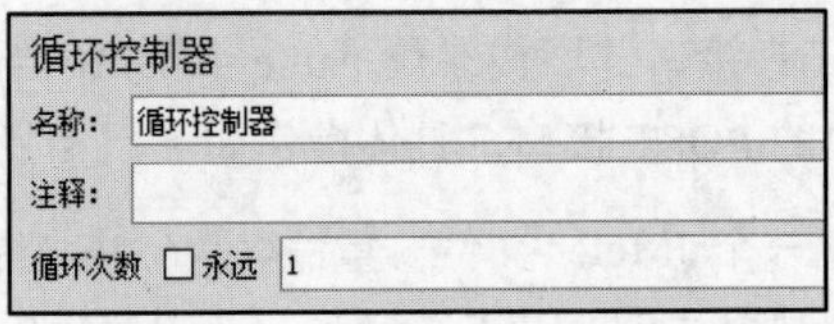

循环控制器
名称：循环控制器
注释：
循环次数 ☐ 永远 1

图 8-100　循环控制器元件

循环控制器元件界面只有一个设置字段【循环次数】，如果勾选【永远】复选框则会一直循环执行其下子节点，直到手动停止；如果填写的具体数字，则其下子节点循环执行指定的次数。

8.16.3 ForEach 控制器

ForEach 控制器元件是一个遍历循环控制器，通过一组相关变量的值进行循环，其下的取样器或控制器都会执行一次或多次，在每个循环期间，变量都是一个新值。其界面如图 8-101 所示。

ForEach 控制器元件界面中的字段说明：

- 输入变量前缀：需要遍历的一组数据的前缀。
- 开始循环字段（不包含）：循环一组数据的开始位置，数组中的第一个值位置是 0。
- 结束循环字段（含）：循环结束位置，如果设置的数值大于输入变量的数量，则循环只执行输入变量数量的次数。
- 输出变量名称：ForEach 循环下使用的变量名。
- 数字之前加上下画线“_”?：输入变量前缀与后缀使用下画线“_”连接。

例如，有一组变量 user_1=tynam01、user_2=tynam02、user_3=tynam03，使用 ForEach 控制器从开始循环字段 1 取值至结束循环字段 4 结束。具体操作如下：

步骤 01 新建 JMeter 文件。新建一个 JMeter 文件，测试计划重命名为“ForEach 控制器样例”。其下添加一组变量 user_1=tynam01、user_2=tynam02、user_3=tynam03。

步骤 02 添加线程组。在“ForEach 控制器样例”节点下添加一个“线程组”元件。

步骤 03 添加 ForEach 控制器。在“线程组”节点上右键单击，然后依次选择“添加→逻辑控制器→ForEach 控制器”。【输入变量前缀】填写 user；【开始循环字段（不包含）】填写 1；【结束循环字段（含）】填写 4；【输出变量名称】name。

步骤 04 添加调试取样器。在“ForEach 控制器”节点下添加一个“调试取样器”元件，重命名为 ${name}。

步骤 05 添加监听器。在“线程组”节点下添加一个查看结果树监听器。

步骤 06 执行脚本并查看结果。脚本执行完成后，在“查看结果树”节点中查看结果，如图 8-102 所示。

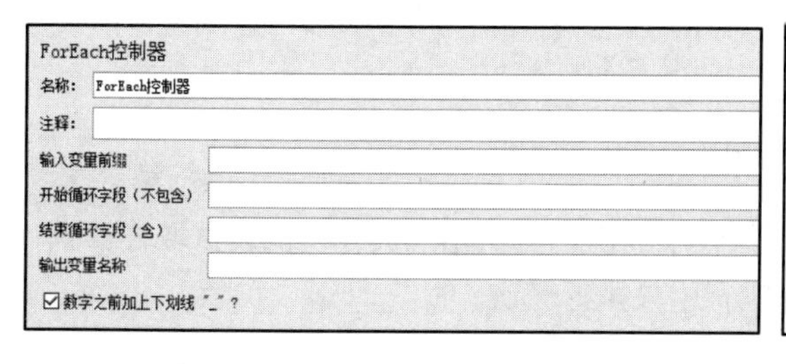

图 8-101　ForEach 控制器元件

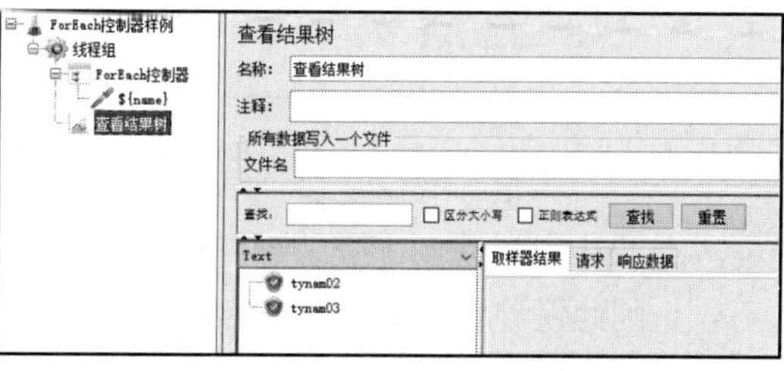

图 8-102　ForEach 控制器样例执行结果

从结果中可以看到，ForEach 控制器节点下调试取样器获取到的结果是 tynam02、tynam03。因为开始循环字段是 1，所以从变量组的第二个值开始提取；结束循环字段是 4，大于变量组数量，则循环只执行到变量结束。

8.16.4 仅一次控制器

仅一次控制器元件在多线程执行时，其下子控制器和取样器只执行一次。例如，系统测试时只需要登录一次，就可以操作系统中的其他功能。下面使用仅一次控制器实现登录系统一次后，多次循环操作系统的其他功能。

步骤01 新建 JMeter 文件。新建一个 JMeter 文件，测试计划重命名为“仅一次控制器样例”。

步骤02 添加线程组。在“仅一次控制器样例”节点下添加一个“线程组”元件。【循环次数】填写 5。

步骤03 添加仅一次控制器。在“线程组”节点上右击，然后依次选择“添加→逻辑控制器→仅一次控制器”。

步骤04 添加调试取样器。在“仅一次控制器”节点下添加一个“调试取样器”元件，重命名为“登录系统”。

步骤05 添加调试取样器。在“线程组”节点下添加一个“调试取样器”元件，重命名为“测试系统其他功能”。

步骤06 添加监听器。在“线程组”节点下添加一个查看结果树监听器。

步骤07 执行脚本并查看结果。脚本执行完成后，在“查看结果树”节点中查看结果，如图 8-103 所示。

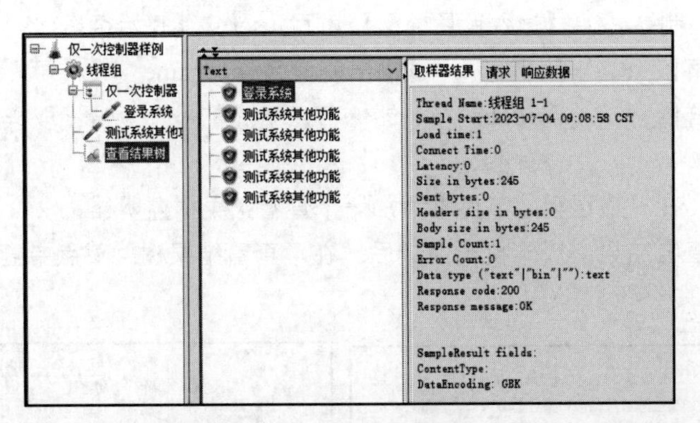

图 8-103　仅一次控制器样例执行结果

从结果中可以看到，登录系统调试取样器只执行了一次，测试系统其他功能调试取样器执行了五次，因此仅一次控制器下的子节点在多线程执行中只执行一次。

8.17　作用域和执行顺序

每一个组件下都有若干功能相近的元件，多种元件相互作用构成了层级鲜明的目录树，一个目录数就是一个测试脚本。测试脚本的执行顺序由目录树结构和元件类型决定，其中目录树中最高层是测试计划节点，也是脚本执行的入口，一个测试脚本只有一个测试计划节点，测试计划的作用域也是最大的，其下变量、引入的 jar 包可在所有元件中使用。其次就是线程组，用来模拟虚拟用户。JMeter 中除测试计划和线程组外，还有取样器、逻辑控制器、配置元件、前置处理器、后置处理器、定时器、断言、监听器共八个组件，这八个组件的作用范围是不同的，详细说明如下：

- 取样器：用于发送请求，不与其他元件发生交互关系。没有作用域或者说作用域只限于自己。
- 逻辑控制器：用来控制取样器的执行顺序，只对其子节点的取样器和逻辑控制器有效。
- 配置元件：用于提供对静态数据配置的支持，如果父节点是取样器则只对其父子节点有效，否则对其所在父节点下所有子孙节点的元件有效。
- 前置处理器：如果父节点是取样器则只对其父子节点有效，否则对其所在父节点下所有子孙节点中每一个取样器都有效，并在取样器运行前执行。
- 后置处理器：如果父节点是取样器则只对其父子节点有效，否则对其所在父节点下所有子孙节点中每一个取样器都有效，并在取样器运行后执行。
- 定时器：如果父节点是取样器则只对其父子节点有效，否则对其所在父节点下所有子孙节点中每一个取样器都有效。
- 断言：如果父节点是取样器则只对其父子节点有效，否则对其所在父节点下所有子孙节点中每一个取样器都有效，并对取样器响应结果进行验证。
- 监听器：如果父节点是取样器则只对其父子节点有效，否则对其所在父节点下所有子孙节点中每一个取样器都有效，并采集每一个取样器信息并将结果绘制出来。

以上说明了单个元件的作用域，如果同一节点下有多个不同类型的元件，脚本该按照怎样的顺序执行呢？在 JMeter 工具中，元件的执行遵循“配置元件→前置处理器→定时器→取样器→后置处理器→断言→监听器”的顺序依次执行，如果有多个同类型的元件，则将根据从上至下的原则执行。

8.18　插　　件

插件是 JMeter 工具的一个扩展，为 JMeter 实现定制化功能提供了可能。JMeter 允许用户使用 Java 语言开发自己的插件，对于熟悉 Java 语言的人员来说，开发一个 JMeter 插件是非常容易的事情。当然，JMeter 也提供了一些成熟的插件，在 JMeter 插件管理网站（https://jmeter-plugins.org/）可以看到可用的插件，包括插件信息、插件使用的统计信息等。

使用插件前需要先安装 JMeter 插件管理器，进入 JMeter 插件管理器下载页面（https://jmeter-plugins.org/install/Install/）下载，下载完成后，会得到一个 jmeter-plugins-manager-1.9.jar 文件，将其移动到~/apache-jmeter-5.5/lib/ext 文件夹下。然后重启 JMeter 程序，重启后在【选项】菜单下会多出一个【Plugins Manager】选项（见图 8-104），单击可打开插件管理界面，如图 8-105 所示。

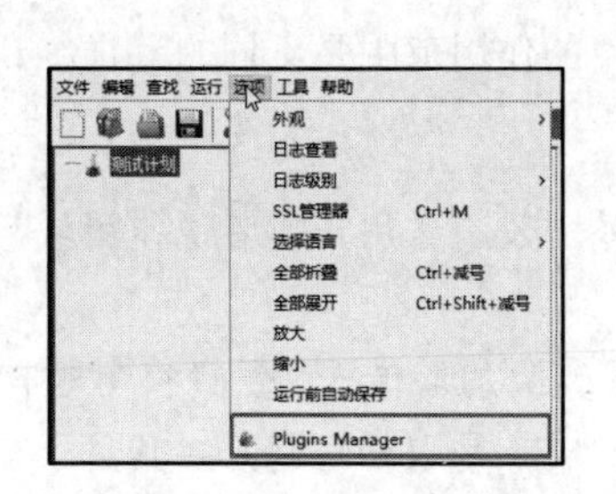

图 8-104　Plugins Manager 选项

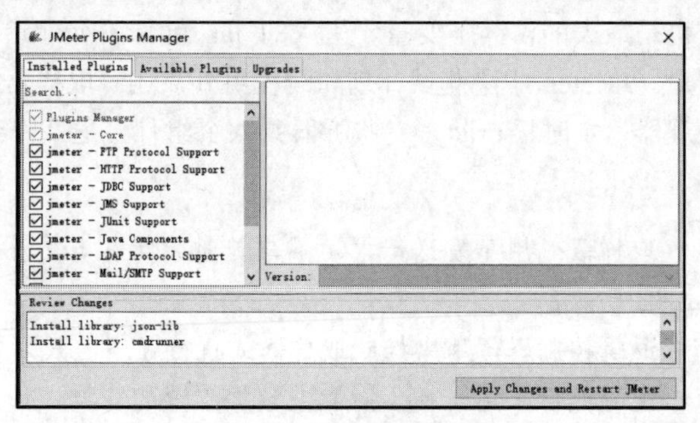

图 8-105　插件管理界面

插件管理界面一共有三个标签页，分别是 Installed Plugins（已安装插件）、Available Plugins（可用插件）、Upgrade（可更新插件）。Installed Plugins 是已经安装了的插件、Available Plugins 是可以使用但未安装的插件、Upgrade 是插件发布了新版本，可以更新的插件。

下面以 bzm-Concurrency Thread Group 阶梯式增压线程组插件为例，介绍插件的使用。首先，在插件管理界面的 Available Plugins 标签下搜索 Custom Thread Groups，勾选后单击右下角的【Apply Changes and Restart JMeter】复选框应用改变并重启 JMeter 按钮，如图 8-106 所示。

重启完成后，在线程组下可以看到多出了 bzm-Arrivals Thread Group、bzm-Concurrency Thread Group、bzm-Free-Form Arrivals Thread Group、jp@gc-Stepping Thread Group（deprecated）、jp@gc-Ultimate Thread Group 共计五个元件，如图 8-107 所示。操作和普通的元件使用是相同的。

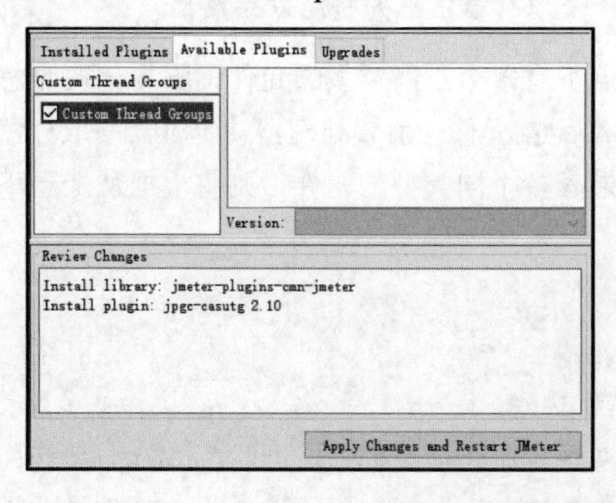

图 8-106　安装 Custom Thread Groups

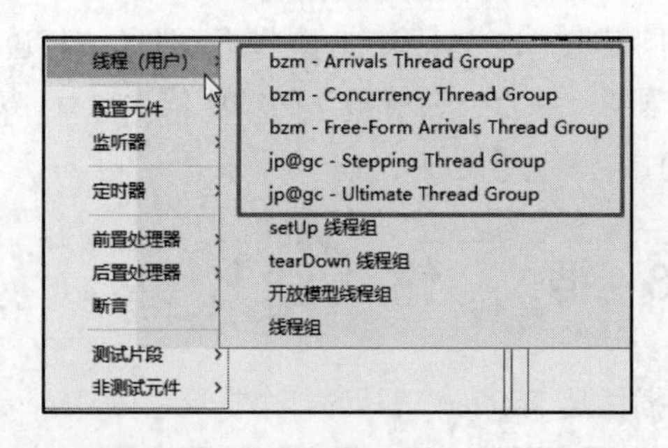

图 8-107　Custom Thread Groups 元件

接下来通过一个简单示例，学习 bzm-Concurrency Thread Group 阶梯式增压线程组的作用。

步骤 01 新建 JMeter 文件。新建一个 JMeter 文件，测试计划重命名为“阶梯式增压线程组样例”。

步骤 02 添加阶梯式增压线程组。在“阶梯式增压线程组样例”节点下添加一个“bzm-Concurrency Thread Group”元件，界面字段介绍如下：

- Target Concurrency：目标并发数。
- Ramp Up Time：启动时间，目标并发数在指定分钟内全部启动。
- Ramp-Up Steps Count：启动阶梯数。目标并发数在指定的启动时间内分指定的阶梯数启动，即加压。每个阶梯的并发数就是目标并发数/阶梯数。
- Hold Target Rate Time：持续运行时间。并发数达到后，持续运行的时间。
- Time Unit：时间单位，可选值为分钟和秒。
- Thread Iterations Limit：限制线程迭代数，默认为空，即不做限制。
- Log Threads Status into File：将线程状态保存到文件中。

例如，【Target Concurrency】填写 18；【Ramp Up Time】填写 3；【Ramp-Up Steps Count】填写 6；【Hold Target Rate Time】填写 2。在 Concurrent Threads 图表中展示出设置的加压线图，如图 8-108 所示。

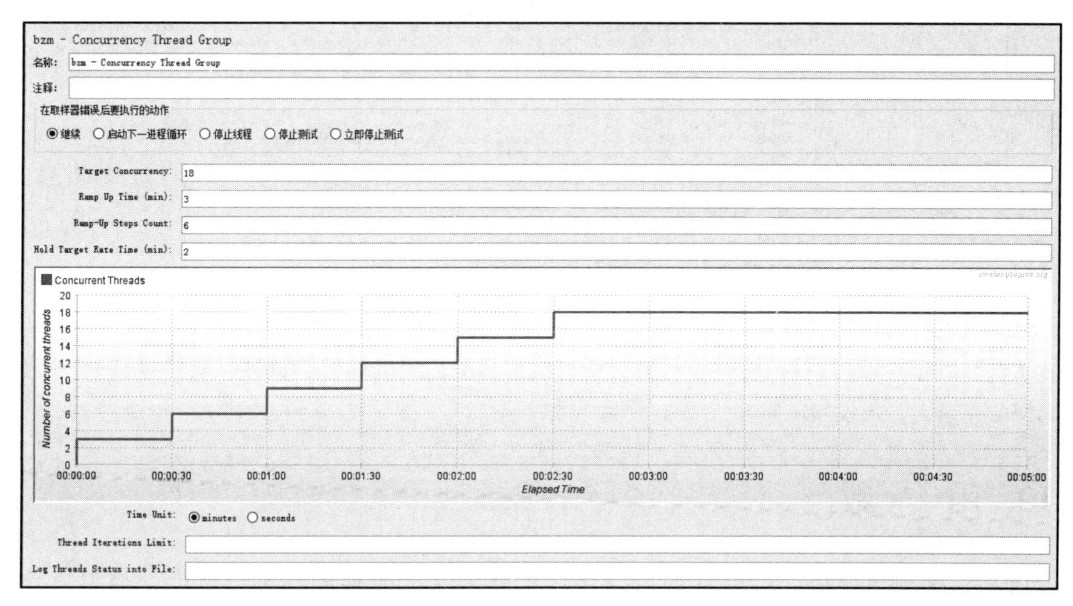

图 8-108　bzm-Concurrency Thread Group 元件

步骤 03 添加 HTTP 请求取样器。在“bzm-Concurrency Thread Group”节点下添加一个“HTTP 请求”元件，重命名为“访问 httpbin 网站 GET 请求”。【协议】填写 HTTP；【服务器名称或 IP】填写 httpbin.org;【请求方式】选择 GET；【路径】填写/get。

步骤 04 打开查看日志。从菜单栏中依次选择【选项】→【日志查看】，打开日志界面。

步骤 05 执行脚本并查看日志。结果如图 8-109 所示。

```
阶梯式增压线程组样例
  bzm - Concurrency Thread Gr
    访问httpbin网站GET请求

10 2023-07-06 08:55:13,482 INFO o.a.j.t.JMeterThread: Thread started: bzm - Concurrency Thread Group-ThreadStarter 1-2
11 2023-07-06 08:55:13,482 INFO o.a.j.t.JMeterThread: Thread started: bzm - Concurrency Thread Group-ThreadStarter 1-1
12 2023-07-06 08:55:43,649 INFO o.a.j.t.JMeterThread: Thread started: bzm - Concurrency Thread Group-ThreadStarter 1-4
13 2023-07-06 08:55:43,652 INFO o.a.j.t.JMeterThread: Thread started: bzm - Concurrency Thread Group-ThreadStarter 1-5
14 2023-07-06 08:55:43,652 INFO o.a.j.t.JMeterThread: Thread started: bzm - Concurrency Thread Group-ThreadStarter 1-6
15 2023-07-06 08:56:13,894 INFO o.a.j.t.JMeterThread: Thread started: bzm - Concurrency Thread Group-ThreadStarter 1-7
16 2023-07-06 08:56:13,894 INFO o.a.j.t.JMeterThread: Thread started: bzm - Concurrency Thread Group-ThreadStarter 1-8
17 2023-07-06 08:56:13,895 INFO o.a.j.t.JMeterThread: Thread started: bzm - Concurrency Thread Group-ThreadStarter 1-9
18 2023-07-06 08:56:44,098 INFO o.a.j.t.JMeterThread: Thread started: bzm - Concurrency Thread Group-ThreadStarter 1-10
19 2023-07-06 08:56:44,098 INFO o.a.j.t.JMeterThread: Thread started: bzm - Concurrency Thread Group-ThreadStarter 1-11
20 2023-07-06 08:56:44,098 INFO o.a.j.t.JMeterThread: Thread started: bzm - Concurrency Thread Group-ThreadStarter 1-12
21 2023-07-06 08:57:14,307 INFO o.a.j.t.JMeterThread: Thread started: bzm - Concurrency Thread Group-ThreadStarter 1-13
22 2023-07-06 08:57:14,308 INFO o.a.j.t.JMeterThread: Thread started: bzm - Concurrency Thread Group-ThreadStarter 1-15
23 2023-07-06 08:57:14,308 INFO o.a.j.t.JMeterThread: Thread started: bzm - Concurrency Thread Group-ThreadStarter 1-14
24 2023-07-06 08:57:43,509 INFO o.a.j.t.JMeterThread: Thread started: bzm - Concurrency Thread Group-ThreadStarter 1-16
25 2023-07-06 08:57:43,509 INFO o.a.j.t.JMeterThread: Thread started: bzm - Concurrency Thread Group-ThreadStarter 1-18
26 2023-07-06 08:57:43,509 INFO o.a.j.t.JMeterThread: Thread started: bzm - Concurrency Thread Group-ThreadStarter 1-17
27 2023-07-06 09:00:13,538 INFO c.b.j.t.c.ConcurrencyThreadStarter: Done supplying threads
28 2023-07-06 09:00:13,584 INFO o.a.j.t.JMeterThread: Thread is done: bzm - Concurrency Thread Group-ThreadStarter 1-7
29 2023-07-06 09:00:13,585 INFO o.a.j.t.JMeterThread: Thread finished: bzm - Concurrency Thread Group-ThreadStarter 1-7
30 2023-07-06 09:00:13,608 INFO o.a.j.t.JMeterThread: Thread is done: bzm - Concurrency Thread Group-ThreadStarter 1-9
31 2023-07-06 09:00:13,608 INFO o.a.j.t.JMeterThread: Thread finished: bzm - Concurrency Thread Group-ThreadStarter 1-9
32 2023-07-06 09:00:13,626 INFO o.a.j.t.JMeterThread: Thread is done: bzm - Concurrency Thread Group-ThreadStarter 1-6
33 2023-07-06 09:00:13,626 INFO o.a.j.t.JMeterThread: Thread finished: bzm - Concurrency Thread Group-ThreadStarter 1-6
34 2023-07-06 09:00:13,627 INFO o.a.j.t.JMeterThread: Thread is done: bzm - Concurrency Thread Group-ThreadStarter 1-14
35 2023-07-06 09:00:13,627 INFO o.a.j.t.JMeterThread: Thread finished: bzm - Concurrency Thread Group-ThreadStarter 1-14
36 2023-07-06 09:00:13,674 INFO o.a.j.t.JMeterThread: Thread is done: bzm - Concurrency Thread Group-ThreadStarter 1-1
37 2023-07-06 09:00:13,674 INFO o.a.j.t.JMeterThread: Thread finished: bzm - Concurrency Thread Group-ThreadStarter 1-1
38 2023-07-06 09:00:13,684 INFO o.a.j.t.JMeterThread: Thread is done: bzm - Concurrency Thread Group-ThreadStarter 1-2
39 2023-07-06 09:00:13,684 INFO o.a.j.t.JMeterThread: Thread finished: bzm - Concurrency Thread Group-ThreadStarter 1-2
40 2023-07-06 09:00:13,777 INFO o.a.j.t.JMeterThread: Thread is done: bzm - Concurrency Thread Group-ThreadStarter 1-5
41 2023-07-06 09:00:13,777 INFO o.a.j.t.JMeterThread: Thread finished: bzm - Concurrency Thread Group-ThreadStarter 1-5
42 2023-07-06 09:00:13,862 INFO o.a.j.t.JMeterThread: Thread is done: bzm - Concurrency Thread Group-ThreadStarter 1-10
43 2023-07-06 09:00:13,862 INFO o.a.j.t.JMeterThread: Thread finished: bzm - Concurrency Thread Group-ThreadStarter 1-10
44 2023-07-06 09:00:13,993 INFO o.a.j.t.JMeterThread: Thread is done: bzm - Concurrency Thread Group-ThreadStarter 1-12
45 2023-07-06 09:00:13,993 INFO o.a.j.t.JMeterThread: Thread finished: bzm - Concurrency Thread Group-ThreadStarter 1-12
46 2023-07-06 09:00:14,079 INFO o.a.j.t.JMeterThread: Thread is done: bzm - Concurrency Thread Group-ThreadStarter 1-13
47 2023-07-06 09:00:14,079 INFO o.a.j.t.JMeterThread: Thread finished: bzm - Concurrency Thread Group-ThreadStarter 1-13
48 2023-07-06 09:00:14,507 INFO o.a.j.t.JMeterThread: Thread is done: bzm - Concurrency Thread Group-ThreadStarter 1-3
49 2023-07-06 09:00:14,507 INFO o.a.j.t.JMeterThread: Thread finished: bzm - Concurrency Thread Group-ThreadStarter 1-3
50 2023-07-06 09:00:14,513 INFO o.a.j.t.JMeterThread: Thread is done: bzm - Concurrency Thread Group-ThreadStarter 1-11
51 2023-07-06 09:00:14,513 INFO o.a.j.t.JMeterThread: Thread finished: bzm - Concurrency Thread Group-ThreadStarter 1-11
52 2023-07-06 09:00:14,537 INFO o.a.j.t.JMeterThread: Thread is done: bzm - Concurrency Thread Group-ThreadStarter 1-16
53 2023-07-06 09:00:14,537 INFO o.a.j.t.JMeterThread: Thread finished: bzm - Concurrency Thread Group-ThreadStarter 1-16
54 2023-07-06 09:00:15,052 INFO o.a.j.t.JMeterThread: Thread is done: bzm - Concurrency Thread Group-ThreadStarter 1-4
55 2023-07-06 09:00:15,052 INFO o.a.j.t.JMeterThread: Thread finished: bzm - Concurrency Thread Group-ThreadStarter 1-4
56 2023-07-06 09:00:15,699 INFO o.a.j.t.JMeterThread: Thread is done: bzm - Concurrency Thread Group-ThreadStarter 1-18
57 2023-07-06 09:00:15,699 INFO o.a.j.t.JMeterThread: Thread finished: bzm - Concurrency Thread Group-ThreadStarter 1-18
58 2023-07-06 09:00:19,306 INFO o.a.j.t.JMeterThread: Thread is done: bzm - Concurrency Thread Group-ThreadStarter 1-17
59 2023-07-06 09:00:19,306 INFO o.a.j.t.JMeterThread: Thread finished: bzm - Concurrency Thread Group-ThreadStarter 1-17
60 2023-07-06 09:00:23,125 INFO o.a.j.t.JMeterThread: Thread is done: bzm - Concurrency Thread Group-ThreadStarter 1-15
61 2023-07-06 09:00:23,125 INFO o.a.j.t.JMeterThread: Thread finished: bzm - Concurrency Thread Group-ThreadStarter 1-15
62 2023-07-06 09:00:27,900 INFO o.a.j.t.JMeterThread: Thread is done: bzm - Concurrency Thread Group-ThreadStarter 1-8
63 2023-07-06 09:00:27,900 INFO o.a.j.t.JMeterThread: Thread finished: bzm - Concurrency Thread Group-ThreadStarter 1-8
64 2023-07-06 09:00:27,901 INFO o.a.j.e.StandardJMeterEngine: Notifying test listeners of end of test
65 2023-07-06 09:00:27,902 INFO o.a.j.g.u.JMeterMenuBar: setRunning(false, *local*)
```

图 8-109 阶梯式增压线程组样例执行结果

从输入的日志中可以看到，从线程 1-1 到 1-18，30 秒为一个阶梯，一个阶梯启动 3 个线程，分 6 次共启动了 18 个线程，用时 3 分钟。所有线程启动完成维持了 2 分钟时间，接着 18 个线程完成使命并退出。与设置的阶梯式增压预期一致。

8.19 函 数

JMeter 函数可生成一些特殊的值，在取样器或其他元件中都可以使用，使用格式为 ${__functionName(var1,var2,var3)}，functionName 为函数名，var 为参数。常用的函数有：

- __counter()：计数器。
- __time()：获取时间。
- __random()：生成随机数。
- __randomString()：生成随机字符串。

- __CSVRead()：读取 CSV 文件。
- __setProperty()：设置属性。
- __property()：获取属性。
- __log()：输出日志信息。
- __split()：字符串分割。
- __evalVar()：用来执行保存在变量中的表达式，并返回执行结果。
- __changeCase()：转换大小写。

我们以随机字符串为例，介绍函数的使用。

步骤01 进入函数助手。单击工具栏中的函数助手对话框，或依次单击菜单栏中的【选项】→【函数助手对话框】即可打开函数助手窗口。第一个下拉框中选择"__randomString"，即可在函数参数区域看到需要设置的三个参数，分别是 Random string length（随机字符串长度）、Chars to use for random string generation（用以生成随机字符串的字符）、存储结果的变量名（可选）。

例如，Random string length 填写 5；Chars to use for random string generation 填写 ABCDEabcde123。即从 ABCDEabcde123 中随机选取 5 次，每次取 1 个字符，生成 5 位的字符串。然后单击【生成】按钮，即可在【拷贝并粘贴函数字符串】输入框中生成编写好的函数 ${__RandomString(5,ABCDEabcde123,)}，【The result of the function is】区域显示执行函数后的结果 e3dBb，如图 8-110 所示。如果对函数及其参数非常熟悉，则不需要借助函数助手对话框，可直接编写函数。

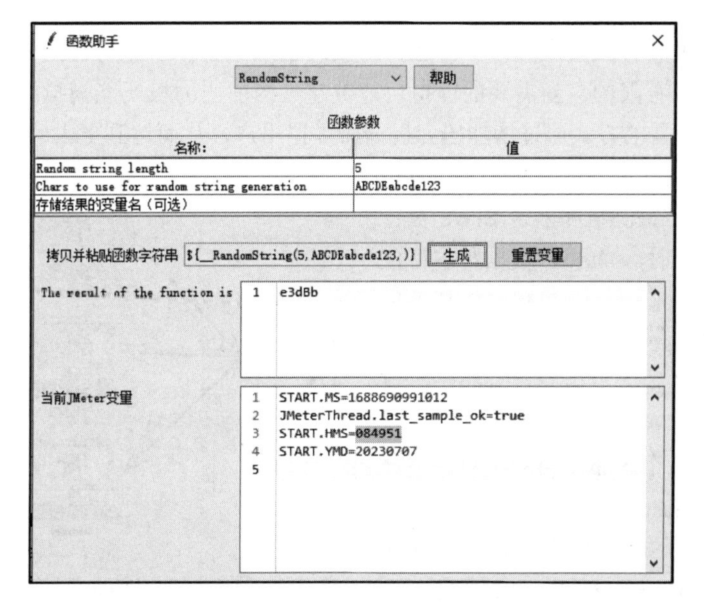

图 8-110　生成随机字符串函数

步骤02 新建 JMeter 文件。新建一个 JMeter 文件，测试计划重命名为“随机字符串函数样例”。

步骤03 添加线程组。在“随机字符串函数样例”节点下添加一个“线程组”元件。【循环次数】填写 5。

步骤04 添加调试取样器。在“线程组”节点下添加一个“调试取样器”元件，重命名为“${__RandomString(5,ABCDEabcde123,)}”。

步骤05 添加监听器。在“线程组”节点下添加一个查看结果树监听器。

步骤06 执行脚本并查看结果。脚本执行完成后，在“查看结果树”节点中查看结果，如图 8-111 所示。

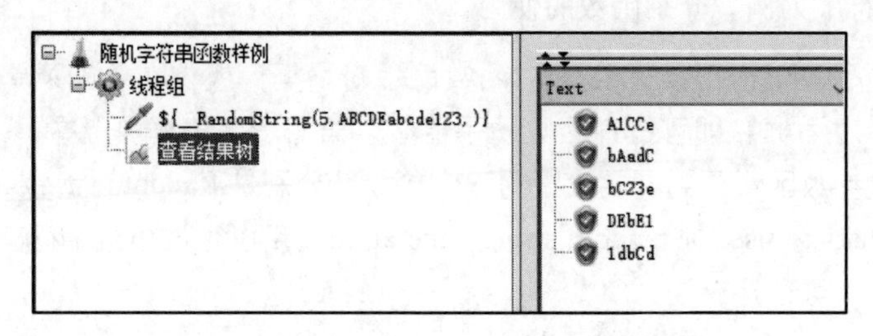

图 8-111　随机字符串函数样例执行结果

从结果中可以看出，调试取样器执行了 5 次，名字均是从字符 ABCDEabcde123 中随机选取 5 次组成的 5 位字符串。

8.20　分布式部署

压力测试时需要模拟大量虚拟用户向服务器发送请求，但一台压力机的资源是有限的，能模拟的虚拟用户数也是有限的，当需要的虚拟用户数超过当前压力机所能模拟的最大虚拟用户数时，就需要采用分布式部署的方式通过增加压力机分摊虚拟用户，从而达到更大的虚拟用户数。

JMeter 分部式部署的运行原理如图 8-112 所示，由一台 Master 控制机和多台 Slave 执行机组成，当脚本执行时，Master 根据脚本将任务合理分配到 Slave 机，Slave 机接收到任务后，模拟虚拟用户向 Target（目标）服务器发出请求，Target 服务器收到请求后，将响应结果返回给 Slave 机，Slave 机再将结果回传到 Master 机，Master 机再将多个 Slave 机的结果汇总展示。在此过程中，Master 机负责分发任务和收集整合结果并展示，Slave 机负责执行脚本和回传结果，当然 Master 机也可以作为一个 Slave 机向服务器发送请求。

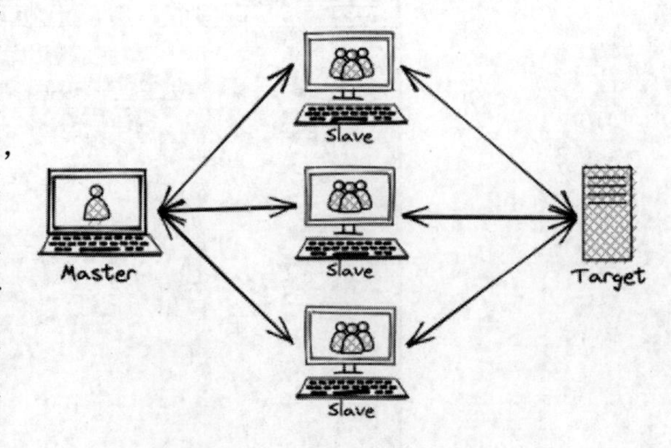

图 8-112　JMeter 分布式部署原理

下面介绍 JMeter 分布式部署的具体操作。

在开始之前先做好以下准备：

- 关闭防火墙和杀毒软件。
- 使 Master 机和 Slave 机处在同一网络。
- 保证网络畅通，带宽足够。
- 所有机器中均安装 Java JDK 和 JMeter，且尽量使用同一版本的 Java JDK 和 JMeter。
- 禁用 SSL，~/apache-jmeter-5.5/bin/jmeter.properties 文件下查找 server.rmi.ssl.disable，取消注释并将其值修改为 true：server.rmi.ssl.disable=true。
- 如果脚本中涉及外部文件，例如参数化文件，则需要将文件上传到每个 Slave 机。

步骤 01 启动 Slave 机。在 Slave 机中打开~/apache-jmeter-5.5/bin/jmeter.properties 文件，修改服务端口字段 server_port 和 server.rmi.localport，例如将 server_port 和 server.rmi.localport 都修改为 1099。进入~/apache-jmeter-5.5/bin 文件下单击 jmeter-server.bat 启动 Slave 远程服务，如图 8-113 所示。

```
... Trying JMETER_HOME=..
Found ApacheJMeter_core.jar
Using local port: 1099
Created remote object: UnicastServerRef2 [liveRef:
[endpoint:[192.168.223.128:1099](local),objID:[-45f
4b709:1893ada9534:-7fff, 607227025993329814]]]
```

图 8-113　启动 Slave 远程服务

需要记录启动后的 endpoint 值 192.168.223.128:1099。如果 Master 机也作为一个 Slave 机，也需要启动 Slave 远程服务。

步骤 02 配置 Master 机。在 Master 机器中打开~/apache-jmeter-5.5/bin/jmeter.properties 文件，在 remote_hosts 字段中添加远程 Slave 机，如果有多台 slave 机，使用逗号（,）分割。例如将步骤一获取到的 Slave 机地址 192.168.223.128:1099 添加到 remote_hosts 字段中，如图 8-114 所示。

```
*jmeter.properties - 记事本
文件(F) 编辑(E) 格式(O) 查看(V) 帮助(H)
# Remote Hosts - comma delimited
remote_hosts=127.0.0.1,192.168.223.128:1099
#remote_hosts=localhost:1099,localhost:2010
```

图 8-114　添加 Slave 机

设置完成后，在 Master 机器上启动 JMeter，菜单栏中依次选择【运行】→【远程启动】便可以看到添加的远程 Slave 机。调试时，选择那台 Slave 机脚本就会在指定的 Slave 机上运行。如图 8-115 所示，可以看到两台 Slave 机，127.0.0.1 和 192.168.223.128:1099，127.0.0.1 为本机，笔者本机的 IP 是 192.168.223.1。

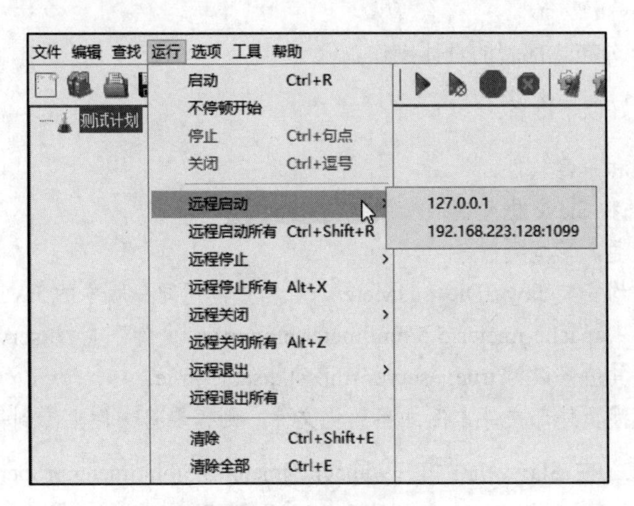

图 8-115　查看远程 Slave 机

步骤 03 创建 JMeter 脚本。新建一个 JMeter 文件，重命名为“分布式部署样例”；在测试计划下添加一个“线程组”元件，【线程数】填写 6；在“线程组”节点下添加一个“调试取样器”元件，重命名为“${__machineIP()}”，${__machineIP()}函数是获取执行机的 IP；在“线程组”节点下添加一个“查看结果树”监听器。菜单栏中依次选择【运行】→【远程启动】→【远程启动所有】，即使用 Master 机调度远程所有的 Slave 机执行脚本。如图 8-116 所示。

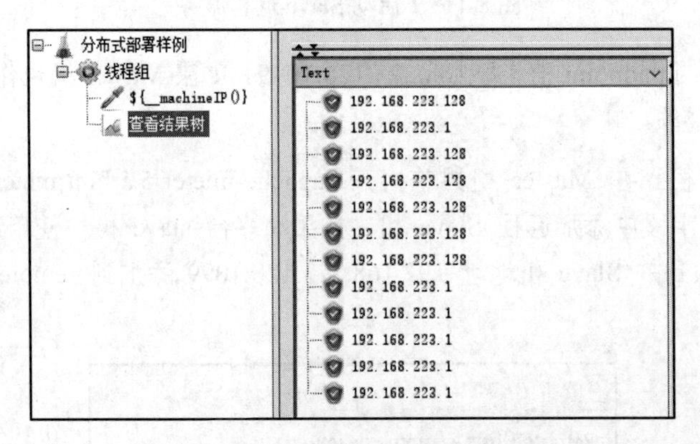

图 8-116　分布式部署样例执行结果

从结果中可以看到，两台 Slave 机都执行一次脚本，发送了 6 次请求。

8.21　可视化监控平台的搭建与使用

压力测试中搭建一个可视化监控平台是非常有必要的，不但可以实时展示压测数据，还很容易对历史数据做筛选，更方便的是可以直接采用一些公开的可视化组件以不同的形态展示数据，提高分析效率，同时，还利于拓展，例如自行获取服务器不同指标并展示其趋势。目前最为流行且容易实现的 JMeter 可视化监控平台是 JMeter+InfluxDB+Grafana 组合，其实现过程为 JMeter 向服务器发送请求同时统计 TPS、响应时间、线程数、异常率等信息，然后通过配置后端监听器元件将统计结果异步存入 InfluxDB，最后在 Grafana 中添加 InfluxDB 数据源和 JMeter 展示模板，将数据实时展示出来。

下面介绍 JMeter+InfluxDB+Grafana 监控平台的搭建步骤。

8.21.1 安装和部署 InfluxDB 1.7

进入 InfluxDB 下载页面 https://portal.influxdata.com/downloads/进行下载，下载解压后，会得到如图 8-117 所示的文件。

单击 influxd.exe 程序启动数据库，启动成功后的界面如图 8-118 所示。

名称	修改日期
influx.exe	2023/7/9 0:19
influx_inspect.exe	2023/7/9 0:19
influx_stress.exe	2023/7/9 0:19
influx_tsm.exe	2023/7/9 0:19
influxd.exe	2023/7/9 0:19
influxdb.conf	2023/7/9 0:19

图 8-117 InfluxDB 文件夹

```
2023-07-08T16:40:45.211114Z    info    InfluxDB starting    {"log_id": "0iuasobl000", "version": "1.7.9", "branch": "1.7", "commit": "23bc63d43a8dc05f53afa46e3526ebb5578f3d88"}
2023-07-08T16:40:45.211114Z    info    Go runtime    {"log_id": "0iuasobl000", "version": "go1.12.6", "maxprocs": 12}
2023-07-08T16:40:45.313841Z    info    Using data dir    {"log_id": "0iuasobl000", "service": "store", "path": "C:\\Users\\pc\\.influxdb\\data"}
```

图 8-118 InfluxDB 启动成功后的界面

单击 influx.exe 程序进入 InfluxDB 客户端，可以看到数据库地址为 http://localhost:8086，然后输入 “create database jmeter” 语句创建一个名为“jmeter”的数据库，用输入 “show databases” 语句查看数据库，如图 8-119 所示。

```
Connected to http://localhost:8086 version 1.7.9
InfluxDB shell version: 1.7.9
> create database jmeter
> show databases
name: databases
name
----
_internal
jmeter
>
```

图 8-119 创建数据库

8.21.2 安装和部署 Grafana

进入 Grafana 官方下载网站 https://grafana.com/grafana/download 根据计算机系统下载对应的安装程序包，下载完成后，安装运行。例如，Windows 系统下载安装后，在~/GrafanaLabs/grafana/bin 文件夹下找到 grafana-server.exe 程序并单击启动 Grafana 服务。启动完成后，在浏览器中访问 http://localhost:3000 进入 Grafana 登录页面，如图 8-120 所示。

填写默认用户名 admin 和密码 admin 进入首页，单击【Add your first data source】添加数据

库，选择【InfluxDB】数据库。在 HTTP 下【URL】中填入 InfluxDB 数据库地址 http://localhost:8086；在 InfluxDB Details 下【Database】中填入数据库名 jmeter，如图 8-121 所示。其他选项保持不变，然后单击【Save & test】保持并测试，如果提示“datasource is working”表示数据库连接成功。

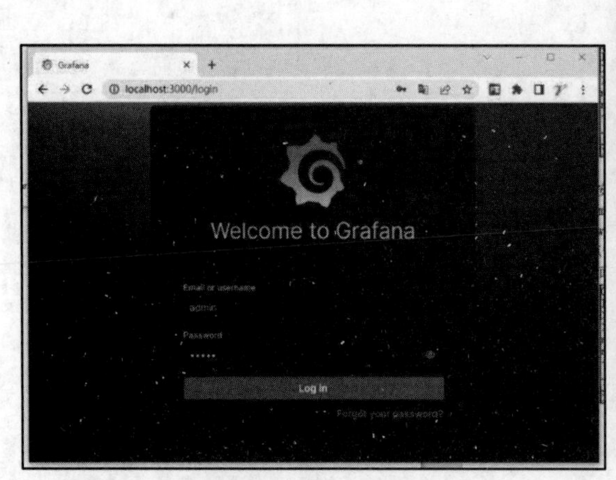

图 8-120　Grafana 登录页面

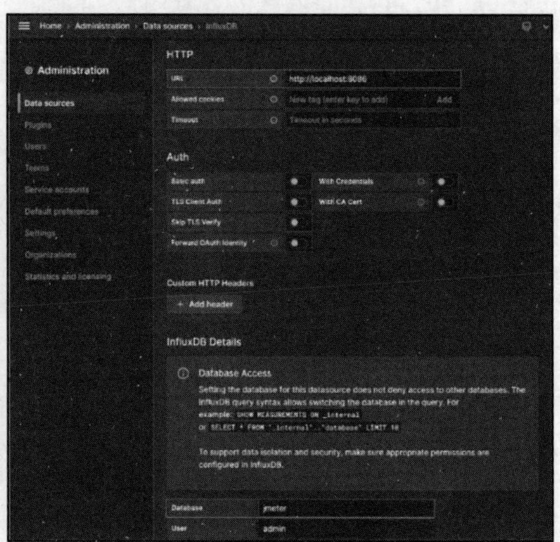

图 8-121　添加 InfluxDB 数据库

8.21.3　Grafana 中添加 JMeter 模板

进入 Grafana Dashboards 页面（https://grafana.com/grafana/dashboards）搜索 JMeter，找到 Apache JMeter Dashboard using Core InfluxdbBackendListenerClient，单击进入并复制 URL（https://grafana.com/grafana/dashboards/5496-apache-jmeter-dashboard-by-ubikloadpack/）。

进入 Grafana 平台，单击右上角的【+】，选择【Import dashboard】，进入导入模板页面，【Import via grafana.com】填入刚才复制的 JMeter 模板 URL，然后单击【Load】按钮加载模板，如图 8-122 所示。

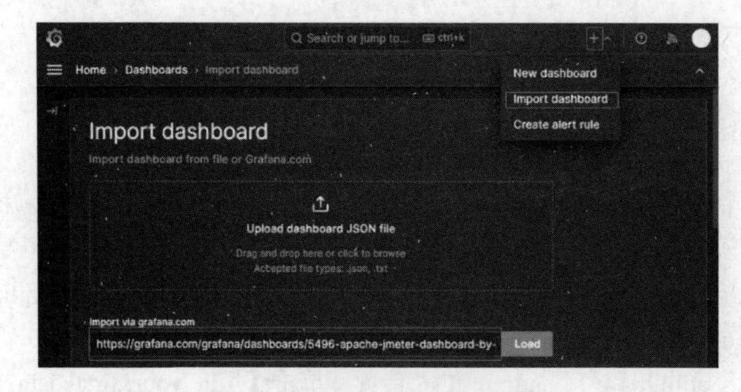

图 8-122　获取 JMeter Dashboard

然后进入导入的模板数据选择页面，【DB name】选择“InfluxDB”，【Measurement name】填入“jmeter”，然后单击【Import】导入按钮，如图 8-123 所示。

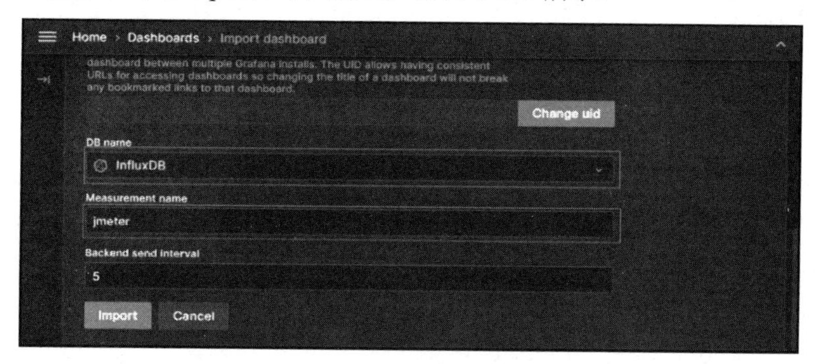

图 8-123　添加模板数据源

操作完成后，就可以看到导入的模板，如图 8-124 所示。

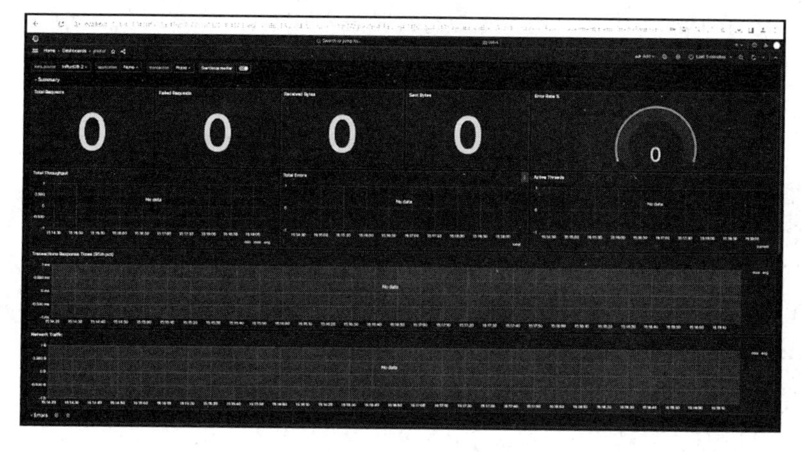

图 8-124　JMeter 模板展示

8.21.4　创建和运行 JMeter 脚本

创建 JMeter 脚本。新建一个 JMeter 文件，重命名为“可视化监控平台样例”；在测试计划下添加一个“线程组”元件，【循环次数】勾选永远；“线程组”节点下添加一个“HTTP 请求”元件，重命名为“访问 httpbin-get 请求”。【协议】填写 HTTP，【服务器名称或 IP】填写 httpbin.org，【请求方式】选择 GET，【路径】填写/get；在“线程组”节点下添加一个“HTTP 请求”元件，重命名为“访问 httpbin-post 请求”。【协议】填写 HTTP；【服务器名称或 IP】填写 httpbin.org;【请求方式】选择 POST；【路径】填写/post；在“线程组”节点下添加一个“后端监听器”元件，【后端监听器实现】选择 org.apache.jmeter.visualizers.backend.influxdb.InfluxdbBackendListenerClient，【influxdbUrl】填写 http://localhost:8086/write?db=jmeter，【measurement】填写 jmeter，如图 8-125 所示。

后端监听器

名称：后端监听器

注释：

后端监听器实现 org.apache.jmeter.visualizers.backend.influxdb.InfluxdbBackendListenerClient

异步队列大小 5000

名称：	
influxdbMetricsSender	org.apache.jmeter.visualizers.backend.influxdb.HttpMetricsSender
influxdbUrl	http://localhost:8086/write?db=jmeter
application	application name
measurement	jmeter
summaryOnly	true
samplersRegex	.*
percentiles	90;95;99
testTitle	Test name
eventTags	

图 8-125　添加后端监听器

最后，将脚本保存为“可视化监控平台样例.jmx”文件。

在命令行中运行 JMeter 脚本。打开命令行工具进入 JMeter 脚本所在的文件夹下，输入命令 jmeter-n-t 可视化监控平台样例.jmx 执行脚本。参数-n 表示非图形化模式，参数-t 表示要运行的脚本。

脚本运行一段时间后，进入 Grafana 平台查看监控的数据变化，如图 8-126 所示。

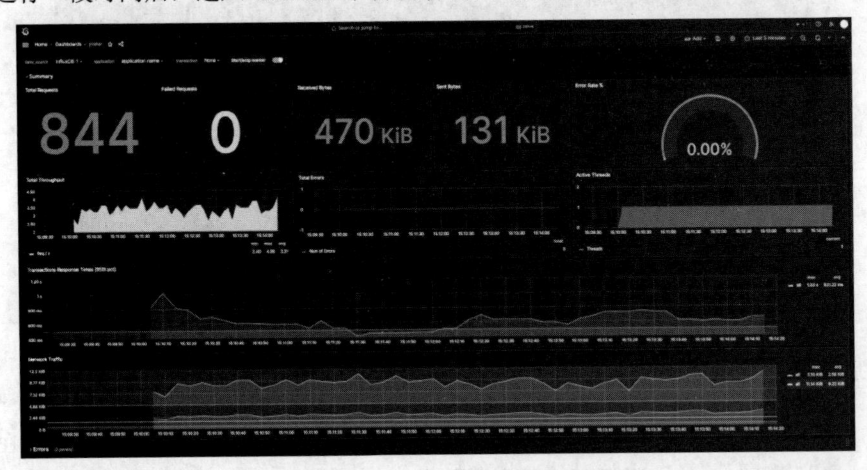

图 8-126　Grafana 平台监控结果

从监控平台可以实时看到发送的请求数、失败请求数、接收的流量、发送的流量以及各种趋势变化等。

8.22　思　考　题

1. 请简述 JMeter 的工作流程？

2. JMeter 参数化有哪几种方法？

3. 图 8-127 是 JMeter 工具的一张聚合报告图，请解释图中指标的含义？

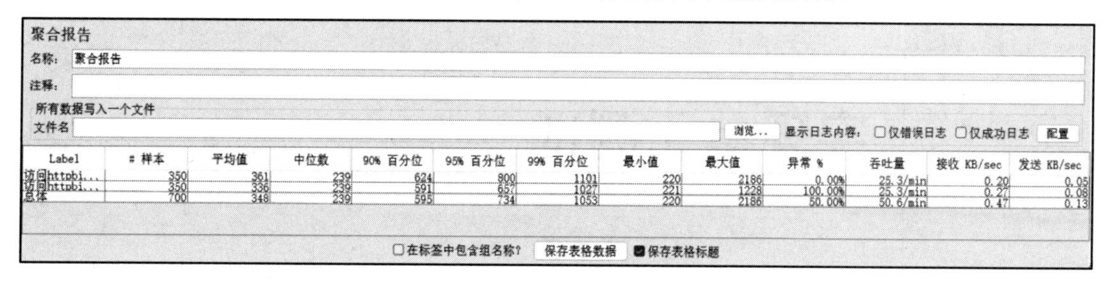

Label	# 样本	平均值	中位数	90% 百分位	95% 百分位	99% 百分位	最小值	最大值	异常 %	吞吐量	接收 KB/sec	发送 KB/sec
访问httpbi...	350	361	239	624	800	1101	220	2186	0.00%	25.3/min	0.20	0.05
访问httpbi...	350	336	239	591	657	1027	221	1228	100.00%	25.3/min	0.27	0.08
总体	700	348	239	595	734	1053	220	2186	50.00%	50.6/min	0.47	0.13

图 8-127　聚合报告图

4. JMeter 工具本身也会消耗资源，影响测试结果，你是怎么解决这个问题的？

5. JMeter 的分布式部署是怎么实现的？

第9章

实现单元测试

单元测试是对一个模块、一个函数或者一个类进行正确性检验的测试工作。单元测试的对象可以说是程序的最小可测单元，通过单元测试可对代码进行彻底测试，因此程序开发中进行单元测试是非常有必要的。本章将从单元测试简介、单元测试用例设计两个方面介绍单元测试，然后使用单元测试框架 Pytest 完成 Leadshop 项目中一个方法的实战练习。

9.1 被测产品介绍

本书到此，相信读者对自动化测试的各种工具均已熟悉，并掌握了单元、接口、UI、压力测试工具的基础用法和简单场景应对。从本章开始，我们将以 Leadshop 开源商城系统项目为对象，综合运用所学进行实战演练，本节首先对实战项目 Leadshop 进行介绍和产品搭建。

9.1.1 项目介绍

测试项目 Leadshop 是一款提供持续更新迭代服务的免费商城系统（官网 www.leadshop.vip），主要面向中小型企业，助力搭建电商平台，并提供专业的技术支持，其应用涉及可视化装修、促销转化、裂变分销、用户精细化管理、数据分析等多个维度。

项目开源代码可在 Gitee 仓库（https://gitee.com/leadshop/leadshop）中获取。以下是 Leadshop 的一些相关信息：

- 官网：https://www.leadshop.vip/。
- 代码仓库：https://gitee.com/leadshop/leadshop。
- 后台体验地址：https://demo.leadshop.vip/index.php。
- 操作文档：https://www.kancloud.cn/qm-paas/leadshop_v1。
- 后台接口：https://doc.leadshop.vip/api.html。
- 小程序（公众号）接口：https://doc.leadshop.vip/app.html。

9.1.2　产品搭建

Leadshop 商城系统的运行环境是 Linux+Nginx+PHP 7.4+MySQL 5.7.3 以上，也支持在 Docker 中运行。下面以在 CentOS 上使用宝塔面板安装 Leadshop 开源商城系统为例，介绍其部署方法。

步骤 01 宝塔 Linux 面板安装。宝塔面板支持在多种操作系统上安装，可在宝塔 Linux 面板一键安装网页（https://www.bt.cn/linux.html）查看不同操作系统的安装方式。例如，在 CentOS 上安装可使用命令 yum install -y wget && wget -O install.sh http://download.bt.cn/install/install_6.0.sh && sh install.sh 完成，如图 9-1 所示。

```
[root@tynam ~]# yum install -y wget && wget -O install.sh http://download.bt.cn/install/install_6.0.sh && sh install.sh
Loaded plugins: fastestmirror
Determining fastest mirrors
base                                                            | 3.6 kB  00:00:00
epel                                                            | 4.7 kB  00:00:00
extras                                                          | 2.9 kB  00:00:00
updates                                                         | 2.9 kB  00:00:00
(1/7): epel/x86_64/group_gz                                     |  99 kB  00:00:00
(2/7): base/7/x86_64/group_gz                                   | 153 kB  00:00:00
(3/7): epel/x86_64/updateinfo                                   | 1.0 MB  00:00:00
(4/7): extras/7/x86_64/primary_db                               | 250 kB  00:00:00
(5/7): epel/x86_64/primary_db                                   | 7.0 MB  00:00:00
(6/7): base/7/x86_64/primary_db                                 | 6.1 MB  00:00:00
(7/7): updates/7/x86_64/primary_db                              |  22 MB  00:00:00
Package wget-1.14-18.el7_6.1.x86_64 already installed and latest version
Nothing to do
--2023-07-31 19:29:14--  http://download.bt.cn/install/install_6.0.sh
Resolving download.bt.cn (download.bt.cn)... 116.10.184.219, 240e:a5:4200:89::256
Connecting to download.bt.cn (download.bt.cn)|116.10.184.219|:80... connected.
HTTP request sent, awaiting response... 200 OK
Length: 34042 (33K) [application/octet-stream]
Saving to: 'install.sh'

100%[==================================================================>] 34,042      --.-K/s   in 0.03s

2023-07-31 19:29:14 (1.05 MB/s) - 'install.sh' saved [34042/34042]
```

图 9-1　安装宝塔面板

安装完成后会显示出用户访问面板的地址、用户名和密码，如果使用云服务器还会提示在安全组放行 34893 端口，如图 9-2 所示，外网面板地址为 https://121.41.112.70:34893/7e8cca35，用户名为 2c9zgt6m，密码为 c2265042。

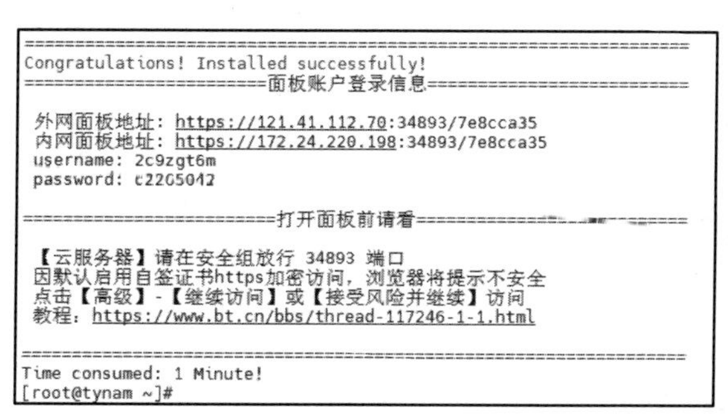

图 9-2　宝塔面板安装完成后的提示

步骤 02 安装 PHP。使用提示的用户名和密码登录宝塔面板，在软件商店页面查找 PHP，根据 Leadshop 运行环境选择 PHP 7.4 版本，如图 9-3 所示。

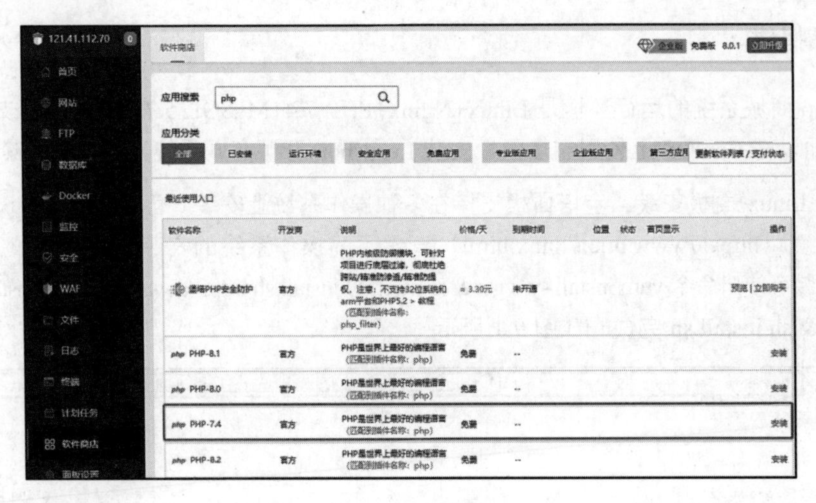

图 9-3　安装 PHP

步骤 03 安装 Nginx。在软件商店页面查找 Nginx，然后进行安装，如图 9-4 所示。

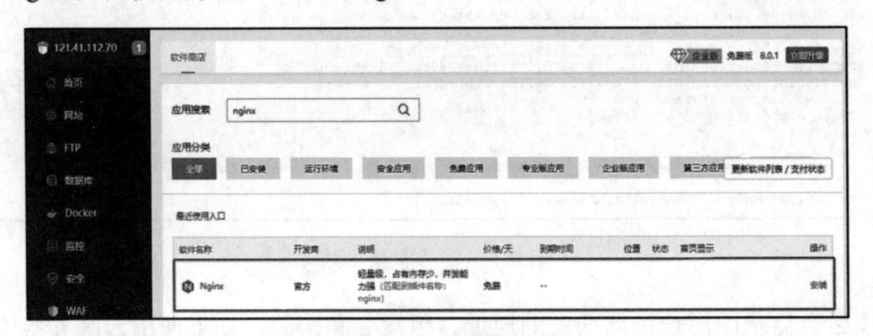

图 9-4　安装 Nginx

步骤 04 安装 MySQL。在软件商店页面查找 MySQL，版本最好选择运行环境中的版本，然后进行安装，如图 9-5 所示。

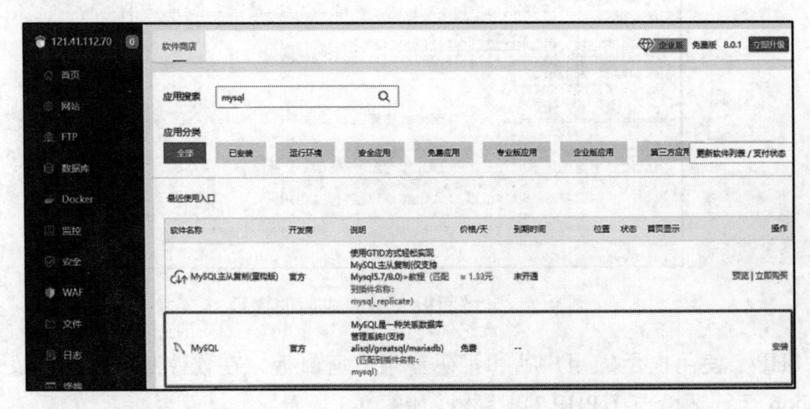

图 9-5　安装 MySQL

步骤05 安装 Leadshop 商城系统。在软件商店页面查找 Leadshop，选择【一键部署】后会看到"Leadshop 开源免费商用商城"，单击后面的【一键部署】按钮开始部署，如图 9-6 所示。

图 9-6　部署 Leadshop

在一键部署页面需要设置域名和根目录，同时自动生成数据库用户名和密码，如图 9-7 所示设置的域名是 121.41.112.70，根目录是/home/leadshop/wwwroot。

图 9-7　设置域名和根目录

一键部署完成后，在浏览器中访问域名 121.41.112.70 即可访问 Leadshop 系统，如图 9-8 所示。

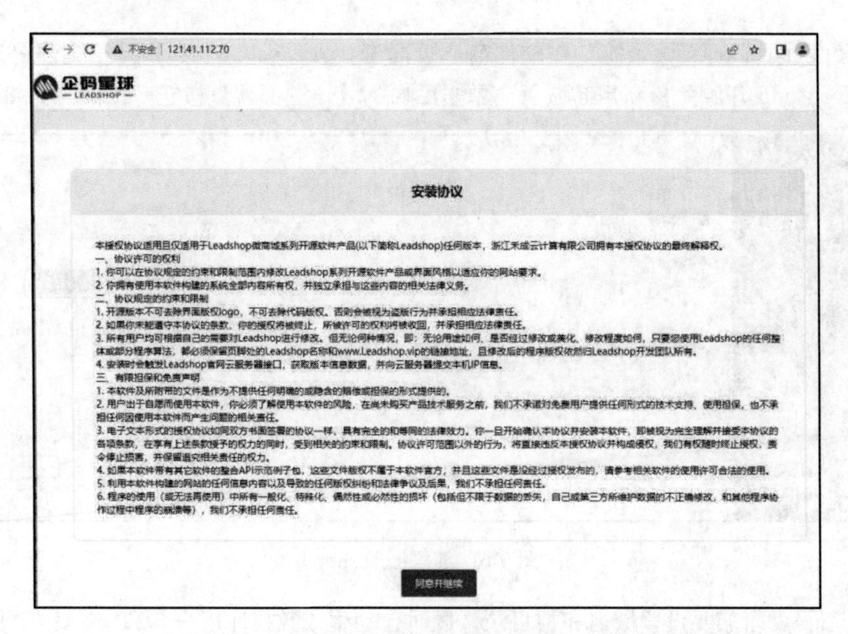

图 9-8　访问 Leadshop 系统

接下来可根据页面提示设置，进入 Leadshop 商城系统主页。

9.2　单元测试简介

在软件测试行业，一般所说的测试工程师不包含单元测试人员，因为单元测试人员的要求远远高于普通的测试工程师，这是由程序单元的本质决定的。本节我们来了解何为单元测试。

9.2.1　概念

单元测试（Unit Testing）是对一个模块、一个函数或者一个类进行正确性检验的测试工作。通过编写一小段代码来检查程序中很小且功能非常明确的一个类或方法，从而保证程序中每一个可执行的最小代码块的正确性。

单元测试是一种白盒测试，是对程序的内部结构进行测试。测试时需要了解每个单元程序内部的逻辑结构，并通过编码对所有的逻辑路径进行测试验证，因此也称为逻辑驱动测试。例如一块手表由机芯、表壳、表带、表盘、后盖、表针、表把组成，那么就可以把机芯、表壳、表带、表盘、后盖、表针、表把看作是组成手表的单元，需要先对这些单元进行测试，然后将其组装成手表。因此，对这些单元组件的测试就相当于我们对程序的单元测试，而手表就相当于我们的系统程序。

单元测试主要测试编码规范、预期输出、异常处理、条件判断或循环的功能，需要对每条语句、对象、功能都进行测试。保证每一个模块中的所有独立路径至少被执行一次，确保内部数据结构均是有效的。

9.2.2 分类

单元测试从测试方法上可以分为两大类，静态分析法和动态分析法。

静态分析法（Static Analysis）指不编译和执行代码，通过阅读源码而进行分析。一般检查代码的完整性、注释、编码规范性、静态结构分析等容易被识别出的错误。在进行静态分析时不需要设计测试用例，而是直接查看源代码和依靠思维模拟代码的执行，分析代码的逻辑处理和判断，之后提出结构设计优化意见和测试建议。

动态分析法（Dynamic Analysis）是在一定的环境中编译和执行代码，并将执行结果与预期结果对比，从而得到测试结果。通常是对代码逻辑结构的检查。在动态分析法中，测试人员需要使用一定的测试方法，对程序结构复杂度的判定表达、执行路径和循环结构来设计相应的测试用例，采用最少的用例覆盖最全的使用场景，确保测试的完备性和无冗余性。

静态分析法和动态分析法相互辅助，静态分析法依靠动态分析法操作验证，动态分析法依靠静态分析法分析支持。一个是对程序文件非运行状态下的跟踪，一个是对运行中的程序进行跟踪，两者相结合能获得尽可能大的代码覆盖率。

9.2.3 对测试人员的要求

单元测试的本质还是写代码，即用代码验证代码，因此写单元测试的人员必须熟练使用编程语言。目前为止，企业中写单元测试的人员有三种，谁开发谁写、同组相互检查、专职单元测试工程师。谁开发谁写指谁编写的代码谁来写单元测试验证，同组相互检查指同一个组中的成员相互检查对方写的代码，专职单元测试工程师就是由专职成员负责单元测试工作，检查所有人写的代码。

承担单元测试工作的测试人员一般都有较高的技能和清晰的逻辑思维。从 BOSS、前程无忧、智联招聘等招聘网站上可以看到对从事单元测试人员的一般要求：

- 深厚的软件测试理论和方法。
- 熟悉 C/C++/Java/Python 等至少一种编程语言，有 Shell 或 Ruby/PHP/Perl 等使用经验。
- 有软件开发或自动化测试工作经验。
- 掌握常用测试方法和单元测试框架。
- 主动性强，善于表达和沟通，团队合作。
- 对项目质量负责，能够不断挖掘改进方向，推动项目持续进步。

单元测试工程师既要熟练掌握软件测试理论和测试用例设计方法，还要熟悉编程语言及相关测试框架。由此可见，负责单元测试的人员需要较强的技术背景。

9.3 用例设计方法

软件测试不但要保障产品质量，还要充分利用有限的资源，高效率、高质量、低成本地完成测试工作。因此，在设计测试用例时，就需要通过最少的用例覆盖更全的场景，达到最佳的测试效果。设计测试用例需要采用一定的设计方法，常见的单元测试方法有路径覆盖和逻辑覆盖两种，又可细分为路径覆盖、语句覆盖、条件覆盖、判定覆盖、判定和条件组合覆盖、条件组合覆盖 6 种设计方法。下面通过一个猜年龄的小游戏，具体分析这 6 种设计方法的使用。

猜年龄小游戏的代码如下：

```
# chapter9\guess_age_game.py


def guess_age_game(age: int, count: int):
    i = 0
    while i < count:
        guess_age = get_age()
        if guess_age == age:
            print('恭喜您猜对了!')
            break
        elif guess_age < age:
            print("您猜的太小了!")
        else:
            print("您猜的太大了!")

        i += 1
        if i == count:
            print("您的次数已用完。")
            continue_game = input("是否继续游戏，继续请输入 Y: ")
            if continue_game.upper() == 'Y':
                i = 0


def get_age() -> int:
    while True:
        guess_age = input("请输入您猜测的年龄: ")
        if guess_age.isdigit() and int(guess_age) > 0:
            return int(guess_age)
        else:
            print("年龄必须是大于 0 的整数。")


if __name__ == '__main__':
    guess_age_game(age=18, count=3)
```

上述代码中有两个函数 get_age()和 guess_age_game()，get_age()用来获取有效的猜想值，guess_age_game()用来将猜想值与预期值进行比较。

9.3.1　路径覆盖

路径覆盖是设计所有测试用例来覆盖程序中所有可能的执行路径。下面对 get_age()函数使用路径覆盖方法设计测试用例。在 get_age()函数流程图中对每一条路径进行标记，如图 9-9 所示。

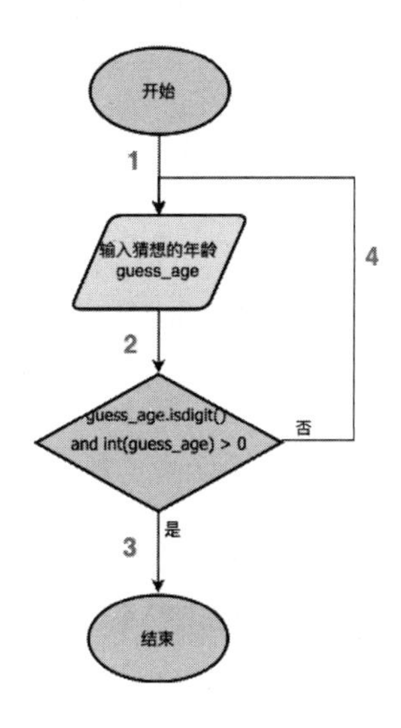

图 9-9　get_age()函数流程图

从流程图中可以看到，一共有 4 段路径需要覆盖，我们在设计用例时需要使用最少的用例覆盖全部的路径，因此可以设计两条测试用例覆盖 4 段路径。如表 9-1 所示。

表9-1　路径覆盖用例

序　　号	变量输入	覆盖路径
1	guess_age=1	1→2→3
2	guess_age=a	1→2→4

9.3.2　语句覆盖

语句覆盖是指设计若干测试用例，运行被测程序，使程序中的每个可执行语句至少被执行一次。下面我们对 guess_age_game()函数使用语句覆盖方法设计测试用例。

从 guess_age_game()函数中可以知道，一共有 18 条语句。调用函数时会执行定义函数行，空行不参与代码的执行，去掉空行和定义函数行需要覆盖 16 条语句。因此，语句覆盖设计用例时，需要覆盖到下面代码中的 2~1、13~18 行。

```
1.  def guess_age_game(age: int, count: int):
2.      i = 0
3.      while i < count:
4.          guess_age = get_age()
5.          if guess_age == age:
6.              print('恭喜您猜对了!')
7.              break
8.          elif guess_age < age:
9.              print("您猜的太小了!")
10.         else:
11.             print("您猜的太大了!")
12.
13.         i += 1
14.         if i == count:
15.             print("您的次数已用完。")
16.             continue_game = input("是否继续游戏，继续请输入 Y: ")
17.             if continue_game.upper() == 'Y':
18.                 i = 0
```

因此，我们可以设计一条测试用例覆盖整个函数的所有语句。如表 9-2 所示。

表9-2　语句覆盖用例

序　号	描　述	变量输入	覆盖的语句所在行
1	调用函数	count=2；age=18	1、2、3
2	第一次输入猜测年龄	guess_age=1	4、5、8、9、13、14、3
3	第二次输入猜测年龄	guess_age=19	4、5、8、10、11、13、14、15、16
4	输入是否继续游戏	continue_game=Y	16、17、18、3
5	第二轮第一次猜测年龄	guess_age=18	4、5、6、7

9.3.3　条件覆盖

条件覆盖是指设计若干测试用例，使得程序每个判断中的每个条件可能取值至少满足一次。下面对 get_age()函数使用条件覆盖方法设计测试用例。

get_age()函数中有一个判定，判定中有 guess_age.isdigit()和 int(guess_age)>0 两个条件。我们需要对每个条件进行标记，然后使用最少的测试用例覆盖所有的标记。 条件标记如下：

- 条件 guess_age.isdigit()取真时记 T1，取假时记 F1。
- 条件 int(guess_age)>0 取真时记 T2，取假时记 F2。

下面来设计测试用例，覆盖两个条件的所有值 T1、F1、T2、F2，设计的测试用例如表 9-3 所示。

表9-3　条件覆盖用例

序　　号	变量输入	覆盖的条件值
1	guess_age=1	T1、T2
2	guess_age=0	T1、F2
3	guess_age=a	F1

9.3.4　判定覆盖

判断覆盖也称为分支覆盖，因为一个判定往往代表着程序的一个分支。判断覆盖是指设计若干用例，使程序中每个判断都可以取真分支和假分支，且至少都经历一次，即判断真假值均曾被满足。下面我们对 guess_age_game()函数使用判定覆盖方法设计测试用例。

先用流程图画出 guess_age_game()函数的条件走向，如图 9-10 所示。从图中可以看到一共有 4 个判定条件，但是还有一个判定条件 guess_age<age 在流程图中没有体现，却真实存在，因此一共有 5 个判定条件。我们先对每个判定进行标记，然后使用最少的测试用例覆盖所有的标记。 判定标记如下：

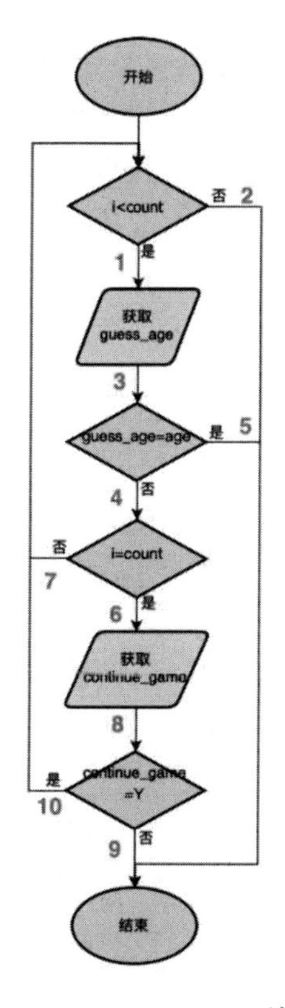

图 9-10　guess_age_game()流程图

- i<count 判定，取真走流程图中的分支 1，取假走流程图中的分支 2。
- guess_age=age 判定，取真走流程图中的分支 5，取假走流程图中的分支 4。
- guess_age < age 判定，取真和取假均走流程图中的分支 4。
- i=count 判定，取真走流程图中的分支 6，取假走流程图中的分支 7。
- continue_game=Y 判定，取真走流程图中的分支 10，取假走流程图中的分支 9。

因此可以设计三条测试用例覆盖整个函数的所有判定分支，如表 9-4 所示。

表9-4　判定覆盖用例

用　例	编　号	描　述	变量输入	覆盖的分支
用例一	1	调用函数	count=2；age=18	1
	2	第一次输入猜测年龄	guess_age=1	4、7、1
	3	第二次输入猜测年龄	guess_age=19	4、6
	4	输入是否继续游戏	continue_game=Y	10、1
	5	第二轮第一次猜测年龄	guess_age=18	5
用例二	1	调用函数	count=0；age=18	2
用例三	1	调用函数	count=1；age=18	1
	2	第一次输入猜测年龄	guess_age=1	4、6
	3	输入是否继续游戏	continue_game=N	9

条件覆盖与判定覆盖的区别是，判定覆盖只关心判定表达式的值（真/假），而条件覆盖涉及判定表达式的每个条件的值（真/假）。

9.3.5　判定和条件覆盖

判定和条件覆盖是判定和条件覆盖设计方法的并集。设计足够的测试用例，使得判断条件中的所有条件可能取值至少执行一次，同时所有判断的可能结果至少执行一次。下面我们对 get_age()函数使用判定和条件覆盖方法设计测试用例。

从图 9-10 所示的 get_age()函数流程图中可以知道，get_age()函数只有一个判定，如果结果为真，则走流程图中的分支 3，如果结果为假，走流程图中的分支 4，因此可以设计两个测试用例覆盖这两个分支，如表 9-5 所示。

表9-5　判定和条件覆盖——判定覆盖用例

编　号	变量输入	覆盖的分支
1	guess_age=1	3
2	guess_age=0	4

在 9.3.3 节中，我们已经通过条件覆盖方法设计出了 get_age()的测试用例，将其与表 9-5 结合

即可设计出 get_age()的测试用例，且可同时覆盖判定和条件两种情况。最终设计的测试用例如表 9-6 所示。

表9-6　判定和条件覆盖用例

编　号	变量输入	覆盖的条件值	覆盖的分支
1	guess_age=1	T1、T2	3
2	guess_age=0	T1、F2	4
3	guess_age=a	F1	

9.3.6　条件组合覆盖

条件组合覆盖是指设计足够的测试用例，使得程序中每个判定中，条件的各种可能组合都至少出现一次。因此，满足条件组合覆盖的测试用例一定满足条件覆盖、判定覆盖、判定和条件覆盖。如表 9-7 所示，表格中设计的测试用例，使条件覆盖、判定覆盖、判定和条件组合覆盖中所有的测试用例都至少出现一次。

表9-7　条件组合覆盖用例

编　号	变量输入	覆盖条件	覆盖判定	覆盖判定和条件组合
1	变量=值 1	条件覆盖用例 1	判定覆盖用例 1	判定和条件覆盖用例 1
2	变量=值 2	条件覆盖用例 2	判定覆盖用例 2	判定和条件覆盖用例 2

设计过程与判定和条件覆盖设计方法类似，在此就不做过多展开说明了。

9.4　实战对象

如下代码是 Leadshop 项目源码中~/leadshop/components/Payment.php 中的退款函数：

```
/**
 * 退款
 * @param Order $order 订单
 * @param string $outRefundNo 退款订单号
 * @param int $price 退款金额
 * @param mixed $callback 回调函数
 * @throws \Exception
 */
public function refund($order, $outRefundNo, $price, $callback)
{
    $t = \Yii::$app->db->beginTransaction();
    try {
```

```
            $wechat = new CommonWechat(['AppID' => \Yii::$app->params['AppID']]);
            if ($price > 0) {
                $res = $wechat->refund($order['source'], $order['order_sn'],
$outRefundNo, $price, $order['pay_amount']);
            } else {
                $res = true;
            }
            if ($res) {
                $res = $callback();
                $t->commit();
                return $res;
            }
        } catch (\Exception $e) {
            Error($e->getMessage());
            $t->rollBack();
        }
    }
```

此代码使用 PHP 语言编写，逻辑为首先开启一个事务 beginTransaction；然后在 try 里面尝试创建一个微信对象 wechat，当退款金额 price 大于 0 时调用微信的退款方法 wechat->refund 执行退款操作，一旦退款操作 res 成功或退款金额不大于 0（退款金额不大于 0 时始终返回真）就执行回调函数 callback，并将操作提交到数据库 commit；如果 try 里面的代码执行错误则抛出异常 Error 并执行回退操作 rollBack。我们将此逻辑转为 Python 语言，代码如下：

```
1.  def refund(order, outRefundNo, price, callback):
2.      """退款
3.      Args:
4.          order: 订单
5.          outRefundNo: 退款订单号
6.          price: 退款金额
7.          callback: 回调函数
8.      """
9.      t = "开启事务"
10.     try:
11.         wechat = "微信对象"
12.         if price > 0:
13.             res = f"{wechat}传入参数 order={order}、outRefundNo={outRefundNo}、
                price={price}参数后执行退款操作"
14.         else:
15.             res = True
```

```
16.         if res:
17.             res = f"res={res};执行回掉函数 callback={callback}"
18.             t = f"{t};将操作提交到数据库"
19.             return res, t
20.     except Exception as e:
21.         t = f"{t};回滚操作"
22.         return e, t
```

在转化过程中，将所有的操作都换成了文字描述，并且进行了返回，以方便后续断言。在实际单元测试中，所有的操作都是有结果的，都需要使用操作产生的实际结果进行断言，例如将操作提交到数据库，就需要在数据库中查看字段的变化。

转化后，由于输入参数 order、outRefundNo、callback 都转化成了字符串，不参与实际的逻辑，因此可暂时忽略，不做测试。

9.5 设计测试用例

根据 9.3 节介绍的用例设计方法，对退款函数的用例设计需要依次经过路径覆盖、语句覆盖、条件覆盖、判定覆盖、判定和条件覆盖、条件组合覆盖步骤，最后得到最少的用例全覆盖各种场景。但由于退款函数比较简单，在此我们只做语句覆盖和判定覆盖。语句覆盖也经常被用来衡量单元测试是否达标，即常常听到的代码覆盖率百分之六十、百分之八十。

1. 语句覆盖

退款函数一共有 22 条语句，除注释语句外，实际参与运算的为 1、9-22 行，共计 15 条语句。因此可设计用例，如表 9-8 所示。

表9-8　语句覆盖用例

编　号	描　述	变量输入	覆盖的语句所在行
1	退款金额等于 1	price=1	1、9、10、11、12、13、16、17、18、19
2	退款金额等于 0	price=0	1、9、10、11、14、15、16、17、18、19
3	退款金额等于空	price=''	1、9、10、11、12、20、21、22

以上三条用例可全覆盖函数的 1、9-22 行所有的语句。

2. 判定覆盖

退款函数逻辑上主要有 price>0、res 为真共 2 个判定和一个 try 运算。忽略参数 order、outRefundNo、callback，实际代码中无论何种情况下，变量 res 的值始终都是真，因此可忽略该判定。那么，针对 price>0 和 try 运算逻辑可设计测试用例，如表 9-9 所示。

表9-9　判定覆盖用例

编　号	描　述	变量输入	覆盖的分支
1	退款金额大于 0	price=1	price>0 为真，try 无异常
2	退款金额小于等于 0	price=0	price>0 为假，try 无异常
3	触发 try 异常	price=' '	try 异常

3. 总结

综合语句覆盖和判定覆盖可以知道，一共需要 3 条测试用例可完全覆盖语句和判定。因此，最终的测试用例如表 9-10 所示。

表9-10　单元测试测试用例

用　例	输　入	输　出
用例一	refund('order','outRefundNo', 0, 'callback')	('res=True;执行回调函数 callback=callback', '开启事务;将操作提交到数据库')
用例二	refund('order','outRefundNo', 1, 'callback')	('res=微信对象传入参数 order=order、outRefundNo=outRefundNo、price=1 参数后执行退款操作;执行回调函数 callback=callback', '开启事务;将操作提交到数据库')
用例三	refund('order','outRefundNo', '', 'callback')	(TypeError("'>' not supported between instances of 'str' and 'int'"), '开启事务;回滚操作')

9.6　编写测试脚本

测试用例完成后，接下来通过 Python 语言编写单元测试脚本。新建一个文件 test_refund.py，使用 unittest 框架实现三条测试用例，代码如下：

```
# chapter9\test_refund.py
import unittest
from .refund import refund


class TestRefund(unittest.TestCase):
    def refund_test_price(self, price, expect):
        """退款金额测试用例基础方法"""
        res = refund('order', 'outRefundNo', price, 'callback')
        self.assertEqual(res, expect)

    def test_price_equal_0(self):
        """测试退款金额等于 0"""
        self.refund_test_price(0, ('res=True;执行回调函数 callback=callback', '开启事务;
```

```
        将操作提交到数据库'))

    def test_price_equal_1(self):
        """测试退款金额等于 1"""
        self.refund_test_price(1, ('res=微信对象传入参数 order=order、outRefundNo=
        outRefundNo、price=1 参数后执行退款操作;执行回调函数 callback=callback', '开启事务;
        将操作提交到数据库'))

    def test_price_equal_empty(self):
        """测试退款金额为空"""
        res = refund('order', 'outRefundNo', '', 'callback')
        self.assertIsInstance(res[0], TypeError)
        self.assertEqual(res[1], '开启事务;回滚操作')


if __name__ == '__main__':
    unittest.main()
```

首先定义了一个测试类 TestRefund，然后定义了一个基础测试方法 refund_test_price，后面的测试用例 test_price_equal_0 和 test_price_equal_1 方法都是在基础测试方法之上实现的。由于测试用例 test_price_equal_empty 方法的断言与基础测试方法有所差异，因此独自实现。

运行上面的测试脚本，结果如下：

```
============================ test session starts =============================
collecting ... collected 3 items

chapter9/test_refund.py::TestRefund::test_price_equal_0 PASSED          [ 33%]
chapter9/test_refund.py::TestRefund::test_price_equal_1 PASSED          [ 66%]
chapter9/test_refund.py::TestRefund::test_price_equal_empty PASSED      [100%]

======================== 3 passed, 1 warning in 0.04s ========================
```

从结果中可以看到，共收集了 3 条测试用例，且全部运行通过。

上述脚本只是做了一个简单的函数练习，一个真正的单元测试项目肯定是有一定的层级关系的，不同的模块划分，例如测试文件模块、测试报告模块、测试用例模块，用例模块下又有订单测试用例、购物车测试用例、退款测试用例。这与接下来的接口测试自动化项目实战、Web UI 测试自动化项目实战等是相同的，在接下来几类自动化测试实战中会有详细的介绍，在此不做展开说明。

9.7 统计代码覆盖率

代码覆盖率是程序中源代码被测试的比例和程度，是单元测试中一个非常重要的度量指标。在 Python 语言中，程序员可以使用 Coverage 工具分析代码覆盖率。Coverage 是一种用于统计

Python 代码覆盖率的工具，通过它可以检测测试代码的有效性，Coverage 不仅支持分支覆盖率统计，还可以生成 HTML/XML 报告。详细使用可参考官方文档 https://coverage.readthedocs.io/。

Coverage 是 Python 的一个第三方库，可通过 pip 工具快速安装，安装命令是 pip install coverage。安装完成即可开始使用，使用分为两步，第一步是通过 coverage 运行脚本，收集被测代码覆盖率的信息，第二步是生成代码覆盖率的信息报告。例如，执行 test_refund.py 文件的命令就可以写出 coverage run .\test_refund.py，与使用 python 工具运行脚本的方式相同，将 python 命令换成 coverage 命令即可。运行情况如下所示：

```
PS ~\chapter9> coverage run .\test_refund.py
...
----------------------------------------------------------------------

OK
```

运行完成后，会生成一个覆盖率统计结果文件：.coverage。

然后使用 coverage 命令查看代码覆盖率信息，在命令行工具中使用命令 coverage report -m 查看，结果如下：

```
PS ~\chapter9> coverage report -m
Name            Stmts   Miss  Cover   Missing
-----------------------------------------------
refund.py          15      0   100%
test_refund.py     16      0   100%
-----------------------------------------------
TOTAL              31      0   100%
```

可以看到，一共执行了 refund.py 和 test_refund.py 两个脚本，共覆盖代码 31 行，覆盖率 100%。

除了在命令行工具中查看代码覆盖率报告，还可以将其生成 HTML 报告。生成 HTML 报告的命令是 coverage html -d covhtml，命令执行完成后会在当前目录下生成 covhtml 文件夹，如图 9-11 所示。

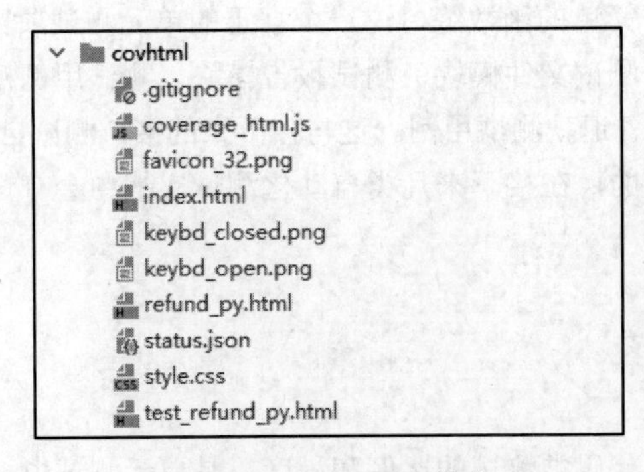

图 9-11　covhtml 文件夹

打开 covhtml/index.html 查看覆盖率报告，如图 9-12 所示，可以看到一共执行了 refund.py 和 test_refund.py 两个脚本，共覆盖代码 31 行，覆盖率 100%。然后，单击任意一个被测文件查看具体覆盖的行，被覆盖到的行前会出现绿色的标识。

Coverage report: 100%

coverage.py v7.3.1, created at 2023-09-18 21:30 +0800

Module	statements	missing	excluded	coverage
refund.py	15	0	0	100%
test_refund.py	16	0	0	100%
Total	**31**	**0**	**0**	**100%**

coverage.py v7.3.1, created at 2023-09-18 21:30 +0800

图 9-12　覆盖率报告

9.8 思 考 题

1. 什么是单元测试？单元测试主要对象有哪些？
2. 你都了解哪些单元测试用例设计方法？
3. 谈一谈条件组合覆盖的优缺点？
4. 给你一个函数，你该如何开展单元测试？
5. 请根据下面代码设计单元测试用例。

下面是一个计算身体质量指数 BMI 类，通过参数获取用户的身高（单位：m）和体重（单位：kg），然后通过公式（BMI=体重÷身高²）得到 BMI 值。如果 BMI 值小于 18.5，则该用户偏瘦；如果 BMI 值在 18.5～23.9 之间，则该用户体重正常；如果 BMI 值在 23.9～26.9 之间，则该用户偏胖；如果 BMI 值大于 26.9，则该用户比较肥胖。

```
# answer\chapter9\BMI.py


class BMI(object):
    """
    BMI is calculated by height(m) and weight(kg)
    """
    def __init__(self, height, weight):
        if not str(height).replace(".", '').isdigit() or not
str(weight).replace(".",
         '').isdigit():
            raise TypeError
        elif height <= 0 or weight <= 0:
```

```
            raise ValueError
        self.BMI = weight / height ** 2

    @property
    def get_type(self):
        if self.BMI < 18.5:
            BMI_type = 'THIN'
        elif self.BMI < 23.9:
            BMI_type = 'NORMAL'
        elif self.BMI < 26.9:
            BMI_type = 'CHUBBY'
        else:
            BMI_type = 'OBESITY'

        return BMI_type
```

第 10 章

实现代码包测试

在编写代码时经常会用到一些包，有些是开源免费的，我们不但可以使用它的包接口，而且还能看到它的源代码。但是有些包却是收费的，我们只能使用它的包接口，却不能看到它的源代码。无论哪种包，提供给用户的接口都很顺畅，很难发现它存在 BUG，那么对于代码包开发团队是如何保障包接口质量的呢？本章将从代码包的概念、用例设计方法和代码包测试实践几方面深入介绍代码包的测试。

10.1　什么是代码包

代码（code）是一组由字符、符号或信号码元以离散形式表示信息的明确的规则体系，是程序员用开发工具所支持的语言写出来的源文件。代码包（code package）则是这些源文件的一个集合，是一个有机整体，由许多必要的功能组成，每个功能里面又封装了若干个类和方法，这些类和方法都围绕着核心功能展开，并且提供了相关的操作和数据信息。

在软件开发中，开发人员经常会将一些具有特定功能的公用代码抽离成一个独立模块，在其他地方需要时直接集成该模块，从而提高开发效率，将这种独立模块打包共享，在编程语言中就形成了“模块共享”机制。为了方便表述，人们便将这种具有特定功能的独立模块称为包，也称代码包。

代码包是一个完善的代码接口体系，编程人员可以通过它提供的接口实现一些特定功能。很多编程语言中都支持代码包，比如 Python 语言，我们可以在 Python 编程语言的软件库（https://pypi.org/）查看已经发布的 Python 包。

10.2　用例设计方法

代码包测试的实质是测试代码包提供的代码接口，例如 unittest 单元测试框架中的测试套件类接口 unittest.TestSuite()。我们需要测试该接口的功能、参数、不同的使用场景（包括 TestCase

对它的影响和它对 TestRunner 的影响）、环境对该接口的影响等情况。与单元测试不同的是，单元测试重点在内部逻辑上，而代码接口测试的重点在接口使用上，对于不开放源代码的包来说，我们只能使用它的接口，而不能看到它内部是如何实现的，因此代码接口测试是一种黑盒测试。

代码包测试是一种代码接口的测试，因此可以从代码接口方面测试代码包，下面是一些测试的入手点:

- 环境方面：许多编程语言都可以跨平台使用，因此开发的代码包也应该跟随其语言，支持在不同的平台上运行。需要特别关注不同平台之间的差异部分，例如文件路径、命令行接口。
- 语言升级：编程语言会不断地升级更新，代码包也应支持语言升级后的新特性。例如 Python 3.10 中增加了模式匹配，那么代码包也应该很好地处理关键字 match 和 case。
- 包升级：代码包升级后应该兼容低版本接口，如果不兼容应有明确的提示说明。
- 输入参数：某些代码接口使用时需要传入参数，因此参数也是一个测试点。测试时需要注意参数类型、参数数量、必填参数和默认值参数、参数组合、参数数据范围、参数之间的关系。
- 输出内容：输出内容主要是对接口产生的结果进行确认，包括正常输出和异常输出。
- 逻辑业务：主要指接口之间的依赖关系。一条关系链上，上一个接口运行后对该接口的影响，该接口运行后对下一个接口的影响。例如 unittest.TestSuite()接口，不同顺序 TestCase 生成的 TestSuite 有何区别，不同方式创建的 TestSuite 对 TestRunner 有何影响。
- 异常测试：构造异常情况测试接口，例如参数为空、NULL。
- 静态内容检查：代码接口命名规范、注释清晰、有示例代码等。
- 性能测试：性能测试指运行代码接口的响应时间及资源消耗。特别是一些计算量比较大的接口，例如 Python-Matplitlib 包中的 pyplot 接口，用于绘制各种数据分析图，测试时就需要关注计算大批量数据并输出结果的耗时、CPU 使用率等指标。
- 其他内容：垃圾回收（创建了某个对象，对象长时间不使用或死亡后会被清除和回收）、多线程下可以正常使用。

10.3 实践对象

本节以 Python 语言中 openpyxl 库下的 create_sheet()接口为例，详细介绍代码包接口的测试。openpyxl 是一个用于读写 Excel 2010 xlsx/xlsm/xltx/xltm 文件的 Python 库。因为它是一个第三方库，所以需要先安装它，在命令行中输入命令 pip install openpyxl 即可完成安装。

```
C:\Users\tynam>pip install openpyxl
Collecting openpyxl
  Downloading openpyxl-3.0.9-py2.py3-none-any.whl (242 kB)
     |████████████████████████████████| 242 kB 544 kB/s
Collecting et-xmlfile
```

```
  Downloading et_xmlfile-1.1.0-py3-none-any.whl (4.7 kB)
Installing collected packages: et-xmlfile, openpyxl
Successfully installed et-xmlfile-1.1.0 openpyxl-3.0.9

C:\Users\tynam>
```

关于 openpyxl 的详细使用，在此就不做说明了。这里我们来看一个 create_sheet()方法的使用示例，create_sheet()方法用于在工作簿中创建工作表，下面是脚本示例：

```
# chapter10\sample.py
from openpyxl import Workbook


workbook = Workbook()                     # 创建一个工作簿
sheet = workbook.create_sheet()           # 添加一个工作表

sheet['A1'] = 'A1'                        # 在 A1 单元格填入内容 A1
sheet['C3'] = 'C3'                        # 在 C3 单元格填入内容 C3

workbook.save('sample.xlsx')              # 保存工作簿，并命名为sample.xlsx
```

运行脚本后会在当前目录下生成一个 sample.xlsx 文件，打开后内容如图 10-1 所示。工作簿中一共有两个工作表 Sheet 和 Sheet1，Sheet 是默认的工作表，Sheet1 是刚才创建的工作表，Sheet1 中 A1 单元格有值 A1，C3 单元格有值 C3，与代码中填写的内容一致。

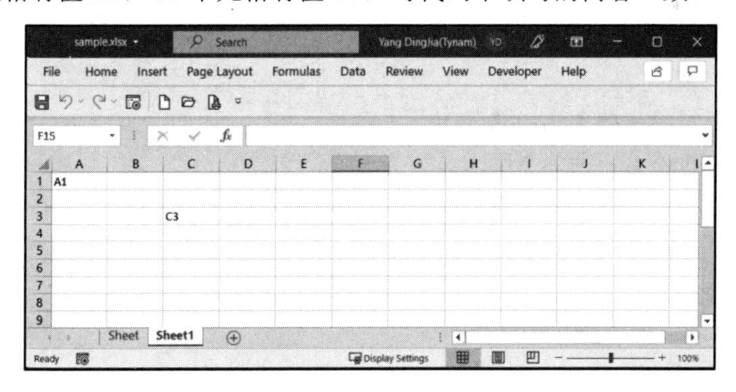

图 10-1　sample.xlsx 文件内容

下面再来看 create_sheet()接口的定义。

```
def create_sheet(title=None, index=None):
    """Create a worksheet (at an optional index).
    :param title: optional title of the sheet
    :type title: str
    :param index: optional position at which the sheet will be inserted
    :type index: int
    """
```

从定义中可以看到，create_sheet()方法是用来创建一个工作表，创建工作表的位置由可选参数 index 决定。create_sheet()方法中有两个可选参数 title 和 index，title 是一个 string 类型，用来设置工作表的名称；index 是一个 int 类型，用来决定插入工作表的位置。

10.4 设计测试用例

create_sheet()是一个单一的接口，在用例设计上可以从自身功能、参数、工作簿、工作表以及使用后对其他接口的影响几个方面入手。

1. 自身功能

自身功能测试 create_sheet()接口用以创建一个工作表，因此可以设计以下用例：

- 不添加任何参数，直接使用。
- 只添加 title 参数。
- 只添加 index 参数，插入工作表时需要注意在第一个位置和最后一个位置。
- 同时添加 title 参数和 index 参数。

2. 参数

参数有 title 和 index 两个，需要分别对两个参数测试，可以设计以下用例：

- title 参数类型。
- title 参数长度。
- title 参数中包含多种文化，例如中英混合。
- title 参数为特殊值，例如 NULL、"、'　'。
- title 参数为包含特殊字符，例如@、#。
- index 参数类型。
- index 参数长度。
- index 值大于工作表的数量。

3. 工作簿

不同的工作簿下添加工作表，设计如下用例：

- 在一个新工作簿中添加工作表。
- 加载一个工作簿，而后添加工作表。
- 加载一个只读的工作簿，而后添加工作表。
- 加载一个只写的工作簿，而后添加工作表。

4. 工作表

设置拥有不同属性的工作表，测试创建工作表接口，设计如下用例：

- 有工作表被隐藏，测试添加工作表。

5. 其他接口的影响

添加工作表后，其他接口可以正常使用，设计如下用例：

- 添加工作表后，验证当前活动的工作表。
- 添加工作表后，删除原有的工作表。
- 添加工作表后，删除添加的工作表。
- 添加工作表后，重新命名。
- 添加工作表后，设置背景色。
- 添加工作表后，移动工作表的位置。

10.5　编写测试脚本

代码包的测试脚本编写与单元测试相同，都是使用单元测试框架，然后根据框架的语法规则实现设计的测试用例。本例测试对象虽然只有一个添加工作表的接口，但涉及内容比较多，既要测试自身功能，还要与其他接口联动，因此在编写测试脚本时需要注意一些事项，例如输入文件和输出文件的管理，setUp 与 tearDown 如何充分利用，测试方法中会多次使用到的一些代码该如何处理等。

将 10.4　设计测试用例一节中的测试用例通过脚本实现，代码如下：

```
# chapter10\test_create_sheet.py
import inspect
import os
import shutil
import unittest
import warnings

from openpyxl import Workbook
from openpyxl import load_workbook

# 设置输出文件路径
current_file_dir = os.path.dirname(__file__)
output_dir = os.path.join(current_file_dir, 'output')
# 设置是否删除输出文件夹
is_delete_output = True
```

```
class TestCreateSheet(unittest.TestCase):
    @classmethod
    def setUpClass(cls) -> None:
        if not os.path.exists(output_dir):
            os.makedirs(output_dir)          # 创建输出文件目录

    @classmethod
    def tearDownClass(cls) -> None:
        if is_delete_output and output_dir:
            shutil.rmtree(output_dir)        # 删除输出文件目录及其下的文件

    def setUp(self) -> None:
        self.workbook = Workbook()
        sheet = self.workbook.active         # 获取活动的工作表
        sheet['A1'] = 'A1'
        sheet['C3'] = 'C3'

# *************** 测试用例 ***************

    def test_default_param(self):
        """直接使用，不添加任何参数"""
        self.workbook.create_sheet()
        self.assert_title(1, 'Sheet1')

    def test_only_title(self):
        """只添加 title 参数"""
        title = 'OnlyTitle'
        self.workbook.create_sheet(title)
        self.assert_title(1, title)

    def test_only_index_0(self):
        """只添加 index=0 参数"""
        self.workbook.create_sheet(index=0)
        self.assert_title(0, 'Sheet1')

    def test_only_index_1(self):
        """只添加 index=1 参数"""
        self.workbook.create_sheet()
        self.workbook.create_sheet(index=1)
        self.assert_title(1, 'Sheet2')
        self.assert_sheet_count(3)

    def test_title_and_index(self):
        """同时使用 title 和 index 参数"""
        title = 'testTitle'
        self.workbook.create_sheet(title, index=0)
```

```
        self.assert_title(0, title)
        self.assert_sheet_count(2)

    def test_title_type(self):
        "测试 title 类型"
        expect_msg = 'expected string or bytes-like object'
        with self.assertRaises(TypeError, msg=expect_msg):
            self.workbook.create_sheet(title=123)

    def test_title_len_0(self):
        "测试 title 长度, title=None 时取默认值"
        self.workbook.create_sheet(title='')
        self.assert_title(1, 'Sheet1')

    def test_title_len_31(self):
        "测试 title 长度"
        title = "testTitleMaxtestTitleMaxtestTit"
        self.workbook.create_sheet(title=title)
        self.assert_title(1, title)

    def test_title_len_32(self):
        "测试 title 长度"
        title = "testTitleMaxtestTitleMaxtestTitl"
        expect_warning_message = 'Title is more than 31 characters. Some
applications
       may not be able to read the file ok'
        with self.assertWarns(UserWarning, msg=expect_warning_message):
            self.workbook.create_sheet(title=title)

    def test_title_multiculture(self):
        "测试 title 中含有多种文化语言"
        title = "测试 Title"
        self.workbook.create_sheet(title)
        self.assert_title(1, title)

    def test_title_special_values_1(self):
        "测试 title 为特殊值"
        title = None
        self.workbook.create_sheet(title)
        self.assert_title(1, 'Sheet1')

    def test_title_special_values_2(self):
        "测试 title 为特殊值"
        title = '  '
        self.workbook.create_sheet(title)
        self.assert_title(1, title)
```

```
    def test_title_contain_special_values(self):
        "测试 title 为特殊值"
        title = 'a@b'
        self.workbook.create_sheet(title)
        self.assert_title(1, title)

# *************** 测试辅助方法 ***************

    def save_excel(self):
        """根据用例方法名保存 Excel"""
        case_name = inspect.stack()[2][3]
        excel_name = case_name + '.xlsx'
        self.excel_path = os.path.join(output_dir, excel_name)
        self.workbook.save(self.excel_path)

    def assert_title(self, index, expect_title):
        """根据方法名加载 Excel，并断言 title"""
        self.save_excel()
        self.workbook = load_workbook(self.excel_path)
        worksheet = self.workbook.worksheets[index]
        title = worksheet.title
        self.assertEqual(expect_title, title)

    def assert_index(self, title, expect_index):
        """根据方法名加载 Excel，并断言 title"""
        self.save_excel()
        self.workbook = load_workbook(self.excel_path)
        worksheet = self.workbook[title]
        index = self.workbook.index(worksheet)
        self.assertEqual(expect_index, index)

    def assert_sheet_count(self, count):
        """断言工作表数量"""
        worksheets_len = len(self.workbook.worksheets)
        self.assertEqual(count, worksheets_len)


if __name__ == '__main__':
    loader = unittest.TestLoader()
    suit = unittest.TestLoader().loadTestsFromTestCase(TestCreateSheet)
    # 执行测试用例
    runner = unittest.TextTestRunner(verbosity=2)
    runner.run(suit)
```

由于篇幅原因，加之其他用例方法与上面的用例方法写法相似，在此就不再展开列举了。读者在练习时，可根据自身情况进行补充。以下将上述脚本的构思做以下说明。

上述测试脚本总体上可以分为三部分，预置条件与后置条件、测试用例、测试辅助方法。预置条件与后置条件为测试方法提供条件，测试用例是我们真正的测试内容，测试辅助方法方便测试用例编写的进行，提高测试效率。

预置条件与后置条件又分为类级别和方法级别，类级别是在测试进行前，准备文件输出目录，测试结束后，对输出文件清理，由于有时候需要调试测试方法和查看输出文件，所以添加了一个变量 is_delete_output 用于控制测试结束后是否清理输出文件。方法级别的预置条件中设置了创建一个工作簿，并在默认的工作表中填入了内容，确保每个测试方法都在一个有内容的工作簿基础上开展。测试辅助方法将测试用例方法中会多次使用到的代码提取出来封装，测试用例使用时直接调用即可，每个方法都添加了注释，很好理解。测试用例方法就是将设计好的测试用例以脚本的形式实现。

上述脚本用到了 assertWarns()方法，这是一个警告断言，表示运行其下的代码会抛出警告，可以在 assertWarns()方法中添加警告类型和警告信息。例如，assertWarns(UserWarning, msg=" This is a warning message")是一个 UserWarning 类型的警告，警告信息是 This is a warning message。

10.6　测试运行

测试方法添加完成后，可运行脚本，查看测试结果。进入脚本所在的目录，执行命令 python -m unittest -v test_create_sheet.py 运行测试方法，运行后控制台输出的结果如下：

```
    test_default_param (__main__.TestCreateSheet.test_default_param)
    直接使用，不添加任何参数 ... ok
    test_only_index_0 (__main__.TestCreateSheet.test_only_index_0)
    只添加 index=0 参数 ... ok
    test_only_index_1 (__main__.TestCreateSheet.test_only_index_1)
    只添加 index=1 参数 ... ok
    test_only_title (__main__.TestCreateSheet.test_only_title)
    只添加 title 参数 ... ok
    test_title_and_index (__main__.TestCreateSheet.test_title_and_index)
    同时使用 title 和 index 参数 ... ok
    test_title_contain_special_values
(__main__.TestCreateSheet.test_title_contain_special_values)
    测试 title 为特殊值 ... ok
    test_title_len_0 (__main__.TestCreateSheet.test_title_len_0)
    测试 title 长度, title=None 时取默认值 ... ok
    test_title_len_31 (__main__.TestCreateSheet.test_title_len_31)
    测试 title 长度 ... ok
    test_title_len_32 (__main__.TestCreateSheet.test_title_len_32)
    测试 title 长度 ... ok
    test_title_multiculture (__main__.TestCreateSheet.test_title_multiculture)
    测试 title 中含有多种文化语言 ... ok
```

```
test_title_special_values_1 (__main__.TestCreateSheet.test_title_special_values_1)
测试 title 为特殊值 ... ok
test_title_special_values_2 (__main__.TestCreateSheet.test_title_special_values_2)
测试 title 为特殊值 ... ok
test_title_type (__main__.TestCreateSheet.test_title_type)
测试 title 类型 ... ok

----------------------------------------------------------------------
Ran 13 tests in 0.718s

OK
```

从结果中可以看到，总共运行了 13 个测试方法，用时 0.718s，并全部通过。

10.7 思 考 题

1. 什么是代码包？什么是代码包测试？
2. 设计代码包接口测试用例，可以从哪些方面入手？
3. 代码包测试与单元测试有什么区别？
4. 如果要你实现一个代码包测试的工具/框架，从工具/框架的实现上，你会考虑哪些方面？

第 11 章

实现接口测试

接口测试是检查程序各部分之间的交互点，从无测试到手工测试、借助脚本或工具实现自动化测试以及测试平台的构建，接口测试近几年发展非常迅速，许多企业也都开始重视接口测试，因此，接口测试也成了测试人员的必备技能。本章首先为读者介绍接口自动化测试的概念，然后用一个示例进行实战。

11.1 接口测试简介

测试人员经常说的接口是指程序前后端的接口，它是基于某种协议的一种接口。测试人员向服务器发送一个请求，服务器接收到请求并做处理，然后返回一个响应结果，最后通过对响应结果判断是否符合预期，从而验证接口的功能是否正确。

11.1.1 概念

接口（Application Programming Interface）简称 API，用于程序不同部分之间的数据交互。接口测试是测试系统组件间接口的一种测试，主要用于检测外部系统与系统之间以及内部各个子系统之间的交互点。测试的重点是检查数据的交换，传递和控制管理过程，以及系统间的相互逻辑依赖关系等。

随着 IT 行业的分工越来越细化，很多项目都采用前后端分离的开发模式，而这种开发模式有一个很关键的点，即是数据交互-接口。对接口的测试就是为了保障数据交互的稳定和安全。再就是产品是不断地发展的，内部复杂度也在不断上升，模块之间的依赖、模块与第三方之间的关联也越来越多，如果单纯地依靠页面功能测试，是很难确保数据的安全和各种场景的覆盖的。而进行接口测试，则可以绕过前端的限制，更大程度地覆盖使用场景，提高代码覆盖率，且接口测试很容易实现自动化，相对 UI 自动化也比较稳定，可以支持后端开发的快速迭代。因此，进行接口测试是非常有价值且必要的。

接口有很多类型，例如计算机 USB 接口、操作系统接口、命令行参数接口、不同协议类型接口等，每一种接口的测试方法、测试出发点、使用场景都不相同，因此接口测试是一种宽泛的说法。但由于软件测试人员接触和测试最多的是 HTTP 协议类型的接口，于是普遍的认识是：接口测试就是测试 HTTP 协议类型的接口。

11.1.2　常见接口协议

接口是基于某种协议开发的，符合一定的协议规范，下面介绍一些常见的接口协议。

1. HTTP(S)

HTTP（Hyper Text Transfer Protocol）即超文本传输协议，是互联网的基础协议，它是基于 TCP 协议的应用层传输协议，用于客户端和服务器之间的通信。请求访问文本或图像等资源的一端称为客户端，而提供资源响应的一端称为服务器端。HTTP 是面向连接的，客户端首先通过网络与服务器建立连接，然后客户端向服务器提出请求，服务器接到请求后做出相应应答，最后服务器关闭连接。

HTTPS（Hypertext Transfer Protocol over Secure Socket Layer）是以安全为目标的 HTTP 通道，在 HTTP 协议的基础上加入了 SSL 层。SSL 是安全套接层，主要用于 Web 的安全传输协议，它是通过证书认证来确保客户端和服务器之间的通信数据是加密安全的。

2. WebService

WebService 不是一种协议，是基于 HTTP/HTTPS 的一种技术方式或风格，能使得运行在不同机器上的不同应用无须借助附加的、专门的第三方软件或硬件就可相互交换数据或集成。WebService 是一种跨编程语言和跨操作系统平台的远程调用技术，换言之，无论你使用何种语言、何种平台或内部采用什么协议，都可以相互交换数据。

3. REST

REST（Representational State Transfer）即表现层状态转化，是一种软件架构风格。表现层指的是将资源具体呈现出来的形式，客户端想要操作服务器，必须通过某种手段让服务器端发生状态转化，而这种转化是建立在表现层之上的，所以实际就是表现层状态转化。在具体的 HTTP 协议里，客户端用到的手段是 4 个表示操作方式的动词：GET、POST、PUT、DELETE，它们分别对应 4 种基本操作：GET 用来获取资源、POST 用来新建资源（也可以用于更新资源）、PUT 用来更新资源、DELETE 用来删除资源。

4. SOAP

SOAP（Simple Object Access Protocol）是一种简单的基于 XML 的简易协议，可使应用程序在 HTTP 之上进行信息交换。它由四部分组成：SOAP 信封（定义了一个框架，该框架描述了消息中的内容，包括消息的内容、发送者、接收者、处理者以及如何处理这些消息）、SOAP 编码规则（定义了一种系列化机制，用于交换应用程序所定义的数据类型的实例）、SOAP RPC 表示（定义了用于表示远程过程调用和应答协定）、SOAP 绑定（定义了一种使用底层传输协议来完成在节点间交换 SOAP 信封的约定）。

5. FTP

FTP（File Transfer Protocol）即文件传输协议，是用于在网络上进行文件传输的一套标准协议，目标是提高文件的共享性和可靠高效地传送数据。任何操作系统上的程序只要符合 FTP 协议，就可以互相传输数据。

6. POP3

POP3（Post Office Protocol 3）是邮局协议的第 3 个版本，主要用于支持使用客户端远程管理在服务器上的电子邮件。POP3 允许用户从服务器上把邮件存储到本地主机上，同时删除保存在邮件服务器上的邮件。

7. SMTP

SMTP（Simple Mail Transfer Protocol）是一种提供可靠且有效的电子邮件传输的协议，主要用于系统之间的邮件信息传递，并提供有关来信的通知。

11.2 用例设计方法

接口测试需要测试该接口的功能、参数、应用场景和环境对该接口的影响等情况。与单元测试不同的是，单元测试重点在内部逻辑上，而接口测试的重点在接口使用上，我们不能看到接口是如何实现的，只能通过入参和出参判断接口实现是否正确，因此接口测试是一种黑盒测试。

表 11-1 列出了 Leadshop 项目的登录接口。

表11-1　Leadshop项目的登录接口

接口名称	账户登录			
接口地址	/api/leadmall/login			
请求方式	POST			
内容类型	application/json			
输入参数	mobile	string	必须	手机号
	password	string	必须	密码
输出参数	id	number		用户 ID
	mobile	number		手机号
	nickname	string		昵称
	roles	string		角色
	format	null		格式数据
	status	number		状态
	is_deleted	number		是否删除
	created_time	null		创建时间
	updated_time	null		更新时间
	deleted_time	null		删除事件
	token	string		Token

（续表）

接口名称	账户登录	
示例	输入示例	POST https://demo.leadshop.vip/index.php?q=/api/leadmall/login {mobile: "18888888888", password: "123456"}

	输出示例	{
		"id": 1,
		"mobile": 18888888888,
		"nickname": "管理员",
		"roles": null,
		"format": null,
		"status": 0,
		"is_deleted": 0,
		"created_time": null,
		"updated_time": null,
		"deleted_time": null,
		"avatar": null,
		"name": null,
		"type": 1,
		"remark": "",
		"form": null,
		"token_type": "Bearer",
		"access_token": "eyJ0eXAiOiJKV1QikwYyJ",
		"refresh_token": "eyJ0eXAiOiJKV1QiLC "
		}

从表 11-1 列出的接口中可以看到，一个接口有接口地址、请求方式、请求格式、输入参数和输出参数，接口测试就是验证这几部分内容的正确性，因此测试用例的设计首先是分析接口的特点，然后通过一些设计方法更合理地覆盖接口各个部分。常见设计方法有等价类划分法、边界值分析法、错误推测法、因果图法、判定表驱动法、正交试验法、功能图法和场景图法。

接口测试用例设计的重点在于功能性的业务逻辑检查和数据检查，数据检查是分析接口的输入参数，覆盖各种可能的场景。对于一个具体的接口测试，需要考虑的因素有预置条件、输入参数、业务场景、数据验证、后置条件、异常测试等，分别说明如下：

- 预置条件：满足条件和不满足条件下接口的使用情况。
- 输入参数：检查接口中的参数类型、必填参数、参数关联、参数值限制（空、null、范围、特殊字符）、参数数量、参数顺序。
- 业务场景：一条业务线上的接口相互调用，例如下单支付业务，下单接口和支付接口关联使用。
- 数据验证：对接口的输出内容进行验证，包括正常验证和异常验证。
- 后置条件：也称数据销毁，接口执行后相应的数据可以正常处理。

- 异常测试：构造异常环境或使用场景，验证接口可以正常使用。例如幂等（重复提交）、分布式测试、事物测试、大数量测试、环境异常的测试，环境异常包含负载均衡和冷热备份。
- 其他：其他可能存在风险的地方，例如缓存信息、缓存加载方式、失效时间校验、权限等。通常来说，在设计测试用例时，先正向设计，后负向设计，最后异常设计。

11.3　实战对象

本节我们以 Leadshop 项目后台接口文档（https://doc.leadshop.vip/api.html）中 Admin 管理员下 4 个接口为对象进行实战练习，本练习以数据驱动模型实现单接口测试，暂不涉及接口依赖的用例。接口文档部分截图如图 11-1 所示。

图 11-1　接口文档

Admin 管理员下有下载小程序包、修改密码、清理缓存、账户登录共计 4 个接口，账户登录接口见表 11-1，下载小程序包、修改密码、清理缓存接口如表 11-2~表 11-4 所示。

表11-2　下载小程序包接口

接口名称	下载小程序包
接口地址	/api/leadmall/download
请求方式	GET

表11-3　修改密码接口

接口名称	修改密码			
接口地址	/api/leadmall/passport			
请求方式	PUT			
内容类型	application/json			
输入参数	old_password	String	必须	旧密码
	new_password1	String	必须	新密码
	new_password2	String	必须	确认密码

表11-4　清理缓存接口

接口名称	清理缓存
接口地址	/api/leadmall/clean
请求方式	GET
返回数据	true

11.4　构建项目结构

一个接口有名称、地址、请求方式、请求头、请求体和响应结果 6 个部分，测试人员虽然需要测试不同的接口，但每个接口都是开始于此 6 部分，也结束于此 6 部分。故接口测试非常契合数据驱动模型，因此我们可以将接口测试用例保存到 Excel 文件中，然后写一个驱动程序从 Excel 文件中读取测试用例并依次执行。

确定好了测试模型，便可根据其特点构建出如图 11-2 所示的项目结构，本测试采用 pytest 单元测试框架，因此在项目结构中会有一些 pytest 相关的配置文件。

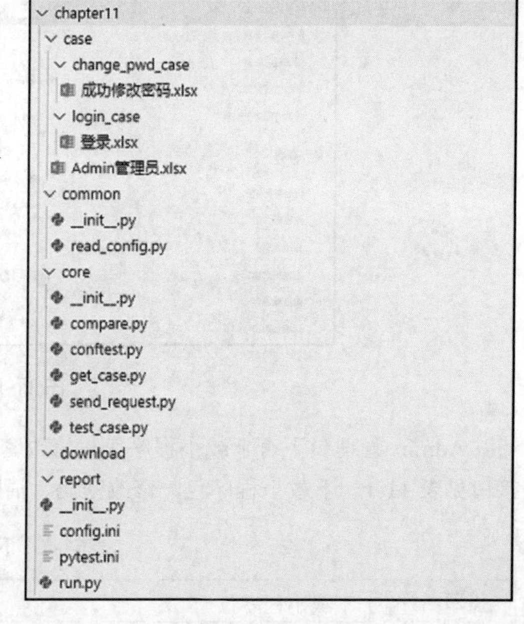

图 11-2　项目结构

项目目录结构中的文件说明如下：

- case：测试用例目录。
- case\change_pwd_case：修改密码的测试用例目录。因为修改密码后需要重新获取登录用户的认证，因此需要单独出来。
- case\change_pwd_case 成功修改密码.xlsx：

密码可以修改成功的测试用例文件。

- case\login_case：登录测试用例目录。登录测试不需要携带登录用户认证，和正常的测试用例有所区别，因此单独写测试用例。
- case\login_case 登录.xlsx：登录测试用例文件。
- case\Admin 管理员.xlsx：Admin 管理员模块测试用例文件。
- common：公用的模块、方法。
- common__init__.py：空文件，用于标识 common 是一个 Python 包。
- common\read_config.py：读取配置文件 config.ini 文件内容。
- core：核心内容。
- core__init__.py：空文件，用于标识 core 是一个 Python 包。
- core\compare.py：自定义断言文件。
- core\conftest.py：共享夹具。
- core\get_case.py：获取测试用例文件。
- core\send_request.py：发送接口请求文件。
- core\test_case.py：测试用例文件。
- download：测试过程中下载的文件目录，便于后续追踪下载内容。
- report：测试报告目录。本例会采用 Allure 工具生产测试报告，该目录存放 Allure 测试报告。
- __init__.py：空文件，用于标识所在目录是一个 Python 包。
- config.ini：配置文件，用以设置常用的、基础的一些信息。
- pytest.ini：pytest 配置文件，用以设置 pytest 运行时的默认行为。
- run.py：项目入口，执行该文件后，会运行所有的测试用例，并生成测试报告。

根据构建的项目目录结构，相信读者对整个接口测试项目的运行已经有了一个整体思路，如图 11-3 所示。

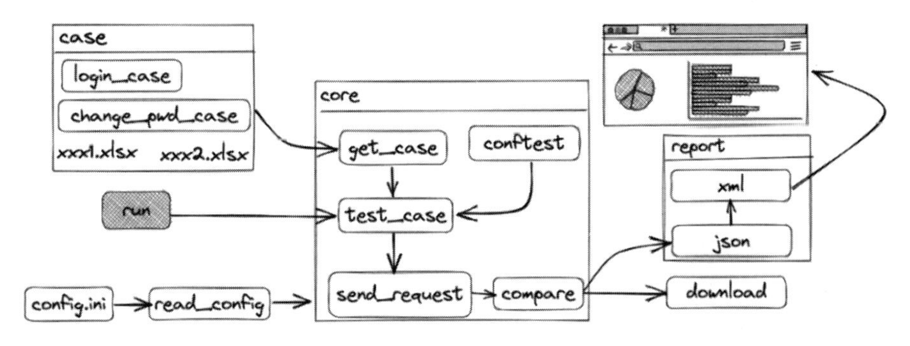

图 11-3 接口测试项目运行流程

run.py 文件作为项目入口，执行该文件将自动在 test_case.py 文件中查找测试用例函数/方法，测试用例函数/方法通过参数化的方法获取测试用例数据，测试用例数据是使用 get_case.py 文件封装的一些函数自动读取 case 目录下 Excel 文件中可执行的测试数据；获取到测试数据后，测试用例函数/方法通过 conftest.py 夹具实现前置操作，然后调用 send_request.py 文件中封装的一些函数实现接口请求并得到响应结果，再通过 compare.py 中自定义的断言函数将实际结果和预期结果进行对比得到测试结果，最后通过 conftest.py 夹具实现后置操作；在测试用例执行的过程中，会将下载的文件保存到 download 目录下，测试数据保存到 report/json 下。整个测试执行完成后，通过 Allure 命令将 report/json 下的 JSON 文件转化成可视化的 XML 报告，保存在 report/xml 下，之后用浏览器即可看到 xml 下漂亮的 Allure 测试报告。

11.5 设计测试用例

实战对象中总共有 4 个接口需要测试，可以根据 11.2 节中提供的思路，充分考虑 4 个接口的使用场景，设计出非常全面的测试用例。单接口设计时首先需要添加正常的接口测试，然后是输入和输出参数测试，最后是接口地址错误、请求方式错误、请求数据类型错误等异常测试。详细测试用例设计如下：

1. 下载小程序包接口测试用例

- 下载小程序包成功

2. 修改密码接口测试用例

- 旧密码、新密码和确认密码都符合要求，修改密码成功；此用例执行后，需要后置一个用例将密码重置为旧密码。
- 请求体中无旧密码。
- 请求体中无新密码。
- 请求体中无确认新密码。
- 旧密码为空。
- 新密码为空。
- 确认新密码为空。
- 旧密码错误。
- 新密码格式错误，包括长度不足、超长、空格等。
- 确认新密码格式错误。
- 新密码与确认新密码不一致。
- 新密码与旧密码一致。

3. 清理缓存接口测试用例

- 清理缓存成功。

4. 账户登录接口测试用例

- 使用正确的手机号和密码，登录成功。
- 请求体中无手机号。
- 请求体中无密码。
- 手机号为空。
- 密码为空。
- 手机号错误。
- 密码错误。
- 用户名不存在。

11.6　编写项目脚本

在 11.4　构建项目结构一节，我们搭建了基本的项目结构，并说明了实现思路。本节将通过脚本的一步一步编写，实现接口的自动化测试。

11.6.1　设计测试用例文件

一个接口有名称、请求地址、请求方式、请求头、请求体和响应结果 6 个字段，一个测试用例需要有用例编号、用例名称、用例步骤和预期结果 4 个字段，可以将接口名称转换为用例名称、响应结果转换为预期结果，这样接口测试用例应有用例编号、用例名称、请求地址、请求方式、请求头、请求体和预期结果 7 个字段。

除以上 7 个字段外，还需要添加一些其他的字段满足测试项目的需要。首先对于预期结果与实际结果比对时，我们需要知道以什么方式、比对接口响应的哪部分内容，因此需要添加预期结果类型字段；其次执行过程中有些用例是不需要执行的，因此需要添加是否执行字段；最后有时候还需要对一些用例作补充说明，因此还需要添加备注字段。故项目中一个接口测试用例应该有是否执行、用例编号、用例名称、请求地址、请求方式、请求头、请求体、预期结果类型、预期结果和备注 10 个字段。Excel 中创建的测试用例表格如表 11-5 所示。

表11-5　接口测试用例表格

是否执行	用例编号	用例名称	接口地址	请求方式	请求头	请求参数	预期结果类型	预期结果	备注

表头设计完成后，只需要将 11.5　设计测试用例一节设计的测试用例，按照表格的形式补充即可。

1. 登录用例

在 case/login_case/登录.xlsx 中添加登录接口测试用例，根据设计的登录测试用例将内容按要求填写在表格中，如表 11-6 所示。表格中添加了“预期结果类型”为 json_contain，意思是用例的预期结果是 JSON 格式，并且是接口响应结果 JSON 格式数据的子集，断言需要在 core/compare.py 中实现。

表11-6　登录接口测试用例

是否执行	用例编号	用例名称	接口地址	请求方式	请求头	请求参数	预期结果类型	预期结果	备注
是	test_login_01	成功登录	/api/leadmall/login	POST	{"Content-Type": "application/json; charset=UTF-8"}	{"mobile": "18888888888", "password": "xA123456"}	json_contain	{ "id": 1, "mobile": 18888888888, "nickname": "管理员", "status": 0, "is_deleted": 0, "type": 1, "token_type":"Bearer}	
是	test_login_02	请求体中无手机号	/api/leadmall/login	POST	{"Content-Type": "application/json; charset=UTF-8"}	{"password": "xA123456"}	json_contain	{ "message": "Undefined index: mobile"}	
是	test_login_03	请求体中无密码	/api/leadmall/login	POST	{"Content-Type": "application/json; charset=UTF-8"}	{"mobile": "18888888888"}	json_contain	{ "message": "Undefined index: password"}	

（续表）

是否执行	用例编号	用例名称	接口地址	请求方式	请求头	请求参数	预期结果类型	预期结果	备注
是	test_login_04	手机号为空	/api/leadmall/login	POST	{"Content-Type": "application/json; charset=UTF-8"}	{ "mobile": "", "password": "xA123456"}	json_contain	{ "message": "用户不存在或密码错误"}	
是	test_login_05	密码为空	/api/leadmall/login	POST	{"Content-Type": "application/json; charset=UTF-8"}	{"mobile": "18888888888", "password": ""}	json_contain	{ "message": "用户不存在或密码错误"}	
是	test_login_06	手机号错误	/api/leadmall/login	POST	{"Content-Type": "application/json; charset=UTF-8"}	{"mobile": "18888888887", "password": "xA123456"}	json_contain	{ "message": "用户不存在或密码错误"}	
是	test_login_07	密码错误	/api/leadmall/login	POST	{"Content-Type": "application/json; charset=UTF-8"}	{"mobile": "18888888888", "password": "xA1234561"}	json_contain	{ "message": "用户不存在或密码错误"}	
是	test_login_08	手机号不存在	/api/leadmall/login	POST	{"Content-Type": "application/json; charset=UTF-8"}	{"mobile": "123", "password": "xA123456"}	json_contain	{ "message": "用户不存在或密码错误"}	

2. 修改密码用例

在 case/change_pwd_case/成功修改密码.xlsx 中添加修改密码接口测试用例，该表格中的修改密码用例一定会把密码修改成功的，最后再将密码修改为最初的密码。根据设计的修改密码用例，将内容按要求填写在表格中，如表 11-7 所示。表格中添加了“预期结果类型”为 boolean，意思是用例的预期结果是布尔类型，与接口响应结果的文本转换为布尔类型的值是相同的，断言需要在 core/compare.py 中实现。

表11-7　修改密码接口测试用例

是否执行	用例编号	用例名称	接口地址	请求方式	请求头	请求参数	预期结果类型	预期结果	备注
是	test_change_pwd_01	修改密码成功	/api/leadmall/passport	PUT	{"Content-Type": "application/json; charset=UTF-8"}	{"old_password": "xA123456", "new_password1": "123456", "new_password2": "123456"}	boolean	TRUE	
是	test_change_pwd_02	新密码长度=1	/api/leadmall/passport	PUT	{"Content-Type": "application/json; charset=UTF-8"}	{"old_password": "123456", "new_password1": "1", "new_password2": "1"}	boolean	TRUE	
是	test_change_pwd_03	新密码长度超长	/api/leadmall/passport	PUT	{"Content-Type": "application/json; charset=UTF-8"}	{"old_password": "1", "new_password1": "123456", "new_password2": "123456"}	boolean	TRUE	

（续表）

是否执行	用例编号	用例名称	接口地址	请求方式	请求头	请求参数	预期结果类型	预期结果	备注
是	test_change_pwd_04	新密码含有空格	/api/leadmall/passport	PUT	{"Content-Type": "application/json; charset=UTF-8"}	{"old_password": "123456", "new_password1": " 123456", "new_password2": " 123456"}	boolean	TRUE	
是	test_change_pwd_05	修改密码成功_恢复旧密码	/api/leadmall/passport	PUT	{"Content-Type": "application/json; charset=UTF-8"}	{"old_password": " 123456", "new_password1": "xA123456", "new_password2": "xA123456"}	boolean	TRUE	

3. Admin 管理员——下载小程序包用例

在 case/Admin 管理员.xlsx 中新建一个 Sheet 表格并命名为“下载小程序包”，添加下载小程序包接口测试用例，根据设计的下载小程序包用例将内容按要求填写在表格中，如表 11-8 所示。表格中添加了预期结果类型为 file_info，意思是将对下载的小程序进行断言，断言接口返回状态码是 200，下载的文件大小为大于 0，断言需要在 core/compare.py 中实现。

表11-8　Admin管理员——下载小程序包接口测试用例

是否执行	用例编号	用例名称	接口地址	请求方式	请求头	请求参数	预期结果类型	预期结果	备注
是	test_download_01	成功下载小程序包	/api/leadmall/download	GET			file_info	{ "name": "wxapp.zip"}	

4. Admin 管理员——修改密码用例

在 case/Admin 管理员.xlsx 中新建一个 Sheet 表格并命名为“修改密码”，该表格中的修改密码用例一定不会把密码修改成功。添加修改密码接口测试用例，根据设计的修改密码用例将内容按要求填写在表格中，如表 11-9 所示。

表11-9 Admin管理员——修改密码接口测试用例

是否执行	用例编号	用例名称	接口地址	请求方式	请求头	请求参数	预期结果类型	预期结果	备注
是	test_change_pwd_01	请求体中无旧密码	/api/leadmall/passport	PUT	{"Content-Type": "application/json; charset=UTF-10"}	{"new_password1": "123456", "new_password2": "123456"}	json_contain	{"message": "请填写表单"}	
是	test_change_pwd_02	请求体中无新密码	/api/leadmall/passport	PUT	{"Content-Type": "application/json; charset=UTF-8"}	{"old_password": "xA123456", "new_password2": "123456"}	json_contain	{"message": "请填写表单"}	
是	test_change_pwd_03	请求体中无确认新密码	/api/leadmall/passport	PUT	{"Content-Type": "application/json; charset=UTF-8"}	{ "old_password": "xA123456", "new_password1": "123456"}	json_contain	{"message": "请填写表单"}	
是	test_change_pwd_04	旧密码为空	/api/leadmall/passport	PUT	{"Content-Type": "application/json; charset=UTF-8"}	{ "old_password": "", "new_password1": "123456", "new_password2": "123456"}	json_contain	{"message": "请填写表单"}	
是	test_change_pwd_05	新密码为空	/api/leadmall/passport	PUT	{"Content-Type": "application/json; charset=UTF-8"}	{ "old_password": "xA123456", "new_password1": "", "new_password2": "123456"}	json_contain	{"message": "请填写表单"}	

（续表）

是否执行	用例编号	用例名称	接口地址	请求方式	请求头	请求参数	预期结果类型	预期结果	备注
是	test_change_pwd_06	确认新密码为空	/api/leadmall/passport	PUT	{"Content-Type": "application/json; charset=UTF-8"}	{ "old_password": "xA123456", "new_password1": "123456", "new_password2": ""}	json_contain	{"message": "请填写表单"}	
是	test_change_pwd_07	旧密码错误	/api/leadmall/passport	PUT	{"Content-Type": "application/json; charset=UTF-8"}	{"old_password": "123456789", "new_password1": "123456", "new_password2": "123456"}	json_contain	{"message": "旧密码错误"}	
是	test_change_pwd_08	新密码与确认新密码不一致	/api/leadmall/passport	PUT	{"Content-Type": "application/json; charset=UTF-8"}	{"old_password": "xA123456", "new_password1": "123456", "new_password2":"1234567"}	json_contain	{"message": "两次新密码不一致"}	

5. Admin 管理员——清理缓存用例

在 case/Admin 管理员.xlsx 中新建一个 Sheet 表格并命名为“清理缓存”。添加清理缓存接口测试用例，根据设计的清理缓存用例将内容按要求填写在表格中，如表 11-10 所示。

表11-10　Admin管理员——清理缓存接口测试用例

是否执行	用例编号	用例名称	接口地址	请求方式	请求头	请求参数	预期结果类型	预期结果	备注
是	test_cache_01	清理缓存成功	/api/leadmall/clean	GET			boolean	True	

11.6.2　添加基础配置数据

配置文件 config.ini 是整个接口测试项目的基础数据，也是常用的一些数据，例如 host、登录用户名和密码等。在此文件中添加基本的数据，添加的内容如下：

```
[base]
host = http://121.41.112.70
base_url = %(host)s/index.php

[login]
```

```
url = /api/leadmall/login
headers = {"Content-Type": "application/json; charset=UTF-8"}
body = {"mobile":"18888888888", "password":"xA123456"}
```

在此项目中，我们添加了 base 和 login 两部分配置内容，base 下添加了 host 和 base_url 变量，login 下添加了 url、headers 和 body 变量。其中，%(host)s 表示引用 host 的值。

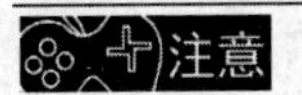

本次练习配置文件 config.ini 和测试用例文件“登录.xlsx”中的 mobile 和 password 均是假信息，读者在练习时需要根据搭建的 Leadshop 项目进行修改。也可直接使用 Leadshop 体验地址：https://demo.leadshop.vip/index.php，账户和密码可查看 Leadshop 说明文档：https://gitee.com/leadshop/leadshop。

其中，ini 文件是 Initialization File 的缩写，即初始化文件，属于配置文件的一种。ini 文件由节、键、值组成，节用来区分不同用途的参数区，键就是我们常说的变量，引用键就是获取值。如上配置文件中[login]就是节，url=/api/leadmall/login 中 url 为键，/api/leadmall/login 为值。

11.6.3　读取配置文件内容

配置文件中添加了一些常用的变量，接下来需要读取这些变量。在 Python 中可使用 configparser 模块读取 INI 文件，我们在 common\read_config.py 文件中添加读取配置文件的代码，如下所示：

```
# chapter11\common\read_config.py
import os
from pathlib import Path
from configparser import ConfigParser


# 从当前文件开始，查找配置文件 config.ini
current_file = os.path.realpath(__file__)
config_path = Path(current_file).parent.parent.joinpath("config.ini")

config = ConfigParser()
config.read(config_path, encoding="UTF-8")

# 常用的变量可直接定义，方便后面直接引用
base_url = config.get("base", "base_url")
login = config["login"]
```

首先通过 os 模块读取当前文件的 read_config.py 的路径，再通过 Path 类提供的一些方法从当前文件中找到配置文件 config.ini。然后实例化一个 config=ConfigParser()对象，接着读取 INI 文件，最后通过 get(section, option)或 config[section][option]方式读取变量。对于一些使用频率比较高的变量可直接读取出来定义成变量，例如 base_url，login 节，由于 login 节下的 url、headers、body

基本都是同时使用，因此只需要读到 login 节即可，使用时再通过 login["url"]、login["headers"]和 login["body"]的方式读取。

下面对添加的代码进行测试，在 common\read_config.py 文件中添加打印 base_url、login["url"]、login["headers"]和 login["body"]代码，如下所示：

```
if __name__ == '__main__':
    print(base_url)
    print(login["url"], login["headers"], login["body"], sep="\n")
```

执行脚本 common\read_config.py，控制台输出的内容如下：

```
http://121.41.112.70/index.php
/api/leadmall/login
{"Content-Type": "application/json; charset=UTF-8"}
{"mobile":"18888888888", "password":"xA123456"}
```

可以看到，输出内容正是配置文件中的 base_url、login["url"]、login["headers"]和 login["body"]值。

11.6.4　获取测试用例数据

获取测试用例数据就是读取 case 下 Excel 文件中的测试用例数据，并将其返回。在 core\get_case.py 文件中添加读取测试用例数据函数，如下所示：

```
# chapter11\core\get_case.py
import os
import glob
from pathlib import Path
import pandas as pd

# 设置 pandas 展示的最大列数
pd.options.display.max_columns = 20


def get_case_file(file_path):
    """读取固定目录下所有的 Excel 文件"""
    # 匹配 xlsx、xls、xlsm 测试文件
    if os.path.exists(file_path):
        return glob.glob(f"{file_path}/*.xls*")
    else:
        print(f"路径 {file_path} 不存在")
        return []


def get_sheet_names(file):
    """读取某个 Excel 文件中所有的 Sheet 名称"""
    try:
        xlsx = pd.ExcelFile(file)
        return xlsx.sheet_names
```

```
    except Exception as e:
        print(f"打开文件 {file} 失败")
        return []


def get_sheet_case(file, sheet):
    """获取 Excel 中单个 Sheet 表格中的测试用例数据"""
    df = pd.read_excel(file, sheet_name=sheet, keep_default_na=False)
    # "是否执行","用例编号", "用例名称", "接口地址", "请求方式"列有空值就去除所在用例
    df.dropna(axis=0, how='any', subset=["是否执行", "用例编号", "用例名称", "接口地址",
    "请求方式"], inplace=True)
    # 只保留 "是否执行"="是" 的数据行
    df = df.loc[df[(df.是否执行 == "是")].index.tolist(), :]
    # 只保留列"用例编号", "用例名称", "接口地址", "请求方式", "请求头", "请求参数",
    "预期结果类型", "预期值"
    df = df[["用例编号", "用例名称", "接口地址", "请求方式", "请求头", "请求参数",
    "预期结果类型", "预期结果"]]
    return df


def get_case(path):
    """依次读取所有 Excel 下所有 Sheet 表格中的测试用例数据"""
    files = get_case_file(path)
    for file in files:
        sheets = get_sheet_names(file)
        for sheet in sheets:
            yield get_sheet_case(file, sheet)


current_file = os.path.realpath(__file__)


def get_login_case():
    """获取登录测试用例数据"""
    login_case_path = Path(current_file).parent.parent.joinpath("case",
"login_case")
    return get_case(login_case_path)


def get_change_pwd_case():
    """获取修改密码测试用例数据"""
    login_case_path = Path(current_file).parent.parent.joinpath("case",
"change_pwd_case")
    return get_case(login_case_path)


def get_all_case():
    """获取 case 目录下所有的 Excel 文件中测试用例，不包含子孙目录下的测试用例"""
    case_path = Path(current_file).parent.parent.joinpath("case")
    return get_case(case_path)
```

在此文件中，我们定义了 get_case_file、get_sheet_names、get_sheet_case、get_case、get_login_case、get_change_pwd_case 和 get_all_case 共 7 个函数。get_case_file 是在指定的目录下查找所有的 Excel 文件，但不包括子孙目录下的 Excel 文件；get_sheet_names 是读取一个 Excel 文件中所有的 Sheet 表格名称；get_sheet_case 是读取一个 Excel 文件中指定 Sheet 表格下所有的测试用例数据，剔除不符合规则和不执行的数据，且只保留用例编号、用例名称、接口地址、请求方式、请求头、请求参数、预期结果类型、预期值 8 列数据并返回；get_case 是依次读取所有 Excel 文件下所有 Sheet 表格中的测试用例数据，其中调用了 get_case_file、get_sheet_names 和 get_sheet_case 函数；最后的三个函数 get_login_case、get_change_pwd_case 和 get_all_case 分别是指定登录测试用例路径 case/login_case 并返回测试用例数据、指定修改密码测试用例路径 case/change_pwd_case 并返回测试用例数据和指定所有测试用例路径 case 并返回测试用例数据。

下面对添加的代码进行测试。在 core\get_case.py 文件中添加打印所有测试用例数据的代码，如下所示：

```
if __name__ == '__main__':
    from tabulate import tabulate
    df_list = list(get_all_case())
    df = pd.concat(df_list)  # 合并 df
    print(tabulate(df, headers="keys", tablefmt="psql"))
```

pd.concat(df_list)语句可以将多个 DataFrame 结构数据合并成一个。代码中，使用到了 tabulate 模块，它是 Python 的一个第三方库，可以让表格数据更优雅美观地展示。

执行脚本 core\get_case.py，控制台输出的内容如图 11-4 所示，从图中可以看到，打印出了 case\Admin 管理员.xlsx 文件中所有 Sheet 的测试用例数据。

	用例编号	用例名称	接口地址	请求方式	请求头	请求参数	预期结果类型	预期结果
0	test_download_01	成功下载小程序包	/api/leadmall/download	GET			file_info	{ "name": "wxapp.zip"}
0	test_change_pwd_01	请求体中无旧密码	/api/leadmall/passport	PUT	{"Content-Type": "application/json; charset=UTF-18"}	{ "new_password1": "123456", "new_password2": "123456" }	json_contain	{"message": "请填写表单"}
1	test_change_pwd_02	请求体中无新密码	/api/leadmall/passport	PUT	{"Content-Type": "application/json; charset=UTF-8"}	{ "old_password": "xA123456", "new_password2": "123456" }	json_contain	{"message": "请填写表单"}
2	test_change_pwd_03	请求体中无确认新密码	/api/leadmall/passport	PUT	{"Content-Type": "application/json; charset=UTF-8"}	{ "old_password": "xA123456", "new_password1": "123456" }	json_contain	{"message": "请填写表单"}
3	test_change_pwd_04	旧密码为空	/api/leadmall/passport	PUT	{"Content-Type": "application/json; charset=UTF-8"}	{ "old_password": "", "new_password1": "123456", "new_password2": "123456" }	json_contain	{"message": "请填写表单"}
4	test_change_pwd_05	新密码为空	/api/leadmall/passport	PUT	{"Content-Type": "application/json; charset=UTF-8"}	{ "old_password": "xA123456", "new_password1": "", "new_password2": "123456" }	json_contain	{"message": "请填写表单"}
5	test_change_pwd_06	确认新密码为空	/api/leadmall/passport	PUT	{"Content-Type": "application/json; charset=UTF-8"}	{ "old_password": "xA123456", "new_password1": "123456", "new_password2": "" }	json_contain	{"message": "请填写表单"}
6	test_change_pwd_07	旧密码错误	/api/leadmall/passport	PUT	{"Content-Type": "application/json; charset=UTF-8"}	{ "old_password": "123456789", "new_password1": "123456", "new_password2": "123456" }	json_contain	{"message": "旧密码错误"}
7	test_change_pwd_08	新密码与确认新密码不一致	/api/leadmall/passport	PUT	{"Content-Type": "application/json; charset=UTF-8"}	{ "old_password": "xA123456", "new_password1": "123456", "new_password2": "1234567" }	json_contain	{"message": "两次新密码不一致"}
0	test_cache_01	清理缓存成功	/api/leadmall/clean	GET			boolean	True

图 11-4　Admin 管理员.xlsx 测试用例数据

11.6.5 封装接口请求函数

在 core\send_request.py 文件中添加发送请求函数，此文件主要是借助 Requests 模块封装两个我们项目中可以用到的接口请求函数，代码如下：

```
# chapter11\core\send_request.py
import requests
from common.read_config import login as login_conf, base_url


def headers_format(headers):
    """对请求头进行处理"""
    if headers:
        headers = eval(headers)
    else:
        headers = {}
    return headers


def send(method, url, headers=None, body=None, session=requests):
    """发送请求"""
    headers = headers_format(headers)
    params = {"q": url}
    return session.request(method=method, url=base_url, params=params,
   headers=headers, data=body)

def set_session(data=login_conf["body"]):
    """开启会话，添加认证信息"""
    session = requests.session()
    try:
        params = {"q": login_conf['url']}
response = session.post(url=base_url, params=params,
headers=eval(login_conf["headers"]),
data=data)
        if response.status_code == 200:
            bearer = response.json().get("access_token")
            session.headers.update({"Authorization": "Bearer " + bearer})
            return session
        else:
            print(f"获取 Bearer Token 失败，返回状态码是：{response.status_code}")
    except requests.exceptions.RequestException as e:
        print("登录失败:", e)
```

core/send_request.py 文件下共有 headers_format、send、set_session 三个函数。headers_format 是格式化请求头，从 Excel 文件中读到的请求头数据格式是字符串，我们需要转换成字典格式；send 函数是发送请求，并返回响应结果。session 参数可决定是直接发送请求还是带认证信息发送请求，即未登录下请求还是用户登录后请求；set_session 函数是设置认证信息，即保持用户登录会话，LeadShop 项目用户接口请求是通过 Bearer 身份验证方法让服务器识别到用户信息。当用户登录后会返回一个 access_token 字段，即 Bearer token，因此使用 bearer = response.json().get("access_token") 代码获取 access_token 的值，然后使用 session.headers.update({"Authorization": "Bearer " + bearer})代码在请求头中添加 Bearer 身份验证信息，这样，再使用 session 发送接口请求时就携带了用户认证。

11.6.6　设置共享夹具

接口操作中，绝大部分接口都需要用户认证，因此保持会话就非常关键。这个时候，可以在共享夹具文件 conftest.py 中添加一个 session 函数，用以保持会话。在 core\conftest.py 文件中添加会话函数，代码如下：

```
# chapter11\core\conftest.py
import pytest
from core.send_request import set_session


@pytest.fixture(scope="session")
def session():
    """通过 session 维持会话"""
    session = set_session()
    yield session
    session.close()
```

在函数 session 中直接调用 core/send_request.py 文件中封装好的设置会话函数 set_session，在每次执行接口测试项目前设置一次 session，接口测试项目执行后关闭会话。

11.6.7　封装断言函数

在 11.6.1 节设计测试用例文件时，对预期结果与实际结果的比对已经做了规划。就是根据预期结果类型字段判断实际结果取什么样的值，并和预期结果以怎样的方式进行比对。本小节只需要将其实现即可，实现思路是需要先实现一个 compare 函数，无论预期结果类型和预期值是什么，都可以通过该 compare 函数匹配到对应的断言函数，然后再依次实现所有的断言函数。

在 core\compare.py 文件中添加断言函数，代码如下：

```
# chapter11\core\compare.py
import json
import os

import allure
from pathlib import Path
from json import JSONDecodeError
```

```
from requests import Response


def compare(response: Response, expect_type, expect_value):
    """通过 expect_type 字符串匹配对应的断言"""
    type_map = {"status": status_compare,
                "boolean": boolean,
                "str_contain": str_contain,
                "str_eql": str_eql,
                "json_contain": json_contain,
                "file_info": file_info,
                }

    compare_map = type_map.get(expect_type.lower(), "预期结果类型不存在")
    return compare_map(response, expect_value)


def add_attachment(actual_body, expect_body, name="响应体",
attachment_type=allure.attachment_type.TEXT):
    """添加附件信息"""
    allure.attach(body=str(actual_body), name=f"实际结果: {name}",
    attachment_type=attachment_type)
    allure.attach(body=str(expect_body), name=f"预期结果: {name}",
    attachment_type=attachment_type)


def status_compare(response: Response, expect_value):
    """断言响应状态码与预期结果相等"""
    status_code = response.status_code
    add_attachment(status_code, expect_value, "响应状态码")
    assert expect_value == status_code


def boolean(response: Response, expect_value):
    """断言布尔类型的响应体与预期结果相等"""
    text = response.text
    add_attachment(text, expect_value)
    assert text.lower() == str(expect_value).lower()


def str_contain(response: Response, expect_value):
    """断言预期结果在响应体字符串中"""
    text = response.text
    add_attachment(text, expect_value)
    assert expect_value in text
```

```
def str_eql(response: Response, expect_value):
    """断言预期结果与响应体字符串相等"""
    text = response.text
    add_attachment(text, expect_value)
    assert expect_value == text


def json_contain(response: Response, expect_value):
    """断言 JSON 格式的响应体包含或相等预期结果"""
    result_json = response.json()
    try:
        expect_value = json.loads(expect_value)
add_attachment(result_json, expect_value,
attachment_type=allure.attachment_type.JSON)
        assert expect_value.items() <= result_json.items()
    except JSONDecodeError as e:
        add_attachment(e, expect_value, name="ERROR")
        assert False


def file_info(response: Response, expect_value):
    """下载文件断言，断言文件大小大于 0 和接口响应状态码是 200"""
    expect_value = json.loads(expect_value)
    name = expect_value.get("name", 'download.txt')
    file_name = f"{create_download_path()}/{name}"
    __download_file(response, file_name)
    file_size = __get_file_size(file_name)
    add_attachment(file_size, "文件大小大于 0", "文件大小")
    status_compare(response, 200)
    assert file_size > 0


def create_download_path():
    """创建 download 文件夹"""
    current_file = os.path.realpath(__file__)
    download_path = Path(current_file).parent.parent.joinpath("download")
    if not os.path.isdir(download_path):
        os.makedirs(download_path)
    return download_path


def __download_file(response: Response, file_name):
    """下载文件"""
    f = open(file_name, 'ab')
    for chunk in response.iter_content(chunk_size=512):
```

```
            if chunk:
                f.write(chunk)
        f.close()

    def __get_file_size(file):
        """获取文件大小"""
        file_size = Path(file).stat().st_size
        return file_size
```

首先，我们定义了一个 compare 函数，并在此函数下定义了一个字典，字典 key 对应预期结果类型，字典 value 对应断言函数。由此通过 compare 函数即可由预期结果类型找到对应的断言函数，断言函数对实际结果和预期结果进行比较，并给出是否通过的结论；然后定义了一个 add_attachment 函数，用于将预期结果和实际结果输出到 Allure 测试报告中，方便查看；之后就是依次实现不同类型的断言，具体如下：

- status_compare：断言响应状态码与预期结果相等。
- boolean：断言布尔类型的响应体与预期结果相等。
- str_contain：断言预期结果在响应体字符串中。
- str_eql：断言预期结果与响应体字符串相等。
- json_contain：断言 JSON 格式的响应体包含或相等预期结果。
- file_info：下载文件断言，断言文件大小大于 0 和接口响应状态码是 200。

对于文件下载的断言，还封装了两个私有函数__download_file 和__get_file_size，__download_file 用于下载文件，__get_file_size 用于获取下载的文件大小。

11.6.8　添加测试用例函数

前面几节已经实现了测试用例文件、获取测试用例数据、发送接口请求和封装断言函数，本节将借助前几节已实现的功能实现测试用例函数。在 core\test_case.py 文件中添加如下：

```
# chapter11\core\test_case.py
import json

import pytest
import pandas as pd
import requests


from core.get_case import get_all_case, get_login_case, get_change_pwd_case
from common.read_config import login as login_conf
from core.send_request import send, set_session
from core.compare import compare
```

```
def case_ids_body(all_case):
    """获取所有的测试用例，并按照一定顺序排序，并返回测试用例数据和测试用例名"""
    case_df_list = list(all_case)
    case_df = pd.concat(case_df_list) if len(case_df_list) > 1 else
case_df_list[0]  #
    合并所有的 sheet 用例
    case_ids = case_df["用例编号"] + " " + case_df["用例名称"]
    case_body = case_df[["接口地址", "请求方式", "请求头", "请求参数", "预期结果类型",
    "预期结果"]]
    return {"params": case_body.values, "ids": case_ids.values}


@pytest.fixture(**case_ids_body(get_all_case()))
def param_data(request):
    """参数化测试用例"""
    # 返回 request 对象中 param，即参数化数据
    return request.param


@pytest.fixture(**case_ids_body(get_login_case()))
def param_login_data(request):
    """参数化登录测试用例"""
    return request.param


@pytest.fixture(**case_ids_body(get_change_pwd_case()))
def param_change_pwd_data(request):
    """参数化修改密码测试用例"""
    return request.param


def run_case(case_fields, session=requests):
    """运行测试用例"""
    url = case_fields[0]
    method = case_fields[1]
    headers = case_fields[2]
    body = case_fields[3]
    expect_type = case_fields[4]
    expect_value = case_fields[5]
    response = send(method, url, headers, body, session)
    compare(response, expect_type, expect_value)
```

```
def test_case(param_data, session):
    """测试用例函数"""
    run_case(param_data, session)


def test_login_case(param_login_data):
    """登录测试用例函数"""
    run_case(param_login_data)


def test_change_pwd_case(param_change_pwd_data):
    """修改密码测试用例函数"""
    pwd = eval(param change_pwd_data[3]).get("old_password")
    data = eval(login_conf["body"])
    data["password"] = pwd
    session = set_session(json.dumps(data))
    run_case(param_change_pwd_data, session)
    session.close()
```

在上面代码中首先定义了一个函数 case_ids_body，用于获取所有的测试用例，并按照接口地址、请求方式、请求头、请求参数、预期结果类型、预期结果的顺序返回测试用例数据，以“用例编号 用例名称”的格式返回用例名称；然后通过 param_data、param_login_data、param_change_pwd_data 函数分别以参数化的形式传入所有测试用例数据、登录测试用例数据和修改密码测试用例数据；接着定义了一个基础函数 run_case 用于运行测试用例，从参数化数据中依次获取接口地址、请求方式、请求头、请求参数、预期结果类型、预期结果字段，并发送请求和结果断言；最后通过基础函数实现 test_case（所有测试用例）、test_login_case（登录测试用例）、test_change_pwd_case（修改密码测试用例）测试用例函数。

下面对添加的代码进行测试，在 core\test_case.py 文件中添加 pytest 执行测试用例的代码，如下所示：

```
if __name__ == '__main__':
pytest.main(['-v', 'test_case.py'])
```

执行脚本 core\test_case.py，控制台输出的结果如下所示：

```
============================ test session starts ============================
collecting ... collected 23 items

..\core\test_case.py::test_case[test_download_01 成功下载小程序包]
..\core\test_case.py::test_case[test_change_pwd_01 请求体中无旧密码]
..\core\test_case.py::test_case[test_change_pwd_02 请求体中无新密码]
```

```
..\core\test_case.py::test_case[test_change_pwd_03  请求体中无确认新密码]
..\core\test_case.py::test_case[test_change_pwd_04  旧密码为空]
..\core\test_case.py::test_case[test_change_pwd_05  新密码为空]
..\core\test_case.py::test_case[test_change_pwd_06  确认新密码为空]
..\core\test_case.py::test_case[test_change_pwd_07  旧密码错误]
..\core\test_case.py::test_case[test_change_pwd_08 新密码与确认新密码不一致]
..\core\test_case.py::test_case[test_cache_01 清理缓存成功]
..\core\test_case.py::test_login_case[test_login_01 成功登录]
..\core\test_case.py::test_login_case[test_login_02 请求体中无手机号]
..\core\test_case.py::test_login_case[test_login_03 请求体中无密码]
..\core\test_case.py::test_login_case[test_login_04 手机号为空]
..\core\test_case.py::test_login_case[test_login_05 密码为空]
..\core\test_case.py::test_login_case[test_login_06 手机号错误]
..\core\test_case.py::test_login_case[test_login_07 密码错误]
..\core\test_case.py::test_login_case[test_login_08 手机号不存在]
..\core\test_case.py::test_change_pwd_case[test_change_pwd_01 修改密码成功]
..\core\test_case.py::test_change_pwd_case[test_change_pwd_02  新密码长度=1]
..\core\test_case.py::test_change_pwd_case[test_change_pwd_03  新密码长度超长]
..\core\test_case.py::test_change_pwd_case[test_change_pwd_04  新密码含有空格]
..\core\test_case.py::test_change_pwd_case[test_change_pwd_05 修改密码成功_恢复旧密码]

============================== 23 passed in 11.77s ==============================
```

从控制台输出的结果可以看到，一共收集了 23 条测试用例，并且全部执行通过，用时 11.77 秒。至此，整个接口测试项目的核心内容已全部完成。

11.7 执行测试项目

接口测试项目核心内容已完成，接下来配置 pytest 执行参数和添加项目入口文件。

首先，在 pytest.ini 中添加 pytest 配置参数，改变 pytest 的默认行为。此文件内容根据需要设置，例如添加如下内容：

```
[pytest]
addopts = -sv
disable_test_id_escaping_and_forfeit_all_rights_to_community_support = True
```

addopts = -sv 意味着 pytest 在执行时默认添加-vs 参数，以输出更加详细的执行信息，并输出 print 函数的打印信息；disable_test_id_escaping_and_forfeit_all_rights_to_community_support=True 可以使 pytest 在运行过程中保持中文 utf-8 格式编码。

然后在项目入口 run.py 文件中添加执行测试用例语句，再使用 Allure 命令生成测试报告，代码如下：

```
# chapter11\run.py
import os
import pytest


if __name__ == '__main__':
    # 执行测试用例，并生成 Allure 测试报告 JSON 文件
    pytest.main(['-s', '-v', './core/', '--alluredir', './report/json'])
    # 执行 Allure 命令，将 JSON 文件转换为 XML 测试报告
    os.system("allure generate ./report/json -o ./report/xml --clean")
```

执行脚本 run.py，在 download 目录下可以看到下载的文件 wxapp.zip，在 report 目录下可以看到生成的 JSON 文件和 XML 报告，如图 11-5 所示。

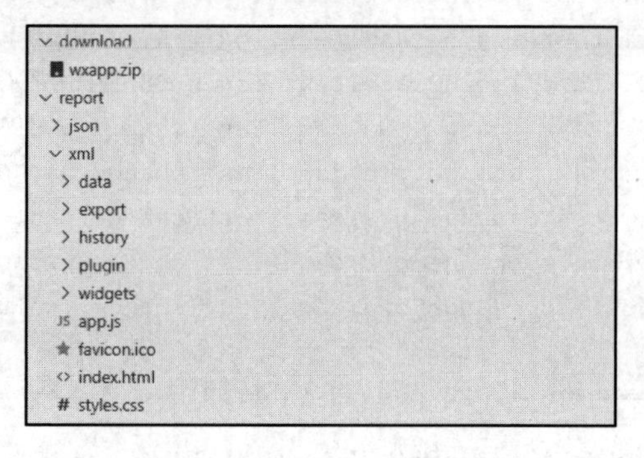

图 11-5　下载文件和报告文件

打开 report/xml/index.html 文件查看测试报告，如图 11-6 所示。可以看到，一共运行了 23 条测试用例，通过率为 100%。

图 11-6　测试报告

打开的测试报告，在 suites 下可以看到每条测试用例运行的具体情况，如图 11-7 所示。

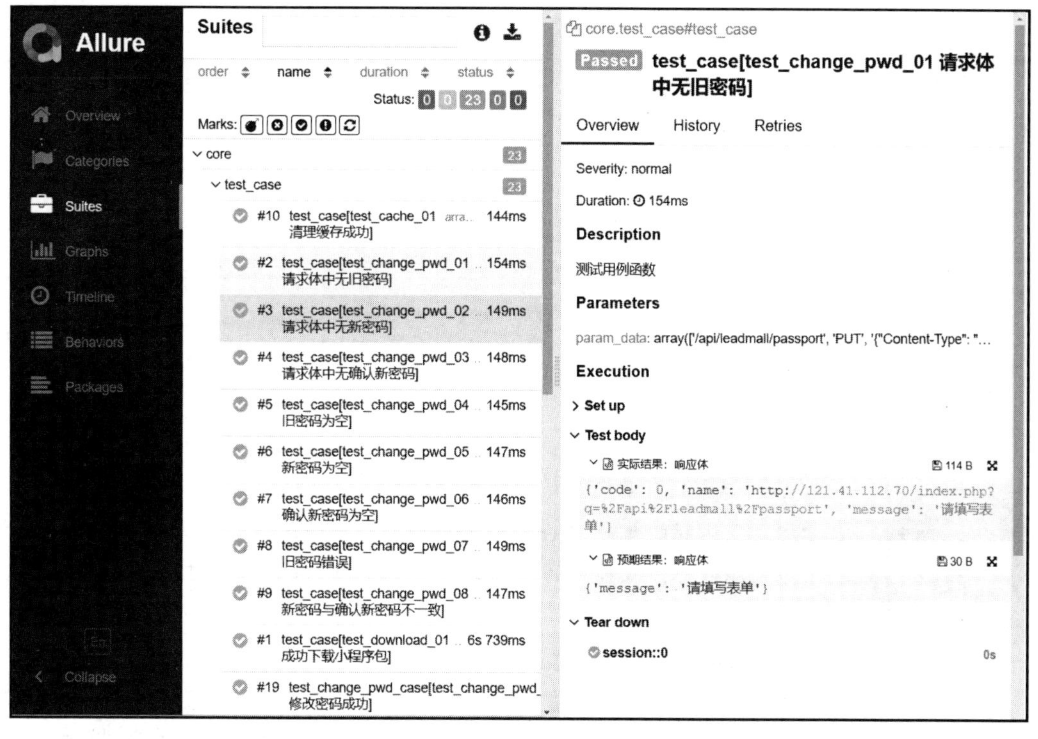

图 11-7　查看用例详情

11.8 思考题

1. 什么是接口测试？
2. 为什么要实施接口测试？
3. 你都了解哪些接口协议？
4. 给你一个接口，你如何设计测试用例？
5. 测试一个接口的基本步骤有哪些？
6. 你之前做过的接口测试项目，测试流程是什么？

第12章 实现 Web UI 测试

Web 端产品自动化测试，即 Web UI 自动化测试。测试人员口中经常说的自动化，默认指的就是 Web UI 自动化。经过这几年的发展，Web UI 自动化测试越来越成熟，从最初的简单脚本录制到如今的框架、工具和定制平台，覆盖了更多的使用场景。

Web 页面是用户操作系统的一个入口，直接影响着用户的体验。加强 Web UI 测试，提高用户直观感受，才能赢得用户信赖。在今天的敏捷大时代下，产品迭代非常快，单纯地依靠手工测试，对产品很难进行全面测试。因此，加强 Web UI 自动化测试的投入，缩短测试周期，提升测试覆盖率，是一个很好的选择。

本章以 Web UI 自动化测试框架 Selenium 为重点，介绍 Web 端产品的自动化测试，还将通过一个简单的案例，使读者体验到 Web 自动化测试的优越性。

12.1 Web UI 测试简介

Web 端指的是浏览器端，Web 端产品就是通过网页访问的应用。Web 端产品是软件产品中开发最多的一类产品，许多测试人员入行时，首先学习和接触的产品应该就是 Web 端产品。

Web 端产品手工功能测试就是对产品的各项功能进行验证，主要是根据事先设计好的功能测试用例逐项测试，检查产品是否满足用户需求。Web UI 自动化测试是通过测试工具、编写测试脚本或者其他手段实现功能测试用例，简而言之，即使用脚本程序代替人工执行功能测试用例，完成一些重复性强、手工难以实现的测试工作，同时，可以对软件程序快速且全面地进行测试，缩短软件发布周期。

虽然 Web UI 自动化测试能够带来许多益处，但实施起来也有一定的条件限制，主要影响因素有以下几点：

- 需求稳定：Web UI 自动化测试需要在 Web 页面上操作，因此它非常依赖页面的稳定性，即需求要稳定，项目变动小；或者项目有部分稳定的功能，只对稳定的部分实现自动化测试。
- 项目周期长：自动化测试执行的多是重复性工作，因此项目需长期进行迭代，这样重复性的测试工作才能发挥自动化的价值。
- 人员要求：一般情况下，实现 Web UI 自动化测试需要测试人员拥有基本的编码能力，掌握一定的测试框架或工具，这就对测试人员提出了更高的要求。

12.2　用例设计方法

Web UI 自动化测试用例实则就是复用手工功能测试用例，不同的是手工功能测试用例是以文本形式编写的，且是手动执行，而 Web UI 自动化测试用例是以录制或编写脚本的方式实现且自动执行。复用手工功能测试用例时并不是所有的手工测试用例都需要转换为自动化测试用例，考虑到开发和维护成本、Web UI 自动化测试的目的等，会选择性地实现部分手工功能测试用例，例如选取主流程用例、适用于冒烟测试的用例等。故 Web UI 自动化测试用例设计方法与手工功能测试用例设计方法相同，均可使用等价类划分法、边界值分析法、错误推测法、因果图法、判定表驱动法、正交试验法、功能图法、场景图法等黑盒测试用例设计方法。

1. 等价类划分法

等价类划分法将程序所有可能的输入数据（有效的和无效的）划分成若干个等价类。然后从每个部分中选取具有代表性的数据作为测试用例进行合理的分类，测试用例由有效等价类和无效等价类的代表组成，从而保证测试用例具有完整性和代表性。

2. 边界值分析法

使用边界值分析方法设计测试用例，首先应确定边界情况。通常输入和输出等价类的边界，就是应着重测试的边界情况，应当选取正好等于、刚刚大于或刚刚小于边界的值作为测试数据，而不是选取等价类中的典型值或任意值作为测试数据。

3. 错误推测法

根据测试人员的经验或直觉推测程序中可能存在的各种错误，从而有针对性地编写检查这些错误的测试用例的方法。

4. 因果图法

因果图法是一种适合于描述对于多种输入条件组合的测试方法，根据输入条件的组合、约束关系和输出条件的因果关系，分析输入条件的各种组合情况，从而设计测试用例的方法，它适合于检查程序输入条件涉及的各种组合情况。

5. 判定表驱动法

判定表驱动法是分析和表达多逻辑条件下执行不同操作的情况的工具，能够将复杂的问题按照各种可能的情况全部列举出来，简明并可避免遗漏。

6. 正交试验法

从大量的实验数据（测试例）中挑选适量的、有代表性的点（例），从而合理地安排实验（测试）的一种科学实验设计方法。

7. 功能图法

功能图由状态迁移图和布尔函数组成。状态迁移图用状态和迁移来描述一个状态的数据输入位置（或时间），而迁移则指明状态的改变，同时要依靠判定表或因果图来表示逻辑功能。

8. 场景图法

也叫流程图法，指在测试过程中模拟用户使用软件的流程，针对此流程来设计测试用例的方法。

12.3 Page Object 模型

Page Object 模型简称 PO 模型，是 UI 自动化测试中最受欢迎的一种测试模型，其将页面对象（例如输入框、按钮、下拉框）抽离，然后根据业务或功能逻辑封装成对应的方法，写测试用例时直接调用对应的方法即可。如果页面发生改变，则只需要修改对应的页面对象定位或方法，而不影响测试用例脚本。使用 Page Object 模型也可以使自动化测试项目结构明晰、模块划分合理、提高代码的复用。

Page Object 的核心是将页面封装成 Page 类，页面元素为 Page 类的成员，页面功能为 Page 类的方法。通常情况下，一个页面对应一个 Page 类。例如一个登录页面，封装成 Page 类，Page 类下有用户名元素、密码元素和登录按钮元素，然后根据登录功能封装一个登录方法，输入的用户名和密码作为参数传入，调用该方法即可实现页面登录。接下来针对 Page 类定义一个测试类，测试类下只写该页面的自动化测试用例，例如创建一个登录测试类，测试类下调用登录 Page 类下的登录方法，通过传入不同的参数达到不同的测试效果。由此便实现了测试页面和测试代码的分离。使得自动化项目层次明朗，业务流程易读。

根据 Page Object 模型的特点，结合自动化测试的实际应用，可搭建如图 12-1 所示的项目架构。首先要有一个基础文件，用于基础内容的预置；其次是公共内容，即多个页面或多用例都可以用到的一些内容，包含常用元素、常用数据及基本的控件操作；然后是针对不同的页面进行元素定位，方法封装；最后通过封装的页面方法，编写测试用例。

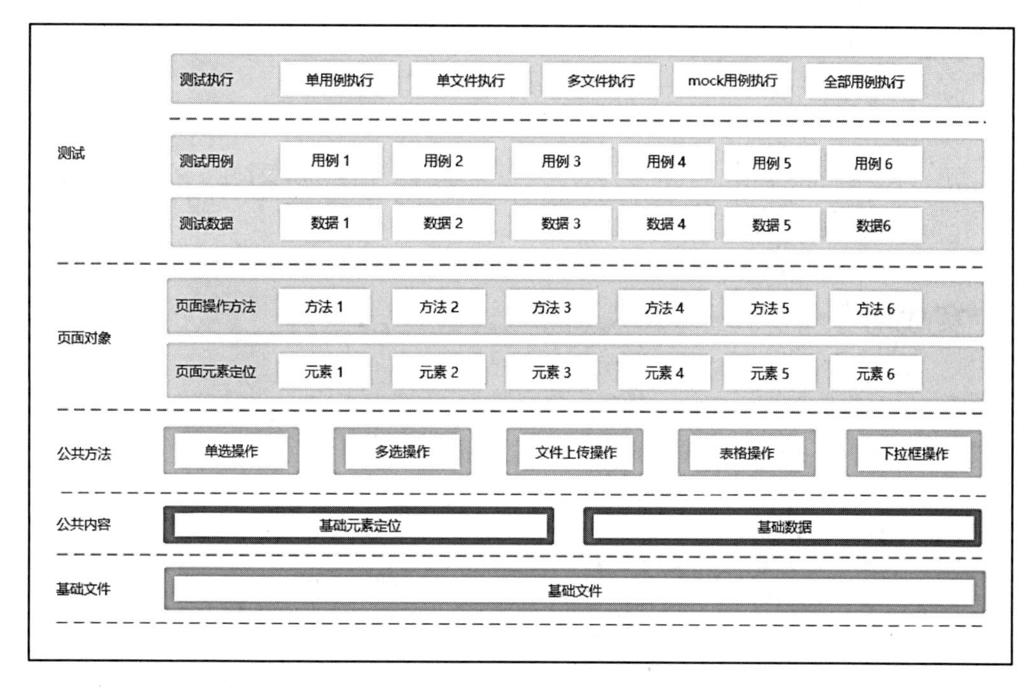

图 12-1 Page Object 项目架构

根据图 12-1 搭建一个简单的 Page Object 模型自动化测试项目，结果如图 12-2 所示。

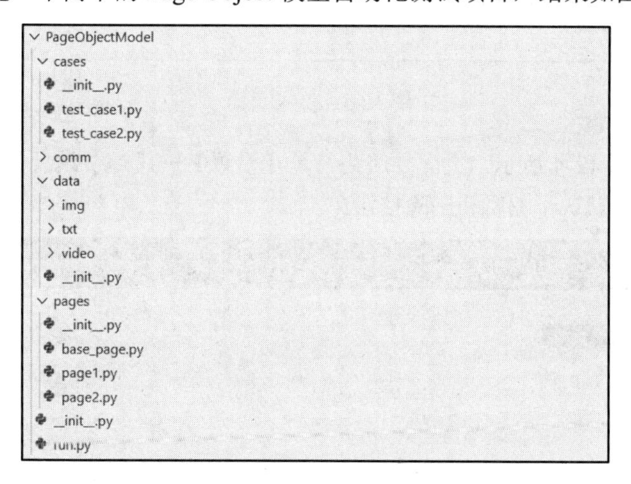

图 12-2 Page Object 模型自动化测试项目

对图 12-2 中的目录文件进行说明：

- cases：测试目录，存放测试脚本、测试用例等。
- comm：公共目录，存放多页面或多测试脚本中都可以使用的通用内容。
- data：数据目录，存放测试用例中使用到的一些数据文件，根据需要还可以细分，例如根据文件类型划分为 txt、img、video。

- pages：页面目录，存放封装的页面对象。
- run.py：测试执行文件。

使用 Page Object 模型创建自动化测试项目，需要特别关注目录的结构和层次，一定要做到结构明朗，层次有序，这样更利于后续脚本的维护。

12.4 实战对象

本节的实践对象是 Leadshop 后台管理系统的登录页面和退货地址页面。

登录页面如图 12-3 所示，页面中有三个操作元素，分别是手机号输入框、密码输入框和登录按钮。

图 12-3　登录页面

退货地址页面如图 12-4 所示，页面导航路径是【设置】→【退货地址】。页面是一个数据表格，有新增地址、设置默认、编辑和删除按钮。

收件人姓名	联系方式	联系地址	是否默认	操作
张无忌	13669998887	北京市北京市西城区43号	默认模板	编辑 | 删除
周芷若	14555556666	山西省阳泉市矿区321号	设为默认	编辑 | 删除

图 12-4　退货地址页面

单击【新增地址】或【编辑】按钮，进入新增或编辑页面，如图 12-5 所示。页面中有五个元素，分别是收件人姓名、联系方式、联系地址、详细地址和保存按钮，单击【保存】按钮后可将地址保存到数据库，并在退货地址页面展示。

图 12-5　编辑退货地址页面

单击【删除】按钮，会有二次提示是否删除，如图 12-6 所示。单击【确定】按钮，则删除成功，单击【取消】按钮或【关闭弹窗】按钮关闭弹窗，删除取消。

图 12-6　删除退货地址提示弹窗

12.5　设计测试用例

Web UI 自动化测试用例实际上实现的是手工功能测试用例或提交的 BUG，设计测试用例是一个测试人员的基本功，希望读者能够熟练掌握。由于本练习的重点是自动化测试的实际应用，不是用例的设计，所以此处仅简单地罗列几条测试用例，供读者参考。

登录页面测试用例：

- 输入正确的手机号和密码，单击登录，登录成功。
- 不输入手机号单击登录，登录按钮不能单击。
- 不输入密码单击登录，登录按钮不能单击。
- 输入错误的账号后，单击登录，登录失败且有合适的提示信息。

- 输入错误的密码后，单击登录，登录失败且有合适的提示信息。

退货地址页面测试用例：

- 单击新增地址，所有字段符合规则，单击保存，保存成功。
- 单击新增地址，每个字段依次不填写，单击保存，必填项有提示信息。
- 单击设为默认按钮，默认地址设置成功。
- 单击编辑按钮，编辑内容后单击保存，保存成功。
- 单击删除按钮，数据删除成功。

12.6　项目结构搭建

本例使用 unittest、Selenium 和 XtestRunner 完成测试项目。根据 Page Object 模型，结合测试对象，搭建一个简单的 Web UI 测试项目，项目结构如图 12-7 所示。

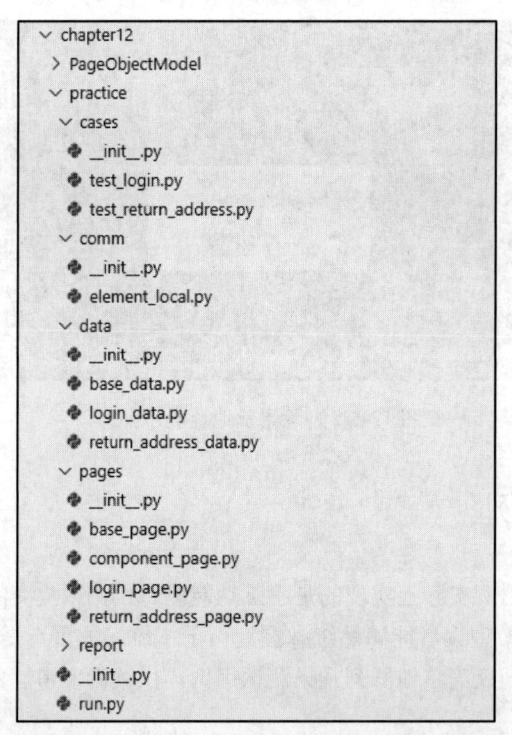

图 12-7　自动化测试项目的结构

对 Web UI 自动化测试项目中的目录文件进行以下说明：

- cases：测试用例目录。
- cases__init__.py：空文件，用于标识所在目录是一个 Python 包。

- cases\test_login.py：登录页面测试用例。
- cases\test_return_address.py：退货地址页面测试用例。
- comm：公共目录。
- comm__init__.py：空文件，用于标识所在目录是一个 Python 包。
- comm\element_local.py：对 Selenium 提供的元素定位方法重新封装，更符合项目的使用。
- data：测试数据目录。
- data__init__.py：空文件，用于标识所在目录是一个 Python 包。
- data\base_data.py：基础数据。
- data\login_data.py：登录页面的测试用例使用的数据。
- data\return_address_data.py：退货地址页面测试用例使用的数据。
- pages：页面对象封装目录。
- pages__init__.py：空文件，用于标识所在目录是一个 Python 包。
- pages\base_page.py：基础页面操作的元素和方法。
- pages\component_page.py：组件操作页面，系统中与组件操作相关的元素和方法。
- pages\login_page.py：登录页面操作的元素和方法。
- pages\return_address_page.py：退货地址页面操作的元素和方法。
- report：测试报告目录。
- __init__.py：空文件，用于标识所在目录是一个 Python 包。
- run.py：测试执行文件。

结合 PO 模型的特点和项目的目录结构，Web UI 测试项目的运行思路呼之欲出，如图 12-8 所示。

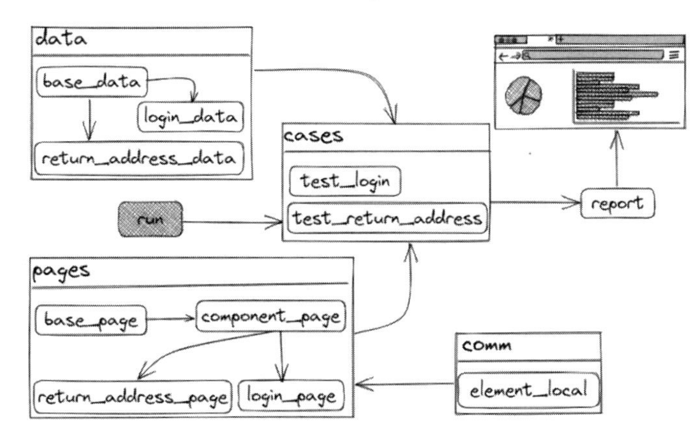

图 12-8　Web UI 测试项目运行流程

首先是 comm 目录下的 element_local，对 Selenium 提供的元素定位方法重新封装，更符合项目的使用；其次是测试数据 data 和被测页面 pages，测试数据 data 是测试运行时所需要的数据，例如登录手机号和密码；被测页面 pages 是测试对象，包括定位元素和功能函数封装；测试数据和被测页面结合生成了测试用例 cases；当执行 run 文件时，会自动在 cases 目录下查找测试文件和测试用例并执行，测试用例执行过程中会在 pages 目录下找到对应的被测页面，然后添加所需的测试数据，测试项目运行完成后会在 report 目录下生成一份 HTML 可视化测试报告，可在浏览器中打开并查看测试的执行情况。

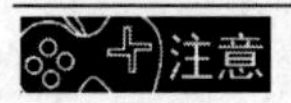
本项目实现 Web UI 自动化测试需要提前安装 Selenium 工具、浏览器及对应的浏览器驱动程序，可参考 6.2 节，此处不展开说明。

12.7 编写测试脚本

上一节构建了项目并说明了实现思路。本节我们将通过脚本的编写，实现 Web UI 自动化测试项目。

12.7.1 封装元素定位

comm\element_local.py 文件用于重新封装页面元素定位方法，目的是通过一定规则的字符串就能确定一个元素。例如将 css=.abc 传入封装的方法中，就能通过 CSS 定位的方式查找到 CLASS 为 abc 的元素。编写 element_local.py 文件代码如下：

```
# chapter12\practice\comm\element_local.py
from selenium import webdriver
from selenium.webdriver.common.by import By
from selenium.webdriver.support.wait import WebDriverWait
from selenium.webdriver.support import expected_conditions as EC
from selenium.webdriver.remote.webelement import WebElement


class ElementLocal:
    def __init__(self, driver) -> None:
        self.driver = driver

    def find_element(self, local: str) -> WebElement:
        """
        Find an element, and the element must be visible.
        """
        strategy, local_str = self.local_str(local)
        element = self.wait_element_visible((strategy, local_str))
        return element

    def wait_element_visible(self, locator: str) -> WebElement:
        """
```

```
        Wait for the element to appear, looking it up every 1s.
        """
        return WebDriverWait(self.driver, 10,
       1).until(EC.visibility_of_element_located(locator))

    def local_str(self, local: str) -> tuple:
        """
        Get element local strategy and local str.
        """
        by: str
        local_str: str

        if "=" in local:
            by = local.split('=')[0]
            local_str = '='.join(local.split('=')[1:])
        else:
            by = 'css'
            local_str = local
        strategy = self.__by(by)
        return strategy, local_str

    def __by(self, by: str) -> str:
        """
        Matching positioning Strategy.
        """
        by = by.lower()
        strategy: str

        try:
            if by == 'css':
                strategy = By.CSS_SELECTOR
            elif by == 'xpath':
                strategy = By.XPATH
            elif by == 'class':
                strategy = By.CLASS_NAME
            elif by == 'id':
                strategy = By.ID
            elif by == 'name':
                strategy = By.NAME
            elif by == 'tag':
                strategy = By.TAG_NAME
            elif by == 'link_text':
                strategy = By.LINK_TEXT
            elif by == 'partial_link_text':
                strategy = By.PARTIAL_LINK_TEXT
        except Exception:
```

```
                raise Exception("the positioning strategy [{}] does not
exist.".format(by))
            return strategy
```

文件中设计了一个 ElementLocal 类，该类下有三个共有方法 find_element()、wait_element_visible()、local_str()和一个私有方法__by()。__by()是通过定位字符串中的定位方法字符串确定定位的方式，例如定位字符串是 css=.abc，定位方法字符串就为 css，通过 css 就能匹配到定位方式 By.CSS_SELECTOR；local_str()方法是确定定位字符串中的定位方式和定位内容，例如定位字符串是 css=.abc，就可以得到定位方式 By.CSS_SELECTOR 和定位内容.abc；wait_element_visible()方法是等待元素出现，每 1s 查找一次，最长等待 10s 时间；find_element()是获取定位元素，且该元素一定是可见的。

12.7.2　添加测试数据

测试数据文件中的数据是根据测试用例添加的。一般情况下，会先写一些基础数据，然后在编写测试用例时根据需要添加。

1. base_data（基础数据）

在 data\base_data.py 文件中添加一些基础数据，例如 host、base_url、phone、password、empty，内容如下：

```
# chapter12\practice\data\base_data.py


class BaseData:
    host = 'https://demo.leadshop.vip/'
    base_url = f'{host}index.php'
    account = '18888888888'
    password = '123456'

    empty = ''
```

2. login_data（登录数据）

在 data\login_data.py 文件中添加编写登录测试用例所需的数据，内容如下：

```
# chapter12\practice\data\login_data.py
from data.base_data import BaseData


class LoginData(BaseData):
    account_error = '123456'
    password_error = '123456abc'
    account_or_pwd_error_msg = '用户不存在或密码错误'
```

3. return_address_data（退货地址数据）

在 data\return_address_data.py 文件中添加编写退货地址用例所需的数据，内容如下：

```
# chapter12\practice\data\return_address_data.py
from faker import Faker
from data.base_data import BaseData


class ReturnAddressData(BaseData):
    fake = Faker("zh_CN")
    name = fake.name()
    mobile = fake.phone_number()
    contact_address1 = ["黑龙江省", "齐齐哈尔市", "梅里斯达斡尔族区"]
    contact_address2 = ["河北省", "唐山市", "迁安市"]
    address = fake.street_address()

    name_err_msg = "请输入收件人姓名"
    mobile_err_msg = "请输入联系方式"
    contact_address_err_msg = "请选择收货地址"
    address_err_msg = "请输入详细地址信息"

    delete_success_msg = "删除成功"

    default_template_text = "默认模板"
    not_default_template_text = "设为默认"
```

脚本中使用了一个第三方库 faker，Faker 是一个 Python 包，开源项目，主要用来创建伪数据。详细使用可参考官方文档 https://faker.readthedocs.io/en/master/。

12.7.3　页面功能函数封装

页面文件是用于定位页面元素和封装页面功能函数的。一般情况下，会先写一个基础页面，然后再以基础页面为基石编写其他页面。

1. base_page（基础页面）

基础页面中需要添加几乎所有的页面中都能使用到的方法。后面的页面封装时继承该脚本中的类，即可使用该类下的所有方法。编写 pages\base_page.py 文件代码如下：

```
# chapter12\practice\pages\base_page.py
from selenium import webdriver
from selenium.webdriver.common.action_chains import ActionChains
from selenium.webdriver.remote.webelement import WebElement

from comm.element_local import ElementLocal
from data.base_data import BaseData
```

```
class BasePage(BaseData):
    def __init__(self) -> None:
        self.driver = self.start_driver()
        self.driver.get(self.base_url)

    def start_driver(self):
        """
        Start the chrome browser.
        """
        options = self.set_chrome_options()
        driver = webdriver.Chrome(options=options)
        driver.maximize_window()
        driver.implicitly_wait(60)
        driver.set_page_load_timeout(60)
        return driver

    def set_chrome_options(self):
        """
        Set the chrome browser options.
        """
        options = webdriver.ChromeOptions()
        # 添加不弹出保存网站密码提示
        options.add_experimental_option('prefs', {"credentials_enable_service":
        False})
        # 取消网站对 Selenium 监测
        options.add_experimental_option('excludeSwitches', ['enable-automation'])
        # 忽略网站证书错误
        options.add_argument('--ignore-certificate-errors')
        # 忽略 SSL 错误
        options.add_argument('--ignore-ssl-errors')
        return options

    def element(self, local: str) -> WebElement:
        """
        Return the found element.
        """
        return ElementLocal(self.driver).find_element(local)

    def input(self, local: str, value: str = None) -> None:
        """
        Input content operation.
        """
        if value:
            self.element(local).clear()
```

```
            self.element(local).send_keys(value)

    def wait_element_visible(self, local: str) -> WebElement:
        """
        Wait for the element to appear.
        """
        local_element = ElementLocal(self.driver)
        strategy, local_str = local_element.local_str(local)
        return local_element.wait_element_visible((strategy, local_str))

    def move_to_element(self, local: str) -> None:
        """
        Mouse over the element.
        """
        element = self.element(local)
        action = ActionChains(self.driver)
        action.move_to_element(element)
        action.perform()
```

文件中设计了一个 BasePage 类，该类下有 start_driver()、set_chrome_options()、element()、input()、wait_element_visible()和 move_to_element()方法。set_chrome_options()方法用来配置浏览器的启动项；start_driver()方法用于启动浏览器，并且添加一些基本设置；element()方法用来通过 ElementLocal 类中的 find_element()方法获得页面元素；input()方法主要用来对输入框元素发送内容；wait_element_visible()方法用于通过 ElementLocal 类中的 wait_element_visible()方法等待元素出现；move_to_element()方法用于将鼠标移动到元素上；在实例化 BasePage 对象时便会启动浏览器，并访问被测网站首页。

2. component_page（组件页面）

组件页面为系统中公用组件的操作，与一般页面代码相同，只不过组件页面封装的组件操作使用频率比较高，一般页面中也可以使用到。编写 pages\component_page.py 文件代码如下：

```
# chapter12\practice\pages\component_page.py
import time

from pages.base_page import BasePage


class ComponentPage(BasePage):
    menu_loc = 'xpath=//ul[@role="menu" or @role="menubar"]'
    table_header = 'xpath=//thead'
    table_body = 'xpath=//tbody'

    def click_menu(self, menu, submenu=None):
        """Click the menu to enter the corresponding page."""
```

```
        # 一级菜单
        menuitem_loc = f'{self.menu_loc}//span[text()="{menu}"]'
        self.wait_element_visible(menuitem_loc).click()
        if submenu:
            # 二级菜单
            submenuitem_loc =
            f'{self.menu_loc}//{self.menu_loc}//span[text()="{submenu}"]'
            self.wait_element_visible(submenuitem_loc).click()

    def grid_operate(self, cell, oper=None):
        """
        Operating grid, when find the cell location and click.
        If argument oper is None, only select the row, else select the row and
click
        the corresponding action button.
        """
        cell_loc = f'xpath=//tbody//td//*[text()="{cell}"]'
        self.wait_element_visible(cell_loc).click()
        if oper:
            time.sleep(.5)
            oper_loc = f'{cell_loc}/ancestor::tr//button/span[contains(text(),
             "{oper}")]'
            self.wait_element_visible(oper_loc).click()

    def get_grid_row_value(self, cell):
        """Gets a column value from a grid table row。
        return: returns row data in list format.
        """
        time.sleep(.5)
        cell_loc = f'xpath=//tbody//td//*[text()="{cell}"]'
        row_loc = f'{cell_loc}/ancestor::tr'
        cell_value = self.element(row_loc).text
        return cell_value.split('\n')
```

文件中设计了一个 ComponentPage 类，该类下有三个方法 click_menu()、grid_operate()和 get_grid_row_value()。click_menu()方法用以单击系统中的菜单，click_menu()方法有两个参数 menu 和 submenu，menu 为一级菜单，submenu 为二级菜单，submenu 是 menu 下的子菜单；如果 submenu 值为 None，则只单击一级菜单，否则单击一级菜单后接着单击二级菜单。grid_operate()方法和 get_grid_row_value()方法是对表格的操作，grid_operate()方法是通过表格中的一个字段值，找到该字段值所在的行，然后在行中查找对应的操作按钮，如果 oper 参数为 None，则对该行单击选中，否则查找该行的操作按钮并单击；get_grid_row_value()方法封装逻辑与 grid_operate()方法相同，都是先查找到表格中的某个字段值，然后通过该值查找到行，最后获取该行所有的文本内容，并以数组的格式返回。

3. login_page（登录页面）

登录页面脚本主要用来封装登录页面的一些元素和操作方法。首先通过元素定位规则添加所有需要的元素定位字符串，然后添加需要的操作方法。编辑 pages\login_page.py 文件代码如下：

```
# chapter12\practice\pages\login_page.py
from time import sleep

from pages.base_page import BasePage
from data.login_data import LoginData


class LoginPage(BasePage, LoginData):
    account_input = 'xpath=//div[text()="手机号"]/following-sibling::div/input'
    pwd_input = 'xpath=//div[text()="密码"]/following-sibling::div/input'
    login_btn = '.le-login-submit'
    error_loc = '.el-message--error'

    user_name_loc = '.user-name'
    logout_btn = '.le-icon-tuichudenglu'

    def open_login_page(self):
        """Access the login page using the URL."""
        self.driver.get(self.base_url)
        self.wait_element_visible(self.account_input)

    def input_account_pwd(self, account, password):
        """Input account and password."""
        self.input(self.account_input, account)
        self.input(self.pwd_input, password)
        sleep(0.1)

    def login(self, account=LoginData.account, password=LoginData.password):
        """Input account and password, then click login button."""
        self.input_account_pwd(account, password)
        self.element(self.login_btn).click()
        sleep(0.1)

    def logout(self):
        """logout"""
        self.move_to_element(self.user_name_loc)
        self.wait_element_visible(self.logout_btn).click()

    @property
    def get_account_or_pwd_error(self):
        """Get the error message."""
```

```
        return self.element(self.error_loc).text
```

文件中设计了一个 LoginPage 类，该类下添加了 4 个方法和一个属性方法，分别是 open_login_page()、input_account_pwd()、login()、logout() 和 get_account_or_pwd_error。open_login_page()方法通过 URL 打开登录页面，input_account_pwd()方法用于对登录页面两个输入框输入内容，login()方法用于输入登录所需内容，然后单击登录按钮进行登录，logout()方法为退出操作；get_account_or_pwd_error 属性方法用来获取错误的提示信息。

4. return_address_page（退货地址页面）

退货地址页面脚本主要用来封装退货地址页面的一些元素和操作方法，包括新增/编辑页面等。编辑 pages\return_address_page.py 文件代码如下：

```
# chapter12\practice\pages\return_address_page.py
import time

from pages.component_page import ComponentPage


class ReturnAddressPage(ComponentPage):
    add_address_btn = 'xpath=//a[@href="#/setup/addressPublish"]/button'
    name_input = 'xpath=//label[@for="name"]/following-sibling::div//input'
    mobile_input = 'xpath=//label[@for="mobile"]/following-sibling::div//input'
    contact_address_input = 'xpath=//label[@for="addressList"]/
    following-sibling::div//input'
    contact_address_menuitem = 'xpath=//li[@role="menuitem"]'
    address_input = 'xpath=//label[@for="address"]/following-
sibling::div//textarea'
    save_btn = 'xpath=//button/span[text()="保存"]'

    err_message_loc = '.el-form-item__error'
    success_message_loc = '.el-message--success'

    menu_1_text = "设置"
    menu_2_text = "退货地址"
    set_default_template_btn_text = "设为默认"
    edit_btn_text = "编辑"
    delete_btn_text = "删除"

    def enter_return_address_page(self):
        """Enter the return address page."""
        self.click_menu(self.menu_1_text)
        self.click_menu(self.menu_2_text)
        self.wait_element_visible(self.add_address_btn)

    def set_return_address(self, name=None, mobile=None, contact_address=None,
```

```
address=None):
        """Set a return address."""
        self.wait_element_visible(self.name_input)
        self.input(self.name_input, name)
        self.input(self.mobile_input, mobile)
        self.select_contact_address(contact_address)
        self.input(self.address_input, address)
        self.element(self.save_btn).click()

    def add_return_address(self, name=None, mobile=None, contact_address=None,
    address=None):
        """Add a return address."""
        self.element(self.add_address_btn).click()
        self.wait_element_visible(self.name_input)
        self.input(self.name_input, name)
        self.input(self.mobile_input, mobile)
        self.select_contact_address(contact_address)
        self.input(self.address_input, address)
        self.element(self.save_btn).click()

    def edit_return_address(self, cell, name=None, mobile=None,
contact_address=None,
    address=None):
        """Edit a return address."""
        self.grid_operate(cell, self.edit_btn_text)
        self.wait_element_visible(self.name_input)
        self.input(self.name_input, name)
        self.input(self.mobile_input, mobile)
        self.select_contact_address(contact_address)
        self.input(self.address_input, address)
        self.element(self.save_btn).click()

    def set_default_template_for_return_address(self, cell):
        """Set a return address to default template."""
        self.grid_operate(cell, self.set_default_template_btn_text)

    def delete_return_address(self, cell, oper="确定"):
        """Delete a return address."""
        self.grid_operate(cell, self.delete_btn_text)
        cell_loc = f'xpath=//tbody//td//*[text()="{cell}"]'
        btn_loc = f'{cell_loc}/ancestor::tr//button/span[contains(text(),
       "{self.delete_btn_text}")]/ancestor::div[@class="le-popconfirm"]//button/spa
       n[text()="{oper}"]'
        self.element(btn_loc).click()

    def select_contact_address(self, contact_address: list):
```

```
        """Contact address selection。"""
        if contact_address:
            self.element(self.contact_address_input).click()
            time.sleep(.5)
            self.contact_address_single_select(contact_address[0])
            self.contact_address_single_select(contact_address[1])
            self.contact_address_single_select(contact_address[2])

    def contact_address_single_select(self, value):
        """Contact address, single level selection."""
        _loc = f'{self.contact_address_menuitem}/span[text()="{value}"]'
        self.element(_loc).click()

    @property
    def get_error_msg(self):
        """Obtain error message."""
        text = self.element(self.err_message_loc).text
        return text

    @property
    def get_success_msg(self):
        """Obtain success message."""
        text = self.element(self.success_message_loc).text
        return text
```

文件中设计了一个 ReturnAddressPage 类，该类下添加了 8 个方法和两个属性方法，分别是 enter_return_address_page()、set_return_address()、add_return_address()、edit_return_address()、set_default_template_for_return_address()、delete_return_address()、select_contact_address()、contact_address_single_select()、get_error_msg、get_success_msg。enter_return_address_page()方法用于登录系统后依次单击菜单设置→退货地址，进入退货地址页面；set_return_address()方法用于新建或编辑时对各字段填写内容并保存；add_return_address()方法用于单击添加地址后填写地址各字段内容并保存；edit_return_address()方法用于单击指定行后面的编辑按钮，然后编辑地址各字段内容并保存；set_default_template_for_return_address()方法是将某条地址设置为默认地址；delete_return_address()方法用于删除指定一条地址；select_contact_address()方法用于新建或编辑页面中选择联系地址，因为联系地址字段是一个下拉框，选项是一个三级菜单，因此单独封装；contact_address_single_select()方法用于对联系地址下拉框中任意一级进行选择；get_error_msg 属性是在新增或编辑页面，获取必输项不填写时的提示信息；get_success_msg 属性用于某些操作成功后，获取提示信息。

12.7.4 实现测试用例

测试数据和页面封装都已经完成，接下来结合两者生成测试用例方法。

1. test_login

在 cases\test_login.py 脚本下，使用 pages\login_page.py 文件中封装的方法实现设计的登录页面测试用例。实现代码如下：

```
# chapter12\practice\cases\test_login.py
import unittest

from pages.login_page import LoginPage
from data.login_data import LoginData


class TestLogin(unittest.TestCase, LoginData):
    @classmethod
    def setUpClass(cls):
        cls.login_page = LoginPage()
        cls.driver = cls.login_page.driver

    @classmethod
    def tearDownClass(cls):
        cls.driver.quit()

    def setUp(self):
        self.login_page.open_login_page()

    def test_login_success(self):
        """Test login success"""
        self.login_page.login(account=self.account, password=self.password)
        self.login_page.logout()

    def test_account_none(self):
        """Test account is not entered."""
        self.login_page.input_account_pwd(account=self.empty,password=self.password)
        self.assertFalse(self.login_page.element(self.login_page.login_btn).is_enabled())

    def test_password_none(self):
        """Test password is not entered."""
        self.login_page.input_account_pwd(account=self.account, password=self.empty)
        self.assertFalse(self.login_page.element(self.login_page.login_btn).is_enabled())

    def test_account_error(self):
        """Test account is invalid."""
        self.login_page.login(account=self.account_error, password=self.password)
        text = self.login_page.get_account_or_pwd_error
        self.assertEqual(self.account_or_pwd_error_msg, text)
```

```
    def test_password_error(self):
        """Test password is invalid."""
        self.login_page.login(account=self.account, password=self.password_error)
        text = self.login_page.get_account_or_pwd_error
        self.assertEqual(self.account_or_pwd_error_msg, text)
```

在所有登录用例执行前，setUpClass 实例化了一个登录页面对象，之后的用例操作都在该登录页面对象下进行；所有登录用例执行后 tearDownClass 退出浏览器，关闭线程；为了避免各用例之间互相影响，在每条用例执行前 setUp 都会访问一次登录页面，确保每次用例执行所使用的登录页面是干净的，没有受到其他用例的污染；之后便依次实现设计的测试用例。用例方法及说明如下：

- test_login_success：输入正确的手机号和密码，单击登录，登录成功。
- test_account_none：不输入手机号单击登录，登录按钮不能单击。
- test_password_none：不输入密码单击登录，登录按钮不能单击。
- test_account_error：输入错误的账号后，单击登录，登录失败且有合适的提示信息。
- test_password_error：输入错误的密码后，单击登录，登录失败且有合适的提示信息。

在 cases\test_login.py 文件中添加测试用例执行代码，如下所示：

```
if __name__ == '__main__':
    loader = unittest.TestLoader()
    suit = unittest.TestLoader().loadTestsFromTestCase(TestLogin)
    runner = unittest.TextTestRunner(verbosity=2)
    runner.run(suit)
```

运行 cases\test_login.py 脚本，结果如下：

```
test_account_error (__main__.TestLogin.test_account_error)
Test account is invalid. ... ok
test_account_none (__main__.TestLogin.test_account_none)
Test account is not entered. ... ok
test_login_success (__main__.TestLogin.test_login_success)
Test login success ... ok
test_password_error (__main__.TestLogin.test_password_error)
Test password is invalid. ... ok
test_password_none (__main__.TestLogin.test_password_none)
Test password is not entered. ... ok

----------------------------------------------------------------------
Ran 5 tests in 15.274s

OK
```

可以看到，一共运行了 5 条测试用例，用时 15.274s，全部测试通过。

2. test_return_address

在 cases\test_return_address.py 脚本下，使用 pages/return_address_page.py 文件中封装的方法实现设计的退货地址页面测试用例。实现代码如下：

```
# chapter12\practice\cases\test_return_address.py
import unittest
from time import sleep

from pages.login_page import LoginPage
from pages.return_address_page import ReturnAddressPage
from data.return_address_data import ReturnAddressData


class TestReturnAddress(unittest.TestCase, ReturnAddressPage, ReturnAddressData):
    @classmethod
    def setUpClass(cls):
        cls.login_Page = LoginPage()
        cls.login_Page.login()
        sleep(2)
        cls.driver = cls.login_Page.driver

    @classmethod
    def tearDownClass(cls):
        cls.login_Page.driver.quit()

    def setUp(self):
        self.driver = self.driver
        self.enter_return_address_page()

    def test_01_add_return_address_success(self):
        """Test add return address success."""
        self.add_return_address(self.name, self.mobile, self.contact_address1,
        self.address)
        row_value = self.get_grid_row_value(self.name)
        self.assertTrue([self.name, self.mobile, ''.join(self.contact_address1) +
        self.address], row_value)

    def test_02_set_default_template_for_return_address(self):
        """Test set a return address to default template."""
        self.set_default_template_for_return_address(self.name)
        row_value = self.get_grid_row_value(self.name)
        self.assertIn(self.default_template_text, row_value)

    def test_03_edit_return_address(self):
        """Test edit return address success."""
```

```
        self.edit_return_address(self.name, self.empty, self.mobile, self.contact_
        address2, self.address)
        row_value = self.get_grid_row_value(self.name)
        self.assertTrue([self.name, self.mobile, ''.join(self.contact_address2) +
        self.address], row_value)

    def test_04_delete_return_address(self):
        """Test delete return address success."""
        self.delete_return_address(self.name)
        text = self.get_success_msg
        self.assertEqual(self.delete_success_msg, text)

    def test_name_none(self):
        """Test name field is not entered."""
        self.add_return_address(self.empty, self.mobile, self.contact_address1,
       self.address)
        text = self.get_error_msg
        self.assertEqual(self.name_err_msg, text)

    def test_mobile_none(self):
        """Test mobile field is not entered."""
        self.add_return_address(self.name, self.empty, self.contact_address2,
        self.address)
        text = self.get_error_msg
        self.assertEqual(self.mobile_err_msg, text)

    def test_contact_address_none(self):
        """Test contact address field is not entered."""
        self.add_return_address(self.name, self.mobile, self.empty, self.address)
        text = self.get_error_msg
        self.assertEqual(self.contact_address_err_msg, text)

    def test_address_none(self):
        """Test address field is not entered."""
        self.add_return_address(self.name, self.mobile, self.contact_address1,
        self.empty)
        text = self.get_error_msg
        self.assertEqual(self.address_err_msg, text)
```

在所有退货地址用例执行前，setUpClass 实例化了一个登录页面对象，然后登录进入系统；所有退货地址用例执行后，tearDownClass 退出浏览器，关闭线程；为了避免各用例之间的相互影响，在每条用例执行前 setUp 都重新进入退货地址页面，确保每次用例执行所使用的退货地址页面是干净的，没有受到其他用例的污染；之后便依次实现设计的测试用例。用例方法及说明如下：

- test_01_add_return_address_success：单击新增地址，所有字段符合规则，单击保存，保

存成功。

- test_02_set_default_template_for_return_address：单击设为默认按钮，默认地址设置成功。
- test_03_edit_return_address：单击编辑按钮，编辑内容后单击保存，保存成功。
- test_04_delete_return_address：单击删除按钮，数据删除成功。
- test_name_none：单击新增地址，收件人姓名字段不填写，单击保存，必填项有提示信息。
- test_mobile_none：单击新增地址，联系方式字段不填写单击保存，必填项有提示信息。
- test_contact_address_none：单击新增地址，联系地址字段不填写单击保存，必填项有提示信息。
- test_address_none：单击新增地址，详细地址字段不填写单击保存，必填项有提示信息。

其中有关联的用例之间使用 test_01、test_02、test_03、test_04 进行排序，首先是新增退货地址，然后是设置默认地址、编辑地址，最后将新增的地址删除。

在 cases\test_return_address.py 中添加测试用例执行代码，如下所示：

```
if __name__ == '__main__':
    loader = unittest.TestLoader()
    suit = unittest.TestLoader().loadTestsFromTestCase(TestReturnAddress)
    runner = unittest.TextTestRunner(verbosity=2)
    runner.run(suit)
```

运行 cases\test_return_address.py 脚本，结果如下：

```
    test_01_add_return_address_success
(__main__.TestReturnAddress.test_01_add_return_address_success)
    Test add return address success. ... ok
    test_02_set_default_template_for_return_address
(__main__.TestReturnAddress.test_02_set_default_template_for_return_address)
    Test set a return address to default template. ... ok
    test_03_edit_return_address
(__main__.TestReturnAddress.test_03_edit_return_address)
    Test edit return address success. ... ok
    test_04_delete_return_address
(__main__.TestReturnAddress.test_04_delete_return_address)
    Test delete return address success. ... ok
    test_address_none (__main__.TestReturnAddress.test_address_none)
    Test address field is not entered. ... ok
    test_contact_address_none (__main__.TestReturnAddress.test_contact_address_none)
    Test contact address field is not entered. ... ok
    test_mobile_none (__main__.TestReturnAddress.test_mobile_none)
    Test mobile field is not entered. ... ok
    test_name_none (__main__.TestReturnAddress.test_name_none)
    Test name field is not entered. ... ok
```

```
----------------------------------------------------------------------
Ran 8 tests in 31.669s

OK
```

可以看到，一共运行了 8 条测试用例，用时 31.669s，全部测试通过。

12.8 执行测试项目

整个 Web UI 自动化测试项目核心内容已完成，剩下的就是生成测试报告，用以展示整个测试情况。本例使用 XtestRunner 库生成 HTML 测试报告。

在项目入口 run.py 文件中添加生成测试报告代码，代码如下：

```
# chapter12\practice\run.py
import os
import unittest
from datetime import datetime

from XTestRunner import HTMLTestRunner

def main():
    current_path = os.path.abspath(os.path.dirname(__file__))
    cases_path = os.path.join(current_path, 'cases')
    suit = unittest.defaultTestLoader.discover(cases_path, pattern='test*.py')

    now_time = datetime.strftime(datetime.now(), '%Y年%m月%d日%H时%M分%S秒')
    with open(f'{current_path}/report/{now_time}_report.html', 'wb') as fp:
        runner = HTMLTestRunner(
            stream=fp,
            title='Leadshop 后台管理系统测试报告',
            description='自动化测试',
            language='zh-CN',
            rerun=1
        )
        runner.run(suit)


if __name__ == '__main__':
    main()
```

run.py 文件中定义了一个 main()函数，该函数中通过 XtestRunner 模块运行 cases 下所有的测试用例，并在 report 目录下生成一个以当前时间命名的测试报告文件。

执行脚本 run.py，在 report 目录下生成了一个以时间命名的 HTML 文件，浏览器访问该文件，结果如图 12-9 所示。

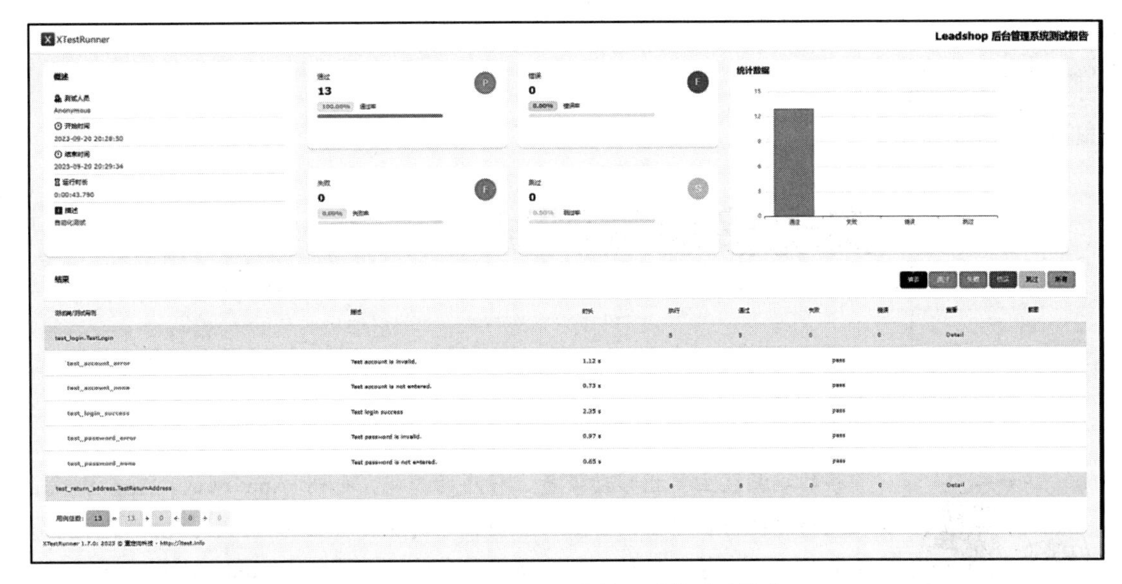

图 12-9　Leadshop 后台管理系统测试报告

从测试报告中可以非常清楚地看到一共执行了 13 条测试用例，且全部通过，除此之外，还可以看到测试人员、开始时间、结束时间和运行时间等信息。

12.9　思　考　题

1. 谈谈你对 Page Object 模型的理解？
2. 你理解的 Web UI 自动化测试项目结构是什么样的？
3. 如何设计 UI 自动化测试用例？
4. 为什么许多 UI 自动化测试项目只做冒烟测试，不全量实现手工功能测试用例？
5. 在 Web UI 自动化测试中，你经常会遇到哪些问题？
6. 如果开展 Web UI 自动化测试，你能想到哪些工具？

第13章

实现移动端测试

移动端测试主要指移动设备上程序的测试，也叫 App 测试。App 测试自动化是指对运行在移动设备上的应用程序实现自动化的测试。移动设备指手机、平板电脑、手环等，移动设备上使用最多的操作系统是 Android 和 iOS，因此，测试人员通常说的 App 自动化测试是对于运行在移动端 Android 或 iOS 操作系统上的应用程序，通过录制或编写脚本的方式实现测试用例，然后在预设的条件下通过机器执行测试用例的一个过程。

本章将通过 Appium 测试框架，介绍 App 自动化测试的实现方法。

13.1 App 测试简介

App 测试与 Web 端产品测试类似，功能测试主要验证两个方面：产品各功能的完整性和与设备之间的交换。App 在测试与设备之间的交换时需要注意两点：一是硬件的影响，例如屏幕分辨率、电池电量、开关机键、音量键等操作对产品的影响；二是软件的影响，例如操作系统、来电、短信、蓝牙、其他 App 对其影响。总之，尽可能全面地测试产品功能和与其他产品之间的交换，从而保证产品质量。

App 自动化测试就是将稳定的、烦琐的、重复的，或者人工难以实现的测试场景，通过录制或编写脚本的方式实现，然后通过机器执行完成，旨在加快 App 产品的快速迭代，减少测试人员的工作量，提高测试效率。实施 App 自动化测试也会受到一些限制，主要有如下几点：

- 不能发散性地开展测试。手工执行测试用例时，由于带着脑力劳动，会对一些测试用例发散扩展测试，也会对一些可疑的现象再次确认，而自动化只是机械地执行用例，实际结果和预期结果的一种对比。
- 对 App 稳定性的依赖非常强。App 功能性自动化测试主要依赖 App 页面元素，如果 App 页面做了微调，自动化测试相应脚本可能也需要变动。
- 前期很难产生价值。实现 App 自动化测试，首先要有一定的技术栈支持，然后是搭建环境、构建框架、编写测试用例脚本、调试等，所以前期需要投入大量的资源，投入后还不会立马产出对产品质量有保证的价值。但是一旦 App 自动化测试项目稳定后，那么回归测试、临时发版等都可以依赖自动化测试，保证 App 的稳定。

App 自动化测试技术还在不断发展，应用前景也越来越广阔，随着移动端产品的快速增长，未来 App 应用程序也会提出更多的要求，App 测试人员应该有前瞻性的思考，研究更好的测试技术，满足 App 自动化测试的需求。

以下我们以 Leadshop 项目客户端微信小程序的测试为例，介绍 App 测试的具体流程。

13.2　项目实战对象

Leadshop 项目的客户端是一个微信小程序，需要使用 Appium 工具实现移动端 UI 自动化测试。在实现 UI 自动化测试上，与 Web UI 自动化测试相比，除使用工具 Appium 外，无论框架搭建还是用例设计，思路上具有高度一致性，因此本例只做一个简单的流程练习。

第一步：进入“我”页面，如图 13-1 所示。
第二步：进入个人信息页面，如图 13-2 所示。
第三步：编辑个人信息并保存。

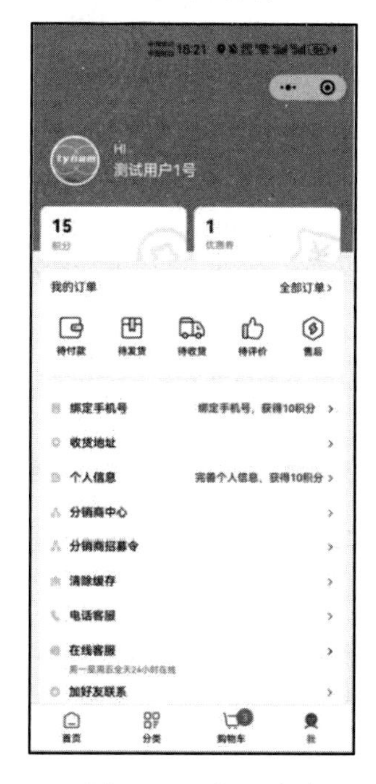

图 13-1　“我”页面

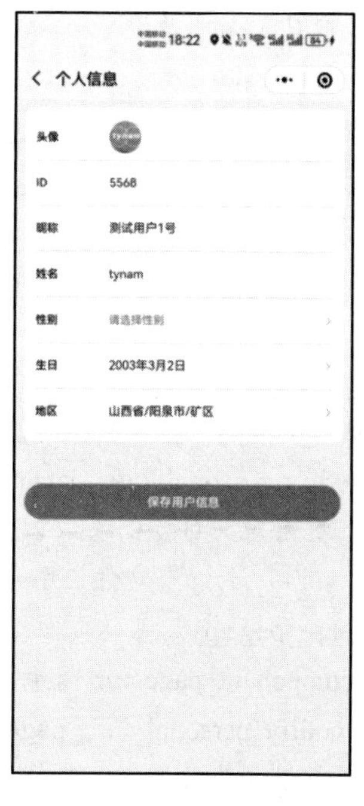

图 13-2　个人信息页面

13.3 项目结构搭建

小程序测试项目结构与 Web UI 自动化测试结构和实现思路高度一致，在此直接复制过来，对部分文件做修改即可，最终形成的移动端 UI 测试项目结构如图 13-3 所示。

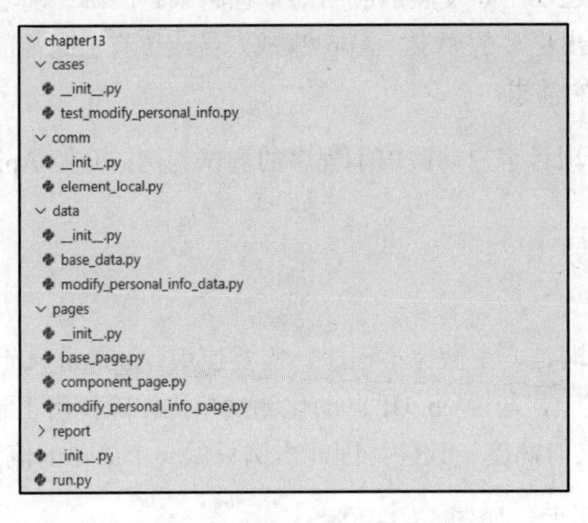

图 13-3　自动化测试项目结构

Web UI 自动化测试项目中的目录文件说明：

- cases：测试用例目录。
- cases__init__.py：空文件，用于标识所在目录是一个 Python 包。
- cases\test_modify_personal_info.py：修改个人信息测试用例。
- comm：公共目录。
- comm__init__.py：空文件，用于标识所在目录是一个 Python 包。
- comm\element_local.py：对 Appium 提供的元素定位方法重新封装，更符合项目的使用。
- data：测试数据目录。
- data__init__.py：空文件，用于标识所在目录是一个 Python 包。
- data\base_data.py：基础数据。
- data\modify_personal_info_data.py：修改个人信息页面的测试用例使用的数据。
- pages：页面对象封装目录。
- pages__init__.py：空文件，用于标识所在目录是一个 Python 包。
- pages\base_page.py：基础页面操作的元素和方法。
- pages\component_page.py：组件操作页面，系统中与组件操作相关的元素和方法。
- pages\modify_personal_info_page.py：修改个人信息页面操作的元素和方法。
- report：测试报告目录。
- __init__.py：空文件，用于标识所在目录是一个 Python 包。
- run.py：测试执行文件。

13.4 编写测试脚本

本节我们开始编写测试脚本。

13.4.1 封装元素定位

comm\element_local.py 文件用于重新封装页面元素定位方法，目的是通过一定规则的字符串就能确定一个元素，例如，将 css=.abc 传入封装的方法中，就能通过 css 定位的方式查找到 CLASS 为 abc 的元素，编写 element_local.py 文件代码如下：

```
# chapter13\comm\element_local.py
from appium.webdriver.common.appiumby import AppiumBy

from selenium.webdriver.support.wait import WebDriverWait
from selenium.webdriver.support import expected_conditions as EC
from selenium.webdriver.remote.webelement import WebElement as MobileWebElement


class ElementLocal:
    def __init__(self, driver) -> None:
        self.driver = driver

    def find_element(self, local: str) -> MobileWebElement:
        """查找一个元素，并且这个元素是可见的。"""
        strategy, local_str = self.local_str(local)
        element = self.wait_element_visible((strategy, local_str))
        return element

    def wait_element_visible(self, locator: str) -> MobileWebElement:
        """等待一个元素出现，每隔 1s 查找一次。"""
        return WebDriverWait(self.driver, 10, 1).until(EC.visibility_of_element_
        located(locator))

    def local_str(self, local: str) -> tuple:
        """获取元素定位方式和定位值。"""
        by: str
        local_str: str

        if "=" in local:
            by = local.split('=')[0]
            local_str = '='.join(local.split('=')[1:])
        else:
            by = 'css'
            local_str = local
        strategy = self.__by(by)
```

```
        return strategy, local_str

    def __by(self, by: str) -> str:
        """匹配定位方式。"""
        by = by.lower()
        strategy: str

        # match...case... 是 python 3.10 后的语法
        match by:
            case 'id':
                strategy = AppiumBy.ID
            case "xpath":
                strategy = AppiumBy.XPATH
            case "class_name":
                strategy = AppiumBy.CLASS_NAME
            case "accessibility_id":
                strategy = AppiumBy.ACCESSIBILITY_ID
            case "android_uiautomator":
                strategy = AppiumBy.ANDROID_UIAUTOMATOR
            case _:
                raise Exception("the positioning strategy [{}] does not exist."
                .format(by))
        return strategy
```

文件中设计了一个 ElementLocal 类，类下有三个共有方法 find_element()、wait_element_visible()、local_str()和一个私有方法__by()。__by()是通过定位字符串中的定位方法字符串确定定位的方式，例如，定位字符串是 css=.abc，定位方法字符串就为 css，通过 css 就能匹配到定位方式 By.CSS_SELECTOR；local_str()方法是确定定位字符串中的定位方式和定位内容，例如定位字符串是 css=.abc，就可以得到定位方式 By.CSS_SELECTOR 和定位内容.abc；wait_element_visible()方法是等待元素出现，每 1s 查找一次，最长等待 10s 时间；find_element()是获取定位元素，且该元素一定是可见的。

13.4.2　添加测试数据

测试数据文件中的数据是根据测试用例添加的。一般情况下，会先写一些基础数据，然后在编写测试用例时根据需要添加。

1. base_data

data\base_data.py 文件中添加一些基础数据，例如 host、base_url、phone、password、empty，内容如下：

```
# chapter13\data\base_data.py
```

```
class BaseData:
    hub_address = 'http://localhost:4723/wd/hub'

    host = 'https://demo.leadshop.vip/'
    base_url = f'{host}index.php?r=wechat'

    empty = ''
```

2. modify_personal_info_data

在 data\modify_personal_info_data.py 文件中添加修改个人信息测试用例所需的数据，内容如下：

```
# chapter13\data\modify_personal_info_data.py
from data.base_data import BaseData


class ModifyPersonalInfoData(BaseData):
    nickname = "测试用户 1 号"
    name = "tynam"
    sex = "男"
    birthday_mouth = "2 月"
    birthday_day = "3 日"
    region = ["山西省", "阳泉市", "矿区"]

    nickname_edit = "测试用户 2 号"
    name_edit = "测试用户"
    sex_edit = "女"
    birthday_mouth_edit = "3 月"
    birthday_day_edit = "2 日"
    region_edit = ["内蒙古自治区", "包头市", "东河区"]
```

13.4.3　页面功能函数封装

页面文件是用于定位页面元素和封装页面功能函数。一般情况下，会先写一个基础页面，然后再以基础页面为基石编写其他页面。

1. base_page（基础页面）

基础页面中需要添加几乎所有的页面中都可以用到的方法。后面的页面封装时继承该脚本中的类，即可使用该类下的所有方法。编写 pages\base_page.py 文件代码如下：

```
# chapter13\pages\base_page.py
import time


from appium import webdriver
from appium.options.android import UiAutomator2Options
```

```
from selenium.webdriver.remote.webelement import WebElement as MobileWebElement

from comm.element_local import ElementLocal
from data.base_data import BaseData


class BasePage(BaseData):
    def __init__(self) -> None:
        self.driver = self.start_driver()
        self.enter_leadshop()

    def enter_leadshop(self):
        """进入 Leadshop 小程序。"""
        # 依次单击 发现→小程序→搜索 Leadshop 体验版→进入 Leadshop 体验版
        discover_btn = 'android_uiautomator=new UiSelector().text(\"发现\")'
        applet_btn = 'android_uiautomator=new UiSelector().text(\"小程序\")'
        search_input_btn = 'xpath=//android.view.View[@content-desc=\"小程序
\"]/following-sibling::android.widget.ImageView'
        search_input = 'id=com.tencent.mm:id/d98'
        search_btn = 'id=com.tencent.mm:id/mdx'
        leadshop_item = 'xpath=//android.widget.Button[contains(@text, \"Leadshop
体验版\")]'
        leadshop_name = 'Leadshop 体验版'

        self.click(discover_btn)
        self.click(applet_btn)
        self.click(search_input_btn)
        self.input(search_input, leadshop_name)
        self.click(search_btn)
        self.click(leadshop_item)
        time.sleep(2)

    def start_driver(self):
        """开启 Session。"""
        options = self.set_start_options()
        driver = webdriver.Remote(self.hub_address, options=options)
        driver.implicitly_wait(10)
        time.sleep(5)
        return driver

    def set_start_options(self):
        """设置启动参数。"""
        options = UiAutomator2Options()
        options.platform_name = 'Android'
        options.platformVersion = '7.1.2'
        options.device_name = 'NoxPlayer V7'
```

```
        options.chrome_options = {'w3c': False}
        options.app_package = 'com.tencent.mm'
        options.app_activity = '.ui.LauncherUI'
        options.no_reset = 'true'
        return options

    def element(self, local: str) -> MobileWebElement:
        """定位元素并返回。"""
        return ElementLocal(self.driver).find_element(local)

    def input(self, local: str, value: str = None) -> None:
        """元素中输入内容。"""
        if value:
            self.element(local).clear()
            self.element(local).send_keys(value)

    def click(self, local: str) -> None:
        """单击元素。"""
        self.wait_element_visible(local).click()

    def wait_element_visible(self, local: str) -> MobileWebElement:
        """等待元素出现。"""
        local_element = ElementLocal(self.driver)
        strategy, local_str = local_element.local_str(local)
        return local_element.wait_element_visible((strategy, local_str))

    def back(self, count=1):
        """页面返回。"""
        for _ in range(count):
            self.driver.back()
```

文件中设计了一个 BasePage 类，该类下有 enter_leadshop()、start_driver()、set_start_options()、element()、input()、click()、wait_element_visible()和 back()方法。enter_leadshop()方法用于在微信中依次单击发现>>小程序，然后搜索“Leadshop 体验版”小程序，最后单击 Leadshop 体验版并进入小程序；set_start_options()方法用于配置启动参数；start_driver()方法用于带着启动参数开启会话；element()方法用于通过 ElementLocal 类中的 find_element()方法获得页面元素；input()方法主要用于对输入框元素发送内容；wait_element_visible()方法用于通过 ElementLocal 类中的 wait_element_visible()方法等待元素出现；back()方法用于页面返回；在实例化 BasePage 对象时便会开启会话，并进入 Leadshop 体验版小程序。

2. component_page（组件页面）

组件页面为系统中公用组件的操作，与一般页面代码相同，只不过组件页面封装的组件操作使用频率比较高，一般页面中也可以使用到。编写 pages\component_page.py 文件代码如下：

```
# chapter13\pages\component_page.py
from pages.base_page import BasePage


class ComponentPage(BasePage):
    menu_loc = 'xpath=//android.widget.FrameLayout[@resource-id=
    "com.tencent.mm:id/yn"]'
    toast_loc = 'xpath=//*[@class="android.widget.Toast"]'

    def click_menu(self, menu):
        """单击最下方的菜单."""
        menuitem_loc = f'{self.menu_loc}//android.widget.TextView[contains(@text,
       "{menu}")]'
        self.wait_element_visible(menuitem_loc).click()
```

文件中设计了一个 ComponentPage 类，类下有一个方法 click_menu()。click_menu()方法用以单击系统中菜单，click_menu()方法是根据传入的文本内容，单击 Leadshop 体验版小程序最下方的首页、分类、购物车和我。

3. modify_personal_info_page（修改个人信息页面）

修改个人信息页面脚本中主要封装修改个人信息页面的一些元素和操作方法。首先通过元素定位规则添加所有需要的元素定位字符串，然后添加需要的操作方法。编辑 pages\modify_personal_info_page.py 文件代码如下：

```
# chapter13\pages\modify_personal_info_page.py
import time

from pages.component_page import ComponentPage


class ModifyPersonalInfoPage(ComponentPage):
    personal_info_item = 'android_uiautomator=new UiSelector().text(\"个人信息\")'
    save_btn = 'xpath=//android.widget.Button[@text=\"保存用户信息\"]'
    edit_input = 'xpath=//android.view.ViewGroup[@resource-id="com.tencent.
    mm:id/yq"]/android.widget.EditText'

    name_text = "我"
    nickname_item = "昵称"
    name_item = "姓名"
    sex_item = "性别"
    birthday_item = "生日"
    region_item = "地区"
    ok_btn_text = "确定"
    sex_default_value = "男"
    birthday_default_mouth_value = "1月"
    birthday_default_day_value = "1日"
```

```
    def enter_my_page(self):
        """进入我页面."""
        self.click_menu(self.name_text)

    def open_personal_info_page(self):
        """打开个人信息页面。"""
        time.sleep(2)
        self.wait_element_visible(self.personal_info_item).click()

    def get_input_loc(self, text):
        """获取输入框定位字符串。"""
        return f"xpath=//android.widget.TextView[@text=\"{text}\"]/following-
        sibling::android.view.View/android.widget.EditText"

    def input_send_content(self, item, value):
        """输入框中输入内容。"""
        loc = self.get_input_loc(item)
        self.click(loc)
        self.input(self.edit_input, value)

    def get_select_loc(self, text):
        """获取下拉框定位字符串。"""
        return f"xpath=//android.widget.TextView[@text=\"{text}\"]/following-
        sibling::android.widget.TextView"

    def get_select_item_loc(self, text):
        """获取下拉框选择值定位字符串。"""
        itme_loc = f'android_uiautomator=new UiSelector().text(\"{text}\")'
        return itme_loc

    def open_select_item(self, text):
        """打开下拉框选项。"""
        item_loc = self.get_select_loc(text)
        self.click(item_loc)

    def select_item_value(self, default_value, value):
        """滑动选择下拉框值。"""
        default_value_loc = self.get_select_item_loc(default_value)
        value_loc = self.get_select_item_loc(value)
        default_value_ele = self.element(default_value_loc)
        value_ele = self.element(value_loc)
        self.driver.scroll(value_ele, default_value_ele, 1000)

    def select_sex_item(self, value):
        """下拉框选择值。"""
        self.open_select_item(self.sex_item)
        if value != self.sex_default_value:
```

```
            self.select_item_value(self.sex_default_value, value)
        # 单击确定
        ok_loc = self.get_select_item_loc(self.ok_btn_text)
        self.click(ok_loc)

    def select_birthday_items(self, mouth_value, day_value):
        """生日选择。"""
        self.open_select_item(self.birthday_item)
        if mouth_value != self.birthday_default_mouth_value:
            self.select_item_value(self.birthday_default_mouth_value, mouth_value)
        if day_value != self.birthday_default_day_value:
            self.select_item_value(self.birthday_default_day_value, day_value)
        # 单击确定
        ok_loc = self.get_select_item_loc(self.ok_btn_text)
        self.click(ok_loc)

    def select_region_items(self, value_list: list):
        """地区选择。"""
        self.open_select_item(self.region_item)
        for value in value_list:
            loc = self.get_select_item_loc(value)
            self.click(loc)

    def edit_modify_personal_info(self, nickname, name, sex, birthday_mouth,
birthday_day, region: list):
        """编辑个人信息并保存。"""
        self.open_personal_info_page()
        self.input_send_content(self.nickname_item, nickname)
        self.input_send_content(self.name_item, name)
        self.select_sex_item(sex)
        self.select_birthday_items(birthday_mouth, birthday_day)
        self.select_region_items(region)
        # 保存
        self.click(self.save_btn)
```

文件中设计了一个 ModifyPersonalInfoPage 类，该类下添加了 12 个方法，分别是 enter_my_page()、open_personal_info_page()、get_input_loc()、input_send_content()、get_select_loc()、get_select_item_loc()、open_select_item()、select_item_value()、select_sex_item()、select_birthday_items()、select_region_items() 和 edit_modify_personal_info()。其中 enter_my_page() 和 pen_personal_info_page()分别用于进入我页面和进入修改个人信息页面；get_input_loc()方法用于通过传入输入框名获取对应输入框定位字符串；input_send_content()方法用于对输入框输入内容；get_select_loc()方法是通过传入下拉框框名获取对应下拉框定位字符串；get_select_item_loc()是获取打开的下拉框列表中选项定位字符串；open_select_item()单击下拉框打开下拉框选项；select_item_value()方法通过滑动下拉框选项进行选中需要的值；select_sex_item()方法是性别下拉框值选择；select_birthday_items()方法是生日下拉框值选择；select_region_items()方法是地区下拉

框值选择；edit_modify_personal_info()方法用于对所有封装的字段进行合并，封装成编辑个人信息方法并保存。

13.4.4　实现测试用例

测试数据和页面封装都已经完成，接下来结合两者生成测试用例方法。

在 cases\test_modify_personal_info.py 脚本下，使用 pages\modify_personal_info_page.py 文件中封装的方法实现修改个人信息测试用例。实现代码如下：

```
# chapter13\cases\test_modify_personal_info.py
import unittest
from data.modify_personal_info_data import ModifyPersonalInfoData
from pages.modify_personal_info_page import ModifyPersonalInfoPage


class TestModifyPersonalInfo(unittest.TestCase, ModifyPersonalInfoData):
    @classmethod
    def setUpClass(cls):
        cls.modify_persional_info_page = ModifyPersonalInfoPage()
        cls.modify_persional_info_page.enter_my_page()
        cls.driver = cls.modify_persional_info_page.driver

    @classmethod
    def tearDownClass(cls):
        cls.driver.quit()

    def test_01_modify_persional_info_success(self):
        """测试修改用户信息成功。"""
        self.modify_persional_info_page.edit_modify_personal_info(self.nickname_
        edit, self.name_edit, self.sex_edit, self.birthday_mouth_edit,
        self.birthday_day_edit, self.region_edit)

    def test_02_recover_modify_persional_info(self):
        """恢复测试修改用户信息。"""
        self.modify_persional_info_page.edit_modify_personal_info(self.nickname,
self.name, self.sex, self.birthday_mouth, self.birthday_day, self.region)
```

在所有修改个人信息测试用例执行前，setUpClass 实例化了一个修改个人信息页面对象，并进入“我”页面；所有修改个人信息用例执行后，tearDownClass 关闭会话。此脚本中实现了两个测试用例方法，即 test_01_modify_persional_info_success()和 test_02_recover_modify_persional_info()，第一个测试用例用于测试成功修改个人信息，第二个测试用例用于数据恢复。

在 cases\test_modify_personal_info.py 文件中添加测试用例执行代码，如下所示：

```
if __name__ == '__main__':
    loader = unittest.TestLoader()
    suit = unittest.TestLoader().loadTestsFromTestCase(TestModifyPersonalInfo)
    runner = unittest.TextTestRunner(verbosity=2)
    runner.run(suit)
```

运行 cases\test_modify_personal_info.py 脚本，结果如下：

```
test_01_modify_persional_info_success (__main__.TestModifyPersonalInfo.test_01_mod
ify_persional_info_success)
测试修改用户信息成功。 ... ok
test_02_recover_modify_persional_info (__main__.TestModifyPersonalInfo.test_02_rec
over_modify_persional_info)

复测试修改用户信息。 ... ok

----------------------------------------------------------------------
Ran 2 tests in 86.515s

OK
```

可以看到，一共运行了两条测试用例，用时 86.515s，均测试通过。

13.5 执行测试项目

整个小程序 UI 自动化测试项目核心内容已完成，剩下的还需要生成测试报告，用以展示整个测试情况。本例使用 XtestRunner 库生成 HTML 测试报告。

在项目入口 run.py 文件中添加生成测试报告代码，代码如下：

```
# chapter13\run.py
import os
import unittest
from datetime import datetime

from XTestRunner import HTMLTestRunner


def main():
    current_path = os.path.abspath(os.path.dirname(__file__))
    cases_path = os.path.join(current_path, 'cases')
    suit = unittest.defaultTestLoader.discover(cases_path, pattern='test*.py')

    now_time = datetime.strftime(datetime.now(), '%Y年%m月%d日%H时%M分%S秒')
    with open(f'{current_path}/report/{now_time}_report.html', 'wb') as fp:
        runner = HTMLTestRunner(
            stream=fp,
            title='Leadshop 小程序测试报告',
            tester='测试人员 1 号',
            description='自动化测试',
            language='zh-CN',
            rerun=1
        )
        runner.run(suit)
```

```
if __name__ == '__main__':
    main()
```

run.py 文件中定义了一个 main()函数，函数中通过 XtestRunner 模块运行 cases 下所有的测试用例，并在 report 目录下生成一个以当前时间命名的测试报告文件。

执行脚本 run.py，在 report 目录下生成了一个以时间命名的 HTML 文件，用浏览器访问该文件，结果如图 13-4 所示。

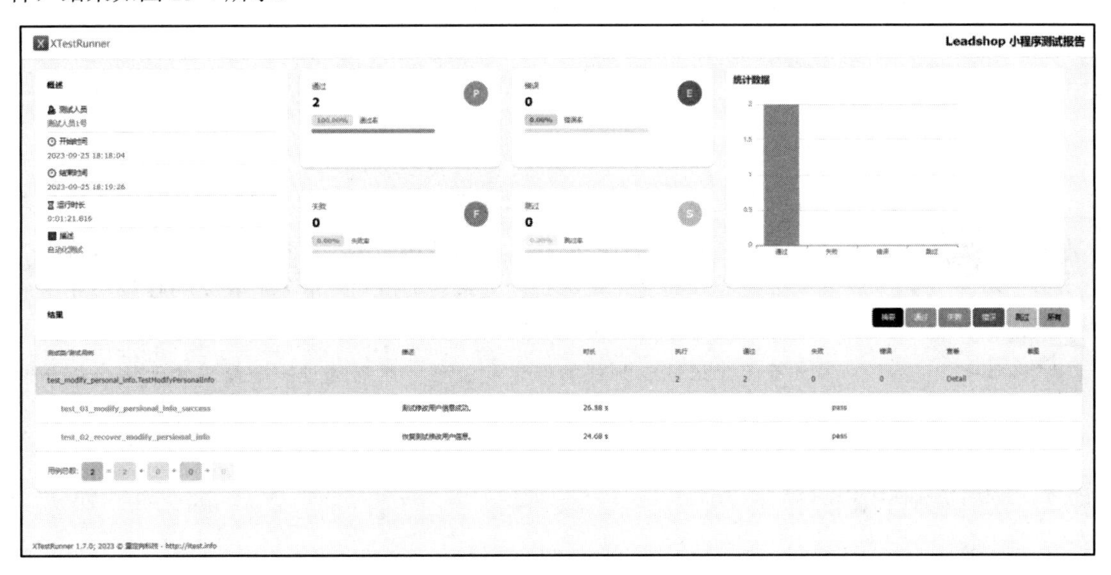

图 13-4　Leadshop 小程序测试报告

从测试报告中可以非常清楚地看到，一共执行了两条测试用例，且全部通过，此外，还可以看到测试人员、开始时间、结束时间和运行时间等信息。

13.6　思　考　题

1. App 自动化测试的实施会受到哪些限制？

2. 你是如何获取提示消息（Toast）文本的？

3. 微信和微信小程序分别是用什么控件开发的？使用 Appium 实现自动化测试时，如何从微信操作切换为小程序操作？

4. Web UI 自动化和 App UI 自动化能公用一套项目结构吗？

第14章 实现性能测试

14

性能测试是指通过性能测试工具模拟多种正常、峰值以及异常负载条件来对系统各项性能指标进行的测试。通过性能测试，可以查看系统在不同使用场景中各项性能指标的变化情况，确定系统的瓶颈或者不能接受的性能容量，来获得系统能提供的最大容量预估。

本章首先介绍性能测试的概念和流程，然后通过一个简单的示例介绍如何实现性能测试。

14.1　性能测试简介

性能测试是使用性能测试工具模拟不同的场景，评估软件系统在不同负载条件下的性能表现。简单来说，就是选择适合系统业务逻辑的性能测试工具，在不同场景下模拟多用户并发，确定出系统性能容量，即用最低的成本，在最短时间内做出最有价值的事情。

不同场景下实施性能测试的目的也不相同，但最终的目的都是验证软件系统是否能够达到性能指标，同时发现性能瓶颈，进而优化系统等，具体可列举如下几点：

- 评估系统当前的承载能力：确定系统当前资源可容纳的性能容量，规划系统容量规模。评估软件是否能够满足未来的需要。
- 寻找性能瓶颈和调优：查找性能瓶颈，确定链路中最影响性能的服务，然后提出优化方案和实施方案，并验证方案效果。
- 发现系统隐藏的问题：长时间的测试执行可导致程序发生由于内存泄漏引起的失败，揭示程序中的隐含的问题或冲突。
- 验证稳定性和可靠性：也称为疲劳稳定性测试，指在一个生产负荷下执行一定时间的测试，以评估系统稳定性和可靠性是否满足要求。

14.1.1　测试流程

性能测试也属于软件测试的一部分，其遵循测试需求分析→测试计划制订→测试用例设计→测试执行→编写测试报告的基本流程。但性能测试又与功能测试有所区别，下面分别介绍性能测试的 11 个要点：

（1）前期准备：需求提出阶段，熟悉被测系统和了解可用资源。深入了解被测产品业务逻辑、功能模块、产品架构等；熟悉产品相关人员，例如产品经理、研发团队、测试团队等；掌握产品各项服务、环境搭建、软硬件配置要求等。

（2）性能需求分析：明确性能测试的目的和测试的范围，确定要测试的系统或应用程序的关键指标和目标，例如响应时间、吞吐量、并发用户数等。确定关键指标将成为性能测试的衡量标准。

（3）制定测试计划：制订详细的测试计划，包括性能测试背景、用户使用场景、性能目标、实施计划、资源需求、测试环境设置和测试数据准备等。

（4）确定测试方案：根据性能需求和测试计划设计性能测试方案，确定测试的策略和方法，包括测试场景、场景建模、并发用户数、测试数据和测试工具的选择等。

（5）搭建测试环境：根据要求搭建测试环境，包括硬件、网络、软件和测试工具的配置。确保测试环境能够模拟实际生产环境的特征和条件。

（6）准备测试数据：准备测试数据包括符合测试场景的数据集和数据量，以及可能的数据变化和边界条件。

（7）开发压测脚本：根据确定好的测试方案和准备好的测试数据，开发压测脚本并进行调试，使之可稳定运行。

（8）测试执行及监控：执行测试脚本，对各项性能指标进行监控和记录。

（9）结果分析：对性能测试结果分析和评估，与预期结果对比，识别需要优化的地方和潜在问题，给出改进建议或优化方案。

（10）性能调优：根据分析的结果进行性能优化和调整，再次执行性能测试脚本，以验证改进措施的有效性。

（11）编写测试报告：对性能测试的过程和结果进行汇总，包括测试目标、测试环境、测试结果、分析和评估，以及改进建议。

14.1.2　常见性能指标

性能指标是用来衡量性能测试是否通过的标准。常见的性能指标有响应时间、单击数、吞吐量、查询数、并发数、平均负载、错误率、CPU 利用率、内存利用率、磁盘 IO、网络等。

- 响应时间（RT）：用户从发出请求到系统返回结果所需要的时间。响应时间越短，表明软件的响应速度越快，性能越好。

- 单击数（HPS）：客户端向服务器发送请求时，所有的页面资源元素的请求总数量，包括图片、链接、CSS、JS 等。
- 吞吐量（TPS）：单位时间内系统处理的请求数量，通常以每秒请求数表示。体现软件系统的性能承载能力。
- 查询数（QPS）：每秒查询数，每秒系统能够处理的查询请求次数。
- 并发数：同时向系统发送请求的用户数量，用来评估系统的并发处理能力。
- 平均负载：系统在单位时间内的平均负载情况，反映系统资源的使用情况。
- 错误率：系统处理请求时出现错误的比例，用来评估系统的稳定性。
- CPU 利用率：系统的 CPU 占用率，反映系统对 CPU 资源的利用程度。
- 内存利用率：系统的内存占用率，反映系统对内存资源的利用程度。
- 磁盘 IO：系统对磁盘的读写操作情况，包括读写速度以及 IOPS（每秒输入/输出操作次数）。
- 网络延迟：用户请求到达系统和系统返回结果之间的时间延迟。
- 访问量（PV）：页面的浏览量或单击量，衡量网站用户访问的网页数量。运营和网站管理人员比较关注。
- 独立访客（UV）：访问同一个网页或产品的独立触发用户数，独立访客是按浏览器 cookie 为统计依据的。运营和网站管理人员比较关注。

14.1.3　流量回放技术

传统的性能测试方法是在线下进行数据测试，数据构造和模拟链路很难做到与生产环境一致，且成本高，覆盖场景有限，标准化难度高等。为克服此弊端，人们开始探索一种新的技术，可以利用大数据智能分析、数据可视化等技术对系统经过采集、建设、管理、分析的多源异构数据进行呈现和应用，实现了数据共享、快速和智能分析，具有数据量大、准确性高、场景多、标准化、结果有保障等特点，于是流量回放技术应运而生。

流量回放技术使用逆向代理、负载均衡、中间人攻击等技术，将原始流量截获并进行复制，再将其发送给被测应用，生成响应结果，并与实际响应进行比对。主要用于应用开发、测试、性能调优等领域。通过流量回放技术，不但可以回放真实的网络流量数据，准确反映应用的运行状态，而且可以发现和重现网络应用的隐藏问题，提高应用的稳定性和安全性，特别是可以模拟高负载情况，测试应用在高并发状态下的性能表现。

常见的性能测试流量回放工具有 GoReplay、Jvm-Sandbox-Repeater、ngx_http_mirror_module、RDebug 等。GoReplay 是用 Go 语言开发的一款开源项目，可以记录实时流量，并使用它进行跟踪、负载测试、监控和详细分析，具有上手快、易于入门、便于定制、轻量、自带回放功能、可录制数据、资源消耗少、提供了插件机制等优点。Jvm-Sandbox-Repeater 是用 Java 语言开发的一个基于 Jvm-Sandbox 的服务端录制/回放通用解决方案，可以直接对 Java 类方法进行录制，功能强大且对业务代码透明无侵入。ngx_http_mirror_module 是使用 C 语言开发的一个实现流量复制模块。Rdebug 是滴滴开源的一款用于 RD 研发、自测、调试的实用工具，可以被用来提升 RD 研发效率，保障代码质量，进而减少线上事故。

使用流量回放技术进行性能测试，可精准获取数据，自动维护脚本，保证用例的丰富性和真实性，自动覆盖更全面的场景以保证代码的覆盖率，从而避免出现漏测的情况。

14.2 性能需求分析

性能需求分析是明确性能测试的目的和测试的范围，确定要测试的系统或应用程序的关键指标和目标，例如响应时间、吞吐量、并发用户数等。确定关键指标将成为性能测试的衡量标准。

例如，公司使用 Leadshop 开源项目引入了一个商城后台管理系统，为了验证当前环境（服务器：阿里云；操作系统：CentOS 7.9 64 位；CPU：1 核（vCPU）；内存：2GiB；带宽：1Mbps）下软件系统能够支撑业务的正常运转，现需要评估系统当前能力，其中部分验证内容如表 14-1 所示。

表14-1　需求描述

序号	模块	场景	完成时间	备注
1	登录	admin 账号至少支持 20 个不同浏览器登录，响应时间不超过 3s	2023 年 xx 月 xx 日	
2	标签列表	标签列表至少支持 15 个用户并发，响应时间不超过 3s	2023 年 xx 月 xx 日	
3	标签列表搜索	标签下拉搜索列表至少支持 15 个用户并发，响应时间不超过 3s	2023 年 xx 月 xx 日	
4	标签详情	标签详情至少支持 15 个用户并发，响应时间不超过 3s	2023 年 xx 月 xx 日	
5	创建标签	创建标签至少支持 15 个用户并发，响应时间不超过 5s	2023 年 xx 月 xx 日	
6	修改标签	修改标签至少支持 15 个用户并发，响应时间不超过 5s	2023 年 xx 月 xx 日	
7	删除标签	删除标签至少支持 15 个用户并发，响应时间不超过 5s	2023 年 xx 月 xx 日	
8	标签混合操作	标签混合操作支持 1 个用户持续操作 5 分钟，响应时间不超过 5s	2023 年 xx 月 xx 日	

根据表 14-1 的描述，可以得到本次测试的范围和关键指标，总结后如表 14-2 所示。

表14-2　性能测试范围和指标

序　号	模　块	并 发 数	响应时间	备　注
1	登录	≥20	≤3	
2	标签列表	≥15	≤3	
3	标签列表搜索	≥15	≤3	
4	标签详情	≥15	≤3	
5	创建标签	≥15	≤5	
6	修改标签	≥15	≤5	
7	删除标签	≥15	≤5	
8	标签混合操作	≥1	≤5	持续 5 分钟

14.3　制订测试计划

开始测试之前，需要制订详细的测试计划，计划主要包括性能测试背景、用户使用场景、性能目标、实施计划、资源需求、测试环境配置和测试数据准备等。

1. 概述

概述是对本次性能测试计划的一个概括表达，是对本次测试的描述，包括测试背景、测试目的、专业术语、参考资料。

1）测试背景

测试背景是本次性能测试提出、发展和执行的环境或条件，即在什么情况下需要进行性能测试，对性能测试进行说明、补充、衬托。例如，本次性能测试的背景是：公司最近使用 Leadshop 开源项目引入了一个商城后台管理系统，为了验证当前环境（服务器：阿里云；操作系统：CentOS 7.9 64 位；CPU：1 核（vCPU）；内存：2GiB；带宽：1Mbps）下软件系统能否支撑业务的正常运转，现需评估系统当前的承载能力。

2）测试目的

测试目的是指本次性能测试实施后所要达到的预设结果或目标。例如，本次性能测试的目的是：获得当前环境（服务器：阿里云；操作系统：CentOS 7.9 64 位；CPU：1 核（vCPU）；内存：2GiB；带宽：1Mbps）下软件系统能够支撑业务正常运转的数据指标。

3）专业术语

专业术语指性能测试领域对一些特定事物的统一业内称谓。例如下面的术语：

- 响应时间（TR）：指用户从客户端发送请求到所有的请求都从服务器返回客户所经历的时间。

- 并发数（Concurrency）：也称并发用户数，指同一时刻与服务器进行数据交互的所有用户数量。
- 吞吐量（TPS）：指单位时间内服务器处理客户请求的数量，吞吐量通常使用请求数/秒来衡量，直接体现服务器的承载能力。
- 单击率（HPS）：指每秒钟用户向服务器提交的 HTTP 数量。
- 资源使用率（Resource Utilization）：指服务器系统不同硬件资源被使用的程度，主要包括 CPU 使用率、内存使用率、磁盘使用率、网络等。
- 思考时间（Think Time）：也称休眠时间，是指用户在进行操作时，每个请求之间的时间间隔。

4）参考资料

参考资料指实施本次性能测试的来源/出处，从而保障本次测试客观真实。例如，本次性能测试参考资料如下：

- Leadshop 开源商城系统文档：https://toscode.mulanos.cn/leadshop/leadshop。
- Leadshop 后台接口文档：https://doc.leadshop.vip/api.html。
- 性能测试实战 30 讲：https://time.geekbang.org/column/intro/100042501。

2. 测试范围

受制于成本、时间等因素，性能测试不可能全面开展，因此需要确定测试范围。测试范围是性能测试的界限，约束了测和不测的内容。如果需求不是很明确，则需要将客户关注度高、性能风险较大、主业务的功能模块划分至测试范围内。如果需求明确，则根据需求划定测试范围。例如，本次性能测试的范围是登录和标签模块，具体为登录、标签列表、标签列表搜索、标签详情、创建标签、修改标签和删除标签共计 7 个接口（见表 14-1）。

3. 测试目标

性能测试的目标主要是通过性能测试发现系统中存在的性能问题，然后优化使其满足各项性能指标。例如，本次性能测试目标是登录接口至少并发 20 个用户，响应时间不大于 3s。标签相关的接口至少并发 15 个用户，其中标签列表、标签列表搜索和标签详情接口响应时间不大于 3s，创建标签、修改标签和删除标签接口响应时间不大于 5s。

4. 资源需求

资源需求是完成本次性能测试所需要的资源，包括人力资源、时间资源、环境资源和其他资源，时间资源又往往和人力资源紧密相连。例如本次性能测试需要人力资源为 1 人，时间资源为 6 天，环境资源为阿里云服务器（操作系统：CentOS 7.9 64 位；CPU：1 核（vCPU）；内存：2GiB；带宽：1Mbps），其他资源为压测机 1 台（压测机可以是工作计算机）。

5. 测试进度

测试进度是一个动态的过程，需要不断调度、协调，保证测试任务均衡发展。测试进度是一个时间上的框架，通常使用进度表来表示，在一定程度上依赖制定者的经验。软件测试项目中还需要确定若干个里程碑，用来把控阶段性工作，保证里程碑事件的按时完成，整个测试项目的进度就有了基本保障。例如，本次性能测试进度如表 14-3 所示。

表14-3　测试进度表

序　号	工作内容	所需时间/天	时间进度	备　注
1	熟悉产品和了解需求	0.5	第一天上午结束	
2	制定测试计划	0.5	第一天下午结束	
3	确定测试方案	0.5	第二天上午结束	
4	搭建测试环境	0.5	第二天下午结束	里程碑节点
5	准备数据和开发脚本	1	第三天下午结束	
6	测试执行及监控	0.5	第四天上午结束	里程碑节点
7	优化及复测	1	第五天上午结束	
8	编写测试报告	0.5	第五天下午结束	
9	预留时间	1	第六天下午结束	里程碑节点

本次性能测试共用时 6 天，预估用时 5 天，预留 1 天缓冲时间以应对突发情况。有 3 个里程碑节点，第一节点是第二天下午结束时需要完成熟悉产品和了解需求、制定测试计划、确定测试方案和搭建测试环境四项工作内容；第二节点是第四天上午结束时需要完成准备数据和开发脚本、测试执行及监控；第三节点是第 6 天下午结束时需要完成所有工作内容。

6. 风险分析

测试风险是不可避免的，而且总是存在的，所以对测试风险的管理非常重要。必须尽力降低测试中所存在的风险，以保证测试任务顺利进行。在风险分析时，既要预估有可能出现的风险，又要对风险做出应对策略。例如人员风险，核心测试人员请假，应对策略可以是为核心人员配备候补测试人员来熟悉他们的工作，以确保这些核心测试人员请假后有人员可以立即补充跟进。

7. 交付清单

交付清单指完成整个性能测试任务所要提交的内容，通常以表格的形式展示，一般包括关键性文件和测试过程中所产生的数据、脚本、报告等。例如，本次性能测试交付清单如表 14-4 所示。

表14-4　交付清单表

序　号	描　述	文　件	备　注
1	测试计划输出	Leadshop 开源商城系统性能测试计划	
2	测试方案输出	Leadshop 开源商城系统性能测试方案	
3	测试脚本	测试脚本	
4	测试报告	Leadshop 开源商城系统性能测试报告	
5	其他测试文件		测试过程产生的所有数据文件

8. 其他

不同项目、不同人员编写的测试计划会略有不同，但以上 7 点核心内容都会存在。除此之外，有的测试计划书中还会有前言、组织架构、被测产品架构等内容。

测试计划书作为一个文档存在，还有制订人、制订时间、版本、修改时间等内容。

14.4　确定测试方案

确定测试方案是根据性能需求和测试计划设计性能测试方案，确定测试的策略和方法，包括测试场景、负载模型、并发用户数、测试数据和测试工具的选择等。

性能测试方案是确定性能测试怎么做，需要给出一个具体可执行的方案。与测试计划有所不同，更不是测试计划的细化，测试计划是规划谁在什么时间点做什么，而测试方案给出的是如何做。 测试方案与测试计划一样，输出的都是一份文档，也都有概述、专业术语、测试范围、测试目标、风险分析等内容，但这不是测试方案的核心内容，核心内容是具体的工具选择、测试准则和场景设计。

1. 工具选择

本测试需求不是很复杂，因此我们选择开源工具 JMeter 5.6 作为压测工具。因为 JMeter 具有免费、开源，允许使用源代码进行二次开发，带有图形化界面，易学易操作等很多特点。

2. 测试准则

测试准则用来约定测试启动、结束、暂停和再启动的条件。

1）启动准则

启动准则是指在什么情况下可以开始性能测试工作。例如，系统逻辑架构和部署架构与生产环境一致；业务模型可以模拟生产真实业务；各环境、数据准备就绪，包括各组件基础参数梳理并配置正确、网络连接通畅，可以满足压力测试需求等；测试计划、方案评审完毕等。

2）结束准则

结束准则是指系统达到指定的性能目标后结束测试工作。例如，性能测试结果满足需求指标，关键性能瓶颈已解决，测试报告已输出并留档等。

3）暂停准则

暂停准则是指在什么情况下不能继续测试工作，需要暂停修正。例如，服务器硬件损坏，压力机故障，需要调整测试资源等。

4）再启动准则

再启动准则是相对于暂停准则来制定的，暂停状态下，各条件恢复或问题解决后可继续开始性能测试功能。例如，出现的问题已解决、环境已恢复等。

3. 场景设计

根据测试需求、测试计划和测试工具设计基准性能场景、容量性能场景、稳定性性能场景和异常性能场景，此处所说的场景指功能测试中的测试用例。

1）基准性能场景

基准性能场景指单交易容量，即将每一个业务都并发到当前系统瓶颈的最大 TPS，从而为后续场景做数据比对。本次性能测试验证当前系统是否能够满足指定指标，因此不需要压到最大 TPS，只需要根据需求对 7 个接口完成 7 次基本的压测，属于基准性能场景中的一部分。

（1）登录基准性能场景，如表 14-5 所示。

表14-5 登录基准性能场景

测试场景	登 录	场景编号	login001	优 先 级	高
场景描述	验证登录支持 20 用户并发，响应时间不超过 3s				
前置条件	已有登录用户账号				
并发数	平均响应时间/ms	最小响应时间/ms	最大响应时间/ms	吞吐量/sec	成功率/%
20					

（2）标签列表基准性能场景，如表 14-6 所示。

表14-6 标签列表基准性能场景

测试场景	标签列表	场景编号	label001	优 先 级	高
场景描述	验证查看标签列表支持 15 用户并发，响应时间不超过 3s				
前置条件	已有登录用户账号				
并发数	平均响应时间/ms	最小响应时间/ms	最大响应时间/ms	吞吐量/sec	成功率/%
15					

（3）标签下拉搜索列表基准性能场景，如表 14-7 所示。

表14-7　标签下拉搜索列表搜索基准性能场景

测试场景	标签列表搜索	场景编号	label002	优 先 级	高
场景描述	验证标签下拉搜索列表支持 15 用户并发，响应时间不超过 3s				
前置条件	已有登录用户账号				
并发数	平均响应时间/ms	最小响应时间/ms	最大响应时间/ms	吞吐量/sec	成功率/%
15					

（4）标签详情基准性能场景，如表 14-8 所示。

表14-8　标签详情基准性能场景

测试场景	标签详情	场景编号	label003	优 先 级	高
场景描述	验证查看标签详情支持 15 用户并发，响应时间不超过 3s				
前置条件	已有登录用户账号				
并发数	平均响应时间/ms	最小响应时间/ms	最大响应时间/ms	吞吐量/sec	成功率/%
15					

（5）创建标签基准性能场景，如表 14-9 所示。

表14-9　创建标签基准性能场景

测试场景	创建标签	场景编号	label004	优 先 级	高
场景描述	验证创建标签支持 15 用户并发，响应时间不超过 5s				
前置条件	已有登录用户账号				
并发数	平均响应时间/ms	最小响应时间/ms	最大响应时间/ms	吞吐量/sec	成功率/%
15					

（6）修改标签基准性能场景，如表 14-10 所示。

表14-10　修改标签基准性能场景

测试场景	修改标签	场景编号	label005	优 先 级	高
场景描述	验证修改标签支持 15 用户并发，响应时间不超过 5s				
前置条件	已有登录用户账号				
并发数	平均响应时间/ms	最小响应时间/ms	最大响应时间/ms	吞吐量/sec	成功率/%
15					

（7）删除标签的基准性能场景，如表 14-11 所示。

表14-11 删除标签基准性能场景

测试场景	删除标签	场景编号	label006	优 先 级	高
场景描述	验证删除标签支持 15 用户并发，响应时间不超过 5s				
前置条件	已有登录用户账号				
并发数	平均响应时间/ms	最小响应时间/ms	最大响应时间/ms	吞吐量/sec	成功率/%
15					

2）容量性能场景

容量性能场景指混合容量性能场景，即将所有业务根据比例加到一个场景中，在数据、软硬件环境、监控等的配合之下，分析瓶颈并调优的过程。例如购物商城，加购物车占比 30%，支付订单占比 20%，浏览商品查看详情占比 50%，此处就需要容量性能测试。本次性能测试不涉及此测试场景。

3）稳定性性能场景

稳定性性能场景指在长时间的运行之下，观察系统的性能表现，分析瓶颈并调优的过程。稳定性性能场景下，对时间长度、TPS 量级要合理。例如标签混合操作支持 1 个用户持续操作 5min，响应时间不超过 5s 就是一个稳定性性能场景，如表 14-12 所示。

表14-12 标签混合操作稳定性性能场景

测试场景	标签混合操作	场景编号	label007	优 先 级	高
场景描述	验证 1 个用户混合操作标签持续 5min，响应时间不超过 5s				
前置条件	已有登录用户账号				
并发数	平均响应时间/ms	最小响应时间/ms	最大响应时间/ms	吞吐量/sec	成功率/%

4）异常性能场景

异常性能场景指被测系统出现故障（操作系统、数据库、中间件、进程等故障）时，验证业务是否会受到影响。异常性能场景用来模拟生产故障出现时的场景，以此来验证业务系统能不能自动调整。本次性能测试不涉及异常性能测试场景。

14.5 搭建测试环境

搭建测试环境是根据指标规格进行，包括硬件、网络、软件和测试工具的配置，确保测试环境能够模拟实际生产环境的特征和条件。

服务器准备就绪后就可着手搭建压测环境，这里主要指搭建被测系统测试环境和性能测试环境，搭建被测系统测试环境可参考 9.1.2 产品搭建一节。本次性能测试所使用的工具是 JMeter，搭建性能测试环境可参考 8.2 节和 8.3 节。

14.6　准备测试数据

准备测试数据包括准备符合测试场景的数据集和数据量，以及可能的数据变化和边界条件。登录接口需要准备用户名和密码，标签操作需要准备 Bearer token 和标签名。

登录接口需要手机号和密码，环境搭建时会创建账号，如手机号：18888888888，密码：123456。

标签操作是用户登录后的操作，因此通过接口访问时需要添加授权码 Bearer token。Bearer token 的获取方法是调用登录接口，响应结果中的 access_token 便是 token 值，得到值后在其前添加“Bearer”便生成一个授权码。例如：

```
    Bearer eyJ0eXAiOiJKV1QiLCJhbGciOiJIUzI1NiIsImp0aSI6Ijk4YzA4YzI1ZjgxMzZkNTkwYyJ9.
eyJpc3MiOiJodHRwOlwvXC8xMjEuNDEuMTEyLjcwIiwiYXVkIjoiaHR0cDpcL1wvMTIxLjQxLjExMi43MCIsImp
0aSI6Ijk4YzA4YzI1ZjgxMzZkNTkwYyIsImlhdCI6MTY5NTE4ODMzNywiZXhwIjoxNjk3NzgwMzM3LCJpZCI6MX
0.EpLeG82D-9m63IYXhCgxXa8sKr80CtRwMTAwF9XcZvQ。
```

注意　授权码中 Bearer 与 token 值中间有一个空格。

标签名需要多个，在此通过 JMeter 的随机函数__RandomString 生成，例如“压测标签_${__RandomString(2,abcdefghijklmnopqrstuvwxyz0123456789)}”就会生成以“压测标签_”开头，后接从字母和数字中随机取两位构成的标签名。

14.7　开发压测脚本

开发压测脚本是根据确定好的测试方案和准备的测试数据开发压测脚本并进行调试，使之可稳定运行。开发压测脚本可以分为添加请求、运行调试、设置断言和增加压力 4 部分。其中添加请求、运行调试、设置断言三部分，可以一个接口完成此三部分后再继续下一个接口，也可以全部接口请求添加完成后统一运行调试并设置断言，推荐使用前者。由于本次脚本开发简单，因此采用全部接口添加完成后，统一运行调试并设置断言。

14.7.1　添加请求

下面介绍添加请求的具体步骤。

步骤 01 新建 JMeter 文件。新建一个 JMeter 文件，重命名为〝Leadshop 测试〞。并在测试计划元件下添加两个变量 host 和 bearer_token，如图 14-1 所示。

测试计划

名称：Leadshop测试

注释：

用户定义的变量

名称：	值
host	121.41.112.70
bearer_token	Bearer eyJ0eXAiOiJKV1QiLCJhbGciOiJIUzI1NiIsImp0aSI6Ijk4YzA4YzI1ZjgxMzZkNTkwYyJ...

图 14-1　添加测试计划元件

步骤 02 添加监听器。在“Leadshop 测试”节点下添加一个监听器“查看结果树”元件，便于调试使用。

步骤 03 添加 HTTP 请求默认值配置元件。在“Leadshop 测试”节点下添加一个“HTTP 请求默认值”，【协议】填写 HTTP；【服务器名称或 IP】填写${host}；【内容编码】填写 utf-8，如图 14-2 所示。

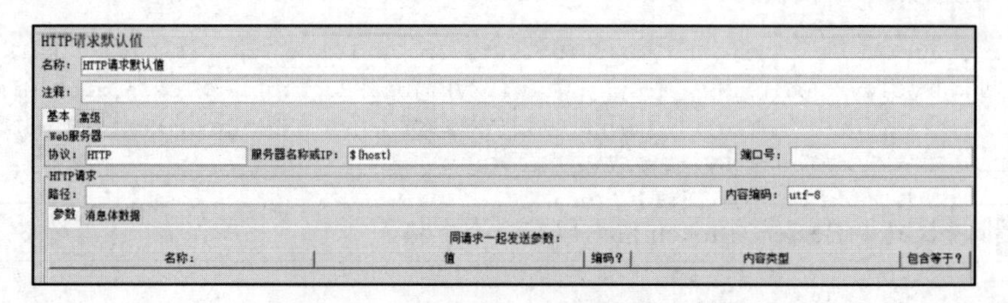

图 14-2　添加 HTTP 请求默认值

步骤 04 添加 HTTP 信息头管理器配置元件。在“Leadshop 测试”节点下添加一个“HTTP 信息头管理器”，重命名为“JSON 格式请求头”，并添加信息头 Content-Type=application/json，如图 14-3 所示。

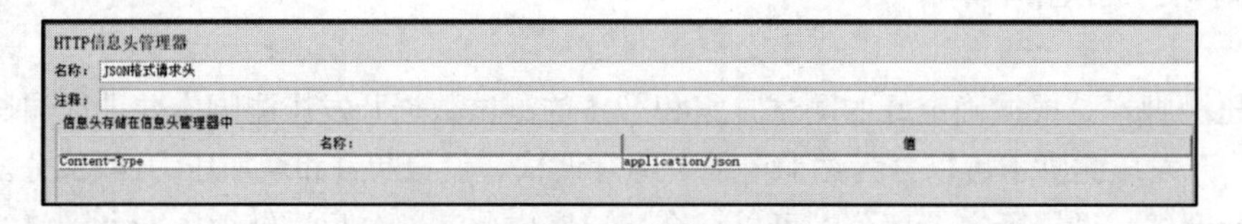

图 14-3　添加 JSON 格式请求头

步骤 05 添加线程组。在“Leadshop 测试”节点下添加三个“线程组”元件，依次重命名为“登录线程组”“标签线程组”和“混合标签操作线程组”，线程数、Ramp-Up 时间等都保持默认即可。

步骤 06 添加登录请求。在“登录线程组”节点下添加一个“HTTP 请求”元件，重命名为“登录”。【请求方式】选择 POST；【路径】填写/index.php?q=/api/leadmall/login；【请求体数据】填写{"mobile":"13666666666", "password":"123456"}，如图 14-4 所示。

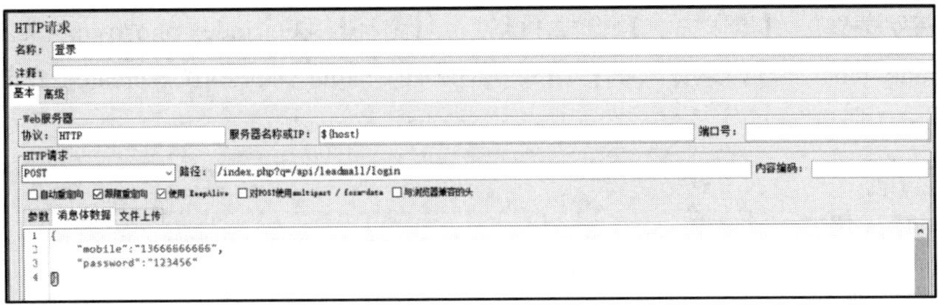

图 14-4 添加登录请求

步骤 07 添加标签请求默认信息头。在“标签线程组”节点下添加一个“HTTP 信息头管理器”元件，重命名为“标签请求默认信息头”。添加 Authorization=${bearer_token}、Qm-App-Id=98c08c25f8136d590c、Content-Type=application/json，Authorization 为授权认证信息、Qm-App-Id 为固定值，可通过抓包获取，Content-Type 为内容类型。如图 14-5 所示。

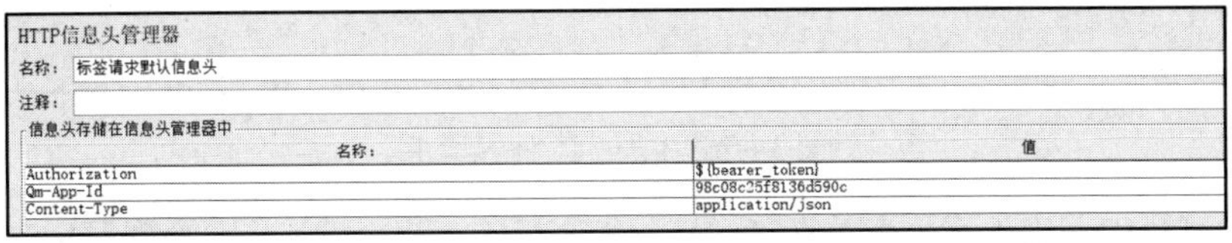

图 14-5 添加标签请求默认信息头

步骤 08 添加创建标签请求。在“标签线程组”节点下添加一个“HTTP 请求”元件，重命名为“创建标签”。【请求方式】选择 POST；【路径】填写 /index.php?q=/api/leadmall/userlabel；【请求体数据】填写 {"type":1, "name":"压测标签_${__RandomString(2,abcdefghijklmnopqrstuvwxyz0123456789)}", "conditions_setting":null}，如图 14-6 所示。

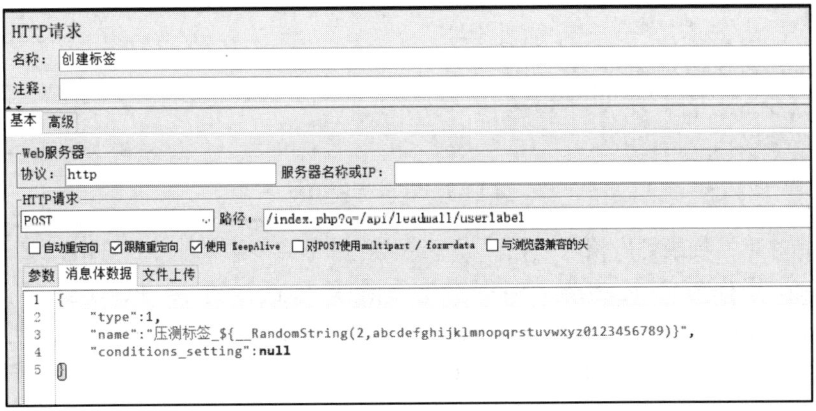

图 14-6 添加创建标签请求

步骤 09 添加标签列表请求。在“标签线程组”节点下添加一个“HTTP 请求”元件，重命名为

“标签列表”。【请求方式】选择 POST；【路径】填写/index.php?q=/api/leadmall/search&include=label；【请求体数据】填写{"type":1, "name":"", "sort":{"created_time": "DESC"}}，如图 14-7 所示。

HTTP请求
名称：标签列表
注释：
基本 高级
Web服务器
协议：http 服务器名称或IP：
HTTP请求
POST 路径：/index.php?q=/api/leadmall/search&include=label
☐自动重定向 ☑跟随重定向 ☑使用 KeepAlive ☐对POST使用multipart / form-data ☐与浏览器兼容的头
参数 消息体数据 文件上传

```
1 {
2     "type":1,
3     "name":"",
4     "sort":{
5         "created_time": "DESC"
6     }
7 }
```

图 14-7 添加标签列表请求

步骤 10 获取标签 ID，因为后面查看标签详情、修改标签、删除标签接口都需要标签 ID。“标签列表”节点下添加一个“JSON 提取器”元件，重命名为“获取标签 ID”。【Names of created variables】填写 label_ids；【JSON Path expressions】填写$[*].id；【Match No.(0 for Random)】填写-1，如图 14-8 所示。

JSON提取器
名称：获取标签ID
注释：
Apply to:
○Main sample and sub-samples ◉Main sample only ○Sub-samples only ○JMeter Variable Name to use
Names of created variables: label_ids
JSON Path expressions: $[*].id
Match No. (0 for Random): -1
Compute concatenation var (suffix _ALL): ☐
Default Values:

图 14-8 获取标签 ID

步骤 11 添加标签下拉搜索列表请求。在“标签线程组”节点下添加一个“HTTP 请求”元件，重命名为“标签下拉搜索列表”。【请求方式】选择 POST；【路径】填写/index.php?q=/api/leadmall/search&include=label；【请求体数据】填写{"type":0, "name":"压测标签", "sort":{"created_time": "DESC"}}，如图 14-9 所示。

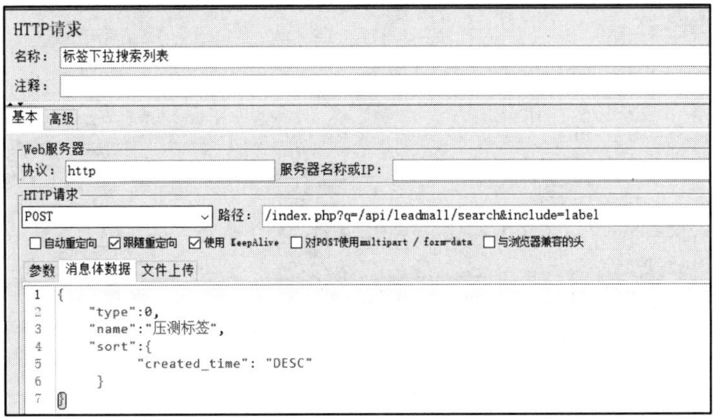

图 14-9 添加标签下拉搜索列表请求

步骤 12 添加标签详情请求。在"标签线程组"节点下添加一个"HTTP 请求"元件，重命名为"标签详情"。【请求方式】选择 GET；【路径】填写/index.php?q=/api/leadmall/userlabel/${__V(label_ids_${__counter(False,index)})}，如图 14-10 所示。

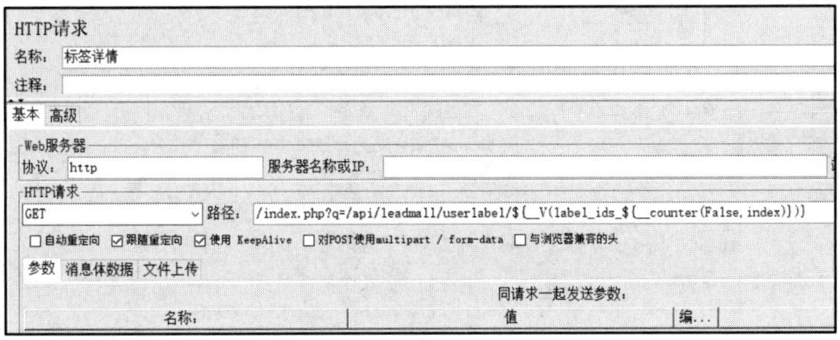

图 14-10 添加标签详情请求

${__V(label_ids_${__counter(False,index)})}表示获取 label_ids 变量中的值，以用户为递增计算，例如第一个虚拟用户${__counter(False,index)}=1，${__V(label_ids_${__counter(False,index)})}变量名就是 label_ids_1，即 label_ids 变量数组中第一个值；第二个虚拟用户${__counter(False,index)}=2，${__V(label_ids_${__counter(False,index)})}变量名就是 label_ids_2，即 label_ids 变量数组中第二个值。

步骤 13 添加修改标签请求。在"标签线程组"节点下添加一个"HTTP 请求"元件，重命名为"修改标签"。【请求方式】选择 PUT；【路径】填写/index.php?q=/api/leadmall/userlabel/${__V(label_ids_${__counter(False,index)})}；【请求体数据】填写{"type":1, "name":"压测标签修改_${__RandomString(2,abcdefghijklmnopqrstuvwxyz0123456789)}","conditions_setting":null}，如图 14-11 所示。

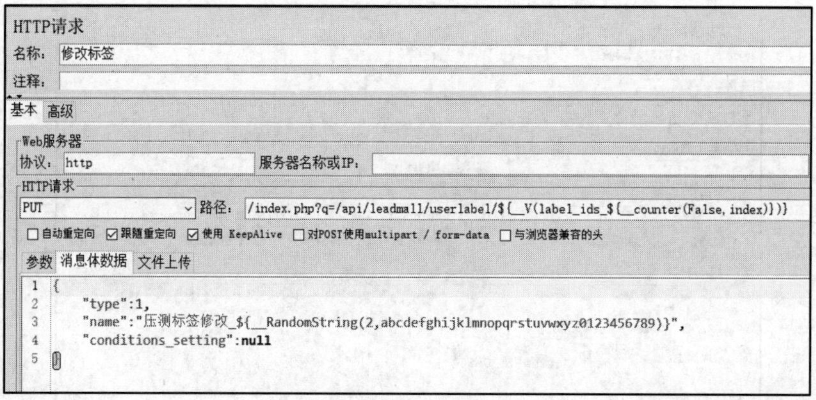

HTTP请求
名称：修改标签
注释：
基本 高级
Web服务器
协议：http　服务器名称或IP：
HTTP请求
PUT　路径：/index.php?q=/api/leadmall/userlabel/${__V(label_ids_${__counter(False, index)})}
自动重定向　跟随重定向　使用 KeepAlive　对POST使用multipart / form-data　与浏览器兼容的头
参数 消息体数据 文件上传

```
1 {
2     "type":1,
3     "name":"压测标签修改_${__RandomString(2,abcdefghijklmnopqrstuvwxyz0123456789)}",
4     "conditions_setting":null
5 }
```

图 14-11　添加修改标签请求

步骤 14 添加删除标签请求。在“标签线程组”节点下添加一个“HTTP 请求”元件，重命名为“删除标签”。【请求方式】选择 DELETE；【路径】填写/index.php?q=/api/leadmall/userlabel/${__V(label_ids_${__counter(False,index)})}，如图 14-12 所示。

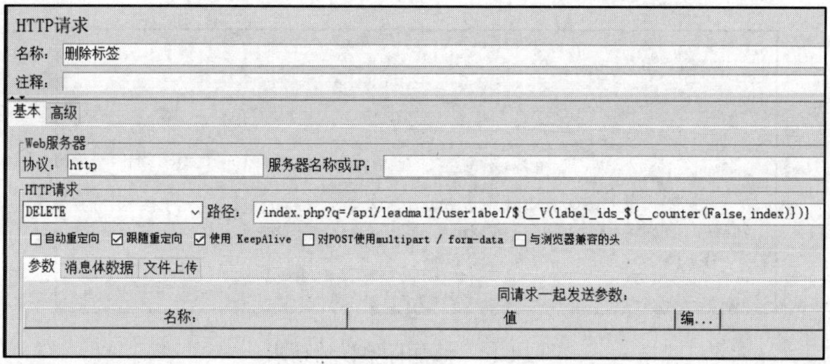

HTTP请求
名称：删除标签
注释：
基本 高级
Web服务器
协议：http　服务器名称或IP：
HTTP请求
DELETE　路径：/index.php?q=/api/leadmall/userlabel/${__V(label_ids_${__counter(False, index)})}
自动重定向　跟随重定向　使用 KeepAlive　对POST使用multipart / form-data　与浏览器兼容的头
参数 消息体数据 文件上传
同请求一起发送参数：
名称：　值　编...

图 14-12　添加删除标签请求

步骤 15 添加混合标签操作。在复制“标签线程组”下“标签请求默认信息头”和“标签列表”元件到“混合标签线程组”节点下。将“标签列表”节点下“获取标签 ID”重命名为“随机获取标签 ID”，【Match No.(0 for Random)】值修改为 0。

然后在“混合标签线程组”下添加一个“随机控制器”元件，重命名为“随机操作标签”。复制“标签线程组”下“创建标签”“标签列表”“标签下拉搜索列表”“标签详情”“修改标签”和“删除标签”元件到“混合标签线程组”-“随机操作标签”节点下，如图 14-13 所示。

最后，删除“标签列表”节点下的“获取标签 ID”节点。

为了防止标签名重复，需要修改“创建标签”和“修改标签”节点中的【消息体数据】，将随机字符串由 2 位修改为 6 位，修改后的脚本依次如下。

创建标签消息体数据：

```
{
    "type":1,
  "name":"压测标签_${__RandomString(6,abcdefghijklmnopqrstuvwxyz0123456789)}",
  "conditions_setting":null
}
```

修改标签消息体数据：

```
{
    "type":1,
  "name":"压测标签修改_${__RandomString(6,abcdefghijklmnopqrstuvwxyz0123456789)}",
  "conditions_setting":null
}
```

完成后的测试脚本节点如图 14-14 所示。

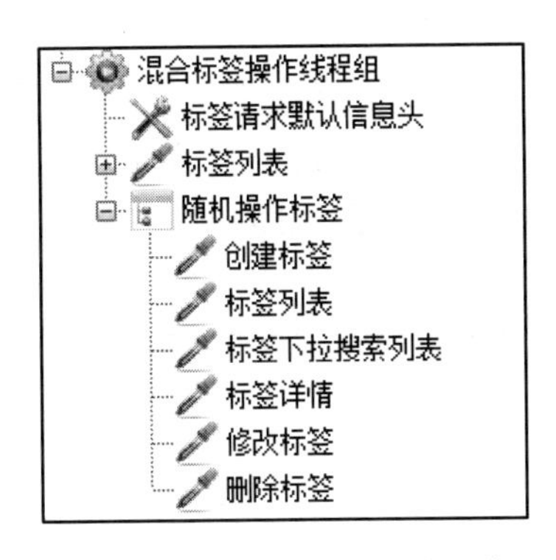

图 14-13　添加混合标签操作

图 14-14　测试脚本节点

14.7.2　运行调试

脚本编写完成后开始试运行，对编写错误的进行修正，不合理的地方进行调整。

首先，确认基准性能场景脚本正确。依次操作：禁用“混合标签操作线程组→启动脚本执行→查看结果树”节点下查看响应结果。如果所有接口请求正常，响应结果符合预期，无异常现象，则说明脚本编写正确。如图 14-15 所示。

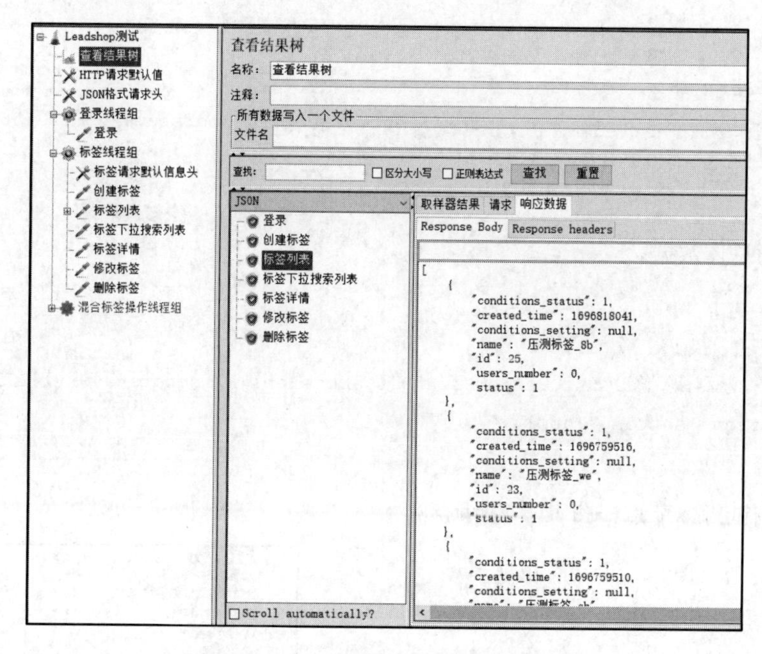

图 14-15　基准性能场景试运行

然后确认稳定性性能场景脚本正确。依次操作：禁用“登录线程组”→禁用“标签线程组”→启用“混合标签操作线程组”→“混合标签操作线程组”节点中【线程数】设置为 5→启动脚本执行→“查看结果树”节点下查看响应结果。如果所有接口请求正常，响应结果符合预期，无异常现象，则说明脚本编写正确。如图 14-16 所示。

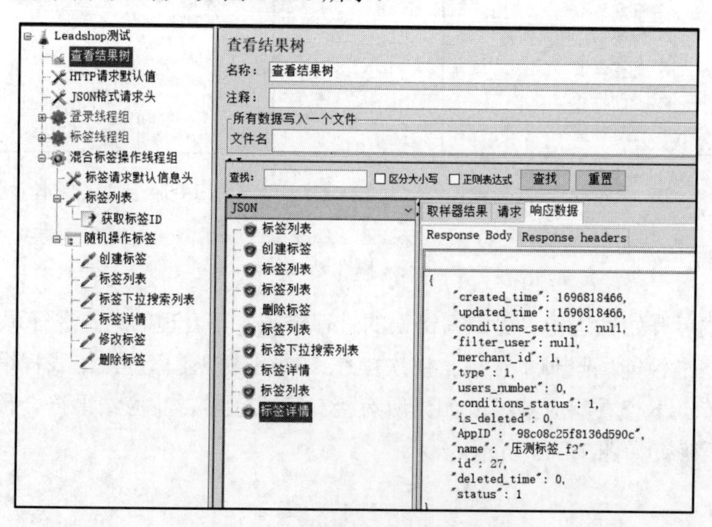

图 14-16　稳定性性能场景试运行

14.7.3 设置断言

断言用来判断请求接口响应结果是否符合预期，设置断言的步骤如下：

步骤 01 添加登录断言。在“登录”节点下添加一个“JSON 断言”，重命名为“用户 ID 断言”。【Assert JSON Path exists】填写$.id；勾选【Additionally assert value】，不勾选【Match as regular expression】；【Expected Value】填写 1。如图 14-17 所示。

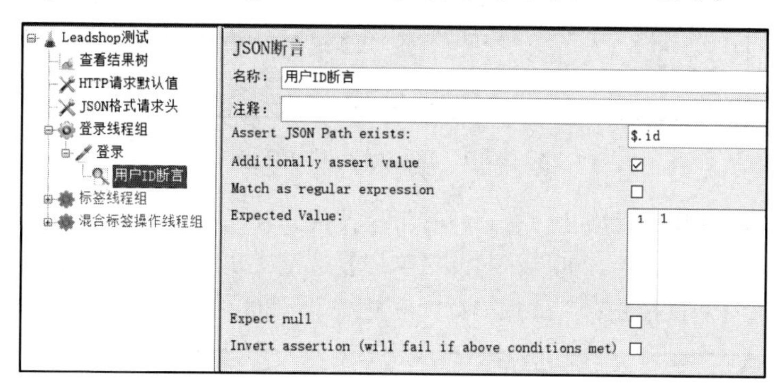

图 14-17 添加登录断言

步骤 02 添加创建标签断言。“创建标签”节点下添加一个“响应断言”，重命名为“响应文本断言”。【模式匹配规则】选择“相等”；【测试模式】下添加一个内容并填写“true”。如图 14-18 所示。

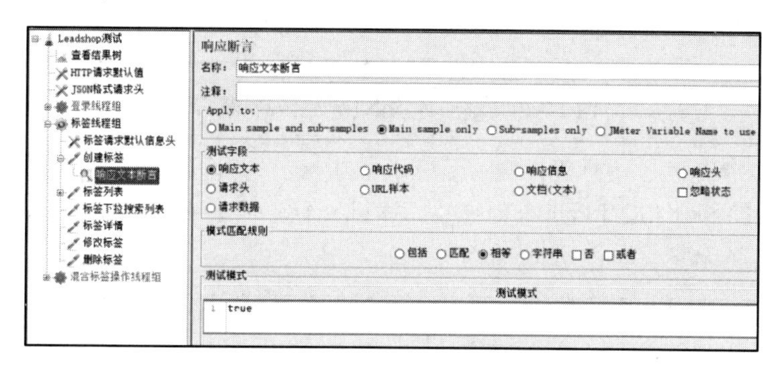

图 14-18 添加创建标签断言

步骤 03 添加标签列表断言。“标签列表”节点下添加一个“JSON 断言”，重命名为“存在标签”。【Assert JSON Path exists】填写$[*].id，即当返回结果中存在 id 就通过，如图 14-19 所示。

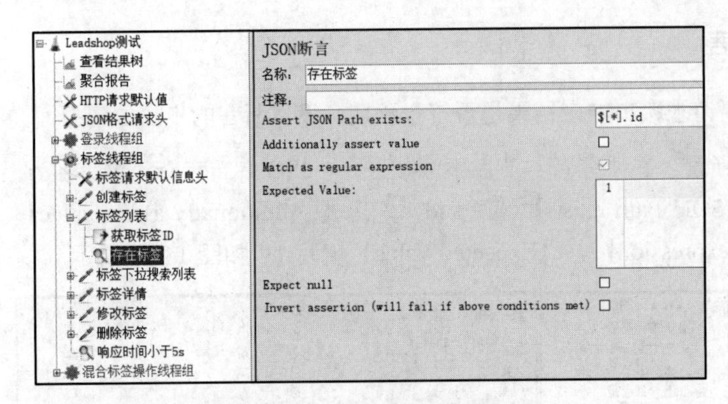

图 14-19　添加标签列表断言

步骤 04 添加标签下拉搜索列表断言。在"标签下拉搜索列表"节点下添加一个"响应断言"，重命名为"响应状态码为 200"。【测试字段】选择"响应代码"；【模式匹配规则】选择"相等"；【测试模式】下添加一个内容并填写"200"。如图 14-20 所示。

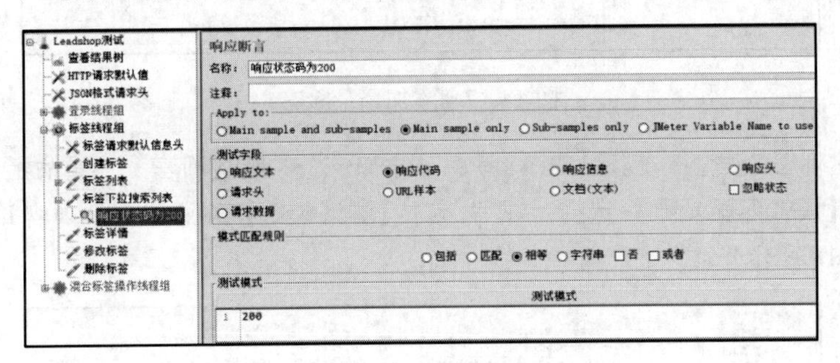

图 14-20　添加标签下拉搜索列表断言

步骤 05 添加标签详情断言。"标签详情"节点下添加一个"JSON 断言"，重命名为"标签 ID 断言"。【Assert JSON Path exists】填写$.id；不勾选【 Additionally assert value】复选框。如图 14-21 所示。

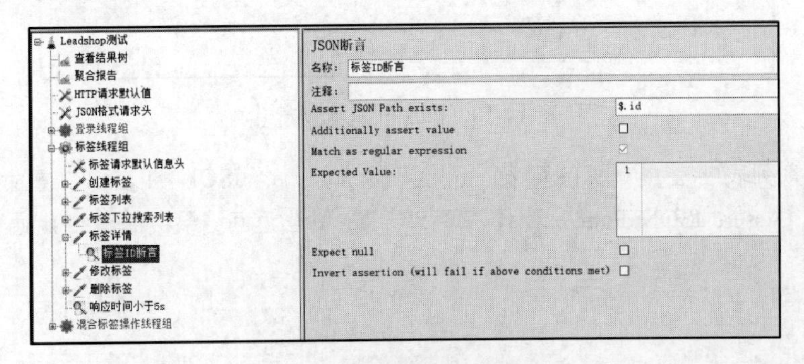

图 14-21　添加标签详情断言

步骤 06 添加修改标签断言。修改标签与创建标签响应结果相同，直接将"创建标签"节点下的断言复制到“修改标签”节点下即可。

步骤07 添加删除标签断言。删除标签响应结果是文本“null”，直接将“创建标签”节点下的断言复制到“删除标签”节点下，然后将测试模式下断言文本修改为“null”。如图 14-22 所示。

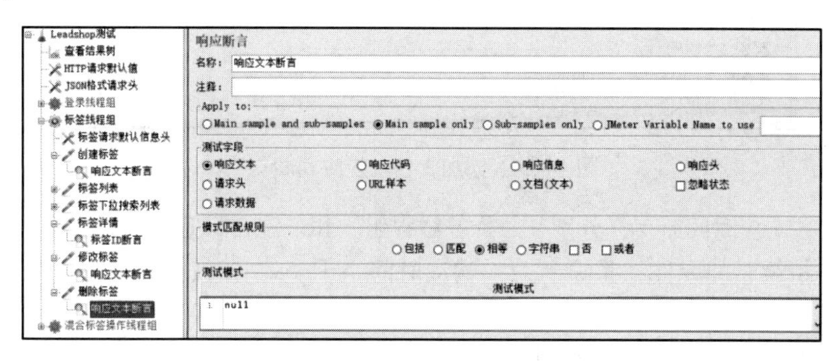

图 14-22　添加删除标签断言

步骤08 添加混合标签操作线程组节点下请求断言。将“标签线程组”节点下“创建标签”“标签列表”“标签下拉搜索列表”“标签详情”“修改标签”“删除标签”六个请求下断言依次复制至“混合标签操作线程组”节点的“随机操作标签”节点下对应的接口请求下，如图 14-23 所示。

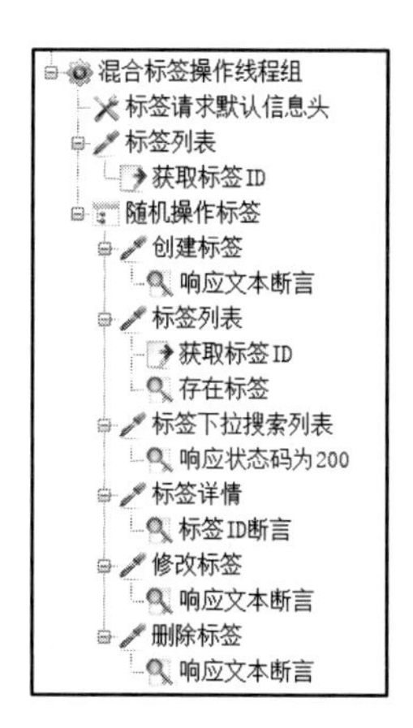

图 14-23　添加混合标签操作线程组节点下请求断言

步骤09 添加 3 秒响应时间断言。分别在“登录线程组”“标签列表”“标签下拉搜索列表”“标签详情”节点下添加一个断言持续时间元件，重命名为“响应时间小于 3s”。【持续时间（毫秒）】设置为 3000，如图 14-24 所示。

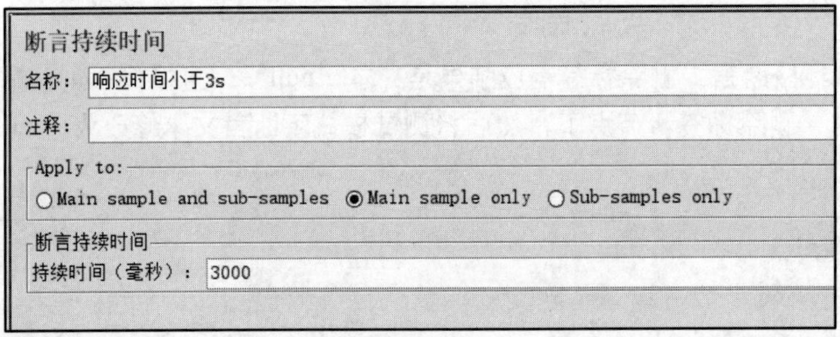

图 14-24　添加 3 秒响应时间断言

步骤 10 添加 5 秒响应时间断言。分别在“标签线程组”和“混合标签操作线程组”节点下添加一个断言持续时间元件，重命名为“响应时间小于 5s”，【持续时间（毫秒）】设置为 5000。

步骤 11 最后添加聚合监听器。“Leadshop 测试”节点下一个“聚合报告”监听器元件，用于统计响应数据。测试中用于收集测试数据，判断结果是否符合预期。

14.7.4　增加压力

脚本已编写完成，但都是在单线程下试运行。现在需要增加压力，模拟多用户并发。一般情况会根据测试经验预估可支持的并发数，或者采取需求指定的并发数。在此需要对“登录线程组”“标签线程组”和“混合标签操作线程组”增加压力。

步骤 01 登录线程组增加压力。“登录线程组”元件中【线程数】填写 20；【Ramp-Up 时间（秒）】填写 1；【循环次数】填写 1；不勾选【调度器】。表示 1 秒时间内 20 个虚拟用户并发，如图 14-25 所示。

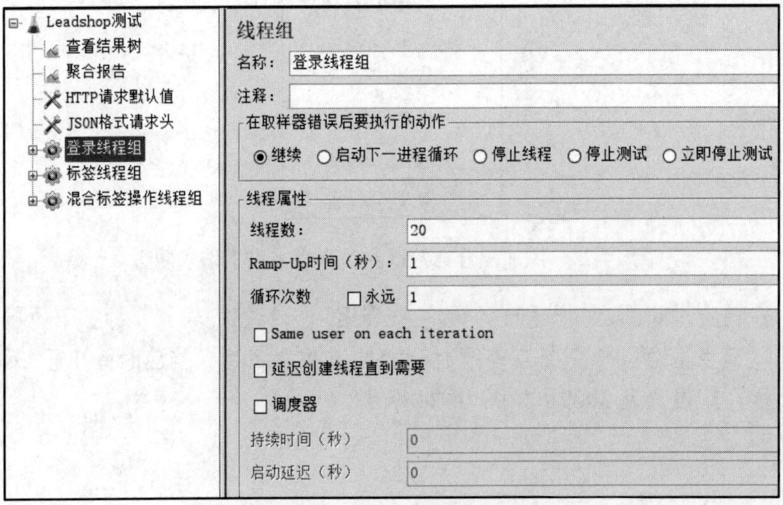

图 14-25　登录线程组增加压力

步骤02 标签线程组增加压力。“标签线程组”元件中【线程数】填写 15；【Ramp-Up 时间（秒）】填写 1；【循环次数】填写 1；不勾选【调度器】复选框。表示 1 秒时间内 15 个虚拟用户并发，如图 14-26 所示。

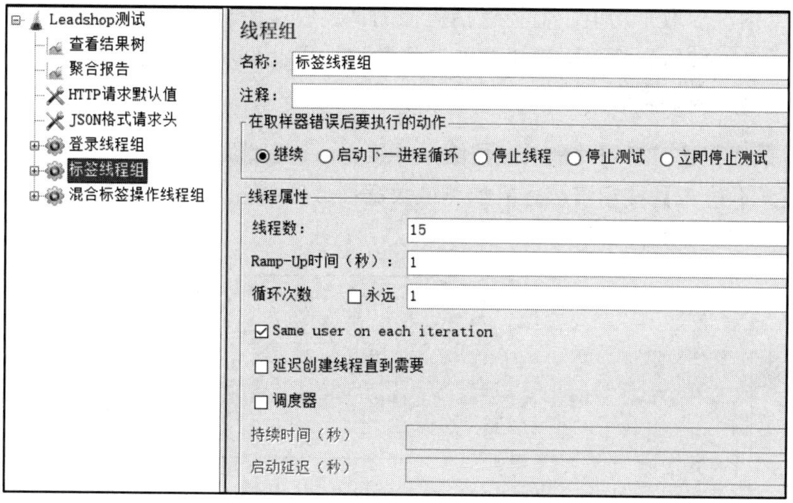

图 14-26 标签线程组增加压力

步骤03 混合标签操作线程组增加压力。“混合标签操作程组”元件中【线程数】填写 1；【Ramp-Up 时间（秒）】填写 1；【循环次数】勾选【永远】复选框；勾选【调度器】复选框；【持续时间（秒）】填写 300。表示 1 秒时间内并发 1 个虚拟用户，持续 300s（5min）。如图 14-27 所示。

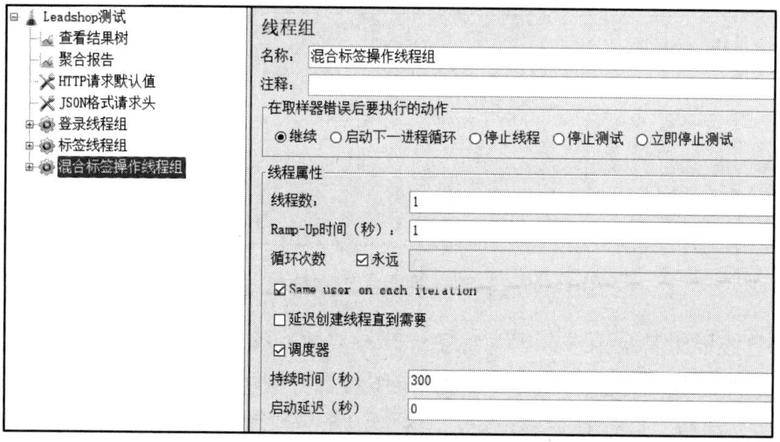

图 14-27 混合标签操作线程组增加压力

14.8 测试执行及监控

测试执行及监控指执行测试脚本，对各项性能指标进行监控和记录。通常测试执行时会多次执行，除去异常情况后取平均值。监控包括监控测试过程、请求数据和服务器资源利用率，本次测试比较简单，耗时较短，暂不需要更多的监控数据，因此只获取关键的数据并发量、响应时间和成功率，便可满足测试需求。

步骤 01 执行登录线程组。启用“登录线程组”并禁用“标签线程组”和“混合标签操作线程组”，单击【清除全部】按钮清除之前的测试数据，然后单击【启动】按钮执行脚本，查看“聚合报告”，结果如图 14-28 所示。

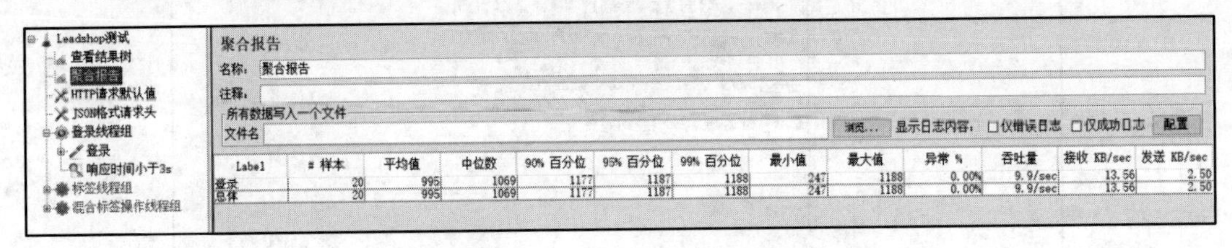

Label	# 样本	平均值	中位数	90% 百分位	95% 百分位	99% 百分位	最小值	最大值	异常 %	吞吐量	接收 KB/sec	发送 KB/sec
登录	20	995	1069	1177	1187	1188	247	1188	0.00%	9.9/sec	13.56	2.50
总体	20	995	1069	1177	1187	1188	247	1188	0.00%	9.9/sec	13.56	2.50

图 14-28　登录线程组运行结果

步骤 02 执行创建标签、标签列表和标签下拉搜索列表请求。启用“标签线程组”并禁用“登录线程组”和“混合标签操作线程组”，然后依次只启用“创建标签”请求、只启用“标签列表”请求、只启用“标签下拉搜索列表”请求，禁用其他所有请求，单击【清除全部】按钮清除之前的测试数据，然后单击【启动】按钮执行脚本，待三次脚本执行均完成后查看“聚合报告”，结果如图 14-29 所示。

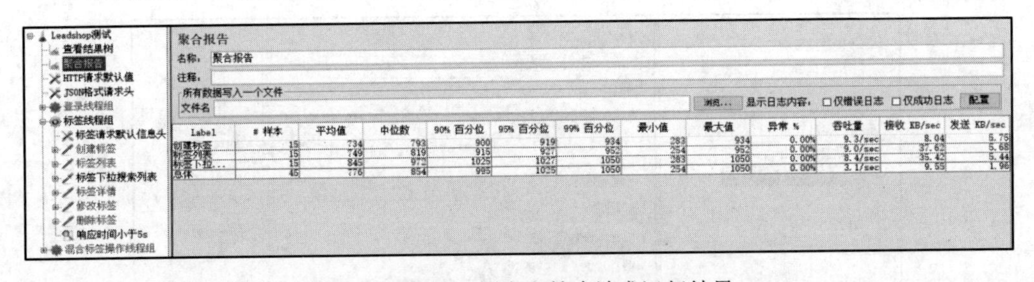

Label	# 样本	平均值	中位数	90% 百分位	95% 百分位	99% 百分位	最小值	最大值	异常 %	吞吐量	接收 KB/sec	发送 KB/sec
创建标签	15	734	793	900	919	934	283	934	0.00%	9.3/sec	8.04	5.75
标签列表	15	749	819	915	927	952	254	952	0.00%	9.0/sec	37.62	5.68
标签下拉...	15	845	972	1025	1027	1050	283	1050	0.00%	8.4/sec	35.42	5.44
总体	45	776	854	995	1025	1050	254	1050	0.00%	3.1/sec	9.55	1.96

图 14-29　创建、列表和搜索请求运行结果

步骤 03 执行标签线程组其余请求。因为标签详情、修改标签和删除标签接口依赖标签 ID，需要使用标签列表接口先获取 ID，所以此操作步骤需要同时启用两个接口。依次启用“标签列表+标签详情”“标签列表+修改标签”“标签列表+删除标签”请求，禁用其余请求，单击【清除全部】按钮清除之前的测试数据，然后单击【启动】按钮执行脚本，待三次脚本均执行完成后查看“聚合报告”，结果如图 14-30 所示。

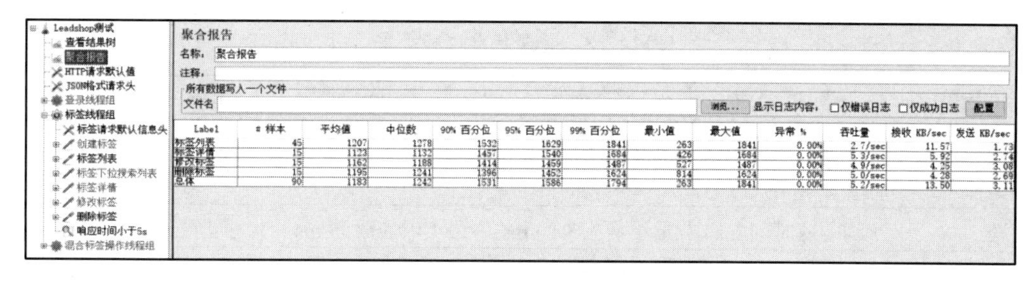

Label	# 样本	平均值	中位数	90% 百分位	95% 百分位	99% 百分位	最小值	最大值	异常 %	吞吐量	接收 KB/sec	发送 KB/sec
标签列表	45	1207	1278	1532	1629	1841	263	1841	0.00%	2.7/sec	11.57	1.73
标签详情	15	1123	1132	1457	1540	1684	426	1684	0.00%	5.3/sec	5.92	2.74
修改标签	15	1162	1188	1414	1459	1487	527	1487	0.00%	4.9/sec	4.25	3.08
删除标签	15	1195	1241	1396	1452	1624	814	1624	0.00%	5.0/sec	4.28	2.69
总体	90	1183	1242	1531	1586	1794	263	1841	0.00%	5.2/sec	13.50	3.11

图 14-30　标签线程组其余请求运行结果

> **提示**　采用两个接口请求并发，对单个接口并发是有一定影响的，但如果两个接口请求并发满足性能指标，则单个也满足。

步骤 04 执行混合标签操作线程组。启用"混合标签操作线程组"并禁用"登录线程组"和"标签线程组"，单击【清除全部】按钮清除之前的测试数据，然后单击【启动】按钮执行脚本，查看"聚合报告"，结果如图 14-31 所示。

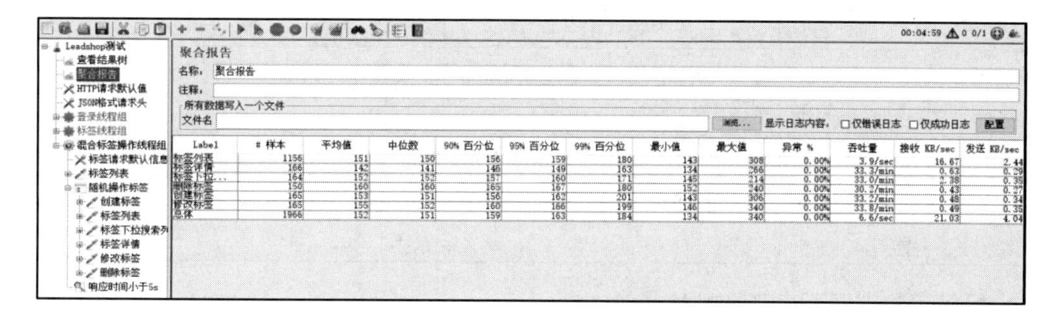

Label	# 样本	平均值	中位数	90% 百分位	95% 百分位	99% 百分位	最小值	最大值	异常 %	吞吐量	接收 KB/sec	发送 KB/sec
标签列表	1156	151	150	156	159	180	143	308	0.00%	3.9/sec	16.67	2.44
标签详情	166	142	141	146	149	163	134	266	0.00%	33.3/min	0.63	0.29
标签下拉...	164	152	152	157	160	171	145	214	0.00%	33.0/min	2.38	0.35
删除标签	150	160	160	165	167	180	152	240	0.00%	30.2/min	0.43	0.37
创建标签	165	153	151	156	162	201	143	306	0.00%	33.2/min	0.48	0.34
修改标签	165	155	152	160	166	199	146	340	0.00%	33.8/min	0.49	0.35
总体	1966	152	151	159	163	184	134	340	0.00%	6.6/sec	21.03	4.04

图 14-31　混合标签操作线程组运行结果

14.9　结果分析

结果分析是指对性能测试结果分析和评估，与预期结果对比，识别需要优化的地方和潜在问题，并给出改进建议。

根据测试方案设计的场景，将运行结果进行补充并给出是否通过的结果，不通过的场景分析出问题所在并给出改进建议。

1. 登录基准性能场景

登录基准性能场景如表 14-13 所示。

表14-13　登录基准性能场景

测试场景	登　录	场景编号	login001	优 先 级	高
场景描述	验证登录支持 20 用户并发，响应时间不超过 3s				
前置条件	已有登录用户账号				
并发数	平均响应时间/ms	最小响应时间/ms	最大响应时间/ms	吞吐量/sec	成功率/%
20	995	247	1188	9.9	100
测试结果	通过		失败原因		

注：成功率=1-异常率

2. 标签列表基准性能场景

标签列表基准性能场景如表 14-14 所示。

表14-14　标签列表基准性能场景

测试场景	标签列表	场景编号	label001	优 先 级	高
场景描述	验证查看标签列表支持 15 用户并发，响应时间不超过 3s				
前置条件	已有登录用户账号				
并发数	平均响应时间/ms	最小响应时间/ms	最大响应时间/ms	吞吐量/sec	成功率/%
15	749	254	952	9.0	100
测试结果	通过		失败原因		

3. 标签下拉搜索列表基准性能场景

标签下拉搜索列表基准性能场景如表 14-15 所示。

表14-15　标签下拉搜索列表基准性能场景

测试场景	标签列表搜索	场景编号	label002	优 先 级	高
场景描述	验证标签下拉搜索列表支持 15 用户并发，响应时间不超过 3s				
前置条件	已有登录用户账号				
并发数	平均响应时间/ms	最小响应时间/ms	最大响应时间/ms	吞吐量/sec	成功率/%
15	845	283	1050	8.4	100
测试结果	通过		失败原因		

4. 标签详情基准性能场景

标签详情基准性能场景如表 14-16 所示。

表14-16　标签详情基准性能场景

测试场景	标签详情	场景编号	label003	优 先 级	高
场景描述	验证查看标签详情支持 15 用户并发，响应时间不超过 3s				
前置条件	已有登录用户账号				
并发数	平均响应时间/ms	最小响应时间/ms	最大响应时间/ms	吞吐量/sec	成功率/%
15	1132	426	1684	5.3	100
测试结果	通过		失败原因		

5. 创建标签基准性能场景

创建标签基准性能场景如表 14-17 所示。

表14-17　创建标签基准性能场景

测试场景	创建标签	场景编号	label004	优 先 级	高
场景描述	验证创建标签支持 15 用户并发，响应时间不超过 5s				
前置条件	已有登录用户账号				
并发数	平均响应时间/ms	最小响应时间/ms	最大响应时间/ms	吞吐量/sec	成功率/%
15	734	283	934	9.3	100
测试结果	通过		失败原因		

6. 修改标签基准性能场景

修改标签基准性能场景如表 14-18 所示。

表14-18　修改标签基准性能场景

测试场景	修改标签	场景编号	label005	优 先 级	高
场景描述	验证修改标签支持 15 用户并发，响应时间不超过 5s				
前置条件	已有登录用户账号				
并发数	平均响应时间/ms	最小响应时间/ms	最大响应时间/ms	吞吐量/sec	成功率/%
15	1162	527	1487	4.9	100
测试结果	通过		失败原因		

7. 删除标签基准性能场景

删除标签基准性能场景如表 14-19 所示。

表14-19 删除标签基准性能场景

测试场景	删除标签	场景编号	label006	优 先 级	高
场景描述	验证删除标签支持 15 用户并发，响应时间不超过 5s				
前置条件	已有登录用户账号				
并发数	平均响应时间/ms	最小响应时间/ms	最大响应时间/ms	吞吐量/sec	成功率/%
15	1195	814	1624	5.0	100
测试结果	通过		失败原因		

8. 标签混合操作稳定性性能场景

标签混合操作稳定性性能场景如表 14-20 所示。

表14-20 标签混合操作稳定性性能场景

测试场景	标签混合操作	场景编号	label007	优 先 级	高
场景描述	验证 1 个用户混合操作标签持续 5min，响应时间不超过 5s				
前置条件	已有登录用户账号				
并发数	平均响应时间/ms	最小响应时间/ms	最大响应时间/ms	吞吐量/sec	成功率/%
1966	152	134	340	6.6	100
测试结果	通过		失败原因		

以上场景给出的测试结果均是通过，满足性能需求指标。

假如由于业务扩展，人员增加，现登录需要支持 45 用户并发，响应时间不超过 3s。则将“登录线程组”元件【线程数】修改为 45，再次启动脚本，查看“聚合报告”，如图 14-32 所示。

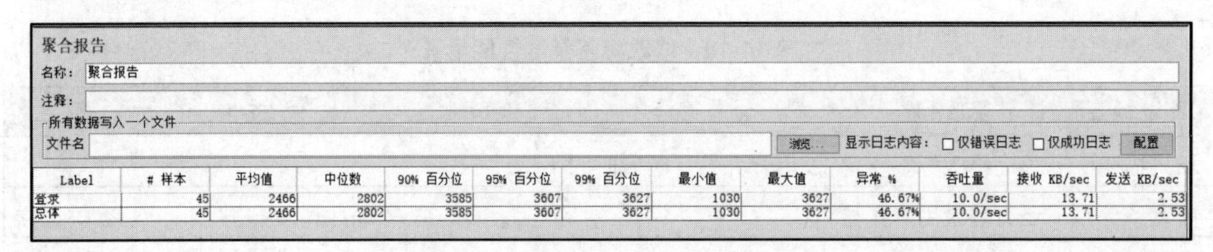

Label	# 样本	平均值	中位数	90% 百分位	95% 百分位	99% 百分位	最小值	最大值	异常 %	吞吐量	接收 KB/sec	发送 KB/sec
登录	45	2466	2802	3585	3607	3627	1030	3627	46.67%	10.0/sec	13.71	2.53
总体	45	2466	2802	3585	3607	3627	1030	3627	46.67%	10.0/sec	13.71	2.53

图 14-32 登录线程组 45 并发运行结果 1

从结果中可以看到，并发 45 个用户时，平均响应时间是 2466ms，最小响应时间是 1030ms，最大响应时间是 3627ms，90%百分位响应时间是 3607ms，成功率为 100%-46.67%=53.33%。

再查看“查看结果树”元件下的测试结果，如图 14-33 所示。

图 14-33　登录线程组 45 并发运行结果 2

可以看到，均是响应时间小于 3s，表明断言失败。

由以上两个测试报告可知，当前环境（服务器：阿里云；操作系统：CentOS 7.9 64 位；CPU：1 核（vCPU）；内存：2GiB；带宽：1Mbps）下登录支持 45 用户并发且响应时间不超过 3s，测试结果失败，不通过。对于此问题，建议扩展服务器来解决。

14.10　性能调优

性能调优是指根据分析的结果进行性能优化和调整，然后再次执行性能测试脚本，以验证改进措施的有效性。

由 14.9　结果分析一节可知，失败场景为登录支持 45 用户并发且响应时间不超过 3s。对于绝大多数公司来讲，性能指标提升最快速的解决办法是扩展服务器，现将服务器扩展至：2 核（vCPU），2GiB 内存，3Mbps 带宽。再次启动脚本，执行“登录线程组”，查看“聚合报告”，结果如图 14-34 所示。

聚合报告

名称：聚合报告

注释：

所有数据写入一个文件

文件名　浏览　显示日志内容：☐仅错误日志　☐仅成功日志　配置

Label	# 样本	平均值	中位数	90% 百分位	95% 百分位	99% 百分位	最小值	最大值	异常 %	吞吐量	接收 KB/sec	发送 KB/sec
登录	45	1319	1344	1886	1987	2006	436	2006	0.00%	15.9/sec	24.13	4.06
总体	45	1319	1344	1886	1987	2006	436	2006	0.00%	15.9/sec	24.13	4.06

图 14-34　调优后登录线程组运行结果

从结果中可以看到，并发 45 个用户时，平均响应时间是 1319ms，最小响应时间是 436ms，最大响应时间是 2006ms，90%百分位响应时间是 1886ms，成功率为 100%，表明测试通过。

14.11 编写测试报告

测试报告是对性能测试的过程和结果进行汇总，内容包括测试目标、测试环境、测试结果、分析和评估，以及改进建议。

一份完成的测试报告主要由概述、测试范围、测试目标、资源需求、测试进度、风险分析、测试内容、测试结果及分析、总结和附件几部分组成。其中概述、测试范围、测试目标、资源需求、测试进度、风险分析可参考 14.3 执行测试计划一节；测试内容为测试工具选择、测试准则和场景设计，可参考 14.4 确定测试方案一节；测试结果及分析为测试结果的展示、分析失败原因、性能评估，可参考 14.9 结果分析一节。

1. 总结

总结是对本次性能测试做一个概括性的描述，包括测试起因、背景、目的、发展、结果和结论。例如，本次性能测试结论为：公司最近使用 Leadshop 开源项目引入了一个商城后台管理系统，为了验证当前环境（服务器：阿里云；操作系统：CentOS 7.9 64 位；CPU：1 核(vCPU)；内存：2GiB；带宽：1Mbps）下软件系统能够支撑业务的正常运转，现开展性能测试评估系统当前的承载能力。本次测试由测试人员一号主导完成，使用 JMeter 工具，从 xx 年 x 月 x 日开始，至 xx 年 x 月 x 日结束，耗时 6 天，共完成 7 个基准性能场景和一个稳定性性能场景，共计测试 8 个场景，全部测试通过，满足性能指标。

2. 附件

附件指本次性能测试所产生的测试数据，包括测试脚本、计划、数据和方案等文件。例如，本次测试所产生的附件如下：

- Leadshop 开源商城系统性能测试计划.doc
- Leadshop 开源商城系统性能测试方案.doc
- Leadshop 测试.jmx

14.12 思 考 题

1. 请描述性能测试关键的几个步骤？
2. 在性能测试中，通常需要关注哪些性能指标？
3. 响应时间和吞吐量之间的关系是什么？
4. 如何分析性能测试的结果？
5. 如何确定系统的最大负载？

第 15 章

容器化部署与自动化测试

容器化英文为 Containerizing，是将应用整合到容器中并且运行起来的一个过程，容器化中的容器是为应用而生，它可以简化应用的构建、部署和运行过程。在当今快速迭代的软件开发环境中，许多公司也开始利用容器化部署自动化技术来进行软件测试。

本章将通过 Docker 容器化引擎，带领读者使用 Jenkins 镜像部署一个持续集成平台。

15.1 什么是容器化部署

在软件开发和运维领域中，容器化已成为越来越流行的技术。将容器化引入自动化测试，也将极大简化各种程序的部署，提高工作效率，使测试人员有更多的时间投入可以产生实际业务价值的工作上。

容器化部署与传统部署相比较，在有环境隔离性、可移植性、灵活性、可伸缩性、安全性等方面有许多优点。

- 环境隔离：传统部署方式是在机器上直接安装应用程序和配置项，不同程序的版本和依赖项都有可能造成应用运行出现问题，而容器化部署使用容器技术对应用程序和依赖项进行打包实现环境隔离，每个应用程序都有自己的专属容器，容器中部署了自己的操作系统、库和其他依赖项，避免了与机器本身的冲突和依赖。
- 可移植性：传统部署方式通常是在特定的服务器上安装应用程序和依赖项，而容器化部署将应用程序和依赖项打包为容器，只要该环境支持容器技术，容器就可以运行。这使得应用程序可以很轻松地在开发、测试和生产环境之间移植。

- 灵活性：传统部署方式通常需要手动配置服务器和应用程序，而容器可以快速启动和关闭，并且容器之间可以轻松地相互连接和通信。
- 可伸缩性：传统部署方式通常是基于物理服务器的，一旦需要增加应用程序的负载能力，就需要添加更多的服务器，而容器化部署则可以根据需要自动调整容器数量。
- 安全性：传统部署方式通常是在服务器上安装软件和依赖项，这可能会导致安全漏洞。而容器化部署中，每个应用程序都有自己的容器，应用程序之间相互隔离，减少了安全漏洞的风险。

容器化部署中最为代表性的容器化引擎当属 Docker，因此容器化（Containerizing）有时也称为 Docker 化（Dockerizing）。Docker 是一个基于 Go 语言开发并遵循了 Apache 2.0 协议开源的应用容器引擎，可以轻松地为任何应用创建一个轻量级的、可移植的、自给自足的容器，强调应用程序的适配性、可移植性和可重复性，其容器技术可以将应用程序打包成一个可执行的独立单元，通过 Docker 容器的搬运，软件应用的部署和管理可以得到简化。

Docker 具有高效地利用系统资源、快速启动、一致的运行环境、持续交付和部署、轻松迁移、容易维护和扩展等优点，在 Web 应用自动化打包和发布、自动化测试和持续集成与发布、服务型环境中部署和调整数据库或其他的后台应用、从头编译或者扩展现有的 OpenShift 或 Cloud Foundry 平台来搭建自己的 PaaS 环境等场景应用中非常高效。

15.2 Docker 安装

Docker 是一个用于开发、交付和运行应用程序的开放平台，可以运行在 MacOS、Windows、Linux 平台上。Linux 平台上使用是最常见的，官方也提供了一键安装的命令，如下所示：

```
curl -fsSL https://get.docker.com | bash -s docker --mirror Aliyun
```

但在 Windows 系统上安装就不是那么容易了，本节将介绍在 Windows 系统上安装 Docker 的方法。如果 Windows 系统版本比较陈旧，例如 Windows 7/8，则需要使用 Docker Toolbox 安装，Docker Toolbox 的下载地址为 http://mirrors.aliyun.com/docker-toolbox/windows/docker-toolbox/，Windows 10 以上系统的安装步骤如下：

步骤 01 确认 Hyper-V 和容器特性已经安装并且开启。使用快捷键 Win+R 打开【运行】弹窗，搜索 appwiz.cpl 并确定，打开程序和功能页面。然后单击【启用或关闭 Windows 功能】，在弹出的 Windows 功能窗口中勾选容器和 Hyper-V 并确定，如图 15-1 所示。然后重启计算机并使其生效。

图 15-1　勾选容器和 Hyper-V

步骤 02 下载安装程序。进入 Docker 官网（https://www.docker.com/）下载 Windows 系统上的安装程序 Docker Desktop。

步骤 03 下载完成后会得到一个 Docker Desktop Installer.exe 应用程序，双击运行，根据提示安装即可。

步骤 04 更新 WSL 内核版本。安装完成后，会得到一个 Docker Desktop 应用，单击运行。如果是首次安装，会提示需要更新 WSL 内核版本，如图 15-2 所示。在命令行工具中输入 wsl --update 命令即可更新版本，安装完成后重启计算机生效。

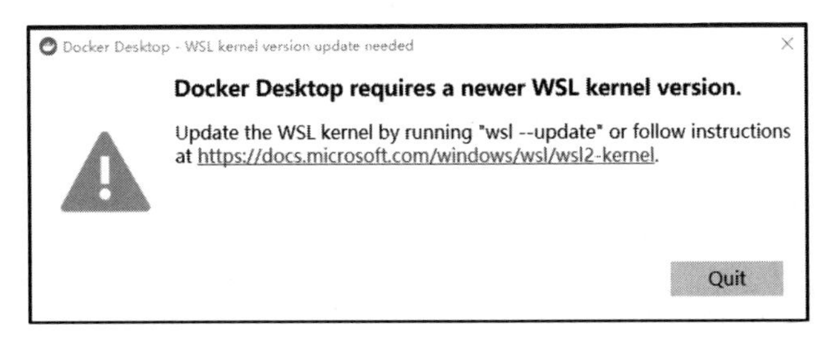

图 15-2　提示更新 WSL 内核版本

步骤 05 再次运行 Docker Desktop 程序，然后单击【Start】按钮，启动 Docker 服务。启动服务后，界面如图 15-3 所示。

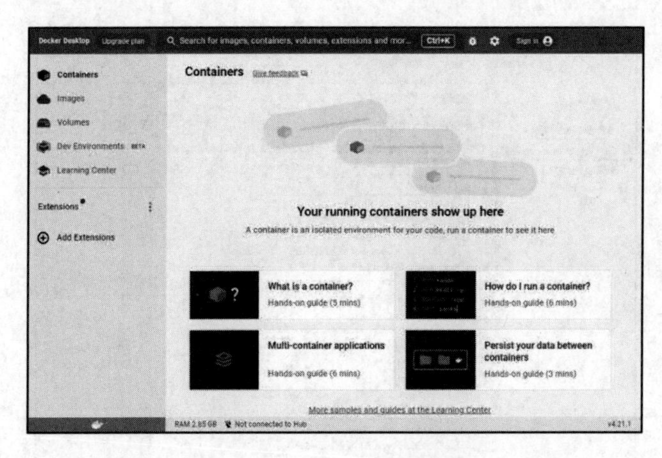

图 15-3　Docker 主页界面

如果出现图 15-3 的界面，说明 Docker 安装和服务启动均成功。从图中可以看到，Windows 系统上提供了一个易操作的 Docker 界面，但是熟练使用 Docker 还需要通过命令行操作，以后如果 Docker 安装在了 Linux 系统上也可以轻松驾驭。

步骤 06 命令行中操作。打开命令行工具，输入 docker --version 命令可查看版本信息，输入 docker info 命令可查看详细信息，如图 15-4 所示。

```
C:\Users\yangdj>docker --version
Docker version 24.0.2, build cb74dfc

C:\Users\yangdj>docker info
Client:
 Version:    24.0.2
 Context:    default
 Debug Mode: false
 Plugins:
  buildx: Docker Buildx (Docker Inc.)
    Version:  v0.11.0
    Path:     C:\Program Files\Docker\cli-plugins\docker-buildx.exe
  compose: Docker Compose (Docker Inc.)
    Version:  v2.19.1
    Path:     C:\Program Files\Docker\cli-plugins\docker-compose.exe
  dev: Docker Dev Environments (Docker Inc.)
    Version:  v0.1.0
    Path:     C:\Program Files\Docker\cli-plugins\docker-dev.exe
```

图 15-4　Docker 命令行操作

更多命令可输入 docker 命令查看。

15.3　Docker 核心概念

Docker 有三个核心概念，分别是容器（Container）、镜像（Image）和仓库（Repository），这也是 Docker 的三个组成部分，这三个部分相互关联，共同组成了 Docker 的整个生命周期。仓库用来存放镜像，镜像中保存应用程序及运行环境，容器是镜像的实例，应用程序在容器中运行。本地使用时，首先从远端仓库拉取镜像，然后将镜像实例化，创建出容器，最后进入容器就可以部署应用。当容器中应用程序或运行环境变更后，再将容器提交构建成新的镜像，接着将新的镜像推送到远端存放，过程如图 15-5 所示。

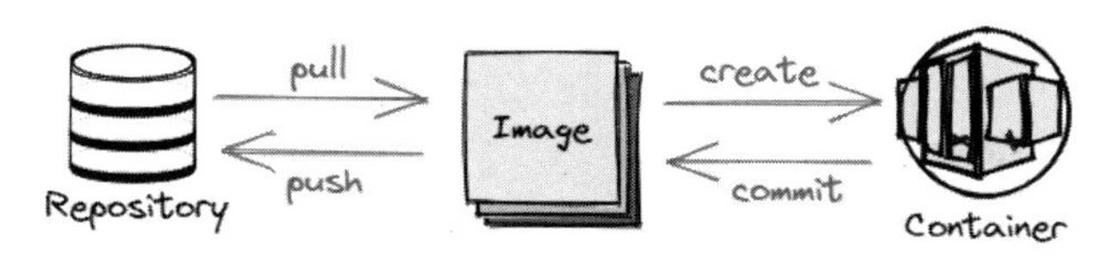

图 15-5　容器、镜像和仓库之间的关系

图 15-5 各部分说明如下：

- 仓库：Docker 仓库和我们常用的 GitHub、Gitee 代码库是一样的，只不过 GitHub、Gitee 存放的是代码，而 Docker 仓库存放的是镜像文件。用户在使用时，往往会创建多个仓库，每个仓库集中存放某一类镜像，这一类镜像包括多个镜像文件，通过不同的标签（tag）区分。Docker 仓库也分公开和私有，如果一个仓库是公开的，则所有人都可以访问并获取其下存放的镜像，例如 Docker Hub（https://hub-stage.docker.com/）；如果仓库是私有的，则其下的镜像只有所有者才能获取或更改。
- 镜像：镜像是创建容器的模板，由一层一层的文件系统组成，用以保存容器运行时所需的程序、库、资源、配置等文件和一些环境变量、用户等配置参数，类似于操作系统的 ISO 文件。
- 容器：容器类似于一个轻量级的沙箱子，Docker 利用容器来运行和隔离应用。容器与镜像的关系类似于面向对象编程中的对象与类，从镜像中创建的应用，在容器中运行实例，从而保证实例不会相互影响。容器可以被创建、启动、停止、删除等，一个镜像可以创建多个容器，并且每个容器都拥有自己的空间。

15.4　Docker 使用

Docker 的操作主要分为从远端仓库获取镜像→实例化容器→对容器修改或编写应用代码→创建 Dockerfile→构建镜像→上传远端仓库 6 个步骤。可以看出，Docker 的使用主要是对仓库、镜像、容器三个对象的操作。

15.4.1　仓库操作

目前最大的镜像仓库是 Docker Hub，进入 Docker Hub 网站可检索所需的镜像，例如检索 PostgreSQL 镜像，如图 15-6 所示。可以看到，MySQL 镜像获取命令是 docker pull postgres，最新 Tag 有 13.11-bullseye、13-bullseye、13-bookworm、13 等，下载量 100K+， Tags 下可查看不同的 Tag，Tag 可理解为镜像版本。

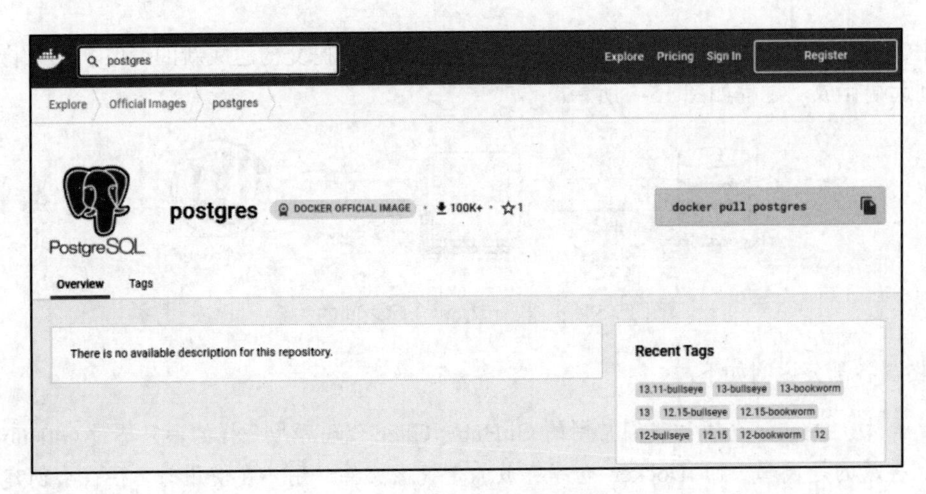

图 15-6　PostgreSQL 镜像

当我们注册了 Docker Hub 账号，在创建仓库时可选择私有或公开，如果有新的镜像推送到仓库中，便可像图 15-6 一样检索查看。

由于从 Docker Hub 服务器拉取镜像时速度缓慢，甚至出现 timeout（超时）的情况，此时可通过配置镜像源来解决。例如，我们设置镜像源为中国科技大学镜像（http://mirrors.ustc.edu.cn/）。打开 Docker 程序并进入设置界面，在左边菜单栏中选择【Docker Engine】，输入框中添加一句{"registry-mirrors":["https://mirrors.ustc.edu.cn/"]}，如图 15-7 所示。最后，单击应用并重启生效。

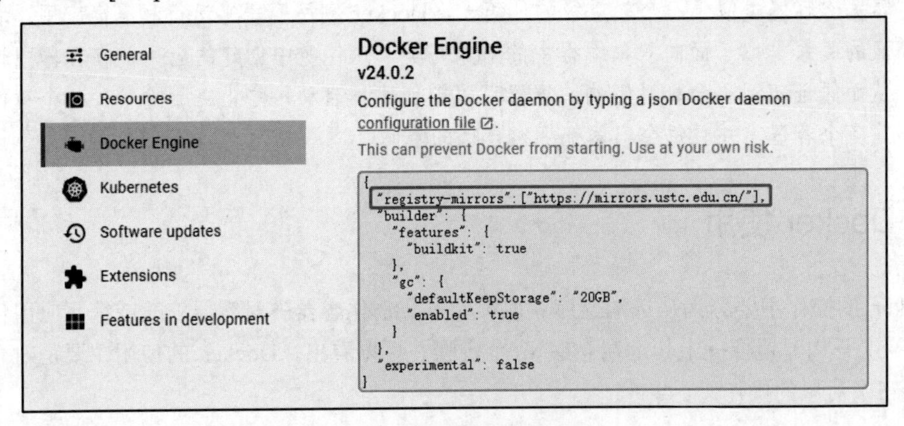

图 15-7　设置镜像源

如果要添加多个镜像源，需要在方括号里使用逗号隔开。

15.4.2　镜像操作

镜像的常见操作主要有查找镜像、拉取镜像、拉取指定 Tag 镜像、查看本地镜像、移除镜像和将镜像推送到远端仓库等。

1. 查找镜像

如果要查找镜像，主要有两种方法，一是在镜像仓库中查找，二是通过命令 docker search [OPTIONS] TERM 在本机中查找，[OPTIONS]是可选参数，可以使用的参数如下：

- -f 或--filter：基于给定的条件过滤。例如 -f stars=30 表示筛选 stars 数大于 30 的镜像。
- --format string：使用 Go 模板输出格式友好的信息。
- --limit int：限制搜索结果的最大数，默认值是 25。
- --no-trunc：不截断输出，完整输出镜像信息。

例如，查找 stars 大于 10 的前 5 个 PostgreSQL 镜像，命令为 docker search –f stars=10 --limit 5 PostgreSQL，执行结果如图 15-8 所示。

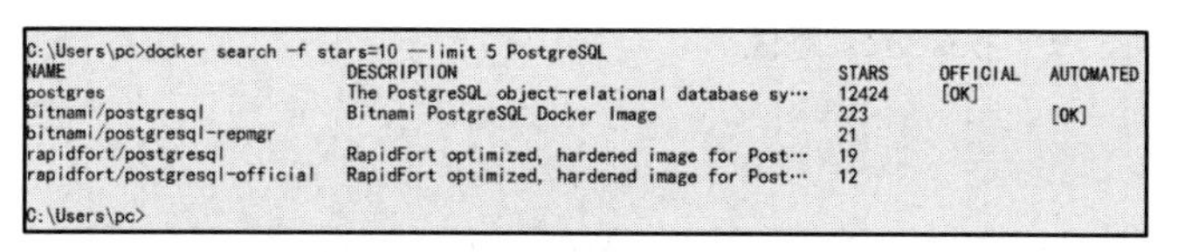

```
C:\Users\pc>docker search -f stars=10 --limit 5 PostgreSQL
NAME                             DESCRIPTION                                     STARS     OFFICIAL   AUTOMATED
postgres                         The PostgreSQL object-relational database sy…   12424     [OK]
bitnami/postgresql               Bitnami PostgreSQL Docker Image                 223                  [OK]
bitnami/postgresql-repmgr                                                        21
rapidfort/postgresql             RapidFort optimized, hardened image for Post…   19
rapidfort/postgresql-official    RapidFort optimized, hardened image for Post…   12

C:\Users\pc>
```

图 15-8　查找 Postgres 镜像

2. 拉取镜像

拉取镜像的命令是 docker pull [OPTIONS] NAME[:TAG|@DIGEST]，NAME 为镜像名称，后面可指定拉取的 Tag。[OPTIONS]可选参数如下：

- -a 或--all-tags：拉取镜像中所有 Tag 的镜像文件。
- --disable-content-trust：忽略镜像的校验，默认开启。
- --platform string：如果是多平台，则指定平台。
- -q 或--quite：精简输出。

例如，可使用 docker pull postgres:latest 命令获取 Postgres 镜像的 latest 版本，如果不指定 Tag 则默认为最新的 latest 版本。如图 15-9 所示是获取 Postgres 镜像的最新版本。

```
C:\Users\pc>docker pull postgres
Using default tag: latest
latest: Pulling from library/postgres
faef57eae888: Pull complete
a33c10a72186: Pull complete
d662a43776d2: Pull complete
a3ba86413420: Pull complete
a627f37e9916: Pull complete
424bade69494: Pull complete
dd8d4fcd466b: Pull complete
03d0efeea592: Pull complete
4f27e1518a67: Downloading [==============================>                    ]  72.74MB/104.2MB
0c8ac8b8eb90: Download complete
c08e79653ad2: Download complete
d5724e8c22af: Download complete
3db4aa0d2013: Waiting
```

图 15-9　拉取 Postgres 镜像

3. 查看本地镜像

查看本地镜像的命令是 docker images [OPTIONS] [RESPOSITORY[:TAG]]，[OPTIONS]可选

参数如下：

- -a 或—all：显示所有镜像。
- -q 或—quiet：只显示镜像 ID。

例如，查看本地镜像，结果如图 15-10 所示。

```
C:\Users\pc>docker images
REPOSITORY   TAG      IMAGE ID       CREATED       SIZE
postgres     latest   f0ff6ef79497   12 days ago   412MB

C:\Users\pc>
```

图 15-10 查看本地镜像

可以看到本地存在一个 postgres 镜像。

4. 移除镜像

移除镜像的命令是 docker rmi [OPTIONS] IMAGE [IMAGE...]，IMAGE 可以是镜像 ID、镜像名、镜像名:TAG 中任意一个，[OPTIONS]可选参数如下：

- -f 或--force：强制删除。
- --no-prune：不移除该镜像的过程镜像，默认移除。

例如，删除本地镜像 Postgres，执行结果如图 15-11 所示。

```
C:\Users\pc>docker images
REPOSITORY   TAG      IMAGE ID       CREATED       SIZE
postgres     latest   f0ff6ef79497   12 days ago   412MB

C:\Users\pc>docker rmi f0ff6ef79497
Untagged: postgres:latest
Untagged: postgres@sha256:362a63cb1e864195ea2bc29b5066bdb222bc9a4461bfaff2418f63a06e56bce0
Deleted: sha256:f0ff6ef79497378368c85a75e5da657d30fd7003104ca2a85881e73bc0f587e8
Deleted: sha256:eb720a41e2e2ad6dfff804fb931dd8b89b80853b838af1fb9018be9c1374342b
Deleted: sha256:10d6759b44db9f9f7930e40be97c097aff4a97155614da98360d0937d139447e
Deleted: sha256:33ac736016598c21209cbdd4d0a59bc6fb6e4943f6482f4fb8be60fcc49d2a75
Deleted: sha256:8bc6b30deea1b0a861e154addc1266a2c8db5ba7edb409d71ddfa3012e87a7e6
Deleted: sha256:d9e35569462fa2f8d134fd18120d9a9ac5161c3e49e8de73737f4869db333d11
Deleted: sha256:ef13627b81a93d62129b174451537bdfeff71260ad28fa1ea9a7bbb35ea0dbdf
Deleted: sha256:b8a426a9b350cc9dc688d9bfdf3bf142d4aa53a1ecda1ff12454d7582f1df2b4
Deleted: sha256:a4c503e3686ddd87a8b82dbde43e654ad7ae5fd522baff16f570036cc7b64e1e
Deleted: sha256:3344e00d6cbed7fb0f387672d0ef8a70c8d2f010cc224d6964477faaa6e92a7e
Deleted: sha256:a499461f1ccf060128b377e9d2d0d8a91947ab0898ac0d89493cb414b6c6607c
Deleted: sha256:dbeb27368b87e2ad17930a28913947c3579195f1b67e480b6b36e22a37f2d003
Deleted: sha256:abd3b78e2b18f1490a9f898014ec7dacd68306212dfc6224edb90d1fc371657b
Deleted: sha256:24839d45ca455f36659219281e0f2304520b92347eb536ad5cc7b4dbb8163588

C:\Users\pc>docker images
REPOSITORY   TAG      IMAGE ID   CREATED   SIZE

C:\Users\pc>
```

图 15-11 删除本地镜像 Postgres

移除后再查看本地镜像，可以看到被删除的镜像已经不存在了。

15.4.3 容器操作

容器的常见操作主要有创建容器、启动容器、查看容器状态、终止容器运行、进入容器、删除容器和容器提交为镜像等。

1. 创建容器

创建容器的命令是 docker run [OPTIONS] IMAGE [COMMAND] [ARG...]，[OPTIONS]常用参数如下：

- -i 或--interactive：启动一个可交互的容器，并持续打开标准输入。
- -t 或--tty：使用终端关联到容器的标准输入输出上。
- -d 或--detach：将容器放置在后台运行。

例如，创建一个 PostgreSQL 容器，首先使用 docker pull postgres 命令拉取镜像，然后使用 docker run -it --name postgres-test --restart always -e POSTGRES_PASSWORD='postgres' -e ALLOW_IP_PANGE =0.0.0.0/0 -p 5432:5432 -d postgres 命令创建容器，如图 15-12 所示。

图 15-12　创建 Postgres 容器

创建容器用到的参数如下：

- --name：容器名称。
- --restart always：Docker 在重启时容器自动启动。
- -e POSTGRES_PASSWORD：设置数据密码。
- -e ALLOW_IP_PANGE：设置允许访问的 IP，0.0.0.0/0 表示所有。
- -p：映射端口，写法是[宿主机端口:容器端口]，5432:5432 就是将容器的 5432 端口映射到宿主机的 5432 端口。外部机器连接时，便可用宿主机 IP:5432 访问。

当看到一串字符串（容器 ID）后，就表示容器创建成功。

2. 查看容器状态

使用命令 docker ps [OPTIONS]可查看容器的状态，[OPTIONS]常用参数如下：

- -a 或--all：查看所有容器。
- -f 或--filter：根据条件进行过滤。

例如，使用命令 docker ps -a 查看所有容器的状态，结果如图 15-13 所示。

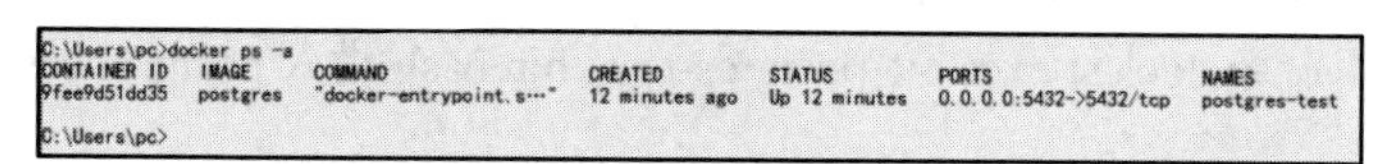

图 15-13　查看容器状态

可以看到，刚才创建的容器 ID 是 9fee9d51dd35，状态是 Up 12 minutes 的表示启动了 12min，名字为 postgres-test。

3. 终止容器运行

终止容器运行的命令是 docker stop [OPTIONS] CONTAINER [CONTAINER...]，[OPTIONS]可选参数如下：

- -s 或--signal string：自定义发送至容器的信号，例如-s KILL。
- -t 或--time int：在指定的时间后终止容器的运行，时间单位为秒。

例如，使用 docker stop postgres-test 命令终止 postgres-test 容器的运行，结果如图 15-14 所示。

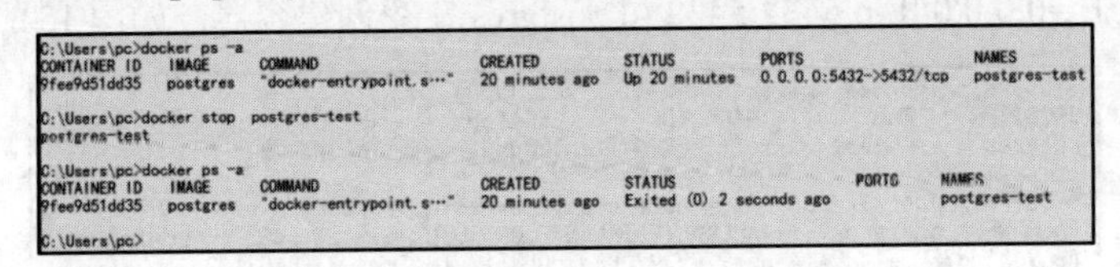

图 15-14　终止容器运行

容器终止后，再查看容器状态，可以看到显示为 Exited。

4. 启动容器

容器终止后需要再次启动，启动容器的命令是 docker start [OPTIONS] CONTAINER [CONTAINER...]，例如使用命令 docker start postgres-test 启动 postgres-test 容器，结果如图 15-15 所示。

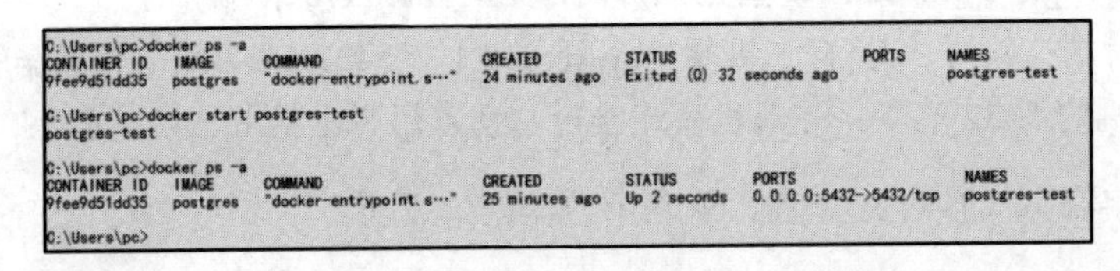

图 15-15　启动容器

从图 15-15 中可以看到，启动器的容器状态是 Exited，启动后的容器状态是 Up。

5. 进入容器

如果需要对容器里面的内容进行操作，就需要先进入容器。命令是 docker exec [OPTIONS] CONTAINER COMMAND [ARG...]，我们经常使用 docker exec -it CONTAINER /bin/bash 命令进入容器 bash，例如使用命令 docker exec -it postgres-test /bin/bash 进入 postgres-test 容器，如图 15-16 所示。

```
C:\Users\pc>docker exec -it postgres-test /bin/bash
root@9fee9d51dd35:/# su postgres
postgres@9fee9d51dd35:/$ psql
psql (15.3 (Debian 15.3-1.pgdg120+1))
Type "help" for help.

postgres=#
```

图 15-16　进入容器

从图 15-16 中可以看到，成功进入到容器中，并执行了 su postgres 命令。

进入容器命令可与创建容器命令结合使用，例如创建容器成功后直接进入容器 bash，使用命令 docker run -it --name postgres-test --restart always -e POSTGRES_PASSWORD='postgres' -e ALLOW_IP_PANGE=0.0.0.0/0 -p 5432:5432 -d postgres /bin/bash。

进入容器后，输入 exit 或按快捷键 Ctrl+D，可退出容器。

6. 将容器提交为镜像

容器修改后，可通过命令 docker commit [OPTIONS] CONTAINER [REPOSITORY[:TAG]]将容器提交为镜像。[OPTIONS]常用参数如下：

- -a 或--author string：创建镜像的作者。
- -m 或--message string：提交说明或描述。

例如，使用命令 docker commit -m="first commit" -a="tynam" postgres-test 将 postgres-test 容器提交为名为 postgres-test 的镜像，如图 15-17 所示。

```
C:\Users\pc>docker commit -m="first commit" -a="tynam" postgres-test  postgres-test
sha256:56918da913b946d3882f015651c2c0d1a2cda238b1f810b1df9206a174069498

C:\Users\pc>docker images
REPOSITORY      TAG       IMAGE ID       CREATED         SIZE
postgres-test   latest    56918da913b9   6 seconds ago   412MB
postgres        latest    f0ff6ef79497   12 days ago     412MB

C:\Users\pc>
```

图 15-17　容器提交为镜像

提交镜像后再使用 docker images 命令可查看本地镜像，从图 15-17 中可以看到有一个 postgres-test 的镜像。

7. 删除容器

删除容器的命令是 docker rm [OPTIONS] CONTAINER [CONTAINER...]，例如，使用命令 docker rm postgres-test 删除容器 postgres-test，如图 15-18 所示。

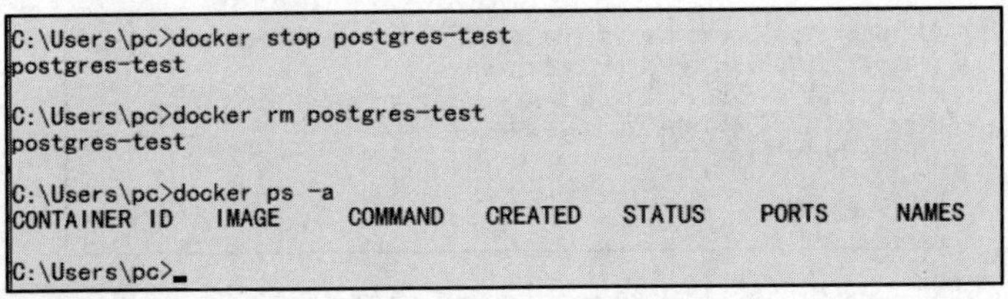

```
C:\Users\pc>docker stop postgres-test
postgres-test

C:\Users\pc>docker rm postgres-test
postgres-test

C:\Users\pc>docker ps -a
CONTAINER ID   IMAGE     COMMAND   CREATED   STATUS    PORTS     NAMES

C:\Users\pc>_
```

图 15-18　删除容器

从图 15-18 中可以看到，删除容器 postgres-test 后，本地容器中就不再存在 postgres-test 容器了。注意，如果容器正在运行是不允许被删除的，只有停止状态的容器才可以删除。

15.5　Dockerfile

Dockerfile 是一个用来构建镜像的文本文件，文本内容包含了一条条构建镜像所需的指令和说明，每一条指令对应镜像中的一层。Dockerfile 分为基础镜像信息、维护者信息、镜像操作指令和容器启动时执行指令 4 部分，具体文件构成如下：

```
# 引入基础镜像 ubuntu
FROM ubuntu

# 添加维护者信息
LABLE user=tynam email=tynam.yang@gmail.com

# 复制当前目录下 run.sh 文件到镜像的根目录
ADD run.sh /
# 执行命令 ./run.sh
CMD ["./run.sh"]
```

下面对文件中的内容进行说明：

- #：注释符。
- FROM：指定基础镜像，并且必须是第一条指令。格式为 FROM <image>或 FROM <image>:<tag>或 FROM <image>:<digest>。
- LABLE：将数据添加到镜像中，格式为 LABLE <key>=<value> <key>=<value>。
- ADD：将文件复制到镜像中，格式为 ADD <src> ... <dest>或 ADD ["<src>",..."<dest>"]。
- CMD：启动容器时默认要运行的程序，格式为 CMD <command>或 CMD ["executable","<param1>","<param2>"]或 CMD ["<param1>","<param2>"]。

除了上面介绍的指令外，常用的指令还有如下几种：

- COPY：复制文件，格式为 COPY <src> ... <dest> 或 COPY ["<src>",..."<dest>"]。与 ADD 指令不同的是，COPY 只能是本地文件。
- RUN：执行命令，格式为 RUN <command>或 RUN ["executable", "param1", "param2"]。

- EXPOSE：声明端口，格式为 EXPOSE <端口 1> [<端口 2>...]。
- WORKDIR：指定工作目录，格式为 WORKDIR <工作目录路径>。

下面我们首先编写一个测试用例脚本，然后通过 Dockerfile 构建成镜像，最后创建容器并运行来体验 Dockerfile 的使用。

步骤 01 创建测试用例脚本。新建一个 test_dockerfile.py 文件，添加两个测试用例 test_01 和 test_02，其中 test_01 断言成功，test_02 断言失败，代码如下：

```
# chapter15\test_dockerfile.py
import pytest


def get_student_info(student_id):
    students = {
        1001: {"name": "方鸿渐", "age": "21", "sex": "男"},
        1004: {"name": "赵辛楣", "age": "16", "sex": "女"}
    }
    return students.get(student_id, "The student ID does not exist.")


def test_01():
    student = get_student_info(1001)
    assert student.get("name") == "方鸿渐"

def test_02():
    student = get_student_info(1004)
    assert student.get("name") == "方鸿渐"


if __name__ == "__main__":
    pytest.main(["-s", "test_dockerfile.py"])
```

步骤 02 创建 Dockerfile 文件。在与 test_dockerfile.py 同文件夹下新建一个 Dockerfile 文件，添加内容如下：

```
# chapter15\Dockerfile
# 基于基础镜像
FROM python:3.10

# 设置 code 文件夹是工作目录
WORKDIR /code

# 将 test_dockerfile.py 文件添加到容器 /code 下
COPY test_dockerfile.py /code

# 更新 pip 库
RUN pip install --upgrade pip --index-url https://pypi.douban.com/simple
```

```
# 使用 pip 安装依赖库 pytest
RUN pip install pytest --index-url https://pypi.douban.com/simple

# 执行命令
CMD ["python", "test_dockerfile.py"]
```

首先设置基础镜像为 Python3.10，然后设置工作目录为/code 并将 test_dockerfile.py 文件添加到容器的工作目录中，接着升级 pip 库并安装脚本所需的 pytest 库，最后执行测试脚本 test_dockerfile.py 文件。

步骤 03 构建镜像。使用命令 docker build -t testdockerfile . 生成镜像文件，参数-t 后面添加镜像名称和 tag，点（.）表示将生成的镜像保存到本地。命令运行完成后，通过命令 docker images 可看到镜像 testdockerfile，如图 15-19 所示。

```
code\chapter15>docker build -t testdockerfile .
[+] Building 1.2s (10/10) FINISHED                                                    docker:default
 => [internal] load build definition from Dockerfile                                            0.0s
 => => transferring dockerfile: 507B                                                            0.0s
 => [internal] load .dockerignore                                                               0.0s
 => => transferring context: 2B                                                                 0.0s
 => [internal] load metadata for docker.io/library/python:3.10                                  1.2s
 => [1/5] FROM docker.io/library/python:3.10@sha256:1b2e0805e24189fbba4e55b9bee39e3c25533cbe4fb71ae151f3e7ae0c9b8  0.0s
 => [internal] load build context                                                               0.0s
 => => transferring context: 40B                                                                0.0s
 => CACHED [2/5] WORKDIR /code                                                                  0.0s
 => CACHED [3/5] COPY test_dockerfile.py  /code                                                 0.0s
 => CACHED [4/5] RUN pip install --upgrade pip --index-url https://pypi.douban.com/simple       0.0s
 => CACHED [5/5] RUN pip install pytest --index-url https://pypi.douban.com/simple              0.0s
 => exporting to image                                                                          0.0s
 => => exporting layers                                                                         0.0s
 => => writing image sha256:5bad1ce023b503f18f8fee6b83d9585a8dbc106fbb5bd776c428f92dcc6cc213    0.0s
 => => naming to docker.io/library/testdockerfile                                               0.0s

What's Next?
  View summary of image vulnerabilities and recommendations → docker scout quickview

code\chapter9>docker images
REPOSITORY       TAG      IMAGE ID       CREATED         SIZE
testdockerfile   latest   5bad1ce023b5   2 minutes ago   1.02GB

code\chapter15>
```

图 15-19　构建镜像

步骤 04 创建容器并运行。使用命令 docker run -it testdockerfile 创建一个容器并运行，结果如图 15-20 所示，可以看到脚本 test_dockerfile.py 执行了两条测试用例，一条测试通过，另一条（test_02 用例）测试失败。

```
code\chapter15>docker run -it testdockerfile
============================================ test session starts ============================================
platform linux -- Python 3.10.12, pytest-7.3.1, pluggy-1.0.0
rootdir: /code
collected 2 items

test_dockerfile.py .F

================================================= FAILURES =================================================
_________________________________________________ test_02 __________________________________________________

    def test_02():
        student = get_student_info(1004)
>       assert student.get("name") == "方鸿渐"
E       AssertionError: assert '赵辛楣' == '方鸿渐'
E         - 方鸿渐
E         + 赵辛楣

test_dockerfile.py:20: AssertionError
========================================== short test summary info ==========================================
FAILED test_dockerfile.py::test_02 - AssertionError: assert '赵辛楣' == '方鸿渐'
======================================== 1 failed, 1 passed in 0.02s ========================================
```

图 15-20　创建容器并运行

15.6 Docker 部署 Jenkins

Jenkins 是一款开源的持续集成工具，集成了开发生命周期的各个过程，包括构建、文档、测试、打包、模拟、部署、静态分析等，它可以帮助用户持续自动构建、测试软件项目，并监控一些定时执行的任务。Jenkins 具有很多优势，例如易于安装、免费、可移植、丰富的插件库、可扩展性、分布式，同时支持在 Docker 下部署。本节将介绍在 Docker 下部署 Jenkins 和 Jenkins 在自动化测试中的应用。

15.6.1 Jenkins 安装

Docker 下安装 Jenkins 和其他应用程序的安装方式是相同的，首先获取镜像，然后启动容器，最后进入容器对应用程序进行初始化设置。详细操作步骤如下：

步骤 01 获取 Jenkins 镜像。在命令行工具中输入命令 docker pull jenkins/jenkins 获取 Jenkins 镜像的最新版本。

步骤 02 创建 Jenkins 容器。在命令行工具中输入命令 docker run --name jenkins -p 8080:8080 -p 50000:50000 -v jenkins_home:/var/jenkins_home --restart always -d jenkins/jenkins，创建一个 jenkins 容器，如图 15-21 所示。

```
C:\Windows\system32>docker run --name jenkins -p 8080:8080 -p 50000:50000 -v jenkins_home:/var/jenkins_home
--restart always -d jenkins/jenkins
3d821d9e2afb05c6f17a3eb8de440dd4fbf5c961792a7f5dcdf6be18adf21f59
```

图 15-21　创建 Jenkins 容器

命令中-v jenkins_home:/var/jenkins_home 是将容器/var/jenkins_home 目录作为 jenkins 工作目录，并将本机硬盘上 jenkins_home 挂载到此位置，方便后续更新镜像后，继续使用原来的工作目录。

步骤 03 使用浏览器访问 Jenkins 页面。访问地址为 http://{IP}:8080，如果是本机访问则可写成 http://localhost:8080/。第一次访问需要对 Jenkins 进行初始化设置，首先输入管理员密码解锁 Jenkins，如图 15-22 所示。

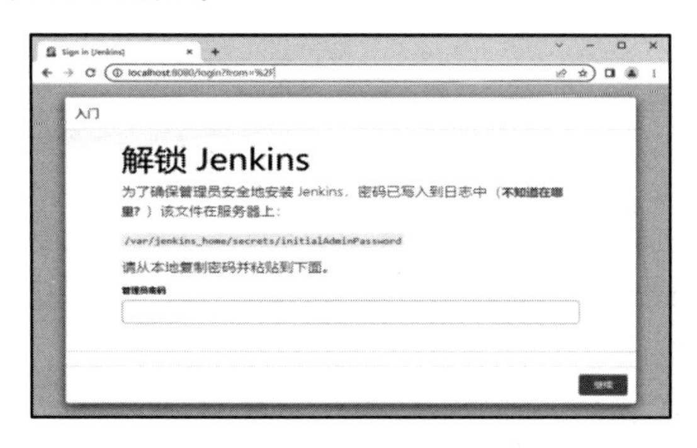

图 15-22　访问 Jenkins 页面

步骤 04 获取管理员初始密码。Jenkins 在第一次启动时会生成一个默认的管理员密码，使用命令 docker exec jenkins cat /var/jenkins_home/secrets/initialAdminPassword 可查看，如图 15-23 所示。

```
>docker exec jenkins cat /var/jenki
ns_home/secrets/initialAdminPassword
d860a6fa18e848ffae8b5385061b52c3
```

图 15-23 获取管理员初始密码

将得到的密码输入到图 15-22 所示的界面中，然后单击【继续】按钮，进入插件安装界面。

步骤 05 安装插件。插件安装时可以选择【安装推荐的插件】，也可以【选择插件安装】，如图 15-24 所示。"安装推荐的插件"即 Jenkins 会安装认为可用到的插件，"选择插件来安装"即指用户自定义插件的安装，可以一个插件也不安装，一般情况下选择【安装推荐的插件】。

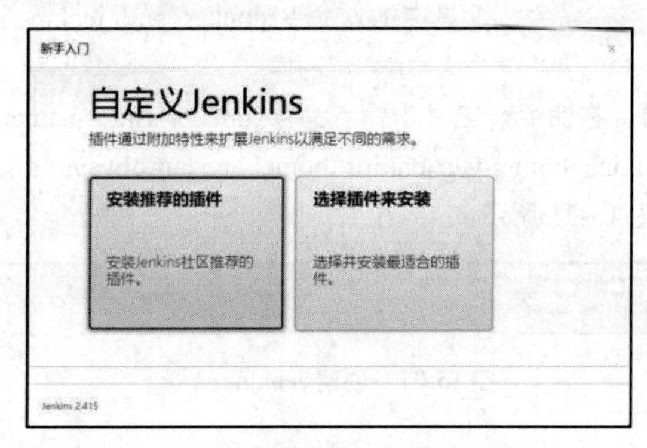

图 15-24 安装插件

步骤 06 创建管理员用户。插件安装完成后，进入创建管理员用户页面，如图 15-25 所示。根据要求输入用户名、密码、确认密码、全名、电子邮件地址，然后单击【保存并完成】按钮。

创建第一个管理员用户
用户名
密码
确认密码
全名
电子邮件地址
Jenkins 2.415 使用admin账户继续 保存并完成

图 15-25 创建管理员用户

步骤 07 配置 Jenkins URL。管理员用户创建成功后，进入配置 Jenkins URL 页面，一般保持默认值即可，如图 15-26 所示。

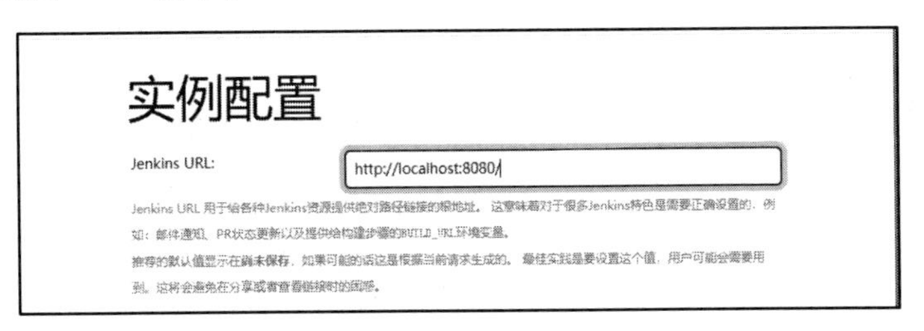

图 15-26　配置 Jenkins URL

步骤 08 进入 Jenkins 主页。配置 Jenkins URL 完成后便完成了初始化的配置，进入 Jenkins 主页，界面如图 15-27 所示。

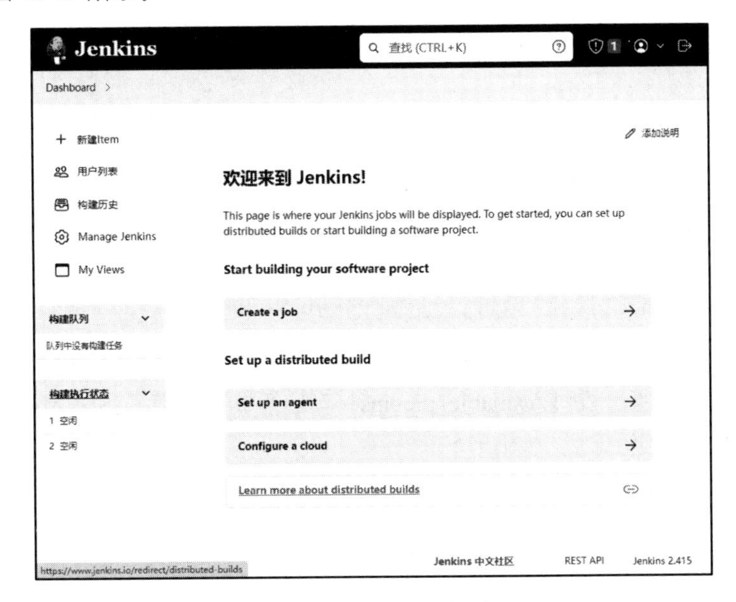

图 15-27　Jenkins 主页

15.6.2　Jenkins 在自动化测试中的应用

Jenkins 作为一个持续集成工具，在自动化测试中非常有用，可以帮助测试人员对自动化测试项目实现定时执行、测试结果发送报告、分布式执行等功能，无须再投入太多的人工在项目运维环节，有利于减少重复过程以节省时间、费用和工作量。下面以运行一个简单的测试脚本为例，创建一个 Jenkins 任务。

步骤 01 准备测试脚本。新建一个 test_jenkins.py 文件，添加两个测试用例 test_01 和 test_02，其中 test_01 断言成功，test_02 断言失败，代码如下：

```
# chapter15\test_jenkins.py
import pytest


def get_student_info(student_id):
    students = {
        1001: {"name": "tynam", "age": "21"},
        1004: {"name": "yang", "age": "16"}
    }
    return students.get(student_id, "The student ID does not exist.")


def test_01():
    student = get_student_info(1001)
    assert student.get("name") == "tynam"

def test_02():
    student = get_student_info(1004)
    assert student.get("name") == "tynam"


if __name__ == "__main__":
    pytest.main(["-s", "test_jenkins.py"])
```

步骤02 安装 SSH Agent 插件。单击 Jenkins 主页左侧菜单【系统设置】，然后选择【插件管理】进入插件管理页面。在【Available plugins】可选插件下搜索“SSH Agent”，勾选后单击【Install】按钮进行安装，如图 15-28 所示。

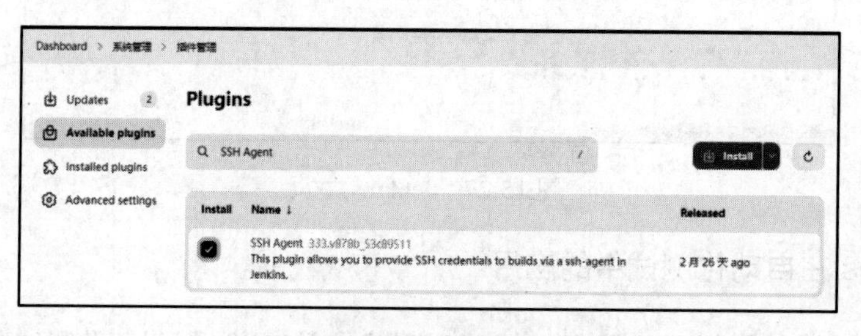

图 15-28　安装插件

步骤03 挂载本地节点。单击 Jenkins 主页左侧菜单【系统设置】，然后选择【节点管理】进入节点管理页面。单击【New Node】按钮添加节点，【节点名称】填写“本地节点”，Type 下选中【固定节点】，然后单击【Create】按钮创建，如图 15-29 所示。

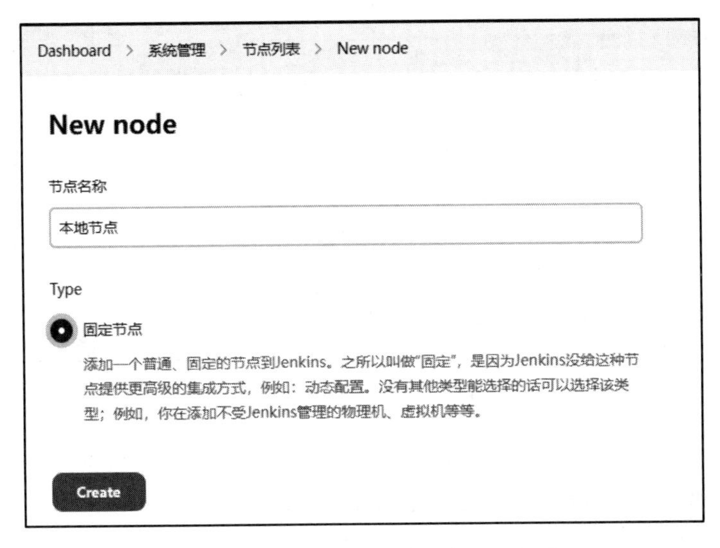

图 15-29　创建节点

步骤 04 节点配置。在节点配置页面，【Number of executors】（此节点执行并发构建的最大数目）填写 2；【远程工作目录】（Jenkins 在此节点下工作目录）填写 D:\；【启动方式】选择通过 Java Web 启动代理，然后单击【保存】按钮，如图 15-30 所示。

Dashboard > 系统管理 > 节点列表 >
Number of executors
2
远程工作目录
D:\
标签
用法
尽可能的使用这个节点
启动方式
通过Java Web启动代理
保存

图 15-30　配置节点

步骤 05 安装 curl 程序。单击"本地节点"进入该节点，可以看到提示需要在 Node 节点上安装 agent.jar 文件并运行，如图 15-31 所示。但是使用提示的命令安装需要先安装 curl 程序，curl 是一个功能强大的命令行工具，可以用来发送 HTTP 请求、FTP 请求等，并且支持各种数据传输协议。

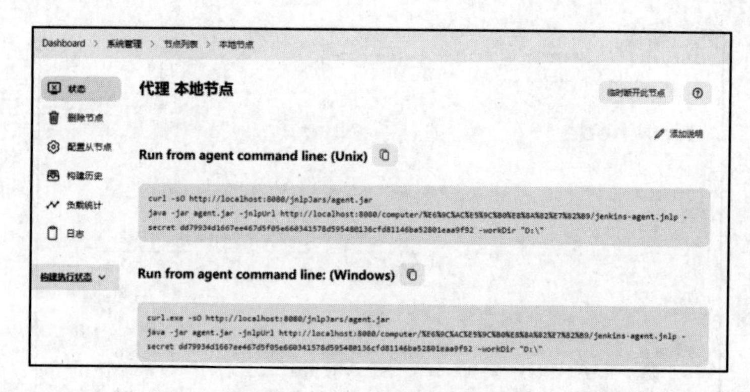

图 15-31　提示安装 agent.jar

进入 curl 下载页面（https://curl.se/download.html），根据操作系统下载二进制文件，Windows 系统也可直接访问 https://curl.se/windows/下载，如图 15-32 所示。

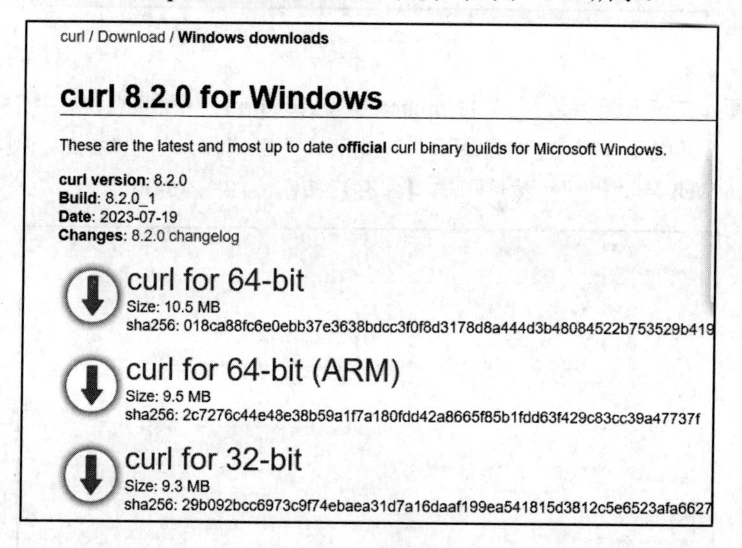

图 15-32　下载 curl

下载完成后进行解压，然后将~\curl-8.2.0_1-win64-mingw\bin 目录下 curl.exe 配置到环境变量中，即可全局使用 curl 程序。

步骤 06 安装 agent.jar 并启动。根据图 15-31 提示的命令依次输入，例如 Windows 系统输入命令为：

```
curl.exe -sO http://localhost:8080/jnlpJars/agent.jar & java -jar agent.jar -jnlpUrl http://localhost:8080/computer/%E6%9C%AC%E5%9C%B0%E8%8A%82%E7%82%B9/jenkins-agent.jnlp -secret dd79934d1667ee467d5f05e660341578d595480136cfd81146ba52801eaa9f92 -workDir "D:/"
```

如图 15-33 所示。

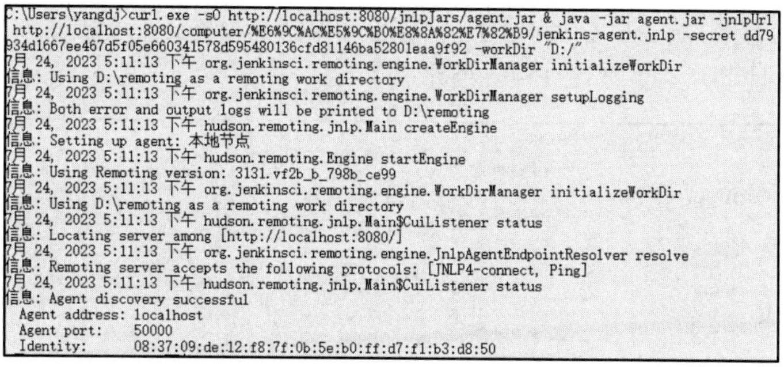

```
C:\Users\yangdj>curl.exe -sO http://localhost:8080/jnlpJars/agent.jar & java -jar agent.jar -jnlpUrl
 http://localhost:8080/computer/%E6%9C%AC%E5%9C%B0%E8%8A%82%E7%82%B9/jenkins-agent.jnlp -secret dd79
934d1667ee467d5f05e660341578d595480136cfd81146ba52801eaa9f92 -workDir "D:/"
7月 24, 2023 5:11:13 下午 org.jenkinsci.remoting.engine.WorkDirManager initializeWorkDir
信息: Using D:\remoting as a remoting work directory
7月 24, 2023 5:11:13 下午 org.jenkinsci.remoting.engine.WorkDirManager setupLogging
信息: Both error and output logs will be printed to D:\remoting
7月 24, 2023 5:11:13 下午 hudson.remoting.jnlp.Main createEngine
信息: Setting up agent: 本地节点
7月 24, 2023 5:11:13 下午 hudson.remoting.Engine startEngine
信息: Using Remoting version: 3131.vf2b_b_798b_ce99
7月 24, 2023 5:11:13 下午 org.jenkinsci.remoting.engine.WorkDirManager initializeWorkDir
信息: Using D:\remoting as a remoting work directory
7月 24, 2023 5:11:13 下午 hudson.remoting.jnlp.Main$CuiListener status
信息: Locating server among [http://localhost:8080/]
7月 24, 2023 5:11:13 下午 org.jenkinsci.remoting.engine.JnlpAgentEndpointResolver resolve
信息: Remoting server accepts the following protocols: [JNLP4-connect, Ping]
7月 24, 2023 5:11:13 下午 hudson.remoting.jnlp.Main$CuiListener status
信息: Agent discovery successful
  Agent address: localhost
  Agent port:    50000
  Identity:      08:37:09:de:12:f8:7f:0b:5e:b0:ff:d7:f1:b3:d8:50
```

图 15-33　安装 Agent 并启动

Agent 启动后进入 Jenkins 节点列表，可以看到名为“本地节点”的节点已是连接状态，如图 15-34 所示。

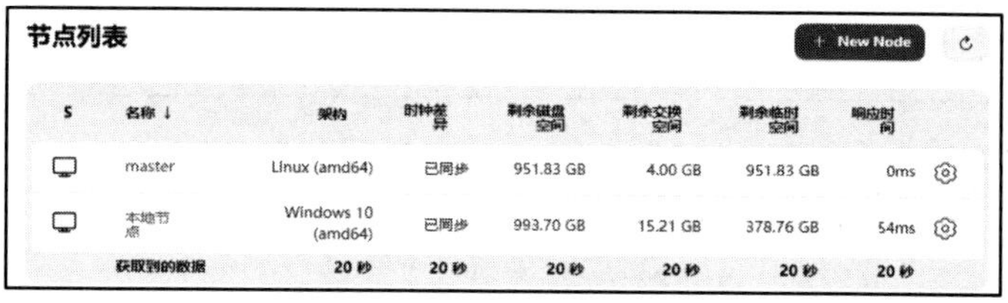

节点列表　+ New Node

S	名称 ↓	架构	时钟差异	剩余磁盘空间	剩余交换空间	剩余临时空间	响应时间
	master	Linux (amd64)	已同步	951.83 GB	4.00 GB	951.83 GB	0ms
	本地节点	Windows 10 (amd64)	已同步	993.70 GB	15.21 GB	378.76 GB	54ms
	获取到的数据	20 秒	20 秒	20 秒	20 秒	20 秒	20 秒

图 15-34　查看节点状态

步骤 07 创建任务。进入 Jenkins 主页，单击左侧菜单栏中的【新建任务】创建测试任务，【任务名称】填写 test_jenkins，选择【Freestyle project】自由风格任务，然后单击【确定】按钮进入下一步，如图 15-35 所示。

输入一个任务名称

test_jenkins

» 必填项

Freestyle project
This is the central feature of Jenkins. Jenkins will build your project, combining any SCM with any build system, and this can be even used for something other than software build.

流水线
精心地组织一个可以长期运行在多个节点上的任务。适用于构建流水线（更加正式地应当称为工作流），增加或者组织难以采用自由风格的任务类型。

构建一个多配置项目
适用于多配置项目,例如多环境测试,平台指定构建,等等.

{0} 文件夹
Creates a set of multibranch project subfolders by scanning for repositories.

多分支流水线
根据一个SCM仓库中检测到的分支创建一系列流水线。

文件夹
创建一个可以嵌套存储的容器。利用它可以进行分组。 视图仅仅是一个过滤器，而文件夹则是一个独立的命名空间， 因此你可以有多个相同名称的的内容，只要它们在不同的文件 夹里即可。

确定

图 15-35　创建项目

步骤 08 设置任务运行节点。在【General】下勾选【限制项目的运行节点】，在输入框中填写节点名称“本地节点”，如图 15-36 所示。

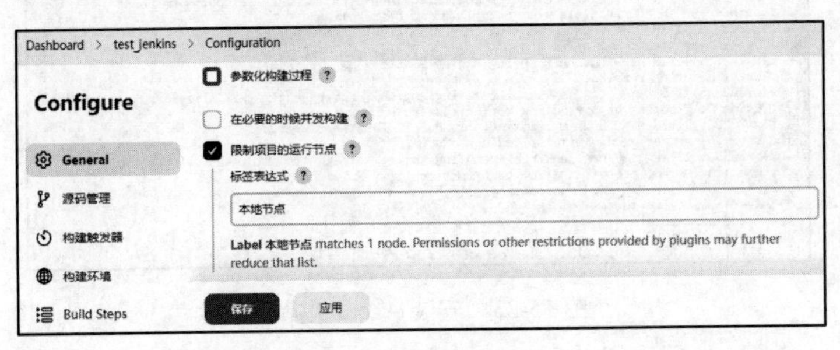

图 15-36　设置运行节点

步骤 09 设置任务定时。在任务配置页面【构建触发器】下勾选【定时构建】复选框，然后填写 H/15 * * * *，表示每 15 分钟构建一次，如图 15-37 所示。

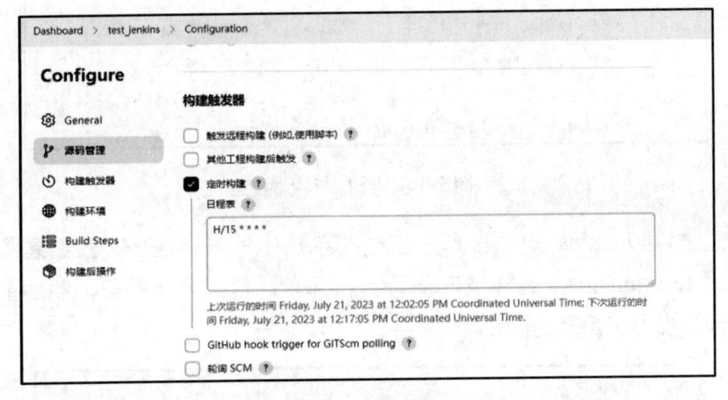

图 15-37　设置任务定时

定时构建字段遵循 cron 语法（但是与 cron 又略有不同），该字段每行包含 5 个字段，5 个字段之间使用 TAB 或空格进行分隔。例如，* * * * *，第一个字段为 MINUTE；第二个字段为 HOUR；第三个字段为 DOM；第四个字段为 MONTH；第五个字段为 DOW。具体描述如表 15-1 所示。

表15-1　定时字段说明

字　段	描　述
MINUTE	分钟数（取值范围 0~59）
HOUR	小时数（取值范围 0~23）
DOM	一个月中的第几天（取值范围 1~31）
MONTH	第几个月（取值范围 1~12）
DOW	一周之中的第几天（取值范围 0~7）其中 0 和 7 都表示星期日

如果一个字段需要指定多个值，则可以按照优先顺序使用下面的运算符：

- *：指定所有有效值。
- M-N：指定范围值。
- M-N / X 或 * / X：在指定范围或整个有效范围内以 X 步长进行指定。
- A，B，...，Z：列举多个值。

步骤 10 添加执行命令。在【Build Steps】下添加一个【执行 Windows 批处理命令】，即在 Windows 命令行工具中执行命令，然后单击【保存】按钮进入任务主页。

添加的命令如下：

```
E:
cd E:\xxxxxxx\code\chapter15
python test_jenkins.py
```

即进入 test_jenkins.py 文件所在的文件夹下，使用 Python 程序运行该文件，如图 15-38 所示。

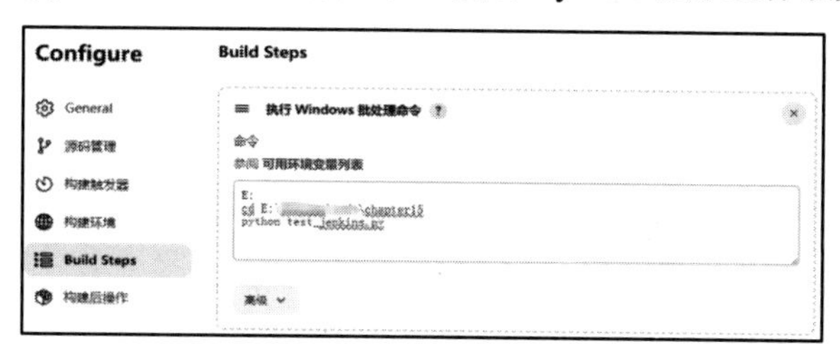

图 15-38　添加执行命令

步骤 11 任务构建。进入 test_jenkins 任务主页，单击左侧菜单栏中的【立即构建】，可看到任务立即运行了一次，如果不手动触发构建则根据设置的定时任务每 15 分钟触发一次。构建完成后，在 test_jenkins 任务主页可以看到构建情况，如图 15-39 所示。任务名称前有个绿色对勾表示构建成功，如果最近一次构建失败，则任务名称前是红色的叉叉。

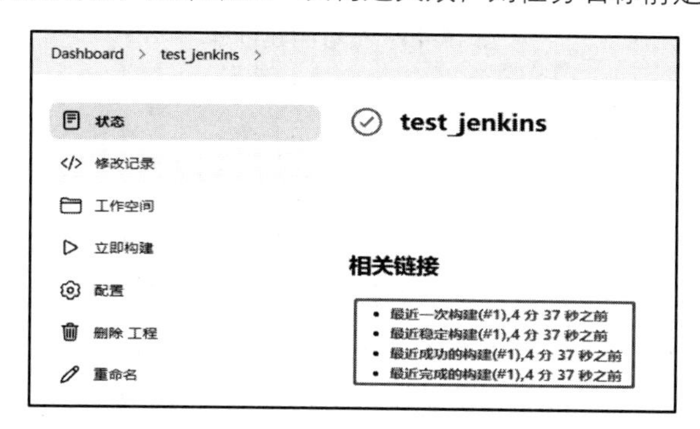

图 15-39　查看任务构建结果

步骤 12 查看任务执行过程。单击最近一次构建查看最新的构建情况，在构建页面中单击左侧菜单栏中的【控制台输出】即为构建的详细过程，如图 15-40 所示。可以看到先切换到 E 盘，然后进入 chapter15 文件夹下，最后运行了 test_jenkins.py 测试文件。测试文件中共收集了 2 条测试用例，一条用例测试通过，一条用例测试失败。

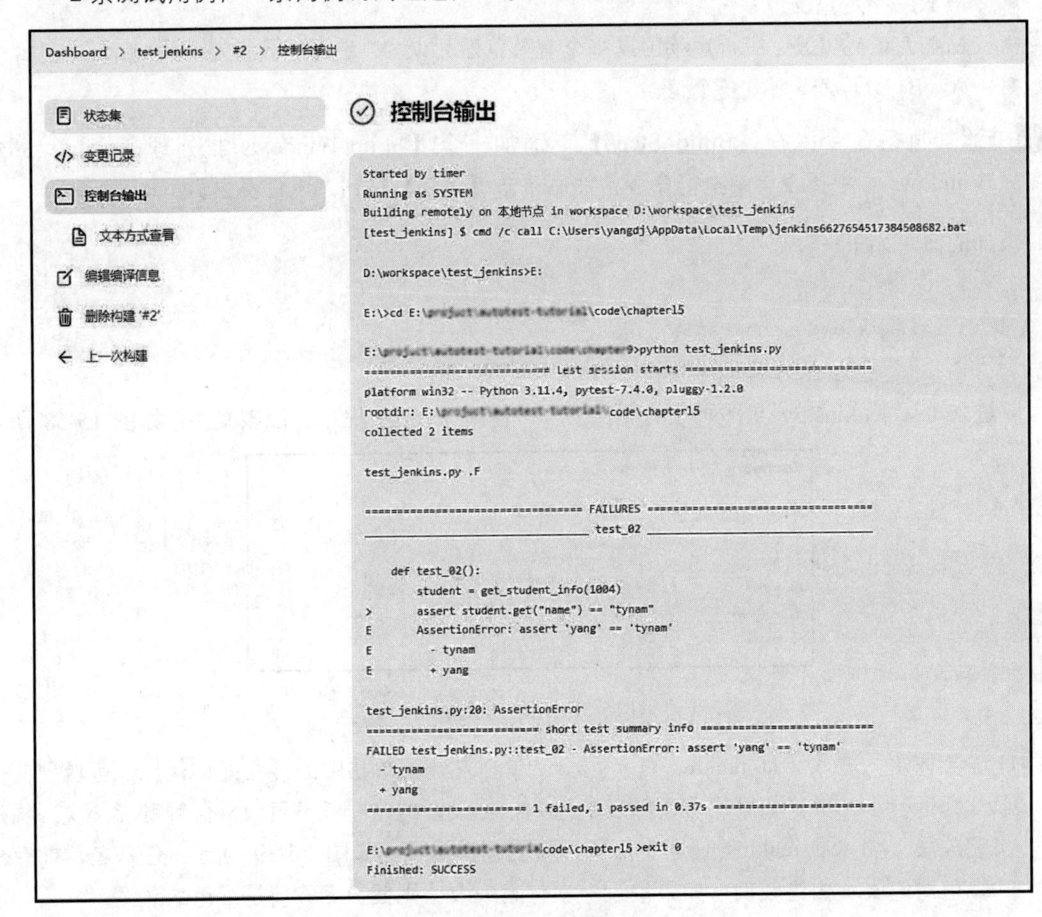

图 15-40　查看构建过程

15.7　持续集成与自动化测试

持续集成在敏捷开发团队中非常适用，一方面可尽早地发现集成错误，测试团队成员每天都要将开发的测试代码集成到一起，也就意味着每天可能会发生多次集成，通过持续集成工具可自动化地构建来验证脚本的正确性。另一方面可快速验证被测产品的变更，如果监测到被测产品发生了变更，通过持续集成工具可实现自动触发自动化测试项目的执行，从而快速验证被测产品，发现被测产品的 BUG。

15.7.1 什么是持续集成

持续集成（Continuous Integration，简称 CI）是一种软件开发实践，可以让团队成员持续地收到反馈并改进，不必等到开发周期后期才寻找和修复缺陷。团队开发成员经常需要集成他们的工作，每天至少集成一次。每次集成都可通过自动化构建来验证集成的正确性，包括编译、发布和自动化测试，以尽快检测集成错误。通过这种方法，可以有效地减少集成问题，允许团队更快地开发出高可用的软件。

持续集成最大的好处是减少了集成错误，降低了产品风险。传统的产品问题大部分来源于手工测试，但这种反馈时间周期长，代码更改后几个小时才能得到反馈，如果是全面测试，可能几天后才会得到反馈，假如在这段时间又有新的代码集成，意味着在错误的代码上开发，这无疑会带来更多问题。使用持续集成（CI）则会加快代码变更的反馈速度，开发人员在几分钟内就可以快速定位和修复问题，除此之外，持续集成还可减少重复过程，将重复的动作变成自动化，减少甚至无须人工干预，让人员投入更多的时间到更有价值的事情上。

测试行业中，当测试自动化与持续集成结合后，一可保证自动化测试脚本集成的正确性，二可快速测试被测产品，确保被测产品每个构建的质量。对整个产品而言，自动化测试提高了测试效率和准确性，而持续集成则确保了代码的稳定性和可靠性。

15.7.2 持续集成常用工具

持续集成已是现代软件开发中非常重要的一环，在软件开发过程中，将代码集成到共享代码库中，并自动进行构建和测试，这样可以确保代码的质量和稳定性，并加快开发周期。使用持续集成工具可以实现持续集成，常用的持续集成工具有 Jenkins、Travis CI、CircleCI、GitLab CI/CD、Bamboo 等，分别介绍如下：

- Jenkins: Jenkins 是一款使用 Java 语言编写的开源的自动化持续集成工具，支持大量的插件和扩展，可用于构建、测试和部署软件。它提供了简单的安装和更新过程，并且可以通过图形界面轻松配置，且拥有丰富的插件生态系统，并可与多种编程语言、版本控制系统和构建工具集成。
- Travis CI: Travis CI 是一个基于云的持续集成工具，在托管时不必依赖任何平台，主要用于构建和测试 GitHub 上的开源项目。它提供了简单的配置和集成，支持多种编程语言（如 Node、PHP、Python、Java、Perl 等）和平台（包括 Linux、macOS 和 Windows）。
- CircleCI: CircleCI 是一种现代化的持续集成和持续交付工具，它支持在 Linux、macOS 和 Windows 上构建和测试。
- GitLab CI/CD: GitLab CI/CD 是 GitLab 自带的内建持续集成和持续交付工具，与 GitLab 代码托管平台紧密集成。它支持多种构建器和编程语言，并提供了一套强大的 CI/CD 功能，包括自动构建、测试、部署和容器编排。

- Bamboo：Bamboo 是 Atlassian 公司的一款持续集成和持续交付工具，与 Atlassian 公司其他产品（如 Jira、Bitbucket 等）紧密集成，它他支持多种编程语言和平台，并提供了丰富的构建和部署功能。

15.7.3 部署测试项目

Jenkins 是目前最流行的持续集成工具之一，本节使用其集成本书实战练习的测试项目。

进入 Jenkins 主页，依次创建 Leadshop 单元测试、Leadshop 后台接口测试、Leadshop 后台 UI 测试、Leadshop 小程序测试和 Leadshop 性能测试任务，如图 15-41 所示。并将本书实战练习的测试项目添加到对应的任务中，然后设置定时任务定期执行。

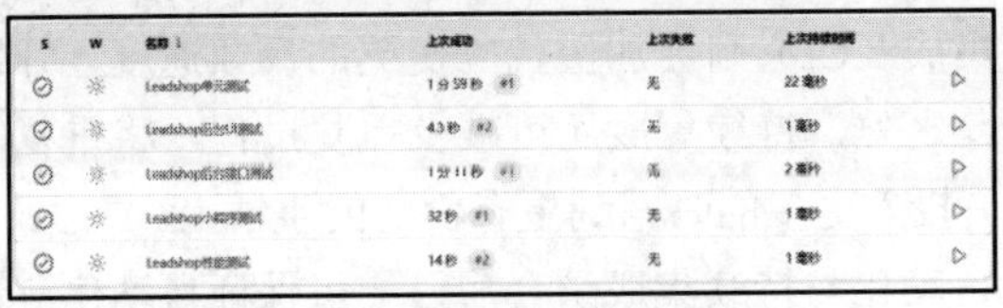

图 15-41 测试任务

至此，所有测试项目都已集成在 Jenkins 平台上，测试人员后续只需跟踪测试结果，对失败的内容进行结果确认，上报 BUG 或优化测试脚本即可。

15.8 思 考 题

1. 容器化部署与传统部署相比较，有哪些优点？
2. 你对 Docker 是怎么理解的？
3. 你对 Docker 中仓库、镜像和容器是怎么理解的？
4. Docker 中操作容器常用的命令有哪些？
5. 如何使用 Jenkins 实现自动化测试项目的持续集成?
6. 什么是持续集成？自动化测试与持续集成结合有什么益处?
7. 持续监控测试项目有什么益处？

参考文献

1. unittest --- 单元测试框架—Python 3.10.1 文档[OL].（2021.8）[2021.12]. https://docs.python.org/3.10/library/unittest.html.

2. Requests: 让 HTTP 服务人类—Requests 2.10.0 文档[OL].（2021.1）[2022.1]. https://docs.python-requests.org/zh_CN/latest/.

3. 阮一峰的网络日志-理解 RESTful 架构[OL].（2011.12）[2022.1]. https://www.ruanyifeng.com/blog/2011/09/restful.html.

4. Postman 官方学习文档[OL].（2023.1）[2023.2]. https://learning.postman.com/docs/getting-started/introduction/.

5. Selenium 浏览器自动化项目 | Selenium 文档[OL].（2021.12）[2022.3]. https://www.selenium.dev/documentation/.

6. Appium 介绍[OL].（2022.5）[2022.5]. https://appium.io/docs/en/about-appium/intro/.

7. Appium Girls 学习手册[OL].（2022.4）[2022.5]. https://anikikun.gitbooks.io/appium-girls-tutorial/content/.

8. Appium2.0+ 单点触控和多点触控新的解决方案[OL].（2022.1）[2022.5]. https://blog.csdn.net/ningmengban/article/details/122262626.

9. Apache JMeter 用户手册：组件参考[OL].（2023.2）[2023.3]. https://jmeter.apache.org/usermanual/component_reference.html.

10. 容器化部署和传统部署区别[OL].（2023.6）[2023.7]. https://www.36dianping.com/news/14864.html.

11. Leadshop 开源商城教程文档[OL].（2023.8）[2023.8]. https://www.kancloud.cn/qm-paas/leadshop_v1.

12. Coverage.py — Coverage.py 7.3.1 documentation[OL].（2023.9）[2023.9]. https://coverage.readthedocs.io/.

13. Appium-Python-Client3.0.0 [OL].（2023.9）[2023.9]. https://pypi.org/project/Appium-Python-Client/.

14. 流量回放技术_笔记大全_设计学院[OL]. （2023.5）[2023.9]. https://www.python100.com/html/34JDJ9EM378V.html.

15. 杨定佳. Python Web 自动化测试入门与实战[M]. 北京：清华大学出版社，2020.6.

16. 陈志勇，马利伟，万龙. 全栈性能测试修炼宝典：JMeter 实战[M]. 北京：人民邮电出版社，2016.9.